民族文字出版专项资金资助项目

༄། །བོད་ཀྱི་གནའ་རབས་ཡར་སྐྱུན་མཆོད་རྟེན་བྱུང་འཕེལ་ཞིབ་འཇུག །

འཇད་མི་ཤར་ཆན་དབང་འདུས་ཀྱིས་བརྩམས།

བོད་ལྗོངས་བོད་ཡིག་དཔེ་རྙིང་དཔེ་སྐྲུན་ཁང་།

图书在版编目（CIP）数据

西藏古代佛塔建筑历史沿革的初步研究 : 藏文 / 夏格旺堆著.
-- 拉萨 : 西藏藏文古籍出版社, 2022.12
ISBN 978-7-5700-0762-2

Ⅰ. ①西… Ⅱ. ①夏… Ⅲ. ①佛塔－古建筑－建筑史－研究－西藏－藏语 Ⅳ. ①TU-098.3

中国版本图书馆CIP数据核字(2022)第242392号

西藏古代佛塔建筑历史沿革的初步研究

作　　者　夏格旺堆
责任编辑　拉巴扎西
终　　审　边巴
封面设计　格桑罗布
排　　版　边卓玛
出版发行　西藏藏文古籍出版社
印　　刷　四川嘉创印务有限责任公司
开　　本　16开　（787mm×1092mm ）
印　　张　22.875
印　　数　01—2,000
字　　数　243.21千
版　　次　2023年11月第1版
印　　次　2023年11月第1次印刷
书　　号　ISBN 978-7-5700-0762-2
定　　价　46.30元

ནང་དོན་གནད་བསྡུས།

ཚེད་རིབ་འདི་ས་བཅད་དྲུག་ལ་ཕྱེ་སྟེ་བོད་ཀྱི་གནའ་རབས་ཨར་སྐྲུན་མཆོད་རྟེན་གྱི་བྱུང་འཕེལ་སྐོར་བརྗོད་བྱ་གཙོ་བོར་བཟུང་སྟེ། དེ་དང་འབྲེལ་བའི་གནད་དོན་ཁག་ས་བཅད་སོ་སོའི་ནང་དུ་ངོ་སྤྲོད་ཞུས་ཡོད་པ་སྟེ།

ས་བཅད་དང་པོའི་ནང་ཐོག་མར་ཚེད་རིབ་འདིའི་ཞིབ་འཇུག་གི་དམིགས་ཡུལ་དང་ནང་དོན། ཞིབ་འཇུག་བྱེད་ཐབས། ཞིབ་འཇུག་གི་གཙོ་གནད་དང་དཀའ་གནད། ཞིབ་འཇུག་གི་དོན་སྙིང་བཅས་ངོ་སྤྲོད་ཞུས་པ་དང་ཆབས་ཅིག་ཚེད་རིབ་འདི་དང་འབྲེལ་བའི་ཞིབ་འཇུག་གི་གནས་ཚུལ་སྐོར་ལ་ཡང་རགས་ཙམ་གླེང་ཡོད་ཅིང་། ལྷག་པར་དུ་འཕགས་ཡུལ་མཆོད་རྟེན་གྱི་ཐོག་མའི་བྱུང་རིམ་དང་དེའི་གཙོ་བོའི་མཚོན་དོན་སྐོར། མཆོད་རྟེན་ཇི་ལྟར་གདབ་པའི་སྤྱིའི་བརྒྱུད་རིམ། མཆོད་རྟེན་གྱི་གཙོ་བོའི་རྣམ་དབྱེ་བཅས་ཀྱི་ནང་དོན་ནི། ཚེད་རིབ་འདིའི་གཙོ་བོའི་བརྗོད་བྱའི་རྒྱབ་ལྗོངས་ཤེས་བྱར་བཞག་ཡོད་པ་དང་། དེ་དག་བོད་ཀྱི་ཨར་སྐྲུན་མཆོད་རྟེན་གྱི་བྱུང་འཕེལ་དང་ཐད་ཀའི་འབྲེལ་བ་མེད་ཀྱང་། ཚེད་རིབ་འདིའི་བརྗོད་བྱ་དང་འབྲེལ་འདྲིས་ཤིན་དུ་ཆེ་བ་མ་ཟད། བོད་ཀྱི་ཨར་སྐྲུན་མཆོད་རྟེན་བྱུང་འཕེལ་གྱི་འབྲེལ་ཡོད་གནད་དོན་ཁག་ལ་གོ་བ་གང་ཞིག་ལོན་ཐུབ་པའི་འགངས་ཆེན་གྱི་དོན་དུའང་གྲུབ་ཡོད་རྐྱེན། གོང་གླེང་དོན་ཚན་དེ་དག་ཐོག་ནས་ཕྱོགས་སྒྲིག་དང་དཔྱད་བརྗོད་ཆབས་ཅིག་ཐོག་ནས་བཀོད་ཡོད།

ས་བཅད་གཉིས་པའི་ནང་བོད་ཀྱི་ཨར་སྐྲུན་མཚོད་རྟེན་གྱི་བྱུང་འཕེལ་དུས་རིམ་གནད་དོན་ཁག་ལ་དབྱེ་ཞིབ་བྱས་ཏེ། དེའི་འཕེལ་རྒྱས་དུས་མཚམས་ཁག་བཞི་ཙམ་དུ་དབྱེ་བའི་གཙོ་བོའི་རྒྱུ་རྐྱེན་དང་དུས་རིམ་སོ་སོའི་འཕེལ་རྒྱས་ཀྱི་སྤྱིའི་ཁྱད་ཆོས་ངོ་སྤྲོད་ཞུས་ཡོད་པ་སྟེ། དུས་རིམ་དང་པོའི་ནང་བོད་ཀྱི་ཨར་སྐྲུན་མཚོད་རྟེན་ཐོག་མ་གང་ནས་བྱུང་ཚུལ་གྱི་སྐོར་ལ་བོད་དུ་ཐུགས་རྟེན་དང་པོ་ཇི་ལྟར་བྱུང་བའི་ཚུལ་དང་། གནའ་དཔྱད་རིག་པའི་ཐབས་ལ་བརྟེན་པའི་ཚོད་དཔག་ལས་སྲིད་པའི་རྫོ། ཐོ་ཐོའམ་རྡོ་མཚོད། རྡོའམ་བྲག་བརྐོས་བཅས་ལས་བྱུང་བའི་མཚོད་རྟེན་སོགས་ལ་དབྱེ་ཞིབ་བྱས་ཏེ། གནད་དོན་དེའི་སྐོར་ད་བར་ངེས་ཤེས་འདྲོང་ཐུབ་པའི་སྒོམ་ཚིག་ཅིག་བྱུང་མེད་པ་དེར་རང་ཉིད་ཀྱི་བསམ་ཚུལ་བསྟན་ཡོད་པ་དང་། དུས་རིམ་གཉིས་པའི་ནང་བཙན་པོའི་རྒྱལ་རབས་སྐབས་ཀྱི་བོད་ཀྱི་ཨར་སྐྲུན་མཚོད་རྟེན་གྱི་བྱུང་འཕེལ་སྐོར་རགས་གླེང་བྱས་ཡོད་ཅིང་། དེའི་བརྗོད་བྱའི་ཁོངས་གཏོགས་ཀྱི་དུས་མཚམས་ནི། སྲོང་བཙན་སྒམ་པོ་ནས་གླང་དར་མར་ལོ་ངོ་ཉིས་བརྒྱ་ལྷག་ཙམ་གྱི་བསྟན་པ་སྔ་དར་གྱི་དུས་རིམ་དེ་ཡིན་པ་དང་། དུས་རིམ་གསུམ་པའི་ནང་དུ་བསྟན་པ་ཕྱི་དར་དབུ་ཚུགས་པ་ནས་དུས་རབས་བཅོ་ལྔའི་བར་གྱི་བོད་ཀྱི་ཨར་སྐྲུན་མཚོད་རྟེན་གྱི་བྱུང་འཕེལ་ལ་ངོ་སྤྲོད་རགས་བསྡུས་ཤིག་བྱས་ཡོད། དུས་རིམ་བཞི་པའི་ནང་དུ་དུས་རབས་བཅུ་དྲུག་ནས་དུས་རབས་བཅུ་དགུའི་བར་གྱི་བོད་ཀྱི་ཨར་སྐྲུན་མཚོད་རྟེན་གྱི་བྱུང་འཕེལ་དང་དེའི་སྤྱིའི་ཁྱད་ཆོས་ལ་ངོ་སྤྲོད་རགས་ཙམ་བཅས་བྱས་ཡོད། དེ་ནས་ས་བཅད་གསུམ་པ་ནས་ལྔ་པའི་ནང་དུ་འབྲེལ་ཡོད་ཀྱི་དཔྱད་གཞིའི་ཡིག་རིགས་ཁག་དང་། ད་བར་དུ་མིག་མཐོང་ལག་ཟིན་བྱུང་བའི་དངོས་རྒྱུ་སྣ་མང་ལས་གྲུབ་པའི་བོད་ཀྱི་མཚོད་རྟེན་གྱི་མ་དཔེ་ཅི་རིགས་དཔྱད་གཞིར་བཟུང་ནས། བཙན་པོའི་རྒྱལ་རབས་ནས་དུས་རབས་བཅུ་དགུའི་བར་གྱི་

ལོ་རྒྱུས་འཕེལ་རིམ་ནང་གོང་གླིང་ཨར་སྐྲུན་མཆོད་རྟེན་གྱི་བྱུང་འཕེལ་དང་དུས་རིམ་སོ་སོའི་ཁོངས་གཏོགས་ཀྱི་ཞིབ་ཆའི་ནང་དོན་ཁག་ལ་ངོ་སྤྲོད་རགས་ཙམ་ཞིག་བྱས་ཡོད་པ་སྟེ། ས་བཅད་གསུམ་པ་བཙན་པོའི་རྒྱལ་རབས་སྐབས་ཀྱི་ཨར་སྐྲུན་མཆོད་རྟེན་ཞེས་པ་ལ་ལོ་རྒྱུས་ཆོས་འབྱུང་དེབ་ཐེར་ཁག་ནང་འཁོད་པའི་གནས་ཚུལ་དང་། གནའ་ཤུལ་གནའ་རྫས་ལས་མངོན་པའི་ཁྱད་ཆོས་ཞེས་དོན་ཚན་གཉིས་ཀྱི་ཐོག་ནས་དུས་སྐབས་དེའི་སྟུ་ཕྱི་བར་གསུམ་གྱི་ཨར་སྐྲུན་མཆོད་རྟེན་སྐོར་ལ་འགྲེལ་བརྗོད་བྱས་ཡོད་པ་དང་། ས་བཅད་བཞི་པའི་ནང་བསྟན་པ་ཕྱི་དར་དབུ་ཚུགས་པ་ནས་དུས་རབས་བཅོ་ལྔ་པའི་བར་གྱི་ཨར་སྐྲུན་མཆོད་རྟེན་གྱི་སྐོར་ལ་སྤྱིའི་ཁྱད་ཆོས་ལྡན་པའི་མཆོད་རྟེན་གྱི་རྣམ་པའི་སྐོར་དང་། བཀའ་གདམས་མཆོད་རྟེན་གྱི་སྐོར། སྐུ་འབུམ་མཆོད་རྟེན་གྱི་སྐོར། མཆོད་རྟེན་བརྒྱ་རྩ་བརྒྱད་ཀྱི་སྐོར། མཆོད་རྟེན་གྱི་གཞུང་ལུགས་བརྩམས་ཆོས་སྐོར་ལ་སོགས་དུས་རིམ་དེའི་བོད་ཀྱི་ཨར་སྐྲུན་མཆོད་རྟེན་གྱི་བྱུང་འཕེལ་ལ་དཔྱད་བརྗོད་བྱས་ཡོད་པ། ས་བཅད་ལྔ་པའི་ནང་དུས་རབས་བཅུ་དྲུག་པ་ནས་བཅུ་དགུ་པའི་སྐབས་ཀྱི་ཨར་སྐྲུན་མཆོད་རྟེན་ཞེས་པའི་ནང་ས་བཅད་གོང་དང་འདྲ་བའི་དཔྱད་གཞིའི་ནང་དོན་ཁག་གཅིག་བཀོད་ཡོད་པ་སྟེ། སྤྱིའི་ཁྱད་ཆོས་ལྡན་པའི་མཆོད་རྟེན་གྱི་རྣམ་པའི་སྐོར་དང་། མཆོད་རྟེན་གྱི་གཞུང་ལུགས་བརྩམས་ཆོས་སྐོར་ལ་སོགས་དུས་རིམ་དེའི་བོད་ཀྱི་ཨར་སྐྲུན་མཆོད་རྟེན་གྱི་འཕེལ་རིམ་ཇི་ལྟར་བྱུང་ཡོད་མིན་ལ་དབྱེ་ཞིབ་བྱས་ཡོད། ས་བཅད་དྲུག་པའི་མཇུག་སྡོམ་ནང་དུ་ཆེད་དེབ་འདིའི་གཙོ་བོའི་བརྗོད་བྱ་སྟེ། བོད་ཀྱི་ཨར་སྐྲུན་མཆོད་རྟེན་གྱི་བྱུང་འཕེལ་ལ་ཕྱོགས་ཡོངས་ནས་དཔྱད་སྡོམ་བཀོད་དེ། བོད་ཀྱི་ཨར་སྐྲུན་མཆོད་རྟེན་གྱི་ཕྱིའི་བཟོ་དབྱིབས་འདྲ་མིན་བྱུང་བའི་འཕེལ་རིམ་རྣམ་གཞག་གི་རྩ་བའི་སྒྲིག་གཞི་ཞིག་གུང་དུ་བསྒྲིགས་ཁུལ་བགྱིས་ཡོད་པ་བཅས་སོ། །

内容摘要

西藏古代建筑佛塔是西藏传统佛塔文化的重要组成部分，也是西藏传统宗教文化的一项重要内容。尽管过去关于西藏宗教文化的研究中，曾有学者对西藏古代佛塔做过一些相关的研究，对传统佛塔的最为基本的种类如八大善逝佛塔的来源、相关历史背景，以及对专门区域或地点的佛塔做出了有益的研究与介绍，但至今尚未有人对西藏古代建筑佛塔的历史沿革进行过较为全面地梳理和总结。另一方面绝大多数主要借助于文献资料来阐述其相关的知识背景，很少有人通过引用各个历史时期的图像学资料来说明和补证具有时代特征、区域特征的西藏古代建筑佛塔的文化及其历史沿革。

根据笔者所掌握的资料，就国内外对西藏古代建筑佛塔的研究而言，具有针对的专题性论文并不算多。关于西藏古代建筑佛塔的整体研究当中，所涉及到的历史沿革及其分期的论文更是凤毛麟角。鉴于此，本论著通过参阅西藏佛教与苯教经典作家们的相关作品、前辈学者们对西藏古代佛塔所做研究成果以及搜集西藏各地区不同时期的古代佛塔的图像学资料，试图以包括修建佛塔的一般过程、经典作品划分出的和考古类型学划分出的佛塔的基本种类在内的西藏古代建筑佛塔的历史沿革为论述的主线，对具有同时性、历时性的西藏古代建筑佛塔的内容和特征进行描述与分析，从而提出西藏古代建筑佛塔所经历的一般演变过程。最终，勾勒出西藏古代建筑佛塔的大致演变轮廓，为其提供一个今后可以作为参照的初步分期框架，使西藏古代建筑佛塔相关领域研究引向更高台阶而添砖加瓦。

本论著通过查阅相关的文献资料、图像学资料和实地调查的实物资料相结合的方法，对涉及到西藏古代建筑佛塔相关问题的区域进行了多方探听与寻找可利用的线索。与本论著主题相关的区域有古代印度（包括今巴基斯坦、阿富汗、克什米尔、尼泊尔、拉达克、印度等）、我国的西藏、新疆、内蒙、甘肃、青海、四川、云南、北京、河北、陕西、山西、浙江等十几个省区。在正式写作过程，尽管除了西藏以外上述区域都未能实地造访，但与本论著主题相关的资料采取了图书索引检索，电子文献的搜索而达到了尽量搜齐的目的。

全书共分六个章节，涉及本主题研究的重点内容共有四章，为第二章至第五章。

第一章 绪论

首先，对本论著主题的研究状况、研究目的、研究内容等进行了简要的介绍。其次，主要讨论了“佛塔”在梵藏语言中的概念界定及其相对应的造型艺术表现形式、古代印度历史上这一概念的不同层面以及艺术表现形式的演化与藏语中佛塔概念所对应艺术形式之间的异同。同时，对古印度佛塔的起源、外观造型的大致演变进行了简要梳理，对建造佛塔的一般过程、佛塔不同结构的象征寓意、经典作品所划分出的佛塔的主要类型等问题做了扼要介绍。

第二章 西藏建筑佛塔的不同发展阶段

共由两个部分内容组成，第一部分内容重点讨论佛塔在西藏的起源问题，第二部分阐述了西藏建筑佛塔的几个发展阶段。

第一部分内容中，讨论佛塔最初传入西藏的相关历史背景及其时间问题，并试图通过西藏地区古代岩画中出现的“塔造形”或“塔形图”，对其产生的历史背景与文化氛围做出尽可能地分析，将其置于整个古代中亚文化相互融汇的历史视野中来进行相关讨论，觅寻西藏地区古代岩画中出现的塔造形或塔形图与其具有相似或相同特征的古印度佛塔之间可能存在的联系，从而以文献提供的历史信息与西藏古代岩画中出现的塔造形实物标本相结合，为深入讨论佛塔最初传入西藏地区的相关问题提供一个值得商榷的研究思路。传统史书中佛塔传入西藏的时间为悉补野（སྤུ་རྒྱལ་）第二十七代王拉托托年赞时期的记载提出质疑，本论著认为，佛塔造型传入西藏的时间至少可能推前至公元1世纪前后。

第二部分梳理不同时期历史、文化、宗教等基础之上，概括性提出了西藏古代佛塔的分期。共分为三期，分别为“吐蕃王朝时期（7世纪至9世纪）”、“前宏期至15世纪（10世纪至15世纪）”、“16世纪至19世纪”。

第三章 吐蕃王朝时期的建筑佛塔

分为两大部分。第一部分根据文献线索，追述和梳理自吐蕃王朝的缔造者吐蕃第三十二代赞普松赞干布至朗达玛长达二百余年的时间里，文献中所记载的吐蕃境内修建佛塔的历史背景及建筑佛塔的相关信息。文献中涉及修建佛塔的赞普分别有松赞干布（སྲོང་བཙན་སྒམ་པོ་617-650）赤德祖丹或美阿琮（ཁྲི་ལྡེ་གཙུག་བརྟན་680-755）、赤松德赞（ཁྲི་སྲོང་ལྡེ་བཙན་718-785）赤德松赞或穆迪赞普（ཁྲི་ལྡེ་སྲོང་བཙན་764-814）、赤祖德赞或热巴坚（ཁྲི་གཙུག་ལྡེ་བཙན་806-841）共五位赞普。同时，通过目前仍遗留而造型上能够反映出此期作品特征的考察，尽可能对文献提供的此期佛塔造型信息进行复原性的描述。

第二部分以能确定或可能属于此期的现存实物标本，以及保持此期建筑佛塔特征而未遭到破坏之前的图片和文字记录为依据，对吐蕃王朝时期建筑佛塔基本状况做了简单的介绍分析。

第四章 前宏期至15世纪时期的建筑佛塔

内容上可分为三大部分，共六节。

第一部分内容以本章的第一节“具有普遍特征的佛塔”为标题，对此期所出现的具有普遍特征的西藏建筑佛塔进行了分析与归纳。其中，分为三个大的建筑佛塔类型：1. 两层塔阶式建筑佛塔；2. 三层塔阶式建筑佛塔；3. 无十善塔阶座的四层塔阶式建筑佛塔。这三大类型的建筑佛塔既是此期西藏建筑佛塔历史演变过程中出现的具有时代性和历时性特征的佛塔艺术表现形式，也是本论著中分析和阐述西藏古代建筑佛塔历史沿革的重点研究内容。通过本节的论述与相关实物标本的举例，我们可以看到这一节的内容是前所未有的归纳总结和本论著中的独到新颖之处。在上述不同类型建筑佛塔的具体分析中，通过图版与线图的展示，同样从中可以领会到不同类型建筑佛塔的区域性特点与艺术表现形式的流派风格。这些内容均为此期西藏古代建筑佛塔历史沿革的重要组成部分，它所代表的既是自吐蕃王朝以来原有佛塔艺术表现形式的延续上取得的成就，也是西藏古代建筑佛塔发展史上出现的一个承前启后的时代。在这一发展阶段的后期，出现了直到目前我们所共知的结构完备的佛塔艺术形式。以菩提塔为标本，它有塔基或塔座（ཁྲི་གདན་）、十善塔阶座（རྐང་དགེ་）、四层塔阶（བང་རིམ་བཞི་）、塔瓶座（བུམ་གདན་ནམ་བུམ་རྟེན་）、塔瓶（བུམ་པ་）、方座（བྲེ་རྐང་另一类型塔无此结构）、方（བྲེ་གདན་ནམ་བྲེ་རྟེན་）、平头（བྲེ་）、莲花轮座（གདུགས་འདེགས་པདྨ་）、相轮（ཆོས་འཁོར་）、伞（གདུགས་）、伞盖（གདུགས་ཁེབས་）、日月（ཉི་ཟླ་）、顶脊宝珠（ནོར་བུའི་ཏོག་）、以及相轮之上而掩于伞内的大悲陀罗尼咒（ཐུགས་རྗེ་མདོ་གཟུངས་）的结构所构成。这种结构完备佛塔艺术形式的出现，既显示了西藏古代建筑佛塔发展史上一个绚丽缤纷时代的结束，又预示着一个佛塔艺术表现形式趋向更加臻于程式化和单一划时代的到来。

第二部分内容中，作为此期西藏建筑佛塔呈现出绚丽缤纷景象的另一种现象，便是在这一发展阶段中出现的噶当塔、万佛塔、一百零八塔、过街塔等不同形式的建筑佛塔。这一部分内容中，专列四节对上述不同表现形式的建筑佛塔的基本情况做了简要的介绍。同时，可结合上一部分内容，我们能在此期的佛塔中找到迄今为止所能见到的几乎是西藏建筑佛塔的所有艺术表现形式。

第三部分内容根据目前掌握的资料，对至少于13世纪出现、直至此期的下限15世纪的藏族学者自己撰写的佛塔相关经典著作的主要内容进行了简略介绍。列出了直接与佛塔度量经有关的6部著作目录，其中1部是完成于14世纪至15世纪期间的苯教大师喜绕坚参的雍仲苯教佛塔度量经。这些著作的出现，表明了西藏建筑佛塔艺术基本实现了本土化的艺术和审美理念。为后期历史中西藏佛塔造型艺术的定格奠定了理论基础，并为实践者提供了艺术指南。

第五章 16世纪至19世纪时期的建筑佛塔

分为两个部分内容，第一部分内容中，叙述了此期西藏建筑佛塔的基本情况，重点阐述具有普遍特征的建筑佛塔。16世纪时期的西藏建筑佛塔基本承袭了14世纪中后期至15世纪初叶以来结构完备的外观造型，除了在细部结构存在不同程度的尺寸大小或实践者对于造型的处理方式选择而带来的与前一时期不同的表现外，其余特征基本与现行佛塔的造型无多大差别。当然，在类型上，由于实践者所依据的经典不同，有时也能看到早期经典著作中叙述的佛塔造型。属于此类的建筑佛塔，没有列为本章讨论的对象。

第二部分内容，列出了8位经典作家的著作目录，其中对能够代表此期佛塔度量经的陈嘎瓦·洛追桑布与第司·桑结加措所撰作品的主要内容进行了简要评述，此期出现的具有普遍特征的两种类型建筑佛塔的实践依据主要出自这两本论著。

第六章 结语

对西藏建筑佛塔的历史沿革进行全面的总结，以第四章中提出的三大建筑佛塔类型为主线，勾勒出具有一般特征的西藏建筑佛塔的历史轨迹，提出由这些类型构成的西藏古代建筑佛塔的几个不同发展阶段。同时，对不同类型建筑佛塔的区域性特征进行归纳，以二层塔阶式佛塔为例，基本可分为阿里地方风格、西藏传内地风格、卫藏地方风格三种具有区域特征的建筑佛塔。另外，之所以西藏建筑佛塔能够发展到现在，其基本的理论依据主要来源于17-18世纪以来的有关著作，尤其是17世纪以来由第司·桑杰加措的佛塔度量经几乎成为通行于全藏佛塔艺术实践的范本。

通过本论著，首先对西藏古代建筑佛塔历史沿革的基本情况可有一定程度的了解，其次对西藏古代建筑佛塔的源流做出了比以往的研究认识具有更加细致的分析。尤其是对佛塔本身的早期形态的论述，以及西藏建筑佛塔转变为本土化过程的情形，以历史实物为依据，通过文献与考古类型学方法的结合而展开的。这种途径的论述，将有助于以一种较为科学的史观来理解西藏建筑佛塔的源流。再次不但对西藏建筑佛塔的一般知识背景，如修建佛塔的一般过程、主要类型等，而且对西藏古代建筑佛塔的文化及其演化将会提供一种更加全面的参照。

དཀར་ཆག

ས་བཅད་བཞི་པ། བསྟན་པ་ཕྱི་དར་དབུ་ཚུགས་པ་ནས་དུས་རབས་བཅོ་ལྔ་པའི་དབར་གྱི་ཨར་སྐྲུན་མཆོད་རྟེན། 179

པར་དང་རི་མོའི་དཀར་ཆག

ས་བཅད་དང་པོ། སྔོན་འགྲོའི་གཏམ།

དང་པོ། ཞིབ་འཇུག་གི་དམིགས་ཡུལ་དང་ནང་དོན་སོགས་ཀྱི་སྐོར།

ཐོག་མའི་དོན་ཚན་འདིར་ཆེད་དེབ་འདིའི་གཙོ་བོའི་བརྗོད་བྱར་བགྲོ་གླེང་མི་བྱེད་པར་འདིའི་ཞིབ་འཇུག་གི་དམིགས་ཡུལ་དང་། ཞིབ་འཇུག་གི་ནང་དོན། ཞིབ་འཇུག་བྱེད་ཐབས། ཞིབ་འཇུག་གི་གཙོ་གནད་དང་དཀའ་གནད། ཞིབ་འཇུག་གི་དོན་སྙིང་བཅས་པའི་ནང་གསེས་ཁག་ལྔའི་ཐོག་ནས་སྔོན་བསུས་ནས། དཔྱོད་གཞི་འདིའི་འབྲེལ་ཡོད་གནད་དོན་ལ་རྒྱབ་ལྗོངས་གང་ཞིག་བསྐྲུན་ཁུལ་གྱིས་དེ་དག་གསལ་འདོན་བྱེད་འདོད་པ་གཤམ་གསལ་ལྟར་ཏེ།

གཅིག ཞིབ་འཇུག་གི་དམིགས་ཡུལ།

བོད་ཀྱི་གནའ་རབས་ཨར་སྐྲུན་མཆོད་རྟེན་ནི། བོད་ཀྱི་སྲོལ་རྒྱུན་མཆོད་རྟེན་རིག་གནས་ཀྱི་གཙོ་བོའི་ཆ་ཤས་ཤིག་ཡིན་ལ། བོད་ཀྱི་སྲོལ་རྒྱུན་ཆོས་ལུགས་རིག་གནས་ཀྱི་གལ་ཆེའི་གྲུབ་ཆ་ཞིག་ཀྱང་ཡིན། མིག་སྔར་བོད་ཀྱི་ཆོས་ལུགས་རིག་གནས་དང་ལོ་རྒྱུས་ལ་སོགས་པའི་ཞིབ་འཇུག་གི་ཁྲོད་དུ་བོད་ཀྱི་གནའ་རབས་ཨར་སྐྲུན་མཆོད་རྟེན་སྐོར་ལ་དཔྱད་གླེང་བགྱིས་པའི་ཆེད་དེབ་ཙུང་བ་མ་ཟད། ད་ཡོད་ཀྱི་དཔྱད་རྩོམ་དག་ཀྱང་མཆོད་རྟེན་གྱི་སྤྱིའི་རྣམ་དབྱེ་དང་། གཙོ་བོའི་འབྱུང་ཁུངས། འབྲེལ་ཡོད་ཀྱི་ལོ་རྒྱུས་རྒྱབ་ལྗོངས། ས་ཆ་ག་གེ་མོ་ཞིག་གི་ཁོངས་སུ་མཆིས་པའི་

མཆོད་རྟེན་དེ་པོ་ནའི་འབྲེལ་ཡོད་ཀྱི་གནས་ཚུལ་ལ་ཞིབ་དཔྱོད་བྱས་པ་ཙམ་ལས་བོད་ཀྱི་གནའ་རབས་ཨར་སྐྲུན་མཆོད་རྟེན་གྱི་བྱུང་འཕེལ་སྐོར་ལ་ཕྱོགས་ཡོངས་ཀྱི་བསམ་གཞིག་ཚགས་སུ་ཚུད་པར་བརྟེན་ཏེ་དཔྱད་སྒྲིང་བགྱིས་པ་ཞིག་མཐོང་ཆོས་སུ་མ་གྱུར། མིག་སྔར་ང་ཚོའི་མཐོང་ཆོས་སུ་གྱུར་བའི་སྔོན་ཐོན་མཁས་པ་དང་ཞིབ་འཇུག་པ་རྣམས་ཀྱིས་བྲིས་གནང་བའི་བོད་ཀྱི་མཆོད་རྟེན་སྐོར་གྱི་དཔྱད་རྩོམ་ཁག་ནི་དཔྱད་གཞིའི་ཡིག་རིགས་པོ་ནར་རྒྱབ་རྟེན་བཅོལ་ཏེ་འབྲེལ་ཡོད་ཀྱི་གནད་དོན་ཁག་ལ་ངོ་སྤྲོད་ཞུ་བ་ཙམ་ལས། ལོ་རྒྱུས་ཀྱི་སྔ་ཕྱི་བར་གསུམ་གྱི་བརྒྱུད་རིམ་ནང་བྱུང་བའི་མཆོད་རྟེན་གྱི་དཔེ་རིས་དང་། བཟོ་དབྱིབས་དངོས་ཀྱི་མ་དཔེ་ལ་སོགས་པའི་འགངས་ཆེའི་དཔྱད་གཞི་དག་རྒྱབ་རྟེན་དུ་བཟུང་སྟེ་དེའི་རིག་གནས་ཀྱི་རང་བཞིན་དང་། བྱུང་འཕེལ་གྱི་ནང་དོན། ཁྱད་ཆོས་སོགས་ལ་དཔྱད་སྒྲིང་ཕྲ་ཞིང་ཕྲ་བ་བྱས་པ་དེ་བས་མ་མཐོང་ངོ་། །

དེ་ཡང་། མཆོད་རྟེན་དང་འབྲེལ་བའི་རྒྱལ་ཕྱི་རྒྱལ་ནང་གི་ཞིབ་འཇུག་གནས་ཚུལ་ལ་ཉམས་ཞིབ་ཅིག་བྱེད་པའི་ཚེ། གནད་དོན་འདིའི་སྐོར་ལ་དམིགས་བཀར་རམ་ཆེད་མངགས་ཀྱི་རྩོམ་ཡིག་དཀོན་པ་དང་། ཡང་སྐྱོས་བོད་ཀྱི་གནའ་རབས་ཨར་སྐྲུན་མཆོད་རྟེན་གྱི་བྱུང་འཕེལ་སྐོར་གྱི་ཞིབ་འཇུག་རྩོམ་ཡིག་ནི་དེ་བས་དཀོན་པོ་ཡིན་ཀྱིན། པོ་བོས་འདིར་རང་རེའི་སྔོན་ཐོན་མེས་པོ་ཚོས་ཉམ་ཆུང་བདག་འདྲའི་རྗེས་འབྲངས་པ་ཚོར་དྲིན་གྱིས་སྐྱིན་པ་གནང་བའི་བོན་དང་། ནང་པ་སངས་རྒྱས་པའི་མཆོད་རྟེན་སྐོར་གྱི་ཚད་ལྡན་དཔྱད་ཡིག་བཅོལ་འཚོལ་གང་ཐུབ་དང་། དེང་རབས་ཞིབ་འཇུག་པ་ཚོས་བྲིས་གནང་བའི་དཔྱད་རྩོམ་རང་གི་ལག་ཏུ་འཁྱོར་གང་ནུས། བོད་ཡུལ་དང་བོད་ཀྱི་མཆོད་རྟེན་དང་འབྲེལ་ཡོད་ཀྱི་ཡུལ་གྲུ་སྣེ་ཁག་ཏུ་ཁྱབ་པའི་མཆོད་རྟེན་གྱི་བཟོ་དབྱིབས་དངོས་ཀྱི་མ་དཔེ། དཔེ་རིས། པར་རིས་སོགས་

ལག་སོན་གང་ཐུབ་བྱུང་བ་བཅས་དཔྱད་གཞིར་བཟུང་སྟེ། བོད་ཀྱི་གནའ་རབས་ཨར་སྐྲུན་མཆོད་རྟེན་གྱི་བྱུང་འཕེལ་ལོ་རྒྱུས་དུས་རིམ་ཁག་གི་ནང་དོན་དང་། ཁྱད་ཆོས་སོགས་ལ་དབྱེ་ཞིབ་བགྱིས་ཏེ། དེའི་བྱུང་འཕེལ་དུས་རིམ་གྱི་རྩ་བའི་སྒྲིག་གཞི་ལྟ་བུ་ཞིག་དཔྱད་སྙོམ་གྱི་ཚུལ་དུ་མཁོ་འདོན་བྱས་ནས་མཁྱེན་ལྡན་པ་རྣམས་ཀྱིས་བརྗོད་གཞི་འདིར་མུ་མཐུད་དེ་ཞིབ་འཇུག་དང་། འདིར་ནོར་འཁྲུལ་གང་ཡོད་ལ་ཡོ་བསྲང་གི་དགོངས་འཆར་ལྷད་མེད་ལྷུག་སྩོལ་ཡོང་བའི་འདུན་པ་དང་བཅས་ནི་ཆེད་དེབ་འདིའི་ཞིབ་འཇུག་གི་ཐོག་མའི་དམིགས་ཡུལ་གཙོ་བོ་ཞིག་ཡིན།

གཉིས། ཞིབ་འཇུག་གི་ནང་དོན།

ཆེད་དེབ་འདི་ཡང་ས་བཅད་དྲུག་ལ་ཕྱེ་སྟེ་བོད་ཀྱི་གནའ་རབས་ཨར་སྐྲུན་མཆོད་རྟེན་གྱི་བྱུང་འཕེལ་སྐོར་བརྗོད་བྱ་གཙོ་བོར་བཟུང་ནས་དེ་དང་འབྲེལ་བའི་གནད་དོན་ཁག་ས་བཅད་སོ་སོའི་ནང་དུ་ངོ་སྤྲོད་ཞུས་ཡོད་དེ།

ས་བཅད་དང་པོའི་ནང་ཐོག་མར་ཆེད་དེབ་འདིའི་ཞིབ་འཇུག་གི་དམིགས་ཡུལ་དང་ནང་དོན། ཞིབ་འཇུག་བྱེད་ཐབས། ཞིབ་འཇུག་གི་གཙོ་གནད་དང་དཀའ་གནད། ཞིབ་འཇུག་གི་དོན་སྙིང་བཅས་ངོ་སྤྲོད་ཞུས་པ་དང་ཆབས་ཅིག་ཆེད་དེབ་འདི་དང་འབྲེལ་བའི་ཞིབ་འཇུག་གི་གནས་ཚུལ་སྐོར་ལ་ཡང་བསྡུ་སྙིང་རགས་ཙམ་བགྱིས་ཡོད། དེ་ནས་འཕགས་ཡུལ་མཆོད་རྟེན་གྱི་ཐོག་མའི་བྱུང་རིམ་དང་དེའི་གཙོ་བོའི་མཚོན་དོན་སྐོར། མཆོད་རྟེན་ཇི་ལྟར་གདབ་པའི་སྤྱིའི་བརྒྱུད་རིམ། མཆོད་རྟེན་གྱི་གཙོ་བོའི་རྣམ་དབྱེ་བཅས་ལ་དབྱེ་ཞིབ་བྱས་ཡོད་ཅིང་། ལྷག་པར་དུ་འཕགས་ཡུལ་མཆོད་རྟེན་གྱི་ཐོག་མའི་བྱུང་རིམ་དང་དེའི་གཙོ་བོའི་མཚོན་དོན་སྐོར། མཆོད་རྟེན་ཇི་ལྟར་གདབ་པའི་སྤྱིའི་བརྒྱུད་རིམ། མཆོད་རྟེན་གྱི་གཙོ་བོའི་རྣམ་དབྱེ་བཅས་ཀྱི་ནང་དོན་ནི་ཆེད་དེབ་འདིའི་གཙོ་བོའི་བརྗོད་བྱའི་རྒྱབ་ལྗོངས་ཤེས་བྱར་བཞག

ཡོད་པ་དང་། དེ་ནི་བོད་ཀྱི་ཨར་སྐྲུན་མཆོད་རྟེན་བྱུང་འཕེལ་དང་ཐད་ཀའི་འབྲེལ་བ་མེད་རུང་། ཆེད་དེབ་འདིའི་བརྗོད་བྱ་དང་འབྲེལ་བ་ཤིན་ཏུ་ཆེ་ལ། བོད་ཀྱི་ཨར་སྐྲུན་མཆོད་རྟེན་བྱུང་འཕེལ་སྐོར་གྱི་འབྲེལ་ཡོད་གནད་དོན་ཁག་ལ་གོ་བ་གཏིང་ཟབ་ལོན་ཐུབ་པའི་གལ་ཆེའི་གནད་དོན་ཞིག་ཏུ་གྱུར་ཡོད་ཀྱིན། གོང་དུ་ངོ་སྤྲོད་ཟིན་པའི་དོན་ཚན་ཁག་གི་ཐོག་ནས་ཕྱོགས་སྒྲིག་དང་དཔྱད་བརྗོད་ཟུང་འབྲེལ་གྱིས་ཆབས་ཅིག་ཏུ་བཀོད་ཡོད།

ས་བཅད་གཉིས་པའི་ནང་བོད་ཀྱི་ཨར་སྐྲུན་མཆོད་རྟེན་གྱི་བྱུང་འཕེལ་དུས་རིམ་ཁག་ལ་དབྱེ་ཞིབ་བྱས་ཏེ། གོང་འཕེལ་གྱི་དུས་མཚམས་ཁག་བཞིར་དབྱེ་བའི་གཙོ་བོའི་རྒྱུ་རྐྱེན་སྐོར་གླེང་ཡོད་ལ། དུས་རིམ་སོ་སོའི་འཕེལ་རྒྱས་ཀྱི་ཁྱད་ཆོས་ཀྱང་ངོ་སྤྲོད་ཞུས་ཡོད་དེ། དུས་རིམ་དང་པོའི་ནང་བོད་ཀྱི་ཨར་སྐྲུན་མཆོད་རྟེན་ཐོག་མ་དེ་གང་ནས་བྱུང་ཚུལ་གྱི་སྐོར་ལ་བོད་དུ་ཐུགས་རྟེན་དང་པོ་ཇི་ལྟར་བྱུང་བའི་ཚུལ་དང་། གནའ་དཔྱད་རིག་པའི་ཐབས་ལ་རྟེན་པའི་ཚོད་དཔག་ལས་སྲིད་པའི་རྡོ། ཐོ་ཐོའམ་རྡོ་མཆོད། རྡོའམ་བྲག་བརྐོས་ལས་བྱུང་བའི་མཆོད་རྟེན་སོགས་ལ་དབྱེ་ཞིབ་བྱས་ཏེ། གནད་དོན་དེའི་སྐོར་ད་བར་ངེས་ཤེས་ཀྱི་སྨོམ་ཚིག་ཅིག་བྱུང་མེད་པ་དེར་རང་ཉིད་ཀྱི་བསམ་ཚུལ་འགའ་ཞིག་བརྗོད་ཡོད་པ་དང་། དུས་རིམ་གཉིས་པའི་ནང་བཙན་པོའི་རྒྱལ་རབས་སྐབས་ཀྱི་བོད་ཀྱི་ཨར་སྐྲུན་མཆོད་རྟེན་གྱི་བྱུང་འཕེལ་སྐོར་ལ་རགས་གླེང་བྱས་ཡོད་ཅིང་། དེའི་བརྗོད་བྱའི་ཁོངས་གཏོགས་ཀྱི་དུས་ཚོད་ནི་སྲོང་བཙན་སྒམ་པོ་ནས་གླང་དར་མ་བར་གྱི་ལོ་ངོ་ཉིས་བརྒྱ་ལྷག་ཙམ་གྱི་བོད་ཀྱི་བཙན་པོ་རིམ་བྱོན་གྱི་དུས་རིམ་དེ་ཡིན་པ་དང་། དུས་རིམ་གསུམ་པའི་ནང་དུ་བསྟན་པ་ཕྱི་དར་དབུ་ཚུགས་པ་ནས་དུས་རབས་བཅོ་ལྔ་པའི་སྐབས་ཀྱི་བོད་ཀྱི་ཨར་སྐྲུན་མཆོད་རྟེན་གྱི་བྱུང་འཕེལ་སྐོར་ལ་ངོ་སྤྲོད་རགས་ཙམ་བྱས་

ཡོད་པ། དུས་རིམ་བཞི་པའི་ནང་དུས་རབས་བཅུ་དྲུག་པ་ནས་དུས་རབས་བཅུ་དགུ་པའི་བར་གྱི་བོད་ཀྱི་ཨར་སྐྲུན་མཆོད་རྟེན་གྱི་བྱུང་འཕེལ་དང་དེའི་སྤྱིའི་ཁྱད་ཆོས་སྐོར་ལ་ངོ་སྤྲོད་རགས་ཙམ་བཅས་བྱས་ཡོད།

ས་བཅད་གསུམ་པ་ནས་ལྔ་པའི་ནང་དུ་འབྲེལ་ཡོད་ཀྱི་དཔྱད་གཞིའི་ཡིག་རིགས་ཁག་དང་། ད་བར་དུ་མིག་མཐོང་ལག་ཟིན་བྱུང་བའི་དངོས་རྒྱུ་སྣ་མང་ལས་གྲུབ་པའི་བོད་ཀྱི་མཆོད་རྟེན་གྱི་མ་དཔེ་ཅི་རིགས་དཔྱད་གཞིར་བཟུང་སྟེ། བཙན་པོའི་རྒྱལ་རབས་ནས་དུས་རབས་བཅུ་དགུ་པའི་བར་གྱི་ལོ་རྒྱུས་འཕེལ་རིམ་ནང་། གོང་དུ་ཕྱི་ཟིན་པའི་ཨར་སྐྲུན་མཆོད་རྟེན་གྱི་བྱུང་འཕེལ་དང་དུས་རིམ་སོ་སོའི་ཁོངས་གཏོགས་ཀྱི་ཞིབ་ཆའི་ནང་དོན་ཁག་ལ་ངོ་སྤྲོད་རགས་ཙམ་བྱས་ཡོད་དེ། ས་བཅད་གསུམ་པའི་ནང་བཙན་པོའི་རྒྱལ་རབས་སྐབས་ཀྱི་ཨར་སྐྲུན་མཆོད་རྟེན་ཞེས་པ་ལ་ལོ་རྒྱུས་ཆོས་འབྱུང་དེབ་ཐེར་ཁག་ལས་འཁོད་པའི་གནས་ཚུལ་རགས་བསྡུས་དང་། གནའ་ཤུལ་གནའ་རྫས་ལས་མངོན་པའི་ཁྱད་ཆོས་ཞེས་པའི་དོན་ཚན་གཉིས་ཀྱི་ཐོག་ནས། དུས་སྐབས་དེའི་སྔ་ཕྱི་བར་གསུམ་གྱི་ཨར་སྐྲུན་མཆོད་རྟེན་སྐོར་ལ་གསལ་བཤད་བྱས་ཡོད།

ས་བཅད་བཞི་པའི་ནང་བསྟན་པ་ཕྱི་དར་དབུ་ཚུགས་པ་ནས་དུས་རབས་བཅོ་ལྔ་པའི་བར་གྱི་ཨར་སྐྲུན་མཆོད་རྟེན་གྱི་སྤྱིའི་ཁྱད་ཆོས་ལྡན་པའི་མཆོད་རྟེན་གྱི་རྣམ་པའི་སྐོར་དང་། བཀའ་གདམས་མཆོད་རྟེན་གྱི་སྐོར། སྐུ་འབུམ་མཆོད་རྟེན་གྱི་སྐོར། མཆོད་རྟེན་བརྒྱ་རྩ་བརྒྱད་ཀྱི་སྐོར། མཆོད་རྟེན་གྱི་གཞུང་ལུགས་བརྩམས་ཆོས་སྐོར་ལ་སོགས་དུས་རིམ་དེའི་བོད་ཀྱི་ཨར་སྐྲུན་མཆོད་རྟེན་གྱི་བྱུང་འཕེལ་ལ་དཔྱད་བརྗོད་དང་། ས་བཅད་ལྔ་པ་དུས་རབས་བཅུ་དྲུག་པ་ནས་བཅུ་དགུ་པའི་བར་གྱི་ཨར་སྐྲུན་མཆོད་རྟེན་ཞེས་པའི་ནང་ས་བཅད་གོང་དང་འདྲ་བའི་

དཔྱད་གཞིའི་ནང་དོན་ཁག་གཅིག་བཀོད་ཡོད་དེ། དེ་ཡང་སྤྱིའི་ཁྱད་ཆོས་ལྡན་པའི་མཆོད་རྟེན་གྱི་རྣམ་པའི་སྐོར་དང་། མཆོད་རྟེན་གྱི་གཞུང་ལུགས་བརྩམས་ཆོས་སྐོར་ལ་སོགས་པས་དུས་རིམ་དེའི་བོད་ཀྱི་ཨར་སྐྲུན་མཆོད་རྟེན་གྱི་འཕེལ་རིམ་ལ་དཔྱེ་ཞིབ་བྱས། ས་བཅད་དྲུག་པའི་མཐའ་སྡོམ་ནང་དུ་ཆེད་རྩོམ་འདིའི་གཙོ་བོའི་བརྗོད་བྱ་སྟེ་བོད་ཀྱི་ཨར་སྐྲུན་མཆོད་རྟེན་གྱི་བྱུང་འཕེལ་སྐོར་ལ་ཕྱོགས་ཡོངས་ནས་དཔྱད་སྡོམ་བགྱིས་ཏེ། བོད་ཀྱི་ཨར་སྐྲུན་མཆོད་རྟེན་གྱི་ཕྱིའི་བཟོ་དབྱིབས་འདྲ་མིན་གྱི་བྱུང་འཕེལ་རྣམ་གཞག་གི་རྩ་བའི་སྒྲིག་གཞི་ཞིག་གུང་དུ་བསྒྲིགས་ཏེ་བསྟན་ཁྱུལ་བྱས་ཡོད།

གསུམ། ཞིབ་འཇུག་བྱེད་ཐབས།

ཆེད་དེབ་འདིའི་གཙོ་བོའི་ཞིབ་འཇུག་བྱེད་ཐབས་ཀྱང་ཁག་གསུམ་ཙམ་དུ་བྱེ་ནས་འབྲེལ་ཡོད་ཀྱི་གནད་དོན་ལ་དཔྱད་བརྗོད་བྱས་ཡོད་དེ།

གཅིག་ནི་ཕིར་འཛིན་པར་ལག་སོན་བྱུང་བའི་རང་རེའི་སྔོན་བྱོན་མཁས་པས་མཛད་པའི་མཆོད་རྟེན་སྐོར་གྱི་དཔྱད་གཞིའི་ཡིག་ཆ་གང་ཡོད་པ་རྣམས་དཔྱད་གཞིའི་སྒྲུབ་བྱེད་དུ་འཛིན་ཏེ། བོད་ཀྱི་ཨར་སྐྲུན་མཆོད་རྟེན་གྱི་རྒྱབ་ལྗོངས་ཤེས་བྱ་ཁག་ལ་མཚམས་སྦྱོར་ཞུས་ཡོད་པ་དང་སྦྲགས། ཡིག་རིགས་གཞན་གྱི་དཔྱད་འབྲས་ལ་ཡང་བརྟེན་ཏེ་བོད་ཀྱི་ཨར་སྐྲུན་མཆོད་རྟེན་གྱི་བྱུང་འཕེལ་སྐོར་ལ་སོགས་པའི་གནད་དོན་ལ་བགྲོ་གླེང་ཡང་བྱས་ཡོད།

གཉིས་ནི་ཕིར་འཛིན་པས་མཐོང་ཆོས་སུ་གྱུར་བའི་བོད་ཡུལ་སྟོད་སྨད་བར་གསུམ་དུ་དར་ཁྱབ་བྱུང་བའི་ཨར་སྐྲུན་མཆོད་རྟེན་གྱི་བཟོ་དབྱིབས་རྣམ་པ་དང་འབྲེལ་འདྲིས་ཆེ་བའི་དངོས་རྒྱུ་གཞན་ལས་གྲུབ་པའི་མཆོད་རྟེན་གྱི་མ་དཔེ་བཅལ་འཚོལ་གང་ཐུབ་པ་དག་གུང་དུ་བསྒྲིགས་ཏེ། བོད་ཀྱི་ཨར་སྐྲུན་མཆོད་རྟེན་བྱུང་

འཕེལ་གྱི་སྤྱིའི་རྣམ་པར་དབྱེ་ཞིབ་དང་། ལོ་རྒྱུས་ལ་སོགས་རྐྱེན་དབང་གང་ཞིག་ལ་བརྟེན་ནས་ཆེས་སྔ་དུས་ཀྱི་ཨར་སྐྲུན་མཆོད་རྟེན་གྱི་མ་དཔེ་མཐའ་དག་མི་ནུས་པ་ཁག་ལ་དཔྱད་བརྗོད་བྱེད་སྐབས། ལོ་རྒྱུས་ཆོས་འབྱུང་དེབ་ཐེར་ཁག་ཏུ་འཁོད་པའི་དཔྱད་གཞིའི་ཡིག་ཆ་ཟུང་འབྲེལ་གྱིས་གནད་དོན་དེའི་སྐོར་ལ་དཔྱད་བརྗོད་བྱས་ཡོད།

གསུམ་ནི་གོང་གི་བྱེད་ཐབས་དེའི་རྨང་གཞིའི་ཐོག །པེར་འཛིན་པས་བོད་ཡུལ་དབུས་གཙང་གཙོ་བོར་བཟུང་བའི་ས་ཆ་ཁག་ལ་དངོས་སུ་བསྐྱོད་དེ་ཆེད་དེབ་འདིའི་གཙོ་བོའི་བརྗོད་བྱ་དང་འབྲེལ་བ་ལྡན་པའི་ཨར་སྐྲུན་མཆོད་རྟེན་གྱི་མ་དཔེ་དངོས་དང་། དཔྱད་གཞིའི་ཡིག་ཆ་གང་འཚོར་རྣམས་བཙལ་འཚོལ་བསྡུ་རུབ་ཀྱིས་དཔྱད་གཞི་འདིའི་སྒྲུབ་བྱེད་དུ་བཀོད་པ་བཅས་ཀྱི་བྱེད་ཐབས་སྤེལ་ཡོད།

བཞི། ཞིབ་འཇུག་གི་གཙོ་གནད་དང་དཀའ་གནད།

ཆེད་དེབ་འདིའི་ཞིབ་འཇུག་གི་གཙོ་གནད་ནི། བོད་ཀྱི་ཨར་སྐྲུན་མཆོད་རྟེན་གྱི་བྱུང་འཕེལ་དུས་རིམ་སྐོར་ལ་དབྱེ་ཞིབ་བྱ་རྒྱུ་དང་། ལོ་རྒྱུས་འཕེལ་རིམ་གྱི་སྔ་ཕྱི་བར་གསུམ་དུ་བོད་ཀྱི་ཨར་སྐྲུན་མཆོད་རྟེན་གྱི་དུས་མཚམས་ཁག་ལ་རྣམ་དབྱེ་ཕྱེ་སྟེ། དུས་མཚམས་སོ་སོའི་ནང་གི་ཨར་སྐྲུན་མཆོད་རྟེན་གྱི་རྣམ་པ་དང་གཙོ་བོའི་ཁྱད་ཆོས་ལ་འགྲེལ་བརྗོད་ཞུས་ཡོད། གཞན་ཡང་། བོད་ཀྱི་ཨར་སྐྲུན་མཆོད་རྟེན་དང་འབྲེལ་ཆེ་བའི་སྤྱིའི་རྒྱབ་ལྗོངས་ཤེས་བྱ་ཁག་གཅིག་གི་དཔྱད་གཞིའི་ཡིག་ཆ་གང་ཡོད་པ་རྣམས་བསྡུ་སྒྲིག་གིས་གཙོ་བོའི་བརྗོད་བྱ་འདིར་སྒྲུབ་བྱེད་ལྷུ་ལག་ཚང་བ་ཞིག་སྦྱིན་ནུས་པའི་དམིགས་འདུན་བཅངས་ཡོད།

འོན་ཏང་། ད་ལམ་བོད་ཀྱི་ཨར་སྐྲུན་མཆོད་རྟེན་སྐོར་གྱི་ཞིབ་འཇུག་ཁྲོད་

དེའི་ཐོག་མའི་འབྱུང་ཁུངས་དང་། ཕྱིས་སུ་འཕེལ་འགྱུར་ཇི་ལྟར་བྱུང་ཚུལ་སྐོར་ལ་དམིགས་བཀར་གྱིས་བྲིས་པའི་དཔྱད་རྩོམ་ནི་ཤིན་ཏུ་དབེན་པའི་རྒྱུ་རྐྱེན་ལ་ལྟོས་ཏེ། ཆེད་དེབ་འདིའི་དཀའ་གནད་འཕྲད་ས་ཁག་གཅིག་གཤམ་དུ་བརྗོད་ན་འདི་ལྟ་སྟེ།

༡ དེང་གི་ཞིབ་འཇུག་པས་དོ་སྣང་གཙོ་བོ་གནང་ཡུལ་ནི་ནང་བསྟན་མཆོད་རྟེན་གྱི་འབྲེལ་ཡོད་གནད་དོན་ཁག་ཡིན་ཞིང་། དེའི་ཁྲོད་ཀྱི་དཔྱད་རྩོམ་ཕལ་མོ་ཆེ་ནི་ཡིག་རིགས་ཀྱི་དཔྱད་གཞི་འབའ་ཞིག་ལ་བརྟེན་ནས་བོད་ཀྱི་ཨར་སྐྲུན་མཆོད་རྟེན་གྱི་རྒྱབ་ལྗོངས་ཤེས་བྱ་སྟེ། མཆོད་རྟེན་ཇི་ལྟར་བཞེངས་མིན་དང་། མཆོད་རྟེན་གྲུབ་ཆ་སོ་སོའི་བརྡ་མཚོན། མཆོད་རྟེན་གྱི་སྤྱིའི་རྣམ་དབྱེ་ལ་སོགས་པའི་སྐོར་ལ་དཔྱད་བརྗོད་གནང་བ་ཤ་སྟག་ཡིན། འོན་ཏང་། བོད་ཀྱི་ཨར་སྐྲུན་མཆོད་རྟེན་བྱུང་འཕེལ་སྐོར་གྱི་དཔྱོད་གཞི་འདི་དཔྱད་བརྗོད་ཀྱི་གཞི་འཛིན་སར་གྱུར་སྐབས། གོང་གླེང་དཔྱད་གཞིའི་ཡིག་རིགས་དེ་དག་གིས་མཁོ་འདོན་ནུས་པའི་རྣམ་པ་ནི་ཤིན་ཏུ་དོ་མི་སློམས་པའི་ཆ་ཞིག་ལ་གྱུར་གྱི་ཡོད་པ་དང་། བོད་ཀྱི་ཨར་སྐྲུན་མཆོད་རྟེན་བྱུང་འཕེལ་སྐོར་གྱི་དཔྱོད་གཞི་འདི་རང་ལ་ཁ་ཚ་དགོས་གཏུགས་དང་ཁ་གསལ་གྱི་ནུས་པ་ཐོན་པ་ཞིག་ཅུང་དཀའ་བའི་གནས་སུ་གྱུར་ཡོད།

༢ བོད་ཀྱི་ལོ་རྒྱུས་ཆོས་འབྱུང་དེབ་ཐེར་ཁག་ནང་དུ་འཕོད་པར་གཞིགས་ན། བཙན་པོའི་རྒྱལ་རབས་ཀྱི་དུས་སྐབས་སུ་མཆོད་རྟེན་སྟོང་ཕྲག་ཙམ་བཞེངས་ཡོད་པ་ལ་སོགས་པའི་གསལ་བརྗོད་ཀྱིས་མ་མཐར་ཡང་བསྟན་པ་སྟེ་དར་དུས་སུ་མཆོད་རྟེན་མང་དག་ཅིག་བཞེངས་ཡོད་ཚུལ་སྐོར་འཕོད་ཡོད་མོད། དུས་སྐབས་དེ་རང་ལ་གཏོགས་པའི་མཆོད་རྟེན་གྱི་མ་དཔེ་དངོས་ནི་བོད་ཡུལ་དུ་ཤིན་ཏུ་མཛལ་དཀོན་པའི་གནས་སུ་གྱུར་ཡོད་སྐབས། དུས་སྐབས་དེའི་མཆོད་

རྟེན་གྱི་བཟོ་དབྱིབས་དང་རྣམ་པ་ལ་སོགས་པའི་གནད་དོན་ལ་དཔྱད་བརྗོད་བྱེད་པའི་ཚེ། ཕྱིས་འབྱུང་ལོ་རྒྱུས་ནང་དུ་བྱུང་བའི་བོད་ཀྱི་ཨར་སྐྲུན་མཆོད་རྟེན་གྱི་སྣང་ཚུལ་དངོས་དང་ཐ་དད་དུ་མངོན་གྱི་ཡོད་དེ། དཔྱད་བརྗོད་ཀྱི་བརྒྱུད་རིམ་ནང་དཔྱད་གཞིའི་རྒྱུ་ཆ་དཀོན་པར་བརྟེན་དུས་སྐབས་དེའི་ཨར་སྐྲུན་མཆོད་རྟེན་གྱི་སྤྱིའི་རྣམ་པ་གང་འདྲ་ཞིག་ཡིན་མིན་དང་། མཆོད་རྟེན་གྱི་བཟོ་དབྱིབས་རྣམ་གྲངས་ཇི་ཙམ་ཡོད་མེད་ལ་སོགས་པའི་ཞིབ་ཕྲའི་གནས་ཚུལ་ཡང་དེ་ཙམ་གྱིས་གསལ་ཁ་མེད་པའི་ཚོར་སྣང་ཞིག་ངམ་ཤུགས་སུ་འཆར་འོང་། དེས་ན་དེང་ང་ཚོས་བཙན་པོའི་དུས་རབས་ཀྱི་ཨར་སྐྲུན་མཆོད་རྟེན་སྐོར་ལ་གནད་དུ་འཁེལ་བའི་སྒྲུབ་བྱེད་ཅིག་འཚོལ་བསྡུ་བྱེད་དུས་དཀའ་ངལ་ངེས་ཅན་འཕྲད་ཀྱི་ཡོད་ལ། ད་ཡོད་མཆོད་རྟེན་མ་དཔེའི་དཔྱད་གཞིས་བོད་བཙན་པོའི་དུས་སྐབས་ཀྱི་ཨར་སྐྲུན་མཆོད་རྟེན་གྱི་རྣམ་པ་ཇི་བཞིན་དུ་མངོན་ཐུབ་མིན་སྐོར་ལ་ཡང་ད་དུང་མུ་མཐུད་དཔྱད་པ་གཏོང་དགོས་པའི་གནས་སུ་བབ་ཡོད་པ་ནི་ཨ་ཅང་བརྗོད་མེད་ཀྱི་དོན་ཞིག་ཏུ་འགྱུར་མས།

༣ གཡུང་དྲུང་བོན་གྱི་མཆོད་རྟེན་ནི་ནང་བསྟན་མཆོད་རྟེན་དང་གནས་བབས་གཅིག་མཚུངས་སུ་མངོན་པའི་བོད་ཀྱི་མཆོད་རྟེན་རིག་གནས་ཀྱི་གལ་ཆེའི་གྲུབ་ཆ་ཞིག་ཡིན་པ་སྨོས་ཅི་དགོས། འོན་ཏེ་ད་ལམ་པིར་འཛིན་པར་འདིའི་སྐོར་གྱི་ཡིག་རིགས་དང་དཔེ་རིས་ལ་སོགས་པའི་དཔྱད་གཞིའི་རྒྱུ་ཆ་ལག་སོན་བྱུང་བ་ཤིན་ཏུ་དབེན་པ་དང་། ལྷག་པར་དུ་ཆེས་སྔ་དུས་ཀྱི་དཔྱད་གཞིའི་རྒྱུ་ཆ་ནི་དེ་བས་ཀྱང་འཚོལ་བསྡུ་བྱེད་པར་དཀའ་ཚེགས་ཤིན་ཏུ་ཆེ་བས། གཡུང་དྲུང་བོན་གྱི་ཨར་སྐྲུན་མཆོད་རྟེན་གྱི་བྱུང་འཕེལ་སྐོར་ལ་དཔྱད་བརྗོད་བྱེད་སྐབས། ངེས་ཤེས་འདྲོང་ཐུབ་པའི་དཔྱད་པ་ཞིག་སྤྱིལ་ག་ལ་ཕོད། ཆེད་དེབ་འདིའི་ནང་དུ་ས་གཞི

ཁོ་བོས་ད་བར་ལག་སོན་བྱུང་བའི་དཔྱད་གཞི་གང་ཡོད་རྣམས་བེད་སྤྱད་དེ་དེའི་སྐོར་ལ་མཚམས་སྦྱོར་མདོར་བསྡུས་ཙམ་ཞུ་ཁུལ་ལགས་མོད་ཀྱང་། དེ་ཙམ་གྱིས་བོན་གྱི་མཆོད་རྟེན་བྱུང་འཕེལ་སྐོར་ལ་དཔྱད་བརྗོད་དྲངས་ཁ་འཕེལ་བ་ཞིག་བྱེད་དཀའ་བས། དེ་ནི་དཔྱད་རྩོམ་འདིའི་ནང་གི་མི་འདང་བའི་ཆ་ཞིག་ཀྱང་ཡོས་ཡིན།

༤ ཕྱིར་འཛིན་པས་བཅལ་འཚོལ་བྱས་པའི་དཔྱད་གཞིའི་ཁྲོད། ནང་བསྟན་དང་གཡུང་དྲུང་བོན་གྱི་ཨར་སྐྲུན་མཆོད་རྟེན་དང་འབྲེལ་བའི་ནང་དོན་འགའ་ཞིག་རྙེད་སོན་བྱུང་བར་གཞིགས་ཏེ། བོད་ཀྱི་ཨར་སྐྲུན་མཆོད་རྟེན་གྱི་བྱུང་འཕེལ་སྐོར་ལ་དཔྱད་བརྗོད་རགས་ཙམ་བྱས་པ་རྣམས་ཆེད་དེབ་འདིའི་ནང་བཀོད་ཡོད་ཀྱང་། གཞི་རྒྱ་ཆེ་ལ་གཏིང་ཟབ་པའི་བོད་ཀྱི་མཆོད་རྟེན་རིག་གནས་ཀྱི་སྤྱིའི་རྣམ་པ་དང་བསྡུར་ན། ཆེད་དེབ་འདིའི་ནང་དུ་དྲངས་པའི་དཔྱད་གཞིའི་རྒྱུ་ཆ་རྣམས་ནི་ཤིན་ཏུ་ནས་ཉག་ཕྲ་བས། དེ་དག་གིས་བོད་ཀྱི་ཨར་སྐྲུན་མཆོད་རྟེན་གྱི་སློབ་ཚྱིད་ཁུངས་བཙན་ཞིག་ཏུ་གྱུར་ཐུབ་མིན་ནི་ད་དུང་མུ་མཐུད་དཔྱད་ཞིབ་བྱ་དགོས་པའི་གནད་དོན་ཞིག་ཡིན།

༥ མཆོད་རྟེན་བཞེངས་ཚུལ་གྱི་སྤྱིའི་བརྒྱུད་རིམ་དང་ཕྱིའི་རྣམ་པའི་ཐོག་ནས་མངོན་གསལ་དོད་པའི་དབྱེ་བ་ནི་འཕེལ་རིམ་སོ་སོའི་ལྟོས་བཅས་ཀྱི་ཁྱད་ཆོས་ལས་གཞན་གྱི་ཁྱད་པར་མེད་པའི་དབང་དུ་བཏང་ནའང་། ནང་བསྟན་དང་གཡུང་དྲུང་བོན་ལ་སོགས་པའི་གྲུབ་མཐའ་སོ་སོའི་ལྟ་རྒྱུད་གང་ཞིག་གི་སྒོ་ནས་གདབ་པར་བྱ་བའི་མཆོད་རྟེན་གྱི་བཞེངས་ཚུལ་དང་། དེའི་ཆོག་སྒྲུབ། བཟྲ་མཚོན་ལ་སོགས་པའི་ཞིབ་ཆའི་གནས་ཚུལ་ཐད་ཕྱིར་འཛིན་པ་རང་ཉིད་ཀྱི་མྱོང་རྟོགས་ཀྱི་ནུས་པ་ཤིན་ཏུ་དབུལ་བར་བརྟེན། དེའི་སྐོར་ལ་ཡིད་རྟོན་འཕེར་བའི་དཔྱད་བརྗོད་ཞིག་ཞུ་འདོད་ཡོད་ཀྱང་། དེ་ནི་སྐལ་པས་འདྲོངས་ཀྱང་རྒྱབ་མས་མ་འདྲོངས་པའི་དཔེ

ལྟར་དུ་སོང་བས་བཏང་སྙོམས་སུ་མི་འཇོག་མཐུ་མེད་ལགས།

༣། ཞིབ་འཇུག་གི་དོན་སྙིང་།

ཆེད་དེབ་འདིའི་ཞིབ་འཇུག་གི་དོན་སྙིང་གཙོ་བོ་ཡང་གཤམ་གྱི་དོན་ཚན་འགའ་ཞིག་ནས་མངོན་པ་སྟེ།

༡ ལོ་རྡོ་སྟོང་ཕྲག་ཡན་འདས་ཟིན་པའི་རྒྱ་མཚོ་ལྟ་བུའི་མུ་མཐའ་མི་མངོན་པའི་བོད་ཀྱི་ནང་བསྟན་ཆོས་ལུགས་དང་། གཡུང་དྲུང་བོན་གྱི་རིག་གནས་ཀྱི་བྱེ་བྲག་སྟེ། བོད་ཀྱི་ཆོས་ལུགས་སྒྲུ་རྩལ་ལོ་རྒྱུས་ཀྱི་གྲུབ་ཆའི་ནང་གསེས་སུ་གྱུར་པའི་གནའ་རབས་ཨར་སྐྲུན་མཆོད་རྟེན་གྱི་བྱུང་འཕེལ་དང་དེའི་དུས་རིམ་སོ་སོའི་འཕེལ་མཚམས་ཀྱི་ཟུར་ཆ་ཞིག་གི་སྤྱིའི་རྣམ་པ་ཇི་བཞིན་དུ་ཡོད་པའི་གནས་ཚུལ་སྐོར་ལ་ཤིན་ཏུ་མདོར་བསྡུས་ཀྱི་དབྱེ་ཞིབ་ཅིག་བྱས་ཏེ། དེས་ད་བར་རང་རེའི་བོད་ཀྱི་ཨར་སྐྲུན་མཆོད་རྟེན་བྱུང་འཕེལ་སྤྱིའི་རྣམ་པར་ཁ་སྐོང་གི་ནུས་པ་ཙུང་ཟད་ཐོན་སྲིད་པ་དང་སྦྲགས། འབྲེལ་ཡོད་ཀྱི་གནད་དོན་ལ་མུ་མཐུད་བགྲོ་གླེང་དང་དོགས་གཞི་ཡང་ཁག་གཅིག་འདོན་ཐུབ་པར་འདོད།

༢ ཆེད་དེབ་འདིའི་ནང་འབྲེལ་ཡོད་ཀྱི་དཔྱད་གཞིའི་ཡིག་རིགས་དང་རྣམ་པ་ཅི་རིགས་ལས་བྱུང་བའི་མཆོད་རྟེན་དངོས་ཀྱི་མ་དཔེ་གཉིས་ཟུང་དུ་འབྲེལ་ནས། བོད་ཀྱི་ཨར་སྐྲུན་མཆོད་རྟེན་གྱི་བྱུང་འཕེལ་གནས་ཚུལ་སྐོར་ལ་ཞིབ་འཇུག་བྱས་ཡོད་པ་ནི་སྔོན་གྱི་ཞིབ་འཇུག་པའི་སྟོང་ཆར་ཁ་སྐོང་ལྟ་བུའི་ནུས་པ་ལྡན་པར་འདོད་ལ། འདི་ནི་ཆེད་དེབ་འདིའི་ཁྱད་ཆོས་ཤིག་ཀྱང་ཡིན།

༣ ཆེད་དེབ་འདིའི་གཙོ་བོའི་བརྗོད་བྱ་སྟེ། བོད་ཀྱི་ཨར་སྐྲུན་མཆོད་རྟེན་གྱི་བྱུང་འཕེལ་སྐོར་ལ་ཞིབ་འཇུག་བྱས་པ་བརྒྱུད། བོད་ཀྱི་སྲོལ་རྒྱུན་སྒྲུ་རྩལ་གྱི་ནང་དོན་ཕུན་སུམ་ཚོགས་སུ་འགྲོ་རྒྱུར་ནུས་པ་ཙུང་ཟད་ཅིག་ཐོན་ན་སྙམ་པ་དང་། ཕྱོགས་

གཞན་ཞིག་ནས་འདྲིས་བོད་ཀྱི་གནའ་རབས་ཆོས་ལུགས་རིག་གནས་དང་ལོ་རྒྱུས་ལ་སོགས་པའི་འབྲེལ་ཡོད་ནང་དོན་གྱི་རྣམ་པ་ཇི་ལྟར་གྲུབ་ཡོད་མིན་ལ་ཡང་གོ་བ་གང་འཚམས་ཤིག་ལོན་ཐུབ་པའི་ནུས་པ་ཐོན་རྒྱུར་དོན་སྙིང་ལྡན་སྙམ།

གཉིས་པ། ཆེད་དེབ་འདི་དང་འབྲེལ་བའི་ཞིབ་འཇུག་གི་གནས་ཚུལ་སྐོར།

གོང་དུ་ཆེད་དེབ་འདིའི་ཞིབ་འཇུག་གི་དམིགས་ཡུལ་ནང་དོ་སྙོད་ཞུས་ཟིན་པ་ལྟར། མིག་སྔར་བོད་ཀྱི་ཆོས་ལུགས་རིག་གནས་དང་ལོ་རྒྱུས་ལ་སོགས་པའི་ཞིབ་འཇུག་གི་ཁྲོད་དུ་བོད་ཀྱི་གནའ་རབས་ཨར་སྐྱུན་མཆོད་རྟེན་སྐོར་ལ་དོ་སྣང་གང་འཚམས་གནང་བའི་རྩོམ་ཡིག་ཙུང་ཙུང་ལ། ད་ཡོད་ཀྱི་རྩོམ་ཡིག་དག་ཀྱང་མཆོད་རྟེན་གྱི་སྤྱིའི་རྣམ་དབྱེ་དང་། གཙོ་བོའི་འབྱུང་ཁུངས། འབྲེལ་ཡོད་ཀྱི་ལོ་རྒྱུས་རྒྱབ་ལྗོངས། ས་ཆ་ག་གེ་མོ་ཞིག་གི་ཁོངས་སུ་མཆིས་པའི་མཆོད་རྟེན་དེ་ཁོ་ནའི་འབྲེལ་ཡོད་ཀྱི་གནས་ཚུལ་བཅས་ལ་དཔྱད་བརྗོད་སྤེལ་བ་ཙམ་ལས་བོད་ཀྱི་གནའ་རབས་ཨར་སྐྱུན་མཆོད་རྟེན་གྱི་བྱུང་འཕེལ་སྐོར་ལ་ཕྱོགས་ཡོངས་ཀྱི་བསམ་གཞིག་ཐབས་ལམ་ལ་བརྟེན་ཏེ་བསྒྲུབ་ཡོད་པ་ནི་དེ་བས་དབེན། འོན་ཏེ་རང་རེའི་སྔོན་བྱོན་མཁས་པ་དུ་མས་མཛད་པའི་མཆོད་རྟེན་གྱི་ཆག་ཚད་སྐོར་གཙོ་བོར་བཟུང་བའི་བརྩམས་ཆོས་དང་། རྒྱལ་ཕྱི་རྒྱལ་ནང་གི་ཞིབ་འཇུག་པ་ཚོས་བོད་ཀྱི་ཨར་སྐྱུན་མཆོད་རྟེན་བྱུང་འཕེལ་སྐོར་ལ་དམིགས་བཀར་གྱིས་དཔྱད་བརྗོད་གནང་མེད་ཙང་། དེའི་ཁྲོད་རྒྱུགས་ཆེ་བའི་རྣམ་པ་སྟེ། བདེ་གཤེགས་མཆོད་རྟེན་བརྒྱད་ལ་སོགས་པའི་མཆོད་རྟེན་གྱི་སྤྱིའི་རྣམ་པ་དང་། བཟོ་སྐྲུན་ཁྱད་ཆོས། བཟོ་དབྱིབས་རྣམ་པའི་བརྡ་མཚོན་ལ་སོགས་པར་དབྱེ་ཞིབ་བྱས་པའི་དཔྱད་རྩོམ་འགའ་ཞིག

འདིར་ལུང་དྲངས་ཏེ་མཚམས་སྦྱོར་རགས་བསྡུས་ཤིག་ཞུ་བ་ལ།

གཅིག བཙམས་ཆོས་སྐོར།

༡ དབྱི་ཏ་ལིའི་བོད་རིག་པ་མཁས་ཅན་སྐུ་ཞབས་ཏུའུ་ཅིའི་《མཆོད་རྟེན་གྱི་མཛེས་རྩལ་དང་བཟོ་སྐྲུན་དང་བརྡ་མཚོན་》ཞེས་པ་ནི་སྤྱི་ལོ་༡༩༨༨ལོར་རྡི་ལི་གསར་མ་རུ་བསྐྲུན་པའི་དབྱིན་ཡིག་གི་བཙམས་དེབ་ཅིག་ཡིན།①

བཙམས་དེབ་འདིའི་ཐོག་མའི་མ་ཡིག་ནི་སྐུ་ཞབས་ཏུའུ་ཅིས་སྤྱི་ལོ་༡༩༣༢ལོར་དབྱིན་ཏ་ལིའི་ཡི་གེའི་ཐོག་ནས་འགྲེམས་སྤེལ་གནང་ཡོད་པ་དང་། འདི་ནི་ཁོང་གི་བཙམས་ཆོས་"རྒྱ་གར་དང་བོད་"ཅེས་པའི་པོད་དང་པོའི་ནང་དུ་བཏུས་པ་ཞིག་ཡིན། དེབ་འདིའི་བརྗོད་བྱ་གཙོ་བོ་ནི་རྒྱ་གར་དང་བོད་ཡུལ་ནུབ་ཕྱོགས་སྟོད་མངའ་རིས་ཀྱི་མཆོད་རྟེན་དང་ས་ཙྪའི་སྐོར་ལ་ཞིབ་འཇུག་གནང་ཡོད་པ་དང་། དེའི་ནང་དུ་རྒྱ་གར་ཞེས་མིང་ཐོགས་ཡོད་ཀྱང་དོན་དངོས་ནི་རྒྱ་གར་ནུབ་བྱང་ལ་དམིགས་ཁྱུལ་གྱི་འབྲེལ་ཡོད་དཔྱད་གཞིའི་རྒྱུ་ཆ་བེད་སྤྱད་ནས་བྲིས་གནང་བའི་བཙམས་ཆོས་ཤིག་ཡིན་རྐྱེན། དེའི་ནང་དོན་ཡང་སྣང་ཆེན་གཙང་པོའི་ཆུ་རྒྱུད་སྟོད་དང་བར་ཁུལ་དུ་ཁྱབ་པའི་བོད་ཀྱི་ནང་བསྟན་མཆོད་རྟེན་གྱི་གནས་ཚུལ་སྐོར་དང་འབྲེལ་འདྲིས་ཆེར་ལྡན་པ་ཞིག་ཡིན།

མཆོད་རྟེན་སྐོར་གྱི་ནང་དོན་གཙོ་བོ་ནི། བོད་དང་རྒྱ་གར་གྱི་གཞུང་ལག་ཏུ་འཁོད་པའི་གནས་ཚུལ་ལུང་འདྲེན་དང་། བདེ་གཤེགས་མཆོད་རྟེན་བརྒྱད་གཙོ་བོར་བཟུང་བའི་མཆོད་རྟེན་གྱི་བྱུང་བ་དང་། དེའི་སྦྱིར་བཏང་གི་ལོ་རྒྱུས་རྒྱབ་ལྗོངས། བཟོ་དབྱིབས་ཀྱི་རྣམ་དབྱེ། ཅིའི་ཕྱིར་གདབ་དགོས་མིན། དངོས་རྒྱུ་ཅི་

① Giusepepe Tucci.Stupa.art, architectonic and symbolism.New Delhi: Rakesh Goel for Aditya Prakashan.1988；魏正中、萨尔吉主编、[意]图齐著：《梵天佛地》第一卷，《西北印度与西藏西部的塔和擦擦—试论藏族宗教艺术及其意义》，上海古籍出版社2009年

རིགས་སུ་བསྐྲུན་པའི་མཆོད་རྟེན་གྱི་སྐོར། སྤྱིའི་ཆོག་སྒྲུབ་ལ་སོགས་པའི་སྒོ་ནས་གོང་གི་ས་ཁུལ་དུ་ཁྱབ་པའི་མཆོད་རྟེན་གྱི་བྱུང་བ་དང་ཆེས་ཐོག་མར་དར་ཁྱབ་ཇི་ལྟར་བྱུང་མིན་གྱི་གནད་དོན་ལ་དབྱེ་ཞིབ་གནང་བ་དང་སྒྲུགས། བསྟན་པ་ཕྱི་དར་འགོ་ཚུགས་མཚམས་སྐབས་ཀྱི་བོད་ཡུལ་དབུས་སུ་དར་བའི་མཆོད་རྟེན་གྱི་གནས་ཚུལ་སྐོར་ལ་ཡང་དཔྱད་བརྗོད་མདོར་བསྡུས་ཤིག་གནང་ཡོད།

༤ རྒྱ་གར་གྱི་བོད་རིགས་ཞིབ་འཇུག་པ་པདྨ་རྡོ་རྗེའི་《བོད་ལུགས་མཆོད་རྟེན་གྱི་བཟོ་རྩལ་》ཞེས་པ་ནི་སྤྱི་ལོ་༡༩༩༦ལོའི་པར་གཞི་དང་པོ་དང་། སྤྱི་ལོ་༢༠༠༡ལོར་རྙི་ཤིར་བསྐྲུན་པའི་པར་ཐེངས་༢པའི་དབྱིན་ཡིག་བརྩམས་དེབ་ཅིག་ཡིན།①

འདིའི་ནང་དོན་གཙོ་བོ་ནི་རྒྱ་གར་ནུབ་བྱང་ས་ཁོངས་ལ་དྭགས་ས་ཁུལ་གྱི་ཨར་སྐྲུན་མཆོད་རྟེན་གྱི་བཟོ་དབྱིབས་རྣམ་པ་ལ་སོགས་པའི་གནས་ཚུལ་ལ་དབྱེ་ཞིབ་གནང་བའི་རྨང་གཞིའི་ཐོག་བཀའ་བསྟན་འགྱུར་དང་། རང་རེའི་སྔོན་བྱོན་མཁས་པ་དག་གི་བརྩམས་ཆོས་ལས་ལུང་དྲངས་ཏེ་བདེ་གཤེགས་མཆོད་རྟེན་བརྒྱད་ཀྱིས་གཙོས་པའི་རྒྱ་གར་གྱི་ཐོག་མའི་མཆོད་རྟེན་ཇི་ལྟར་དུ་བྱུང་ཚུལ་དང་། བོད་ཡུལ་དུ་ནང་ཆོས་བསྟན་པ་ནང་འདྲེན་ཞིན་པ་ནས་བཟུང་རིམ་པ་བཞིན་དུ་བྱུང་བའི་མཆོད་རྟེན་བརྒྱད་ལ་སོགས་པའི་གཙོ་ཆེའི་ཆག་ཚད་ཀྱི་མཚམས་སྦྱོར། ལ་དྭགས་ས་ཁུལ་གྱི་ཨར་སྐྲུན་མཆོད་རྟེན་གྱི་བཟོ་དབྱིབས་རྣམ་དབྱེ་ལ་སོགས་པའི་གནད་དོན་སྐོར་ལ་དཔྱད་བརྗོད་གནང་ཡོད། བརྩམས་ཆོས་འདིའི་ནང་བོད་ཡིག་ལས་བྱུང་བའི་དཔྱད་གཞིའི་ཡིག་ཆ་གཞིར་བཟུང་སྟེ་མཆོད་རྟེན་ཇི་ལྟར་གདབ་དགོས་མིན་གྱི་སྤྱིའི་བརྒྱུད་རིམ་ལ་མཚམས་སྦྱོར་མདོར་བསྡུས་ཤིག་གནང་ཡོད་པ་

① Pema Dorjee.Stupa and its technology:A tibeto-buddhist perspective.Delhi.Indira Gandhi National Centre for The Arts.2001

ལས་ཕྱོགས་ཚང་མའི་ནང་དོན་ཚགས་ཚུད་པོ་མེད་ཅིང་། དེའི་ནང་དུ་ལུང་འདྲེན་གནང་བའི་ཕུན་སུམ་ཚོགས་པའི་དཔྱད་གཞིའི་དཀར་ཆག་ནི་བདག་འདྲ་བའི་ལྷ་རྒྱ་ཐོས་རྒྱ་ཞན་པའི་རྗེས་འབྲངས་ཞིབ་འཇུག་པར། ཚུ་མོ་ག་ཡུར་ནང་དུ་དྲངས་པ་ལྷ་བུའི་ཕན་ནུས་ཆེན་པོ་ཐོན་ཐུབ་པ་ཞིག་བྱུང་།

༣ དཀོན་མཆོག་བསྟན་འཛིན་དང་འཕྲིན་ལས་རྒྱལ་མཚན་གྱིས་བརྩམས་པའི་《བོད་ལུགས་མཆོད་རྟེན་》ཞེས་པ་ནི་སྤྱི་ལོ་༢༠༠༧ལོའི་བརྩམས་ཆོས་ཤིག་ཡིན།①

བརྩམས་ཆོས་འདིའི་གཙོ་བོའི་ནང་དོན་ནི། མཆོད་རྟེན་གྱི་པར་རིས་སྣ་ཚོགས་ངོ་སྤྲོད་ཞུས་ཡོད་པ་སྟེ། བོད་ལུགས་མཆོད་རྟེན་གྱི་བྱེ་བྲག་ནང་བསྟན་མཆོད་རྟེན་ཙམ་མ་ཟད། བོན་ལུགས་མཆོད་རྟེན་གྱི་པར་རིས་ཀྱང་སྣ་ཚོགས་ཤིག་ངོ་སྤྲོད་ཞུས་པ་དང་ཆབས་ཅིག །བོད་ཀྱི་ས་ཁུལ་ཕུད་པའི་རང་རྒྱལ་གྱི་ས་ཆ་གཞན་དུ་བཞེངས་པའི་བོད་ལུགས་མཆོད་རྟེན་དང་། ཕྱི་རྒྱལ་དང་ཡུལ་གྲུ་སོ་སོའི་མཆོད་རྟེན་སྣ་ཚོགས་ཀྱི་པར་རིས་ཁག་གཅིག་མཉམ་སྒྲིག་གནང་བའི་མཆོད་རྟེན་སྣ་བརྒྱའི་པར་བཀྲན་བཏུས་པའི་བརྩམས་ཆོས་ཤིག་ཡིན་ཞིང་། པར་རིས་ཀྱི་སྤྱིའི་མཚམས་སྦྱོར་དུ་འཕགས་ཡུལ་དང་བོད་དུ་མཆོད་རྟེན་གྱི་བྱུང་བ་དང་ཆ་བརྒྱད་ཀྱི་རྣམ་གཞག །ཐིག་པ་གོང་འོག་དང་ཚད་མེད་བཞི་ལ་སོགས་ཀྱི་མཆོད་རྟེན་དང་མཆོད་རྟེན་གྱི་བཟོ་ཁྲུད་དང་ཐིག་རྩ། ནང་གཟུགས་དང་རབ་གནས་ལ་སོགས་ཀྱི་ཤེས་བྱ་ངོ་སྤྲོད་གནང་ཡོད། དཔེ་དེབ་འདིའི་ནང་དུ་བཀོད་པའི་འཇམ་དབྱངས་མཁྱེན་བརྩེ་དབང་པོས་གཏན་ལ་ཕབ་པའི་མཆོད་རྟེན་ཆ་བརྒྱད་ཀྱི་ཐིག་རྩའི་མ་དཔེ་དང་། དྲི་མེད་རྣམ་གཉིས་ཀྱི་སླཪྵ་སྒྲུབ་སྐབས་དཀྱིལ་འཁོར་གྱི་བཅའ་བཀོད་བྱ་ཚུལ་གྱི་དཔེ་རིས། བྱང་ཆུབ་མཆོད་རྟེན་གྱི་ནང་དུ་གཟུངས་གཞུག་འབུལ་སྟངས་ཀྱི་གོ་རིམ་དང་སྲོག་ཤིང་

① མི་རིགས་དཔེ་སྐྲུན་ཁང་གིས་སྤྱི་ལོ་༢༠༠༧ལོར་བསྐྲུན།

གཞུག་ཚུལ་གྱི་དཔེ་རིས། གནོད་སྦྱིན་ཕོ་མོ་འཁོར་བརྒྱད་ཀྱི་དཔེ་རིས་ལ་སོགས་པ་མཆོད་རྟེན་གྱི་བཟོ་དབྱིབས་རྣམ་པར་དབྱེ་ཞིབ་བྱས་པ་ཙམ་མ་ཟད། དེའི་བཞེངས་ཚུལ་གྱི་སྲིའི་བརྒྱུད་རིམ་རྣམ་པར་ལས་སློ་པོའི་སྒོ་ནས་གོ་བ་ལོན་ཐུབ་པའི་ཕན་ནུས་ཆེན་པོ་ཐོན་ཐུབ་པ་ཞིག་ཡིན།

༤ བསོད་ནམས་ཚེ་རིང་གི་《བོད་ཀྱི་མཆོད་རྟེན་གྱི་བྱུང་བ་དང་གྲུབ་ཆ་དང་རྣམ་གཞག་ལ་དཔྱད་པ་》ཞེས་པ་ནི་རྒྱ་ཡིག་ལམ་ནས་སྤེལ་བའི་དཔྱད་རྩོམ་ཞིག་ཡིན།①

དཔྱད་རྩོམ་འདིའི་ནང་དུ་བོད་ཡུལ་དུ་མཆོད་རྟེན་ཐོག་མ་བྱུང་ཚུལ་དང་། གྲུབ་ཆ་དང་དེ་དག་གི་སྲིའི་བཟའ་མཚོན། བཟོ་དབྱིབས་རྣམ་པའི་རྣམ་གཞག་བཅས་པ་བརྗོད་བྱ་གཙོ་བོར་བཟུང་སྟེ། འབྲེལ་ཡོད་ཀྱི་གནད་དོན་ཁག་ལ་དཔྱད་བརྗོད་གནང་བ་ཞིག་ཡིན། དེ་ཡང་མཆོད་རྟེན་གྱི་བྱུང་ཚུལ་སྐོར་བརྗོད་སྐབས། དུས་ཚོད་ཀྱི་ཚད་འཛིན་ཡུལ་ནི་བོད་དུ་མཆོད་རྟེན་ཐོག་མར་བཙན་པོའི་རྒྱལ་རབས་སྐབས་སུ་བཞག་ཡོད་པ་དང་། དེ་ནས་བཟུང་ཕྱིས་འབྱུང་མཆོད་རྟེན་གྱི་རྣམ་པར་འཕེལ་འགྱུར་ཇི་ལྟར་བྱུང་ཚུལ་སྐོར་ལ་དཔྱད་བརྗོད་གནང་མེད་ཀྱང་། གྲགས་ཆེ་བའི་མཆོད་རྟེན་ཁག་གཅིག་གི་ལོ་རྒྱུས་རྒྱབ་ལྗོངས་དང་། མཆོད་རྟེན་གྱི་སྲིའི་ནང་གཞུག་ཇི་ལྟར་འབུལ་དགོས་པའི་གནད་དོན་སོགས་ལ་ངོ་སྤྲོད་གནང་ཡོད།

གོང་གླིང་བརྩམས་ཆོས་བཞི་པོ་དེ་དག་ནི་པིར་འཛིན་པར་ད་བར་ལག་སོན་བྱུང་བའི་དཔྱད་གཞིའི་ཁྲོད་དུ་བོད་ཀྱི་མཆོད་རྟེན་གྱི་བྱུང་འཕེལ་སྐོར་དང་འབྲེལ་བ་ཆེར་ལྡན་ལ། བརྗོད་བྱའི་བསམ་གཞིག་བྱེད་ཡུལ་ཡང་ཅུང་ཆ་ཚང་བར་མངོན་པ་ཞིག་ཡིན་མོད། འོན་ཀྱང་། རང་རེའི་སྔོན་བྱོན་མཁས་པ་དག་གིས་མཛད་པའི

① 索南才让：《论西藏佛塔的起源及其结构和类型》，《西藏研究》2003年第2期

མཆོད་རྟེན་གྱི་ཆག་ཚད་སྐོར་དང་། ནང་གཞུག་འབུལ་ཚུལ་གྱི་སྐོར། མཆོད་རྟེན་ཆ་བརྒྱད་རྣམ་གཞག་དང་དེའི་གྲུབ་ཆ་སོ་སོའི་བརྡ་མཚོན་སྐོར། རབ་གནས་གནང་ཚུལ་གྱི་སྐོར་ལ་སོགས་པའི་བརྩམས་ཆོས་ཁྲིད་ནས་པེར་འཛིན་པས་འཚོལ་བསྡུ་གང་ཐུབ་བྱུང་བ་རྣམས་ནི་ཆེད་དེབ་འདིའི་རྨང་གཞིའི་དཔྱད་གཞིར་རང་ཆས་སུ་གྲུབ་ཡོད་པ་མ་ཟད། དཔྱོད་གཞི་འདི་དང་འབྲེལ་བའི་དེ་མིན་གྱི་དཔྱད་རྩོམ་མང་དག་ཅིག་ནང་ཐར་ཐོར་དུ་བཞུགས་པའི་ནང་དོན་ཡང་དཔྱད་རྩོམ་འདིའི་སྲ་བརྟན་གྱི་སྒྲུབ་བྱེད་དུ་གྲུབ་ཡོད་པ་ནི་གོར་མ་ཆག །འོན་ཀྱང་དེ་དག་ཚང་མ་འདིར་མཚམས་སྦྱོར་རེ་རེ་བཞིན་ཞུ་བར་ཤོག་རྟོག་མང་སྐྱོན་དུ་སོང་བས། ཆེད་དེབ་འདིའི་སྐབས་བབས་ཀྱི་ནང་དོན་དང་འབྲེལ་ནས་ངོ་སྤྲོད་ཞུ་རྒྱུའོ། །

གཉིས། མཆོད་རྟེན་གྱི་པར་རིས་སྐོར།

གཙོ་བོའི་སྒྲུབ་བྱེད་ཀྱི་ཡ་གྱལ་མཆོད་རྟེན་གྱི་པར་རིས་ནི་ཆེད་དེབ་འདིའི་གལ་ཆེའི་ནང་དོན་གྱི་ཆ་ཤས་ཤིག་ཡིན་ཞིང་། པར་རིས་ཀྱི་ནང་དོན་ཁག་གཉིས་སུ་ཕྱེ་བ་ལས། གཅིག་ནི་མཆོད་རྟེན་བཞེངས་པའི་བརྒྱུད་རིམ་དུ་ནང་གཞུག་ཇི་ལྟར་འབུལ་དགོས་མིན་དང་། གྲུབ་ཆ་སོ་སོའི་བརྡ་ཁྱད་ལ་སོགས་པའི་དཔེ་མཚོན་དང་། གཉིས་ནི་དུས་རིམ་སྔ་ཕྱི་བར་གསུམ་དུ་བྱུང་བའི་མཆོད་རྟེན་གྱི་དཔེ་མཚོན་བཅས་ཡིན། དེ་ལ་ཡང་པར་བརྙན་དང་དཔེ་རིས་གཉིས་ཀྱི་ཐོག་ནས་བོད་ཀྱི་ཨར་སྐྲུན་མཆོད་རྟེན་གྱི་བྱུང་འཕེལ་དང་འབྲེལ་བའི་གནད་དོན་ལ་དབྱེ་ཞིབ་མི་བྱ་མཐུ་མེད་ཡིན་པས། དེ་དག་གི་འབྱུང་ཁུངས་སྐོར་ལ་ངོ་སྤྲོད་མདོ་ཙམ་ཞུས་ན་གཤམ་གསལ་ལྟར་ཏེ།

༡ རྒྱ་གར་དང་བལ་པོའི་མཆོད་རྟེན་གྱི་པར་རིས།

འདི་ཡང་ཁག་གཉིས་སུ་ཕྱེ་བ་ལས། གཅིག་ནི་པར་བསྐྲུན་བྱས་ཟིན་པའི་

བརྩམས་ཆོས་ནང་གསལ་བའི་པར་རིས་ཏེ། དེའི་དཔྱད་གཞི་བྱ་ཡུལ་ནི་ལི་གྲུང་ཕྲེང་གི་《མཆོད་རྟེན་བསྐྲུན་པའི་བྲག་ཕུག་གཞིར་བཟུང་སྟེ་ཀྲུང་གོ་དང་རྒྱ་གར་ནང་བསྟན་བྲག་ཕུག་དགོན་པའི་དཔྱད་བསྡུར་》ཞེས་པ་སྤྱི་ལོ་༢༠༠༣ལོའི་རྒྱ་ཡིག་བརྩམས་ཆོས་ཤིག་དང་།[①] རྒྱལ་ཁབ་རིག་དངོས་ཅུས་སློབ་གསོ་ཁྲུའུ་ཡིས་རྩོམ་སྒྲིག་བྱས་པའི་《ནང་བསྟན་བྲག་ཕུག་གི་གནའ་དཔྱད་རགས་བཤད་》ཅེས་པ་སྤྱི་ལོ་༡༩༩༣ལོའི་རྒྱ་ཡིག་བརྩམས་ཆོས།[②] ཨེ་མི་ཧེ་ལེའི་ཡི་《བོད་ཀྱི་ནང་བསྟན་སྒྱུ་རྩལ་》ཞེས་པ་སྤྱི་ལོ་༢༠༠༧ ལོའི་དབྱིན་ཡིག་རྒྱ་འགྱུར་མའི་བརྩམས་ཆོས།[③] གོ་པེར་དང་པོན་ཁར་གྱིས་བསྒྲིགས་པའི་《སངས་རྒྱས་དང་ལྷ་མོ་དང་མཎྜལ་གྱིས་བརྒྱན་པའི་ཨེལ་ཆི་དགོན་》ཞེས་པ་སྤྱི་ལོ་༡༩༨༤ལོའི་དབྱིན་ཡིག་བརྩམས་ཆོས་[④] ལ་སོགས་པའི་ནང་དུ་འཁོད་པའི་དེབ་ཚུང་འདིའི་གཙོ་བོའི་བརྗོད་བྱ་དང་འབྲེལ་བའི་མཆོད་རྟེན་པར་བརྙན་དང་དཔེ་རིས་དག་དང་། གཉིས་ནི་གློག་ཀླད་བྲྭ་བའི་སྟེང་དུ་མཐོ་འདོན་གནང་བའི་པར་རིས་འགའ་ཞིག་སྟེ། དཔྱད་རྩོམ་འདིའི་འབྲེལ་ཡོད་ནང་དོན་དུ་དེ་དག་གི་འབྱུང་ཁུངས་ཀྱང་དྲངས་ཡོད་པས་གཟིགས་པར་འཚལ།

༢ བོད་ཀྱི་མཆོད་རྟེན་གྱི་པར་རིས།

འདིའི་པར་རིས་ཀྱི་གཙོ་བོའི་དཔྱད་གཞི་བྱེད་ཡུལ་ཁག་གསུམ་ནས་བྱུང་ཞིང་། གཅིག་ནི་བརྩམས་ཆོས་ཏེ། ཨ་རིའི་ཞིབ་འཇུག་པ་པེ་ལེ་ཛ་ཡིས་བོད་ཀྱི་བྱང་ཐང་

① 李崇峰：《中印佛教石窟寺比较研究—以塔庙窟为中心》，北京：北京大学出版社2003年版

② 国家文物局教育处编：《佛教石窟考古概要》，北京：文物出版社1993年版

③ [瑞士]艾米·海乐著，赵能、廖旸译：《西藏佛教艺术》，北京：文化艺术出版社，2007年版

④ Goepper,R.and J.Poncar.Alchi.Buddha,Goddesses,Mandalas.Köln,1984

དང་སྟོད་མངའ་རིས་ས་ཁུལ་དུ་བརྟག་དཔྱད་བྱས་པ་བརྒྱུད་དེ་བྱུང་བའི་བོད་ཀྱི་བྲག་བརྐོས་རི་མོའི་པར་རིས་དང་།[①] 《གྲྭ་ནང་རྫོང་གི་རིག་དངོས་རྣམ་བཤད་》[②] ཅེས་པར་འགོད་པའི་པར་རིས། སྐུ་ཞབས་སུའུ་པེ་ཡི་《བོད་དར་ནང་བསྟན་དགོན་པའི་གནའ་དཔྱད་ཞིབ་འཇུག་》[③] བོད་ལྗོངས་རིག་དངོས་ཅུས་ཀྱིས་བསྒྲིགས་པའི་《མཐོ་ལྡིང་དགོན་》ཞེས་པའི་བརྙན་པར་བརྩམས་དེབ།[④] བོད་ལྗོངས་རིག་དངོས་ཅུས་ཀྱིས་བསྒྲིགས་པའི་《བོད་རང་སྐྱོང་ལྗོངས་ཀྱི་རིག་དངོས་གནས་ཡིག་》[⑤] དཀོན་མཆོག་བསྟན་འཛིན་དང་འཕྲིན་ལས་རྣམ་རྒྱལ་གྱི་《བོད་ལུགས་མཆོད་རྟེན་》[⑥] ལི་གོ་ཏ་མི་གོ་བིན་ཏ་ཡི་《བརྙན་པར་ནང་གི་བོད་ལྗོངས་》[⑦] ཧིའུ་རི་ཚད་སོན་གྱི་《རི་མཐོ་ས་གཙང་ཞེས་བྱ་བ་བོད་ཀྱི་ལོ་རྒྱུས་དང་རིག་གནས་སྐོར་གསུང་ཐོར་བུ་ཕྱོགས་གཅིག་ཏུ་བསྒྲིགས་པ་བཞུགས་སོ་》[⑧] ཀྲང་ཡུས་ཧྲོན་དང་ལོའོ་ཀྲེ་ལྷེན་གྱིས་

---

① John Vincent Bellezza.Antiquities of Northern Tibet: Pre-Buddhist Archaeological Discoverris on the High Plateau.(Findings of Changthang Circuit Expedition,1999),pp366. Delhi:Adroit Publishers.2001.ཞེས་པའི་བརྩམས་དེབ་དང་John Vincent Bellezza.Bon Rock Paings at Gnam Mtsho:Glimpses of the Ancient Religion of Northern Tibet.Rock art Research, Volume 17.,Number 1,May2000,Melbourne,Australia.ཞེས་པའི་དཔྱད་རྩོམ་ནང་གི་པར་རིས་འགའ་ཞིག་ལུང་དྲངས་ཡོད།

② 索朗旺堆、何周德主编：《扎囊县文物志》，西藏自治区文物管理委员会，西安：陕西印刷厂印刷 1986年版

③ 宿白：《藏传佛教寺院考古》，北京：文物出版社出版，1996年版

④ 西藏自治区文物局编：《托林寺》（画册），北京：中国大百科全书出版社，2001年

⑤ 西藏自治区文物局编：《西藏自治区文物志》（上），2007年6月，待刊版

⑥ དཀོན་མཆོག་བསྟན་འཛིན་དང་འཕྲིན་ལས་རྣམ་རྒྱལ་གྱིས་བརྩམས་པའི་《བོད་ལུགས་མཆོད་རྟེན་》མི་རིགས་དཔེ་སྐྲུན་ཁང་གིས་༢༠༠༧ལོར་བསྐྲུན།

⑦ Li Gotami Govinda.Tibet in Pictures.California:Dharma Publishing.Second editon 2002.

⑧ Hugh Richardson.High Peaks,Pure Earth:Collected Writings on Tibetan History and Culture.London:Serindia Publication.1998.

རྩོམ་སྒྲིག་བྱས་པའི་《ཀྲུང་གོའི་གནའ་རབས་མཆོད་རྟེན་ལེགས་བཏུས་》① བོད་རང་སྐྱོང་ལྗོངས་རིག་དངོས་དོ་དམ་ཨུ་ཡོན་ལྷན་ཁང་གིས་བསྒྲིགས་པའི་《ས་སྐྱ་དགོན་པ་》②ཞེས་པའི་བརྟན་པར་བརྒྱམས་དེབ་ལ་སོགས་པའི་བརྒྱམས་ཆོས་དང་དེ་མིན་གྱི་དཔྱད་རྩོམ་ཁག་གཅིག་ནང་དུ་མཇལ་རྒྱུ་ཡོད་པའི་བོད་ཀྱི་མཆོད་རྟེན་གྱི་པར་རིས་བཅས་ཡིན། གཉིས་ནི་པིར་འཛིན་པ་རང་ཉིད་ཀྱིས་ས་ཡུལ་དངོས་སུ་ཕྱིན་ཏེ་པར་ལེན་བྱས་པའི་པར་རིས་དང་དེ་བཞིན་མི་གཞན་གྱིས་པར་བླངས་ནས་མགོ་འདོན་བྱས་པའི་པར་རིས། གསུམ་ནི་གློག་ཀླད་བྲིས་པའི་སྙིང་དུ་འགྲེམས་སྤེལ་བྱས་པའི་པར་རིས་བཅས་ཡིན།

གོང་གསལ་གྱི་པར་རིས་དེ་དག་ནི་འགའ་ཞིག་ལ་རྩོམ་པ་པོས་མཆོད་རྟེན་གྱི་དུས་ཚོད་ནམ་ཞིག་ལ་ཡིན་མིན་གསལ་བཤད་བྱས་ཡོད་པ་དང་། འགའ་ཞིག་ལ་བྱས་མེད། པར་རིས་དེ་དག་ཚང་མ་ཡང་བོད་ཀྱི་ཨར་སྐྲུན་མཆོད་རྟེན་བྱུང་འཕེལ་གྱི་དཔྱད་བརྗོད་དང་འབྲེལ་ཏེ་དྲངས་ཡོད་པ་ནི་ཤིན་ཏུ་དཔེན་པའི་རྣམ་པར་མཐོང་།

གསུམ་པ། འཕགས་ཡུལ་མཆོད་རྟེན་གྱི་ཐོག་མའི་བྱུང་རིམ་དང་དེའི་གཙོ་བོའི་མཚན་དོན།

ཆེད་དེབ་འདིའི་བརྗོད་བྱར་གྱུར་བའི་མཆོད་རྟེན་ཏེ་བཟོ་དབྱིབས་ཀྱི་རྣམ་པ་ངེས་ཅན་ཞིག་ལྡན་ལ། གང་ཞིག་མཆོད་པར་བྱ་བའི་ཡུལ་ལམ་རྟེན་དུ་ཙུང་བའི་དངོས་པོར། སྐབས་བབས་ཀྱི་ལོ་རྒྱུས་འཕེལ་རིམ་དང་རིག་གནས་རྒྱབ་ལྗོངས་

---

① 张驭寰、罗哲文：《中国古塔精粹》，北京：科学出版社，1988年版

② 西藏自治区文物管理委员会编：《萨迦寺》，北京：文物出版社，1985年版

ལ་སོགས་པའི་འཕོ་འགྱུར་ལ་བསྟུན་ཏེ་འབོད་པའི་སྐབས་ཤིག་གཏན་འཇགས་སུ་འགྱུར་བའི་ཐ་སྙད་འདི་བཞིན་མི་ཚེ་གེ་མོ་ཞིག་གི་རྣ་ལམ་དུ་འགྱུར་བའི་སྐབས་རང་གི་བློ་སྒོའི་འཆར་སྣང་དང་པོར་འདྲེན་བྱེད་ཟུང་དུ་ཡང་ཡང་མཇལ་ཐུས་པ་མ་ཟད། ཡིད་ལ་རི་མོ་གཏིང་ཟབ་ཅིག་འཕོད་པ་ལྟ་བུའི་ཚོར་སྣང་བྱུང་བའི་དངོས་པོ་དེ་ཁོ་ནར་ངོས་འཛིན་པ་ནི་འགྲོ་བ་མི་ཕལ་མོ་ཆེས་ཕྱི་སྣོད་ཀྱི་འཇིག་རྟེན་གྱི་ཐ་སྙད་དང་དངོས་པོ་གང་ཞིག་མཐུན་པའི་ཚར་འཛོག་སྐབས་དངོས་པོ་དེའང་གཟུགས་སུ་ཕབ་པ་དང་། རང་གི་འདྲེན་བྱེད་ཟུང་དུ་ཡང་ཡང་འཆར་ཐུས་ལ་ཡིད་ཀྱི་རྒྱུས་མངའ་ཆེར་ལྡན་པའི་རྒྱ་གར་འཕགས་པའི་ཡུལ་དང་བོད་ཡུལ་ལ་སོགས་པའི་ས་ཕྱོགས་གང་སར་ཁྱབ་གདལ་དུ་སོང་བའི་བདེ་གཤེགས་མཆོད་རྟེན་བརྒྱད་ཀྱི་ཚད་དང་འདྲ་བའི་མཆོད་རྟེན་ཅི་རིགས་ལ་གོ་དགོས་པ་ཞིག་ཡིན་མོད། འོན་ཀྱང་། སྐབས་ཤིག་གཏན་འཇགས་སུ་འགྱུར་བའི་ཐ་སྙད་དེ་ནི་སྐབས་བབས་ཀྱི་ལོ་རྒྱུས་འཕེལ་རིམ་དང་རིག་གནས་རྒྱབ་ལྗོངས་ལ་སོགས་པའི་འཕོ་འགྱུར་དང་བསྟུན་ནས་འགྱུར་བ་ངེས་ཅན་ཞིག་འགྲོ་ངེས་པར་བརྟེན། གོང་དུ་སྨྲས་པའི་རང་གི་བློ་སྒོའི་འཆར་སྣང་དེ་ལྟ་ཡང་འབྲེལ་ཡོད་ཁོར་ཡུག་གི་མཐུན་རྐྱེན་དང་བསྟུན་ཏེ་ཉམས་ལེན་བྱེད་ཐུབ་ཚེ། ཐ་སྙད་དང་དངོས་པོ་གང་ཞིག་དབར་གྱི་འབྲེལ་བའི་ངོ་བོར་ཚད་ལྡན་གྱི་ཉམས་ཞིབ་ཅིག་ཡོང་ངེས་པ་སྨྲས་ཅི་དགོས།

དེ་ལྟར་ན། མཆོད་རྟེན་གྱི་ཐ་སྙད་དང་གཟུགས་སུ་ཕབ་པའི་དངོས་པོ་ལའང་ལོ་རྒྱུས་འཕེལ་རིམ་འདྲ་མིན་གྱི་སྐབས་དེ་གོ་དང་བསྟུན་ནས་འཕོ་འགྱུར་བྱུང་ཡོད་པ་ནི་ངེས་ཤེས་འདྲོང་ཐུབ་པའི་དོན་ཞིག་ལགས། ད་ཆ་ང་ཚོའི་སྤྱན་ལམ་གྱི་མཐོང་ཆོས་སུ་གྱུར་བའི་མཆོད་རྟེན་གྱི་ཐ་སྙད་དང་གཟུགས་སུ་བྱས་པའི་དངོས་པོའི་སྐོར་ལ་ཆེས་སྔ་བའི་དཔྱད་གཞིའི་ཡིག་རིགས་ནི་རྒྱ་གར་འཕགས་ཡུལ་རང་ལ་གཏུགས་

དགོས་རྒྱུ་ལས། དེ་མིན་གྱི་ཡུལ་གྲུ་གཞན་ནས་དེ་ལས་སྔ་བའི་དཔྱད་གཞིའི་ཡིག་རིགས་ད་ལམ་བཙལ་རྙེད་བྱུང་མེད་པར་སྣང་། དེར་བརྟེན་ཁོ་བོས་འདིར་དོན་ཚན་འདི་ལྟ་བུ་ཞིག་སྐབས་བབས་ཀྱི་བརྗོད་བྱར་ཕབ་སྟེ་འཕགས་ཡུལ་མཆོད་རྟེན་གྱི་ཐོག་མའི་བྱུང་རིམ་དང་དེའི་གཙོ་བོའི་མཚོན་དོན་སོགས་ཀྱི་གནད་དོན་ལ་ངོ་སྤྲོད་ཞུ་འདོད་པ་འདི་འཛམ་གླིང་ཁྱོན་ཡོངས་ལ་ཆེས་སྔ་བའི་དུས་སུ་དར་འཕེལ་བྱུང་བའི་དངོས་རྒྱུ་སྣ་མང་ལས་གྲུབ་པའི་མཆོད་རྟེན་ཅི་རིགས་ཀྱི་རྣམ་པ་དང་། རང་རེའི་བོད་ཀྱི་གནའ་རབས་ཨར་སྐྲུན་མཆོད་རྟེན་གྱི་བྱུང་འཕེལ་སོགས་ཀྱི་གནས་ཚུལ་སྐོར་ལ་ལོ་རྒྱུས་འཕེལ་རྒྱས་ཀྱི་དྲང་བདེན་རང་བཞིན་དང་མཐུན་པའི་གོ་བ་ལོན་ཐབས་ཤིག་རྙེད་ངེས་པར་སེམས་ཏེ་འདི་ལྟར་དུ་བགྱིས་པའོ། །

གཅིག ལེགས་སྦྱར་སྐད་ཀྱི་མཆོད་རྟེན་གྱི་ཐ་སྙད་སྐོར།

ལོ་རྒྱུས་དང་རིག་གནས་འཕེལ་རིམ་ལ་སོགས་རྒྱུ་རྐྱེན་གང་ཞིག་ལ་བརྟེན་ནས་བྱུང་བའི་མཆོད་རྟེན་གྱི་ཐ་སྙད་དེར་ལེགས་སྦྱར་སྐད་དུ་ཁྱབ་གདལ་ཆེ་བའི་འབོད་ཚུལ་གཉིས་ཡོད་དེ། གཅིག་ནི་"སྟཱུ་པ་(stūpa)"ཞེས་པ་དང་། གཞན་ཞིག་ནི་"ཙཻ་ཏྱ་(caitya)"ཞེས་པའོ། །

དེ་ཡང་"སྟཱུ་པ་"ཞེས་པའི་ཐ་སྙད་འདི་རྒྱ་གར་གྱི་ལོ་རྒྱུས་ཐོག་ངེས་བརྗོད་རིག་བྱེད་དུས་སྐབས་(སྤྱི་ལོའི་སྔོན་༡༢༠༠ལོ་ནས་སྤྱི་ལོའི་སྔོན་གྱི་༥༠༠ལོ་བར་[①])སུ་བརྩམས་པའི་ངེས་བརྗོད་རིག་བྱེད་ཅེས་པའི་དཔེ་དེབ་ནང་བེད་སྤྱོད་བཏང་སྟེ་ཤོས་ཡིན་པ་དང་། འདིའི་འགྲེལ་པ་ནི་"ཀ་བ་"འམ་"ཤིང་སྡོང་"ལ་སྦྱར་ཡོད་ལ། འགྲེལ་པ་འདི་གཉིས་ཀྱི་གཅིག་མཚུངས་གོ་དོན་ཡང་"སྙིང་དུ

① ཁང་དཀར་ཚུལ་ཁྲིམས་སྐལ་བཟང་གིས་བརྩམས་པའི་《ཁང་དཀར་ཚུལ་ཁྲིམས་སྐལ་བཟང་གི་གསུང་རྩོམ་ཕྱོགས་བསྒྲིགས་》ཀྲུང་གོའི་བོད་ཀྱི་ཤེས་རིག་དཔེ་སྐྲུན་ཁང་ནས་སྤྱི་ལོ་༡༩༩༩ལོར་བསྐྲུན་པའི་ཤོག་ངོས༤ན་གསལ།

འཇགས་པར་”བཤད། ཡང་ཏཻཏྟིརྀ་ཡ་སམ་ཧི་ཏ་(《鹧鸪氏本集》Taittirīya Samhita)ཞེས་པའི་དཔེ་དེབ་ནང་“དབུ་སྐྲའི་གཙུག་ཏོར་”ཞེས་པར་ཕབ་བསྒྱུར་བྱས་ཡོད་པ་དང་། དེའི་མཚོན་དོན་ནི་“བླ་གནས་”སམ་“མཐོ་གནས་”ལ་གོ་དགོས་པར་བཤད།[①] 《Vācasptyaཝཱ་ཙ་སེ་པ་ཏྱ་》ཞེས་པའི་ནང་“སྟཱུཔ་”ནི་“ས་སྤུངས་”ཀྱི་དོན་ལ་སྦྱར་ཡོད་པ་དང་། ཚིག་འདིའང་རྒྱ་གར་བྱང་ཕྱོགས་ཀྱི་“ཐོ་པ་ཊ(thopnā)”ཞེས་པའི་ཚིག་ལས་བྱུང་བར་བཞེད། ཐ་སྙད་འདིའི་ཐོག་མའི་འབྱུང་ཁུངས་ནི་གནའ་བོའི་རྒྱ་གར་གྱི་པཱ་ལིའི་ཡི་གེ་“ཐུ་པ་(thupā)”ཞེས་པ་ལས་འགྱུར་བ་ཡིན་པར་བརྗོད་ཡོད་པ་མ་ཟད།[②] 《དུང་དཀར་ཚིག་མཛོད་ཆེན་མོ་》ཡི་ནང་། “སྟཱུཔ་”ཞེས་པར་“སྟཱུས་”(འདི་ནི་དཔར་ནོར་ཡིན་ངེས་ཆེ་བར་འདུག་པེར་འཛིན་པའི་མཆན་)སུ་བྲིས་གནང་ཞིང་། “སཾསྐྲྀཏའི་སྐད་དུ་སྟཱུས་ཞེས་པ་དེ་ཡང་དོན་ངོ་མར་རྟེན་མཆོག་ལྷ་བུ་དང་བང་སོ་ལྷ་བུ་གཉིས་ཀ་ལ་འཇུག་ཅིང་། རྟེན་མཆོག་ཅེས་པ་དྲན་རྟེན་གྱི་བཟོ་སྐྲུན་ལྷ་བུ་ལ་འབོད་ཅིང་། བང་སོ་ནི་རོ་འཇུག་སའི་ཕུར་སྒམ་གྱི་དོན་ཡིན་”[③]ཞེས་འཁོད་ཡོད།

“ཅཻཏྱ་”ཞེས་པའི་ཐ་སྙད་འདིའང་ངེས་བརྗོད་རིག་བྱེད་དུས་སྐབས་ནས་བཟུང་རིམ་བཞིན་དར་འཕེལ་བྱུང་ཞིང་། འདིའི་ཚིག་དོན་“སྟཱུཔ་”དང་འདྲ་ལ། སཾསྐྲྀཏའི་འབྲི་ཚུལ་དུ་“ཅཻཏྱ་”འམ་“chaitya”ཞེས་པ་དང་། པཱ་ལིའི་ཡི་གེར་“ཙེ་ཏི་ཡ་cetiya”ཞེས་སུ་འབྲི་ཚུལ་ཡོད། འདི་ནི་ནང་བསྟན་ཆོས་ལུགས་མ་དར་གོང་དུ་

① 李崇峰：《中印佛教石窟寺比较研究—以塔庙窟为中心》，北京：北京大学出版社2003年版

② Giusepepe Tucci.1998.Stupa.art, architctectonic and symbolism.New Delhi:Rakesh Goel for Aditya Prakashan,xi-xii

③ དུང་དཀར་བློ་བཟང་འཕྲིན་ལས། 《དུང་དཀར་ཚིག་མཛོད་ཆེན་མོ་》 ཀྲུང་གོའི་བོད་རིག་པ་དཔེ་སྐྲུན་ཁང་ནས་སྤྱི་ལོ་༢༠༠༢ལོར་བསྐྲུན་པའི་ཤོག་ངོས་༨༧༡ན་གསལ།

བྱུང་བའི་མཆོད་པའི་གནས་དང་འདྲ་བའི་ཁང་པ་ལྟ་བུར་གོ་དགོས་པ་དང་། ནང་བསྟན་པ་དང་གཅེར་བུ་པ་གཉིས་ཀྱིས་མཉམ་དུ་སྤྱོད་པའི་ཐ་སྙད་ཅིག་ཀྱང་ཡིན། མིང་ཚིག་འདིའི་རྩ་བའི་འབྱུང་ཁུངས་ནི་རིམ་བརྗོད་རིག་བྱེད་ཆོས་ལུགས་ནང་མེ་ཡིས་མཆོད་པ་འབུལ་ཡུལ་"ཅི་ཏི་citi"ཞེས་པའི་ཨར་སྐྲུན་གྱི་རྣམ་པ་ཞིག་ཡིན་པ་མ་ཟད། དེ་ནི་ནང་བསྟན་ཆོས་ལུགས་འཕེལ་རྒྱས་མ་བྱུང་སྔོན་ནས་དར་ཁྱབ་ཤུགས་ཆེན་པོ་ཡོད་ལ། སངས་རྒྱས་བཅོམ་ལྡན་འདས་སྐུ་འཚོ་བཞུགས་སྐབས་སུ་"ཅཻཏྱ་"ནི་གནོད་སྦྱིན་དང་ལྷའི་རིགས་རྣམས་ལ་མཆོད་པ་འབུལ་བའི་གནས་ཞིག་ཡིན་པ་དང་། དེའི་སྐབས་སུ་བཅོམ་ལྡན་འདས་ཀྱིས་སཱ་རན་ད་ད་(sārandada)ཡི་ཅཻཏྱར་ལི་ཙ་བྱི་རྣམས་ལ་ཆོས་གསུངས་ཏེ་ཅཻཏྱ་ཞེས་པའང་ཆོས་བདུན་གྱི་རྣམ་གཞག་ལ་ངོས་བཟུང་སྟེ་དེར་བཀུར་དགོས་པའི་བཀའ་སློབ་མཛད། དུས་དེ་ནས་བཟུང་ནང་བསྟན་ཆོས་ལུགས་མ་དར་གོང་ནས་བྱུང་བའི་སྲོལ་རྒྱུན་གྱི་ཅཻཏྱ་ཡང་ནང་བསྟན་ཆོས་ཀྱི་མཆོད་གནས་ཞིག་ཏུ་བསྒྱུར་བ་དང་། དེ་ནི་ནང་བསྟན་ཆོས་ནང་དུ་ཉམས་ལེན་བྱེད་དགོས་པའི་གཙོ་བོའི་བཀའ་སློབ་ཀྱི་ནང་དོན་ལྟ་བུར་གྱུར་ཡོད་ལ། མཚན་དོན་ཀྱང་གསར་པ་ཞིག་ཐོབ་ཡོད་དོ། །དེ་ཡང་ཅཻཏྱའི་ནུས་པའམ་དགོས་པའི་དབང་དུ་རྣམ་གཞག་བཞི་ཙམ་ལ་ཕྱེ་བ་སྟེ། གཅིག་ནི་སངས་རྒྱས་ཀྱི་མཁོ་ཆས་བཞུགས་པའི་ཅཻཏྱ་དང་། གཉིས་ནི་སངས་རྒྱས་ཀྱི་རིང་བསྲེལ་དང་སྐུ་གདུང་བཞུགས་སུ་གསོལ་བའི་ཅཻཏྱ། གསུམ་ནི་རྟེན་འབྲེལ་གྱི་བསྟོད་ཚིག་དང་མཆོད་འབུལ་གྱི་སྐུ་འདྲ་བཞུགས་པའི་ཅཻཏྱ། བཞི་ནི་གསོལ་བ་སྨོན་འདེབས་མཚོན་པའི་ཅཻཏྱ་བཅས་སོ། །①

རྒྱ་ནག་གི་འབྲེལ་ཡོད་ཡིག་ཚང་ནང་གསལ་བ་ལྟར་ན། སྤྱི་ལོའི་དུས་རབས་

① 李崇峰གི་བརྩམས་དེབ་ཤོག་ངོས་༢༧ན་གསལ།

༥པའི་དུས་འགོར་“སྟཱུ་པ་”དང་“ཙཻ་ཏྱ་”གཉིས་ཀྱི་ཁྱད་པར་མངོན་གསལ་དོད་པོ་ཡོད་པ་སྟེ། “སྟཱུ་པ་”ནི་རིང་བསྲེལ་བཞུགས་ཡོད་པའི་མཆོད་གནས་སམ་མཆོད་རྟེན་ཁོ་ནར་གོ་དགོས་པ་དང་། དེའི་ཡིག་སྒྱུར་ལ་ཏྭ་“塔”ཞེས་བྱ། “ཙཻ་ཏྱ་”ནི་རིང་བསྲེལ་བཞུགས་མེད་པའི་མཆོད་པའི་གནས་གང་ཞིག་ལ་འཇུག་པ་སྟེ། སངས་རྒྱས་སྟོན་པའི་འཁྲུངས་ཡུལ་དང་། སངས་རྒྱས་སའི་གནས། ཆོས་འཁོར་བསྐོར་སའི་གནས། མྱ་ངན་ལས་འདས་སའི་ཡུལ། བྱང་སེམས་ཀྱི་སྐུ་འདྲ། མཆོད་བྱེད་ཀྱི་བྲག་ཕུག སངས་རྒྱས་ཀྱི་ཞབས་རྗེས་ལ་སོགས་དེའི་ཁོངས་སུ་ཚུད་ཡོད་ཅིང་། དེའི་ཡིག་སྒྱུར་ཕལ་ཆེ་བ་ནི་ཀྲི་ཐི་“支提”ཞེས་པ་འདིའོ། །འོན་ཀྱང་། དེའི་སྐབས་སུ་སྐབས་བབས་ཀྱི་བེད་སྤྱོད་བྱེད་སྟངས་འདྲ་མིན་ལ་བརྟེན་ནས་ཐ་སྙད་འདི་གཉིས་དབར་དུ་འཁྲུལ་ནོར་བྱུང་ཡོད་པ་མ་ཟད། ཐ་ན་ཐ་སྙད་གཅིག་ལྟ་བུར་ངོས་འཛིན་བྱེད་སྲོལ་ཡང་བྱུང་ཡོད། སྤྱི་ལོའི་དུས་རབས་༧པའི་དུས་མཇུག་ཙམ་ལ་ཐ་སྙད་འདི་གཉིས་ཀྱི་གོ་དོན་ཐད་དབྱེ་བ་ཡེ་ནས་མ་མཆིས་པར་མངོན་ཏེ། སློབ་དཔོན་དང་བླ་མ་གང་ཞིག་སྐུ་ཞིང་ལ་གཤེགས་རྗེས། སྐུ་གདུང་བཞུགས་འབུལ་དུ་གསོལ་བའི་རིང་བསྲེལ་གྱི་བཞུགས་གནས་ལ་ངོས་འཛིན་པ་དང་། དེའི་རྗེས་སུ་“ཙཻ་ཏྱ་”ནི་ལྷ་ཁང་དང་མཆོད་ཡུལ་གྱི་གནས་གང་ཞིག་ལ་བབས་པའི་ཆེད་བརྗོད་ཀྱི་ཚིག་ལྟ་བུར་གྱུར་བའི་སྐོར་གསུངས་ཡོད།①

ཁོ་བོས་དོ་སྣང་བྱུང་བའི་རང་རེའི་བོད་ཀྱི་འབྲེལ་ཡོད་དཔྱད་གཞིའི་ཡིག་རིགས་ཁྲོད་“སྟཱུ་པ་”དང་“ཙཻ་ཏྱ་”ཞེས་པའི་ཐ་སྙད་གཉིས་ཀྱི་ངེས་ཚིག་དང་། དེའི་མཚོན་དོན་ལ་འགྱུར་བ་གང་འདྲ་ཞིག་བྱུང་ཡོད་མིན་སོགས་ཀྱི་སྐོར་ལ་གསལ་བཤད་བསྐྱོན་གནང་བའི་ཡིག་ཆགས་ནི་ཧ་ཅང་དཀོན་པོ་ཡིན་ཡང་། ཞུ་ཆེན་མ་ཧཱཔཎྜི་ཏ་ཚུལ་ཁྲིམས་རིན་ཆེན་གྱིས་“ཙཻ་ཏྱ་”ཞེས་པའི་ཚིག་ལ་འགྲེལ་བཤད་འདི་

① 李崇峰གི་དཔེ་དེབ་ཀྱི་ཤོག་ངོས་༢༨ན་གསལ།

འདྲ་ཞིག་གནང་ཡོད་དེ། “སྤྱིར་མཆོད་རྟེན་ཞེས་པ་ཐུགས་ཀྱི་རྟེན་ཡིན་ལ། མཆོད་རྟེན་གསུམ་གྱི་སྐབས་སུ་ནི་ཆོས་ཀྱི་སྐུའི་རྟེན་དུ་བཤད་དེ། དེའི་ངེས་ཚིག་ནི་ལེགས་སྦྱར་གྱི་སྐད་དུ། ཙཻཏྱ་ཞེས་ཡོད་པ། དེའང་ཙི་ཏི་དྲན་པའི་བྱིངས་ལས་བྱུང་བ་སྟེ། ཆོས་ཀྱི་སྐུའི་ཡོན་ཏན་དྲན་པའི་ཕྱིར་རམ། ཡང་ན་ཙི་ཏ་སོགས་པའི་བྱིངས་ལས་བསྡུགས་པའམ། བསག་ཏུ་རུང་བས་ཏེ། ཡོན་ཏན་གྱི་ཆོས་བསྡུགས་པའམ་བསག་ཏུ་རུང་བར་མཚོན་པའི་ཕྱིར་རོ། །”[1] ཞེས་གསུངས་པ་ལས། གོང་དུ་སྨོས་པའི་རྒྱ་གར་ངེས་བརྗོད་རིག་བྱེད་ཆོས་ལུགས་ནང་མེ་ཡིས་མཆོད་པ་འབུལ་ཡུལ་“ཙི་ཏི་”ཞེས་པའི་ཨར་སྐྲུན་རྣམ་པའི་མཚོན་དོན་ནི། གང་ཞིག་ཡོན་ཏན་དྲན་པའི་ཕྱིར་ཡིན་པ་གསལ་པོར་རྟོགས་ནུས། འོན་ཏེ་གོང་དུ་གསུངས་པའི་“ཙི་ཏི་དྲན་པའི་བྱིངས་ལས་བྱུང་བ་སྟེ། ཆོས་ཀྱི་སྐུའི་ཡོན་ཏན་དྲན་པའི་ཕྱིར་”ཞེས་འཁོད་པ་ནི་བཅོམ་ལྡན་འདས་ཀྱིས་ལི་ཙ་བྱི་རྣམས་ལ་བཀའ་སློབ་མཛད་སྐབས་ཀྱི་ཙཻཏྱའི་ངེས་ཚིག་དང་ཅུང་ཁྱད་པར་ཡོད་པའང་ཤེས་དགོས་པའི་དོན་གནད་ཅིག་ཡིན། གང་ལགས་ཤེ་ན། སྐབས་འདིའི་ཙཻཏྱ་ནི་གནའ་བོའི་རྒྱ་གར་དུ་དར་བའི་དུར་འཇུག་གོམས་སྲོལ་དང་འབྲེལ་བའི་དྲན་རྟེན་གྱི་ཨར་སྐྲུན་རྣམ་པ་ཙམ་ཡིན་པ་དང་། དེའི་སྐུ་ཕུང་མེ་ལ་བཞུགས་འབུལ་བཏང་ནས་དུར་དུ་བཅུག་རྗེས། དེའི་སྟེང་ཐོག་ཏུ་བཏབ་པའི་ཨར་སྐྲུན་གྱི་དངོས་པོའི་མིང་དེར་བརྗོད་པ་ལས། ཆོས་སྐུའི་ཐ་སྙད་ནི་འབྲས་བུ་སྐུ་གསུམ་གྱི་རྣམ་གཞག་སྟེ། སངས་རྒྱས་ཀྱི་སྐུ་ལ་ཆོས་སྐུ་དང་། ལོངས་སྐུ། སྤྲུལ་སྐུ་

① སྐྱེ་དགུ་བ་ཀུན་དགའ་གྲགས་པས་བརྩམས་པའི་《སྐུ་གཟུགས་དང་མཆོད་རྟེན་ལ་ནང་བཞུགས་འབུལ་ཚུལ་ལག་ལེན་ཉུང་བསྡུས་གསེར་གྱི་ལྡེ་མིག་ལུང་གི་ཁྲ་ཚོམ་》ཞེས་བྱ་བ་མཁན་པོ་ཀུན་དགའ་བཟང་པོས་བསྒྲིགས་པའི་《དཔལ་ལྡན་སྐྱ་བའི་གསུང་རབ་པོད་གསུམ་པ་བཟོ་གནས་དང་སྡེབ་སྦྱོར་》སྟོད་ཆ། མི་རིགས་དཔེ་སྐྲུན་ཁང་དང་མཚོ་སྔོན་མི་རིགས་དཔེ་སྐྲུན་ཁང་ནས་སྤྱི་ལོ་༢༠༠༥ལོར་བསྐྲུན་པའི་ལྷུགས་པར་མའི་ཤོག་ངོས་༧༣ན་གསལ།

བཅས་བརྗོད་པའི་ནང་གི་བྱེ་བྲག་ཅིག་ཡིན་ལ། དེའི་ཐོག་མའི་སྒྲོལ་འབྱེད་མཁན་ནི་《མདོ་སྡེ་རྒྱན་》གྱི་མཛད་པ་པོ། སྤྱི་ལོ་༣༥༠ལོ་ནས་སྤྱི་ལོ་༤༣༠ལོའི་ནང་འཚོ་བཞུགས་གནང་བའི་རྒྱ་གར་གྱི་མཁས་དབང་། སེམས་ཙམ་པའི་སློབ་དཔོན་ཐོགས་མེད་ཡིན་པར་བརྗེན།[①] ཆོས་སྐུའི་ཐ་སྙད་འདིའང་རིམ་བརྗོད་རིག་བྱེད་དུས་སྐབས་སུ་བྱུང་མེད་པས། དེའི་ཡོན་ཏན་དྲན་པའི་ཕྱིར་ནི་དེ་བས་རིམ་མི་སྲིད་པ་ལགས། གཞན་ཡང་། 《སំ་བོད་ཤན་སྦྱར་གྱི་ཚིག་མཛོད་》ཅེས་པའི་ནང་“ཙཻཏྱ་”ནི་“མཆོད་རྟེན་”དུ་ཕབ་བསྒྱུར་བྱས་ཡོད་ལ།[②] “སྟཱུཔ་”ཞེས་པའང་“མཆོད་རྟེན་”གྱི་དོན་དུ་གསུངས་ཡོད།[③] འདིར་ཐ་སྙད་འདི་གཉིས་ཀྱི་རིམ་ཚིག་གཅིག་ཏུ་བཞེད་ཡོད་པ་ནི་ཞྭིས་བཤད་བྱེད་མི་དགོས་པ་ཞིག་སྟེ། དེའང་ཐ་སྙད་འདི་གཉིས་གནའ་བོའི་རྒྱ་གར་ཡུལ་ལ་ཁྱབ་གདལ་དུ་འགྲོ་སྐབས་ཀྱི་ཐོག་མའི་རིམ་ཚིག་དང་ཁྱད་པར་ཆེན་པོ་ཡོད་པ་ནི་མཁྱེན་ལྡན་པ་རྣམས་ཀྱིས་གསལ་པོར་རྟོགས་ཐུབ།

རང་རེའི་ཕ་སྐད་དུ་“མཆོད་རྟེན་”ཞེས་པའི་རིམ་ཚིག་ནི་“མཆོད་པའི་ཞིང་ངམ་རྟེན་གྱི་དོན་”[④]དུ་གསུངས་ཡོད་པའམ། ཡང་ན་《བྱང་ཆུབ་རྒྱན་འབུམ་》ལས། “མཆོད་རྟེན་ཞེས་བྱ་བ་ནི་སངས་རྒྱས་ཐམས་ཅད་ཀྱི་བཞུགས་གནས་དཀྱིལ་འཁོར་ཡིན་ནོ། །”ཞེས་པའམ། “མཆོད་རྟེན་ཞེས་བྱ་བ་ནི་སངས་རྒྱས་ཐམས་ཅད་ཀྱི་

① ཁང་དཀར་ཚུལ་ཁྲིམས་སྐལ་བཟང་གིས་བརྩམས་པའི་《ཁང་དཀར་ཚུལ་ཁྲིམས་སྐལ་བཟང་གི་གསུང་རྩོམ་ཕྱོགས་བསྒྲིགས་》 ཀྲུང་གོའི་བོད་ཀྱི་ཤེས་རིག་དཔེ་སྐྲུན་ཁང་ནས་སྤྱི་ལོ་༡༩༩༩ལོར་བསྐྲུན་པའི་ཤོག་ངོས་༥༢ན་གསལ།

② རྣམ་རྒྱལ་ཚེ་རིང་གིས་རྩོམ་སྒྲིག་བྱས་པའི་《སំ་བོད་རྒྱ་གསུམ་ཤན་སྦྱར་གྱི་ཚིག་མཛོད་》 མི་རིགས་དཔེ་སྐྲུན་ཁང་གིས་སྤྱི་ལོ་༢༠༠༥ལོར་དཔར་བའི་པར་ཐེངས་༣པའི་ཤོག་ངོས་༡༢༣ན་གསལ།

③ གོང་དུ་དྲངས་ཟིན་པའི་《སំ་བོད་རྒྱ་གསུམ་ཤན་སྦྱར་གྱི་ཚིག་མཛོད་》ཀྱི་ཤོག་ངོས་༥༨ནང་གསལ།

④ 《དུང་དཀར་ཚིག་མཛོད་ཆེན་མོ་》ཡི་ཤོག་ངོས་༤༦༡ན་གསལ།

སྤྲུལ་པའི་སྐུ་གདུང་གི་བང་སོ་ཡིན་ནོ། །”[①]ཞེས་པའི་རིས་ཚིག་འདི་དག་གི་གཅིག་མཚུངས་ཀྱི་ཆ་ནི། གང་ཞིག་མཆོད་པར་བྱེད་པའི་ཡུལ་དུ་འཇུག་ལ། མཆོད་ཡུལ་སོ་སོའི་ནང་གཞུག་དང་ཕྱིའི་རྣམ་པ་མི་འདྲ་བར་བརྟེན་ནས་སྐབས་བབས་དོན་གྱི་རིས་ཤེས་རེ་ཡོང་སྲིད་པ་ནི་ཞུ་མི་དགོས་པ་ཞིག་རེད། དེའི་དབང་གིས་རང་རེ་བོད་ཀྱི་ཡུལ་དུ་གནའ་རབས་བོན་གྱི་ཆོས་དར་བ་ནས་འགོ་ཚུགས་ཏེ་ཡུལ་ལྷ་དང་། གཞི་བདག །བཙན། རྒྱལ་པོ་སོགས་གང་ཞིག་ལ་མཆོད་པར་བྱེད་པའི་ཡུལ་དུ་གྱུར་བའི་རྟེན་ནམ་རྟེན་མཁར་ལ་སོགས་པ་ལའང་མཆོད་རྟེན་གྱི་རིས་ཚིག་འདི་དང་བབས་མཚུངས་སུ་འཇོག་དགོས་པ་ནི་གནད་དུ་འཁེལ་བའི་དོན་ཞིག་ཡིན་མོད། འོན་ཏེ་དེང་དུས་ཀྱི་ཆ་ནས་བཞག་ན། མི་ཕལ་མོ་ཆེས་མཆོད་རྟེན་ཞེས་པའི་ཐ་སྙད་འདི་གཟུགས་སུ་ཧྲང་བའི་དངོས་པོ་གང་ཞིག་ལ་ངོས་འཛིན་བྱེད་སྐབས། བདེ་གཤེགས་མཆོད་རྟེན་བརྒྱད་ཀྱི་ཚད་དང་འདྲ་བའམ། རང་རེ་བོད་ཡུལ་དུ་བྱུང་བའི་ཁང་བུ་བརྩེགས་པའི་མཆོད་རྟེན་ལྟ་བུ་ལས་གོང་སྨོས་ཀྱི་ཡུལ་ལྷ་དང་། གཞི་བདག བཙན། རྒྱལ་པོ་སོགས་ཀྱི་མཆོད་ཡུལ་རྟེན་ནམ་རྟེན་མཁར་ནི་མཆོད་རྟེན་གྱི་ཐ་སྙད་ལས་མཚོན་པའི་དངོས་པོར་ངོས་འཛིན་ཏ་ལམ་མི་བྱེད་པ་ཡང་ཐ་སྙད་ཀྱི་རིས་ཚིག་དང་། ཐ་སྙད་མཚོན་པའི་དངོས་པོར་མི་རྣམས་ཀྱིས་རྒྱུན་འཛགས་གོམས་གཤིས་ཀྱི་བློ་ཕྱོགས་བསྒྱུར་ཐབས་ལས་རིས་ཤེས་ཤིག་བྱུང་བས་ཡིན་ནོ། །དེར་བརྟེན། མཆོད་རྟེན་ཐ་སྙད་ཀྱི་རིས་ཚིག་དང་ཐ་སྙད་མཚོན་པའི་དངོས་པོ་གཉིས་དབར་གྱི་འབྲེལ་བ་དང་། དེའི་དངོས་ཡོད་ཁྱད་པར་གང་འདྲ་ཡོད་མིན་ཐད་ང་ཚོས་ངོ་སྣང་བྱེད་དགོས་པའི་གནད་དོན་ཞིག་ཡིན་ལ། ཆེད་དེབ་འདིའི་ནང་དུའང་

① 《དཔལ་ལྡན་སྐྱ་བའི་གསུང་རབ་པོད་གསུམ་པ་བཟོ་གནས་དང་སྤེལ་སྦྱོར་》སྟོད་ཆའི་ཤོག་ངོས་༧༣ན་གསལ།

ང་ཆོས་རྒྱུན་འཛུགས་གོམས་གཞིས་སུ་འགོད་ཁྱབ་ཆེ་བའི་གཟུགས་ཅན་མཆོད་རྟེན་དེ་ཀོ་རང་གཙོ་བོའི་ནང་དོན་དུ་བྱས་ཏེ་འབྲེལ་ཡོད་ཀྱི་གནད་དོན་ཁག་ལ་དཔྱད་བརྗོད་ཞུ་རྒྱུ་ཡིན།

གཉིས། མཆོད་རྟེན་བཟོ་དབྱིབས་ཀྱི་ཐོག་མའི་རྣམ་པ་དང་དེའི་འཕེལ་འགྱུར་སྐོར།

འཕགས་ཡུལ་དུ་དར་བའི་ཐོག་མའི་མཆོད་རྟེན་གྱི་བཟོ་དབྱིབས་ནི་གོང་དུ་བཤད་ཟིན་པའི་ཐ་སྙད་ཀྱི་དེས་ཚིག་དུར་རམ་ཡང་ན་བང་སོ་དང་འབྲེལ་འདྲིས་ཆེན་པོ་ཡོད་པ་གསལ་པོར་རྟོགས་ཐུབ། དེ་ཡང་དུས་དེའི་སྐབས་ཀྱི་མཆོད་རྟེན་གྱི་བཟོ་དབྱིབས་ནི་དུར་ཁུང་ངམ་བང་སོའི་ས་སྤུངས་ཟླུམ་དབྱིབས་ཅན་ལྟ་བུར་སྣང་། རྒྱལ་ཕྱི་རྒྱལ་ནང་གི་ཞིབ་འཇུག་པ་མང་ཆེ་བའི་བཞེད་སྲོལ་ལྟར་ན། "སྟུ་པ"ཞེས་པའི་འཕགས་ཡུལ་མཆོད་རྟེན་བཟོ་དབྱིབས་ཀྱི་མ་དཔེའི་འབྱུང་ཁུངས་ནི་རྒྱ་གར་གྱི་ས་ཆ་དེ་ཁན（德干，Deccan）དང་། རྒྱ་གར་ལྷོ་ཕྱོགས་ཡུལ་དུ་དར་ཁྱབ་ཆེ་བའི་གནའ་བོའི་དུར་གྱི་ས་སྤུངས་ཤིག་སྟེ། དེའི་བཟོ་དབྱིབས་ཀྱི་སྤྱིའི་ཁྱད་ཆོས་ནི་དུར་ཁུང་གི་ས་སྤུངས་མཐོ་པོ་མིན་ལ་ཕྱིའི་རྣམ་པ་ཟླུམ་དབྱིབས་ཅན་དུ་བྱས་ཤིང་། དེའི་མཐའ་འཁོར་གྱི་སའི་ངོས་སུ་རྡོ་རིལ་ཆེན་པོས་བསྐོར་ཡོད་པ་ཞིག་ལགས། འདི་ལྟ་བུའི་དུར་འདེབས་ཚུལ་གྱི་རྩ་བའི་འབྱུང་ཁུངས་ནི། ཚོ་པ་གང་ཞིག་གི་རྩོལ་བ་ལས་གྲུབ་པའི་དམིགས་བསལ་གྱི་འབྲས་བུ་མིན་པ་མ་ཟད། ནང་ཆོས་མ་དར་གོང་རྒྱ་གར་གྱི་ཡུལ་གྲུ་ཁག་གམ། ཨེ་ཤེ་ཡའི་ས་ཆ་མང་དག་ཅིག་ཏུ་དར་ཁྱབ་ཆེ་བའི་དུར་འཛུག་གི་གོམས་སྲོལ་ཞིག་ཀྱང་ཡིན། ཕྱིས་སུ་སྟོན་པ་བཅོམ་ལྡན་འདས་ཀྱིས་མཚོན་པའི་ནང་པའི་ཆོས་ལུགས་ཕྱག་ལེན་བྱེད་པོ་རྣམས་ཀྱིས་དེའི་བྱེད་ལུགས་རང་གི་དང་ལེན་བྱས་ཏེ། དེར་ནང་ཆོས་ཀྱི་མཚོན་དོན་གསར་པ་གང་ཞིག་སྦྱིན་པ་དང་ཆབས་ཅིག་རྒྱུད་འཛིན་དར་འཕེལ་ཤུགས་ཆེན་བཏང་བས། མཐར་སྐབས་དེའི་ནང་ཆོས་

ཁྲིད་དུ་དར་ཁྱབ་ཤས་ཆེ་བའི་མཆོད་པ་བྱེད་པའི་གཙོ་བོའི་རྣམ་པ་ཞིག་ཏུ་གྱུར་ཡོད།[①]

དེ་ནས་སངས་རྒྱས་བཅོམ་ལྡན་འདས་སྐུ་མྱ་ངན་ལས་འདས་རྗེས། སློབ་བུ་རྣམས་ཀྱིས་རིམ་པས་དམངས་ཁྲོད་དུ་མཆོད་རྟེན་གསར་བཞེངས་བྱེད་པ་དང་། དེ་ལ་མཆོད་འབུལ་བྱེད་པའི་གོམས་སྲོལ་ཁྱབ་གདལ་དུ་དར་ཡོད་ཅུང་། ད་བར་དུས་སྐབས་དེའི་མཆོད་རྟེན་བཟོ་དབྱིབས་ཀྱི་མ་དཔེ་དངོས་ང་ཚོའི་མིག་ལམ་དུ་མཇལ་རྒྱུ་མེད་ཀྱང་། བཟོ་དབྱིབས་ཀྱི་ཁྱད་ཆོས་ནི་ས་འཛིན་ནམ་ས་སྟེགས་དང་བུམ་པ་གཉིས་ལས་གྲུབ་ཅིང་། ས་འཛིན་ནི་གྲུ་བཞི་ཅན། བུམ་པ་ནི་ཟླུམ་དབྱིབས་ཅན་ཡིན། འདི་ལྟའི་ཚུལ་དུ་བཀྲིས་པ་ཡང་སྟོན་པ་བཅོམ་ལྡན་འདས་ཁོང་ཉིད་སྐུ་འཚོ་བཞུགས་གནང་བའི་སྐབས་སུ་གསུངས་པའི་མཆོད་རྟེན་གྱི་དཔེ་ཚད་དང་མཉམ་པ་ཡིན་པར་ཚོད་དཔག་བྱེད་ནུས་ཞེས་ཞིབ་འཇུག་པ་ཁག་གཅིག་གིས་གསུངས་འདུག་པ་དོན་དངོས་དང་མཐུན་ཡོད་པར་སེམས།[②] དེའི་རྒྱུ་རྐྱེན་ནི་བཅོམ་ལྡན་འདས་མྱ་ངན་ལས་འདས་རྗེས་ཀྱི་བགྲང་བྱ་ཉིས་བརྒྱ་ལྷག་ཙམ་འདས་པའི་དུས་སུ་རྒྱ་གར་གྱི་ལོ་རྒྱུས་ཐོག་སྟོབས་ཤུགས་མངའ་ཐང་ཤིན་ཏུ་རྒྱས་པའི་མཽ་རྱ་རྒྱལ་རབས་སྐབས་ཀྱི་མཆོད་རྟེན་ཡང་ལོ་རྒྱུས་སྔོན་གྱི་ཁྱད་ཆོས་དང་འདྲ་བའི་ཚུལ་བཞིན་རྒྱུན་སྲིང་གིས་བཞེངས་ཡོད་པ་ལས། དེ་ལ་དུས་ཚོད་གང་ཞིག་གི་རྐྱེན་པའི་འཕོ་འགྱུར་བྱུང་མེད་པས་ངེས་ཤེས་འབྱུང་བ་ལགས་སོ། །གོང་སྨྲོས་ཚུལ་བཞིན་བཞེངས་པའི་མཆོད་རྟེན་དང་མཐུན་པའི་ལོ་རྒྱུས་དངོས་ཀྱི་རྒྱབ་རྟེན་ནི། རྒྱ་གར་གྱི་སྔ་རབས་ལོ་རྒྱུས་ཁྲོད་སྐད་གྲགས་ཤིན་ཏུ་ཆེ་བའི་སྟོན་པའི་སྐུ་གདུང་ཆ་བརྒྱད་དུ་བགོས་ཏེ་མཆོད་རྟེན་བརྒྱད་དུ་བརྩིགས་པ་ལས་ངེས་པ་ཉིད་ཐུབ་ཅིང་། དེ་ཡང་བཅོམ་ལྡན་འདས་གཤེགས་རྗེས། རྒྱལ་པོ་བརྒྱད་ཀྱིས་ཁོང་

① 李崇峰གི་བརྩམས་ཆོས་ཀྱི་ཤོག་ངོས་༣༧ན་གསལ།

② 李崇峰གི་བརྩམས་ཆོས་ཀྱི་ཤོག་ངོས་༣༧ན་གསལ།

གི་སྐུ་གདུང་རིང་བསྲེལ་བགོ་བཤའ་བརྒྱབ་དོན་ཐད་ལ་རྩོད་རྙོག་བྱུང་སྟེ། མཐར་དྲང་སྲོང་རྫོང་ངས་པ་མེད་ཀྱིས་འདུམ་འགྲིག་འོག་རང་སོ་སོར་རིང་བསྲེལ་གྱི་ཆ་ཤས་རེ་བྱུང་ཞིང་། རྒྱལ་པོ་རྣམས་རང་རང་གི་ཡུལ་དུ་ལོག་ཕྱིན་རྗེས། ལག་ཏུ་ཐོབ་པའི་རིང་བསྲེལ་དག་བང་སོ་ཇི་བཞིན་གྱི་ས་སྒྲུངས་བཏབ་པའི་ནང་གཞུག་ཏུ་གསོལ་ཏེ་མཆོད་པ་དང་བཀུར་བསྟི་བྱེད་ཡུལ་དུ་བརྩིགས་པ་ལགས། གཞན་ཡང་། དྲང་སྲོང་རྫོངས་པ་མེད་ཉིད་ཀྱིས་སྟོན་པའི་རིང་བསྲེལ་ནང་གཞུག་ཏུ་གསོལ་སྒྲོང་བའི་ས་སྒྲུངས་སམ་དཀྱིལ་འཁོར་དབྱིབས་ཅན་ཞིག་ལ་མཆོད་རྟེན་དོད་དུ་གྲུབ་པའི་བང་སོ་ས་སྒྲུངས་ཅན་ཞིག་བཏབ་པ་དང་མཽཪྻའི་ཚོ་པའི་ཚབ་མིར་སངས་རྒྱས་བཞུགས་འབྱུལ་དུ་གསོལ་བའི་ཉུས་ཐལ་ཙམ་འཐོབ་པ་དེར་མཆོད་རྟེན་ཞིག་བཏབ་ཡོད་དོ། །[①]

གོང་གླིང་རྒྱལ་པོ་བརྒྱད་ཀྱི་མཆོད་རྟེན་སྟེང་། མཇུག་གི་གཉིས་བསྡོམས་པས་ནང་བསྟན་ཆོས་ལུགས་ཀྱི་ཐོག་མའི་མཆོད་རྟེན་བཅུ་ཉུ་གྲགས་པའང་དེ་དག་ཡིན་པ་མ་ཟད། མཆོད་རྟེན་བརྒྱད་ཀྱི་ནང་གཞུག་ནི་སྟོན་པའི་སྐུ་གདུང་གི་རིང་བསྲེལ་དང་། མཇུག་གི་གཉིས་པོའི་གཅིག་ནི་སྟོན་པའི་རིང་བསྲེལ་ནང་གཞུག་ཏུ་གསོལ་སྒྲོང་བའི་ས་སྒྲུངས་སམ་ཡང་ན་དཀྱིལ་འཁོར་དབྱིབས་ཅན་ཡིན་པ་དང་། ཅིག་ཤོས་ནི་ཉུས་ཐལ་ཡིན་ནོ། །ཚུལ་འདིའི་སྐོར་ལའང་སུམ་པ་ཡེ་ཤེས་དཔལ་འབྱོར་གྱིས《ཆོས་འབྱུང་དཔག་བསམ་ལྗོན་བཟང་》ནང་གཤམ་གསལ་ལྟར་འཁོད་ཡོད་དེ།

"དེ་ནས་སྐུ་གདུང་མེ་རང་འབར་གྱིས་ཚིག་པ་ཆ་བརྒྱད་དུ་བགོས་ཏེ་རྩ་མཆོག་གི་གྲོང་དང་། ཡུལ་སྡིག་ཅན་གྱི་གྲོང་དང་། ཡུལ་རྟོག་པ་གཡོ་བའི་རྒྱལ་རིགས་བུ་ལུ་ག་དང་། སྒྲ་སྒྲོགས་ཀྱི་ཀྲོ་ཌྷབ་དང་། ཁྱབ་འཇུག་གླིང་གི་བྲམ་ཟེ་དང་། སེར་སྐྱའི་ཤཱཀྱ་དང་། ཡངས་པ་ཅན་གྱི་ལི་ཙ་བྱི་དང་། མ་ག་དྷའི་མ་སྐྱེས་དགྲ་དང་། མི་ལྷས

① 李崇峰གི་བརྩམས་ཆོས་ཀྱི་ཤོག་ངོས་༩༧ན་གསལ།

མ་བཞེངས་པའི་མཆེ་བ་བཞི་ནི་ཀ་ལིང་ཀའི་རྒྱལ་པོ་སོགས་ཀྱིས་ཁྱེར་ཏེ་ཡུལ་སོ་སོར་མཆོད་རྟེན་(གཟུགས་ཆོས་སྐུའི་)བརྩིགས་ནས་མཆོད་ལ། དུས་ཕྱིས་ མྱ་ངན་མེད་ཀྱིས་(སྐུ་བལ་གྱི་ཡུང་དཀར་འབྲུ་ཙམ་སྐུ་གདུང་གི་)རིང་བསྲེལ་སྤེལ་བས་ཁ་ཆེ་དང་། རྒྱ་ནག་དང་། བལ་པོ་དང་། བོད་སོགས་སུ་བྱུང་ནས་མཆོད་དོ། །"[1]ཞེས་འཁོད་པ་ལས། རྒྱལ་པོ་བརྒྱད་ཀྱི་མཚན་བྱང་གསལ་བརྗོད་གནང་ཡོད་ལ། མི་ལྷས་མ་བཞེངས་པའམ་མེས་མ་ཚོག་པའི་མཆེ་བ་བཞི་ཡུལ་གང་དུ་ཁྱེར་ཏེ་མཆོད་རྟེན་བཞེངས་པའི་གནས་ཚུལ་སྐོར་ལ་ཡང་ངོ་སྤྲོད་རགས་ཙམ་གནང་ཡོད་པ་མ་ཟད། དུས་ཕྱིས་མཽཪྻའི་རྒྱལ་རབས་ཀྱི་རྒྱལ་པོ་ཨ་ཤོ་ཀཿ སམ་མྱ་ངན་མེད་(ཕྱིར་འཁོད་ཀྱི་དུས་ཚོད་ནི་སྤྱི་ལོའི་སྔོན་གྱི་༢༦༨ལོ་–༢༥༧ལོའི་བར་ཡིན་[2])སྐུ་དུས་སུ་མཆོད་རྟེན་བཞེངས་ཚུལ་དང་། རྒྱ་གར་ཡུལ་དུ་ཐོག་མར་ནང་བསྟན་ཆོས་ལུགས་ཀྱི་མཆོད་རྟེན་བྱུང་ནས་ཕྱིས་སུ་ཡུལ་གྲུ་གཞན་དུ་དར་ཁྱབ་ཇི་འདྲ་བྱུང་མིན་གྱི་གནས་ཚུལ་ལའང་ངོ་སྤྲོད་མདོར་བསྡུས་ཞུས་ཡོད་པའོ། །

ད་ནི་གོང་གི་བརྗོད་འཕྲོས་དེར་མུ་མཐུད་དེ་ནང་བསྟན་ཆོས་ལུགས་མཆོད་རྟེན་བཟོ་དབྱིབས་ཀྱི་ཐོག་མའི་རྣམ་པ་དང་དེའི་འཕེལ་འགྱུར་སྐོར་ལ་གླེང་བརྗོད་རགས་ཙམ་ཞིག་བྱས་ན། ད་ཡོད་ཀྱི་དཔྱད་གཞིའི་ཡིག་རིགས་སྣ་མང་ལས་མཽཪྻའི་རྒྱལ་རབས་དུས་ཀྱི་མཆོད་རྟེན་ནི་ད་བར་མིག་མཐོང་ལག་ཟིན་དུ་གྱུར་ཡོད་ལ། ཆེས་སྔ་བའི་ནང་བསྟན་ཆོས་ལུགས་མཆོད་རྟེན་གྱི་གཙོ་བོའི་གྲུབ་ཆ་ལྷ་བུར་ཡང་སྣང་ཡོད། དེ་ཡང་དེང་དུས་ཕྱིའི་རྒྱལ་ཁབ་ཀྱི་ཞིབ་འཇུག་པ་ཚོས་རྒྱ་གར་གནའ་

① སུམ་པ་ཡེ་ཤེས་དཔལ་འབྱོར། 《ཆོས་འབྱུང་དཔག་བསམ་ལྗོན་བཟང་》 ཀན་སུའུ་མི་རིགས་དཔེ་སྐྲུན་ཁང་གིས་སྤྱི་ལོ་༡༩༩༢ལོར་བསྐྲུན་པའི་ཤོག་ངོས་༥༨ན་གསལ།

② 《ཁང་དཀར་ཚུལ་ཁྲིམས་སྐལ་བཟང་གི་གསུང་རྩོམ་ཕྱོགས་བསྒྲིགས་》ཀྱི་ཤོག་ངོས་༡༢༧ནས་༡༣༠བར་ན་གསལ།

རབས་ཀྱི་བུ་ཏ་ཀ་ར་མཆོད་རྟེན་ཆེན་པོའི་ཕྱིའི་རྣམ་པའི་འཕེལ་འགྱུར་དུས་རིམ་ཁག་ལྔར་དབྱེ་སྟེ་བཤད་ཡོད་ཅིང་། དེས་གནའ་བོའི་རྒྱ་གར་གྱི་མཆོད་རྟེན་ཕལ་ཆེ་བའི་རྣམ་པའི་འཕེལ་རིམ་གང་འདྲ་ཡིན་མིན་སྐོར་ལ་དཔྱད་གཞིའི་ནུས་པ་ངེས་ཅན་ཞིག་འདོན་ངེས་པས་འདིར་རེ་རེ་བཞིན་འགོད་པར་བྱ་བ་ལ།[1]

དུས་རིམ་དང་པོ་ནི་སྤྱི་ལོའི་སྔོན་གྱི་དུས་རབས་༣པའི་ནང་ཡིན་པ་དང་། དེ་ཡང་མཽཪྻའི་རྒྱལ་རབས་(སྤྱི་ལོའི་སྔོན་༣༡༧ལོ་ནས་སྤྱི་ལོའི་སྔོན་༡༨༠ལོའི་བར་ཡིན་པ་དང་རྒྱ་ཡིག་ནང་孔雀王朝འམ་孔雀帝国ཞེས་འབྲི་བར་བྱེད་)འཕེལ་རིམ་གྱི་དུས་དཀྱིལ་དང་དུས་སྐབས་གཅིག་མཚུངས་ཡིན། དུས་རིམ་འདིའི་ནང་དར་ཁྱབ་ཆེ་བའི་མཆོད་རྟེན་གྱི་ཕྱིའི་བཟོ་དབྱིབས་ནི། སྤྱི་ལོའི་སྔོན་གྱི་དུས་རབས་༤པ་ནས་སྤྱི་ལོའི་སྔོན་གྱི་དུས་རབས་༡པའི་བར་གྱི་རྒྱ་གར་ཡུལ་དུ་ཆེས་གཅིག་གྱུར་གྱི་བཟོ་དབྱིབས་སུ་ཆགས་ཟིན་པའི་དུར་རམ་ཡང་ན་བང་སོ་ལྟ་བུ་དང་འདྲ་བའི་ཟླུམ་དབྱིབས་ཅན་གྱི་ཁྱད་ཆོས་ལྡན་པ་ཤས་ཆེའོ། །དེའི་ཚུལ་ནི་རི་མོ་1－1①ལ་གསལ། མཆོད་རྟེན་འདི་བཞིན་གྱི་ཐོག་མའི་བཟོ་དབྱིབས་གསར་གཏོད་གང་བྱེད་པའི་དུས་ནི་མཽཪྻའི་རྒྱལ་རབས་སྐབས་

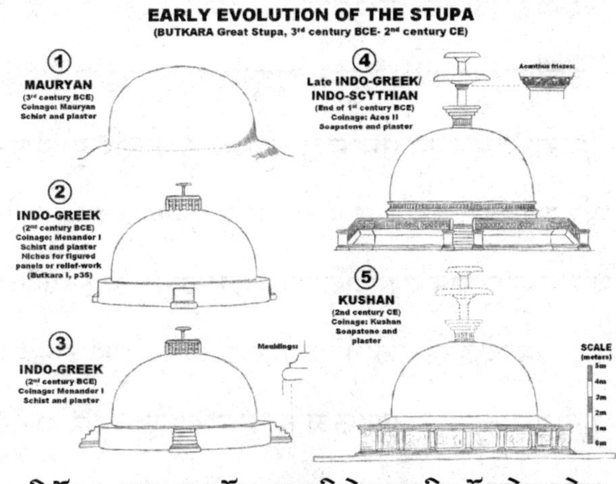

རི་མོ1-1 ནང་བསྟན་ཆོས་ལུགས་ཀྱི་ཆེས་སྔ་བའི་མཆོད་རྟེན་འཕེལ་འགྱུར་གྱི་རྣམ་པ།

① དྲ་གནས་http://en.wikipedia.orgནང་གསལ། དེའི་འབྱུང་ཁུངས་ནི་Domenico Faccenna, "Butkara I, Swat Pakistan, (1956-1962), Part I, IsMEO, ROME 1980.ཡིན།

ཡིན་པ་མ་ཟད། དེའི་ཨར་སྐྲུན་གྱི་ཁྱད་ཆོས་ནི་གཡའ་བག་ལྟ་བུའི་རྗོ་ལེབ་དང་རྗོ་ཕྲོའི་འདག་ཞལ་ལས་གྲུབ་ཡོད་ཅིང་། བུམ་པའི་འོག་གི་ཁྲིའི་ཁྱད་ཆོས་ནི་མངོན་གསལ་དོད་པོ་དེ་ཙམ་མེད་པ་ཞིག་ཏུ་སྣང་། དེ་ལྟ་བུའི་བཟོ་དབྱིབས་ཀྱང་གནའ་རབས་ཀྱི་བང་སོའི་ས་ཕྱུངས་ལྟ་བུའི་དབྱིབས་དེ་རང་དང་གཅིག་མཚུངས་སུ་མངོན་ཞིང་། གལ་སྲིད་དེའི་ནང་གཞུགས་ཀྱི་ཁྱད་པར་གང་ཡིན་མ་ཤེས་ན། མཆོད་རྟེན་རེད་ཅེས་བརྗོད་པར་ཐེ་ཚོམ་མི་སྐྱེ་བ་ཅི་ལ་སྲིད།

དུས་རིམ་གཉིས་པ་ནི་ཕྱི་ལོའི་སྔོན་གྱི་དུས་རབས་༢པའི་ནང་ཡིན་པ་དང་། དུས་འདི་ནི་རྒྱ་གར་ལོ་རྒྱུས་ཐོག་ཏིན་ཏུ་–ཕྱི་རིགས་ཀྱི་རིག་གནས་དར་འཕེལ་བྱུང་སྐབས་ཡིན་ཞིང་། གྲགས་ཆེ་བའི་རྒྱལ་རབས་ནི་ཤུངྒ་རྒྱལ་རབས་(ཕྱི་ལོའི་སྔོན་གྱི་༡༨༥ལོ་ནས་ཕྱི་ལོའི་སྔོན་གྱི་༧༣ལོའི་བར་ཡིན་པ་དང་། རྒྱ་ཡིག་ནང་巽伽ཞེས་འབྲི་བར་བྱེད་)སོ། །དུས་རིམ་འདིའི་མཆོད་རྟེན་བཟོ་དབྱིབས་ཀྱི་སྤྱིའི་རྣམ་པ་ནི་བུམ་པའི་གཟུགས་ཀླུམ་དབྱིབས་སུ་མངོན་པའམ་(དཔེར་ན་རི་མོ་1–1②)ཡང་ན་ལྷུང་བཟེད་ཁ་སྦུབས་(དཔེར་ན་སྣན་ཅི་མཆོད་རྟེན་ཆེན་མོ་)པ་ལྟ་བུ་དང་། བུམ་པའི་སྟེང་བྲེ་ཡི་དོད་དུ་ཤིང་ངམ་རྡོ་ལས་གྲུབ་པའི་དྲ་མིག་ཅན་གྱི་ར་བས་བསྐོར་བ་གྲུ་བཞི་ཅན་ཞིག་དང་། ར་བསྐོར་དེའི་དབུས་ནས་ཡར་རྩེར་སྲོག་ཤིང་ལྟ་བུ་ཞིག་ཐོན་པའི་ཏོག་ཏུ་གདུགས་གཅིག་(དཔེར་ན་རི་མོ་1–1②)གམ་གསུམ་(དཔེར་ན་སྣན་ཅི་མཆོད་རྟེན་ཆེན་མོ་)གྱིས་བརྒྱན་ཡོད། སྤྱིར་མཆོད་རྟེན་གྱི་ཁྲིའམ་ས་འཛིན་ལྟ་བུ་ལའང་ཚུལ་གཉིས་ཙམ་དུ་སྣང་བ་སྟེ། ཁྲིའི་བཟོ་དབྱིབས་ཀླུམ་སྐོར་དུ་བྱས་ཤིང་། ཕྱོགས་བཞིའི་མཚམས་སུ་སྐོའམ་སྟེགས་བུའི་རྣམ་པ་ལྟ་བུ་ཡོད་པ་དང་། (དཔེར་ན་རི་མོ་1–1②)ཁྲིའི་བཟོ་དབྱིབས་ཀླུམ་སྐོར་བགྲེས་ཐོག་ཕྱོགས་བཞིར་སྐོ་འབུར་གྱི་བཟོ་ལྟ་རེ་བཀོད་ཏེ་དེའི་སྟེང་དུ་རྡོའི་ཀ་བ་ལྡེ་ཅན་སྐར་སྒྲིག་ཏུ་བཞག

ཡོད་ཅིང་། མཆོད་རྟེན་གྱི་མཐའ་འཁོར་ན་བུམ་དབྱིབས་དང་མཉམ་པའི་ལྷུགས་རི་ལྷུམ་སྐོར་གྱིས་བསྐོར་བའི་ཕྱོགས་བཞིར་སྒོ་རེ་ཡོད་ལ། ལྷུམ་སྐོར་ལྷུགས་རི་དང་བུམ་པ་གཉིས་ཀྱི་དབར་བསྐོར་ལམ་ཡང་ཡོད། མཆོད་རྟེན་འདིའི་དཔེ་མཚོན་ནི་ཨ་མ་རཱ་ཝ་ཏིའི་མཆོད་རྟེན་ཡིན་པ་རི་མོ་1–2 ནང་གསལ་བ་བཞིན་ནོ། །དེ་ཡང་ཁྲིའི་ཕྱོགས་བཞིའི་སྒོ་འབུར་ན་རྡོའི་ཀ་བ་སྟར་སྒྲིག་ཏུ་བཙུགས་ཡོད་མིན་ནི་རྒྱ་གར་ལྷོ་བྱང་གཉིས་ཀྱི་གནའ་རབས་མཆོད་རྟེན་མཛེས་རྒྱན་དུ་གསལ་བའི་ཁྱད་པར་མངོན་གསལ་ཞིག་རེད་ལ།① ཨ་མ་རཱ་ཝ་ཏིའི་མཆོད་རྟེན་ནི་རྒྱ་གར་ལྷོ་ཕྱོགས་སུ་གནས་པ་དང་། དེས་རྒྱ་གར་ལྷོ་ཕྱོགས་མཆོད་རྟེན་ཁྲོད་ཁྲིའི་ཕྱོགས་བཞིའི་སྒོ་འབུར་ན་རྡོའི་ཀ་བ་སྟར་སྒྲིག་འཛུགས་སྲོལ་ཡོད་པའི་དཔེ་མཚོན་ཙམ་དུ་མངོན་པ་ལགས།

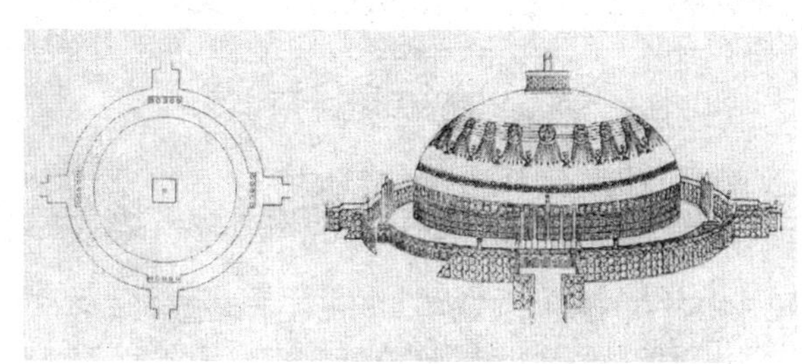

རི་མོ་1-2 རྒྱ་གར་ལྷོ་ཕྱོགས་སུ་གནས་པའི་ཨ་མ་རཱ་ཝ་ཏིའི་མཆོད་རྟེན།

དུས་རིམ་གསུམ་པ་ནི་སྤྱི་ལོའི་སྔོན་གྱི་དུས་རབས་༢པའི་ནང་ཡིན་པ་དང་། དུས་རིམ་འདིའི་མཆོད་རྟེན་བཟོ་དབྱིབས་ཀྱི་ཁྱད་ཆོས་ནི། བུམ་པ་དང་། ཁྲིའི་བཟོ་དབྱིབས་དང་། ཐེ་ཡི་དོད་ཀྱི་ར་བསྐོར་དང་། གདུགས་སམ་འཁོར་ལོ་ལ་སོགས་པའི་ཁྱད་ཆོས་གོང་གི་དུས་རིམ་དང་མཚུངས་པར་མངོན་མོད། འོན་ཏེ་ཁྲིའི་ཕྱོགས་བཞིའི་མཚམས་ཀྱི་ཁྲི་སྟེང་ལ་ཡར་འགྲོ་མར་འགྲོ་ཐུབ་པའི་རྡོ་སྐས་ཀྱི་རྣམ་པ་བྱུང་ཡོད་པ་ནི་སྐབས་འདིའི་ཁྱད་ཆོས་མངོན་གསལ་ཞིག་ཡིན། དེ་ཡང་མཆོད་རྟེན་འདིའི་

① 国家文物局教育处编：《佛教石窟考古概要》，文物出版社，第208页

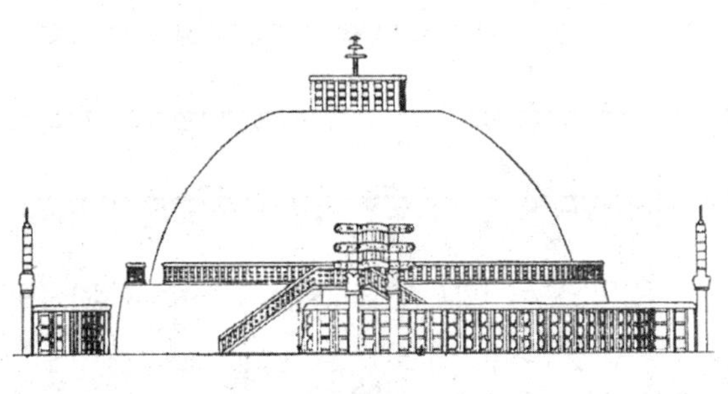

རི་མོ1-3 སྣན་ཅི་མཆོད་རྟེན་ཆེན་མོ།

རིགས་ཀྱི་རྣམ་པ་ལ་གཉིས་ཙམ་ཡོད་དེ། གཅིག་ནི་རྫོགས་ཀྱི་ཁ་ཕྱོགས་གཅིག་རང་ལས་མེད་ལ། མཆོད་རྟེན་གྱི་མཐའ་འཁོར་ལ་ཡང་ལྷུགས་རི་མཐོང་རྒྱུ་མེད་པ་རི་མོ1-1③བཞིན་ནོ། །གཞན་ཞིག་ནི་རྫོགས་ཀྱི་ཁ་ཕྱོགས་གཡས་གཡོན་གཉིས་སུ་གཏད་ཡོད་ཅིང་། མཆོད་རྟེན་གྱི་མཐའ་འཁོར་དུའང་ལྷུགས་རིས་བསྐོར་ཡོད་པ་རི་མོ1-3 ནང་དུ་གསལ་བའི་སྣན་ཅི་མཆོད་རྟེན་ཆེན་མོ་བཞིན་ནོ། །

དུས་རིམ་བཞི་པ་ནི་སྤྱི་ལོའི་དུས་རབས་༧པོར་འཕེལ་ཞིང་། སྐབས་འདིའི་མཆོད་རྟེན་གྱི་བཟོ་དབྱིབས་ཁྱད་ཆོས་ཏེ། བུམ་པ་ནི་ཟླུམ་དབྱིབས་ཅན་དང་། དེ་དང་ཁྲིའི་དབར་དུ་བང་རིམ་ལྷ་བུའི་བཟོ་དབྱིབས་བྱུང་ཡང་དེའི་མཐའ་ནི་ཕྱིར་འཕར་མེད་པའམ་མངོན་གསལ་དོད་པོ་མེད་པ། བུམ་པའི་སྟེང་བུམ་སྐེའམ①བྲེ་གདན། བྲེ། དེའི་སྟེང་གདུགས་སམ་འཁོར་ལོ། གདུགས་སམ་འཁོར་ལོའི་ཉེ་འབྲེལ་མཚམས་སུ་ཐུགས་རྗེ་མདོ་གཟུངས་ཀྱི་དབྱིབས་འདྲ་བའི་རྣམ་པ་མངོན་ལ། མཆོད་རྟེན་གྱི་མཐའ་འཁོར་ལ་ལྷུགས་རིས་བསྐོར་ཞིང་ཕྱོགས་བཞིར་སྒོ་རེ་ཡང་ཡོད། །མཆོད་རྟེན་འདིའི་རིགས་ཀྱི་གདུགས་སམ་འཁོར་ལོའི་གྲངས་ཚད་ཁྱབ་ཆེ་བ་ལ་གཉིས་ཙམ་དུ་མངོན་པ་རི་མོ1-1④ནང་གསལ་བ་བཞིན་ནོ། །

① བོན་གྱི་མཆོད་རྟེན་ནང་དུ་བུམ་སྐེ་ཟུ་འབོད་པ་དེ་ནི་ནང་བསྟན་མཆོད་རྟེན་གྱི་བྲེ་གདན་གྱི་ཆ་ཤས་དང་མཚུངས་པ་ཡིན། བུམ་སྐེའི་སྟེང་གི་བྲེ་གདན་གྱི་ཆ་ཤས་ནི་ནང་པའི་ཁང་བུ་བརྩེགས་པའི་མཆོད་རྟེན་སྐབས་ཀྱི་བད་ཆུང་དབྱིབས་དང་འདྲ་བ་དེར་བརྗོད་ཅིང་། བྲེ་གདན་དེ་ལྷ་བུའི་སྟེང་དུ་བྲེ་ཡི་ཆ་ཤས་ཡོད་པ་གསུངས་ཡོད་ལ། ནང་བསྟན་མཆོད་རྟེན་དུ་བོན་གྱི་བུམ་སྐེར་འབོད་པ་དེ་ནི་བྲེ་གདན་རང་ལ་གོ་བ་ཡིན།

དུས་རིམ་ལྔ་པ་ནི་སྤྱི་ལོའི་དུས་རབས་༢པའི་ནང་ཡིན་པ་དང་། སྐབས་འདིའི་མཆོད་རྟེན་བཟོ་དབྱིབས་ཀྱི་ཁྱད་ཆོས་ནི། བུམ་པ་དང་བུམ་པའི་ཡར་སྟེང་གི་བཟོ་དབྱིབས་ཀྱང་དུས་རིམ་བཞི་པ་དང་མཚུངས་ཤིང་། བུམ་པའི་སྨད་དུ་བུམ་གདན་ནམ་མགུལ་ཆུའི་ཆ་ཤས་སམ་དུས་ཕྱིས་ཀྱི་མྱང་འདས་མཆོད་རྟེན་ལ་བང་རིམ་མེད་པར་བུམ་རྟེན་ཞིག་ཡོད་པ་དང་ཆ་འདྲ་བའི་བཟོ་དབྱིབས་ཤིག་བྱུང་ལ། དེའི་འོག་ཏུ་ཚད་དང་ལྡན་པའི་མཆོད་རྟེན་གྱི་ཁྲི་འང་ཡོད་པ་མ་ཟད། ཁྲིའི་མདུན་གྱི་གྱང་ལྡེར་ལ་འབུར་དུ་བཟོས་པའི་ཀ་བ་སྐར་སྒྲིག་གིས་ཕྱོགས་བཞིའི་ནང་གསེས་རེ་རེ་ལ་བརྒྱན་ཡོད་ཅིང་། ས་འཛིན་ལྷ་བུའི་བང་རིམ་གཅིག་ཀྱང་ཁྲིའི་འོག་ཏུ་མནན་ཡོད་དོ། །མཆོད་རྟེན་འདིའི་རིགས་ནི་རི་མོ་1–1⑤ལ་མཚོན་པ་བཞིན་ཡིན། གཞན་ཡང་། དུས་རིམ་འདིའི་སྐབས་ཀྱི་མཆོད་རྟེན་གྱི་ཕྱིའི་རྣམ་པའི་འཕེལ་རིམ་ནང་ཤས་ཆེ་བའི་འཕོ་འགྱུར་ནི་སྐབ་ཅིའི་མཆོད་རྟེན་གྱི་དུས་སྐབས་དང་མི་འདྲ་བར་བུམ་པའི་དཀྱུས་ཆུང་ལ་རྒྱམས་མཐོ་ཞིང་། བུམ་པའི་ལྡེར་ངོས་ལ་ཕྲེང་ཐག་འབུར་ཐོན་རྡེ་བཞིན་གྱིས་བསྐོར་བའང་ཡས་མས་སུ་སྐར་སྒྲིག་རིམ་པ་གཉིས་སམ་གསུམ་ཡན་སྣང་བ། བུམ་པའི་སྟོད་དབུས་སུ་སྒོ་ཁྱིམ་དང་འདྲ་བའི་ཆ་ཤས་གསུམ་ཡས་མས་སུ་བརྩེགས་པ། བུམ་པའི་སྟེང་བུམ་སྐེའམ་བྲེ་གདན། བྲེ་དང་བཅས་པ་ཡི་སྟེང་དུ་གདུགས་སམ་འཁོར་ལོ་ལྔ་བརྩེགས་ཅན། བུམ་པའི་འོག་ཏུ་བུམ་གདན་ནམ་བུམ་རྟེན་འཁོར་ལོ་གདུ་བུའི་དབྱིབས་སུ་བྱས་པ། དེའི་འོག་ཁྲི་གྲུ་བཞི་ཅན་ཡིན། མཆོད་རྟེན་འདིའི་རིགས་ནི་རི་མོ་1–4པར་གསལ་བ་བཞིན་ནོ། །དཔེ་རིས་ནང་གི་མཆོད་རྟེན་འདིའང་གནའ་རབས་རྒྱ་གར་ནུབ་བྱང་གི་ས་ཁོངས་སམ། འཛམ་གླིང་ཡང་རྩེ་ཁ་བའི་ལྗོངས་ཀྱི་ནུབ་ཕྱོགས་ནས་ལྷོར་འབབ་པའི་སེང་གེ་ཁ་བབ་ཆུ་རྒྱུད་ཤེས་རིག་གི་ཁོངས་སུ་གཏོགས་ཡུལ་རྡིན་ཏུ་གཙང་

པོའི་ཆུ་རྒྱུད་ཀྱི་དཀྱིལ་སྟོད་དུ་གནས་པའི་སའི་ཆ་དང་། གནའ་རབས་ཀྱི་རྒྱ་གར་རིག་གཞུང་འབྱུང་ཁུངས་ཀྱི་བྱེ་བྲག་སྟེ་གན་ལྷ་རའི་ནང་གསེས་སེ་ཕླ་ཏ་ཞེས་པའི་ཡུལ་གྲུ། དེང་གི་ཆར་པཱ་ཁི་སེ་ཐན་གྱི་མངའ་འོག་ཏུ་ཡོད་པའི་ལོ་རི་ཡན་ཐང་ཀེ་ཞེས་པའི་ཡུལ་ནས་སྔོག་འདོན་བྱུང་ཞིང་། དེའི་དུས་ཚོད་ནི་སྤྱི་ལོའི་དུས་རབས་༢པ་ནས་༣པའི་བར་དུ་ཐོན་པའི་རིག་དངོས་ཤིག་ལགས།①

དེ་ཡང་གནའ་རབས་རྒྱ་གར་མཆོད་རྟེན་གྱི་ཐོག་མའི་བཟོ་དབྱིབས་དང་དེའི་འཕོ་འགྱུར་སྐོར་གོང་དུ་སྨོས་ཟིན་པའི་རྣམ་པ་རྣམས་ཀྱིས་འཐུས་ཐུབ་ཐབས་མེད་ལ། ཡང་སྐོར་དེའི་བཟོ་དབྱིབས་བྱུང་འཕེལ་གྱི་ནང་དོན་ཕུན་སུམ་ཚོགས་ཤིང་ལོ་རྒྱུས་ཀྱི་རྒྱབ་ལྗོངས་དང་། བཟོ་དབྱིབས་རྣམ་པ་སོ་སོའི་མཚོན་དོན་གྱི་འབྱུང་ཁུངས་ལ་སོགས་པའི་གནད་དོན་ནི་རྙོག་འཛིང་ཆེ་ལ། བརྗོད་བྱའང་མུ་མེད་མཁའ་ཡི་སྐར་ཚོགས་བཞིན་མཐའ་ཡས་པས་ན། ཉམ་ཆུང་བློ་དམན་བདག་འདྲ་བའི་རྣམ་དཔྱོད་ཀྱིས་དེར་དཔྱིས་ཕྱིན་པའི་དཔྱད་དཔོག་གི་ནུས་པ་ནི་རབ་ཏུ་ཕོངས་པ་དང་གཅིག གཉིས་སུ་སྐབས་བབས་ཀྱི་བརྗོད་བྱར་བབས་པ་དང་བསྟུན། བོད་ཀྱི་གནའ་རབས་ཨར་སྐྲུན་མཆོད་རྟེན་གྱི་བྱུང་འཕེལ་དང་འབྲེལ་འདྲིས་ཆེ་བར་ངེས་པའི་རྒྱ་གར་འཕགས་པའི་ཡུལ་གྲུར་གོང་སྨོས་དུས་རིམ་དེའི་རྗེས་སུ་དར་འཕེལ་བྱུང་བའི་མཆོད་རྟེན་གཟུགས་ཀྱི་རྣམ་པ་འདྲ་མིན་འགའ་ཞིག་ལ་མུ་མཐུད་དེ་མཚམས་སྦྱོར་རགས་བསྡུས་ཤིག་ཞུ་བའི་འདུན་པ་བཅངས་ནས། དེས་རང་རེའི་ཡུལ་གྲུ་ཁག་ཏུ་དུས་སྔ་ཕྱི་བར་གསུམ་ནང་དར་ཁྱབ་ཏུ་སོང་བའི་མཆོད་རྟེན་གྱི་བཟོ་དབྱིབས་རྣམ་པར་དབྱེ་ཞིབ་བྱེད་པའི་ཚེ། དཔྱད་གཞི་མགོ་

① 参见[美]罗伊·C.克雷文著，王镛、方光羊、陈聿东译：《印度艺术简史》，中国人民大学出版社2004年版，第75-76页； 国家文物局教育处编：《佛教石窟考古概要》，第252页

འདོན་བྱེད་ནུས་པའི་འབྲས་བུ་ཙུང་ཟད་ཙམ་ཞིག་འབྱུང་སྲིད་དུ། གོང་སྨྲོས་དུས་རིམ་དེའི་རྗེས་སུ་བྱུང་བའི་རྒྱ་གར་མཆོད་རྟེན་གྱི་ཚུལ་གང་དག་ལ་ངོ་སྤྲོད་ཞུ་འདོད་པ་གཤམ་གསལ་ལྟར་ཏེ།

སྤྱི་ལོའི་དུས་རབས་༢པའི་སྐབས་སུ་རྒྱ་གར་ནུབ་བྱང་གི་ས་ཆར་ཀུ་ཤན་ནམ་ཀུ་ཤཱ་ཎའི་(Kushans, kusanaརྒྱ་ཡིག་ནང་贵霜ཞེས་འབྲི་①)རྒྱལ་རབས་དབུ་ཚུགས་པའི་རྗེས། དེས་ཧིན་ཏུ་གཙང་པོའི་ཆུ་རྒྱུད་སྟོད་དཀྱིལ་དང་ཆུ་མོ་གཙྣའི་རྒྱུད་ཀྱི་ས་ཁོངས་ཕལ་ཆེ་བ་མངའ་འོག་ཏུ་བཙུག །རྒྱ་གར་གྱི་ཡུལ་ཙམ་མ་ཟད་ཨེ་ཤེ་ཡའི་གནའ་རབས་ལོ་རྒྱུས་ཐོག་ཤིན་ཏུ་གྲགས་ཆེ་བའི་ལུང་གཞུང་སྟེ། གན་དྷཱ་ར་གཙོ་བོར་བྱས་པའི་མཱ་ཏུ་ར་(བོད་སྐད་དུ་བཅོམ་བརླག་ཏུ་འབོད་)དང་ལྷན་དུ་རྒྱལ་རབས་འདིའི་ཆོས་ལུགས་ལ་སོགས་པ་དར་འཕེལ་གཏོང་ཡུལ་གྱི་གནས་ཀྱི་ལྟེ་བ་ཞིག་ཏུ་གྱུར། ལུང་གཞུང་འདི་གཉིས་ཁུལ་དུ་དར་འཕེལ་བྱུང་བའི་ཆོས་ལུགས་སྒྱུ་རྩལ་གྱི་གྲུབ་འབྲས་ནི་ཉིན་བྱེད་འོད་སྣང་གིས་ས་གཞིའི་སྣུམ་རྡུམ་ཕྱེ་བ་བཞིན་བྱུང་ཡོད་ལ། དེས་རྒྱ་ནག་དང་བོད་ལ་སོགས་པའི་ནང་བསྟན་དར་ཡུལ་གྱི་ཕྱིས་འབྱུང་ཆོས་ལུགས་སྒྱུ་རྩལ་གྱི་གལ་ཆེའི་འབྱུང་ཁུངས་ལྟེ་གནས་ཤིག་ཏུའང་གྱུར་ཡོད། དེའི་དུས་སུ་ནང་བསྟན་ཆོས་ལུགས་འདིའང་དམངས་ཁྲོད་ཀྱི་གྲལ་རིམ་ཁག་མི་འདྲ་བའི་ཁྲོད་དུ་དར་ཁྱབ་ཤུགས་ཆེན་བྱུང་ཡོད་ལ། ཧྲི་རིགས་རོ་མ་རིག་གནས་(希腊罗马文化)ཀྱི་ཤུགས་རྐྱེན་འོག་སངས་རྒྱས་ཀྱི་སྣང་བརྙན་བཟོ་སྐྲུན་དང་དེར་མཆོད་འབུལ་གྱི་སྲོལ་གཏོད་འགོ་ཚུགས་པ་དང་སྤྲགས། ཐེག་ཆེན་ཆོས་ཀྱི་གཞུང་ལུགས་ཀྱང་དར་འགོ་ཚུགས་ཡོད། དུས་དེའི་སྐབས་ཀྱི་ཨར་སྐྲུན་མཆོད་རྟེན་གྱི་ཁྱབ་ཆེ་བའི་

① ཞིབ་འཇུག་པ་ལ་ལས་ཀུ་ཤན་རྒྱལ་རབས་འདི་སྤྱི་ལོའི་དུས་རབས་༢པར་འགོ་བཙུགས་ཏེ་སྤྱི་ལོའི་དུས་རབས་༥པར་མཇུག་སྒྲིལ་བར་བཞེད་འདུག འདི་བཞིན་གྱི་ལྟ་བ་ནི་ཉི་ཧོང་གི་མཁས་པ་羽田亨著、耿世民译：《西域文化史》，新疆人民出版社 1981年版，第26-28页བར་ན་གསལ།

རྣམ་པ་ནི་རི་མོ་1-1④ནང་དུ་གསལ་བ་བཞིན་ཡིན། གཞན་ཡང་། རྒྱལ་རབས་འདིའི་སྲོལ་འབྱེད་པོ་ཀ་ནི་ཥྐ་ཀ་(Kanishka, རྒྱ་ཡིག་ནང་迦腻色伽ཞེས་འབྲི་བར་བྱེད་)ཡིས་བོང་ངས་ཇེ་མས་མཐོ་བའི་མཆོད་རྟེན་གྱི་བཟོ་དབྱིབས་གསར་གཏོད་མཛད་ཡོད་པ་སྟེ། རི་མོ་1-4ཡི་རྣམ་པ་བཞིན་མངོན་མོད། དེང་གི་ཆར་དུས་འདིའི་སྐབས་ཀྱི་ཨར་སྐྲུན་གྱི་རྣམ་པར་གྱུར་བའི་མཆོད་རྟེན་གྱི་མ་དཔེ་ནི་ས་རྗོའི་ཤུལ་ཙམ་ལས་མཐོང་རྒྱུ་མེད་ཀྱང་། དེའི་བཟོ་དབྱིབས་རྣམ་པའང་དཔེ་རིས་1-4བཞིན་སྣང་ཡོད་དོ། །[1]

རི་མོ1-4 ལྷ་ཁི་སེ་ཐན་གྱི་ལོ་རི་ཡན་ཐང་ཀེའི་གན་དྷ་རའི་ལུགས་ཀྱི་མཆོད་རྟེན།

སྤྱི་ལོའི་དུས་རབས་༤པའི་དུས་འགོར། (སྤྱི་ལོ་༣༢༠ལོར་ཡིན་[2]) གུ་པ་ཏའམ་བོད་སྐད་དུ་སྦས་པའི་རྒྱལ་རབས་ཀྱིས་རྒྱ་གར་བྱང་ཕྱོགས་ཕྱི་ཏར་ས་ཁོངས་སམ་ཆུ་མོ་གང྄ཱའི་ལུང་གཞུང་དབང་འོག་ཏུ་བཙུག་འགོ་བཙམས། རྒྱལ་རབས་འདིའི་སྲོལ་གཏོད་བྱེད་མཁན་ནི་ཟླ་བ་སྦས་པ་དང་པོ་(ཙན་དྲ་གུཔྟ་ཞེས་པ་དང་སྤྱི་ལོ་༣༧༠ལོ་ནས་སྤྱི་ལོ་༣༣༥ལོ་བར་ཁྲིར་བཞུགས། རྒྱ་ཡིག་ཏུ་月护王ཞེས་འབྲི་བར་བྱེད་)ཡིན་པ་དང་། ཟླ་བ་སྦས་པ་གཉིས་པའི་(སྤྱི་ལོ་༣༧༥ལོ་ནས་སྤྱི་ལོ་༤༡༥བར་ཁྲིར་བཞུགས་)སྐབས་སུ་རྒྱལ་ཁབ་འདིའི་མངའ་ཐང་རྩེ་མོར་སོན་པར་གྲགས།[3] སྦས་པའི་རྒྱལ་རབས་འདིའང་རྒྱ་གར་ལོ་རྒྱུས་ཐོག་ཆོས་རྒྱལ་མྱ་ངན་མེད་ཀྱིས་བཙུགས་པའི་མཱོཪྱ་

① 李崇峰གི་བརྩམས་ཆོས་ཀྱི་ཤོག་གྲངས་༣༨ན་གསལ།

② ཧོང་དུ་དྲངས་ཟིན་གྱི་《印度艺术简史》ཡི་ཤོག་གྲངས་༡༢ན་གསལ།

③ 《ཁང་དཀར་ཚུལ་ཁྲིམས་སྐལ་བཟང་གི་གསུང་རྩོམ་ཕྱོགས་བསྒྲིགས་》ཀྱི་ཤོག་གྲངས་༣༨༤ནས་༣༨༦བར་ན་གསལ།

རྒྱལ་རབས་དུས་ཀྱི་མངའ་ཐང་སྟོབས་འབྱོར་དང་མཚུངས་པ་ཞིག་ཏུ་གྱུར་ཡོད་པ་དང་། དེའི་འཕེལ་འགྲིབ་ཀྱི་དུས་ཚོད་ནི་སྤྱི་ལོ་༣༢༠ལོ་ནས་སྤྱི་ལོ་༨༣༨ལོའི་བར་ཡིན། དུས་སྐབས་འདིའི་མཆོད་རྟེན་བཟོ་དབྱིབས་ཀྱི་སྤྱིའི་རྣམ་པ་ནི་དུས་གོང་མའི་སྐབས་ནས་དར་བའི་གན་དྷཱ་རའི་ལུགས་སུ་བབས་པའི་ཁྱད་ཆོས་དང་འདྲ་བ་སྟེ། མཆོད་རྟེན་གྱི་བུམ་པ་ལྷུང་བཟེད་ཁ་སྦུབས་འདྲ་ལ། ཁྲིའམ་ཡང་ན་ས་འཛིན་གྲུ་བཞི་ཅན་དུ་སྣང་བ་ནི་ཁྱབ་གདལ་ཆེ་བའི་རྣམ་པ་ཞིག་ཡིན་ཐོག །ཆོས་ཀྱི་འདུ་གནས་སམ་དགོན་སྡེ་ལྷ་ཁང་ལ་སོགས་པའི་བྱིན་ཅན་གྱི་གནས་སུ་ནི་བོངས་ཛམས་ཆེ་བའི་མཆོད་རྟེན་བཞེངས་སྲོལ་མཆིས།① དེ་ཡང་དཔེ་མཚོན་དྲངས་ཏེ་གསལ་བཤད་མདོ་ཙམ་ཞུས་ན། སྔས་པའི་རྒྱལ་རབས་ཀྱི་དུས་མཇུག་སྟེ། སྤྱི་ལོའི་དུས་རབས་༥པའི་དུས་དཀྱིལ་ནས་དུས་རབས་༨པའི་བར་དུ་བསྐྲུན་པའི་རྒྱ་གར་ལྷོ་ཕྱོགས་ཀྱི་ནུབ་བྱང་དུ་གནས་པའི་གྲགས་ཅན་བྲག་ཕུག་ཨ་ཙན་ཏའི་ནང་གསེས་ཨང་རྟགས་༡༩ཡི་ནང་རྫོ་བརྐོས་ལས་གྲུབ་པའི་མཆོད་རྟེན་གྱི་བཟོ་དབྱིབས་ལ་བལྟས་ཚེ། དེའི་རྣམ་པའི་ཁྱད་ཕྱིས་འབྱུང་མཆོད་རྟེན་གྱི་གྲུབ་ཆ་ལྔ་ཚང་བ་ཞིག་ཏུ་མངོན་ཡོད་པ་སྟེ། མཆོད་རྟེན་གྱི་ཁྲི་ཡོད་པ་དང་། བང་རིམ་དང་བུམ་པ་དང་བྲེ་གདན་དང་བྲེ་བཅས་ཀྱིས་གྲུབ་པའི་རྒྱུ་ཡི་མཆོད་རྟེན། གདུགས་འདེགས་པདྨ་དང་ཆོས་འཁོར་དང་ཉི་མ་འདྲ་བའི་སྒོར་དབྱིབས་མཛེས་རྒྱན་གྱིས་སྤྲས་པ་དང་ཏོག་བཅས་ཀྱིས་ཚང་བའི་འབྲས་བུའི་མཆོད་རྟེན་གྱི་གྲུབ་ཆ་ནི་ཆ་ཚང་བའི་རྣམ་པ་ཞིག་ཏུ་མངོན་ཡོད།② དེ་ཡང་བྲག་ཕུག་འདིའི་ནང་གི་མཆོད་རྟེན་བཟོ་དབྱིབས་ལ་ཅུང་མི་འདྲ་བའི་རྣམ་པ་ཡོད་དེ། དཔེར་ན། མཆོད་རྟེན་བང་རིམ་གྱི་གྲངས་ཚད་ལ་གཉིས་ཙམ་

① 国家文物局教育处：《佛教石窟考古概要》，第215页

② 李崇峰：《中印佛教石窟寺比较研究--以塔庙窟为中心》，北京大学出版社2003年，第81页；国家文物局教育处：《佛教石窟考古概要》，第225页

དུ་མངོན་ཡོད་ཀྱང་། དེའི་རིམ་པ་སོ་སོའི་ཕྱིར་འཕར་བ་དང་ནང་དུ་བཅུམ་པའི་རྣམ་པ་ནི་མངོན་གསལ་མི་དོད་པར་སྣང་། ཡང་བུམ་པའི་དབྱིབས་གཟུགས་ཀླུམ་རིལ་ལྟ་བུ་ལས་ཚད་ལྡན་གྱི་ལྷུང་བཟེད་ཁ་སྦུབས་ཀྱི་རྣམ་པ་དང་ཚུང་མི་འདྲ་བ་དང་། བྲེའི་བཟོ་དབྱིབས་ཀྱི་སྤྱིའི་རྣམ་པ་ནི་དུས་ཕྱིས་བོད་ཡུལ་དུ་དར་ཁྱབ་བྱུང་བའི་"ཨ་ཧི་ཀོའི་ལུགས"སུ་འབོད་པའི་བྲེ་ཡི་བཟོ་དབྱིབས་ཏེ། སྒོ་འབུར་བ་ལྔེབ་བརྩེགས་ཅན་དུ་སྣང་བ་དང་ཏ་ལམ་མཚུངས་པའི་ཆ་མངོན་ཀྱང་། ཨ་ཛན་ཏའི་ཕུག་པ་འདིའི་ནང་གི་བྲེའི་བཟོ་དབྱིབས་ཀྱང་བང་རིམ་གསུམ་གྱི་རྣམ་པར་བཟོས་ཤིང་། དེ་ཡང་རིམ་པ་དམའ་ས་ནས་མཐོ་སར་རིམ་བཞིན་ཕྱིར་འཕར་བའམ་ཡང་ན་རིམ་པ་མཐོ་ས་ནས་མར་རིམ་བཞིན་བཅུམ་ཡོད་པ་ཞིག་ཏུ་སྣང་། ཆོས་འཁོར་གྱི་རྣམ་པའང་གྲངས་ཚད་གསུམ་ཙམ་དུ་བྱས་འདུག་ལ། དེའི་བཟོ་དབྱིབས་ཀྱི་འབྱུང་ཁུངས་ནི་རྒྱ་གར་གྱི་མཆོད་རྟེན་འཕེལ་རིམ་གོང་མའི་གདུགས་ཀྱི་རྣམ་པའི་ཤན་ཤུགས་ཆེར་མངོན་པ་བཅས་སོ། །（རི་མོ་1–5དང་པར་1–1ལ་གཟིགས།）

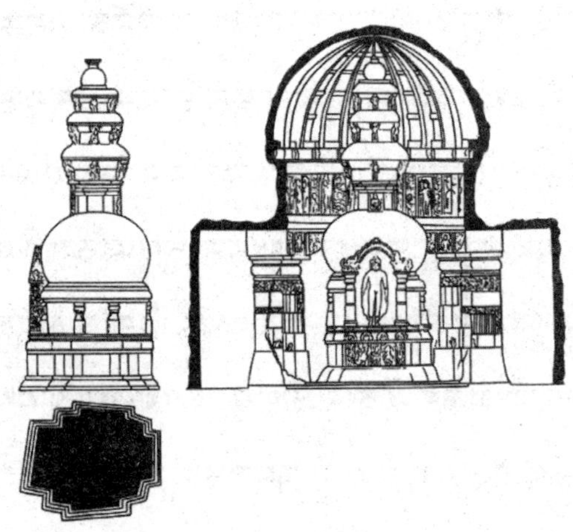

རི་མོ་1-5 ཨ་ཛན་ཏའི་བྲག་ཕུག་ཨང་རྟགས་༡༩པའི་ནང་གི་རྡོའི་མཆོད་རྟེན།

པར་1-1 ཨ་ཛན་ཏའི་བྲག་ཕུག་ཨང་རྟགས་༡༩པའི་ནང་གི་རྡོའི་མཆོད་རྟེན།

གཞན་ཡང་རྒྱལ་རབས་འདིའི་སྐབས་ཀྱི་རྒྱ་གར་ནུབ་བྱང་གི་ཡུལ་ལམ། དེང་དུས་ཀ་ཤི་མིར་གྱི་ས་ཁོངས་ནས་བརྩལ་རྙེད་བྱུང་བའི་སྤྱི་ལོའི་དུས་རབས་༥པ་ནས་༦པའི་བར་གྱི་བྲག་བརྐོས་རི་མོའི་མཆོད་རྟེན་བཟོ་དབྱིབས་ཀྱི་སྤྱིའི་ཁྱད་ཆོས་ནི། ཁྲི་ལ་བང་རིམ་གྲུ་བཞི་ཅན་པ་བཞི་(དཔེར་ན་རི་མོ་1–6)འམ་ཡང་ན་གཉིས་སུ་ལྡན་(དཔེར་ན་པར་1–2)ཞིང་། དེའི་སྟེང་དུ་མཆོད་རྟེན་གྱི་ལུས་ཏེ་བང་རིམ་གཉིས་ཅམ་གྱི་རྣམ་པ་ཅན། དེའི་སྟེང་ལྷུང་གཟེད་ཁ་སྦུབས་པའི་བུམ་པའི་མདུན་ངོས་སུ་སྒོ་ཁྱིམ་གྱི་བཟོ་དབྱིབས་ཡོད་པ། དེའི་སྟེང་དུ་བྲེ་གདན་དང་བྲེ། བྲེའི་རྣམ་པ་འང་བང་

རི་མོ་1-6 ཀ་ཤི་མིར་གྱི་བྲག་བརྐོས་མཆོད་རྟེན།

པར་1-2 ཀ་ཤི་མིར་གྱི་བྲག་བརྐོས་མཆོད་རྟེན།

རིམ་བཞི་བརྩེགས་སྒྲོ་འབུར་དུ་མ་བྱས་པ་དང་འོག་ནས་ཡར་རིམ་པ་བཞིན་གྱིས་ཕྱིར་འཕར་བའི་རྣམ་པ་ནི་བད་ཆུང་བད་ཆེན་བརྩེགས་པ་དང་འདྲ་བ། བྲེའི་སྟེང་དུ་ཆར་ཁེབས་དང་དེའི་འོག་གི་མཐའ་འཁོར་དུ་ཆར་ཁེབས་འདེགས་བྱེད་ཀྱི་ཀ་ཆུང་ལྟ་བུ་བཙུགས་ཡོད་པ། ཆར་ཁེབས་སྟེང་ལ་གདུགས་སམ་འཁོར་ལོ་རིམ་པ་ལྔའམ་(དཔེར་ན་པར་1–2པ་ལྟ་བུ་)བདུན་(དཔེར་ན་རི་མོ་1–6ལྟ་བུ་)[1]བརྩེགས་པ་དེའི་ཁྱོན་ཡོངས་ཀྱི་བཟོ་དབྱིབས་ཟུར་གསུམ་ཅན་དུ་སྣང་བ། དེའི་སྟེང་ཐུགས་རྗེ་མདོ་གཟུངས་འདྲ་བའི་དབྱིབས་ཀྱི་གཞོག་གཡས་གཡོན་དུ་དར་འཕན་འཕྱུར་བ། ཐུགས་

① པཱ་ཁི་སི་ཐན་གྱི་ད་འར་ཕན་（塔尔藩）བྲག་བརྐོས་རི་མོའི་མཆོད་རྟེན་ལ་གདུགས་འཁོར་བདུན་དུ་མངོན་འདུག 国家文物局教育处编：《佛教石窟考古概要》ཡི་ཤོག་ངོས་༧༠ཡི་པར་图2–2–35ལ་གསལ།

རྗེ་མདོ་གཟུངས་འདྲ་བ་དེའི་སྟེང་ཏོག་གི་ངོད་དུ་གདུགས་དང་དབྱེར་མེད་ཀྱི་བཟོ་དབྱིབས་ཤིག་བྱུང་བ་ལས། ཕྱིས་འབྱུང་གི་ཏོག་བཞིན་ཏེ་ནོར་བུས་བརྒྱན་པའམ་ཡང་ན་ཉི་ཟླའི་དབྱིབས་ནི་མི་སྣང་བ་མ་ཟད། དེའི་དབུ་ཐོད་ནས་གཞོགས་གཡས་གཡོན་གཉིས་སུ་དར་འཕན་འཕྱུར་ཡོད་པའི་རྣམ་པ་མངོན་པ་བཅས་སོ། །(པར་1–2དང་རི་མོ་1–6ནང་གསལ་)དུས་སྐབས་འདིའི་མཆོད་རྟེན་གྱི་བཟོ་དབྱིབས་རྣམ་པའང་རང་རེའི་བོད་དུ་དུས་ཕྱིས་དར་ཁྱབ་བྱུང་བའི་མཆོད་རྟེན་གྱི་ཆ་ཤས་འགའི་རྣམ་པ་དང་འདྲ་བའི་ཆ་ཡོད་པ་སྟེ། དཔེར་ན། མཆོད་རྟེན་བུམ་པའི་མདུན་ངོས་སུ་སྒོ་ཁྱིམ་གྱི་རྣམ་པ་ཡོད་པ་དང་། མཆོད་རྟེན་གྱི་ཁྲི་འམ། བང་རིམ། བུམ་པ། བྲེ་གདན། བྲེ། གདུགས་སམ་འཁོར་ལོ། དར་དཔྱངས་སོགས་པའི་གྲུབ་ཆ་དག་ནི་ཆ་ཚང་བའི་རྣམ་པ་ཞིག་ཏུ་མངོན་འདུག་ལ། གྲུབ་ཆ་འདི་དག་གི་གྲངས་དང་བཟོ་དབྱིབས་ཐད་ཕྱིས་འབྱུང་མཆོད་རྟེན་དང་ཁྱད་པར་ཅུང་ཟད་ཡོད་པའང་དུས་འདིའི་མཆོད་རྟེན་གྱི་རྣམ་པའི་ཁྱད་ཆོས་ཤིག་ཏུ་གཏོགས་པ་ནི་ངེས་ཤེས་འཇོང་ཐུབ་པའི་དོན་ཞིག་ལགས།

དེ་ནས་སྤྱི་ལོའི་དུས་རབས་༨པའི་དུས་དཀྱིལ་ནས་དུས་རབས་༡༢པའི་དུས་མཇུག་ཙམ་དུ་རྒྱ་གར་གྱི་ལོ་རྒྱུས་ཐོག་ནང་བསྟན་ཆོས་ལུགས་ཀྱི་སྒྱུ་རྩལ་བཟོ་སྐྲུན་དང་འབྲེལ་འདྲིས་ཆེ་ལ་དེའི་འབྲས་བུ་ཆེར་མངོན་པའི་པཱ་ལ་རྒྱལ་རབས་(སྤྱི་ལོ་༧༥༥ལོ་ནས་སྤྱི་ལོ་༧༩༧ལོའི་བར་[①])སྐབས་ཀྱི་མཆོད་རྟེན་བཟོ་དབྱིབས་རྣམ་པའི་སྐོར་སྐབས་འདིའི་བརྗོད་བྱར་བཟུང་སྟེ་དཔྱད་བརྗོད་མདོ་ཙམ་ཞིག་བྱས་ན། དེ་ཡང་པཱ་ལ་རྒྱལ་རབས་ཀྱིས་རྒྱ་གར་བྱང་ཤར་གྱི་ས་ཁོངས་ཏེ་ཆུ་མོ་གངྒཱའི་དཀྱིལ་སྨད་ཀྱི་ལུང་གཞུང་དུ་མངའ་དབང་མཛད་པ་དང་། སྐབས་དེར་རྒྱ་གར་ཡུལ་དུ་གོང་བུ་གཅིག་སྒྲུར་གྱི་རྒྱལ་ཁབ་མ་བྱུང་ཡང་ནང་བསྟན་ཆོས་ཀྱི་ཆུ་རྒྱུན་ནི་བར་མ་

① 《ཁང་དཀར་ཚུལ་ཁྲིམས་སྐལ་བཟང་གི་གསུང་རྩོམ་ཕྱོགས་བསྒྲིགས་》ཀྱི་ཤོག་ངོས་༧༢༠ན་གསལ།

ཆད་པར་རྒྱུན་བསྲིངས་ཐུབ་ཡོད་ལ། དེའི་བཟོ་སྐྲུན་གྱི་སྒྱུ་རྩལ་ཐད་ལའང་གསར་གཏོད་དང་དར་འཕེལ་ཆེན་པོ་བྱུང་ཡོད་པ"པྲཱ་ལ་ལུགས་ཀྱི་སྒྱུ་རྩལ(波罗艺术风格ཡང་ན་帕拉风格ཞེས་འབྲི་བར་བྱེད་)"དུ་འབོད་པའི་ཆེད་བརྗོད་ཚིག་གིས་ཀྱང་གསལ་པོར་ཤེས་ཐུབ། དུས་དེའི་ཨར་སྐྲུན་མཆོད་རྟེན་གྱི་རྣམ་པ་ནི་ཕྱིས་སུ་རང་རེའི་བོད་ཡུལ་དུ་དར་ཁྱབ་བྱུང་བའི་མཆོད་རྟེན་བཟོ་དབྱིབས་ཀྱི་མ་དཔེ་ཙམ་དུ་གྱུར་ཡོད་ཅེས་རྒྱ་གར་དང་བོད་ཀྱི་ཆོས་ལུགས་སྒྱུ་རྩལ་ལ་ཞིབ་འཇུག་གནང་མཁན་གྱི་ཁྲོད་དུ་ཁྱབ་པའི་ལྟ་བ་ཞིག་ཡིན་ལ།[①] དེའི་རྗེས་ཀྱི་རྒྱ་གར་ཡུལ་གྱི་མཆོད་རྟེན་བཟོ་དབྱིབས་ལ་ཤུ་མཐུད་དེ་འཕེལ་རྒྱས་དང་འཕོ་འགྱུར་བྱུང་ཡོད་པ་ནི་ཞུ་མི་དགོས་པའི་དོན་ཞིག་ཡིན་མོད། དེ་ལྟ་བུའི་རྣམ་པའང་རང་རེའི་བོད་ཀྱི་མཆོད་རྟེན་གྱི་བྱུང་འཕེལ་སྐོར་ལ་དབྱེ་ཞིབ་བྱེད་པའི་སྐབས་དང་བསྟུན་ཏེ་འབྲེལ་ཡོད་གནས་ཚུལ་གྱི་སྐབས་སུ་བབས་པའི་གསལ་བརྗོད་བྱེད་པ་ལས། འདིར་ཚིག་རྙོག་ལ་འཛེམ་སྟེ་སྤྲོས་པར་མི་བྱ་བར་སྐབས་ཤིག་ཇོགས་ཚིག་བཀོད་དོ། །

གསུམ། མཆོད་རྟེན་གྱི་མཚོན་དོན་སྐོར།

དེ་ཡང་མཆོད་རྟེན་གྱི་མཚོན་དོན་ནི། མཆོད་རྟེན་བཟོ་དབྱིབས་ཀྱི་རྣམ་པ་བཞིན་དུས་སྔ་བ་ནས་ཕྱི་བའི་ནང་དུ་སྐབས་དང་བསྟུན་པའི་འཕེལ་རྒྱས་དང་འཕོ་འགྱུར་བྱུང་ཡོད་པ་ནི་དཔྱད་དཔོག་ནུས་པའི་དོན་ཞིག་ཡིན་མོད། འོན་ཏེ་སྐབས་སོ་སོའི་ཞིབ་ཆའི་གནས་ཚུལ་ཇི་འདྲ་ཞིག་ཡིན་མིན་ཐད་ཁོ་བོས་བཙལ་འཚོལ་བྱས་པའི་དཔྱད་གཞིའི་ཡིག་རིགས་ཤིན་ཏུ་དཀོན་པས། འདིར་མཆོད་རྟེན་གྱི་མཚོན་དོན་དུས་རིམ་མི་འདྲ་བའི་ནང་དུ་བྱུང་བའི་འཕེལ་རྒྱས་དང་དེ་དག་གི་འཕོ་འགྱུར་

① Pema Dorjee.2001.Stupa and its technology:A tibeto-buddhist perspective.Delhi.Indira Gandhi National Centre for The Arts.xvii

ཀྱི་གནས་ཚུལ་སྐོར་ལ་གསལ་བརྗོད་བྱེད་ནུས་ཀྱི་སྟོབས་པ་མ་རྙེད་ཀྱང་། མཆོད་རྟེན་གྱི་སྤྱིའི་མཚོན་དོན་སྐོར་དང་། དེའི་གྲུབ་ཆ་སོ་སོའི་མཚོན་དོན། ཐུན་མོང་མ་ཡིན་པའི་མཆོད་རྟེན་དུས་འཁོར་ལས་གསུངས་པ་ཡེ་ཤེས་མཆོད་རྟེན་གྱི་མཚོན་དོན། འབྱུང་བ་ལྔ་དང་སྦྱར་བ་ལས་མངོན་པའི་མཚོན་དོན་བཅས་ལ་ངོ་སྤྲོད་རགས་ཙམ་ཞུས་ན།

༡ མཆོད་རྟེན་གྱི་སྤྱིའི་མཚོན་དོན་སྐོར།

(༡) དབང་ཐང་དང་དྲག་པོའི་སྟོབས་ཤུགས་མཚོན་བྱེད།

གནའ་བོའི་རྒྱ་གར་གྱི་ཐ་སྙད་ལས་བྱུང་བའི་མཆོད་རྟེན་གྱི་ངེས་ཚིག་སྐོར་གོང་གི་དོན་ཚན་དང་པོར་བཤད་ཟིན་པ་བཞིན། དེའི་ཚིག་གི་མཚོན་དོན་དུ"སྙིང་དུ་འཇོགས་"པའམ། "བླ་གནས་"སམ"མཐོ་གནས་"སོགས་ལ་འཇུག་པའི་དབང་གིས་དངོས་པོའི་གཟུགས་སུ་བྱས་པའི་མཆོད་རྟེན་འདི་བཞིན་སངས་རྒྱས་ལ་སོགས་པའི་རིམ་པ་མཐོ་བའི་གང་ཟག་གི་དྲན་རྟེན་དུ་ཙུང་བའི་དངོས་པོའི་ཁྲིད། དེ་ནི་རིམ་པ་མཐོ་ཤོས་དང་། གང་དེའི་གནས་བབས་ནི་སྙིང་དུ་འཇོགས་པའི་མཚོན་དོན་ཞིག་ལ་ངེས་ཡོད་པར་རྟེན། མཚོན་དོན་དེ་ལྟར་ལས་བྱུང་བའི་མཆོད་རྟེན་གྱི་རྣམ་པ་དེར་གནའ་རབས་རྒྱ་གར་ལ་སོགས་པའི་རྒྱལ་པོ་མང་དག་ཅིག་གིས་རང་རང་སོ་སོའི་དབང་ཐང་དང་དྲག་པོའི་སྟོབས་ཤུགས་མཚོན་བྱེད་ཀྱི་ཡིད་རྟོན་བཅོལ་ཡུལ་དུ་དམིགས་ཀྱི་ཡོད་ཅིང་། ཕོ་ཚོའི་སེམས་ཀྱི་སྨོན་ལམ་ཡང་འདི་ལྟར་དུ་འདེབས་ཀྱིན་ཡོད་པ་སྟེ། དུས་ཤིག་རང་ཉིད་ལྔ་པའི་ལམ་དུ་འགྲོ་བའི་གནས་སྐབས་སུ། རང་ལ་མངའ་བའི་དབང་ཐང་ཆེ་ཤོས་དེའམ་ཡང་ན་རང་ལ་མངའ་བའི་གནས་བབས་དེ་མུ་མཐུད་རྒྱུན་འཁྱོངས་ཡོང་བ་དང་། རང་གི་མངའ་རིས་རྒྱལ་ཁབ་དེ་འགྱུར་མེད་སྙིང་འཇོགས་སུ་གནས་པར་བྱེད་ཐུབ

པའི་ཆེད་དུ་བོ། །དེས་ན་མཆོད་རྟེན་དེ་རྒྱལ་པོ་ཚང་གི་དྲན་རྟེན་གྱི་དངོས་པོར་གྱུར་བའི་ཆེ། དེས་འཁོར་ལོས་བསྒྱུར་བའི་རྒྱལ་པོས་རང་གི་མངའ་ཁོངས་ཡོད་དོ་ཅོག་ལ་ལྷག་ལུས་མེད་པའི་སྒོ་ནས་དབང་གི་འཁོར་ལོ་བསྒྱུར་ཐུབ་པའི་མཚོན་བྱེད་དུ་སྣང་བས་སོ། །དེ་ལྟ་བུའི་མཚོན་དོན་གྱི་ལོ་རྒྱུས་དངོས་ཀྱི་དཔེ་མཚོན་ནི་ཆོས་རྒྱལ་མྱ་ངན་མེད་ཀྱིས་རང་གི་མངའ་དབང་གང་ཐུབ་པའི་ས་ཁོངས་སུ་མཆོད་རྟེན་རེ་རེ་བཏབ་ཡོད་པར་གྲགས་པ་འདིས་རྟོགས་ཐུབ་ལ། མཆོད་རྟེན་ནི་འཁོར་ལོས་བསྒྱུར་བའི་རྒྱལ་པོའི་མཚོན་རྟགས་ཤིག་ཏུའང་མངོན་པའོ། །①

(༢) སངས་རྒྱས་ཐམས་ཅད་ཀྱི་སྤྲུལ་སྐུའི་བང་སོའི་མཚོན་བྱེད།

འདི་ནི་སངས་རྒྱས་ཐམས་ཅད་ཀྱི་སྐུ་གདུང་དམ། སྐུ་གདུང་གི་ཆ་ཤས་ཡུང་འབྲུ་ཙམ་ལས་བྱུང་བའི་རིང་བསྲེལ་ནང་གཞུག་ཏུ་གསོལ་བའི་མཆོད་རྟེན་རྣམས་ལས་མངོན་པར་ནུས་ཤིང་། དེ་ཡང་ང་ཚོས་རྒྱུས་མངའ་ཆེ་བའི་མཐོང་ཆོས་སུ་གྱུར་པའི་སྐུ་གདུང་མཆོད་རྟེན་ལྟ་བུས་དཔེ་མཚོན་དུ་ཐུང་བར་སེམས།

(༣) སངས་རྒྱས་ཐམས་ཅད་ཀྱི་བཞུགས་གནས་དཀྱིལ་འཁོར་མཚོན་བྱེད།

ལྷའི་ངོ་བོ་ལྡན་པའི་སངས་རྒྱས་ཐམས་ཅད་ཀྱི་བཞུགས་གནས་སམ་གཞལ་ཡས་ཁང་ལྟ་བུར་མངོན་པའི་མཆོད་རྟེན་ལས་ངེས་ཤེས་སྐྱེ་བ་སྟེ། འདིའི་དཔེ་མཚོན་ནི་སྐུ་འབུམ་མཆོད་རྟེན་ནམ་ཡང་ན་མཆོད་རྟེན་གྱི་དབྱིབས་སུ་བྱས་པའི་མཆོད་གནས་སུ་གྱུར་བའི་ལྷ་ཁང་ལྟ་བུས་མཚོན་ནུས་པར་སྣམ།

(༤) ཡོན་ཏན་གྱི་ཆོས་བསག་ཏུ་ཐུང་བའམ་སྡིག་སྒྲིབ་གི་མཚོན་བྱེད།

ཡོན་ཏན་གྱི་ཆོས་གསོག་བྱེད་དང་། བསོད་ནམས་ལས་དབང་འཕེལ་བྱེད། གེགས་བར་སེལ་བྱེད། འགྲོད་བཤགས་སྡིག་སྒྲིབ་ལ་སོགས་པའི་དོན་དུ་བྱས་པའི་

① 李崇峰གི་བརྩམས་ཆོས་ཀྱི་ཤོག་ངོས་༢༥ནས་༢༨ན་གསལ།

མཆོད་རྟེན་གྱི་རིགས་འདི་ཚོས་མཚོན་པས་སོ། །དེ་ཡང་《དཔྱད་བཟང་》ལས། “བདེ་གཤེགས་མཆོད་རྟེན་རྟེན་འབྲེལ་སྙིང་པོ་ཅན། །སྡིག་པ་སྦྱོང་བའི་ཕྱིར་ནི་རྟག་ཏུ་གདབ། །རིང་བསྲེལ་ཅན་གྱི་གཟུགས་དང་མཆོད་རྟེན་ལ། །བསྐོད་ཅིང་ཕྱེད་བ་དྲི་དང་མར་མེ་དབུལ། །”[①] ཞེས་འཁོད་པ་ལས། མཚོན་བྱེད་འདི་ལྟ་བུར་ནུས་པའི་མཆོད་རྟེན་གྱི་རྣམ་པ་ནི་བདེ་གཤེགས་མཆོད་རྟེན་དུ་གདབ་དགོས་པ་གསལ་བརྗོད་གནང་ཡོད་ལ། འདིའི་རིགས་ཀྱི་མཆོད་རྟེན་ནི་བོད་ཡུལ་དུ་དར་ཁྱབ་ཆེ་ཤོས་ཀྱི་གྲས་ཤིག་ཀྱང་ཡིན།

(༥) སྲི་ལ་སོགས་པའི་གནོད་པ་འགོག་བྱེད།

གནོད་བྱེད་གང་ཞིག་གིས་རྐྱེན་པའི་གནོད་པ་འགོག་ཐབས་ཀྱི་སླད་དང་། ས་དཔྱད་ངན་པ་སོགས་པའི་རྐྱེན་ངན་གྱི་བཟློག་ཐབས་སུ་བཞེངས་པའི་མཆོད་རྟེན་དག་གིས་མཚོན་པས་སོ། །

༢ མཆོད་རྟེན་གྱི་གྲུབ་ཆ་སོ་སོའི་མཚོན་དོན་སྐོར།

མཆོད་རྟེན་གྱི་གྲུབ་ཆ་སོ་སོའི་མཚོན་དོན་སྐོར་ལ་སྔོན་བྱོན་མཁས་པ་དག་གི་གསུང་ལས་བཏུས་ཏེ་ངོ་སྤྲོད་རགས་ཙམ་ཞུ་རྒྱུ་ནི་དོན་སྙིང་ཆེར་ལྡན་པ་ཞིག་ཏུ་མཐོང་བས་འདིར་བཀོད་ན་གཤམ་གསལ་ལྟར་ཏེ།

དུས་རབས་༡༥པའི་ནང་རྒྱལ་པོ་ཁྲི་སྲོང་ལྡེ་བཙན་གྱིས་བསམ་ཡས་ཀྱི་རབ་གནས་གནང་སྐབས་གདན་དྲངས་པའི་རྒྱ་གར་གྱི་སློབ་དཔོན་ཤཱནྟིགརྦྷས་མཆོད་རྟེན་གྱི་གྲུབ་ཆའི་མཚོན་དོན་དབྱེ་བ་ལས། “བད་ནི་རྫེས་དྲན་དྲུག ཐང་རྟེན་ནི་དགེ་བ་བཅུ། བར་(མ་ཡིག་ཏུ་དེ་ལྟར་བྲིས་འདུག་ཀྱང་ཕལ་ཆེར་‘བང་’དུ་འབྲི་དགོས་

[①] གོང་དུ་དྲངས་ཟིན་གྱི་སྐྱེ་དགུ་བ་ཀུན་དགའ་གྲགས་པའི་བརྩམས་ཆོས་《དཔལ་ལྡན་ས་སྐྱ་བའི་གསུང་རབ་》ཀྱི་པོད་གསུམ་པ་བཟོ་གནས་དང་སྤེལ་སྦྱོར་སྟོད་ཆའི་ཤོག་ངོས་༧༨ན་གསལ།

པར་སླམ་)རིམ་བཞི་ཐུམ་གདན། ཐུམ་པ་བྲི་རྣམས་དྲན་པ་ཉེར་བཞག་ནས། འཕགས་ལམ་ཡན་ལག་བརྒྱད་[1]ཀྱི་བར། སྲོག་ཤིང་ཀུན་རྫོབ་ཤེས་པ་ལ་སོགས་པའི་ཤེས་པ་བཅུ། པད་མ་ཐབས་དང་ཤེས་རབ། འཁོར་ལོ་བཅུ་གསུམ་ནི་སྟོབས་བཅུ་དང་། དྲན་པ་ཉེར་བཞག་གསུམ། ཆར་ཁེབས་ཐུགས་རྗེ་ཆེན་པོ། ཏོག་ནི་ཆོས་སྐུ། མཆོད་རྟེན་གྱི་འཁོར་ལ་རྗེ་རེངས་མི་འཇིགས་པ་བཞི། ཐེམ་སྐས་བསྡུང་བ་མེད་པ། རྒྱལ་མཚན་བདུད་བཞི་ལས་རྒྱལ་བ། མེ་ཏོག་གི་ཕྲེང་བ་མཚན་དཔེ། རྒྱལ་ཆེན་བཞི་བདེན་པ་བཞི། དྲིལ་བུ་གསུང་དབྱངས་ཡན་ལག་དྲུག་ཅུ། ཉི་ཟླ་ཡེ་ཤེས་ཀྱི་སྣང་བ་བསྐྱེད་པ། མེ་ལོང་ཡེ་ཤེས་བཞི། ཅོད་པན་ཆོས་ཀྱི་སྲིད་ཐོབ་པ། བད་ནི་ཆོས་ཀྱི་སྙན་པས་ཀུན་ལ་གྲགས་པའོ། སྒོ་མང་གི་སྒོ་ནི། བདེན་བཞི་རྣམ་ཐར་བརྒྱད། རྟེན་འབྲེལ་བཅུ་གཉིས། སྟོང་ཉིད་བཅུ་དྲུག་ལ་སོགས་པའོ། །སྒོ་འཁྱུར་གཞན་ལས་ཁྱད་པར་འཕགས་པ་སེམས་ཅན་གྱི་དོན་མཛད་པའོ། ལྷ་བབས་ཀྱི་ཐེམ་སྐས་ནི། སངས་རྒྱས་སེམས་ཅན་གྱི་དོན་ལ་འབྱོན་པར་མཚོན་པའོ། །མྱང་ལ་བང་རིམ་མེད་པ་ནི། འཁོར་བའི་འཇུག་པ་དང་བྲལ་ཞིང་སྤྲོས་པ་མེད་པའོ། །པདྨ་ཅན་གྱི་པདྨ་ནི་འཁོར་བའི་འདམ་ལས་སྐྱེས་ཀྱང་དེས་མ་གོས་པའོ། །དབྱེན་འདུམ་ཟུར་བཞི་བཅས་པ་ནི། དབྱེན་གྱི་རྒྱུ་དུག་གསུམ་ལྷ་བ་དང་གཞི་བཅད་ནས། རྣམ་ཐར་ཟད་པར་ཟིལ་གནོན་བརྒྱད་མཚོན་པའོ། །” ཞེས་པ་སྟག་ཚང་ལོ་ཙཱ་བ་ཤེས་རབ་རིན་ཆེན་གྱིས་བརྩམས་པའི་《རྟེན་གསུམ་བཞུགས་གནས་དང་བཅས་པའི་སྒྲུབ་ཚུལ་དཔལ་འབྱོར་རྒྱ་མཚོ་ཞེས་

① འཕགས་ལམ་ཡན་ལག་བརྒྱད་ནི། ཡང་དག་པའི་ལྟ་བ། ཡང་དག་པའི་རྟོག་པ། ཡང་དག་པའི་ངག ཡང་དག་པའི་ལས་ཀྱི་མཐའ། ཡང་དག་པའི་འཚོ་བ། ཡང་དག་པའི་རྩོལ་བ། ཡང་དག་པའི་དྲན་པ། ཡང་དག་པའི་ཏིང་ངེ་འཛིན་བཅས་སོ། །མགོན་པོ་དབང་རྒྱལ་གྱིས་བསྒྲིགས་པའི་《ཆོས་ཀྱི་རྣམ་གྲངས་》 སི་ཁྲོན་མི་རིགས་དཔེ་སྐྲུན་ཁང་ནས་སྤྱི་ལོ་༡༩༨༨ལོར་བསྐྲུན་པའི་ཤོག་ངོས་༢༦༣ན་གསལ།

བྱ་བ་བཞུགས་སོ་》[①]ཞེས་པའི་ནང་དུ་འཁོད་པ་དེའང་འདིར་ལུང་དུ་དྲངས་པ་དང་། ཡང་དེའི་ནང་། ཆོས་ལོངས་སྤྲུལ་གསུམ་གྱི་སྐུའི་སྐབས་ཆོས་སྐུའི་རྟེན་གྱི་མཆོད་རྟེན་སྤྱིའི་དབྱེ་བ་ཕྱེ་བའི་ནང་གསེར་རང་བཞིན་ལྷུན་གྱིས་གྲུབ་པའི་མཆོད་རྟེན་གསུངས་པའི་སྐབས། སློབ་དཔོན་སྒྲི་ཧཱའི་དེ་ཁོ་ན་ཉིད་དྲུག་པ་ལས་དྲངས་ཏེ་གྲུབ་ཆ་ཁག་གཅིག་གི་མཚོན་དོན་གསལ་འདུག་པ་སྟེ། "ས་ཡི་ཁྲི་འཕང་ཟུར་བཅུ་གཉིས། གླིང་བཞི་གླིང་ཕྲན་བརྒྱད་ཡིན་ཏེ། བང་རིམ་བདུན་དུ་བརྩིགས་པ་ནི། གསེར་གྱི་རི་བདུན་ཤེས་པར་བྱ། ཟླུམ་བུའི་དབྱིབས་ཀྱི་བུམ་པ་ནི། ལྷ་གནས་རི་རབ་ཡིན་ཞེས་གྲགས། བུམ་རྟེན་འཁོར་ལོ་གདུགས་བུའི་དབྱིབས། ཀླུ་ཡི་རྒྱལ་པོ་ནོར་རྒྱས་ཡིན། ཁ་ཁྱེར་རིམ་པ་དྲུག་ལྡན་པ། འདོད་ཁམས་ལྷ་རིགས་དྲུག་ཏུ་གྲགས། དབུས་སུ་སྲོག་ཤིང་ཡར་བསྒྲེངས་པ། ཆོས་དབྱིངས་ཟག་མེད་སྲོས་བྲལ་ཡིན། འཁོར་ལོ་བཅུ་བདུན་གྱིས་བརྒྱན་པ། གཟུགས་ཁམས་གནས་རིགས་བཅུ་བདུན་རྟགས། ཆར་ཁེབས་གཟུགས་མེད་ཁམས་ཡིན་ཏེ། ཆོས་དབྱིངས་ཏོག་ཏུ་ཤེས་པར་བྱ་"[②]ཞེས་འཁོད་པ་དང་། ཀུན་མཁྱེན་འཇིགས་མེད་གླིང་པས། "དེ་ལྟར་མཆོད་རྟེན་རྣམ་གཞག་ལ། །ཟླུམ་པོའི་དབྱིབས་སུ་བྱས་པ་ཀུན། །སྲོས་པའི་མཚན་མ་ཉེར་བཞིའི་དོན། །གྲུ་བཞི་དབྱིབས་སུ་བྱས་པ་ནི། །སྤངས་རྟོགས་ཡོན་ཏན་རྫོགས་པའི་བརྡ། །དགེ་བཅུ་ཐར་པའི་རྒྱང་རྟེན་ཡིན། །བང་རིམ་བཞི་པོ་རིམ་པ་བཞིན། །དྲན་པ་ཉེར་བཞག་ཡང་དག་སྤོང་། །རྫུ་འཕྲུལ་རྐང་པ་དབང་པོ་ལྔ། །བུམ་ལྡན་(གདན་)སྟོབས་ལྔ་བུམ་པ་ནི། །བྱང་ཆུབ་ཡན་ལག་བདུན་དུ་མཚོན། །ཁྲི་ནི་འཕགས་ལམ་ཡན་

① དཔལ་ལྡན་སྐྱ་བའི་གསུང་རབ་པོད་གསུམ་པ་བཟོ་གནས་དང་སེལ་སྦྱོར་སྟོད་ཆའི་ཤོག་ངོས་༡༢༥ནས་༡༢༨བར་ན་གསལ།

② དཔལ་ལྡན་སྐྱ་བའི་གསུང་རབ་པོད་གསུམ་པ་བཟོ་གནས་དང་སེལ་སྦྱོར་སྟོད་ཆའི་ཤོག་ངོས་༡༣༥ན་གསལ།

ལག་བརྒྱད། །ཞེས་བཅུ་སྟོབས་བཅུ་མ་འདྲེས་པའི། །དྲན་པ་ཉེར་བཞག་རིམ་པ་བཞིན། །སྐྱོག་ཤིང་འཁོར་ལོ་བཅུ་གསུམ་མཚོན། ཐུགས་རྗེས་སྐྱོང་བ་ཆར་ཁེབས་གདུགས། །ཉི་ཟླ་འཛིག་རྟེན་མུན་སེལ་འོད། །ཏོག་ནི་འགྲུབ་ཟླ་བྲལ་བའི་རྟགས། །བར་མཚོན་མཚུངས་པ་མདོ་རྒྱུད་ལས། །གསུངས་པ་བཞིན་དུ་མཁས་པས་དཔྱད། །"①ཅེས་གསུངས་པ་ལྟར། མཆོད་རྟེན་གྱི་གྲུབ་ཆ་སོ་སོའི་སྤྱིའི་མཚོན་དོན་ལ་འགྲེལ་བརྗོད་ཀྱི་ནུས་པ་གང་ཞིག་ཐོན་ཐུབ་པ་ནི་སྔོམས་མི་དགོས་པའི་དོན་ཞིག་ཡིན་ལ། གོང་དུ་དྲངས་པའི་ལུང་སོ་སོར་གྲུབ་ཆ་མི་འདྲ་བ་ཙམ་གྱི་ཐོག་ནས་ཀྱང་གསུངས་འདུག་པ་དེ་རྣམས་མཉམ་དུ་འཛོམ་སྐབས་ཆ་ཚང་བའི་མཚོན་དོན་ཞིག་ཏུ་གྱུར་སོང་། འོན་ཏེ་འདིར་དྲངས་པའི་གོང་གི་ལུང་དེ་དག་ནི་གནའ་རབས་རྒྱ་གར་མཆོད་རྟེན་གྱི་རྣམ་པར་ཆ་འཛོག་གནང་སྟེ་གསུངས་ཡོད་པ་དང་། དེའི་མཚོན་དོན་ཡང་རང་རེའི་བོད་ཡུལ་དུ་དར་བའི་མཆོད་རྟེན་རྣམ་པ་འདྲ་མིན་གྱི་གྲུབ་ཆ་སོ་སོའི་མཚོན་དོན་དུ་འཇུག་ཐུབ་ཅུང་བ་ནི་ཤེས་དགོས་པའི་དོན་ཞིག་ཡིན།

༢ ཐུན་མོང་མ་ཡིན་པའི་མཆོད་རྟེན་གྱི་མཚོན་དོན།

དེ་ཡང་སངས་རྒྱས་ཀྱི་སྐུ་གདུང་དང་མཆོད་རྟེན་གྱི་གནས་སོ་སོར་སྤྱར་སྐབས་ཀྱི་མཚོན་དོན་ལ་འཁང་ནང་བསྟན་ཆོས་ལུགས་དང་བོན་ཆོས་གཉིས་ཐོག་ནས་ངོ་སྤྲོད་མདོ་ཙམ་ཞུས་ན། ནང་བསྟན་ཆོས་ལུགས་ནང་དུས་འཁོར་ལས་གསུངས་པ་ཡི་ཤེས་མཆོད་རྟེན་གྱི་མཚོན་དོན་སྐོར་ལ། "སངས་རྒྱས་སྐྱིལ་མོ་ཀྲུང་དུ་བཞུགས་པའི་ལྟེ་བ་མན་ཆད་མཆོད་རྟེན་གྱི་བང་རིམ་དང་། ལྟེ་འབྱུར་བུམ་གདན། དེ་ནས་དཔུང་པའི་བར་བུམ་ལྡིར། མགྲིན་པ་བྲེ་དང་། ཀ་སྐོ་ནས་སྣ་རྩེ་མཛོད་སྤུའི་བར་བྲེ་གདོང་།

---

① 《འཇིགས་མེད་གླིང་པའི་གཏམ་ཚོགས་》ཆབ་སྤེལ་ཚེ་བརྟན་ཕུན་ཚོགས་སོགས་ཀྱིས་བསྒྲིགས་པའི་《གངས་ཅན་རིག་མཛོད་》འདོན་ཐེངས་༡༨པ། བོད་ལྗོངས་བོད་ཡིག་དཔེ་རྙིང་དཔེ་སྐྲུན་ཁང་གིས་སྤྱི་ལོ་༡༩༩༡ལོར་བསྐྲུན་པའི་ཤོག་ངོས་༢༠༦ན་གསལ།

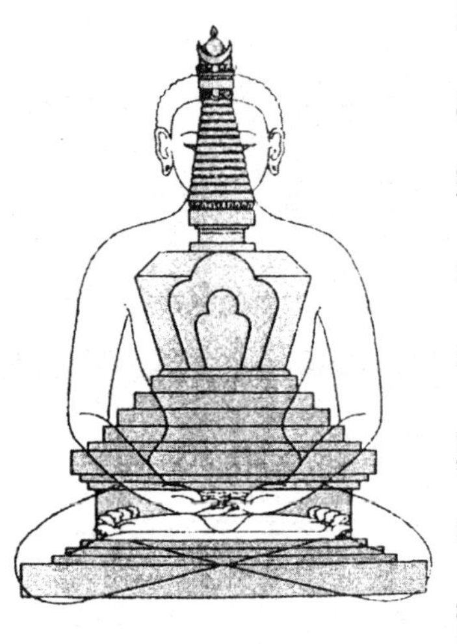
རི་མོ་1-7 ཐུགས་རྟེན་གྱི་བཞུགས་སྟངས།

དེ་ནས་རལ་པའི་ཐོར་ཅོག་གི་བར་ལ་ཆོས་འཁོར་ཆར་ཁེབས་ཏོག་དང་བཅས་པ་”①ཞེས་འཁོད་པ་རི་མོ་1–7ནང་གསལ་བ་ནི་གོང་གི་འགྲེལ་བརྗོད་དང་མི་འདྲ་བའི་རྣམ་པ་ཞིག་ཏུ་མངོན་པར་བརྗེན་འདེར་དྲངས་པ་དང་།② འོན་ཀྱི་གཡུང་དྲུང་བཀོད་ལེགས་ཀྱི་མཆོད་རྟེན་གྱི་གནས་སོ་སོ་དང་ལྷའི་གནས་སོ་སོ་ཕན་ཚུན་མཐུན་པའི་ཆར་སྦྱར་སྐབས། སྤྱིའི་རྣམ་པའང་ནང་བསྟན་དང་ཁྱད་པར་དེ་ཙམ་མ་མཐོང་སྟེ། གཡུང་དྲུང་བོན་གྱི་རྒྱལ་བ་གཉིས་པ་མཉམ་མེད་ཤེས་རབ་རྒྱལ་མཚན་(༡༣༥༨–༡༤༡༥)གྱིས་བརྩམས་གནང་བའི་《བདེ་བར་གཤེགས་པའི་སྐུ་གདུང་སྐུ་གཟུགས་གཉིས་ཀྱི་ཐིག་རྩ་དང་བཀོད་གནས་རང་གྲུབ་བཞུགས་སོ་》ཞེས་པ་ལས། “གཤེན་རབ་སྐུ་ནི་མཉམ་བཞག་ནས། །སྐུ་ཡི་ཚད་དུ་སྦྱར་ནས་བཤད། །སྙིང་ནི་གཤེན་རབ་གདན་ཁྲི་སྟེ། །ཁྲི་འཕང་མཉམ་བཞག་ཞབས་ཀྱི་ཚད། །རི་རབ་གསང་བའི་སྦུ་གུ་ནས། །མཆན་གྱི་ཡོལ་བ་མན་ཆད་ཚད། །བང་རིམ་མཆན་གྱི་ཡོལ་བ་ནས། །ཐུགས་ཀྱི་དང་གོང་མན་ཆད་ཚད། །མགུལ་ཆུ་མགུལ་གྱི་སྲིང་བྲང་ཚད། །བུམ་པ་གཤེན་རབ་དབུ་ཡི་ཚད། །བྲེ་ནི་དབུ་ཡི་གཙུག་ཏོར་ཚད། །སྲོག་ཤིང་དབང་གི་གཙུག་ཕུད་ཚད། །འཁོར་ལོ་དབུ་སྐྲ་ཐོན་མཐིང་འཁྱིལ། །ཆར་ཁེབ་དབུ་ཡི་གདུག་ཁེབ་ཚད། །ཏོག་དང་ཉི་ཟླ་སྣང་བའི་འོད། །

① གོང་སྤྲུལ་ཡོན་ཏན་རྒྱ་མཚོས་བརྩམས་པའི་《ཤེས་བྱ་ཀུན་ཁྱབ་》མི་རིགས་དཔེ་སྐྲུན་ཁང་། སྤྱི་ལོ་༢༠༠༢ལོར། ཤོག་གྲངས་༤༤༧-༤༤༢བར་ན་གསལ།

② Mukhiya N.Lama.The Ritual Objects & Delties.Buddhism and Hinduism. Kathmandu:Lama Art.2003ཤོག་གྲངས་༤༠ནང་གི་པར་རིས།

ཚེ་པན་ན་བཟའ་གྲུར་ཡོལ་ལ། །འོད་ཟེར་སྣ་ཚོགས་འཕྲོ་བའོ། །”①ཞེས་འབོད་ཡོད། དེ་ཡང་དེང་རབས་བོན་གྱི་སློབ་དཔོན་བསྟན་འཛིན་རྣམ་དག་མཆོག་གི་བཞེད་དགོངས་ལྟར་གཤེན་རབ་ཀྱི་སྐུ་འདི་བཞིན་གཡུང་དྲུང་བཀོད་ལེགས་ཀྱི་མཆོད་རྟེན་དང་སྦྱར་ནས་ཞིབ་པར་ཕྱེས་ན་གཤམ་གསལ་ལྟར་ཏེ། རི་མོ་1-8ནང་གསལ་བ་བཞིན་གྱི་བྱ་འདབ་བམ་གདུང་ཆེན་མན་ཆད་ནི་པད་གདན་དང་བཅས་པའི་གདན་ཁྲི་དང་། དེ་ཡན་ཆད་ཀྱི་བང་རིམ་དང་པོ་ནས་གསུམ་པའི་བར་སྐྱིལ་ཀྲུང་། བང་རིམ་བཞི་པ་ནས་གསང་གནས། མགུལ་ཆུའམ་མགུར་ཆུ་ལྟེ་བ། བུམ་གཤམ་ཕྱུགས་ཀའི་འོག ཕུམ་དཀྱིལ་ཕྱུགས་ཀ །ཕུམ་སྟོད་ཕྱུགས་ཀའི་དང་གོང་། བྲེ་མགྲིན་པ། སྲོག་ཤིང་མགུལ། སྟོབས་འཁོར་བཅུ་གསུམ་ཞངས། ཆར་ཁེབས་ཀྱི་བོའམ་དཔྲལ་པ། ཆར་ཁེབས་སྟོད་སྣན་དཀྲུས། ཟླ་ཉི་དང་ཏོག་དང་ཟླ་གྲི་བཅས་པ་གཙུག་ཏོར་རོ། །②

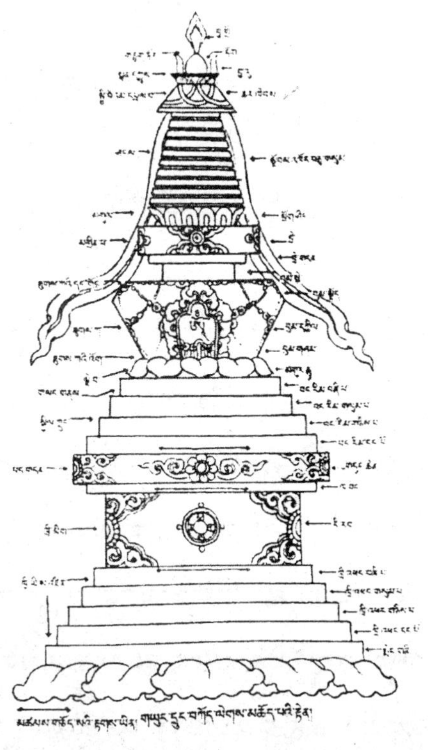

རི་མོ་1-8 བོད་ཀྱི་གཡུང་དྲུང་བཀོད་ལེགས་མཆོད་རྟེན་དང་ལྷའི་གནས་སོ་སོར་སྦྱར་བའི་དཔེ་རིས།

① བྲིས་མའི་ཤོག་ངོས་བཞི་པའི་འོག་དང་ལྔ་པའི་སྟོད་ནང་གསལ། ཐུན་གྱི་གྲོགས་མཆོག་ཤེས་རབ་གོ་ཆས་ཞལ་སྒྲོར་ཞུས་པ་བརྒྱུད་སི་ཁྲིན་ཞིང་ཆེན་ཁ་བ་རྫོང་སྣང་ཞིག་དགོན་པའི་དགེ་བཤེས་ཀུན་བཟང་ལྷུན་གྲུབ་མཆོག་ནས་ཕྱག་དཔེ་མགོ་འདོན་གནང་།

② སྨན་རིའི་ཡོངས་འཛིན་བསྟན་འཛིན་རྣམ་དག་རིན་པོ་ཆེའི་གསུང་འབུམ་བོད་ལྗོངས་པ། བཟོ་རིག་པའི་སྐོར། ཁྲི་བརྟན་ནོར་བུ་རྩེའི་དཔེ་མཛོད་ཁང་། སྤྱི་ལོ་༢༠༠༥ལོར། ཤོག་ངོས་༧༣༢ན་གསལ།

༤ འབྱུང་བ་ལྔ་དང་སྦྱར་བ་ལས་མངོན་པའི་མཚོན་དོན།

ནང་བསྟན་མཆོད་རྟེན་ནང་དུ་འབྱུང་བ་ལྔ་དང་སྦྱར་བའི་མཚོན་དོན་ཏེ། མཆོད་རྟེན་གྱི་བང་རིམ་དང་ཁྲི་ནི་འབྱུང་བའི་ས་དང་། ཆོས་སྐུའི་ལྟེ་བ་མན་ཆད་དུ་འཇུག་ཅིང་། དེའི་བཟོ་དབྱིབས་གྲུ་བཞི་མདོག་སེར་ཅན་གྱིས་མཚོན་ལ། ཡི་གེ་"ཨ་"ལས་བྱུང་བའོ། །བུམ་གདན་ནས་བུམ་པའི་བར་ནི་འབྱུང་བའི་ཆུ་དང་། ཆོས་སྐུའི་བྲང་དང་དཔུང་པའི་བར་དུ་འཇུག་ཅིང་། དེའི་བཟོ་དབྱིབས་སྒོར་མོ་མདོག་སྔོན་གྱིས་མཚོན་ལ་ཡི་གེ་"འམ་"ལས་བྱུང་བའོ། །ཁྲི་ནས་གདུགས་སམ་ཆར་ཁེབས་བར་འབྱུང་བའི་མེ་དང་། ཆོས་སྐུའི་མགྲིན་པ་དང་ཞལ་དང་མཛོད་སྤུ་རུ་འཇུག་ཅིང་། དེའི་བཟོ་དབྱིབས་ཟུར་གསུམ་མདོག་དམར་ཅན་གྱིས་མཚོན་ལ། ཡི་གེ་"རམ་"ལས་བྱུང་བ། ཆར་ཁེབས་འབྱུང་བ་རླུང་དང་། ཆོས་སྐུའི་དཔྲལ་བ་དབུ་བཅས་པར་འཇུག་ཅིང་། དེའི་བཟོ་དབྱིབས་ཟླུམ་ཕྱེད་དམ་ཟླ་བའི་ཕྱེད་ཀ་དང་མཐུན་པ་མདོག་ལྗང་གིས་མཚོན་ལ། ཡི་གེ་"ཧམ་"ལས་བྱུང་བ། ཉི་ཟླ་ཏོག་ནི་འབྱུང་བའི་ནམ་མཁའ་དང་། དེའི་བཟོ་དབྱིབས་ནི་ཟླུམ་མོ་རྩེ་སྣུངས་སམ་ཡང་ན་སྒོར་དབྱིབས་ཕྱེད་ཀ་དང་མཐུན་པ་མདོག་དཀར་ཅན་གྱིས་མཚོན་ལ། ཡི་གེ་"ཁམ་"ལས་བྱུང་།① གོང་གི་ནང་དོན་དག་དང་མཐུན་པའི་དཔེ་མཚོན་ཡང་རི་མོ་1–9ནང་གི་ཨང་རྟགས་༡པར་གསལ་ཡོད། དཔེ་རིས་དེའི་ནང་གསལ་བའི་འབྱུང་བ་ནམ་མཁའི་བཟོ་དབྱིབས་དེ་དང་ཅུང་མི་འདྲ་བའི་སྐོར་ཏེ་སྒོར་དབྱིབས་ཕྱེད་ཀ་དང་མཐུན་པ་ཞིག་ཏུ་བྱེད་དགོས་པ་ནི་གོང་དུ་དྲངས་ཟིན་པའི་སྐུ་ཞབས་ཏུའུ་ཅིའི་(Giusepepe Tucci)བརྩམས་ཆོས་ནང་དུ་གསལ་འདུག །གཞན་ཡང་འབྱུང་བ་ས་དང་། མེ་ཕུད་པའི་

① གོང་གསལ་ནང་དོན་གྱི་དཔྱད་གཞི་གཙོ་བོ་ནི་དྲ་གནས་http://shambhalamountain.org/stupa_symbolism.htmlནང་གསལ་བ་དང་། GiusepepeTucci.1998.Stupa.art,architectonic and symbolism. New Delhi:Rakesh Goel for Aditya Prakashanགྱི་ཤོག་ངོས་༤༡ན་གསལ།

གཞན་གསུམ་གྱི་ཆོན་ཐད་མི་འདྲ་བའི་རྣམ་པ་མཚོན་པ་རི་མོ 1-9 ཨང་རྟགས་༢པའི་ནང་གསལ་བ་བཞིན་ལ། འདིར་ནམ་མཁའི་མདོག་སྔོན་པོ་དང་། རླུང་གི་མདོག་ནག་པོ། ཆུ་ཡི་མདོག་དཀར་པོར་བྱས་པའོ། །

བོན་གྱི་མཆོད་རྟེན་ནང་རྒྱང་གཞི་ནས་ཡར་རིམ་བཞིན་བརྩེགས་པའི་འབྱུང་བ་ལྔའི་གོ་རིམ་ནི་ནམ་མཁའ་དང་། མེ། ཆུ། ས། རླུང་བཅས་དང་། ཆོན་མདོག་གི་བརྒྱན་ཚུལ་ལ་ཡང་གཞམ་གསལ་ལྟར་འབྱུང་བ་སྟེ། གདུགས་དཀར། བྱ་རུ་བྱ་གྲི་སྔོ། ཏོག་སེར། ཁྲི་འཕང་འོག་མ་ནས་ཡར་རིམ་ལ་དཀར། ལྗང་། དམར། སྔོ། སེར་པོས་བརྒྱན་པ་བཅས་སོ། །[①]

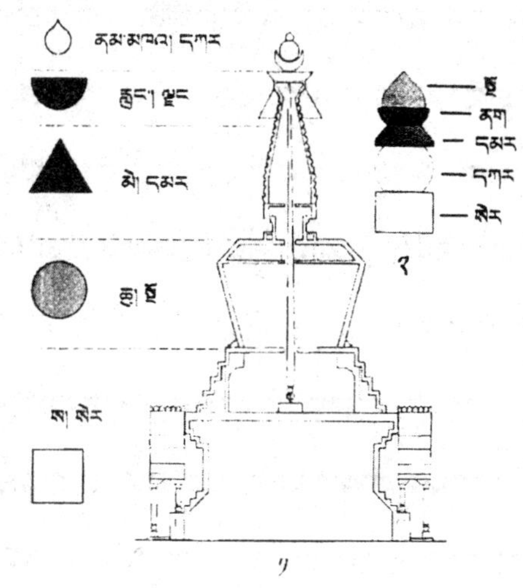

རི་མོ 1-9 འབྱུང་བ་ལྔ་དང་སྦྱར་བའི་མཆོད་རྟེན་མཚོན་དཔེ།

བཞི་པ། མཆོད་རྟེན་ཇི་ལྟར་གདབ་པའི་སྤྱིའི་བརྒྱུད་རིམ།

སྤྱིར་མཆོད་རྟེན་ཇི་ལྟར་གདབ་པའི་བརྒྱུད་རིམ་ལ་རྣམ་པ་བཞི་ཙམ་དུ་ཕྱེ་ཚོག་པ་ངོ་སྤྲོད་ཞུས་ན་གཤམ་གསལ་ལྟར་ཏེ།

གཅིག གནས་གང་ཞིག་ཏུ་གདབ་པའི་ཚུལ།

སྤྱིར་མཆོད་རྟེན་གྱི་གདབ་ཡུལ་ནི་གོང་སྨྲོས་ཟིན་པའི་མཆོད་རྟེན་གྱི་མཆོན་

① མཉམ་མེད་ཤེས་རབ་རྒྱལ་མཚན་(༡༣༥༦-༡༤༡༥)གྱིས་བརྩམས་པའི་《བདེ་བར་གཤེགས་པའི་སྐུ་གདུང་སྐུ་གཟུགས་གཉིས་ཀྱི་ཐིག་ཚ་དང་བཀོད་གནས་རང་གྲུབ་བཞུགས་སོ་》ཞེས་པའི་བྲིས་མའི་ཤོག་ངོས་བཞི་པའི་སྟོད་དུ་གསལ།

བྱེད་ནུས་པའི་དབང་དང་བསྟུན་ཏེ་གཏན་ལ་ཕབ་པ་ནི་ཁྱབ་ཆེ་བའི་འདེམས་སྒྲུག་གི་ཐབས་ཙམ་དུ་སྣང་བར་སེམས། དེ་ཡང་གནས་བྱིན་ཅན་ནམ་དགོན་པ་གནས་ཡུལ་དང་། ཡུལ་གྱི་བཀོད་པ་བཟང་ལ་དགེ་བའི་རྟེན་འབྲེལ་དང་མཐུན་པ། ལམ་གྱི་བཞི་མདོ། སྲི་དང་རྐྱེན་ངན་ལ་སོགས་པ་འགོག་ནུས་ཀྱི་དམིགས་བསལ་གྱི་ཡུལ་ག་གེ་མོ་ཞིག་ལ་ངེས་པའོ། །

ས་དཔྱད་བླང་དོར་ལ་བརྟེན་ནས་མཆོད་རྟེན་གདབ་ཡུལ་གྱི་ཚུལ་བསྟན་ན། དེ་ཡང་གཙུག་ལག་ཁང་ངམ་དགོན་གནས་ཆགས་ཡུལ་ས་དཔྱད་ནི། དགེ་བའམ་ཤིན་ཏུ་དགེ་བའི་ཁྱད་པར་གྱི་ཆ་ཤས་ཚང་ཡུལ་དུ་གདབ་པའི་སྐབས། “མཆོད་རྟེན་ཕལ་ཆེ་སྒང་དུ་བཞེངས”[①] ཞེས་པ་ལྟར། མཆོད་རྟེན་གདབ་ཡུལ་ནི་དགོན་གནས་ཉེ་འཁོར་གྱི་སྒང་གཤོང་ངམ་མཐའ་དུ་སླ་བའི་གནས་ཤིག་ཏུ་འདེབས་དགོས་པར་སེམས། ཡང་། “ཡིད་འོང་ཉམས་དགའི་ས་ཕྱོགས་སུ། །དཀར་སྐྱུམ་མཉེན་པའི་ས་གཞི་ལ། །བོན་ཉིད་རྣམ་དག་དབྱིངས་སུ་ཐྱུམ། །”[②] ཞེས་པ་ལྟར་ན། མཆོད་རྟེན་གདབ་པའི་གནས་ཀྱི་སྤྱིའི་ཁྱད་པར་ཇི་འདྲ་ཞིག་དགོས་པའི་ཐད་ལའང་འགྲེལ་བརྗོད་གནང་བ་སྟེ། ཡུལ་ལྗོངས་ཡིད་དུ་འོང་ལ། ཉམས་དགའ་བའི་ས་ཕྱོགས། ཁོར་ཡུག་གི་ཚོན་མདོག་དཀར་བའམ་དྭངས་གཙང་དང་ལྡན་ལ་སྐྱུམ་ཞག་དོད་པ། རག་རོག་རྗེ་ཡིས་མ་རྒྱབ་པར་ས་གཤིས་མཉེན་པའི་གནས་གང་ཞིག་ཏུ་ངེས་པར་གསུངས་པའོ། །གཞན་ཡང་། དགེ་བའི་རྩ་བ་ཡོངས་སུ་འཛིན་པའི་མདོ་ལས། “གང་ཞིག་ལམ་གྱི་གཞི་མདོ་ན། །འཇིག་རྟེན་མཆོད་པའི་མཆོད་རྟེན་བྱེད། །དེ་ཡི་གྲགས་པ་འཕེལ་བར་འགྱུར། །ཤི་འཕོས་ཚངས་པའི་འཇིག་རྟེན་དུའང་། །དེ་ཡི་སྐྱེ་

① གོང་དུ་དྲངས་ཟིན་པའི་སྟག་ཚང་ལོ་ཙྪ་བ་ཤེས་རབ་རིན་ཆེན་གྱི་བརྩམས་ཆོས་ཀྱི་ཤོག་གྲངས་༡༧༣ན་གསལ།
② སློབ་དཔོན་བསྟན་འཛིན་རྣམ་དག་རིན་པོ་ཆེའི་གསུང་འབུམ་པོད་ལྔ་པའི་ཤོག་གྲངས་༤༣ན་གསལ།

བ་སྒྲུབ་པར་བྱེད། །”[①]ཅེས་འཁོད་པ་ལས་ཀྱང་། མཆོད་རྟེན་གདབ་ཡུལ་གྱི་གནས་ནི་ལམ་གྱི་བཞི་མདོར་འོས་པར་གསུངས་ཤིང་། དེ་ལྟ་བུའི་གནས་སུ་གདབ་པའི་མཆོད་རྟེན་ནི་ཀ་ནི་ཀྲི་སྒོ་བཞིའི་མཆོད་རྟེན་དང་། གྲོང་གི་ཉེ་འདབས་བཞུད་ལམ་དུ་བཏབ་པའི་མཆོད་རྟེན་གྱི་རྣམ་པ་གང་དག་གིས་མཚོན་པར་ནུས་སོ། །ཕྱི་དང་རྒྱེན་ངན་ལ་སོགས་པ་འགོག་ནུས་ཀྱི་གནས་སུ་གདབ་པའི་ཚུལ་ལའང་། སྟོན་སྦྱོན་མཁས་པ་འགའ་ཞིག་གི་ལག་ལེན་ལྟར་ན། མཆོད་རྟེན་གང་ཞིག་བཞེངས་པའི་སྐབས་སུ་གནས་དེ་གའི་སྲི་ལ་སོགས་པ་གནོན་བྱེད་ཀྱི་སྒྲུབ་ཚུལ་མཛད་ཐུབ་པ་དགོས་པར་གསུངས་ཡོད་པ་འདྲིས། གང་ཞིག་གཏན་ལ་དབབ་པའི་མཆོད་རྟེན་གྱི་གདབ་ཡུལ་ཡང་སྲི་མནོན་གྱི་དགོས་པར་བརྟེན་ཏེ་གཏན་ལ་ཕབ་དགོས་པ་ལྟ་བུར་སྣང་མོད། འོན་ཏེ་འདི་ལྟའི་བསྙེན་སྒྲུབ་ལག་ལེན་གྱི་སྒྲུབ་བྱེད་ཚད་དང་མི་ལྡན་པའི་རྐྱེན་གྱིས་དེ་སྐོང་དགོས་པར་གསུངས་བ་ནི་དོན་ངོ་མ་དང་མཚུངས་པ་ཞིག་རེད་སྙམ།[②] དེ་ལྟར་ན། སྲི་ལ་སོགས་པ་འགོག་ནུས་ཀྱི་མཆོད་རྟེན་གདབ་ཡུལ་ཡང་མོ་རྩིས་ལས་བབས་པ་བཞིན་གྱིས་གཏན་ལ་ཕབ་པའི་གནས་ཤིག་ཏུ་ཡིན་དགོས་སོ། །རྒྱེན་ངན་བཟློག་ཐབས་ཀྱིས་མཆོད་རྟེན་གདབ་ཡུལ་གཏན་འབེབས་བྱེད་ཚུལ་མངོན་ཕྱིར། མཁས་པའི་གསུང་ལས་དཔེ་མཚོན་ཙམ་དྲངས་ན་འདི་ལྟ་སྟེ། “རི་ཡོན་ཐལ་མདོག་སྨུ་ངན་བྱེད། །ཆུན་མོ་ཉལ་འདྲུས་མི་ཕྱུགས་ཉམས། །ཛྙ་ཡི་གཞུར་དྲི་མེད་གཟུངས། །རྟེན་འབྲེལ་སྙིང་པོ་གུར་གུམ་གྱིས། །བྲིས་བཞུགས་རྒྱལ་མཚན་རྩེ་མོར་བཏགས། །མཆོན་ཆ་རྩེ་དང་ཧོ་ཁྱུང་གཟུགས། །གཅན་གཟན་མཆེ་གཙིགས་

① དེའུ་དམར་དགེ་བཤེས་བསྟན་འཛིན་ཕུན་ཚོགས་(སྤྱི་ལོ་༡༧༢༩-?)ཀྱིས་བརྩམས་པའི་《ཀུན་གསལ་ཚོན་གྱི་ལས་རིམ་》ཞེས་པ་ལུའོ་པིང་རྡེན་གྱིས་སྒྲིག་འགྲེལ་བྱས་པའི་《གནའ་རབས་བྲིས་སྐུ་ཚོན་ཁྲ་ཅན་གྱི་ཚད་དང་ལྡན་པའི་གཞུང་ལུགས་》ཞེས་པའི་དེབ་ལས་བཏུས་པ། ཀྲུང་གོའི་བོད་རིག་པ་དཔེ་སྐྲུན་ཁང་། སྤྱི་ལོ་༢༠༠༥ལོར་དཔར། ཤོག་ངོས་༡༢༨ན་གསལ།

② གོང་དུ་དྲངས་ཟིན་གྱི་སྐྱེ་དགུ་བ་ཀུན་དགའ་གྲགས་པའི་བརྩམས་ཆོས་ཀྱི་ཤོག་ངོས་༡༠ནས་༡༡བར་ན་གསལ།

བྱང་ཆུབ་འདུས། །ཁྲི་སྲེ་མཆོན་དར་འཆི་ནད་རིངས། །མཚོ་གང་ནས་བླངས་རྡོ་ལེབ་ལ། །གསེར་དངུལ་གྱིས་རྡོ་རྗེ་རྒྱ་གྲམ་བྲིས། །ཤར་སོགས་ཕྱོགས་བཞིར་མཆོད་རྟེན་དང་། །མེ་འབར་རི་དང་སྣང་གཅིག་ཤིང་། །མཚོ་རྣམས་ཡོད་ན་སྐྱིན་འབྱུང་ཞིང་། །རྒྱལ་བློན་མི་ཆེན་དགྲར་ལྷང་བས། །ཤར་དུ་ཤེལ་གྱི་མཆོད་རྟེན་དང་། །ཀྱི་རུ་ཕུམ་པ་ཆུས་བཀང་བཞག །ནུབ་ཏུ་མི་བསད་མཚོན་ཆ་གཟུག །བྱང་དུ་རིན་ཆེན་བཞི་ཡི་ས། །བླངས་ཏེ་མཚོ་དེར་བླུགས་པས་ཐུབ། །སྙིང་ངམ་འོག་ཏུ་རྒྱ་གྲམ་མམ། །ཐྲག་དང་ཆུ་འཐབ་ས་ཡི་སྣ། །སྦྲུལ་ལྟེ་འདྲ་ན་གོད་ཆེ་ཞིང་། །མི་འཐོར་དག་རྒྱུབ་བཟང་ཟླ་འགྲུས། །ཕུར་པའམ་མཆོད་རྟེན་བྱང་ཕྱོགས་བརྩིགས། །”① ཞེས་འཕོད་པ་དང་། ཡང་“མ་བཅོས་དཔོན་གཡོག་གོ་བཟློག་ཅིང་། །ཕ་ལ་བུ་མི་ཉན་པ་དང་། །ཁྱིམ་ལས་ཆུང་མ་དབང་ཆེར་འགྱུར། །ཕྱི་སྒོ་གཉིས་བྱས་གོ་སར་བསྟན། །སྒོ་གོང་བྱང་ཆེན་མཆོད་རྟེན་བཞེངས། །སྒོ་གོང་གདུང་བཀལ་རྟགས་བརྒྱད་བྲི། །གཞན་གྱི་ཁང་ཟུར་ཟུག་པ་ལ། །ལྷ་བབས་མཆོད་རྟེན་ལོགས་ལ་བཞེངས། །”② ཞེས་འཕོད་པ་ལས་རྐྱེན་ངན་བཟློག་ཐབས་ཀྱི་མཆོད་རྟེན་གདབ་ཡུལ་གཏན་འབེབས་བྱས་པའི་ཚུལ་བསྟན་ཡོད་ལ། དེའི་སྐོར་གྱི་བརྗོད་བྱའང་མུ་མཐའ་དང་བྲལ་བས་བློ་དམན་བདག་འདྲའི་རྣམ་དཔྱོད་ཀྱིས་ཞིབ་གསལ་བརྗོད་པར་ག་ལ་ནུས།

གཞན་ཡང་། ས་དཔྱད་ངན་པར་མཆོད་རྟེན་གྱི་གནས་གཞིར་བྱེད་མི་རུང་བའི་སྐོར་ལ་ཡང་འདིར་དཔེ་མཚོན་དུ་འདྲེན་པ་ལ། སྟག་ཚང་ལོ་ཙཱ་བ་ཤེས་རབ་རིན་ཆེན་གྱིས། “འོན་ཀྱང་གྲོང་སོགས་ཤར་དང་ནི། །ཆུ་མིག་མགོ་དང་གྲོག་རལ་ཟུག །སྲོག་ཆགས་མང་དང་རྒྱུ་སྲང་(མཆན། རྒྱུ་སྲང་ནི་འགྲོ་ས་དོག་པོའི་སྲང་ལམ་

① གོང་དུ་དྲངས་པའི་སྟག་ཚང་ལོ་ཙཱ་བ་ཤེས་རབ་རིན་ཆེན་གྱི་བརྩམས་ཆོས་ཀྱི་ཤོག་ངོས་༢༢༨ནས་༢༢༥བར་ན་གསལ།

② སྟག་ཚང་ལོ་ཙཱ་བ་ཤེས་རབ་རིན་ཆེན་གྱི་བརྩམས་ཆོས་ཀྱི་ཤོག་ངོས་༢༢༧ན་གསལ།

ལ་འཇུག་གོ་)ཡོད། །གྲོང་དང་གཞན་པར་གྲིབ་མ་འབབ། །ཤར་ན་ཆུ་བོ་རིས་འཛོག་དང་། །སྔོ་ན་ཤིང་སྐམ་ཡལ་ག་མེད། །ནུབ་ན་ཤིང་གཅིག་ཁ་ཁྲག་ལམ། །བྱང་ན་ས་དཀྱུ་མང་བའི་སར། །མཆོད་རྟེན་གནས་གཞི་སོགས་མི་བྱ། །"①ཞེས་གསུངས་སོ། །

གཉིས། མཆོད་རྟེན་འདེབས་སྟོན་གྱི་ཚུལ།

མཆོད་རྟེན་འདེབས་སྟོན་གྱི་སྔ་གོན་ལ་ལས་སྦྱོར་གྱི་རྣམ་པ་ཁ་ཤས་ཤིག་བྱེད་དགོས་པ་དང་། འདིར་ཞུ་ཆེན་ཚུལ་ཁྲིམས་རིན་ཆེན་གྱིས་བཙམས་གནང་བའི་《དྲི་མེད་རྣམ་གཉིས་ཀྱི་མཆོད་རྟེན་བཞེངས་སྐབས་ཉེར་མཁོའི་ཟིན་བྲིས་གཞན་ཕན་ཟླ་སྣང་ཞེས་བྱ་བ་བཞུགས་སོ་》ཞེས་པའི་གཞུང་ལུགས་ལག་ལེན་འདི་བཞིན་སྐབས་འདིའི་བརྗོད་བྱའི་དཔྱད་གཞི་གཙོ་བོར་བཟུང་བའི་ཐོག །དེ་མིན་གྱི་སྟོན་བྱོན་མཁས་པ་དག་གི་ཉམས་མྱོང་གཞུང་ལུགས་དང་བསྟུན་ནས་མཆོད་རྟེན་འདེབས་སྟོན་གྱི་ཚུལ་ལ་ངོ་སྤྲོད་རགས་བསྡུས་ཤིག་ཞུས་ན་འདི་ལྟ་སྟེ།

༡ འབྲེལ་ཚད་དོན་ལྡན་གྱི་ཚོ་ག་བསྒྲུབ་ཚུལ།

"སྤྱིར་མཆོད་རྟེན་ཆེ་ཆུང་གང་ཡིན་ཡང་དྲི་མེད་རྣམ་གཉིས་ཀྱི་ཚོ་གས་བསྒྲུབས་པ་ཞིག་བྱུང་ནས་རྗེ་ལས་བཅོས་ཀྱང་འབྲེལ་ཚད་དོན་ལྡན་བྱས་པ་དོན་ཡོད་དུ་འགྱུར། དེ་ལྟར་མ་ཡིན་ན་གསེར་དངུལ་ལས་བཅོས་པའང་རྟེན་ཕལ་པ་ཙམ་ལས་མི་འབྱུང་"②ཞེས་འཕོད་པ་ལྟར། དོན་འདི་ནི་མཆོད་རྟེན་བཞེངས་སྟོན་གྱི་བརྒྱུད་རིམ་ནང་དམིགས་སུ་བཀར་ནས་བསྒྲུབ་དགོས་པའི་གལ་ཆེན་གྱི་གནད་

① སྟག་ཚང་ལོ་ཙཱ་བ་ཤེས་རབ་རིན་ཆེན་གྱི་བཙམས་ཆོས་ཀྱི་ཤོག་ངོས་༡༧༣ནས་༡༧༥བར་ན་གསལ།

② གོང་དུ་དྲངས་ཟིན་པའི་ཞུ་ཆེན་གྱི་བཙམས་ཆོས་ཀྱི་ཤོག་ངོས་༡-༢བར་ན་གསལ། བཙམས་ཆོས་འདིའང་སྐྱབ་ཚང་བླ་མས་རྩོམ་སྒྲིག་གནང་བའི་《སྔ་འགྱུར་བཀའ་མ་ཁ་སྐོང་》 རྒྱ་གར་འབེན་གོག་ནུབ་ཏུ་སྤྱི་ལོ་༡༩༨༢ལོར་དཔར་འདེབས་གནང་བ་ཞིག་གོ །གཞན་ཡང་། བོད་ལྗོངས་ནང་བསྟན་མཐུན་ཚོགས་ཀྱིས་རྩོམ་སྒྲིག་གནང་བའི་《བོད་ལྗོངས་ནང་བསྟན་》སྤྱི་ལོ་༢༠༠༢ལོའི་འདོན་ཐེངས་༡པོའི་ཤོག་ངོས་༥༣-༥༧བར་ན་གསལ།

ཅིག་ཡིན་ལ། དེས་མཆོད་རྟེན་བཞེངས་པའི་དམིགས་ཡུལ་དང་དགོས་པ་གང་གི་སླད་དུ་བྱ་བ་ལ་སོགས་པའི་རྩ་བའི་དོན་སྙིང་དེ་ཡང་མཚོན་པ་ལགས།

༢ སློབ་དཔོན་གྱིས་བསྙེན་སྒྲུབ་ཐོན་དུ་འཇུག་ཚུལ།

བརྒྱུད་རིམ་འདི་ནི་མཆོད་རྟེན་མ་བཞེངས་གོང་དུ་ནང་གཞུག་གི་སྔ་གོན་ཇི་ལྟར་སྒྲུབ་ཚུལ་གྱི་ཐོན་འགྲོ་ལྟ་བུ་ཞིག་ཡིན་པ་དང་། དེ་ཡང་ཐོག་མར་སློབ་དཔོན་གྱིས་བསྙེན་པར་བྱེད་སྐབས། "བསྙེན་ཚད་རབ་གཟུངས་རིང་བཞི་ཁྲི། སྙིང་པོ་འབུམ་ཕྲག་བཞི། དེ་ལྟར་མ་གྲུབ་ན་གཟུངས་རིང་ཁྲི་དང་། སྙིང་པོ་འབུམ་བཟླས། བཟླས་པའི་སྐབས་སུ་ཁྲུས་དང་། གཙང་སྦྲ། དཀར་སྤྱད་སོགས་ཀུན་སྤྱོད་ཤིན་ཏུ་ཞིབ་པ་དང་། ཐུན་མཚམས་སུ་མདོ་སྟུད་དང་ཤེར་སྙིང་སོགས་ཤེར་མདོ་གང་ཉུང་བསྙུགས"① ཞེས་འཁོད་པ་བཞིན། སློབ་དཔོན་གྱིས་བསྙེན་སྒྲུབ་སྐབས། ཡི་དམ་གང་ཡིན་གྱི་བདག་བསྐྱེད་བཟླས་པ་དང་། རྣམ་འཇོམས་དང་སྣེ་བརྩེགས་ཀྱི་བསྐྱེད་བཟླས་བྱས་ལ་ཁྲུས་བུམ་བསྒྲུབ་པ། སྦྱོང་བྱས་འདུ་བྱས་ལ་ཞི་དྲག་གི་སྦྱོང་བ། བགེགས་བསྐྲད་ཏིལ་སྦྱོང་། ཁྲུས་གསོལ་རྒྱས་པ་ཐོན་དུ་འགྲོ་བ་སོགས་ཆོ་ག་དང་བསྒྲུབ་ཚུལ་གང་ཞིག་སྤྱི་དང་མཐུན་པའི་ལག་ལེན་གྱི་ཞིབ་ཆའི་སྐོར་དེང་རབས་ཀྱི་བཟོ་བོ་མཁས་ཅན་དཀོན་མཆོག་བསྟན་འཛིན་དང་འཕྲིན་ལས་རྣམ་རྒྱལ་གྱིས་བརྩམས་པའི་《བོད་ལུགས་མཆོད་རྟེན་》ཞེས་པའི་ཤོག་ངོས་༢༧ནང་དུ་བསྟན་འདུག་ལ།② སྔོན་སུ་སྟག་ཚང་ལོ་ཙཱ་བ་ཤེས་རབ་རིན་ཆེན་གྱིས། དགེ་འདུན་གྱི་སྡེ་དང་། རྟེན་གསུམ་སོགས་བཞེངས་པའི་ཡོ་བྱད་འཚོལ་འདུ་བྱས་པའི་ཚེ། ཕྱིའི་བལྟས་བཟང་ངན་ལ་བརྟག་པའམ། ས་བདག་ནས་ས་སློང་བའི་ས་བདག་ལྟོ་འཕྱེ་

① གོང་དུ་དྲངས་ཟིན་པའི་ཞུ་ཆེན་གྱི་བརྩམས་ཆོས་《བོད་ལྗོངས་ནང་བསྟན་》དུ་བཀོད་པའི་ཤོག་ངོས་༥༢ན་གསལ།

② མི་རིགས་དཔེ་སྐྲུན་ཁང་གིས་སྤྱི་ལོ་༢༠༠༧ལོར་བསྐྲུན།

བརྟག་ཚུལ་ལམ། དཀྱིལ་མཆོག་དུ་མ་ལས་བཤད་པའི་ཁ་དོག །ཁྲི། རོ་བརྟག་པ་སོགས་ཀྱི་སས་བརྟག་ཚུལ་དང་། ཆུས་བརྟགས་ཚུལ། ས་སྤྱ་གོན་ལ་ཡང་པ་དང་། ལྷ་དང་། བུམ་པ་སྤྱ་གོན་བྱ་བའི་ཚུལ། བཟོ་བོ་དང་རྒྱུ་ཆ་སྤྱ་གོན་གྱི་ཚུལ་སོགས་ཀྱིས་མཆོད་རྟེན་འདེབས་སྟོན་གྱི་བསྐྱེན་སྒྲུབ་སྐོར་ལ་ཞིབ་ཅིང་ཕྲ་བ་གསུངས་འདུག་པས། གོང་དུ་དྲངས་ཟིན་གྱི་ཁོང་གི་བརྩམས་ཆོས་ཀྱི་ཤོག་ངོས་༢༡༦—༢༡༨བར་དུ་གསལ་བར་གཟིགས་པར་འཚལ།

མདོར་ན། གོང་དུ་ཞུས་པའི་མཆོད་རྟེན་འདེབས་སྟོན་གྱི་འབྲེལ་ཡོད་བསྐྱེན་བསྒྲུབ་དག་ནི། མཆོད་རྟེན་གདབ་པའི་སྤྱིའི་རྒྱུད་རིམ་ནང་མེད་དུ་མི་རུང་བའི་ལས་སྒྲིར་ཞིག་ཡིན་ལ། དེའི་ཉམས་ལེན་ཁྲིད་ཆོས་རྒྱུད་ཀྱི་གཞུང་ལུགས་ལག་ལེན་འདྲ་མིན་ལ་བརྟེན་ནས་དབྱེ་བ་གང་ཞིག་བྱུང་ཡོད་ཀྱང་། ཡུལ་སོ་སོ་དང་མཐུན་པའི་སྤྱི་ཚུལ་ནི་རང་རེའི་སྔོན་བྱོན་མེས་པོ་ཚོའི་ཤེས་རབ་ཀྱི་མྱུ་གུ་ལས་བསྐྲུངས་པའི་གཡུར་ཟའི་འབྲས་བུ་ཞིག་ཡིན་གཤིས། དེ་ཡང་བསྒྲུབ་ཚུལ་འདི་ལྟར་གྱིས་མཆོད་རྟེན་འདེབས་པའི་སྟོན་བསུས་ཀྱི་ནུས་པ་ཙམ་མ་ཟད། གང་ཞིག་ཉམས་ལེན་བྱེད་པའི་དགོས་པ་ཚད་དང་ལྡན་པར་བཟུང་རྒྱུའི་ངོ་བོའི་ཚུལ་ཡང་བསྟན་ཡོད།

གསུམ། མཆོད་རྟེན་འདེབས་བཞིན་པའི་ཚུལ།

དེ་ལའང་ལས་སྒྲིར་བརྒྱུད་རིམ་གྱི་དབྱེ་བ་བཞིན་ཚོ་གའི་གཞུང་ལུགས་དང་སྟོན་བྱོན་མཁས་པའི་ཕྱག་ལེན་གསུང་ལས་བཏུས་སྒྲིག་ཐོག་ངོ་སྤྲོད་རགས་བསྡུས་ཞུ་བ་ལ།

༡ འོག་གཞིར་བུམ་གཏེར་གཞུག་པའམ་རིན་པོ་ཆེའི་གཏེར་བུམ་འཇུག་པ་ལ་སོགས་པའི་མཆོད་རྟེན་གྱི་རྩིག་རྨང་འདིང་ཚུལ།

གང་ཞིག་གཏན་འཁེལ་བའི་ས་ཆ་དེར་མཆོད་རྟེན་ནམ། ཁང་བཟང་ངམ། གཙུག་ལག་ཁང་དངོས་སུ་བཞེངས་སྐབས། འོག་གཞིར་བུམ་གཏེར་གཞུག་པའམ།

ཡང་ན་སེང་ལྡིང་ཕུར་བུ་བརྒྱད་དངོས་སུ་འཁྱོར་དགོས་ཞེས་པ་ལ། དེའི་ལས་སྦྱོར་གྱི་བརྒྱུད་རིམ་ཐད་སྟག་ཚང་ལོ་ཙཱ་བ་ཤེས་རབ་རིན་ཆེན་དང་ཞུ་ཆེན་ཚུལ་ཁྲིམས་རིན་ཆེན་གྱི་བྱེད་ལུགས་གཙོ་བོར་བཟུང་སྟེ་ངོ་སྤྲོད་ཞུ་བར། ཞུ་ཆེན་གྱིས། “རིན་པོ་ཆེའི་གཏེར་བཙུག་པའི་སྐབས་དབུས་དང་ཕྱོགས་མཚམས་གང་འཛོམ་དུ། ཀླུ་བུམ་དགུའམ་ལྔ། ཐ་ནའང་དབུས་སུ་གཅིག །དབུས་མའི་མདུན་དུ་ས་བདག་བུམ་པ་རྗེ་སྒྲོམ་སོགས་ལག་ཆགས་དམ་པ་བྱ། འདིའི་རྣམས་སའི་ནང་དུ་སྦ།”[1]ཞེས་བསྟན་པ་ནི། མཆོད་རྟེན་ས་འཛིན་གྱི་ས་འོག་ཏུ་བུམ་པ་དགུའམ་ལྔ། ཐ་ནའང་དབུས་སུ་གཅིག་སྦ་དགོས་པར་གསུངས་ཡོད། སྟག་ཚང་ལོ་ཙཱ་བའི་ཉམས་ལེན་དུ་བུམ་པ་འདི་ཡང་། “འབྱོར་ན་རིན་པོ་ཆེའམ། མ་འབྱོར་ན་རྫ་བུམ་གསར་པ་མཆུ་ལུང་མེད་པ་བྲེ་གང་ཡན་ཆད་ཤོང་བ་ལྔ་ཕྱི་དོར་(མཆནཿ གད་བདར་རམ་གཙང་མ་བཟོས་པ་)བྱས་པའི་ནང་དུ་འབྲུ། སྨན། དྲི། རིན་པོ་ཆེ། སྙིང་པོ་རྣམ་ལྔ་དང་། ཟས་སྣ། དར་ཟབ་ལ་སོགས་པ་དང་། རིགས་རྒྱུད་མ་ཆད་པའི་བཙན་པོའི་ཕོ་བྲང་། འཕན་ཕྲུག་གི་ཁང་པ་(མཆནཿ གོས་དར་སྣ་ཚོགས་ཀྱིས་བརྒྱན་པའི་ཁང་པ་སྟེ་ཕྲུག་བདག་གི་སྟོད་ཁང་ལྟ་བུར་གོ་སླ་མ་)དང་། བང་མཛོད། གནས་བཞིའི་སྒོ་ཁང་། གྲོང་ཁྱེར་གྱི་དབུས། བོད་ཀྱི་ཞིང་འབྲོག་གི་ལྷས་བཟང་པོའི་ས་སྣ་རྡོ་སྣ། རྫོའི་སྒྲོམ་བུ་བྱ་བའི་ཕྱིར་དུ་གཡམ་ལེབ་བཟང་པོ་ལ་འོག་ཏུ་གདིང་རྒྱའི་པདྨ་དང་སྟེང་དུ་འགེབས་རྒྱའི་འཁོར་ལོ་དང་། ཡོགས་སུ་སྐོད་རྒྱའི་བཀྲ་ཤིས་རྟགས་བརྒྱད་ལེགས་པར་བྲིས་པ་རྣམས་བཤམ”[2]ཞེས་འཁོད་པ་བཞིན། འདིར་བུམ་པའི་གྲངས་ཚད་ལྔ་རུ་འདོད་པ་དང་། བུམ་པའི་དངོས་རྒྱུ་དང་བཟོ་དབྱིབས་སོགས་པའི་

① ཞུ་ཆེན་ཚུལ་ཁྲིམས་རིན་ཆེན་གྱིས་བརྩམས་པའི་《དྲི་མེད་རྣམ་གཉིས་ཀྱི་མཆོད་རྟེན་བཞེངས་སྐབས་ཉེར་མཁོའི་ཟིན་བྲིས་གཞན་ཕན་ཟླ་སྣང་ཞེས་བྱ་བ་བཞུགས་སོ་》ཡི་བྲིས་མ་ཤོག་ངོས་༢པའི་སྨད་ན་གསལ།

② གོང་དུ་དྲངས་ཟིན་གྱི་སྟག་ཚང་ལོ་ཙཱ་བའི་བརྩམས་ཆོས་ཀྱི་ཤོག་ངོས་༢༡༩-༢༢༠ན་གསལ།

ཚད་ཀྱི་གཏན་འབེབས་གསལ་བརྗོད་གནང་ཡོད་པ་མ་ཟད། བུམ་པའི་ནང་དུ་ཆོས་རྫས་རིགས་གང་ཞིག་བླུགས་དགོས་མིན། བུམ་པ་སྦྲ་ཡུལ་གྱི་རྡོ་སྒྲོམ་རྣམ་པ་ཇི་འདྲ་བྱེད་ཚུལ་ཡང་འགྲེལ་བརྗོད་གནང་ཡོད། གྲངས་ལྔ་ཏུ་འདོད་པའི་བུམ་གཏེར་དེ་ཡང་མཆོད་རྟེན་གྱི་རྩིག་རྨང་ངམ་འགྲམ་གྱི་ཕྱོགས་བཞི་དང་དབུས་སུ་ཡང་ས་དྲུག་པར་རྡོའི་སྒྲོམ་བུ་ལེགས་པར་བྱས་ཏེ་བཞག་པ་དང་། དེ་ནས་ཕྱོགས་སྐྱོང་གཞི་བདག་ལ་གཏོར་མ་བྱིན། ཡིད་ལ་གཏེར་ཆེན་པོའི་བུམ་པར་བསྒོམས་ནས། ངག་བཟླས་སུ། "ཁྱེད་དཀར་ཕྱོགས་ལ་མངོན་པར་དགའ་བ་དང་། ཁྱད་པར་གནས་གཞིའམ་གཙུག་ལག་ཁང་ངམ། མཆོད་རྟེན་འདི་བསྲུང་བའི་བསྲུང་མ་ཐམས་ཅད་ལོངས་སྤྱོད་ཟད་མི་ཤེས་པའི་གཏེར་ལ་ལོངས་སྤྱོད་པར་གྱུར་ཅིག ཕྱོགས་འདིར་གནས་པའི་སྐྱེ་བོ་ཐམས་ཅད་ལ་ཡང་དགོས་དོན་ཟད་མེད་དུ་འབྱུང་བའི་གྲོགས་མཛོད་ཅིག་ཅེས་སོགས་ཀྱིས་ཕྲིན་ལས་གསོལ་ཞིང་བཀྲ་ཤིས་བརྗོད་པར་བྱ་"[①] ཞེས་གཏེར་བུམ་དུ་གཞུག་པའི་གྲངས་ཚད་ལ་ལྟའམ་ཐ་ན་གཅིག་ཏུ་བྱ་བ་ནི། རྒྱུགས་ཆེ་བའི་རྣམ་པར་མངོན་པར་སེམས་ཀྱང་འདིའི་སྐོར་མུ་མཐུད་དེ་དཔྱད་དགོས་རྒྱུ་ནི་གལ་ཆེ།

བུམ་གཏེར་ས་ཡི་ནང་དུ་བཞུགས་རྗེས། དེའི་སྟེང་དུ་ཕུར་པ་བཏབ་པ་ལ་བརྒྱུད་དམ། བཞིའམ། གཅིག་ཏུ་བྱུང་བས། བརྒྱུད་ཀྱི་སྐབས་སུ་ཞུ་ཆེན་གྱིས། "དེའི་སྟེང་ནར་གྱི་ཕུར་པ་བཏབ་སྐབས་ཕྱོགས་མཚམས་རྡོ་སྒྲོམ་ལྔ་བུམ་མི་ཏུལ་བའི་ཐབས་དང་བཅས་ཏེ་གཞུག །འདི་སྐབས་གྲུབ་ན་རང་ངམ་གྲོགས་ཀྱིས་བསང་དང་གསེར་སྐྱེམས་དང་། ས་བདག་འཁྲུག་བཅོས་སོགས་ཀྱང་བགྱིས་ན་ལེགས་"[②]ཞེས་གསུངས་

① གོང་དུ་དྲངས་ཟིན་གྱི་སྟག་ཚང་ལོ་ཙཱ་བའི་བརྩམས་ཆོས་ཀྱི་ཤོག་ངོས་༢༢༧-༢༢༢བར་ན་གསལ།

② ཞུ་ཆེན་ཚུལ་ཁྲིམས་རིན་ཆེན་གྱིས་བརྩམས་པའི་《དྲི་མེད་རྣམ་གཉིས་ཀྱི་མཆོད་རྟེན་བཞེངས་སྐབས་ཉེར་མཁོའི་ཟིན་བྲིས་གཞན་ཕན་ཟླ་སྣང་ཞེས་བྱ་བ་བཞུགས་སོ་》 ཁྲིས་མའི་ཤོག་ངོས་༢པའི་སྨད་བར་ན་གསལ།

ཡོད། གཞན་ཡང་། ཕུར་པ་འདི་བཞིན་རང་སོར་མི་འཇོག་པའི་རྣམ་པ་དང་གྲངས་གཅིག་ཏུ་བྱེད་ཚུལ་ཡོད་པ་སྟེ། 《བོད་ལུགས་མཚོད་རྟེན་》ལས། "སེང་ལྡིང་ཕུར་བུ་བརྒྱད་དམ་གཅིག་བཏབ་པའང་ས་གཞིར་ཁུངས་བུ་བརྐོས་པ་ལ་རྡོ་སྒྲོམ་བྱ། ལྷ་ཁང་ལྟ་བུ་བརྩིགས་པའི་རྩ་བ་ཕུར་ཁང་ལ་གཞུག"①ཅེས་འཕོད་པ་ལྟར། ཕུར་པ་གདབ་ཡུལ་དུ་ཁུང་བུ་བརྐོས་ཏེ་དེའི་ནང་རྡོ་སྒྲོམ་གྱི་ཚུལ་བཟོ་བ་ལས་ཞུ་ཆེན་གྱི་ཉམས་ལེན་བཞིན་རང་སོར་མི་འཇོག་པ་དང་ཕུར་པའི་གྲངས་ཚད་ཀྱང་གཅིག་ཏུ་བྱེད་ཚུལ་མངོན་ནོ། །ཕུར་པ་བཞི་གདབ་པའི་སྐབས་སུ། "སྟོ་འཁྱི་བརྟག་པ་ནས་དབང་ལྡན་གྱི་ཟུར་ནས་གཡས་བསྐོར་དུ་འགྲམ་འདུ་ཞིང་། ལས་མི་ཡང་ལས་ཐམས་ཅད་པར་བསྒྲིད་པར་སོགས་བྱས་ནས་བྱའོ། འགྲམ་ལེགས་པར་རྫིད་པ་ན། ཁྱིའུ་འམ་བུ་མོ་བཞི་སོགས་ལག་པ་གཡོན་དུ་སྟོད་བཟང་པོ་བཙུད་ཀྱིས་བཀང་བ་དང་དཔལ་བཤོས་ལ་སོགས་ལ་བཟུང་ཞིང་གཡས་པས་སྲད་བུ་བཟུང་སྟེ། ཟུར་བཞི་སོ་སོར་ཕུར་བུ་གདབ་ལ་སྲད་བུ་ལ་བརྒྱངས་ཏེ་ཐིག་སྐྲུད་ལས་མ་འཆུགས་པར་འགྲམ་གཞུག་གོ"②ཅེས་སྟག་ཚང་ལོ་ཙཱ་བས་གསུངས་པ་བཞིན། ཕུར་པ་གདབ་པའི་གྲངས་ཚད་བཞི་རུ་བསྟན་པ་མ་ཟད། དེ་ནི་མཚོད་རྟེན་གྱི་རྩིག་རྨང་གདིང་ཡུལ་གྱི་ཟུར་བཞིར་ཡིན་པ་ཡང་བསྟན་ཡོད།

དེ་ཡང་། གོང་གི་ལས་སྦྱོར་དག་བསྒྲུབ་པའི་བརྒྱུད་རིམ་ནང་རྟེན་གྱི་དགོས་པའི་དབང་གིས་དེར་བཞུགས་པའི་ལས་མི་རྣམས་ཀྱིས་དགེ་བའི་ལས་དང་སྦྱོར་པའི་བརྒྱན་གྱིས་ཕྱུག་པར་བྱེད་དགོས་ལ། གཟའ་སྐར་དང་། སྦྱོར་བྱེད་བཟང་པོའི་སྟ་དྲོའི་ཆ་དུས་སྦྱོར་བཟང་བའི་སྐབས་དང་བསྟུན། རྡོ་རྗེ་སློབ་དཔོན་གྱིས

① དཀོན་མཆོག་བསྟན་འཛིན་དང་འཕྲིན་ལས་རྒྱལ་མཚན་གྱིས་བརྩམས་པའི་《བོད་ལུགས་མཆོད་རྟེན་》 མི་རིགས་དཔེ་སྐྲུན་ཁང་གིས་སྤྱི་ལོ་༢༠༠༧ལོར་བསྐྲུན་པའི་ཤོག་ངོས་༢༨ན་གསལ།

② གོང་དུ་དྲངས་ཟིན་གྱི་བོད་ལུགས་མཆོད་རྟེན་གྱི་ཤོག་ངོས་༢༢༠-༢༢༧བར་ན་གསལ།

བསྙེན་བཀུར་གཟབ་རྒྱས་སུ་བྱ་ཞིང་། བཞུགས་མི་རྣམས་ཀྱིས་བཟའ་བཏུང་བཟང་པོ་ཟོས་ཟིན་རྗེས། མཆོད་རྟེན་གང་དུ་གདབ་པའི་གནས་དེར་ཕྱིན་ཏེ། མེ་ཏོག་ཐོགས་པ་དང་། ཕོ་རྔ་རྔ་དང་བགྲ་ཤིས་བརྗོད་བཞིན་ཕྱོགས་དེ་ཇི་ཙམ་འཚམ་པར་གཡས་སྐོར་དུ་བཅག །དེའི་སྐབས་སུ་གང་ཞིག་ལ་མོས་པའི་ཕྱོགས་འཚོལ་དགོས་པ་ཤེས་ན་ནི་ནག་རྩིས་ཀྱི་ཕྱོགས་བརྟག་ཚུལ་དང་། སྐར་རྩིས་ཀྱི་ སྦྲ་གཅན་གདོང་འཛུག་སོགས་ལས་འགྲམ་འཚོལ་བ་པོའི་གདོང་ལ་ཐུག་པར་བྱ་ཞིང་། མ་ཤེས་ན་ནི་ཕྱོགས་ཐམས་ཅད་རང་བཞིན་མེད་པར་མོས་ཤིང་། བྱང་དང་ཤར་གང་རུང་དུ་ཁ་བལྟ་བའང་ཡོད་པར་གསུངས་པ་བཞིན། བརྒྱུད་རིམ་འདི་བཞིན་གྱི་ཞིབ་ཆའི་སྐོར་སྟག་ཚང་ལོ་ཙཱ་བའི་བརྩམས་ཆོས་སུ་གསལ་ཡོད་པས་དེར་གཟིགས་པར་འཚལ།

༢ རིམ་པ་བཞིན་གྱི་ནང་གཞུག་དང་གཟུང་སོགས་འབུལ་ཚུལ།

"རྟེན་ཆེ་ཆུང་གང་ཡིན་ཀྱང་ནང་གཞུག་གཙོ་བོ་རིང་བསྲེལ་བཞི་ཚང་བར་དགོས་ཤིང་། དེ་ལས་ཀྱང་ཡུང་འབྲུ་ལྟ་བུ་དང་ཆོས་ཀྱི་རིང་བསྲེལ་གཉིས་ཀའམ་གང་རུང་མེད་དུ་མི་རུང་བ་ཞིང་གཉིས་པོ་གང་འགྱོར་བྱ་ཚོག"[①]ཅེས་འཕོད་ལ། དེ་མིན་གྱི་གང་ཟག་འཕགས་པའི་ས་ལ་བཞུགས་ངེས་པ་རྣམས་ལས་བྱོན་པའི་འཕེལ་གདུང་ལའང་བྱེད་ཅེས་གསུངས་པ་ལྟར། མཆོད་རྟེན་བཞེངས་བཞིན་པའི་བརྒྱུད་རིམ་ནང་དེར་ནང་གཞུག་གང་ཞིག་འབུལ་རྒྱུ་དང་ནང་གཞུག་གང་བྱུང་བྱེད་དུ་མི་རུང་བ་ནི། གཙོ་བོའི་དོན་ཞིག་ཡིན་པ་འགྲེལ་བརྗོད་གནང་ཡོད། དེ་ཡང་། རིང་བསྲེལ་བཞིར་གསུངས་ཡོད་པ་ནི། "སྐུ་གདུང་གི་དང་། ཡུངས་འབྲུ་ལྟ་བུའི་དང་། སྐུ་བལ་གྱི་དང་། ཆོས་སྐུའི་རིང་བསྲེལ་ཏེ། གདུང་ཅུས་རྒྱང་པ་དང་། རིང་

① 《དཔལ་ལྡན་ས་སྐྱ་པའི་གསུང་རབ་པོད་གསུམ་པ་བཟོ་གནས་དང་སྐེབ་སྦྱོར་》སྟོད་ཆ། མི་རིགས་དཔེ་སྐྲུན་ཁང་དང་མཚོ་སྔོན་མི་རིགས་དཔེ་སྐྲུན་ཁང་ནས་སྤྱི་ལོ་༢༠༠༥ལོར་བསྐྲུན་པའི་ཤོག་ངོས་༧༤ན་གསལ།

བསྲེལ་དངོས་དང་། དབུ་སྐྲ་ཕྱག་སེན་དང་། གཟུངས་སྔགས་”[1]ཞེས་པ་བཅས་དང་། དེ་ཇི་ལྟར་བྱེད་དགོས་པའི་ཚུལ་ལ། རིང་བསྲེལ་དུ་འགྱུར་བ་གང་དག་གོས་དར་རམ། རས་ཀྱི་ཐུམས་བཟང་པོར་དྲི་སྣན་ཁྱད་པར་ཅན་དང་བཅས་ཏེ་རྟེན་གྱི་ཇི་ལྟར་མཛོ་སར་བཞུགས་ཤིང་། གང་ཟག་དམན་པའི་རུས་པ་སོགས་ནི་རྟེན་གྱི་ནང་དུ་འཇུག་ཏུ་མི་རུང་ཞིང་། གལ་སྲིད་དེ་ལྟར་བྱས་ན། གང་ཟག་དེ་ལ་གནོད་ཤིན་ཏུ་ཆེན་པོ་ཡོང་བ་དང་། ཐ་ནས་ཀྱང་འཇུག་དགོས་ན་དེ་ཡང་ལྷར་བསྐྱེད་པའམ། རུས་ཚོག་ཁྱད་པར་ཅན་བྱས་ཏེ་སྭཱཚྪ་གདབ་པའམ། ཡི་གེའི་སྔག་ཚར་བསྲེ་བ་སོགས་བྱས་ན་རུང་བ་དང་། དེ་དག་ཀྱང་སངས་རྒྱས་དངོས་སམ། དེ་དང་འདྲ་བའི་གང་ཟག་ཁྱད་པར་ཅན་གྱི་དབང་དུ་བྱེད་དགོས་ལ། གཟུངས་སྔགས་འདི་དག་སྟོད་སྨད་ཀུན་ཏུ་རུང་བའི་གཟུངས་ཆེན་བཞིའམ་(གཙུག་ཏོར་རྣམ་རྒྱལ་དང་། གཙུག་ཏོར་དྲི་མེད། གསང་བ་རིང་བསྲེལ། བྱང་ཆུབ་རྒྱན་འབུམབཅས་སོ། །) ལྔར་(གཙུག་ཏོར་རྣམ་རྒྱལ་དང་། གཙུག་ཏོར་དྲི་མེད། གསང་བ་རིང་བསྲེལ། བྱང་ཆུབ་རྒྱན་འབུམ། རྟེན་འབྲེལ་སྙིང་པོ་བཅས་སོ། །)གྲགས་པ་རྣམས་དང་། སྲོག་ཤིང་བརྟེན་པའི་གཟུངས་ཏེ་ཨོཾབཛྲ་ཨཱ་ཡུ་ཥི་སྭ་ཧཱ་ཞེས་པས་མཆོད་རྟེན་གྱི་སྲོག་ཤིང་ལ་མང་དུ་དཀྲི་བ་དང་། ཨོཾ་སརྦ་སྭ་ཧཱ་ཞེས་པ་རིག་པ་ཆེན་པོའི་གཟུངས་ཡིག་རྣམས་རབ་བྱུང་ན་གསེར་དངུལ། འབྲིང་ཟངས། ཐ་མ་སྣག་ཚས་ཡི་གེའི་དག་ཆ་ཚད་ལྡན་ངང་ནས་བྲིས་པ། དབུ་གཟུངས་རྣམས་གདུང་རུས་ཀྱིས་བྲི་རུང་ལ། ཡི་གེ་རབ་ལ་ལཉྫ། འབྲིང་དབུ་ཅན། ཐ་མ་དབུ་མེད་དུ་བྲིས་པ་དང་བཅས་བསྒྲིལ་ལུགས་ཤིན་ཏུ་དམ་ལ་མི་འཛིགས་པ་དང་དབུ་ཞབས་མི་ལོག་པའི་མཚན་མ་བྱས་ཏེ་དྲི་ཞིམ་པོས་ཙུང་ཟད་དཀྲུས་ལ་རྟེན་གྱི་ནང་ཡང་དྲི་བཟང་

① གོང་དུ་དྲངས་ཟིན་གྱི་སྔག་ཚང་ལོ་ཙཱ་བའི་བརྩམས་ཆོས་ཀྱི་ཤོག་ངོས་༢༧༤ན་གསལ།

བ་ཀོ་བརྩམ་བྱུགས་པས་སྐམ་སྟེ་བགེགས་བསྐྲད་གུ་གུལ་གྱིས་བདུག་པ་དང་བཅས་པ་བྱས་ནས། སློ་ཤིན་ཏུ་ཞིབ་པས་སྟོད་གཟུངས་སྨད་གཟུངས་རྣམས་ལ་འཚོལ་བ་དང་། མགོ་མཇུག་མ་ལོག་པ་ཚགས་ཤིན་ཏུ་དམ་པས་མཆོད་རྟེན་གྱི་བུམ་པ་ལ་སོགས་པའི་རང་རང་འོས་པའི་གནས་སུ་བཞུགས་པར་བྱའོ། །①ཞེས་གསུངས་པ་བཞིན་རིང་བསྲེལ་དང་གཟུངས་སྔགས་ཇི་ལྟར་བྱེད་ཚུལ་གྱི་མདོ་དོན་ནི་གོང་དུ་ངོ་སྤྲོད་ཞུས་ཟིན་པ་བཞིན་ནོ། །

མཆོད་རྟེན་དངོས་བཞེངས་སྐབས་ཀྱི་ནང་གཞུག་འབུལ་ཚུལ་སྐོར་ལ། "ས་འཛིན་གྱི་ནང་དུ་འོག་གཞིར་པད་གདན་སྣ་ཚོགས་རྡོ་རྗེ་ལ་རལ་གྲི། མདུང་མདའ་གཞུ། མེ་སྒྲོགས་སོགས་རྩེ་ཕྱིར་བསྟན་ཏེ་འཛུག"②ཅེས་ས་འཛིན་གྱི་འོག་གཞིར་འཛུག་པའི་མཚོན་ཆར་བྱུང་ན་དངོས་རྒྱུ་ངོ་མ་རང་དང་། མ་བྱུང་ན་དེའི་ཚབ་མཚོན་ཙམ་གྱི་ཙ་ལག་སྟེ་འགྱིག་གམ་ཤིང་ལ་སོགས་པ་ལས་བྱས་པའི་མཚོན་ཆའི་བཟོ་དབྱིབས་སུ་བྱུང་བས་kyང་འཐུས་ཐུབ་པ་མ་ཟད། དེའི་རིགས་ཀྱང་སྣ་མང་འབྱུང་ན་དགེ་མཚན་གང་ལེགས་སུ་རྩི་བར་བྱ་③ཞེས་པ་རི་མོ་1-10ནང་གསལ་བ་བཞིན་

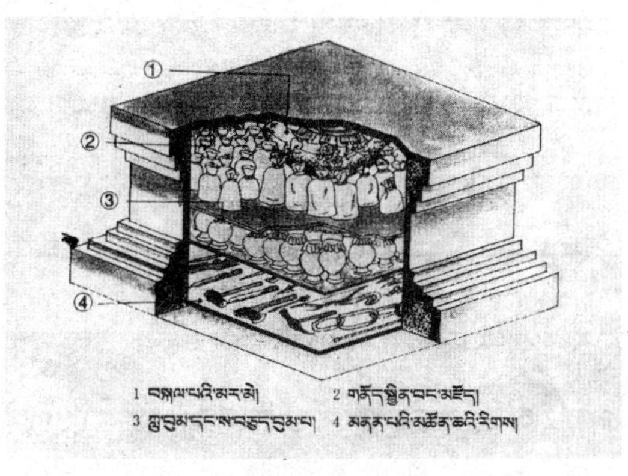

རི་མོ་1-10 དྲི་མེད་རྣམ་གཉིས་ཀྱི་སྣ་རྩེ་སྒྲུབ་སྐབས་དཀྱིལ་འཁོར་གྱི་བཅའ་བཀོམ་བྱ་རྩལ་གྱི་དཔེ་རིས།

① གོང་དུ་དྲངས་ཟིན་གྱི་སྟག་ཚང་ལོ་ཙཱ་བའི་བརྩམས་ཆོས་ཀྱི་ཤོག་གྲངས་༢༢༨-༢༣༠བར་ན་གསལ།

② གོང་དུ་དྲངས་ཟིན་གྱི་སྐྱེ་དགུ་བ་ཀུན་དགའ་གྲགས་པའི་བརྩམས་ཆོས་《ས་སྐྱའི་གསུང་རབ་》པོད་གསུམ་པའི་ཤོག་གྲངས་༡༡ན་གསལ།

③ རྣན་བྱ་རིགས་པ་བློ་བཟང་རྣམ་རྒྱལ་མཆོག་གིས་དེ་ལྟར་གསུངས།

ནོ། །[1] གཞན་ཡང་། "འོག་གཞི་ཞལ་བ་ལེགས་པར་བྱས་པའི་དབུས་སུ་ཁྲུ་དོ་ལས་མི་ཆུང་བའི་སྣེ་གས་བུ་གྲུ་བཞི་བྱ། དེ་ནས་གཙུག་ཏོར་དྲི་མེད་ཀྱི་དཀྱིལ་འཁོར་རྒྱལ་ཆེན་གྱིས་བྲིས་ན་ལེགས་ཀྱང་ཟླུབ་པ་སོགས་ཀྱི་ཉེས་པ་མི་འབྱུང་བ་དང་།

སྐབས་བདེར་རྗེ་ལེབ་བརྐོས་ནས་ཚོན་ལེགས་པར་བྱུགས་པར་སྲུ་རྩི་བཏང་བ་བཤམས། དཀྱིལ་འཁོར་གྱི་སྟེང་དུ་བླ་བྲེ་སྔོན་པོ་ཕུབ། མཐར་བྱང་ཤར་ནས་བརྩམས་མཚམས་འཛིན་གྱི་མེ་ཏོག་དང་ཆུ་གཉིས་སྔོན་འགྲོའི་ཉེར་སྤྱོད་དེ་སྒྲི་མཆོད་དང་། དེའི་ཕྱི་རོལ་དུ་སྒོས་མཆོད་རྣམ་ལྔ་ཤར་དུ་ལྷག་གཅིག་དང་བཅས་པའི་རེ་རེ་མེད་ཐབས་དེ་རྣམས་ཀྱང་གཏན་དུ་བཞག་དགོས་པས། སྔོད་ཀྱི་རིགས་འབྲུ་ར་ན་ལི་སོགས་དང་། མ་འབྱོར་ན་རྫ་ལ་བྱ། མཆོད་ཡོན་གྱི་སྣོད་དུ་ལན་ཚྭ་བཟང་པོ་བླུགས། དེ་སྟེང་རྫས་བདུན་(རྫས་བདུན་ནི་ཙམ་པ་ཀ་དང་། བ་ལུའི་མེ་ཏོག་ལྷ་བུའི་དཀར་པོ་གང་འབྱོར། ཏིལ་དཀར། ནས་དཀར། འབྲས་ཡོས། ཀུ་ཤ། དྲྭ་བཟང་། འོ་མའམ་རུལ་ཉེན་གྱིས་ཕྱུར་བས་ཚབ་བྱེད་པའང་ཡོད་) ཀྱིས་བཀང་"[2] ཞེས་འཁོད་ཅིང་། ཞབས་བསིལ་ལ་ལན་ཚྭའི་སྟེང་ཤུན་པ་ལྗི་དང་། འདག་རྫས་རིགས་ཀྱི་ཕྱི་མས་བཀང་། མར་མེ་རྫ་ཀོང་ལྷ་བུ་གཏན་དུ་བཞག་ལོ་བ་དགོས། དྲི་ཆབ་ལན་ཚྭའི་སྟེང་དྲི་ལྗིའི་(དྲི་ལྗི་ནི་གུར་གུམ་དང་། ག་བུར། ལི་ཤི། ཛཱ་ཏི། ཙནྡ་དཀར་པོ་བཅས་སོ། །) ཕྱི་མས་བཀང་། ཞལ་ཟས་མར་ཟན་ལྷ་བུ་ལས་བཞེངས། དེའི་ཕྱི་རོལ་དུ་ཅོད་པན་ནམ་དར་དཔྱངས་བ་དན། རྒྱལ་མཚན། གདུགས་རྣམས་གོས་དར་སོགས་ལས་བཅོས་པ་ཕྱོགས་རེར་བརྒྱད་རེའམ་མ་མཐར་རེ་རེ་རྫ་ཡི་སྤྲོས་འཛིན་ལྷ་བུ་ལ་འཇུགས། དེའི་ཕྱི་རོལ་དུ་ཡོལ་བ་དམར་པོས་ཟླུམ་བསྐོར་བྱ། དེའི་ཕྱི་རོལ་དུ་བང་རིམ་དང་རྗེ་རྩིག་སྐབས་

---

① གོང་དུ་དྲངས་ཟིན་གྱི་《བོད་ལུགས་མཆོད་རྟེན་》གྱི་ཤོག་ངོས་༨༤ནང་གི་པར་རིས་སུ་གསལ།
② ཞུ་ཆེན་གྱི་བརྩམས་ཆོས་བྲིས་མའི་ཤོག་ངོས་༡༥པའི་སྟོད་དང་སྨད་ན་གསལ།

གང་བདེ་ཁྲུ་གང་ལས་མི་དམའ་བས་བསྐོར་དགོས་པ་བཅས། ཁང་བུ་བརྩིགས་པའི་མཆོད་རྟེན་ཡིན་ན། རྨང་གི་བང་རིམ་ཉིས་བརྩིགས་ནས་དབུས་དཀྱིལ་འཁོར་གྱི་འགོ་ཐད་དུ་ནོར་བུམ་དང་། གནོད་སྦྱིན་འཁོར་ལོ་སོགས་ཡོད་ན། རང་རང་གི་ཆོ་ག་ལྟར་སྒྲ་དགོས་ལ། ཁང་པའི་སྟེང་ཐོག་བར་ལེགས་པར་བརྩིགས་ཏེ་བཏབ་དགོས། གོང་དུ་བརྗོད་པའི་ཚུལ་དེ་རྣམས་ཡང་གཙུག་ཏོར་དྲི་མེད་ཀྱི་ཆོ་ག་བཞིན་བསྟན་ཡོད་པ་དང་། འོད་ཟེར་དྲི་མེད་ཀྱི་སྐབས་སུ་ནི་དེའི་སྒྲུབ་ཚུལ་ཡང་གོང་ལས་གཟབ་རྒྱས་དོད་ལ་ཅུང་ཟློག་པའི་རྣམ་པ་མངོན་གྱི་ཡོད་པས། དེ་དག་གི་ཞིབ་ཆའི་གནས་ཚུལ་རྣམས་ཞུ་ཆེན་ཚུལ་ཁྲིམས་རིན་ཆེན་གྱིས་བརྩམས་གནང་བའི་《དྲི་མེད་རྣམ་གཉིས་ཀྱི་མཆོད་རྟེན་བཞེངས་སྐབས་ཉེར་མཁོའི་ཟིན་བྲིས་གཞན་ཕན་ཟླ་སྣང་ཞེས་བྱ་བ་བཞུགས་སོ་》ཞེས་པའི་ནང་དུ་གསལ་འདུག་པས་དེར་གཟིགས་པར་མཁྱེན།

ཁྲིའི་ནང་དུ་ས་བདག་སྙིང་གཏེར་དང་། ཀླུ་འབུམ་རིགས་འཛོམ་སྐབས་རང་གཞུང་གི་ཆོ་ག་ཚར་རེ་བཏང་བ་ཐམས་ཅད་དེས་འགྲོ། བར་མཚམས་རྟེན་ཆེ་ན་ཤིང་བལ་ཤུག་ཕྱེ་དང་། ཆུང་ན་བཟང་སྨན་སོགས་ཀྱི་དམ་པོར་བཅེར། སེང་ཁྲིའི་ནང་དུ་བང་མཛོད་ཀྱི་རྫས་གོ་མཚོན་གོས་དར་འབྲུ་སོགས་ཀྱི་མཚོན་བསྟན་དུ་ཤང་དཀའ་བ་རྣམས་འདིར་འཛོམ་ལུགས་ལེགས་པར་བསྒྲིགས་ཏེ་སྦུབ་མེད་པར་བྱས་ལ་ཁ་བཀབ། མཆོད་རྟེན་གྱི་སེང་ཁྲིའི་གདོང་ཆེན་གྱི་ནང་དུ་ཆོས་སྐྱོང་དང་ནོར་ལྷའི་རྟེན་རྣམས་བཞུགས་དགོས་པས། དབུས་སུ་ཟངས་དཀར་མར་ཁུས་བཀང་བའི་ཁ་དར་གོས་སྣ་ཚོགས་བཀབ་པའི་སྟེང་ཚོགས་བདག་འཁོར་ལོ་དང་གནོད་སྦྱིན་འཁོར་ལོ་མོ་འཁོར་འོག །ཕོ་འཁོར་སྟེང་ལ་འོང་བར་ལེབ་མོར་བཞག་ལ། དེའི་མདུན་གྱི་ཁ་ཕྱོགས་ཀྱང་ཤར་ལ་གཏད་ན་ལེགས་པར་ཡོད་པར་བཞེད། དར་གོས་ཀྱི་མ་བཟང་དང་སྟེང་འོག་ཀུན་ཏུ་རིན་པོ་ཆེའི་རིགས་དང་སྐར་གསུམ་

མངར་གསུམ་བླུགས། དེ་དག་དབུས་སུ་བཀྲ་ཤིས་སྒོན་ལམ་གྱི་རིགས་རྣམས་འཇུག །དེའི་གཡས་སུ་ཆོས་སྐྱོང་སྤྱི་བྱེ་བྲག །གཡོན་དུ་དཔལ་མགོན་བདུན་ཅུ་རྩ་ལྔ། རྒྱབ་ཏུ་གཏོད་སྦྱིན་ནོར་ལྷའི་རིགས། མདུན་དུ་དཀར་ཕྱོགས་སྐྱོང་བའི་དམ་ཅན་རྣམས་ཀྱི་གཟུངས་སྔགས་དང་སྤྱི་བྱེ་བྲག་གི་འདོད་གསོལ་དཔལ་ལྡན་ཆོས་སྐྱོང་དང་། ཞུ་ཆེན་གྱིས་མཛད་པའི་《གཟུངས་འབུལ་གྱི་ལག་ལེན་ཉུང་གསལ་བཞུགས་སོ་》[①]ཞེས་པའི་ནང་གསལ་བའི་གཟུངས་ཀྱི་གོ་རིམ་ག་མད་སུམ་ཅུའི་རིམ་པ་བཞིན་སྒྲིག་པའི་ནང་གི་ཆོས་སྐྱོང་གི་གཟུངས་"ད་"རྟགས་ཅན་དང་། ནོར་ལྷའི་གཟུངས་"ན།" བཀྲ་ཤིས་སྨོན་ལམ་གཟུངས་"པ་"དང་"ཕ་"བཅས་པ་རྣམས་འཇུག །རྒྱས་པ་དང་དབང་གི་ལས་ལ་བསྟེགས་པའི་ཐོད་སྒྲུབ་གྟའི་བླ་རྫ་ཙ་ཀྲ་སྐུ་རྟེན་བུམ་གཏེར། དམར་པོ་སྐོར་གསུམ་གྱི་ཙ་ཀྲ་དང་རིལ་བུའི་རིགས་གཟུངས་སོ་སོའི་ཐད་དུ་བཞག །དེ་དག་གི་ཁོར་ཡུག་ཀུན་ཏུ་རིན་པོ་ཆེ་སྣ་ཚོགས་འབྲུ་སྣ་ཟས་སྣ་ཅི་འབྱོར་པ་རྣམས་རས་ཀྱི་ཁུག་མར་བླུགས་ནས་བཞག །རྒྱ་བོད་གནས་ཆེན་རྣམས་ཀྱི་ས་རྫ་ཤིང་སོགས་རང་བཞིན་བྱིན་རླབས་ཆགས་པའི་རྟེན་རྣམས་ཀྱང་བཞག་ལུགས་ལེགས་པར་བསྒྲིགས་ཏེ་སྤུབ་སྟོར་མེད་པར་མཚམས་དར་བཏང་། བཅུད་ཉེར་ལྔ་སྟོད་སྨད་ཐམས་ཅད་ཁྱབ་པར་བཞག །འཛིགས་བྱེད་དབང་རྒྱས་ཙ་ཀྲ་ཡང་འདིར་འཇུག[②]ཅེས་པ་རི་མོ་1–11ནང་གསལ་བ་བཞིན་ནོ། །སྒྲུབ་ཚུལ་འདི་ལྟའི་ནང་གི་ཆོས་སྐྱོང་སྲུང་མ་ནི་ས་སྐྱའི་ལུགས་ཡིན་ཟེར་ང་། དེའི་ནང་གཞུག་དང་གཟུངས་ལ་སོགས་པའི་བཞུགས་ཚུལ་ཡང་སྤྱིའི་བྱེད་ལུགས་དང་མཐུན་པ་ལྟ་བུ་ཡོད་པར་ངེས། གཞན་ཡང་། གཟུངས་དང་འཁོར་ལོ་རྣམས་ལ་ན་བཟའ་སེར་པོས་གསོལ་བ་དང་གཙང་སྦྲ་ཤིན་ཏུ་ཆེ་

① དཔལ་ལྡན་ས་སྐྱ་པའི་གསུང་རབ་པོད་གསུམ་པ་བཟོ་གནས་དང་སྤེལ་སྟོད་ཆ་ཤོག་གྲངས་༥༩ན་གསལ།
② གོང་དུ་དྲངས་ཟིན་པའི་སྐྱེ་དགུ་བ་ཀུན་དགའ་གྲགས་པའི་བརྩམས་ཆོས་ཀྱི་ཤོག་གྲངས་༡༧—༡༨བར་ན་གསལ།

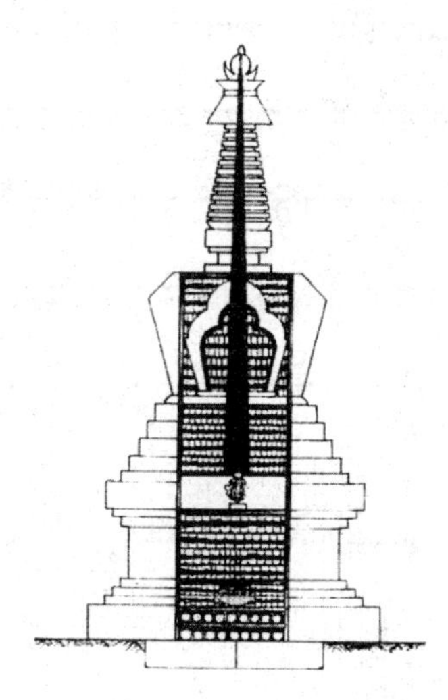

རི་མོ་1-11 བྱང་ཆུབ་མཆོད་རྟེན་གྱི་ནང་གཟུགས་འབྲུལ་སྤུངས་གོ་རིམ་དང་སྲོག་ཤིང་གཟུག་ཚུལ།

བར་བྱེད་ཅིང་། གཟུངས་རྣམས་ལའང་སྦྱོང་བ་བགེགས་སྐྲད་དང་རབ་གནས་མདོར་བསྡུས་གྲུབ་ན་ཤིན་ཏུ་ལེགས་ལ། གསེབ་ཚགས་རྣམས་སུ་ཤིང་བལ་སོགས་ཀྱིས་བཙྫངས་ནས་མི་འགྲུལ་བར་ཤིན་ཏུ་འཐད་པར་བྱེད་པ་ནི་ཤིན་ཏུ་གལ་ཆེན་པོ་ཞིག་ཡིན་པར་བཞེད་ཡོད།[①] གཟུངས་འབུལ་བའི་བརྒྱུད་རིམ་ནང་། གཟུངས་འབུལ་མཁན་རྣམས་ཀྱིས་གོས་གསར་གྱོན་ལ། ཡན་ལག་བཀྲུ་བ་དང་། དཀར་མངར་གྱིས་ཐམས་ཅད་ཚིམས་པར་བྱེད་པ། ཁ་རས་བརྒྱབ་པ་སོགས་གཙང་སྦྲ་དང་ལྷ་ཡི་ང་རྒྱལ་དང་ལྡན་ཞིང་། ཁའི་ནང་དུ་བུ་རམ་སོགས་ཅུང་ཟད་རེ་བཅུག་ལ། ཁ་སྟོང་པར་མི་བྱེད་པ་སོགས་ནི་ཕྱིས་ཡོངས་སྤྱོད་ཀྱི་རྟེན་འབྲེལ་དུ་དགོངས་པར་འདོད་པ་དང་། ངག་བཟླས་སུ་དོན་གསལ་ལས་འབྱུང་བའི་ཨོཾབཛྲཀྲམ་ཧྲཱུཾ་གཱཧེ་སྭཱཧཱ་ཞེས་དང་། རྟེན་སྙིང་དང་། སྡིག་པ་ཅི་ཡང་མི་བྱ་སྟེ་ཞེས་སོགས་གསོ་སྦྱོང་གི་ཚིགས་བཅད་དང་། བཀྲ་ཤིས་ཀྱི་རིགས་དང་། འཇམ་དཔལ་རྩ་རྒྱུད་ལས་བྱུང་བའི་སྔགས། ནམཿསམནྟ་བུདྡྷཱ། ཨཙིནྟྱཱཏ་བྷུཏཱནཱ་ཕྲཱ་ཧྲཱི། ཨོཾཧྲཱ་རེ་སྭཱ་ཧཱ། རིག་པ་ཕྱུག་རོན་ཞེས་བྱ་བ། །ལས་རྣམས་ཀུན་ལ་རབ་ཏུ་སྔགས། །ཞེས་གསུངས་པ་ལྟར་སྔགས་བཟླ་བཞིན་དུ་ལག་ལེན་བྱ་དགོས་པ་ཞེས་སོ། །[②]

སྲོག་ཤིང་རིང་བའི་ལུགས་ལྟར་ན། མཆོད་རྟེན་གྱི་སེང་ཁྲིའི་གདོང་ཆེན་གྱི་

① ཞུ་ཆེན་གྱི་བརྩམས་ཆོས་《གཟུངས་འབུལ་གྱི་ལག་ལེན་ཉུང་གསལ་བཞུགས་སོ་》ཞེས་པའི་ཤོག་ངོས་༧༠ན་གསལ།

② གོང་དུ་དྲངས་ཟིན་པའི་སྐྱེ་དགུ་བ་ཀུན་དགའ་གྲགས་པའི་བརྩམས་ཆོས་ཀྱི་ཤོག་ངོས་༡༡—༡༢བར་ན་གསལ།

ཡར་ཐོད་བ་གམ་འགོ་ཚུགས་ས་ནས་འཛུགས་སུ་རུང་ལ། དེའི་རྩེ་མོ་ཡང་མཆོད་རྟེན་གྱི་ཏོག་གི་དཔངས་དང་ཆ་མཉམ་པར་བྱེད་ལུགས་ཡོད་པ་རི་མོ་1–11བཞིན་གསལ་མོད། རྒྱུག་ཆེ་བར་མཆོད་རྟེན་གྱི་བང་རིམ་གཉིས་པ་ཡན་ནས་འཕོར་ལོའི་ཕོ་འཕོར་དང་པོ་ཐོན་ཙམ་དུ་བྱེད་པ་དང་གཅིག །གཉིས་སུ་བུམ་གདན་(རྟེན་)ཡན་ནས་འཕོར་ལོའི་ཕོ་འཕོར་དང་པོའི་ཡར་ཐོད་ཀྱི་དཔངས་དང་མཉམ་པར་བྱེད་པ་རི་མོ་1–12བཞིན་གསལ་བའོ། །དེ་ཡང་སྟོན་ལ་སྲོག་ཤིང་གི་སྐོར་ནི་སྐབས་ཀྱི་མཚམས་བཅད་དེ་བང་རིམ་བཞིན་གྱི་ནང་གཞུག་ཇི་ལྟར་འབུལ་བའི་ཚུལ་ལ་མུ་མཐུད་ངོ་སྤྲོད་རགས་བསྡུས་ཤིག་བྱ་རྒྱུ་སྟེ། མཆོད་རྟེན་གྱི་བང་རིམ་རང་ལ་གཟུངས་ཇི་ལྟར་འཇུག་པའི་གཞུང་ལུགས་ལ་གསལ་ཁ་མེད་ཅེས་སྟོན་བྱེད་མཁས་པའི་གསུང་ལས་བསྒྲགས་ཡོད་ཀྱང་། དེའི་ཕྱུག་ལེན་གྱི་སྐབས་སུ་གླེགས་བམ་གང་ཞིག་གཞུག་པའི་ཚེ། དགོངས་འགྲེལ་བསྟན་བཅོས་ཀྱི་རིགས་ཕལ་མོ་ཆེ་དང་། གསུང་རབ་འདུལ་བ་དང་མདོ་སྡེ། ཤེར་ཕྱིན་སོགས་གླེགས་བམ་རྣམས་ནི་ཞལ་སྟེང་དང་དབུ་རྒྱབ་ངོས་སུ་བསྟན་པ་མཛད་དགོས་ལ། གླེགས་བམ་མི་བཞུགས་པའི་ཚེ། མདོའི་གཟུངས་སོགས་འཇུག་པ་སྡེ་གཟུངས་ཡིག་གོ་རིམ་བཞིན་གྱི་“ཐ”རྟགས་ཅན་དུ། “མདོ་གཟུངས་ཤས་ཆེ་བཅོམ་ལྡན་འདས་ཀྱི་མཚན། །བརྒྱ་རྩ་བརྒྱད་སོགས་ཤོགས་ལོགས་བཅུ་གཅིག་བཞུགས། །”པ་དག་ནང་གཞུག་ཏུ་འཇུག་པར་བྱའོ། །

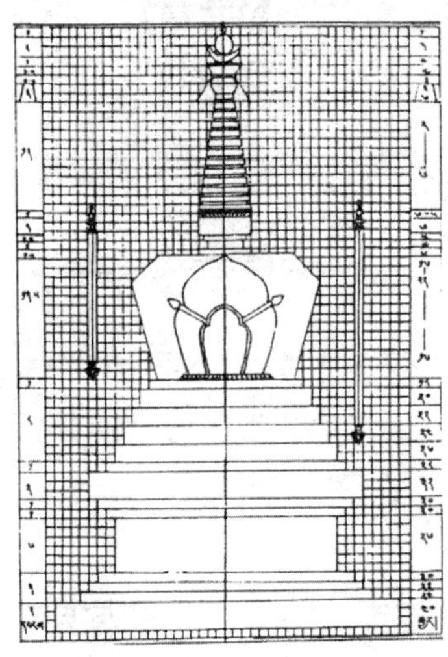

རི་མོ1-12 བྱང་ཆུབ་མཆོད་རྟེན་གྱི་སྲོག་ཤིང་གཞུག་ཚུལ་ཁག་གཉིས།

ཁོ་བོས་མཐོང་ཆོས་སུ་གྱུར་པའི་དཔྱད་གཞིའི་ཡིག་རིགས་ཁྲིད། བུམ་གདན་གྱི་ནང་གཞུག་ཕྱག་ལེན་ལ་དྲི་མེད་རྣམ་གཉིས་ཀྱི་ཚོ་ག་སྒྲུབ་ཚུལ་སྐབས་སུ། བུམ་གདན་གྱི་ནང་དུ་གཙུག་ཏོར་དྲི་མེད་ཀྱི་དཀྱིལ་འཁོར་འཇོག་སྒྲུབ་དང་། དེ་སྟེང་འོད་ཟེར་དྲི་མེད་དཀྱིལ་འཁོར་དངོས་ཏེ་འབྲེལ་མ་དགོངས་གསལ་བཞིན་བྱེད་དགོས་ཤིང་། དེའི་སྐབས་དབུས་སུ་སྲོག་ཤིང་བརྟན་པོ་འཛུགས་ལ་འབྲེལ་ཡོད་ཀྱི་ཆོ་ག་ཡང་སྒྲུབ་དགོས་པར་གསུངས་པ་ལས།[1] ཕལ་ཆེ་བའི་བྱེད་ལུགས་ནི་བུམ་གདན་དམིགས་བཀར་གྱི་ཚུལ་དུ་མ་བསྟན་པར་བུམ་རྐེད་དང་བུམ་རྐེད་ནས་བང་རིམ་བར་གཟུངས་ཡིག་"ཇ"རྟགས་ཅན་ཏེ་རྒྱུད་སྡེ་འོག་མ་གསུམ་གྱི་གཟུངས་རྣམས་འཇུག་པའམ།[2] ཡང་ན་བུམ་སྨད་མན་ཆད་རིམ་པ་བཞིན་གྱི་བསྒྲུབ་ཚུལ་གསུངས་པ་སྟེ། བུམ་སྨད་ནས་བུམ་དབུས་མན་ཆད་ཀྱི་བར་དུ་ཐུབ་དབང་ཉེར་སྲས་བརྒྱད་ཀྱི་མཚན་བརྒྱ་རྩ་བརྒྱད་སོགས་མདོ་གཟུངས་དང་། དོན་ཡོད་ཞགས་པ། དམ་ཚིགས་གསུམ་བཀོད། གདུགས་དཀར། སྤྱན་རས་གཟིགས། སྨན་བླ། སྒྲོལ་མ། རྡོ་རྗེ་རྣམ་འཇོམས། འཇམ་དབྱངས་སོགས་བྱ་རྒྱུད་དང་། རྣམ་སྣང་མངོན་བྱང་གཙོ་འཁོར་སོགས་སྤྱོད་རྒྱུད། རྡོ་རྗེ་དབྱིངས་དང་། དཔལ་རྩེ་དབྱིངས་གསུམ། ཀུན་རིག་རྩ་བ་དང་ཡན་ལག་གྱི་དཀྱིལ་འཁོར་སོགས་རྣལ་འབྱོར་རྒྱུད་རྣམས་འཇོག་པར་བྱ། བུམ་དབུས་ཡན་ཆད་ནས་བུམ་སྟོད་བར་གྱི་ཀྱི་རྡོར་རྩ་བཤད་རྒྱུད་སོགས་གཉིས་མེད་ཀྱིས་བསྐོར་བ་དང་། བདེ་མཆོག་ལ་སོགས་པ་མ་རྒྱུད། གསང་འདུས། གཤེད་སྐོར་སོགས་ཕ་རྒྱུད་རྣམས་ཀྱིས་ཁྱབ་པར་གཞུག་ལ། གཞན་ཡང་ཕ་རྒྱུད་གཡས། མ་རྒྱུད་གཡོན། གཉིས་མེད་རྒྱུད་དབུས་སུ་འཇོག་པའམ། ཡང་ན་བཞེངས་པོ་དེ་

① གོང་དུ་དྲངས་ཟིན་པའི་སྐྱི་དགུ་བ་ཀུན་དགའ་གྲགས་པའི་བརྩམས་ཆོས་ཀྱི་ཤོག་ངོས་༡༧ན་གསལ།

② གོང་དུ་དྲངས་ཟིན་པའི་ཞུ་ཆེན་གྱི་བརྩམས་ཆོས་《གཟུངས་འབུལ་གྱི་ལག་ལེན་ཉུང་གསལ་བཞུགས་སོ་》ཞེས་པའི་ཤོག་ངོས་༥༡ན་གསལ།

ཉིད་ཀྱི་རྩ་བའི་ཡི་དམ་དབུས་སུ་བཞུགས་པ་སོ་སོའི་མོས་པ་དང་བསྟུན་ན་འགལ་བ་མེད་པར་བཞེད་ཅིང་། དེ་དག་གི་རྒྱུད་དང་སྒྲུབ་ཐབས་ཀྱི་གླེགས་བམ། སྐུ་བརྙན། བྱིན་རྫས་རྣམས་སོ་སོའི་ཐད་དུ་བཞུགས་པའམ་བདེ་བར་མ་མཐོང་ན། བུམ་སྨད་དུ་གོ་རིམ་བཞིན་བཞུགས་རུང་བར་གསུངས། དེ་མིན་བླ་མ་ཚད་ལྡན་རྣམས་ཀྱི་ན་བཟའ་རིལ་པོ་ཡོད་ན་སྟོད་སྨད་ཀྱི་རིམ་པས་བཞུགས་ཚོག་པ་དང་། ཞལ་ཐང་བྱིན་ལྡན་ཡོད་ན། དེའི་གོང་འོག་གི་བསྒྲིལ་ཤིང་མེད་པར་བྱས་ཏེ་གཡས་ནས་གཡོན་ཕྱོགས་སུ་བསྒྲིལ་ཏེ་གྲིབ་དུ་བསྣངས་ནས་བཞུགས་ཅེས་སོ། །བྲི་འགྲུལ་ལ་དབྱངས་གསལ་ཅི་མང་དང་བདུད་རྩི་རིལ་བུ་རྣམས་བཞུགས །ཆོས་འཁོར་ནས་བྲི་ཡན་ལ་ཐོད་མང་ལམ་འབྲས་དང་། ལམ་རིམ། ཕྱག་ཆེན་སོགས་སོ་སོའི་ལུགས་སྲོལ་གཙོ་བོ་ཆེ་བའི་སྡོམ་པ་གསུམ་གྱི་བླ་བརྒྱུད་ཀ་ཐེམ་བཞིན་གཞུག་ཅིང་། རྡོ་རྗེ་འཆང་སོགས་རྩ་རྒྱུད་བླ་མའི་སྐུ་བརྙན་དབུ་ལོ་ན་བཟའ། རྒྱ་བལ་པཎ་གྲུབ་རྣམས་ཀྱི་བྱིན་རྫས། བོད་ཀྱི་སྟོན་སྦྱིན་ཡོངས་གྲགས་སེལ་མེད་རྣམས་ཀྱི་དབུ་ལོ་སོགས་ཡོད་ན་དེར་འཇོག་ཏུ་རུང་བ། མཆོད་རྟེན་གྱི་ཏོག་ནང་སངས་རྒྱས་ཀྱི་རིང་བསྲེལ་དང་རང་རང་གི་རྩ་བའི་བླ་མའི་འཕེལ་གདུང་སོགས་ཀྱི་ཆ་ཤས་ཡོད་ན་མཉམ་དུ་བཞུགས་ལ། གཙུག་ཏོར་རྣམ་རྒྱལ་སོགས་གཙུག་ཏོར་གྱི་གཟུངས་དང་། གདུགས་དཀར་འཁོར་ལོ་རྣམ་བཞུགས་ཅེས་སོ། །འདིར་གསལ་བརྗོད་བྱེད་དགོས་པའི་དོན་ཞིག་སྟེ། གཟུངས་ཆེན་སྡེ་ལྔ་འདི་མཆོད་རྟེན་གྱི་སྟོད་སྨད་གང་དུ་འཇུག་ཀྱང་འགལ་བ་མེད་ཅེས་པར་ཕྱག་ལེན་དངོས་ཀྱི་ནང་བྲི་ནས་བང་རིམ་ཡན་ལ་འཇུག་པར་མཛད་པ་ཞེས་སོ། །[①]

ད་ནི་སྲོག་ཤིང་འཛུགས་ཚུལ་གྱི་སྐོར་མདོ་ཙམ་བཤད་ན། དེའི་གནས་གང་ཞིག

① གོང་གསལ་ནང་དོན་གྱི་གཙོ་བོའི་དཔྱད་གཞི་ནི་འདིར་དྲངས་ཟིན་པའི་སྐྱེ་དགུ་བ་ཀུན་དགའ་གྲགས་པའི་བརྩམས་ཆོས་ཀྱི་ཤོག་གྲངས་༡༧—༡༩བར་ན་གསལ།

ཏུ་བྱེད་པ་གོང་དུ་སྨོས་ཟིན་པ་བཞིན་ཡིན་ལ། དེ་ཡང་སྲོག་ཤིང་དུ་རུང་བའི་ཤིང་ནི་དུག་ཤིང་དང་ཚེར་མ་ཅན་དང་ཆུ་ཤིང་དང་སྐྱུག་མ་སོགས་མ་ཡིན་པར།[1]ཙནྡན་ནམ་ཤུག་པ་ལ་སོགས་དགོས་པ་དང་། དེ་ལ་རྒྱ་རབ་ཙནྡན་དཀར་དམར། འབྲིང་ཤུག་པ། ཐ་མ་འབྲས་བུ་ཅན་གྱི་ཤིང་སྟེ། སྟར་ཀ་སོགས་ཁོང་རུལ་གས་ཆགས་འབུས་ཟོས་སོགས་ཀྱི་སྐྱོན་མེད་པ་དགོས། གསར་དུ་བཅད་དགོས་ན་མ་མཐའ་ཡང་ཤིང་དེའི་དང་པོར་སྐྱེས་པའི་ཤར་ཕྱོགས་གང་ཡིན་པ་ཤེས་ན་རབ་དང་། དེ་ལྟར་མིན་ཡང་མགོ་མཇུག་མ་ནོར་བར་བྱེད་དགོས་པ་གལ་ཆེ། དེའི་ཞིབ་ཆའི་བྱེད་ཚུལ་ནི་ཨཱཙཱཪྻའི་ཚོ་གའི་གཞུང་བཞིན་འབྱུང་བའམ། དེ་ལྟར་མི་ནུས་ན་གནས་རི་བཟང་པོར་སྐྱེད་པ་བྱུང་ན་ལེགས་ཤིང་དེར་གནས་ཀྱི་མི་ལས་དངོས་སུ་བསླང་ལ། མི་མ་ཡིན་ལ་མཆོད་གཏོར་ཕུལ་ནས་གནང་བ་ཞུས་ཏེ། ཡར་ངོ་ལྟ་བུ་གཟའ་སྐར་འཕྲོད་སྦྱོར་ཤིས་པའི་ཉིན་མོར་ཤར་ཕྱོགས་མི་ནོར་བའི་མཚན་མ་བཏབ། དེའི་ཤར་གང་ཡིན་རྟེན་གྱི་མདུན་དུ་ཡོང་བ་བྱས་ཏེ་བཅད་ལ་སྐམ་དུ་བཅུག །སྲོག་ཤིང་གི་རིང་ཐུང་ཇི་ལྟར་དགོས་མིན་ཐད་ལ་ཕྱག་བཞེས་མི་འདྲ་བ་དུ་མ་འབྱུང་ཡོད་པ་དང་། དེའི་བཟོ་དབྱིབས་ཀྱང་མི་འདྲ་བའི་ཆར་མངོན་པ་སྟེ། ཞུ་ཆེན་ཚུལ་ཁྲིམས་རིན་ཆེན་སོགས་ཀྱིས་དབྱིབས་གྲུ་བཞིར་རྩ་རྩེའི་ཕྲ་སྦོམ་ཅན་དུ་བྱ་དགོས་པ་ལ། ཡར་རྩེ་མཆོད་རྟེན་གྱི་རྣམ་པ་ཅན་མཆོད་རྟེན་གྱི་བྲི་ལས་ཡར་ཙུང་ཟད་ལྷག་ཙམ་དང་། མར་རྩེ་བང་རིམ་བཞིན་ཟུག་ཙམ་སླེབས་པར་རྡོ་རྗེ་ཕྱེད་པའི་རྣམ་པར་བྱས་ཞེས་

① པཎ་ཆེན་ཆོས་རྣམ་གྱིས་བརྩམས་པའི་《རྟེན་ལ་གཟུངས་བཞུགས་འབུལ་བའི་ལག་ལེན་གསལ་བར་ལྟ་བཤད་ཀུན་གསལ་དངུལ་གྱི་མེ་ལོང་ཞེས་བྱ་བ་བཞུགས་སོ་》ཞེས་པ་དཔལ་ལྡན་ས་སྐྱ་པའི་གསུང་རབ་པོད་གསུམ་པ་《བཟོ་གནས་དང་སྤེལ་སྦྱོར་སྡོད་ཆ་》 མི་རིགས་དཔེ་སྐྲུན་ཁང་དང་མཚོ་སྔོན་མི་རིགས་དཔེ་སྐྲུན་ཁང་གིས་གིས་༢༠༠༦ལོར་བསྐྲུན་པའི་ཤོག་ངོས་༡༠༧ན་གསལ།

གསུངས་པ་ལྟར།[①] སྲོག་ཤིང་རྩེ་མོར་རྣམ་རྒྱལ་མཆོད་རྟེན་དང་རྩ་བར་རྡོ་རྗེ་ཕྱེད་པ་བྲི་བཀོས་གང་ཉུང་བྱེད། དེའི་མཆོད་རྟེན་ནི་རྣམ་པར་རྒྱལ་མའི་རྟོག་པ་ལས་གསུངས་པའི་དོན་ཞོར་སྒྲུབ་དང་། རྡོ་རྗེ་ནི་སྲོག་ཤིང་རྩ་དབུ་མའི་མཚོན་དོན་དུ་བྱེད་པར་གསུངས་པའོ། །གཞན་ཡང་། སྲོག་ཤིང་གི་བཟོ་དབྱིབས་ལ་བྲིའི་སྟེང་གི་གདུགས་འདེགས་ཡན་ཆད་ཟླུམ་པོ་དང་མན་ཆད་གྲུ་བཞིར་བྱེད་ཅིང་། དེའི་རིང་ཐུང་ནི་སྣང་དགེའམ་གདོང་ཆེན་ནས་རྩེ་མོའི་བར་རམ་བུམ་གདན་ནས་ཐུགས་རྗེ་མདོ་གཟུངས་བར་སླེབས་པར་བྱེད་དགོས་པ་ཀར་དགེ་སོགས་ཀྱི་ཕྱག་བཞེས་སུ་གསལ་ཞེས་པ་དང་། པཎ་ཆེན་ཆོས་རྣམ་གྱི་ལུགས་ལྟར་ན། སྲོག་ཤིང་ཡང་ཐིག་ཤིང་ལྟ་བུ་ཤིན་ཏུ་འཕྲོངས་པ་ལ་སྟོད་ཕྱོགས་ཅུང་ཟད་ཕྲ་ལ། རྩེ་མོ་དང་རྩ་བ་གོང་དུ་སྨོས་པ་བཞིན་ཡིན་ཀྱང་། དེའི་རྨེད་པར་འཁོར་ལོའི་ཕང་ལོ་རྣམ་པ་ཡོད་པ་འཛམ་ཞིང་མཛེས་པ་བྱས་ལ། འོག་ཏུ་ཞུ་རྒྱུ་ཡིན་པའི་སྲོག་ཤིང་གི་ཁ་དོག་ཐད་ཁ་ཆེའི་ལུགས་སུ་སེར་པོ་བྱུགས་པའི་གནས་ཚུལ་ཡང་རང་རེའི་བོད་ཀྱི་རྣམ་པ་དང་ཅུང་འདྲ་མིན་དུ་མངོན་པར་གསལ་བརྗོད་རགས་ཙམ་གནང་ཡོད།[②] སྲོག་ཤིང་གི་རྩེ་དང་རྩ་བར་མཆོད་རྟེན་དང་རྡོ་རྗེ་སོགས་པ་འབྲི་བཀོས་བྱེད་པ་ཡང་མ་བྱས་ཀ་མེད་ཀྱི་ལས་ཤིག་མ་ཡིན་ཞེས་སྔོན་བྱོན་མཁས་པའི་གསུང་སྒྲོས་སུ་མཆིས་པ་འདིས།[③] དེའི་མཛེས་རྒྱན་ཡང་གཙོ་བོ་མ་ཡིན་ལ་ཆོག་སྒྲུབ་ཀྱི་ངེས་དོན་གང་ཞིག་སྒྲིན་ནས་གྲུབ་པའི་རྣམ་པ་ནི། སྲོག་ཤིང་གི་དོན་སྙིང་གལ་ཆེན་ཞིག་ཡིན་པ་གསལ་པོར་རྟོགས་ཐུབ།

① གོང་དུ་དྲངས་ཟིན་གྱི་ཞུ་ཆེན་གྱི་བརྩམས་ཆོས་《གཟུངས་འབུལ་གྱི་ལག་ལེན་ལུང་གསལ་ཞེས་བྱ་བ་བཞུགས་སོ་》ཞེས་པའི་ཤོག་གྲངས་༦༨ན་གསལ།

② གོང་དུ་དྲངས་ཟིན་གྱི་པཎ་ཆེན་ཆོས་རྣམ་གྱི་བརྩམས་ཆོས་ཀྱི་ཤོག་གྲངས་༡༠༧—༡༠༨བར་ན་གསལ།

③ སྐྱེ་དགུ་བ་ཀུན་དགའ་གྲགས་པས་བརྩམས་པའི་《སྐུ་གཟུགས་དང་མཆོད་རྟེན་ལ་ནང་གཟུགས་འབུལ་ཚུལ་ལག་ལེན་ཀུན་བཏུས་གསེར་གྱི་ལྡེ་མིག་ལུང་གི་སྤྲ་ཆོམ་ཞེས་བྱ་བ་བཞུགས་སོ་》ཞེས་པའི་ཤོག་གྲངས་༨༡—༨༢བར་ན་གསལ།

སྲོག་ཤིང་གི་ཁ་དོག་ལ་གསེར་དངུལ་གྱིས་འབྲི་བའི་གཞིར་མཚལ་འཇམ་པོར་བྱུགས་པ་ལེགས་ཤིང་། ཕྱི་ཙམ་དུ་དྲི་བཟང་མཐུག་པོར་བྱུགས་པའང་ལེགས་པར་བྱེད་པ་ནི་རྒྱས་པའི་རྟེན་འབྲེལ་གྱི་གཙོ་བོའི་མཚོན་དོན་དུ་བཞེད། སྲོག་ཤིང་དང་མཆོད་རྟེན་གྱི་གནས་སོ་སོར་སྦྱར་བའི་གཟུངས་ཡིག་འབྲི་ཚུལ་གྱི་སྤྱིའི་རྣམ་པ་ནི། སྲོག་ཤིང་གི་ཡར་རྩེ་མཆོད་རྟེན་གྱི་བྲེ་ལས་ཡར་ཙུང་ཟད་ལྷག་ཙམ་གྱི་སྐབས་སུ་སྲོག་ཤིང་གི་རྩེ་དང་མཆོད་རྟེན་གྱི་འོག་ཙམ་གྱི་མདུན་ངོས་སམ་བྲེའི་ཐད་དུ་ཨོཾ། བྲེ་མགུལ་ལ་ཨཱཿ བུམ་དབུས་ཧཱུྃ། བུམ་སྨད་ལ་སྭཱ། བུམ་གདན་ལ་ཧཱ་བཅས་འབྲི་དགོས་པ་རི་མོ་1–11ནང་གསལ་བ་བཞིན་པ་དང་། དེ་རྣམས་ཀྱི་གཏད་ཕྱོགས་ནི་ཤར་ཡིན་ནོ། །གོང་གི་ཨོཾ་རྩེ་མོར་བྲིས་པ་དེའི་འོག་གམ་ཤར་དེ་རང་དུ་ཧཱུྃ་གཡས་སམ་ལྷོ་ངོས་སུ་ཏྲཱཾ་རྒྱབ་བམ་ནུབ་ངོས་སུ་ཧྲཱིཿ གཡོན་ནམ་བྱང་ངོས་སུ་ཨཱཿ ནུས་ན་མཆོད་རྟེན་གྱི་བྲེའི་ཐོད་དུ་ཨོཾ་སརྦ་བིདྱཱ་ཞེས་རིག་པ་ཆེན་པོའི་སྔགས་དང་། བྲེ་མགུལ་ལ་དབྱངས་གསལ། བུམ་དབུས་སུ་ཨོཾ་བཛྲ་ཨཱ་ཡུ་ཥེ་ཧཱ་ཞེས་སྲོག་ཤིང་བརྟན་པའི་སྔགས་དང་། ལྷ་རང་རང་གི་སྔགས་རྣམས་འབྲི་བ་སོགས་པའི་བསྒྲུབ་ཚུལ་སྣ་མང་འདུག་པས་འདིར་ཡིག་ཚོགས་ལ་འཇོམ་སྐྱེ་འགོད་པར་མི་བྱ་ལ། དེ་སྐོར་གྱི་ཞིབ་ཆའི་ནང་དོན་ཡང་རྩོམ་འདིའི་ནང་དུ་ལུང་འདྲེན་ཟིན་པའི་གཙོ་བོའི་དཔྱད་གཞིར་གྱུར་པའི་སྐྱི་དགུ་བ་ཀུན་དགའ་གྲགས་པའི་བརྩམས་ཆོས་དང་ཞུ་ཆེན་གྱི་བརྩམས་ཆོས་《གཟུངས་འབུལ་གྱི་ལག་ལེན་ཉུང་གསལ་བཞུགས་སོ་》ཞེས་པའི་ནང་དུ་གསལ་བ་ལས་མཁྱེན་པར་འཚལ།

གང་ལྟར། སྲོག་ཤིང་གི་གཟུངས་ཡིག་འབྲི་ཚུལ་ཡང་མཆོད་རྟེན་གྱི་ཉིང་ལག་སོ་སོ་དང་མཐུན་པའི་ཚད་ལ་ཕབ་སྟེ་བྲིས་ན། སྲོག་ཤིང་རིང་ཐུང་གི་ཁྱད་པར་ཀྱང་དེ་ཙམ་གྱི་གཙོ་བོར་འཛིན་པའི་དགོས་པ་མེད་པར་མངོན་ལ། གོང་དུ་སྨྲོས་ཟིན

པའི་ལས་སྦྱོར་གང་ཞིག་གི་ཚུལ་ཀྱང་རང་རང་ཉམས་ལེན་གྱི་ལུགས་དང་བསྟུན་ཏེ་འདྲ་མིན་གྱི་ཆ་ཡང་འབྱུང་བ་ནི་གཞུང་ལུགས་ཀྱི་ཚད་ཙམ་དུ་ཟད། བྱེད་པོ་སོ་སོའི་ཐུག་ལེན་དངོས་ཀྱི་ཤན་ཤུགས་དང་འབྲེལ་འདྲིས་ཆེན་པོ་འབྱུང་བ་ནི་ངེས་ཤེས་འཛིན་དགོས་པའི་དོན་ཞིག་རེད་སྙམ།

བཞི། མཆོད་རྟེན་བཏབ་ཚར་རྗེས་ཀྱི་རྩུལ།

རྟེན་གང་ཞིག་ཡིན་ཙང་དེ་གྲུབ་ཚར་རྗེས། རབ་གནས་མི་འགྲུང་བར་བྱེད་དགོས་པ་ནི་ཤིན་ཏུ་ནས་གལ་ཆེ་བའི་དོན་ཞིག་རེད་ལ། དེར་མཆོད་པ་ཞབས་ཏོག་ལྷད་མེད་དུ་བྱས་པར་བརྟེན་ཕན་ཡོན་གང་ཞིག་སྨིན་ནུས་པའང་སྐབས་འདིའི་དོན་སྙིང་ཆེ་ཤོས་ཀྱི་གནད་ཅིག་ཏུ་མངོན་ནོ། །

དེ་ཡང་རྟེན་གང་ཞིག་གྲུབ་ནས་དེ་ལ་རབ་གནས་ཅོ་ག་མ་བྱུང་བར་མཆོད་པ་མཛད་ན། བཀྲ་མི་ཤིས་པ་འབྱུང་བར་བཞེད་པ་སྟེ། རབ་གནས་ཀྱི་རྒྱུད་ལས། "སྐུ་གཟུགས་སྤྱགས་ཀྱི་མཚན་ཉིད་ཀྱིས། །དེ་ལ་བྱིན་རླབས་འཇུག་པར་འགྱུར། །གང་དུ་སྐུ་གཟུགས་རྫོགས་པ་ལ། །བྱིན་མ་རླབས་པ་རིང་གནས་ན། །དེ་ལས་བཀྲ་མི་ཤིས་འབྱུང་ཞིང་། །དེ་སྲིད་མཆོད་པ་དེར་མི་འོས། །" ཞེས་འཕོད་པ་ལྟར། རབ་གནས་ཀྱི་ཅོ་ག་གང་མགྱོགས་བྱེད་དགོས་ལ། ཅོ་གའི་འབྲེལ་ཡོད་ཀྱི་གཞུང་ལུགས་བཞིན་བྱས་པ་ཡིན་ན། ཚེ་འདི་དང་ཕྱི་མ་སངས་རྒྱས་ཀྱི་བར་དུ་ཡང་ལེགས་ཚོགས་སམ་དགེ་ལེགས་རྒྱུན་མི་ཆད་པར་འབྱུང་བར་བཞེད་ཅིང་། དེ་ལས་ལྡོག་སྟེ་རྟེན་གྱི་ཆ་ཚད་མི་ལྡན་ཅིང་ནང་གཞུག་ཚུལ་བཞིན་མ་བྱུང་བ་དང་། མཚན་ཉིད་མི་ལྡན་པའི་ཅོ་ག་སློབ་དཔོན་གྱིས་རབ་གནས་བྱེད་པ་རྟེན་དུ་མ་ཆགས་པས། ཡུལ་ཕྱོགས་ལ་བཀྲ་མི་ཤིས་པ་འབྱུང་ཞིང་བསྟན་འགྲོ་སྤྱི་ལ་གནོད་པས། སྦྱིན་བདག་གི་ཡོ་བྱད་ཆུད་ཟ་ཞིང་འཕྲལ་ཡུན་གཉིས་སུ་ཉེས་པ་སྐྱེས་པའི་རྒྱུར་གྱུར་བ་ལས་མ་འདས་ཞེས་

སོ། །གལ་སྲིད་རྐྱེན་དབང་གང་ཞིག་གིས་རབ་གནས་འཕྲལ་དུ་མ་གྲུབ་པ་ཡིན་ན། རབ་གནས་མ་བྱེད་སྟོན་ལ་སྐབས་འཕྲལ་དུ་གཤམ་གསལ་ལྟར་བྱེད་ཆོག་སྟེ། བླ་མ་བཟང་པོའི་ལྟུགས་མགུལ་དང་། བྱིན་རླབས་ཀྱི་རྟེན་སོགས་དུ་མས་མནན་པའམ་དགབ་དགོས་པ། བཟོ་བོའི་གཟོད་དམ་ལག་ཆ་ཇི་ལྟར་རིགས་པ་རེ་རྟེན་དང་མཉམ་དུ་བཞག་པ། རས་སོགས་ཀྱིས་དྲིལ་བའམ་ཁེབས་ཀྱིས་གཡོག་ནས་གཟུངས་གཞུག་དང་རབ་གནས་བྱེད་པའི་བར་དུ་གཞན་གྱིས་མ་མཐོང་བར་འཇོག་པ་བར་ཆད་མི་འབྱུང་བའི་གནད་ཙམ་དུ་མཛད་སྲོལ་ཡོད་པར་གསུངས་པ་བཅས་སོ།[①]

རྟེན་གང་ཞིག་བཞེངས་ཚར་རྗེས་སུ་དེ་ལ་མཆོད་བཀུར་ཞབས་ཏོག་ལེགས་པར་བྱེད་དགོས་པ་དང་དེའི་ཕན་ཡོན་སོགས་ཀྱི་སྐོར་ལ་སྟོན་འབྱོན་རྒྱ་བོད་མཁས་པ་དུ་མས་བརྩམས་གནང་བའི་གསུང་རབ་གླེགས་བམ་ཁྲིད་དུ་ནམ་མཁའི་སྐར་ཚོགས་བཞིན་ཁྱབ་ཡོད་པས་ན། འདི་ཙམ་རང་ཉིད་ཀྱིས་མི་ཤེས་ཤེས་རློམ་གྱི་ཚུལ་ཙམ་སྟོན་ནུས་པ་ཅི་ལ་སྲིད། འོན་ཏེ་སྐབས་ཀྱི་བརྗོད་དོན་དུ་མེད་དུ་མི་རུང་བས། དེའི་སྐོར་ལ་མཁས་པའི་གསུང་ལས་བཏུས་ཏེ་ངོ་སྤྲོད་མདོ་ཙམ་བགྱི་ཁུལ་བྱ་བར་འདོད་དེ།

དེ་ཡང་《དེ་བཞིན་གཤེགས་པ་ཐམས་ཅད་ཀྱི་གཙུག་ཏོར་རྣམ་པར་རྒྱལ་བ་ཞེས་བྱ་བའི་གཟུངས་རྟོག་པ་དང་བཅས་པ་》ཞེས་པ་ལས། གཙུག་ཏོར་རྣམ་རྒྱལ་གྱི་གཟུངས་དེ། "མཆོད་རྟེན་ནང་དུ་བཞག་ལ། རབ་ཏུ་རྒྱ་ཆེ་བའི་མཆོད་པ་ཇི་ལྟར་འབྱོར་པས་མཆོད་དེ་སྐོར་བ་སྟོང་ཕྲག་བརྒྱ་བྱས་ན་མཆོག་གི་ཚེ་དང་བློ་རྡོ་བ་སྒྲིན་པར་བྱེད་པར་གྱུར་རོ། །དེ་ལྟར་བྱས་པའི་ཞག་བདུན་པའི་ཚེ་ནི་ལོ་

① གོང་གསལ་ནང་དོན་གྱི་གཙོ་བོའི་དཔྱད་གཞི་ནི་གོང་དུ་ལུང་དྲངས་ཟིན་པའི་སྐྱེ་དགུ་བ་ཀུན་དགའ་གྲགས་པའི་བརྩམས་ཆོས་ཀྱི་ཤོག་ངོས་༨༤—༨༨བར་ན་གསལ།

བདུན་ཐུབ་པའོ། །ལོ་བདུན་པའི་ཚེ་ནི་ལོ་བདུན་ཅུ་ཐུབ་པའོ། །དེ་ལྟར་མཆོག་གི་ཚེ་འཐོབ་ཅིང་དྲན་པ་དང་ལྡན་པ་དང་ནད་མེད་པ་དང་སྐྱེ་བ་དྲན་པར་འགྱུར་རོ། །མཆོད་རྟེན་ལ་བཞུགས་སུ་གསོལ་ནས་མགོ་བཙངས་ན་ནད་ཆེན་པོ་ལས་གྲོལ་བར་གྱུར་རོ། །"[①]ཞེས་པ་དང་། ཡང་《འཕགས་པ་ཡེ་ཤེས་ཏ་ལ་ལ་ཞེས་བྱ་བའི་གཟུངས་འགྲོ་བ་ཐམས་ཅད་ཡོངས་སུ་སྦྱོང་བ་》ཞེས་པ་ལས། "མཆོད་རྟེན་གྱི་ནང་དུ་བཅུག་ལ་ནན་ཏན་དུ་མཆོད་པར་བྱས་ན་ཤི་བ་གང་ཡིན་པ་ངན་སོང་གི་གནས་ནས་ཐར་ཏེ་མཐོ་རིས་སུ་སྐྱེ་བར་འགྱུར་རོ། །ཡང་ན་དགའ་ལྡན་གྱི་ལྷའི་རིགས་སུ་སྐྱེ་བར་འགྱུར་ཏེ། སངས་རྒྱས་ཀྱི་བྱིན་རླབས་ཀྱིས་ངན་སོང་དུ་ལྟུང་བར་མི་འགྱུར་རོ། །རིགས་ཀྱི་བུའམ་རིགས་ཀྱི་བུ་མོ་གང་ལ་ལ་ཞིག་གིས་མཆོད་རྟེན་དེ་ལ་བསྐོར་བ་བྱས་སམ་ཕྱག་བྱས་སམ། མཆོད་པ་ཕུལ་ཡང་རུང་སྟེ། དེ་བཞིན་གཤེགས་པའི་བྱིན་གྱིས་རླབས་ཀྱིས་བླ་ན་མེད་པའི་བྱང་ཆུབ་ཀྱི་ལམ་ལས་ཕྱིར་མི་ལྡོག་པར་ཡང་འགྱུར། སྔོན་གྱི་ལས་སྒྲིབ་པ་རྣམས་ཀྱང་མ་ལུས་པར་འབྱང་བར་འགྱུར་རོ། །ཐ་ན་བྱ་དང་རི་དྭགས་ལ་སོགས་ཏེ་གང་དག་ལ་མཆོད་རྟེན་དེའི་གྲིབ་མ་ཕོག་པ་དེ་དག་ཀྱང་ནམ་ཡང་དུད་འགྲོ་ལ་སོགས་པ་ངན་སོང་གི་གནས་སུ་སྐྱེ་བར་མི་འགྱུར་རོ། །གང་ལ་ལ་མཚམས་མེད་པ་ལྔའི་སྡིག་པ་ཆེན་པོ་དང་ལྡན་པ་ཡང་མཆོད་རྟེན་དེ་ལ་རེག་གམ། དེའི་གྲིབ་མས་ཕོག་ཀྱང་རུང་སྟེ། དེའི་སྡིག་པ་ཐམས་ཅད་བྱང་ཞིང་ཟད་པར་འགྱུར་རོ། །"[②]ཞེས་འཁོད་ཡོད། ད་དུང་མཆོད་རྟེན་འདི་བཞིན་གྱི་ཕན་ཡོན་དུ་གནས་ཀྱི་འབྱུང་པོ་ལ་སོགས་པས་གནོད་པ་དང་། གཅན་གཟན་

① ཞི་ཏོང་ནས་༡༤༥༧ལོར་རྩོམ་སྒྲིག་བྱས་པའི་བོད་ཀྱི་བཀའ་འགྱུར་པོད་༧པའི་ནང་བཞུགས་པའི་བཀའ་འགྱུར་རྒྱུད་པ་ཡི་ཤོག་ངོས་༢༢༢ཤོག་སྐར་པ་༧ནས་༢༢༣སྐར་པ་༢པའི་བར་དུ་གསལ།

② ཞི་ཏོང་ནས་༡༤༥༧ལོར་རྩོམ་སྒྲིག་བྱས་པའི་བོད་ཀྱི་བཀའ་འགྱུར་པོད་༧པའི་ནང་བཞུགས་པའི་བཀའ་འགྱུར་རྒྱུད་པ་ཡི་ཤོག་ངོས་༢༤༨ཤོག་སྐར་པ་༦ནས་༢༤༥སྐར་པ་༡པོའི་བར་དུ་གསལ།

ཁྲི་བོ་ལ་སོགས་པས་ཡུལ་ཕྱོགས་སུ་མི་ཚུགས་པ་དང་། དམག་ལ་སོགས་པས་རྐྱེན་ངན་འབྱུང་དང་མི་ཞིས་པ། སྡུག་བསྔལ་གྱིས་གནོད་པ། བལྟས་ངན་གྱིས་དང་ཆོམ་རྐུན་ལ་སོགས་པས་རང་ཕྱོགས་སུ་འཚེ་བའི་རྐྱེན་དུ་མར་དེ་བཞིན་གཤེགས་པའི་བྱིན་གྱིས་རླབས་ཀྱིས་ཟློལ་མེད་དུ་ཕན་ནུས་པ་བཅས་སོ། །

དེས་ན། སྐབས་འདིར་སྨག་ཚང་ལོ་ཙཱ་བ་ཤེས་རབ་རིན་ཆེན་(སྤྱི་ལོ་༡༨༠༥ལོར་འཁྲུངས། སྤྱི་ལོ་༡༨༥༥ལོར་དུས་འཁོར་སྤྱི་དོན་བརྩམས། འདས་ལོ་མི་གསལ་)གྱིས་བརྩམས་པའི་《རྟེན་གསུམ་བཞུགས་གནས་དང་བཅས་པའི་སྒྲུབ་ཚུལ་དཔལ་འབྱོར་རྒྱ་མཚོ་ཞེས་བྱ་བ་བཞུགས་སོ་》ཞེས་པའི་ནང་དུ་《གསལ་རྒྱལ་གྱིས་ཞུས་པའི་མདོ་》ལུང་དྲངས་ཏེ་འཕྲུས་ཁུལ་བྱེད་པ་སྟེ། “ཐུབ་པའི་མཆོད་རྟེན་བྱེད་དམ་བྱེད་མ་བཅུག་པ། །མྱ་ངན་འཛོམས་དང་ལུས་ཀུན་གྲིམས་པ་དང་། །རིན་ཆེན་མཛོད་མང་འཛིག་རྟེན་གཙོར་གྱུར་ཅིང་། །མི་འདི་དགྲའི་ཚོགས་ལས་རྒྱལ་བར་འགྱུར། བཅོམ་ལྡན་འདས་ཀྱི་མཆོད་རྟེན་རྣམས་དང་ནི། །སྐུ་གཟུགས་རྣམས་ལ་རྟུལ་ཕྲན་ཅི་ཡོད་པ། །དེ་འདྲའི་གྲངས་དེ་སྙེད་ཀྱི་རྒྱལ་སྲིད་དང་། །ལྷ་ཡུལ་ས་སྟེང་མི་ཡི་རིས་པ་ཐོབ། །གཟུགས་དང་གཟུགས་མེད་ཁམས་ཀྱི་ཏིང་ངེ་འཛིན། །ཕུན་སུམ་ཚོགས་པའི་ས་མཆོག་ཀུན་སྤྱོད་ནས། །ཐ་མར་སྐྱེ་དང་རྒ་བ་ལ་སོགས་པའི། །སྡུག་བསྔལ་དང་བྲལ་སངས་རྒྱས་གོ་འཕང་ཐོབ། །”[①]ཅེས་སོ། །

ལྔ་པ། མཆོད་རྟེན་གྱི་གཙོ་བོའི་རྣམ་དབྱེ།

འདིར་ནང་བསྟན་དང་གཡུང་དྲུང་བོན་གྱི་འབྲེལ་ཡོད་གཞུང་ཁག་ཏུ་གསལ་

① དཔལ་ལྡན་ས་སྐྱའི་གསུང་རབ་པོད་གསུམ་པ་《བཟོ་གནས་དང་སྡེབ་སྦྱོར་》སྟོད་ཆ། མི་རིགས་དཔེ་སྐྲུན་ཁང་དང་མཚོ་སྔོན་མི་རིགས་དཔེ་སྐྲུན་ཁང་གིས་སྤྱི་ལོ་༢༠༠༨ལོར་བསྐྲུན་པའི་ཤོག་ངོས་༡༦༢ཀྱི་སྟར་པ་༥པ་ན་གསལ།

བ་བཞིན་བོད་ཀྱི་མཆོད་རྟེན་གྱི་གཙོ་བོའི་རྣམ་གཞག་ལ་དབྱེ་བ་མདོ་ཙམ་ཕྱེ་ཁུལ་བཀྱི་བ་དང་། རི་མོ་1–13དང་རི་མོ་1–14 ནི་གཡུང་དྲུང་བོན་དང་ནང་བསྟན་གཉིས་པོའི་མཆོད་རྟེན་གྲུབ་ཆའི་བརྗོད་ཆད་མི་འདྲ་བའི་མཚོན་རིས་ཡིན།

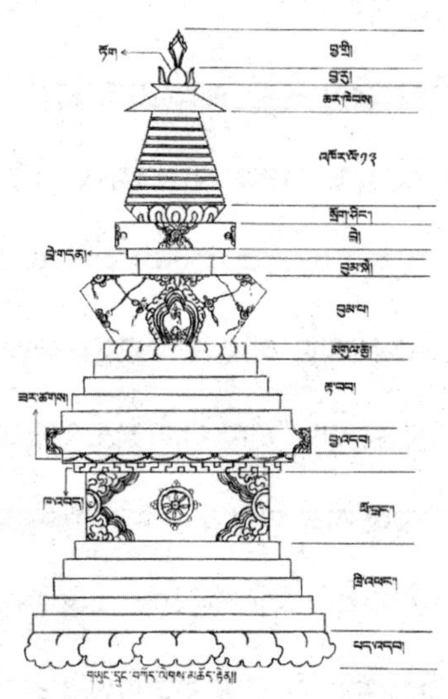

རི་མོ་1-13 བོན་གྱི་གཡུང་དྲུང་བཀོད་ལེགས་མཆོད་རྟེན་གྱི་གྲུབ་ཆ་ཁག་གི་བརྗོད་ཁྲད།

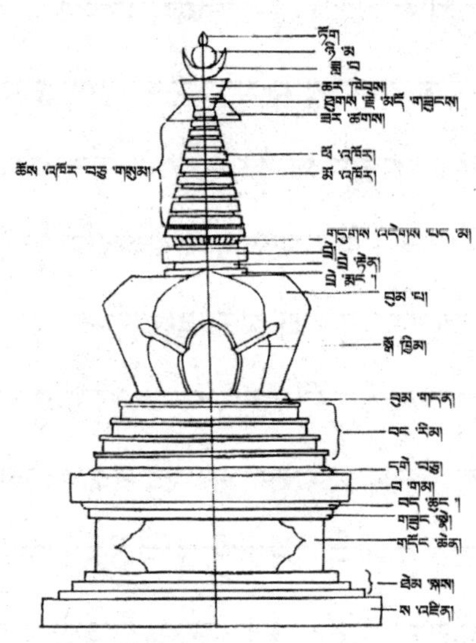

རི་མོ་1-14 ནང་བསྟན་བྱང་ཆུབ་མཆོད་རྟེན་གྱི་གྲུབ་ཆ་ཁག་གི་བརྗོད་ཁྲད།

གཅིག ནང་ཆོས་གཞུང་གི་དབྱེ་བ་བསྟན་པ།

༡ ཆོས་སྐྱབས་ཐུགས་ཀྱི་མཆོད་པའི་རྟེན་ལ་དབྱེ་བ་གསུམ་མམ་ལྔ་རུ་བཤད་པའི་སྐོར།

འདུལ་བ་ལུང་ལས་བཤད་པའི་དབྱེ་བ་ལ། ཆོས་འཁོར་ལ་གདུགས་དང་གདུགས་ལ་ཆར་ཁེབས་སུ་བཏགས་ནས་གདུགས་མེད་པའི་རྣམ་པ་ཅན་སོ་སོ་སྐྱེ་བོའི་མཆོད་རྟེན་ནམ་སོ་སྐྱེའི་མཆོད་རྟེན།① འབྲས་བུའི་གྲངས་ཀྱི་གདུགས་ཡོད་

① 《དཔལ་ལྡན་ས་སྐྱ་པའི་གསུང་རབ་》པོད་གསུམ་པའི་ཤོག་གྲངས་༧༥ན་གསལ།

པའི་ཉན་ཐོས་ཀྱི་མཆོད་རྟེན། གདུགས་བཅུ་གསུམ་པ་ཆར་ཁེབས་ཏོག་དང་བཅས་པའི་སངས་རྒྱས་ཀྱི་མཆོད་རྟེན།①

བཙུན་པ་ཚུལ་ཁྲིམས་རིན་ཆེན་གྱིས་མཆོད་རྟེན་སྤྱིའི་དབྱེ་བ་ལ་གསུམ་ཙམ་དུ་དབྱེ་ཡོད་པ་སྟེ། ཆོས་གོས་བཞི་བལྟབ་བྱས་པའི་སྟེང་དུ་ལྷུང་གཟེད་ཁ་སྦུབས་པ་ལ་འཁར་གསིལ་བཙུགས་པ་ལྷ་བུའི་ཉན་ཐོས་ཀྱི་མཆོད་རྟེན། རྒྱང་གྲུ་བཞི་པའི་སྟེང་དུ་ངོས་གྲུ་བཞི་ཐྲུམ་པོ་བང་རིམ་བཅུ་གཉིས་པ་འཁོར་ལོ་རྩིབས་བརྒྱད་པའི་རྣམ་པ་ཅན་རང་སངས་རྒྱས་ཀྱི་མཆོད་རྟེན། ལྷུང་གཟེད་ཁ་སྦུབས་པ་ལྷ་བུའི་བིམྦ་པའི་ཐྲུམ་པོ་དང་། ཁང་བུ་ལྷ་བུ་དང་། རྒྱལ་མཚན་ལྷ་བུའི་མཆོད་རྟེན་བརྒྱད་ལ་སོགས་པའི་ཐེག་པ་ཆེན་པོའི་མཆོད་རྟེན་བཅས་སོ། །

སྡེ་སྲིད་སངས་རྒྱས་རྒྱ་མཚོ་ (༡༦༥༣—༡༧༠༥) དང་ཀོང་སྤྲུལ་ཡོན་ཏན་རྒྱ་མཚོ་ (༡༨༡༣—༡༨༩༩) ལ་སོགས་པའི་སྔོན་བྱུང་བོད་ཀྱི་མཁས་པ་ཁག་གཅིག་གིས་མཆོད་རྟེན་དབྱེ་འབྱེད་སྐོར་ལ། རང་བཞིན་ལྷུན་གྱིས་གྲུབ་པའི་མཆོད་རྟེན་དང་། བླ་ན་མེད་པའི་མཆོད་རྟེན། ཐེག་པ་སོ་སོའི་མཆོད་རྟེན་ཞེས་སོགས་གསུངས་གནང་བའི་གཙོ་བོའི་དཔྱད་གཞིའི་འབྱུང་ཁུངས་ནི་དུས་རབས་༡༥པའི་ནང་སྟག་ཚང་ལོ་ཙཱ་བ་ཤེས་རབ་རིན་ཆེན་གྱིས་མཛད་པའི་རྟེན་གསུམ་བཞུགས་གནས་དང་བཅས་པའི་སྤྲུལ་ཚུལ་དཔལ་འབྱོར་རྒྱ་མཚོ་ཞེས་པ་དེ་རང་ཡིན་ཚོད་ཆེ་བར་འདུག།

༢ སྟོན་པའི་སྤྲུལ་པ་མཛད་པ་མངོན་ཕྱིར་མཆོད་རྟེན་བརྒྱད་དུ་བཤད་པའི་སྐོར།

གྲོང་ཁྱེར་སེར་སྐྱར་ (Kapilavastu) ལུམྦིའི་ཚལ་དུ་སྐུ་བལྟམས་པའི་དུས་ཀྱི་མཆོད་རྟེན་སའི་བདག་པོ་སྲས་གཙང་ལ་སོགས་པས་བཞེངས་པའི་པད་སྤུངས་

① བཙུན་པ་ཚུལ་ཁྲིམས་རིན་ཆེན་གྱིས་༡༧༩༢ལོར་བརྩམས་པའི་དཔེ་དེབ་《བོད་ཀྱི་རིག་གནས་ལྔའི་རྣམ་གཞག་》 མི་རིགས་དཔེ་སྐྲུན་ཁང་གིས་སྤྱི་ལོ་༢༠༠༨ལོར་བསྐྲུན་པའི་པར་ཐེངས་༢པ། ཤོག་གྲངས་༢༥ན་གསལ།

མཆོད་རྟེན་དང་། མགྷ་（Magadha）རྒྱལ་པོའི་ཁབ་（Rajagrha རཱ་ཛ་གྲྀཧ་）ཏུ་མངོན་པར་བྱང་ཆུབ་པའི་དུས་ཀྱི་མཆོད་རྟེན། མ་སྐྱེས་དགྲ་དང་གཟུགས་ཅན་སྙིང་པོ་ལ་སོགས་པས་བཞེངས་པའི་བྱང་ཆུབ་ཆེན་པོའི་མཆོད་རྟེན། ཝཱ་ར་ཎ་སིར་ཆོས་ཀྱི་འཁོར་ལོ་བསྐོར་བའི་དུས་ཀྱི་མཆོད་རྟེན། ལྷ་སྡེ་བཟང་པོས་བཞེངས་པའི་བཀྲ་ཤིས་སྒོ་མང་མཆོད་རྟེན། མཉན་ཡོད་（Sravasti, སཱ་ཝསྟི་）ཛེ་ཏའི་ཚལ་དུ་མུ་སྟེགས་ཕམ་བྱེད་མཆོད་རྟེན་ལི་ཙ་བྱི་སོགས་ཀྱིས་བཞེངས་པའི་ཆོ་འཕྲུལ་མཆོད་རྟེན། གནས་ཡངས་པ་ཅན་གསལ་ལྡན་དུ་གསལ་ལྡན་པ་དང་ལྡན་པ་ཅན་རྣམས་ཀྱིས་བཞེངས་པའི་ལྷ་བབས་མཆོད་རྟེན་ནམ་སུམ་ཅུ་པ་རྩ་གསུམ་ལྷའི་མཆོད་རྟེན། རྒྱལ་པོའི་ཁབ་ཏུ་ལྷས་བྱིན་གྱིས་དགེ་འདུན་དབྱེན་བྱས་པ་མཆོག་ཟུང་གི་འདུམ་པའི་དུས་རྒྱལ་བྱེད་སོགས་མགྷ་པས་བཞེངས་པའི་དབྱེན་འདུམ་མཆོད་རྟེན། ཡངས་པ་ཅན་དུ་སྐུ་ཚེ་ཟླ་བ་གསུམ་གྱིས་བྱིན་གྱིས་བརླབས་པའི་ཚེ་ལྷས་བརྩིགས་པར་བཞེད་པའི་བྱིན་རླབས་སམ་རྣམ་རྒྱལ་མཆོད་རྟེན། རྩྭ་མཆོག་གི་གྲོང་དུ་མྱ་ངན་ལས་འདས་པའི་ཚེ་རྩྭ་ཅན་གྱི་གྲོང་རྣམས་ཀྱིས་བཞེངས་པའི་མྱ་ངན་མཆོད་རྟེན་བཅས་སོ། །[1]

གཉིས། བོན་ཆོས་གཞུང་གི་དབྱེ་བ་བསྟན་པ།

༡ མདོ་དྲི་མེད་གཟི་བརྗིད་ལས་བྱུང་བའི་བདེ་གཤེགས་སྐུ་གདུང་མཆོད་རྟེན་ལ་སྦྱོར་རྣམ་པ་གསུམ་དུ་དབྱེ་བ་ལ། བོན་ཉིད་དབྱིངས་ཀྱི་མཆོད་རྟེན་བརྒྱ་དང་ཉི་ཤུ། རང་བཞིན་མཁའ་ལས་ལྷུན་གྱིས་གྲུབ་པའི་མཆོད་རྟེན་བརྒྱ་དང་ཉི་ཤུ། ཀློང་

① སྡེ་སྲིད་སངས་རྒྱས་རྒྱ་མཚོས་（༡༦༥༣-༡༧༠༥）བརྩམས་པའི་《བཻཌཱུར་དཀར་པོ་ལས་དྲིས་ལན་འཁྲུལ་སྣང་གཡའ་སེལ་》གླེགས་བམ་གཉིས་པ། ཀྲུང་གོའི་བོད་རིག་པ་དཔེ་སྐྲུན་ཁང་གིས་སྤྱི་ལོ་༢༠༠༢ལོར་བསྐྲུན་པའི་ཤོག་ངོས་༣༧༩་གསལ།

ལས་སྤྲུལ་པའི་མཆོད་རྟེན་བརྒྱ་དང་ཉེ་ཤུ།[①]

༢ མདོ་ལས་བྱུང་ཚུལ་གཞན་བཤད་པར་གཡུང་དྲུང་ཡོངས་འདུལ་མཆོད་རྟེན་ལས་གྲེས་པ་སྟེ། ཁྲི་འཕང་བརྩེགས་པའི་མཆོད་རྟེན་ལྔ་དང་། བཀྲ་ཤིས་སྒོ་མང་ལ་མཆོད་རྟེན་ལྔ། དྲེགས་པ་ཁ་གནོན་མཆོད་རྟེན་ལྔ། འབྱུང་བ་ཁ་གནོན་མཆོད་རྟེན་ལྔ། འཇིག་རྟེན་ཟིལ་གནོན་མཆོད་རྟེན་ལྔ། བདུད་བཞི་ཟིལ་གནོན་མཆོད་རྟེན་གཅིག །རྒྱལ་བ་མང་བའི་མཆོད་རྟེན་ལྔ། འཕྲིན་ལས་རྫོགས་པའི་མཆོད་རྟེན་ལྔ། འགྲོ་བ་འདུལ་བའི་མཆོད་རྟེན་ལྔ་[②]སོགས་སོ། །

① 《སྨན་རིའི་ཡོངས་འཛིན་སློབ་དཔོན་བསྟན་འཛིན་རྣམ་དག་རིན་པོ་ཆེའི་གསུང་འབུམ་》པོད་ལྔ་པ། བཟོ་རིག་པའི་སྐོར། ཁྲི་བརྟན་ནོར་བུ་རྩེའི་དཔེ་མཛོད་ཁང་གིས་སྤྱི་ལོ་༢༠༠༥ལོར་བསྐྲུན་པའི་ཤོག་གྲངས་༤༡དང་། མི་ཉག་དགེ་བཤེས་རྣམ་དག་གཙུག་ཕུད་ཀྱིས་བསྒྲིགས་པའི་《མཆོད་རྟེན་གྱི་དཔེ་རིས་བློ་གསལ་མགུལ་རྒྱན་》ཞེས་པ་བོན་གྱི་མཆོད་རྟེན་དཔེ་རིས་བརྩམས་དེབ་སྨུ་ཁྲི་བཙད་པོ་པར་བསྐྲུན་ཁང་གིས་༡༩༩༨ལོའི་པར་བསྐྲུན་ལ་གཟིགས།

② གོང་དུ་དྲངས་པའི་《མཆོད་རྟེན་གྱི་དཔེ་རིས་བློ་གསལ་མགུལ་རྒྱན་》དང་གཅིག་མཚུངས་སོ། །

ས་བཅད་གཉིས་པ། བོད་ཀྱི་ཨར་སྐྲུན་མཆོད་རྟེན་གྱི་བྱུང་འཕེལ་དུས་རིམ།

དང་པོ། ཐོག་མ་གང་ནས་བྱུང་ཚུལ།

དེ་ཡང་ས་བཅད་དང་པོའི་སྐབས་སུ་ཁོ་བོར་ལག་སོན་བྱུང་བའི་ད་བར་འཛམ་གླིང་ཁྱོན་ཡོངས་སུ་མཆོད་རྟེན་གྱི་དཔྱད་གཞིའི་ཡིག་རིགས་དང་དཔེ་རིས་ཆེས་སྟ་བའི་ས་ཁོངས་ཏེ་རྒྱ་གར་ཡུལ་གྲུ་ཁག་གི་མཆོད་རྟེན་གྱི་བྱུང་འཕེལ་སྐོར་ལ་ངོ་སྤྲོད་མདོ་ཙམ་ཞུས་ཡོད། ད་ནི་རང་རེའི་ཁ་བའི་ལྗོངས་འདིར་ཨར་སྐྲུན་མཆོད་རྟེན་གྱི་བྱུང་འཕེལ་དུས་རིམ་སོ་སོའི་རྣམ་གཞག་ལ་དབྱེ་ཞིབ་རགས་ཙམ་བྱ་རྒྱུ་སྟེ།

གཅིག གནའ་བོ་གསང་བ་ལ་སོགས་པ་དང་འབྲེལ་བའི་དཔྱད་གཏམ།

བོད་ཀྱི་ནང་བསྟན་ཆོས་འབྱུང་དེབ་ཐེར་ཕལ་མོ་ཆེ་དང་བོན་གྱི་ཆོས་འབྱུང་ཁག་གཅིག་①གི་ནང་དུ་ཁྱབ་གདལ་དུ་སོང་བའི་བཞེད་དགོངས་ལྟར་ན། རང་རེའི་

① དཔེར་ན་ཤར་རྫ་བཀྲ་ཤིས་རྒྱལ་མཚན་（༡༨༥༨-༡༩༣༣）མཆོག་གིས་《ལེགས་བཤད་རིན་པོ་ཆེའི་གཏེར་མཛོད་》མི་རིགས་དཔེ་སྐྲུན་ཁང་གིས་སྤྱི་ལོ་༡༩༨༥ལོར་བསྐྲུན་པའི་ཤོག་ངོས་༡༩༨-༡༩༩བར་ན། "སྲིད་རྒྱུད་ལས། ལྷ་ཐོ་ཐོ་རི་སྙན་ཤལ་ལ། ཞེས་ནས། དུས་ལ་བོད་ལ་ཆོས་འབྱུང་རྟགས། གསེར་གྱི་མཆོད་རྟེན་ཁྲུ་གང་བཅས། ཆོས་བཟང་ལྷ་ཡི་འདུན་ས་ནས། རིགས་གསུམ་མགོན་པོས་ཆོས་ཀྱི་སྐྱེས། བར་སྣང་མཁའ་ནས་འཕངས་ཏེ་བཏང་། རྒྱལ་པོའི་ཕྱག་ཏུ་བབ་ནས་བལྟས། ཕྱག་རྒྱ་སྙིང་པོ་མུ་དྲ་དང་། བྱང་ཆུབ་ལྟུང་བཤགས་བྱ་བ་བྱུང་། ཇི་ཉམས་ཐུགས་ནི་མ་ཆེས་ནས། ཆོས་ནི་རྒྱ་ཆེར་མ་སྤྱོད་དེ། ཐུགས་རྗེ་ཆེན་པོ་ཙུང་ཙམ་དར། ཞེས་སོགས་གསུངས་པའི་ཆོས་དེ་དག་བོད་དུ་བྱུང་ནའང་རྒྱལ་བློན་གང་གིས་ཀྱང་མ་སྤྱད་པར་སྦས་པ་ལ་ཐུགས་རྗེ་ཆེན་པོའི་སྙིང་པོ་ཁ་ཐོན་བྱེད་པ་འགའ་ཞིག་བྱུང་བ་ལ་བཤད་པ་ཡིན་ནོ། །" ཞེས་འཁོད།

ཡུལ་འདིར་ནང་བསྟན་ཆོས་ཀྱི་ཐུགས་རྟེན་དང་པོ་ཇི་ལྟར་བྱུང་བའི་ཚུལ་འགོད་སྐབས། བོད་རྒྱལ་ཉེར་བདུན་ནམ་ཉེར་བརྒྱད་པ་ལྷ་ཐོ་ཐོ་རི་གཉན་བཙན་ནམ་སྙན་ཤལ་གྱི་སྐབས་སུ་ནམ་མཁའ་ནས་ཟ་མ་ཏོག་དང་། དཔང་སྐོང་ཕྱག་རྒྱ་པ། གསེར་གྱི་མཆོད་རྟེན་བཅས་བྱུང་བར་མིང་དུ་གཉན་པོ་གསང་བ་རུ་བཏགས་ཏེ་མཆོད་པས། ལོ་བརྒྱ་ཉི་ཤུར་ཐུབ་སྡེ་དམ་པའི་ཆོས་ཀྱི་དབུ་བརྙེས་པར་ངོས་འཛིན་གནང་བ་ལས།[1] བོད་ཀྱི་ནང་བསྟན་ཆོས་ཀྱི་ཐུགས་རྟེན་དང་པོ་ནི་སྐབས་དེའི་གསེར་གྱི་མཆོད་རྟེན་དེ་ཡིན་པར་ངོས་འཛིན་བྱེད་ཐུབ་པ་ལྟ་བུར་སྣང་ཡོད་མོད། ལོ་རྒྱུས་ཀྱི་སྣང་ཚུལ་འདི་ལྟ་ཞིག་གི་རྣམ་པར་བརྟེན་ནས་ང་ཚོས་དཔྱེ་ཞིབ་བྱེད་དུས། དུས་འདིའི་སྐབས་སུ་ཐུགས་རྟེན་ཙམ་མ་ཟད། སྐུ་རྟེན་དང་གསུང་རྟེན་ཀྱང་ཆབས་ཅིག་ཏུ་བྱུང་ཡོད་པ་སྟེ། སྐུ་གསུང་ཐུགས་རྟེན་ཆ་ཚང་བར་བྱུང་ཡོད་ལ། ཚུལ་འདི་ནི་བོད་ཀྱི་ནང་བསྟན་ཆོས་ལུགས་ཀྱི་ཐོག་མའི་རྣམ་པའི་ལོ་རྒྱུས་ལ་ཞིབ་འཇུག་བྱེད་སྐབས་ཀྱི་གལ་ཆེའི་དཔྱད་གཞི་ཞིག་ཡིན་པའི་འདོད་ཚུལ་ཁྱབ་གདལ་དུ་འབང་ཕྱིན་ཡོད། འོན་ཏེ་ཆོས་འབྱུང་དུ་འཁོད་ཡོད་པའི་ནང་བསྟན་ཆོས་ལུགས་ལོ་རྒྱུས་ཀྱི་རྣམ་པ་འདི་ལྟ་ནི། དོན་དངོས་དང་མཐུན་མིན་ཐད་ལ་མཁས་པ་སོ་སོའི་བཞེད་དགོངས་མི་མཐུན་པ་ཡོད་པ་དང་།[2] དེའི་སྟེང་ལ་བོད་ཀྱི་ལོ་

① བུ་སྟོན་རིན་ཆེན་གྲུབ་ཀྱིས་མཛད་པའི《བུ་སྟོན་ཆོས་འབྱུང་》ཀྲུང་གོའི་བོད་རིག་པའི་དཔེ་སྐྲུན་ཁང་གིས་སྤྱི་ལོ་༡༩༨༨ལོར་བསྐྲུན་པའི་ཤོག་གྲངས་༡༢༧ན་གསལ།

② དཔེར་ན《ཁང་དཀར་ཚུལ་ཁྲིམས་སྐལ་བཟང་གི་གསུང་རྩོམ་ཕྱོགས་སྒྲིག》ཅེས་པ་ཀྲུང་གོའི་བོད་རིག་པའི་དཔེ་སྐྲུན་ཁང་ནས་སྤྱི་ལོ་༡༩༩༩ལོར་བསྐྲུན་པའི་ཤོག་གྲངས་༧༦ནང་། "དེ་ཡང་བུ་སྟོན་ཆོས་འབྱུང་ལས་ལྷ་ཐོ་ཐོ་རི་གཉན་བཙན་ཁྲོན་པའི་ཚེ་དགུང་ལོ་དྲུག་ཅུ་ཐམ་པ་ན་ཕོ་བྲང་ཡུམ་བུ་བླ་སྒང་གི་རྩེ་ན་བཞུགས་པ་ན་ནམ་མཁའ་ནས་ཟ་མ་ཏོག་ཅིག་བབས་པ་ཁ་ཕྱེ་བས་ཟ་མ་ཏོག་བཀོད་པ། དཔང་སྐོང་ཕྱག་རྒྱ་པ། གསེར་གྱི་མཆོད་རྟེན་ཞིག་བྱུང་སྟེ། མིང་གཉན་པོ་གསང་བར་བཏགས་ཏེ་མཆོད་པས་ལོ་བརྒྱ་ཉི་ཤུར་ཐུབ་སྡེ་དམ་པའི་ཆོས་ཀྱི་དབུ་བརྙེས་ཞེས་འཁོད་པའི་མཚོན་རང་རེའི་ཕྱིས་ཀྱི་ལོ་རྒྱུས་ཐམས་ཅད་དུ་དེ་ལྟར་གསལ་ཡང་། དེ་ནི་ཡབ་མེས་གོང་མའི་གསུང་རྒྱུན་ཙམ་ལས་ལོ་རྒྱུས་རིག་པའི་ཁུངས་སྐྱེལ་ཅི་ཡང་མེད་ཅིང་། དངོས་དོན་བོད་གངས་

རྒྱུས་རིག་པ་སྨྲ་བ་དུ་མས་ད་བར་དུའང་མུ་མཐུད་བརྩོན་ལེན་མཆིས་མུས་སུ་ཡིན་པའི་བདེན་རྫུན་ར་འཕྲོད་ཀྱིས་སྔོམ་ཚིག་ཅིག་འགོད་པར་མི་ནུས་ན། ད་ཕན་ཡང་དེ་ཡིན་འདི་མིན་གྱི་ཚིག་ཐག་ཆོད་པར་མི་ཐུབ་མོད། འོན་ཏེ་འདིར་ང་ཚོས་མུ་མཐུད་བགྲོ་གླེང་བྱ་དགོས་པའི་གནད་དོན་འགའ་ཞིག་སྐབས་བབ་ཀྱི་བརྗོད་བྱའི་དགོས་པར་བརྟེན་ཏེ་འགོད་པའི་དབང་དུ་བཏང་ན། དེས་ཆོས་འབྱུང་དེབ་ཐེར་ཁག་ནང་གྲགས་ཆེ་ལ་གནའ་རབས་བོད་ཀྱི་ཆོས་ལུགས་ལོ་རྒྱུས་ཞིབ་འཇུག་ཁྲོད་ད་བར་ཁྱབ་བསྒྲགས་སུ་འགྲོ་མུས་ཡིན་པའི་གཉན་པོ་གསང་བའི་དོན་རྐྱེན་ལྟ་བུ་དང་། ལར་སྐབས་དེའི་བོད་ཀྱི་ལོ་རྒྱུས་སམ། དེ་དང་འབྲེལ་འདྲིས་ཆེ་བའི་བོད་དང་ཉེ་འཁོར་རྒྱལ་ཁབ་ཕན་ཚུན་དབར་དུ་འབྲེལ་བ་གང་ཞིག་བྱུང་མིན་གྱི་དཔྱད་ཞིབ་ལས། བོད་ཡུལ་གྱི་ཆེས་ཐོག་མའི་མཆོད་རྟེན་བྱུང་ཚུལ་ལ་བལྟོས་ནས་རྒྱ་ཆེ་བའི་ལོ་རྒྱུས་ཀྱི་རྒྱབ་ལྗོངས་ཤིག་ཏེ། ནམ་ཞིག་ཚོད་དཔག་གི་སྐབས་སུ་གཞི་བཅོལ་ཡུལ་དུ་འགྱུར་འོས་པའི་ནུས་པ་ཙམ་ཐོན་ཐུབ་ན་སེམས་ཏེ་དེའི་གནད་དོན་ཁག་ལ་དཔྱད་ཞིབ་རགས་ཙམ་བྱ་རྒྱུ་སྟེ།

དེ་ཡང་། གཉན་པོ་གསང་བ་དང་འབྲེལ་བའི་བོད་ཀྱི་ལོ་རྒྱུས་དེ་ནི་གོང་དུ་བརྗོད་ཟིན་པའི་བོད་ཀྱི་ནང་བསྟན་ཆོས་ཀྱི་ཐུགས་རྗེ་དང་པོའི་བྱོན་ཚུལ་ཙམ་མ་ཟད། དེ་ནི་ནང་པའི་ཆོས་བོད་ཡུལ་དུ་ཐོག་མར་ཇི་ལྟར་དབུ་བརྙེས་པའི་སྐོར་གྱི་གནད་དོན་དང་འབྲེལ་བ་ཆེར་ལྡན་པའི་ལོ་རྒྱུས་ཀྱི་གནད་དོན་ཞིག་ཀྱང་ཡིན། དེར་

ལྗོངས་སུ་དམ་པ་ཆོས་དབུ་བརྙེས་པའམ་འགོ་ཚུགས་པའི་དུས་རབས་ནི་ངེས་པ་དོན་གྱི་བོད་དང་བོད་མིར་བཀའ་དྲིན་ཅན་གྱི་མངའ་བདག་འཛམ་གླིང་ན་སྙན་གྲགས་ཅན་གྱི་བཙན་པོ་སྲོང་བཙན་སྒམ་པོའི་སྐུ་དུས་སུ་ཡིན་པར་ཐེ་ཚོམ་མེད་” ཅེས་གསུངས་པ་བཞིན་འདིར་གཉན་པོ་གསང་བ་དང་འབྲེལ་བའི་ལོ་རྒྱུས་གནད་དོན་ལ་ཁུངས་སྐྱེལ་ཅི་ཡང་མེད་པར་བཞེད་ཡོད་ལ། བོད་ལ་ནང་བསྟན་ཆོས་ལུགས་དར་བའི་དུས་ཚོད་ཀྱང་སྲོང་བཙན་སྐབས་ཁོ་ནར་འཛུགས་དགོས་པར་བཞེད་ཡོད།

བརྟེན། ཁོ་བོས་དུས་སྐབས་དེའི་ནང་བོད་ཀྱི་ནང་བསྟན་ཆོས་ལུགས་དབུ་ཚུགས་ཡོད་མིན་སྐོར་ལ་དཔྱད་བརྗོད་ཚགས་སུ་ཚུད་ཐུབ་པའི་ནུས་པ་མ་མཆིས་ཅུང་། དོན་འདི་དང་འབྲེལ་བ་ཡོད་པའི་གནའ་རབས་བོད་ཀྱི་ལོ་རྒྱུས་འཕེལ་རིམ་གྱི་རྒྱབ་ལྗོངས་ལ་དཔྱེ་ཞིབ་ཟུང་འབྲེལ་བྱས་ན་དོན་སྙིང་ཆེར་ལྡན་པར་མཐོང་། སྲོལ་རྒྱུན་གྱི་བཞེད་དགོངས་ལྟར་ན། བོད་དུ་ནང་བསྟན་ཆོས་ལུགས་དབུ་བརྙེས་པའི་དུས་ཚོད་ནི་གོང་དུ་སྨོས་ཟིན་པའི་བོད་རྒྱལ་ཉེར་བདུན་ནམ་ཉེར་བརྒྱད་པ་ལྷ་ཐོ་ཐོ་རི་གཉན་བཙན་ནམ་སྙན་ཤལ་གྱི་སྐབས་སུ་ཡིན་པ་དང་། ཁོང་འཚོ་བཞུགས་གནང་བའི་དུས་ཚིགས་ཀྱི་སྐོར་ལ་ད་བར་ཡོངས་མཐུན་གྱི་ལྟ་བ་མེད་ཅུང་། འདིར་འགའ་ཞིག་དྲངས་བར་བྱ་སྟེ། མང་ཐོས་ཀླུ་སྒྲུབ་རྒྱ་མཚོའི་ (དུས་རབས་༡༨པའི་ནང་) 《བསྟན་རྩིས་གསལ་བའི་ཉིན་བྱེད་》དུ་བཅོམ་ལྡན་འདས་ཀྱི་འདས་ལོ་ཉིས་སྟོང་བཞི་བརྒྱ་དང་བརྒྱད་ཅུ་རྩ་གཅིག་པར་ལྷ་ཐོ་ཐོ་རི་སྙན་བཙན་བྱོན་ཞིང་ས་ཕོ་སྤྲེལ་ཏེ་ཕྱི་ལོ་༣༩༨ལོར་འཁྲུངས་པ་དང་། དགུང་ལོ་དྲུག་ཅུར་ལོན་པ་མེ་མོ་ལུག་སྟེ་ཕྱི་ལོ་༩༠༧ལོར་ནང་བསྟན་ཆོས་དབུ་བརྙེས་པ། དགུང་གྲངས་བརྒྱ་ཉི་ཤུ་བཞུགས་པའི་འདས་ལོ་ནི་ཕྱི་ལོ་༩༨༧ལོར་འཁོད། ཡང་དེའི་ནང་། "དེ་ལྟར་ལྷ་ཐོ་ཐོ་རི་སྙན་བཙན། ཁྲི་སྙན་གཟུངས་བཙན། འབྲོ་སྙན་སྡེ་རུ། སྟག་རི་སྙན་(གཉན་)གཟིགས། གནམ་རི་(རི་)སྲོང་བཙན་ཏེ་ལྔའི་རིང་ལ། དམ་པའི་ཆོས་ཀྱི་སྒྲིགས་བམ་བྱུང་ཞིང་། གཉན་པོ་གསང་བ་ལ་མཆོད་པ་ཙམ་བྱུང་བས། ཆོས་ཀྱི་དབུ་བརྙེས་པའི་གདུང་རབས་བཞི་བྱ"[①]ཞེས་འཁོད་པ་དང་། ཤར་ཡུལ་ཕུན་ཚོགས་ཚེ་རིང་མཆོག་གི་《བོད་ཀྱི་ལོ་རྒྱུས་ཞིབ་འཇུག་ལ་ཉེ་བར་མཁོ་བའི་དོན་ཆེན་རེའུ་མིག་རྒྱས་པ་ཀེ་ཏ་ཀ་ཞེས་བྱ་བ་བཞུགས་སོ་》ཞེས་

① ནོར་བྲང་ཨོ་རྒྱན་གྱིས་བསྒྲིགས་པ་དང་མང་ཐོས་ཀླུ་སྒྲུབ་རྒྱ་མཚོས་བརྩམས་པའི་《བསྟན་རྩིས་གསལ་བའི་ཉིན་བྱེད་དང་ཐ་སྙད་རིག་གནས་ལྔའི་བྱུང་ཚུལ་》གངས་ཅན་རིག་མཛོད་དེབ་༥པ། བོད་ལྗོངས་མི་དམངས་དཔེ་སྐྲུན་ཁང་ནས་ཕྱི་ལོ་༡༩༨༧ལོར་བསྐྲུན་པའི་ཤོག་གྲངས་༥༥-༥༥བར་ན་གསལ།

པའི་ནང་ཤིང་ཧྲ་སྟེ་སྤྱི་ལོ་༢༥༨ལོར་འཁྲུངས་པ་དང་། བཙན་པོའི་ཁྲིར་འཁོད་རྗེས་ཆབ་སྲིད་རྒྱུན་རིང་བསྐྱངས། ཆུ་སྤྲེལ་ཏེ་སྤྱི་ལོ་༣༣༣ལོར་རྒྱ་གར་ནས་སངས་རྒྱས་ཆོས་ལུགས་བོད་དུ་དར། བོད་ཀྱི་གསོ་བ་རིག་པའང་གོང་དུ་འཕེལ། ཤིང་ཕྲི་སྟེ་སྤྱི་ལོ་༣༧༡ལོར་ལྷ་ཐོ་ཐོ་རི་སྙན་ཤལ་དགུང་ལོ་བརྒྱ་དང་ཉི་ཤུར་ཕེབས་ཏེ་དགོངས་པ་ཆོས་དབྱིངས་སུ་གཤེགས་①ཞེས་གསུངས་ཡོད། ཁམས་སྤྲུལ་བསོད་ནམས་དོན་གྲུབ་མཆོག་གི་《གངས་ཅན་བོད་ཀྱི་རྒྱལ་རབས་བསྟན་རྩིས་ལས་མཉམ་མེད་ཐུབ་པའི་དབང་པོ་དང་བོད་རྗེ་གཉའ་ཁྲི་བཙན་པོ་དུས་མཉམ་ཡིན་ཚུལ་སོགས་ལོ་རྒྱུས་དོན་རྙེན་གནད་ཅན་འགའ་ཞིག་ཉུང་དོན་གསལ་དུ་བཀྲལ་བ་བཞུགས་སོ་》ཞེས་པའི་ནང་ལྷ་ཐོ་ཐོ་རིའི་འཁྲུངས་ལོ་ཆུ་ཕྲི་སྟེ་སྤྱི་ལོ་༨༢༢ལོ་དང་། དགུང་ལོ་བརྒྱ་ཉི་ཤུ་བཞུགས་པའི་འདས་ལོ་ཆུ་ཕྲི་སྟེ་སྤྱི་ལོ་༥༨༢ལོར་བཞེད་ཡོད་པ་②སོགས་སོ། །འདིའི་ཁྲོད་བོད་དུ་དམ་ཆོས་དབུ་བརྙེས་པའི་དུས་ཚིགས་སྔ་ཤོས་ནི་ཤར་ཡུལ་ཕུན་ཚོགས་ཚེ་རིང་མཆོག་གི་བཞེད་དགོངས་ཏེ་སྤྱི་ལོ་༣༣༣ལོར་ཡིན་པ་དང་། ཕྱི་ཤོས་ནི་ཁམས་སྤྲུལ་བསོད་ནམས་དོན་གྲུབ་མཆོག་གི་ལྷ་ཐོ་ཐོ་རིའི་འཁྲུངས་ལོ་ཐོག་ཡོངས་གྲགས་ཀྱི་ལྟ་བ་དགུང་ལོ་དྲུག་ཅུར་ཕེབས་དུས་དམ་ཆོས་དབུ་བརྙེས་པར་ཕབ་ན་སྤྱི་ལོ་༨༢༢ལ་གཏན་འཁེལ་བ་བཞིན་ནོ། །ལྷ་ཐོ་ཐོ་རིའི་འཚོ་བཞུགས་ཀྱི་དུས་ཚིགས་ལ་དུས་རབས་༣པའི་དུས་དཀྱིལ་ནས་༨པའི་དུས་མཇུག་དང་། དུས་རབས་༨པའི་དུས་དཀྱིལ་ནས་༥པའི་དུས་དཀྱིལ། དུས་རབས་༥པའི་དུས་སྟོད་ནས་༦པའི་དུས་དཀྱིལ་སོགས་ཀྱི་བཞེད་དགོངས་འདྲ་མིན་གོང་དུ་སྨྲོས་པ་ལྟར། དེའི་གནད་དོན

① ཤར་ཡུལ་ཕུན་ཚོགས་ཚེ་རིང་མཆོག་གིས་རྩོམ་སྒྲིག་བྱས་པའི་《བོད་ཀྱི་ལོ་རྒྱུས་ཞིབ་འཇུག་ལ་ཉེ་བར་མཁོ་བའི་དོན་ཆེན་རིའུ་མིག་རྒྱས་པ་གེ་ཏ་ཀ་ཞེས་བྱ་བ་བཞུགས་སོ་》 མི་རིགས་དཔེ་སྐྲུན་ཁང་གིས་སྤྱི་ལོ་༢༠༠༥ལོར་བསྒྲུན་པའི་ཤོག་ངོས་༨–༥བར་ན་གསལ།

② པར་སློག ཁམས་སྤྲུལ་བསོད་ནམས་དོན་གྲུབ་མཆོག་གིས་མཁོ་འདོན་གནང་།

ལ་སྦྱར་བཞིན་དཀའ་རྙོག་མཆིས་པ་ནི་སྨོས་ཅི། དེ་ལྟར་ན། གོང་གི་དུས་ཚིགས་ཁག་བཏང་སྙོམས་ཀྱིས་དབང་དུ་བྱས་ཏེ་ལྷ་ཐོ་ཐོ་རིའི་འཚོ་བཞུགས་ཀྱི་དུས་ཚོད་ཀྱང་དུས་རབས་༥པའི་ཡས་མས་སུ་ཚོད་དཔག་གི་ཆ་འཇོག་བྱ་བ་ལས་གཞན་ཐབས་ཟད་པ་ལྟ་བུར་སེམས།

ཁོ་བོར་ལག་སོན་བྱུང་བའི་དཔྱད་གཞིའི་ཡིག་རིགས་ལྟར་ན། ད་བར་གྱི་འབྲེལ་ཡོད་ཞིབ་འཇུག་ཁྲོད་དུ་ནང་པའི་ཆོས་འདི་བཞིན་བོད་ཡུལ་དུ་ནམ་ཞིག་ལ་དར་ཡོད་མེད་ཀྱི་སྐོར་ལ་ལྟ་བ་མི་འདྲ་བ་བཞི་ཙམ་དུ་མཆིས་པ་སྟེ། གཅིག་ནི་གཉན་པོ་གསང་བས་མཚོན་ལྷ་ཐོ་ཐོ་རིའི་སྐབས་སུ་དམ་པའི་ཆོས་དབུ་བརྙེས་པར་བཞེད་ཅིང་། རྒྱལ་པོ་དེ་ནས་འགོ་ཚུགས་པའི་གནམ་རི་སྲོང་བཙན་དང་བཅས་པ་ལྔའི་སྐབས་སུ་གཉན་པོ་གསང་བར་མཆོད་པ་ཙམ་བྱུང་ཞེས་པ་གོང་དུ་དྲངས་ཟིན་པའི་བུ་སྟོན་རིན་པོ་ཆེ་དང་མང་ཐོས་ཀླུ་སྒྲུབ་ཀྱིས་གཙོས་པའི་མཁས་པ་དག་གི་བཞེད་དགོངས་དང་། གཉིས་ནི་བོད་དུ་དམ་ཆོས་དོན་དངོས་སུ་དབུ་བརྙེས་པ་ནི་སྲོང་བཙན་སྐབས་སུ་ཡིན་པར་བཞེད་པ་འདིར་དྲངས་ཡོད་པའི་སྐུ་ཞབས་ཁང་དཀར་ཚུལ་ཁྲིམས་སྐལ་བཟང་མཆོག་གིས་གཙོས་པའི་མཁས་པ་དག་གི་བཞེད་དགོངས། གསུམ་ནི་གོང་གཉིས་དང་ལྡོག་ཏེ་བྱུང་བའི་ལྟ་བ་སྟེ། བོད་དུ་ནང་ཆོས་དར་བའི་དུས་རིམ་ནི་ཏ་ལམ་སྤྱི་ལོའི་སྔོན་གྱི་དུས་རབས་༣པ་སྟེ་བོད་རྗེ་གདུང་རབས་དང་པོ་གཉའ་ཁྲིའི་སྐབས་སུ་ཡིན་པའི་ཚོད་དཔག་བྱས་ཡོད་ལ། དུས་དེ་ནས་བཟུང་ནང་ཆོས་འདི་ཡང་བོད་མིའི་དམངས་ཁྲོད་དུ་དར་ཁྱབ་དང་འཕེལ་རྒྱས་རིམ་བཞིན་བྱུང་ཞིང་། དུས་ཕྱིས་བཙན་པོ་ཚང་གིས་བོད་དུ་དམ་ཆོས་དབུ་བརྙེས་པའི་དུས་རིམ་དེ་ལྷ་ཐོ་ཐོ་རིའི་སྐབས་སུ་སྦྱར་བར་བརྟེན། དེ་ལྟར་དུ་བྱུང་བའི་ལོ་རྒྱུས་འདི་ནི། དོན་དངོས་ཀྱི་ནང་ཆོས་བོད་དུ་དར་ཁྱབ་བྱུང་ནས་འཕེལ་

རྒྱས་སོང་བ་དང་ཐ་དད་ཡིན་པར་བཞེད་ཅིང་། དེའི་རྒྱུ་མཚན་ལ་ཡང་བོད་ཀྱི་ཆོས་འབྱུང་ཐལ་མོ་ཆེའི་ནང་འཁོད་པ་བཞིན་དམ་ཆོས་བོད་དུ་དབུ་བརྙེས་པའི་དུས་རིམ་ལྷ་ཐོ་ཐོ་རིའི་སྐབས་སུ་སྨྲར་དོན་ནི་བཙན་པོ་ཚང་གི་སྙེར་དབང་ལ་སྦྱང་སྦྱོང་བྱེད་པའི་ཕྱིར་ཞེས་གསུངས་ཡོད། ལྟ་བ་འདི་བཞིན་འཛིན་མཁན་གྱི་ཚབ་མཚོན་མི་སྣ་ནི་དེང་རབས་ཞིབ་འཇུག་པ་འབྲོང་བུ་ཚེ་རིང་རྡོ་རྗེ་ལ་སོགས་པའོ །[①] བཞི་ནི་《གཡུང་དྲུང་བོན་གྱི་བསྟན་པའི་དཀར་ཆག་ཀླད་བྱུང་ནོར་བུའི་མགུལ་རྒྱན་》ལ་སོགས་པའི་བོན་གྱི་ཡིག་ཚང་དུ་བོད་རྒྱལ་གདུང་རབས་བདུན་པ་སྤྲིབས་ཁྲི་[②]བཙན་པོའི་སྐབས་ནས་ནང་བསྟན་ཆོས་ལུགས་བོད་དུ་དར་ཡོད་པ་མ་ཟད། འདི་ནས་འགོ་ཚུགས་པའི་བཙན་པོ་གསུམ་གྱི་སྐུ་རིང་དུའང་དར་ཁྱབ་བྱུང་ཡོད་པར་བཞེད་པ་དང་། གཉའ་ཁྲིའི་འཁྲུངས་ལོ་ནི་སྤྱི་ལོའི་སྔོན་གྱི་༡༣༢ལོར་བཞེད་པའི་རྨང་གཞིའི་ཐོག །དེ་ནས་རྩིས་པའི་བཙན་པོ་རེ་རེའི་ཁྲིར་བཞུགས་ཀྱི་དུས་ཚོད་ལོ་བསྐོར་༢༠་ཏུ་བྱས་པ་ལས་བོད་རྒྱལ་གདུང་རབས་བདུན་པ་སྤྲིབས་ཁྲིའི་དུས་རིམ་སྤྱི་ལོ་༡པོའི་དུས་འཁོར་གཏན་འབེབས་བྱས་ཡོད། ལྟ་བ་འདི་བཞིན་འཛིན་མཁན་ནི་ཞིབ་འཇུག་པ་ཚེ་རིང་དར་ཡིན་ནོ། །[③] དེ་ཡང་། ལྟ་བ་གོང་མ་གཉིས་པོ་དང་འབྲེལ་བའི་དཔྱད་བརྗོད་ནི་མང་དུ་མཆིས་པར་བརྟེན་འདིར་བསྐྱར་བཟློས་ཀྱིས་ངལ་བ་མི་བྱ། ལྟ་བ་འོག་མ་འདི་གཉིས་དང་འབྲེལ་ཏེ་སྐབས་འདིའི་གནད་དོན

---

① འབྲོང་བུ་ཚེ་རིང་རྡོ་རྗེས་《ནང་ཆོས་བོད་དུ་དར་བའི་དུས་ཚོད་ལ་དཔྱད་པ་》《བོད་ལྗོངས་ཞིབ་འཇུག་》（རྒྱ་ཡིག་）༢༠༠༣ལོའི་དུས་དེབ་༣པའི་ཤོག་གྲངས་༥༢༤་གསལ།

② 《ལྡེའི་ཆོས་འབྱུང་རྒྱས་པ་》（ཤོག་གྲངས་༢༩༣-༢༩༩）དང་《ཆོས་འབྱུང་མཁས་དགའ་》(ཤོག་གྲངས་༤༧)ལ་སོགས་པར་སྤྲིབས་ཁྲི་བཙན་པོ་ཉིད་ནི་བོད་རྒྱལ་གདུང་རབས་བདུན་པར་བཞེད་ཡོད་ཀྱང་། 《བོད་ཀྱི་ལོ་རྒྱུས་རགས་རིམ་གཡུ་ཡི་ཕྲེང་བ་》（ཤོག་གྲངས་༥༧）ལ་སོགས་པར་གདུང་རབས་བདུན་པ་ནི་གྲི་གུམ་བཙན་པོར་བཞེད་ཡོད་དོ། །

③才让太：《佛教传入吐蕃的年代可以推前》，《中国藏学》，2007年第3期（总第79期），第5-8页

ཁག་གཅིག་ལ་མུ་མཐུད་གླེང་བརྗོད་བྱས་ཏེ་ནང་ཆོས་བོད་དུ་ཐོག་མ་ཇི་ལྟར་དར་ཚུལ་དང་། བོད་ཀྱི་ཡ་ཐོག་ཤེས་རིག་གི་འབྱུང་ཁུངས་སྐྱེ་དང་ཕྱེ་བྲག་གི་ནང་དོན། བོད་ཀྱི་སྔ་རབས་ཆོས་ལུགས་ལོ་རྒྱུས་ཀྱི་རྨང་གཞིའི་རྒྱབ་བརྟེན་གང་ཞིག་བཙལ་འཚོལ་བྱེད་ནུས་བཅས་ཀྱི་སྐོར་གྱི་གནད་དོན་འགའ་ཞིག་ལ་དབྱེ་ཞིབ་རགས་བསྡུས་བྱེད་ཁུལ་གཤམ་གསལ་སྟེ།

གོང་དུ་མཚམས་སྦྱོར་ཟིན་པའི་སྐུ་ཞབས་འགྲོང་བུའི་དཔྱད་རྩོམ་ནང་ཁོ་རང་གི་ལྟ་བའི་སྐབས་བྱེད་དུ་《ཀྲུང་གོ་དང་ནུབ་ཕྱོགས་ཀྱི་འགྲིམ་འགྲུལ་ལོ་རྒྱུས་རྒྱུ་ཆ་ཕྱོགས་སྒྲིག་》ཅེས་པའི་རྒྱ་ཡིག་དཔྱད་གཞིའི་རྒྱུ་ཆ་ནས་ལུང་དྲངས་ཏེ། སྤྱི་ལོའི་སྔོན་གྱི་དུས་རབས་༣པའི་ནང་རྒྱ་གར་མོཏྱའི་རྒྱལ་རབས་ཀྱི་རྒྱལ་པོ་ཨ་ཤོ་ཀཿསམ་མྱ་ངན་མེད་(ཁྲིར་འཁོད་ཀྱི་དུས་ཚིགས་ནི་སྤྱི་ལོའི་སྔོན་༢༦༧–༢༥༧ལོའི་བར་ཡིན། ཁང་དཀར་ཚུལ་ཁྲིམས་སྐལ་བཟང་གི་གསུང་རྩོམ་ཕྱོགས་སྒྲིག་གི་ཤོག་གྲངས་༡༢༨དང་༡༣༠བར་ན་གསལ་)ཀྱི་སྐུ་དུས་སུ་ནང་བསྟན་ཆོས་ལུགས་དེ་དབུས་འགྱུར་འཆང་ཕུད་པའི་ཡུལ་གྲུ་གང་བབས་སུ་སྤེལ་བའི་སྐབས། ཆོས་རྒྱལ་ཁོང་གིས་དགེ་སློང་མངགས་རྫོངས་གནང་བའི་ཡུལ་གྲུ་སྟེ། ཨེ་འཇིབ་(埃及, Egept)དང་། མ་ཇི་ཏུན།(马其顿) སུ་རི་ཡ།(叙利亚，Syria) ཅི་ལན། སིངྒ་ལའི་གླིང་།(锡兰) ཧྥི་ཨ་ནུ།(比阿努) བོད་བཅས་པར་ནང་བསྟན་ཆོས་པས་ཞབས་ཀྱིས་བཅགས་[1] ཞེས་པ་ལས། ཆོས་རྒྱལ་མྱ་ངན་མེད་ཀྱི་སྐུ་དུས་སུ་རྒྱ་གར་ཡུལ་ནས་བོད་དུ་ནང་ཆོས་སྤེལ་མཁན་གྱི་དགེ་སློང་བྱུང་བའི་སྐོར་བསྟན་པ་ལགས། འོན་ཏེ། རྒྱ་གར་གྱི་སྐབས་དེའི་འབྲེལ་ཡོད་ལོ་རྒྱུས་དང་གོང་གི་ནང་དོན་དབར་ཅུང་མི་འདྲ་བ་ཞིག་

① འགྲོང་བུ་ཚེ་རིང་རྡོ་རྗེས་《ནང་ཆོས་བོད་དུ་དར་བའི་དུས་ཚོད་ལ་དཔྱད་པ་》《བོད་ལྗོངས་ཞིབ་འཇུག་》(རྒྱ་ཡིག་)༢༠༠༣ལོའི་དུས་དེབ་༣པའི་ཤོག་གྲངས་༥༧ན་གསལ།

ཏུ་མངོན་ཡོད་ཅིང་། འདིར་ཁང་དཀར་ཚུལ་ཁྲིམས་སྐལ་བཟང་མཆོག་གི་བརྩམས་པའི་《ཚུར་མཐོང་སྐྱེ་བོར་སྣང་ཚུལ་མ་བཅོས་ལྷུག་པར་བཀོད་པའི་རྒྱ་གར་གྱི་ནང་པའི་ལྷ་སྒྲུབ་ཆོས་འབྱུང་ལེགས་བཤད་དཀའ་གནད་མདུད་འགྲོལ་(དེབ་སྔོན་གསར་མ་)》ཞེས་པའི་ནང་དོན་ལས་ལུང་སོར་བཞག་ཏུ་འདྲེན་པ་འདིའང་དཔྱད་བསྡུར་གྱི་དགོས་པའི་དབང་གིས་ཏེ། སིཧྣ་ལའི་བཞེད་རྒྱུན་ལྟར་ན། མཽཪྻའི་རྒྱལ་རབས་ཀྱི་ཆོས་རྒྱལ་མྱ་ངན་མེད་ཀྱི་སྐུ་དུས་སུ་གནས་བརྟན་སྐར་རྒྱལ་གྱི་དགོངས་བཞེད་ལྟར། ས་ཁག་དགུ་ལ་ཆོས་སྤེལ་མཁན་བཀོད་རྫོངས་གནང་། གཏན་འཁེལ་བའི་ཁོངས་སུ་ཁ་ཆེ་དང་གན་དྷཱ་ར་ལ་ཆུ་དབུས་པས་(Madhayāntika 末田地)གཙོས་པའི་དགེ་སློང་ལྔ་མངགས་པ་ལྟར། ཆུ་དབུས་ནས་ཁ་ཆེར་ཪྫུ་འཕྲུལ་གྱིས་ཆོས་མིན་བཏུལ་ནས་ཆོས་འཆད་པ་དང་ལྷག་པར་སྤྲུལ་གྱི་དཔེའི་མདོ་(蛇譬喻经，Asīvisopama-sutta)བསྟན་པ་གསལ། ……སིཧྣ་ལའི་གསུང་རྒྱུན་དུ་དགེ་སློང་ལྔ་བརྫངས་པར་གསལ་བ་ཡའང་གོ་རྒྱུ་ཆེན་པོ་ཞིག་ཡོད། དགེ་སློང་བཞི་མེད་ན་དགེ་འདུན་མེད་པས་འདུལ་བའི་ལས་ཆོག་མི་ཐུབ་པ་དང་ལྷག་པར་བསྙེན་རྫོགས་སྡོམ་པ་ནི་དགེ་འདུན་ལ་བརྟེན་ནས་སྐྱེ་དགོས་ཤིང་། དེ་ལ་མ་མཐའའང་དགེ་སློང་ལྔ་ཚང་དགོས་པས་སོ། །(ཁང་དཀར་ཚུལ་ཁྲིམས་སྐལ་བཟང་གི་གསུང་རྩོམ་ཕྱོགས་སྒྲིག་ཤོག་གྲངས་༡༥༤ན་གསལ་)སངས་རྒྱས་ཞལ་བཞུགས་དུས་སུ་ཡུལ་དབུས་ཙམ་ལས་ནང་ཆོས་དར་ཁྱབ་མེད། དེ་ནས་ཀུན་དགའ་བོས་རྒྱ་གར་ནུབ་ཕྱོགས་ཀྱི་ཀཽ་ཤཱམྦི་(Kausambi)བར་ནང་ཆོས་སྤེལ། སངས་རྒྱས་འདས་རྗེས་ལོ་བརྒྱ་ཙམ་ལ་སཾ་ཀསྶ་(Samkassa)དང་ཀཎྞ་ཀུ་ཛྫ་(Kannakujja)དང་། ཨ་ཝན་ཏི། (Avanti) དཀ་ཁི་ཎྜ་པ་ཐ་(Dakkhanāpatha)སོགས་ལ་རིམ་པས་ནང་པའི་དགོན་སྡེའི་གནས་གཞི་ཚུགས། དེ་ནས་ཤ་ནའི་གོས་ཅན་དང་། ཉེར་སྦས་གཉིས་

ཀྱིས་ཡུལ་བཅོམ་བརླག་བར་ཆོས་དར་བར་བྱས། དེ་རྗེས་ཆུ་དབུས་པ་སོགས་ཆོས་སྤྱིལ་མཁན་རྣམས་ཀྱིས་ཁ་ཆེ་དང་། རྒྱ་གར་ལྷོ་ཕྱོགས། ཧི་མ་ལ། སིནྡྷ་ལའི་གླིང་སོགས་སུ་ནང་པའི་ཆོས་སྤྱིལ། ཆོས་སྤྱིལ་བའི་དུས་རིམ་དེ་ནི་སངས་རྒྱས་འདས་རྗེས་ཀྱི་ལོ་བརྒྱ་དང་ལྔ་བཅུའི་གོང་རོལ་དུ་བྱུང་བར་ཚོད་དཔག་ཐུབ་བོ། །[①] ཐམས་ཅད་ཡོད་པར་སྨྲ་བའི་《གཞུང་ལུགས་བྱེ་བྲག་བཀོད་པའི་འཁོར་ལོ་》ཞེས་པའི་ནང་། ཧི་མ་ལ་ལ་ཆོས་སྤྱིལ་པའི་གནས་བརྟན་གྲས་སུ་ཀཱཤྱ་པ་གོ་ཏྲ་དང་། ཨ་ལ་ཀ་དེ་ཝ་དང་། དུན་དུ་བྷི་སྨྲ་ར་དང་། ས་ཧ་དེ་ཝ་བཅས་ཡོད་པའི་སྐོར་འཁོད་ཅིང་། ཕྱིས་སུ་སྔན་ཅིའི་མཆོད་རྟེན་གཉིས་པར་རྙེད་པའི་བུམ་པ་ནས་ཧི་མ་ལར་ཆོས་སྤྱིལ་བའི་གནས་བརྟན་ཀཱ་ས་པ་གོ་ཏ་དང་མ་ཛྷི་མ་གཉིས་ཀྱི་རིང་བསྲེལ་ཐོན་པར་བརྗེན། ཧི་མ་ལར་ཆོས་སྤྱིལ་བར་བཟུང་ས་པའང་དངོས་ཡོད་ར་སྦྱོད་ཀྱི་བདེན་པ་དག་བསྒྲིལ་བྱུང་ཡོད་[②]ཅེས་པའི་ལུང་འདྲེན་འདིའི་ནང་དུ། ནང་ཆོས་སྤྱིལ་ཡུལ་ཁྲོད་དུ་བོད་ཅེས་པའི་ཚིག་ནི་གསལ་མེད་མོད། བོད་དང་ས་ཁོངས་བར་ཐག་ཉེ་ཤོས་སུ་གྱུར་པའི་ཡུལ་གྲུ་ནི་ཧི་མ་ལ་དེ་ཀོ་ཡིན་པ་སྨོས་ཅི། དེས་ན། འདིར་དྲངས་པའི་བོད་དུ་ནང་ཆོས་སྤྱིལ་མཁན་བྱུང་ཡོད་པར་བཞེད་པའི་ལུང་འདྲེན་དང་ཧི་མ་ལར་ནང་ཆོས་སྤྱིལ་ཡོད་པར་བཞེད་པའི་དབར་གྱི་འགག་རྩ་གཙོ་བོ་ནི་ཡུལ་གང་ཞིག་ཏུ་ངོས་འཛིན་བྱེད་དགོས་མིན་དེ་ལས་མ་འདས། དེ་ཡང་རྒྱ་གར་གྱི་ལོ་རྒྱུས་གཞིར་འཛིན་ཏེ་གསུངས་གནང་བའི་སྐབས་འདིའི་ཆོས་

① གོང་གི་ནང་དོན་ནི་ཁང་དཀར་ཚུལ་ཁྲིམས་སྐལ་བཟང་གི་གསུང་རྩོམ་ཕྱོགས་སྒྲིག་ཤོག་གྲངས་༡༤༤–༡༤༥བར་ན་གསལ་ལ། དེ་ཡང་སངས་རྒྱས་ཀྱི་འབྱུངས་འདས་སྐོར་ལ་ལྟ་བ་མི་འདྲ་བ་འགའ་ཡོད་པ་སྟེ། ཕྱི་ལོའི་སྔོན་གྱི་༥༦༣–༤༨༣ལོའི་བར་དང་། ཕྱི་ལོའི་སྔོན་གྱི་༥༤༨–༤༨༦ལོའི་བར། ཕྱི་ལོའི་སྔོན་གྱི་༤༦༦–༣༨༦ལོའི་བར་སོགས་པའི་ནང་། སྐུ་ཞབས་ཁང་དཀར་མཆོག་གིས་བཞེད་དགོངས་མཇུག་མ་དེར་མོས་མཐུན་གནང་འདུག་པ་གོང་དུ་དྲངས་ཟིན་པའི་ཁོང་གི་དཔེ་དེབ་ཀྱི་ཤོག་གྲངས་༢༣-༢༤བར་ན་གསལ།

② ཁང་དཀར་ཚུལ་ཁྲིམས་སྐལ་བཟང་གི་གསུང་རྩོམ་ཕྱོགས་སྒྲིག་ཤོག་གྲངས་༡༤༣-༡༤༤བར་ན་གསལ།

སྤྱིལ་མཁན་གྱིས་ཧི་མ་ལའི་ཡུལ་གྲུར་ཞབས་བཙགས་སྦྱོང་བ་ཞེས་པའི་ས་ཁོངས་འདི་དེང་གི་ཧི་མ་ལའི་རི་རྒྱུད་གཡས་གཡོན་ནམ་ལྷོ་བྱང་གི་ཞིབ་ཚའི་ཡུལ་གྲུ་གང་དག་ཅིག་ལ་གོ་དགོས་མིན་ནི་དོན་འདིའི་འགག་གནད་ཅིག་ཏུ་གྱུར་ཡོད། གང་ཡིན་ཞེ་ན། ཧི་མ་ལ་ཞེས་པའི་ས་མིང་འདི་ནི་སྔར་ནས་ད་བར་དུ་ས་ཁོངས་ཤིན་ཏུ་ཁྱབ་ཆེ་བའི་ཧི་མ་ལའི་རི་རྒྱུད་ཀྱི་ལྷོ་འདབ་ཁོངས་གཏོགས་ཀྱི་ཡུལ་གྲུ་མང་པོ་ཞིག་ཚུད་ཡོད་པ་མ་ཟད། དེའི་བྱང་འདབ་ཀྱི་ས་ཁོངས་ཏེ་རང་རེའི་བོད་ཡུལ་གྱི་ནུབ་ནས་ཤར་བར་རིམ་པ་སྟར་ཆགས་སུ་མཆིས་པའི་མངའ་རིས་ས་ཁུལ་གྱི་ཏུ་ཐོག་དང་། རྩ་མདའ། པུ་ཧྲེང་། གཞིས་རྩེ་ས་ཁུལ་གྱི་འབྲོང་པ་དང་། ས་དགའ། སྐྱིད་རོང་། གཉའ་ནང་། དིང་རི། གཏིང་སྐྱེས། གམ་པ། གྲོ་མོ། ཁང་དམར། ལྷོ་ཁ་ས་ཁུལ་གྱི་ལྷོ་བྲག་དང་མཚོ་སྣ། ཉིང་ཁྲི་ས་ཁུལ་གྱི་མེ་ཏོག་དང་རྫ་ཡུལ་ལ་སོགས་པའི་ཡུལ་དག་གོ །མ་གཞི་བྱས་ན། གོང་གི་ཡུལ་དེ་དག་ནས་ཧི་མ་ལའི་ལྷོ་འདབས་ཕ་རོལ་ཏུ་འབྲེལ་བ་བྱེད་ཐུབ་པའི་འགྲུལ་ལམ་མ་མཐའ་ཡང་རེ་རེ་ཡོད་ངེས་ཡིན། འོན་ཀྱང་ཕན་ཚུན་སྤྱིལ་རེས་ཀྱི་དགོས་དབང་དུ་གྱུར་པའི་འགྲུལ་ལམ་ནི་བཟའ་སྤྱོད་འགྲུལ་གསུམ་ལ་ཆེས་སྟབས་བདེའི་ཆ་རྐྱེན་བསྐྲུན་ཐུབ་ཅིང་། དམིགས་ཡུལ་ཕར་ཚུར་གཉིས་སུ་གནས་པའི་མི་རྣམས་ཀྱིས་སྤྱོད་ཁྱབ་ཆེ་བར་ལྡན་པ་ཞིག་ཡིན་དགོས་པས། བོད་ཀྱི་ནུབ་ཕྱོགས་སུ་གནས་པའི་ཏུ་ཐོག་དང་། རྩ་མདའ། པུ་ཧྲེང་སོགས་པའི་ཡུལ་དག་ནི་རྒྱ་གར་གྱི་ནུབ་བྱང་དང་ཨེ་ཤི་ཡའི་ལྟེ་བའི་གནས་ཁག་དང་འབྲེལ་བའི་འགྲུལ་ལམ་ཡོད་དགོས་པ་དང་། བོད་ཀྱི་ལྷོ་ནུབ་དང་ལྷོ་ཕྱོགས་ཀྱི་ཡུལ་འབྲོང་པ་ནས་རྩིས་པའི་ཤར་ཕྱོགས་ཀྱི་གམ་པའི་མཚམས་སུ་རྒྱ་གར་གྱི་བྱང་ཕྱོགས་ཡུལ་གྲུར་འགྲོ་བའི་བཞུད་ལམ་མཆིས་པ། བོད་ཀྱི་གམ་པ་ནས་ཤར་ཕྱོགས་རྫ་ཡུལ་བར་ནས་རྒྱ་གར་བྱང་ཤར་དུ་འགྲོ་ཐུབ་པའི་

ལམ་བུ་ཡོད་པའོ། །དེ་ལྟ་བུའི་ཧི་མ་ལའི་ལྷོ་བྱང་གཉིས་དབར་དུ་འབྲེལ་ལམ་དུ་མར་མཆིས་པ་དང་། སྐབས་ཀྱི་བརྗོད་དོན་ལ་སྣང་པའི་སྐྲུབ་བྱེད་ཅམ་ཞིག་དེ་དག་གི་ཁྲིད་ནས་བཅལ་འཚོལ་བགྱི་ཁྱུལ་གྱི་ངལ་བ་ཚད་དུ་མེད་པས་ཀྱང་དེ་མ་ཐག་ཏུ་མི་ནུས་པར་གྱུར་ཡོད་ན། དེ་ནི་དཀའ་རྙོག་ཆེ་བའི་ཞིབ་འཇུག་གི་འདྲི་གཞི་ཅམ་ལ་ཟད་མོད། འོན་ཏེ། ཧི་མ་ལར་ནང་ཆོས་སྤེལ་བར་ཕེབས་སུ་སྦྱོང་བའི་རྒྱ་གར་གྱི་དགེ་སློང་གཉིས་ཀྱི་རིང་བསྲེལ་ཐོན་པ་དེས་ལོ་རྒྱུས་དོན་དངོས་དང་མཐུན་པའི་ར་འཕྲོད་ནི་གོང་དུ་སྨོས་ཟིན་པ་བཞིན། སྐབས་འདིའི་ཧི་མ་ལ་ཞེས་པའི་ས་ཁོངས་ནི་བོད་དུ་ཡིན་པའི་སྐྲུབ་བྱེད་དག་བསྐྱེལ་ཞིག་ཏུ་གྱུར་བའང་དཀའ་བའི་གནས་ཅམ་དུ་སྣང་བ་ལྟ་བུའོ། །དེ་ཡང་། ཆོས་རྒྱལ་ཁྲི་དན་མེད་ཀྱིས་བཀོད་རྫོངས་འོག་དུས་དེའི་ནང་རྒྱ་གར་ནས་ནང་ཆོས་ཀྱི་དགེ་སློང་ཧི་མ་ལའི་ལྷོ་བྱང་གི་ས་ཆ་ག་གེ་མོ་ཞིག་ཏུ་ཆོས་སྤེལ་བར་སླེབས་ཡོད་པ་ནི་ལོ་རྒྱུས་དངོས་ཀྱི་དཔང་རྟགས་སུ་གྲུབ་ཡོད་མོད། འོན་ཏེ་ཁོང་ཚོ་ཡང་སླེང་བོད་ཡུལ་དུ་འགྱོར་ཡོད་མེད་ཀྱི་གནད་དོན་ཐད་དོགས་གཞི་མུ་མཐུད་ནས་མཆིས་པ་དེའང་ང་ཚོ་ཕྱི་རབས་པ་ཚོས་སླད་ཕྱིན་ཟོལ་མེད་རྒྱུན་སྲིང་ཐོག་བརྩོན་དགོས་པའི་ཞིབ་འཇུག་གི་གནད་དོན་ཞིག་ཡིན། དེ་ལྟར་བརྗོད་དགོས་པའི་རྒྱུ་མཚན་ནི། རང་རེའི་བོད་ཁམས་འདིའང་དུས་དེའི་སྐབས་སུ་རྒྱ་གར་ནུབ་ཕྱོགས་སམ། ཨེ་ཤེ་ཡའི་ལྟེ་བའི་ཡུལ་ལུང་ཁག་གཅིག་དང་འབྲེལ་བ་བྱུང་བའི་ཚུལ་བསྟན་ཡོད་པ་སྟེ། ཨུ་རྟུ་སུའི་ཞིབ་འཇུག་པས《བོད་ཞང་ཆེག་མཛོད་》ཅེས་པའི་དེབ་ནང་འཁོད་པའི་བོན་གྱི་སྟག་གཟིག་ཞིང་བཀོད་རི་མོར་ལོ་རྒྱུས་སྟོད་བཅུད་རིག་པའི་ (历史地理学) ཐབས་ལམ་ལ་བརྟེན་ཏེ་དཔྱད་དཔོག་བྱས་པ་བརྒྱུད། རི་མོ་དེའི་ནང་འཁོད་པའི་ཞིང་ཁམས་ནི་དོན་དངོས་སུ་བོད་ཀྱི་ནུབ་བྱང་དུ་གནས་པའི་ཨེ་ཤེ་ཡའི་ལྟེ་གནས་ལ་སོགས་པའི་

ཡུལ་གྲུ་ཁག་གཅིག་ཚུད་པའི་གནའ་བོའི་ས་ཁྲ་ཞིག་ཡིན་པར་ངོས་འཛིན་གནང་ཡོད་ལ། རི་མོ་དེའི་ནང་དུ་བོད་ཡིག་གིས་མཚན་འགོད་བྱས་པའི་གྲོང་ཁྱེར་མང་དག་ཅིག་ནི་ལོ་རྒྱུས་ཐོག་དངོས་སུ་བྱུང་བ་དང་། དེ་ཚོའི་ཁྲོད་གནའ་བོའི་པར་སིག་(波斯)རྒྱལ་ཁབ་ཀྱི་རྒྱལ་ས་བོད་ཡིག་ནང་“བར་པོ་སོ་བརྒྱད་”དུ་ཡང་བྲིས་ཡོད་པ་དང་། གྲི་རིགས་(Greek，希腊)ཀྱིས་“པ་སར་ག་དཻ་(Pasargadae，帕萨加第)”དང་། པར་སིག་གིས་“པ་སོ་གར་ད་(Pasogard)”ཞེས་པ། རྒྱ་གར་ནུབ་བྱང་གྱི་གན་དྷ་རའི་ནུབ་ངོས་སམ་ཡང་ན་དེང་དུས་ཨ་ཧྥུ་ཁན་གྱི་བྱང་ཕྱོགས་སུ་གནས་པའི་ཧྲག་ཊྲི་ཡ་(Bactria，巴克特里亚)ལ་སོགས་པའི་ས་མིང་བྱུང་རིམ་ལ་དཔྱད་ཞིབ་ཀྱིས་ས་ཁྲ་འདི་བཞིན་བྱུང་བའི་དུས་ཚིགས་ཀྱང་སྤྱི་ལོའི་སྔོན་གྱི་དུས་རབས་༣-༢བར་ལ་གཏན་འཁེལ་གནང་བའི་ཐོག །དེ་ལྟར་བྱུང་བའི་ས་ཁྲའི་བཟོ་རིག་གི་ལུགས་འདིར། “ཨི་རང་དང་བོད་ཀྱི་དཔེ་རིས་བཟོ་རྩལ་སྲོལ་རྒྱུན་(伊朗-西藏制图传统)”ཞེས་པའི་མཚན་བཏགས་ཡོད་ཅིང་། བོད་མིས་འདི་ལྟ་བུའི་ཕྱི་སྣོད་ས་མིང་གི་ཤེས་བྱར་རྒྱུས་མངའ་ཡོང་བའི་འབྱུང་ཁུངས་ཀྱང་པ་ཏི་ཡ་(帕提亚)དུས་རབས་ཀྱི་པར་སིག་གི་མཁས་པ་རྣམས་ལ་གཏུགས་དགོས་ཤིང་། ལོ་རྗེ་ཉིས་སྟོང་གོང་རོལ་གྱི་བོད་མིས་འཛམ་གླིང་ཡུལ་གྲུའི་བྱེ་བྲག་གི་ས་ཁྲ་ལག་བཟོས་བཀོད་པ་འདི་ཡང་ཚན་རིག་གི་ཚད་ལྡན་རང་བཞིན་ལྡན་ཡོད་པ་མ་ཟད། དེའི་ཆུ་ཚད་ནི་སྐབས་དེའི་ནུབ་ཕྱོགས་གྲི་རིགས་-རོ་མ་ཡིས་བསྐྲུན་པའི་ས་ཁྲ་ལས་ཀྱང་ལྷག་པ་ཡོད་པའི་གདེང་འཇོག་ཆེན་པོ་གནང་ཡོད།①

① 吉米列夫、库兹涅佐夫著，陈立健、计美旺扎译：《古代西藏制图学的两个传统（陆上风景与民族文化特征Ⅷ）》，载王尧、王启龙主编：《国外藏学译文集》第十七辑，西藏人民出版社2004年第284-297页

གོང་སྨྲོས་ཀྱི་གནད་དོན་དེ་ལས་ང་ཚོས་གསལ་པོར་རྟོགས་ཐུབ་པ་ཞིག་ནི། མ་མཐའ་ཡང་སྤྱི་ལོའི་སྔོན་གྱི་དུས་རབས་༣–༤པའི་བར་རམ་སྤྱི་ལོའི་དུས་རབས་༧པོའི་སྐབས་སུ་བོད་དང་རྒྱ་གར་ནུབ་བྱང་ཙམ་མ་ཟད། ཨེ་ཤེ་ཡའི་ལྟེ་བའམ་ཨེ་ཤེ་ཡའི་ནུབ་ཕྱོགས་དང་ཡང་འབྲེལ་བ་གང་ཞིག་ཡོད་པ་ལོ་རྒྱུས་ཀྱི་དངོས་པོའི་དཔང་རྟགས་ལས་ར་འཕྲོད་བྱུང་ཡོད་པར་སེམས། དེ་ལྟ་བུའི་ལོ་རྒྱུས་རྒྱབ་ལྗོངས་འོག་ཏུ་འཕེལ་བའི་སྐབས་དེའི་ནང་འདྲེན་ཕྱིར་སྤེལ་གྱི་རང་བཞིན་ལྡན་པའི་བོད་མི་རིགས་ཀྱི་ཤེས་རིག་ནང་དུ་ནང་ཆོས་ཙམ་མ་ཟད། བོན་དང་འབྲེལ་བའི་རིག་གནས་ཀྱི་ཆ་ཤས་མང་དག་ཅིག་ཀྱང་ཕན་ཚུན་སྤེལ་རེས་ལས་དར་འཕེལ་གང་ཞིག་བྱུང་ཡོད་པའི་དབང་དུ་བཏང་ན། དུས་འདིའི་སྐབས་སུ་གོང་དུ་སྨྲོས་ཟིན་པའི་བོད་ཀྱི་དམངས་ཁྲོད་དུ་ནང་ཆོས་ཏ་ལམ་དར་འགོ་ཚུགས་ཡོད་པར་བཞེད་པའི་ལྟ་བ་དེ་དང་སྤྱི་ལོའི་དུས་རབས་༧པོའི་ཡས་མས་སུ་བོད་དུ་ནང་ཆོས་དར་འཕེལ་འབྱུང་སྲིད་པའི་བསམ་གཞིག་ལ་སོགས་པ་ཡང་སྐྲུབ་བྱེད་མེད་ཀྱིན་པས་འཆད་པའི་བབ་ཅོལ་ལྟ་བུར་ངོས་འཛིན་ན། དོན་དངོས་དང་མི་མཐུན་པ་ཡོང་སྲིད་དོ། །

མདོར་ན། བོད་དུ་ནང་ཆོས་དུས་ནམ་ཞིག་ལ་དར་འགོ་ཚུགས་ཡོད་མེད་ཀྱི་གནད་དོན་བགྲོ་གླེང་བྱེད་སྐབས། བོད་རང་གི་ལོ་རྒྱུས་འཕེལ་རིམ་གྱི་རྣམ་པ་གང་ཞིག་གསལ་ནུས་པའི་དཔྱད་གཞིའི་ཡིག་ཆ་དག་ཐོག་མའི་གཞི་འཛིན་ཡུལ་ཡིན་པ་སྨོས་ཅི། སྐབས་བབས་ཀྱི་ལོ་རྒྱུས་དང་འབྲེལ་འདྲིས་ཆེ་བའི་བོད་ཀྱི་ཉེ་འཁོར་ཡུལ་གྲུ་ཁག་གི་ཤེས་རིག་དང་ལོ་རྒྱུས་ཇི་ལྟར་དར་བའི་གནས་ཚུལ་ལ་སོགས་པར་ཉམས་ཞིབ་བྱེད་ཐུབ་ན། དེའི་འབྲེལ་ཡོད་འདྲི་གཞིར་དབྱེ་ཞིབ་ཀྱི་རྒྱབ་རྟེན་དེ་བས་རྒྱ་ཆེ་བ་ཞིག་ཐོན་ཐུབ་པ་དང་། དངོས་པོའི་གཟུགས་སུ་ཏུང་བའི་མཆོད་རྟེན་གྱི་རྣམ་པ་གང་ཞིག་ཀྱང་བོད་ཡུལ་དུ་ཐོག་མར་ཇི་ལྟར་དར་ཚུལ་ལ་སོགས་པའི་གནད་དོན་

ལ་དཔྱད་གཞིའི་ནུས་པ་ཐོན་སྲིད་པ་ནི་སྨོས་མི་དགོས་པ་ཞིག་རེད་སྙམ།

གཉིས། གནའ་དཔྱད་རིག་པའི་ཐབས་ལ་བརྟེན་པའི་ཆོད་དཔག

བོད་ཀྱི་ད་ཡོད་གནའ་དཔྱད་རིག་པའི་དངོས་པོའི་དཔང་རྟགས་ཁྲོད། བོད་ཡུལ་སྟོད་དང་བྱང་ཐང་གི་ས་ཁོངས་ནས་བཙལ་རྙེད་བྱུང་བའི་བྲག་བརྐོས་རི་མོ་དང་། མོན་གྱི་ཚོ་པ་དང་འབྲེལ་བའི་དུར་ཁུང་དང་། མོན་རྡོ། མོན་མཁར་ལ་སོགས་པར་འབོད་པའི་སའི་ངོས་སུ་རྡོ་རྩིག་འདྲ་མིན་གྱི་རྣམ་པ་ཅན་དང་། དེ་དང་འབྲེལ་བའི་གནའ་ཤུལ་གཞན་དག་ནི་གདོད་མའི་བོན་གྱི་རིག་གནས་སྣང་ཚུལ་གང་ཞིག་དང་འབྲེལ་འདྲིས་ཤས་ཆེ་བར་འདོད་པའི་ལྟ་བ་འདི་བཞིན་དེང་རབས་ཞིབ་འཇུག་པ་ཕལ་མོ་ཆེས་དང་ལེན་བྱེད་མུས་ཡིན།[1] རིག་གནས་ཀྱི་སྣང་ཚུལ་དེ་དག་ཁྲོད་སྐབས་འདིའི་བརྗོད་བྱར་གྱུར་བ་སྟེ། བྲག་བརྐོས་རི་མོར་བཀོད་པའི་མཆོད་རྟེན་འདྲ་བའི་གཟུགས་རིས་སམ་མཆོད་རྟེན་གྱི་དཔེ་རིས་དང་། མོན་གྱི་དུར་ཁུང་དུ་སྐད་པ་དང་འབྲེལ་བའི་རྡོ་རིང་གནའ་ཤུལ་སོགས་ནི་དོན་གྱི་མཆོད་རྟེན་དང་། དངོས་པོའི་མཆོད་རྟེན་རྣམ་པ་གཉིས་སུ་སྐབས་བསྟུན་གྱིས་ངེས་ཤེས་ཤིག་ཡོང་བ་གསལ་པོར་རྟོགས་ཐུབ། དེ་ཡང་། འདིར་བརྗོད་པའི་བདེ་གཤེགས་མཆོད་རྟེན་ལྟ་བུའི་དངོས་པོའི་གཟུགས་སུ་ཏུང་བའི་མཆོད་རྟེན་ནི་དངོས་པོའི་མཆོད་རྟེན་གྱི་མཚན་ཉིད་དུ་འཇུག་པ་དང་། མཆོད་པའི་ཞིང་ངམ་ཡང་ན་རྟེན་གང་ཏུང་དུ་འཇུག་པའི་དངོས་པོའི་རྣམ་པ་ནི་དོན་གྱི་མཆོད་རྟེན་ནོ། །

[1] ལྟ་བ་འདི་བཞིན་འཛིན་མཁན་རྩོམ་འདིའི་ནང་དྲངས་པའི་སྐུ་ཞབས་པེ་ལེ་ཟའི་བརྩམས་ཆོས་དང་། གཞན་ཡང་། བོད་ལྗོངས་ཀྱི་ཚོགས་ཚན་རིག་ཁང་གི་དོན་གྲུབ་ལྷ་རྒྱལ་དང་སྨྲུག་འཛིན་པ་རང་ཉིད་ལ་སོགས་པའི་ཞིབ་འཇུག་མཁན་མང་པོ་ཞིག་གིས་ངོས་འཛིན་དེ་ལྟར་བྱེད་བཞིན་ཡོད།

གོང་གླིང་གདོད་མའི་བོན་དང་གཡུང་དྲུང་བོན་གྱི་རིག་གནས་སྣང་ཚུལ་དང་འབྲེལ་འདྲིས་ཤས་ཆེ་བར་མངོན་པའི་གནའ་ཤུལ་དག་གི་འཕེལ་རིམ་དུས་ཚོད་ནི། གནའ་དཔྱད་རིག་པའི་དབྱེ་འབྱེད་ལྟར་ན། བོད་ཀྱི་ལོ་རྒྱུས་དུས་རིམ་གྱི་རྣམ་གཞག་སྟེ“ལྕགས་རྡོ་ཟུང་འབྲེལ་གྱི་དུས་སྐབས་”སམ“སྔ་རབས་ལྕགས་ཆས་དུས་རབས་”སུ་འབོད་པའི་སྐབས་སུ་གཏོགས་པར་ངོས་འཛིན་ཞིང་། དེ་ནི་ད་ཕན་མི་ལོ་༣༠༠༠ཙམ་ཆད་ནས་མི་ལོ་༧༥༠༠ཡི་གོང་རོལ་དུ་ཡིན་པར་བཤད་ཡོད་མོད། འོན་ཀྱང་། བོད་ཀྱི་བྲག་བརྐོས་སུ་འཕོད་པའི་མཆོད་རྟེན་གཟུགས་རིས་དེ་དག་གི་དུས་ཚོད་ནི། ད་ཕན་མི་ལོ་༣༠༠༠ཙམ་ཆད་ནས་མི་ལོ་༢༠༠༠བར་ནང་དུ་གཏོགས་པའི་སྒྲུབ་བྱེད་ཅིག་འཛུག་དགོས་པ་ནི་ད་ལམ་དཀའ་བའི་གནས་ཤིག་ཏུ་ལྷུང་ཡོད་ལ། དེ་སྔོན་གྱི་ཞིབ་འཇུག་པ་ཁག་གཅིག་གིས་ཆེས་སྔ་དུས་ཀྱི་བྲག་བརྐོས་རི་མོའི་ནང་མཆོད་རྟེན་གྱི་བཟོ་དབྱིབས་བྱུང་བ་དེ་དག་གི་དུས་རིམ་ལ་ཉམས་ཞིབ་གནང་སྐབས། ཕལ་ཆེ་བས་བོད་དར་ནང་བསྟན་དང་འབྲེལ་བ་འབའ་ཞིག་ལ་སྦྱར་ཏེ་འཆད་པའི་ཚུལ་དེར་དོན་དངོ་མ་དང་མི་མཐུན་པའི་ཆ་མང་ཙམ་འདུག་པར་འདོད་དེ། ང་ཚོས་མཆོད་རྟེན་འཕོད་ཡོད་པའི་བྲག་བརྐོས་རི་མོའི་ས་ཆའི་ཁྱབ་ཁོངས་སུ་བྱུང་བའི་སྔ་རབས་ཤེས་རིག་གི་རྒྱབ་ལྗོངས་ལ་སོགས་པའི་འབྲེལ་ཡོད་གནད་དོན་ཁག་ལ་དོ་སྣང་མི་འདང་བར་བརྟེན། ཁྱབ་ཁོངས་དེའི་ནང་གི་བྲག་བརྐོས་སུ་མཆིས་པའི་མཆོད་རྟེན་ནམ་མཆོད་རྟེན་འདྲ་གཟུགས་ཀྱི་དཔེ་རིས་དག་ཀྱང་བོད་དར་ནང་ཆོས་ཀྱིས་ཤུགས་རྐྱེན་ཐོག་རྗེས་སུ་བྱུང་བའི་ལོ་རྒྱུས་དུས་རིམ་ནང་གཏོགས་དགོས་པའི་སྟོམ་ཚིག་ལྟ་བུར་སོང་ངོ་།།

འོན་ཀྱང་། དོན་དངོས་སུ་ནི་དབུས་གཙང་རྟེན་གཞིར་འཛིན་པའི་བོད་ཀྱི་བཙན་པོའི་རྒྱལ་རྒྱུད་དེས་བོད་ཁམས་གོང་བུ་གཅིག་འགྲིལ་མ་བྱུང་སྔོན་དུ་

གོང་གི་ས་ཆའི་ཁྱབ་ཁོངས་སུ་བོན་གྱི་ཤེས་རིག་དར་ཁྱབ་ཤུགས་ཆེན་པོ་བྱུང་ཡོད་ཅིང་། ཞང་ཞུང་ནས་བོན་ཞེས་པ་བོད་ཀྱི་ཆོས་འབྱུང་ལོ་རྒྱུས་མང་དག་ཅིག་ཏུ་བཀོད་པའི་བོན་གྱི་འབྱུང་ཁུངས་དང་དར་འཕེལ་བྱུང་བའི་ས་ཁོངས་ཀྱང་གོང་གི་ཁྱབ་ཁོངས་དང་གཅིག་མཚུངས་ཡིན་ཞིང་། བོད་རྒྱལ་དང་པོ་གཉའ་ཁྲིའི་སྐུ་དུས་ནས་བཟུང་བོན་ཆོས་བོད་དུ་དར་ཁྱབ་ཆེན་པོ་དང་།[①] གནམ་རི་སྲོང་བཙན་གོང་གི་བཙན་པོའི་དུས་སྐབས་སུའང་ཞང་ཞུང་ཡུལ་ནས་དབུས་གཙང་གི་ས་ཕྱོགས་ཁག་ཏུ་རིམ་བཞིན་བོན་ཆོས་དར་ཁྱབ་ཏུ་བྱུང་ཚུལ་འཁོད་ཡོད་དེ། བོད་རྒྱལ་གདུང་རབས་གཉིས་པ་མུ་ཁྲི་བཙན་པོའི་སྐབས། བོན་གྱི་འདུ་གནས་ཆེན་པོ་སུམ་ཅུ་རྩ་བདུན་བོད་དུ་བཞིའི་ཕྱོགས་སུ་ཚུགས་ཡོད་པའང་བཤད་ཡོད།[②] དུས་སྐབས་དེའི་རིང་། བོན་གྱི་བསྟན་པའི་གཞི་གཙོ་བོ་སྟེ་ཞང་ཞུང་སྒོ་ཕུག་བར་གསུམ་གྱི་ནང་གསེས་སྒོ་པའི་ཁུལ་དུ་ཡིན་ཞིང་། དེའི་ས་ཁོངས་དང་གོང་དུ་གླིང་ཟིན་གྱི་བྲག་བཀོས་རི་མོའི་ཁྱབ་ཁོངས་དང་ཡོངས་སུ་མཐུན་ཡོད་དེ། “གངས་ཏི་སེ་དང་། མཚོ་མ་ཕམ། སྤོས་རི་ངད་ལྡན། ཁྱུང་ལུང་དངུལ་དཀར་（མཁར་）སོགས་ད་ལྟའི་མངའ་རིས་ཀྱི་ས་ཁོངས་ཡོངས་རྫོགས་དང་། དེ་བཞིན་རྫོང་དཀའ་དང་། མངའ་རིས་གུང་ཐང་། མང་ཡུལ། ས་དགའ། ཟང་ཟང་ལྷ་སྟོད་ཁུལ་གྱི་ཡུལ་སྡེ་མང་པོ། དེ་ནས

① ལྟ་བ་འདི་བཞིན་འཛིན་མཁན་རྩོམ་འདིའི་ནང་དྲངས་པའི་སྐུ་ཞབས་པེ་ལེ་ཛའི་བརྩམས་ཆོས་དང་། གཞན་ཡང་། བོད་ལྗོངས་སྤྱི་ཚོགས་ཚན་རིག་ཁང་གི་དོན་གྲུབ་ལྷ་རྒྱལ་དང་སྨུག་འཛིན་པ་རང་ཉིད་ལ་སོགས་པའི་ཞིབ་འཇུག་མཁན་མང་པོ་ཞིག་གིས་ངོས་འཛིན་དེ་ལྟར་བྱེད་བཞིན་ཡོད།

② ཤར་རྫ་བཀྲ་ཤིས་རྒྱལ་མཚན་གྱིས་《ལེགས་བཤད་རིན་པོ་ཆེའི་གཏེར་མཛོད་》མི་རིགས་དཔེ་སྐྲུན་ཁང་གིས་སྤྱི་ལོ་༡༩༨༥ལོར་བསྐྲུན་པའི་ཤོག་ངོས་༡༥༧ནང་། “སྲས་མུ་ཁྲི་བཙན་པོས་བསླབ་པའི་དོན་གོ བསྒྲུབས་པའི་དོན་གྲུབ། བསྒོམས་པའི་དོན་རྟོགས་ནས་སྟག་གཟིག་ལ་སོགས་འཛམ་བུ་གླིང་གི་ལོ་ཙཱ་བསྒྱུར། ཞང་ཞུང་ནས་མཁས་པ་ཆེན་པོ་བརྒྱ་དང་རྩ་བརྒྱད་གདན་དྲངས། བོད་དུ་བོན་གྱི་འདུ་གནས་སུམ་ཅུ་རྩ་བདུན་བཙུགས་”ཞེས་པ་དང་། “འདུ་གནས་སོ་བདུན་ནི། སྒྲ་འགྲེལ་ལས། དབུ་རུ་ན་འདུ་གནས་བཅུ་གསུམ། གཡོན་རུ་ན་བདུན། གཡས་རུ་ན་བརྒྱད། རུ་ལག་ན་དགུ་སྟེ་སོ་བདུན་ནོ། །”ཞེས་འཁོད་ཡོད།

ཟང་ཟང་ལྷ་བྲག་གི་ཤར་ངོས་ནས་ཐད་དྲང་པའི་དྲུམ་གྱི་སྟག་ཚལ་དང་། འདམ་གཞུང་། གཉན་ཆེན་ཐང་ལྷ། ནག་ཆུ་རྫོང་། སྦྲ་ཆེན་རྫོང་། ཁྲུང་པོ་སྟེང་ཆེན་རྫོང་། མངའ་རིས་སྒེར་རྩེ་དང་མཚོ་ཆེན་རྫོང་། ཤར་ཕྱོགས་སུ་ཐད་དྲང་པའི་ཉི་མ་རྫོང་། མཚོ་གཉིས་དོན་གཙོད་ཁང་། དཔལ་མགོན་རྫོང་། ཤན་རྩ་རྫོང་། སྒེ་རོང་རྫོང་སོགས་སྟོད་མངའ་རིས་ནས་སྨད་ཆབ་མདོ་སྟེང་ཆེན་བྱང་ཁུལ་བར་གྱི་ས་ཆ་མང་པོ་ཞིག་གནའ་རབས་ཞང་ཞུང་གི་མངའ་འོག་ཡིན་པ་གསལ་པོར་མཐོང་ཐུབ་”①ཅེས་འཁོད་ཡོད། གཞན་ཡང་དུས་སྐབས་འདིའི་རིང་ལ། “འབུམ་དང་། གསུང་རབ། གསས་ཁང་། ལྷ་ཁང་། མཆོད་རྟེན་རྣམས་གཙང་དབུས་སུ་མ་དར་གོང་དུ་ཞང་ཞུང་གི་ཡུལ་དུ་དར་བར་”②གསུངས་ཡོད་ལ། གནམ་གྱི་ཁྲི་བདུན་གྱི་སྐབས་སུ་དེང་གི་མངའ་རིས་སྟོད་དུ་བོན་གྱི་འདུལ་བའི་མཁན་རྒྱུད་བྱུང་བ་མ་ཟད། བོད་ཁམས་མདོ་སྨད་ཕྱོགས་སུའང་གྱེས་ཚུལ་བསྟན་ཡོད་ཅིང་། ཉི་སྒྲོན་ལས། “དེའི་དུས་ན་བསམ་སྤྱོད་བོན་ལ་བྱེད། ལས་སྤྱོད་ཚུལ་ཁྲིམས་ལ་གནས། རྣམ་དག་འབུམ་གྱིས་སྐོར། བྲིས་གློག་འདོན་གསུམ་བྱེད། བར་ཆད་སྣ་ཚོགས་དང་མཆོད་གཏོར་གྱིས་སེལ་”③ཞེས་འཁོད་པ་སོགས་ལས་དེའི་སྐབས་སུ་ཞང་ཞུང་སྐོ་པའི་ས་ཁོངས་སུ་བོན་གྱི་ཆོས་ལུགས་དར་ཁྱབ་ཆེན་པོ་བྱུང་ཡོད་ཚུལ་བསྟན་ཡོད་པ་མ་ཟད། མཆོད་རྟེན་ཀྱང་བཞེངས་ཡོད་ཚུལ་བཀོད་གནང་ཡོད།

མ་གཞི་བྱས་ན། ཆེད་དེབ་འདིའི་བརྗོད་བྱར་གྱུར་པའི་དངོས་པོའི་གཟུགས་སུ་བྱུང་བའི་ཆེས་ཐོག་མའི་མཆོད་རྟེན་རྣམ་པ་དང་འབྲེལ་བའི་ད་ཡོད་ཀྱི་དཔྱད་

① གོང་དུ་དྲངས་ཟིན་གྱི་ཤར་ཡུལ་ཕུན་ཚོགས་ཚེ་རིང་མཆོག་གི་ཆོས་འབྱུང་གི་ཤོག་ངོས་༥༧-༥༢བར་ན་གསལ།

② གོང་དུ་དྲངས་ཟིན་གྱི་ཤར་རྫ་མཆོག་གི་ཆོས་འབྱུང་གི་ཤོག་ངོས་༡༥༨ན་གསལ།

③ གོང་དུ་དྲངས་ཟིན་གྱི་ཤར་རྫ་མཆོག་གི་ཆོས་འབྱུང་གི་ཤོག་ངོས་༡༦༦ན་གསལ།

གཞིའི་དཔེ་རིས་སྔ་ཤོས་ནི། རྒྱ་གར་གྱི་ཡུལ་དུ་གདུགས་དགོས་པ་ས་བཅད་དང་པོའི་ནང་ངོ་སྤྲོད་ཞུས་པ་བཞིན། དེའི་དུས་རིམ་ཡང་སྤྱི་ལོའི་སྔོན་གྱི་དུས་རབས་ཉེ་ཡས་མས་སུ་གཏན་འཁེལ་ཡོད་མོད། འོན་ཏང་། རྒྱ་གར་ནང་ཆོས་ཀྱི་དངོས་པོའི་གཟུགས་སུ་བྱས་པའི་མཆོད་རྟེན་བཞེངས་སྲོལ་བྱུང་ནས་དུས་ཡུན་མི་རིང་བའི་ནང་། དེས་ཉེ་འཁོར་གྱི་ཡུལ་གྲུ་མང་དག་ཅིག་ཏུ་ཆོས་སྲོལ་གྱི་ལས་འཕྲིན་མཛད་འགོ་བཙམས་ཤིང་། ཆོས་སྲོལ་བའི་ཡུལ་གྲུ་དུ་མ་ཞིག་ཏུ་དེའི་མངའ་དབང་གི་མཚོན་རྟགས་ལྟ་བུར་མཆོད་རྟེན་བཞེངས་ཡོད་པར་བརྟེན། གོང་དུ་སྨོས་ཟིན་པའི་སྐབས་དེའི་བོད་དང་རྒྱ་གར་སོགས་པའི་ཨེ་ཤེ་ཡའི་ལྟེ་བའི་ཡུལ་གྲུ་ཁག་གི་དབར་ཏུ་འབྲེལ་བ་གང་ཞིག་འབྱུང་སྲིད་ལ། མཆོད་རྟེན་དང་དེ་འབྲེལ་གྱི་རིག་གནས་ཡང་རིམ་བཞིན་བོད་ཡུལ་དུ་དར་ཁྱབ་འབྱུང་སྲིད་དོ། །

དེ་ཡང་། ཞིབ་འཇུག་པ་ཁག་གཅིག་གིས་བྱད་གཟུགས་རིག་པའི་(类型学)ཐབས་ལམ་ལ་བརྟེན་ཏེ་བོད་ཀྱི་ཆེས་སྔ་དུས་ཀྱི་བྲག་བཀོས་རི་མོར་འཁོད་པའི་མཆོད་རྟེན་རྣམ་པའི་འཕེལ་རིམ་ལ་དབྱེ་བ་ལྔ་ཙམ་དུ་བསྟན་ཡོད་ལ། དེའི་ཁོངས་སུ་ཚུད་པའི་མཆོད་རྟེན་ནམ་མཆོད་རྟེན་འདྲ་དབྱིབས་སུ་བྱུང་བའི་མཆོད་འབུལ་བྱེད་ཡུལ་གྱི་བཟོ་སྐྲུན་རྣམ་པར་མངོན་པ་དག་ནི་བོན་གྱི་ལུགས་སུ་གཏོགས་པར་བཤད་ཡོད་ཅིང་།[①] འདི་དག་གི་ཁྱབ་ཁོངས་ཀུང་བོད་ཀྱི་སྟོད་དང་བྱང་ཐང་ཡུལ་ལུང་དུ་ཙུད་པ་ཁོ་ན་ལ་ཟད་དོ། །འཕེལ་རིམ་དབྱེ་བ་འདི་ལྟ་ཞིག་ཏུ་འབྱེད་ནུས་ཀྱི་སྐབ་བྱེད་ཐད་ད་དུང་དག་བསྐྱེལ་གྱི་ཁུངས་བཙན་གྱི་སྐབ་བྱེད་ཅིག་མི་མཐོང་བ་ནི། གཅིག་ནས་བོད་ཀྱི་བྲག་བཀོས་རི་མོའི་སྤྱིའི་དུས་རིམ་གྱི་དབྱེ་འབྱེད་

① 张亚莎、龚田夫：《西藏岩画中的“塔图形”》，《中国藏学》2005年第1期（总第69期）第70-79页

ཁ་གསལ་ཞིག་འཚོལ་བར་ངལ་བ་ཆེར་ལྡན་པ་དང་། གཉིས་ནས་བྲག་བརྐོས་རི་མོར་འགོད་པའི་བོན་ལུགས་མཆོད་རྟེན་གྱི་རྣམ་པ་རང་བཞིན་ལྡན་པའི་བཟོ་སྐྲུན་དག་གི་དུས་སྔ་ཕྱིའི་དབྱེ་བ་འབྱེད་པར་སྲ་བརྟན་གྱི་གཞི་འཛིན་དཔྱད་གཞི་རྙེད་དཀའ་བ། གསུམ་ནས་གོང་གི་རྐྱེན་གཉིས་ལ་བརྟེན་པའི་ཞིབ་འཇུག་པ་སོ་སོའི་རང་སྣང་གིས་ཚོད་དཔག་འབྱུང་ངེས་པ་དག་དོན་དངོས་དང་མཐུན་ཐུབ་མིན་བཤད་ཚོད་ཁག་པོའི་གནས་སུ་ལྷུང་སྲིད་པ་བཅས་ཀྱིས་སོ། །དེར་བརྟེན། ཁོ་བོས་འདིར་ཆེས་སྔ་བའི་བོད་ཀྱི་བྲག་བརྐོས་རི་མོར་འགོད་པའི་མཆོད་རྟེན་རྣམ་པའི་འཕེལ་རིམ་དབྱེ་བ་ལྟ་ཙམ་དུ་ཕྱེ་ཡོད་པའི་གནས་ཚུལ་ལ་མཚམས་སྦྱོར་མི་ཞུ་བར། བོད་ཀྱི་བྲག་བརྐོས་རི་མོར་འགོད་པའི་མཆོད་རྟེན་ནམ་མཆོད་རྟེན་དབྱིབས་དོད་དུ་བྱུང་བའི་མཆོད་འབུལ་གྱི་བཟོ་སྐྲུན་རྣམ་པའི་དཔྱད་གཞི་རང་གི་གང་ནུས་ཀྱིས་དབྱེ་ཞིབ་མདོ་ཙམ་ཞུ་ན།

བོད་ཀྱི་གནའ་རབས་བྲག་བརྐོས་རི་མོའི་སྤྱིའི་འཕེལ་རིམ་རྣམ་གཞག་གི་ཞིབ་འཇུག་བྱས་འབྲས་ལས། དེ་ལ་དབྱེ་བ་སྔ་ཕྱི་བར་གསུམ་དུ་འབྱེད་དེ་བཤད་ཡོད་པ་སྟེ། དང་པོ་སྔ་མའི་སྐབས་ནི། ད་ཕན་མི་ལོ་༣༠༠༠ཙམ་ཆད་ནས་སྤྱི་ལོའི་དུས་རབས་༡པོ་ཡན་བར་དང་། གཉིས་པ་བར་པའི་སྐབས་ནི། སྤྱི་ལོའི་དུས་རབས་༡པོ་ནས་སྤུ་རྒྱལ་བཙན་པོའི་རྒྱལ་རབས་གོང་བུ་གཅིག་འགྲིལ་བྱུང་མེད་པའི་སྔོན་ཏེ་སྤྱི་ལོའི་དུས་རབས་༧པའི་གོང་རོལ། གསུམ་པ་ཕྱི་མའི་སྐབས་ནི། སྤྱི་ལོའི་དུས་རབས་༧པ་ཙམ་ཆད་ནས་ཉེ་རབས་བར་བཅས་སུ་དབྱེ་བའོ། །[①] འཕེལ་རིམ་འདི་ལྟའི་དབྱེ་འབྱེད་ཐད་མུ་མཐུད་ཀྱི་བགྲོ་གླེང་གི་ཆ་དུ་མ་ལྡན་ཡོད་ཀྱང་། ད་ཡོད་ཞིབ་འཇུག་ལས་བོད་ཀྱི་བྲག་བརྐོས་རི་མོའི་སྤྱིའི་འཕེལ་

① 李永宪：《西藏原始艺术》，四川大学出版社1998年版，第229-230页

རིམ་གྱི་རྣམ་པ་ནི་དེས་འཕྲུས་ཙམ་དུ་སྣང་ཡོད་ན། གོང་དུ་བརྗོད་ཟིན་པའི་བོད་ཡུལ་སྟོད་དང་བྱང་ཐང་ས་ཁོངས་སུ་ཁྱབ་པའི་བྲག་བརྐོས་རི་མོར་བཀོད་པའི་མཆོད་རྟེན་གྱི་དཔེ་རིས་ཀྱང་བོད་ཀྱི་བྲག་བརྐོས་རི་མོའི་འཕེལ་རིམ་རྣམ་གཞག་བར་པའི་སྐབས་དང་ཕྱི་མའི་སྐབས་སུ་གཏོགས་པ་ལས། སྔ་མའི་སྐབས་སུ་ནི་མཆོད་རྟེན་གྱི་དཔེ་རིས་བྱུང་ཡོད་མིན་ཐད་ད་ལམ་གྱི་ཞིབ་འཇུག་གིས་བཤད་ཚོད་དཀའ་བ་ཞིག་ཡིན་ལ། མཆོད་རྟེན་གྱི་ཁྲིད་དུའང་བོན་ལུགས་དང་འབྲེལ་བ་ཙམ་མ་ཟད། ནང་ཆོས་དང་འབྲེལ་བ་ཡོད་པའི་དཔེ་རིས་བྲག་བརྐོས་ཐོག་ཏུ་འཁོད་ཡོད་པའང་དོན་དངོ་མ་ཞིག་ཡིན།

ད་བར་བོད་ཡུལ་སྟོད་དང་བྱང་ཐང་ཁུལ་ནས་བཙལ་རྙེད་བྱུང་བའི་བྲག་བརྐོས་རི་མོའི་འབྲི་བྱར་གྱུར་བའི་མཆོད་རྟེན་དཔེ་རིས་ནི་འབྲི་བྱ་གཞན་ལས་ཉུང་ཉུང་བར་མངོན་ཅིང་། དེའི་གཙོ་བོའི་ཁྱབ་ཁོངས་ནི་བོད་ཀྱི་ནུབ་ཕྱོགས་སྟོད་མངའ་རིས་ཏུ་ཐོག་གིས་གཙོས་པའི་བྲག་བརྐོས་རི་མོའི་གནས་ཡུལ་འགའ་ཞིག་དང་། བོད་ཀྱི་བྱང་ངོས་ཀྱི་གནམ་མཚོའི་བཀྲ་ཤིས་དོ་ཆེ་ཆུང་གཉིས་ཀྱིས་གཙོས་པའི་བྲག་བརྐོས་རི་མོའི་གནས་ཡུལ་འགའ་ཞིག་ལས་མ་འདས་པར་གྲགས་སོ། །བོད་ཀྱི་བྱང་ཐང་ལྷོ་བ་དང་དེའི་ཤར་དང་ནུབ། ཤར་ཕྱོགས་ཆབ་མདོའི་དཔའ་ཤོད་ཁུལ། ཤར་ལྷོའི་མེ་ཏོག་ཁུལ། བོད་ཀྱི་ལྷོ་ཕྱོགས་གོང་དཀར་དང་དིང་རི་ལ་སོགས་པའི་ཁུལ་དུ་བྲག་བརྐོས་རི་མོའི་འབྲི་བྱ་གཞན་དུ་བྱས་པ་དར་ཁྱབ་གང་ཞིག་བྱུང་ཡོད་མོད། འོན་ཏེ། དེ་ཁུལ་དུ་མཆོད་རྟེན་འབྲི་བྱར་གྱུར་བ་མི་སྣང་བའམ་ཤིན་ཏུ་དབེན་པའི་རྣམ་པ་ལྟ་བུར་མངོན། གཞན་ཡང་། བོད་ཡུལ་སྟོད་ཀྱི་ངམ་རིང་ཁུལ་ནས་བཙལ་རྙེད་བྱུང་བའི་བྲག་བརྐོས་རི་མོར་འཁོད་པའི་མཆོད་རྟེན་འགའ་ཞིག་ལ་ད་བར་བྲག་བརྐོས་རི་མོར་ཞིབ་འཇུག་གནང་མཁན་

ཆོས་དོ་སྣང་དེ་ཙམ་གནང་མེད་ཀྱང་། དེ་ཁུལ་གྱི་མཆོད་རྟེན་དཔེ་རིས་ནི་གལ་འགངས་ཆེ་བའི་དཔྱད་གཞི་ཞིག་ཡིན་པ་གཤམ་དུ་འབྲེལ་ཡོད་དོན་དང་བསྟུན་ཏེ་ངོ་སྤྲོད་བྱ་རྒྱུའོ། །

མཆོད་རྟེན་གྱི་འབྲི་བྱར་གྱུར་པའི་བྲག་བརྐོས་རི་མོའི་ཁྲོད་ཐོག་མར་བོན་ལུགས་དང་འབྲེལ་ཏེ་དེའི་གནས་ཚུལ་ལ་ངོ་སྤྲོད་མདོ་ཙམ་ཞུ་བ་དང་། དེ་ནས་ནང་ཆོས་དང་འབྲེལ་ཏེ་འཆད་པར་བྱའོ། །

ཕྱི་རྒྱལ་བའི་ཞིབ་འཇུག་པ་སྐུ་ཞབས་པེ་ལེ་ཛ་ (John Vincent Bellezza) ཡིས་སྟོད་མངའ་རིས་དུ་ཐོག་དང་བྱང་གནམ་མཚོ་དོ་ཆེ་ཆུང་གཉིས་ནས་བཙལ་ཉེད་བྱུང་བའི་བྲག་བརྐོས་རི་མོར་འཁོད་པའི་མཆོད་རྟེན་གཟུགས་ཀྱི་རྣམ་པར་དབྱེ་ཞིབ་བྱས་པ་ལས། དཔེ་རིས་དེ་རིགས་ནང་ཤས་ཆེ་བ་ནི་བོན་གྱི་མཆོད་རྟེན་ཡིན་པའི་ཚོད་དཔག་བྱས་ཡོད་ཅིང་། བོད་ཀྱི་བྲག་བརྐོས་རི་མོའི་འཕེལ་རིམ་རྣམ་གཞག་གི་དུས་བར་པའི་སྐབས་དང་ཕྱི་མའི་སྐབས་སུ་གཏོགས་ཁར། དེ་སྐབས་ཀྱི་ནང་བསྟན་མཆོད་རྟེན་ནི་རྒྱ་གར་སྟཱུཔའི་མ་དཔེར་བལྟས་ནས་འབྱུང་བར་བཤད་ཡོད་ལ། མ་མཐའ་ཡང་སྤྱི་ལོ་༧༠༠༠སྔོན་ལ་ཡིན་ཚུལ་དང་། དེའི་སྔོན་གྱི་མཆོད་རྟེན་གྱི་བཟོ་དབྱིབས་མང་དག་ཅིག་ནི་བཙན་པོའི་རྒྱལ་རབས་སྐབས་ཀྱི་བོན་གྱི་འདུ་ཤེས་གང་ཞིག་ལ་བརྟེན་ནས་བྱུང་བར་བཞེད་ཡོད།① དེའི་སྒྲུབ་བྱེད་ཀྱི་ནང་དོན་ཕྱོགས་སྡོམ་ཞུས་ན། དེ་ཡང་བོད་ཀྱི་སྟོད་དང་བྱང་ཕྱོགས་ཀྱི་བྲག་བརྐོས་ནང་དངོས་པོའི་གཟུགས་སུ་གྲུབ་པའི་མཆོད་རྟེན་གྱི་མ་དཔེ་ཡང་ཕལ་ཆེར་ནང་བསྟན་དར་ཁྱབ་བྱུང་ཟིན་པའི་རྒྱ་གར་ནུབ་བྱང་ས་ཁུལ་གན་དྷ་རར་གཏུགས་དགོས་

① John Vincent Bellezza.Antiquities of Upper Tibet:An Inventory of Pre-Buddhist Archaeological Site on the High Plateau.(Findings of Upper Tibet Circumnavigation Expedition,2000),pp127-129.Delhi:Adroit Publishers.2002.

ཤིང་། བྲག་བརྐོས་རི་མོའི་ཁྱད་བོན་ལུགས་སུ་གྲགས་པའི་མཆོད་རྟེན་གྱི་ཁྱད་ཆོས་ཏེ་ཞིབ་ཚགས་སུ་བཀོད་པའི་མཆོད་རྟེན་གྱི་ཁྲི་དང་། བུམ་སྨད་ཀྱི་གྲུབ་ཆ་དང་བསྡུར་ན། བོངས་གཟུགས་ཆུང་བར་མངོན་པའི་ལྷུང་བཟེད་ཁ་སྦུབས་ལྟ་བུའི་བུམ་པ་དང་། བུམ་ཐོད་རྣམ་པ་ཟླུར་གསུམ་མམ་སླུང་གཟུགས་ཅན། ཏོག་ལ་ཉི་ཟླ་ཅན་དང་མངོན་གསལ་དོད་པའི་དར་འཕྱང་ལྡན་པ་སོགས་པ་ནི་དངོས་པོའི་གཟུགས་སུ་ཕབ་པའི་མཆོད་རྟེན་རང་བཞིན་གྱིས་དུས་དང་རྣམ་པའི་བབ་བསྟུན་གྱི་སྐྲུལ་སློང་གང་ཞིག་ལ་བརྟེན་ནས་འབྱུང་སྲིད་ཀྱང་། པྣ་གི་སེ་ཏན་བྱང་ཕྱོགས་སུ་གནས་པའི་བྲུ་ཤའི་ (勃律) ས་ཁོངས་སུ་དར་ཁྱབ་བྱུང་བའི་གན་ཧྲ་རའི་རིག་གནས་ཀྱི་ཐད་ཀའི་ཤུགས་རྐྱེན་འོག །ས་ཁུལ་དེའི་མཆོད་རྟེན་རྣམ་པར་ཡང་རྩེ་གསུམ་ཅན་ནམ་ཉི་ཟླ་ཉི་གྲི་ཏོག་གི་བརྒྱན་ཏུ་བྱས་པ་ནི་བོན་གྱི་ལུགས་སྲོལ་ཞིག་ཡིན་པ་དང་། དེའི་རྩེ་གསུམ་ཅན་ནི་བོན་ལུགས་སུ་བཤད་པའི་གནས་རི་གསུམ་མཚོན་པར་བཤད་ཅིང་། ས་ཁོངས་དེར་མཆོད་རྟེན་གྱི་མཉམ་དུ་བྲིས་ཡོད་པའི་བོད་ཡིག་ཡིག་གཟུགས་ཀྱི་ཁྱད་ཆོས་ཀྱང་སྤྱི་ལོའི་དུས་རབས་༨པའི་དུས་འགོའི་ཚུན་ཆད་དུ་གཏོགས་པའི་སྲོམ་ཚིག་ལས། བོན་ལུགས་མཆོད་རྟེན་གྱི་ཏོག་ཏུ་བརྒྱན་པའི་རྩེ་གསུམ་ཅན་གྱི་རྣམ་པའང་དུས་དེ་ནས་བཟུང་བྱུང་བའི་ངེས་ཤེས་བསྟན་ཡོད་ཅེས་པ་དང་། དེ་དང་མཚུངས་པར། རྒྱ་གར་ནུབ་བྱང་ས་ཆ་ལ་དྭགས་ཁུལ་གྱི་བྲག་བརྐོས་མཆོད་རྟེན་རྣམ་པའི་ཁྱད་ཆོས་སུ་བོད་ཡུལ་སྟོད་དང་བྱང་ཐང་ས་ཁུལ་དང་འདྲ་བའི་ཆ་ལྡན་པ་སྟེ། ལྷུང་བཟེད་ཁ་སྦུབས་ལྟ་བུའི་བུམ་པ་དང་། མངོན་གསལ་དོད་པའི་མཆོད་རྟེན་གྱི་ཁྲི། ཤས་ཆེ་བའི་བུམ་པའི་ཡར་ཐོད་ཀྱི་མཆོད་རྟེན་གྲུབ་ཆ་དེ་ཙམ་གྱི་ཆ་མི་ཚང་བ། དེ་དག་གི་བཟོ་བཀོད་ལ་རྒྱས་སྤྲོས་ཀྱི་བརྒྱན་ཆེར་མི་མངོན་པ་སོགས་པ་ནི་ནུབ་ཕྱོགས་ལ་

དྭགས་ཡུལ་གྱི་མཆོད་རྟེན་མ་དཔེར་གཞི་འཛིན་གྱིས་བོད་ཀྱི་སྟོད་དང་བྱང་ཐང་དུ་དར་འཕེལ་བྱུང་ཡོད་ཅིང་། ཡི་གེ་བཀོད་ཡོད་པའི་བོད་ཡིག་ཡིག་གཟུགས་ཀྱི་རྣམ་པ་འདང་དུས་རབས་༤པ་ནས་༩པའི་བར་གྱི་བོད་བཙན་པོའི་རྒྱལ་རབས་སྐབས་ཀྱི་ཁྲིད་ཆོས་ལྷན་པ་ལ་སོགས་པར་བརྟེན། བྱང་གནམ་མཚོ་བཀྲ་ཤིས་དོའི་བོན་གྱི་མཆོད་རྟེན་གྱི་དུས་རིམ་ནི་སྤྱི་ལོ་༡༠༠༠ལོའམ་སྤྱི་ལོ་༡༡༠༠ལོའི་གོང་རོང་གྱི་བརྩམས་ཆོས་ཤིག་ཡིན་པར་བཤད་ཡོད་པ་དང་། དེ་ལྟའི་མཆོད་རྟེན་རྣམ་པ་ཡང་ནུབ་ཕྱོགས་རུ་ཐོག་ཁུལ་དུའང་ཡོད་ཚུལ་བསྟན་ཡོད། གཞན་ཡང་། རྒྱ་གར་ནུབ་བྱང་ཡིན་ཅིང་ལ་དྭགས་ཀྱི་ཤར་ལྷོར་གནས་པའི་སྤི་ཏིའི་ (sPi-ti) ལུང་གཞུང་གི་ས་ཆ་ཏ་པོ་ (Ta-bo) དང་ལྷ་རི་ (Lha-ri) སོགས་སུ་གོང་དང་ཆ་མཚུངས་ཀྱི་བྲག་བརྐོས་མཆོད་རྟེན་ཁྲབ་ཡོད་པ་ལས། བོན་གྱི་རིག་གནས་རིམ་བཞིན་ཤར་ཕྱོགས་སུ་དར་ཁྱབ་བྱུང་བའི་སྒྲུབ་བྱེད་དུ་ངོས་འཛིན་བྱས་པ་བཅས་སོ། །

སྐུ་ཞབས་པེ་ལེ་ཇ་ལ་གོང་གི་བཞེད་དགོངས་དེ་ལྟར་འབྱུང་བའི་རྟེན་གཞི་ནི་བོན་གྱི་ཤེས་རིག་འབྱུང་ཁུངས་དེ་བོད་ཀྱི་ནུབ་ཕྱོགས་ཡུལ་དུ་གཏུགས་དགོས་པའི་ལོ་རྒྱུས་རྒྱབ་རྟེན་དང་། དེ་ལྟར་ཡིན་ཁུལ་གྱི་དབང་དུ་སོང་བའི་དོན་ལའང་བརྟག་དཔྱད་འོས་པའི་གནད་དོན་མང་དག་ཅིག་ད་བར་མུ་མཐུད་བགྲོ་གླེང་དུ་མཆིས་པས་ན། དེ་ནི་ཁོ་བོའི་དཔེ་དེབ་འདིའི་ནང་དུ་ཐག་ཆོད་མི་ཐུབ་པའི་འགག་གནད་ཀྱི་གནད་དོན་གཞན་ཞིག་ཡིན་ཅིང་། དེར་འཆད་ནུས་ཀྱི་སྤོབས་པ་མ་མཆིས་པས། སྐབས་ཤིག་རིང་སྐུ་ཞབས་པེ་ལེ་ཇ་ཡི་བརྩམས་ཆོས་ལ་སོགས་པའི་དཔེ་རིས་རྣམས་དྲངས་ཏེ་འབྲེལ་ཡོད་གནད་དོན་ལ་དཔྱད་བརྗོད་བྱེད་འདོད་དོ།

ཁོང་གི་བརྩམས་ཆོས་ནང་བོན་གྱི་མཆོད་རྟེན་འདྲ་དབྱིབས་ཅན་ནམ་མཆོད་རྟེན་གྱི་དཔེ་རིས་སུ་གནའ་བོའི་བོད་མིས་ལ་བཙོས་དང་ཐོ་བོའམ་ཐོ་ཐོ་ལ་སོགས་པའི་གཟུགས་ཀྱི་རྣམ་པ་དང་། བོན་གྱི་རིག་གནས་ཁྱད་ཆོས་ལྡན་པའི་མཆོད་རྟེན་འགའ་རེས་བཀོད་ཡོད་པ་སྟེ། སྟོད་མངའ་རིས་རུ་ཐོག་རྫོང་ར་བང་ཤང་ཁོངས་ར་འགྲོང་འཕྲང་གི་བྲག་བརྐོས་སུ་ཡོད་པའི་མཆོད་རྟེན་ཏེ་པར་2-1ནང་གསལ་བ་ལྟར།[①] མངོན་གསལ་དོད་པའི་བང་རིམ་གསུམ་བརྩེགས་སྟེང་། དབྱིབས་གཟུགས་ཀྱི་བཞི་ནར་མོ་ལྟ་བུའི་བང་རིམ་མམ་བུམ་པ་ཡིན་ཚོད་དུ་བྱས་པའི་རྩེར་སྲོག་ཤིང་འདྲ་བའི་རྩེ་ཞིག་ཐོན་ཡོད་ཅིང་། བང་རིམ་གྱི་སྨད་ནས་སྟོད་དུ་རིམ་བཞིན་བཀུམ་པའི་རྣམ་པ་ལྡན་པ། བང་རིམ་གསུམ་པའི་སྟེང་དུ་བང་རིམ་མམ་བུམ་པ་ཡིན་ཚོད་དུ་བྱས་པའི་རྣམ་པའི་བཟོ་དབྱིབས་ཀྱི་ཆེ་ཆུང་ཁོ་ནར་བལྟས་ཚེ་བུམ་པའི་དོད་ཡིན་ཚོད་ཆེ་ལ། དེའི་སྟེང་གི་རྩེ་དེ་བཞིན་སྲོག་ཤིང་རང་ཡིན་ཚོད་འདུག་ཅིང་། རི་མོའི་འབྲི་སྟངས་ཀྱིས་རྐྱེན་པས་འཁོར་ལོ་ཏོག་སོགས་ཁ་མི་གསལ་བ་ནི་བྲག་བརྐོས་རི་མོའི་ཁྱད་ཆོས་ཤིག་ཏུ་མངོན་པར་སྣམ། གཞན་ཡང་། པེ་ལེ་ཛ་ཡིས་དོས་འཛིན་ལྟར་ན། རྣམ་པ་འདི་ལྟ་བུ་ནི་བོད་ཡུལ་སྟོད་སྨད་བར་གསུམ་དུ་ཐར་ནས་ད་བར་དར་ཁྱབ་ཤིན་ཏུ་ཆེ

པར་2-1 མཆོད་རྟེན་དབྱིབས་འདྲའི་བྲག་བརྐོས་རི་མོ།

① John Vincent Bellezza.Antiquities of Northern Tibet: Pre-Buddhist Archaeological Discoverris on the High Plateau.(Findings of Changthang Circuit Expedition,1999),pp366. Delhi:Adroit Publishers.2001.ནང་གི་པར་10.95ལ་གསལ།

བའི་ལ་བཅོས་ཀྱི་རྡོ་མཆོད་རྣམ་པར་བཞེད་འདུག་པ་ཡང་སྐྲུབ་བྱེད་མེད་པ་ཞིག་མ་ཡིན་པར་སེམས། གང་ལགས་ཤེ་ན། རྡོ་དང་འབྲེལ་བའི་མཆོད་འབུལ་བྱེད་ཚུལ་ནི་རང་རེའི་ཡུལ་དུ་ཡ་ཐོག་དུས་སྐབས་ནས་བཟུང་དར་འཕེལ་བྱུང་ཡོད་པ་སྟེ། མི་ལོ་བཞི་སྟོང་ནས་ལྔ་སྟོང་གོང་རོལ་དུ་ཆབ་མདོ་ཁ་རུབ་ཀྱི་བདག་མི་ཚོས་རང་གི་སྡོད་གནས་ཉེ་འཁོར་དུ་རྡོ་རིལ་བརྩིགས་པའི་སྟེགས་བུ་སྒོར་དབྱིབས་ལྔ་བུར་བྱས་ཡོད་པ་ནི་མཆོད་བྱེད་ཀྱི་དགོས་དབང་ཞིག་ཡིན་སྲིད་ཅིང་། དེ་ནི་འདས་མཆོད་བྱེད་ས་ཡིན་སྲིད་ལ། དེས་“གངས་ཅན་ཡུལ་ན་ཆོས་ལུགས་ཤིག་དར་ཡོད་པ་འདི་ནི་གདོད་མའི་བོན་ལུགས་ཡིན་པ་ཐེ་ཚོམ་མི་དགོས་པ་ཞིག་རེད་སྙམ་”①ཞེས་པ་བཞིན། ད་ཡོད་དཔྱད་གཞིས་ཡར་འདེད་ཐུབ་པའི་ཆེས་སྔ་བའི་དུས་སྐབས་དེ་ནས་བཟུང་། རང་རེའི་ཡུལ་དུ་རྡོ་དང་འབྲེལ་བའི་མཆོད་འབུལ་བྱེད་ཚུལ་གྱི་རྣམ་པ་གང་ཞིག་དར་འཕེལ་བྱུང་སྲིད་པའི་རྒྱུ་མཚན་དང་གཅིག ། གཉིས་ནས་པར་2-1ཡི་གནས་ཡུལ་ནི་བོན་གྱི་རིག་གནས་དར་ཁུལ་གཙོ་ཆེའི་བྱེ་བྲག་ཅིག་ཡིན་པ་གོང་དུ་སྨྲོས་ཟིན་པ་བཞིན་དང་། བོད་ཡུལ་དུ་སྔར་ནས་ད་བར་དར་སྲོལ་ཡོད་པའི་རྡོ་མཆོད་ཀྱི་རྣམ་པ་ནི་མཆོད་རྟེན་གྱི་དངོས་པོའི་གཟུགས་དང་འདྲ་མཚུངས་སུ་བྱུང་བ་སྟེ། རྡོ་བོ་ཆེ་ཆུང་ལ་མ་བལྟོས་པར་མར་ནས་ཡར་བང་རིམ་བཞིན་བརྩིགས་སྲོལ་ཡོད་པའི་ཐོ་ཐོའི་རྣམ་པ་ལ་སོགས་པས་སྐྲུབ་བྱེད་ཅིག་སྦྱིན་ནུས་པར་སེམས།

དེ་ཡང་། རང་རིགས་ཀྱི་དད་མོས་འདུ་ཤེས་མཚོན་བྱེད་རྣམ་པའི་ཁྲོད། རྡོ་མཆོད་དུ་གཏོགས་པའི་ཐོ་ཐོ་ནི་མཆོད་རྟེན་དབྱིབས་དང་ཉེ་འབྲེལ་ཆེ་ཤོས་སུ

① ཤར་ཡུལ་ཕུན་ཚོགས་ཚེ་རིང་མཆོག་གིས《ཆོས་འབྱུང་མཁས་པའི་དགོངས་རྒྱན་》བོད་ལྗོངས་མི་དམངས་དཔེ་སྐྲུན་ཁང་གིས་སྤྱི་ལོ་༢༠༠༤ལོར་བསྐྲུན་པའི་ཤོག་གྲངས་༡༧ན་གསལ།

མཚོན་ཅིང་། དེའི་ཐོག་མའི་འབྱུང་ཁུངས་ནམ་ཞིག་ཏུ་ཡིན་པ་ངེས་པར་གསལ་བརྗོད་བྱེད་མི་ནུས་ཀྱང་། གཟུགས་སུ་ཅུང་བའི་རྣམ་པ་ནི་ཕུན་སུམ་ཚོགས་པོ་ཡིན་ཏེ། དཔེར་ན། "གཉན་གྱི་ཐོ་བཞི"ཞེས་རྡོ་རིལ་བང་རིམ་གསུམ་བརྩེགས་ཅན་ཟུར་བཞི་ལ་རེ་རེ་འཕོད་པར་མཚོན་པ་དང་། (དཔེར་ན་རི་མོ་2–1ནང་གི་ཨང་རྟགས་1) "སངས་ཀྱི་ཐོ་ལྔ"ཞེས་བང་རིམ་གསུམ་བརྩེགས་ཅན་ལྔ་འཕྲེད་སྟར་སྒྲིག་པར་མཚོན་པ། (དཔེར་ན་རི་མོ་2–1ནང་གི་ཨང་རྟགས་2) "འབྱུང་བའི་ཐོ་ལྔ"ཞེས་བང་རིམ་གསུམ་བརྩེགས་ཅན་ཟུར་བཞིར་རེ་རེ་དང་དབུས་སུ་གཅིག་གི་རྣམ་པ། (དཔེར་ན་རི་མོ་2–1ནང་གི་ཨང་རྟགས་3) "ལས་ཀྱི་ཐོ་དྲུག"ཅེས་བང་རིམ་གསུམ་བརྩེགས་ཅན་གཡས་གཡོན་གཉིས་སུ་གསུམ་གསུམ་གཞུང་སྟར་སྒྲིག་པ། (དཔེར་ན་རི་མོ་2–1ནང་གི་ཨང་རྟགས་4) "མས་ཀྱི་ཐོ་བདུན"ཞེས་བང་རིམ་བཞི་བརྩེགས་ཅན་གཡས་གཡོན་གཉིས་སུ་གསུམ་གསུམ་འཕྲེད་སྟར་སྒྲིག་པའི་མདུན་དུ་གཅིག་གི་རྣམ་པ་འབྱུང་བ། (དཔེར་ན་རི་མོ་2–1ནང་གི་ཨང་རྟགས་5)

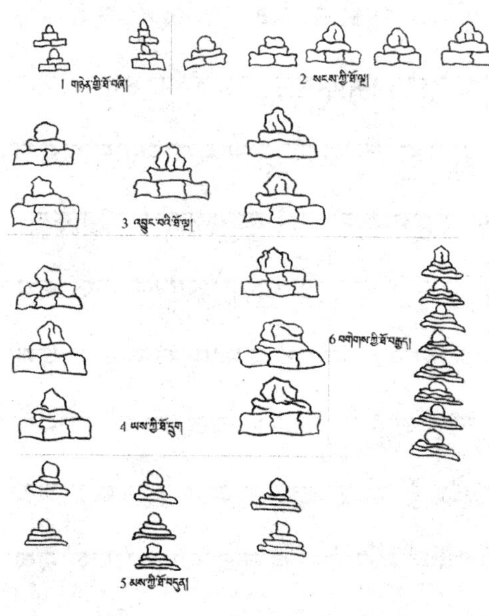

རི་མོ་2-1 ཐོ་དཔེ།

"བགེགས་ཀྱི་ཐོ་བརྒྱད"ཅེས་བང་རིམ་བཞི་བརྩེགས་ཅན་བརྒྱད་གཞུང་སྟར་སྒྲིག་པ་(དཔེར་ན་རི་མོ་2–1ནང་གི་ཨང་རྟགས་6)ལ་སོགས་པའི་ཐོ་དཔེ་མང་དུ་ལྡན། དེ་དག་ལ་བཀོད་དབྱིབས་རྣམ་པ་དང་མིང་ཚིག་མི་འདྲ་བ་བྱུང་ཡོད་ཅིང་། ཐོ་ཐོ་

རེ་རེའི་གྲུབ་ཆར་བང་རིམ་གསུམ་མམ་བཞི་ཏུ་བཀོད་ཡོད་པ་ནི་ཐུན་མོང་གི་ཁྲིད་ཆོས་སུ་མངོན་ཡོད། དཔེ་རིས་དེ་དག་ནི་ཆེས་སྔ་དུས་ནས་བཟུང་ཞང་ཞུང་ཡུལ་གྲུ་སྟོད་སྨད་དང་། ཁྲིད་པར་དུ་གནམ་མཚོ་དང་། དྭང་རའི་ཉེ་སྐོར། བྱང་ཐང་བཅས་སུ་མཐོང་རྒྱུ་ཡོད་ཅེས་སྨན་རིའི་ཡོངས་འཛིན་སློབ་དཔོན་བསྟན་འཛིན་རྣམ་དག་རིན་པོ་ཆེས་གསུངས།[①] དཔེ་རིས་དེ་དག་ནི་དོན་གྱི་མཆོད་རྟེན་དུ་གཏོགས་ལ། དེའི་ཁྲིད་ཀྱི་བང་རིམ་བཞིར་བྱས་པ་པར་2–1དང་བཟོ་དབྱིབས་ཉེ་བར་འདུག་སྙམ།

དངོས་པོའི་གཟུགས་སུ་བྱུང་བའི་མཆོད་རྟེན་གྱི་བཟོ་དབྱིབས་ཐད། བྱེ་ཏུ་བྱེ་གྲིའི་དབྱིབས་དོད་ནི་མངོན་གསལ་དོད་པའི་བོན་གྱི་རིག་གནས་ཀྱིས་ཤུགས་རྐྱེན་ཐེབས་པའི་ཁྲིད་ཆོས་ཤིག་དང་ཁུངས་བཙན་དག་བསྐྱེལ་གྱི་སྒྲུབ་བྱེད་ཞིག་ཡིན་སྙམ་མོད། སྐུ་ཞབས་པེ་ལེ་ཛ་ཡིས་བྲག་བརྐོས་སུ་འཁོད་པའི་མཆོད་རྟེན་གྱི་བང་རིམ་གྲངས་ལྔ་ཏུ་བྱས་པ་ཡང་བོན་གྱི་འབྱུང་བ་ལྔའི་ཁྲིད་ཆོས་ལྡན་པའི་མཆོད་རྟེན་ཁོ་ནར་ངོས་འཛིན་བྱས་འདུག་ཀྱང་། དེའི་སྒྲུབ་བྱེད་དེ་ཙམ་གྱི་དག་བསྐྱེལ་དུ་མི་སྒྲུབ་པར་སེམས། ཅིའི་ཕྱིར་ཞེ་ན། ནང་པའི་མཆོད་རྟེན་དབྱིབས་སུ་བང་རིམ་ལྔ་ལྟ་བུའི་སྐབས་རེ་མོ་མཁན་གྱིས་འབྲི་སྟངས་ཚད་མི་ལྡན་པའམ། མཆོད་རྟེན་དངོས་ཀྱི་བང་རིམ་བཞིའི་འོག་ཏུ་ས་འཛིན་ནམ་ས་སྟེགས་ཀྱི་ཆོད་དུ་བང་རིམ་གཅིག་བསྣན་ཏེ་ལྔའི་རྣམ་པར་མངོན་སྲིད་ཅིང་། བང་རིམ་དང་ས་འཛིན་ནམ་ས་སྟེགས་ཆོད་ཀྱི་རི་མོའི་འབྲི་ཚུལ་དུ་སོ་སོའི་ཐམས་ཚད་ཀྱི་ཁྱད་པར་ལ་མ་བལྟོས་པར་གཅིག་མཚུངས་ལྟ་བུར་འབྲི་སྲིད་པ་ལས་བང་རིམ་ལྔའི་

① སྨན་རིའི་ཡོངས་འཛིན་སློབ་དཔོན་བསྟན་འཛིན་རྣམ་དག་རིན་པོ་ཆེའི་གསུང་འབུམ། པོད་གསུམ་པ། 《བསྟན་འབྱུང་དང་ལོ་རྒྱུས་སྐོར་》 ཁྲི་བརྟན་ནོར་བུ་རྩེའི་དཔེ་མཛོད་ཁང་གིས་ཕྱི་ལོ་༢༠༠༥ལོར་བསྐྲུན་པའི་ཤོག་ངོས་༡༧༢-༡༧༤བར་ན་གསལ།

རྣམ་པར་སྣང་བར་སྣམ། བོད་ཡུལ་གྱི་ཆེས་སྔ་བའི་བྲག་བརྐོས་རི་མོར་འཁོད་པའི་མཆོད་རྟེན་བཟོ་དབྱིབས་ཁྲིད། ཕྱིས་འབྱུང་མཆོད་རྟེན་གྱི་གྲུབ་ཆ་ལྷུ་ཚང་བ་བཞིན་མི་སྣང་ལ། གདོང་ཆེན་སེང་ཁྲི་ལ་སོགས་པའི་མཆོད་རྟེན་གྱི་ཁྲིའི་ཁྱད་ཆོས་ལྡན་པའང་ཤིན་ཏུ་ནས་དབེན་པར་མངོན་པས་སོ། །དེ་ལྟར་ན། བང་རིམ་ལྔ་ལྡ་བུར་བྱུང་བའི་བཟོ་དབྱིབས་ཀྱང་བོན་གྱི་མཆོད་རྟེན་འབའ་ཞིག་ཏུ་ངེས་པ་ཅི་ལ་སྲིད། ཡང་ན། བོད་ཡུལ་གྱི་ཆེས་སྔ་དུས་བྲག་བརྐོས་རི་མོར་གསལ་བའི་རྣམ་པའི་ཁྲིད། ནང་བསྟན་དང་གཡུང་དྲུང་བོན་གྱི་མཆོད་རྟེན་བཟོ་དབྱིབས་ཐ་དད་པར་མི་གསལ་བ་ཞིག་འབྱུང་སྲིད་དེ། དེ་གཉིས་ཀྱི་མ་དཔེ་གནའ་བོའི་རྒྱ་གར་ཕོ་ནར་གཏུགས་དགོས་པ་ལོ་རྒྱུས་དངོས་དང་བབས་མཚུངས་སུ་འོས་ན། བོན་གྱི་མཆོད་རྟེན་ཁྲིད་བྱ་ཏ་བྱ་གྲིའི་མངོན་གསལ་ཁྱད་ཆོས་དེའང་གོང་དུ་དྲངས་པའི་སྐྱུ་ཞབས་པེ་ལེ་ཛའི་བརྩམས་ཆོས་སུ་གསུངས་ཡོད་པ་བཞིན་རི་མོར་འཁོད་ཚུལ་ཆེས་སྔ་བའི་དུས་ཚོད་ནི་དུས་རབས་༤པ་ཚུན་ཆད་དུ་ཡིན་པའི་ངེས་ཤེས་ཤིག་བསྐྱེད་པར་འདོད། དུས་རིམ་དེ་ནས་བཟུང་། ལོ་རྒྱུས་སྔ་མའི་ནང་དུ་དངོས་པོའི་གཟུགས་སུ་ཆ་མཚུངས་སུ་མངོན་པའི་ནང་བསྟན་དང་གཡུང་དྲུང་བོན་གྱི་མཆོད་རྟེན་དབར་ཁྱད་པར་ཞིག་བྱུང་བ་སྟེ། བོན་གྱི་མཆོད་རྟེན་ལ་བྱ་ཏ་བྱ་གྲི་མངོན་པ་དང་། ནང་བསྟན་མཆོད་རྟེན་ལ་ཁྱད་ཆོས་འདི་ལྟ་ཞིག་མེད་པའི་རྣམ་པས། དུས་ཕྱིས་བོད་ཡུལ་སྟོད་སྨད་བར་གསུམ་དུ་འཕེལ་བའི་བོན་དང་ནང་བསྟན་གྲུབ་མཐའ་གཉིས་ཀྱི་མཆོད་རྟེན་གྱི་དབྱེ་བ་ཐ་དད་དུ་མངོན་པར་སེམས། འདི་ལྟ་བུའི་དབྱེ་བ་ནི་གྲུབ་མཐའ་གཉིས་ཀྱི་མཆོད་རྟེན་གྱི་ཕྱིའི་རྣམ་པའི་བཟོ་དབྱིབས་ཀྱི་གཙོ་བོའི་ཁྱད་པར་ཙམ་ལས། དེས་ཕྱོགས་ཡོངས་ཀྱི་ཁྱད་པར་མཚོན་མི་ནུས་པ་གོར་མ་ཆག །

པར་2–2ནང་གསལ་བའི་རྣམ་པ་ནི་ཏ་ཐོག་རྫོང་གི་བྲག་གདོང་ཤར་མའི་བྲག་བརྐོས་རི་མོ་ཡིན་པ་དང་།① དེ་ནི་བོན་གྱི་བྱ་རུའི་ཁྱད་ཆོས་ལྡན་པའི་མཆོད་རྟེན་ཞིག་ལགས། འདིའི་དབྱིབས་སུ་བང་རིམ་བཞི་བརྩེགས་སྟེང་བོངས་གཟུགས་ཤས་ཆུང་བའི་སྒོར་དབྱིབས་ཀྱི་བུམ་པ་དང་། བུམ་པའི་ཐོད་ལ་ཆོས་འཁོར་རམ་གདུགས་འཁོར་དང་། གདུགས་བཅས་མི་གསལ་བར་བྱ་རུ་རྟོག་གིས་བརྒྱན་ལ། བང་རིམ་བཞིའི་འོག་ཏུ་ཁྲིའམ་ས་སྟེགས། ཡང་ན་ཛེང་གཞིའི་དོད་དུ་གྲུ་བཞི་ནར་དབྱིབས་ཤིག་མངོན་པའོ། །བོང་གཟུགས་ཤས་ཆུང་བའི་བུམ་པའི་རྣམ་པ་ནི་ཆེས་སྔ་དུས་ཀྱི་སྒྲོལ་ཞིག་ཡིན་ཞིང་། མཆོད་རྟེན་འདི་

པར་2-2 བྱ་རུ་ལྡན་པའི་བོན་གྱི་མཆོད་རྟེན།

བཞེངས་བཞིན་མ་མཐའ་ཡང་བཙན་པོའི་རྒྱལ་རབས་སྐབས་སུ་ཡིན་ཤས་ཆེ།

རི་མོ་2–2ནི་གནམ་མཚོ་བཀྲ་ཤིས་དོ་ཆུང་གི་བྲག་བརྐོས་རི་མོ་ཡིན་པ་དང་།② མཆོད་རྟེན་འདིའི་རྣམ་པར་ཁྲི་དང་། བུམ་པ། བྲེ། འཁོར་ལོ། གདུགས། བྱ་རུ་བྱ་གྲི། དར་འཕན་བཅས་ཀྱི་གྲུབ་ཆ་ཚང་ལ། རི་རབ་(ནང་བསྟན་མཆོད་རྟེན་དུ་

① གོང་དུ་དྲངས་ཟིན་གྱི་John Vincent Bellezzaཡི་སྤྱི་ལོ་༢༠༠༢ལོའི་བརྩམས་དེབ་ཀྱི་ཤོག་ངོས་༢༥༩ནང་གི་པར་ XI-13g

② John Vincent Bellezza.Bon Rock Paintings at Gnam Mtsho: Glimpses of the Ancient Religion of Northern Tibet.Rock art Research, Volume 17,Number 1,May2000,Melbourne,Australia.ཞེས་པའི་དཔྱད་རྩོམ་ནང་གི་དཔེ་རིས།

རི་མོ་2-2 བྱ་རུ་དར་འཕན་སོགས་ལྡན་པའི་བོན་གྱི་མཆོད་རྟེན།

འདིར་“གདོང་ཆེན་”ཞེས་འབོད་）དབྱིབས་ངོད་ཀྱི་མདུན་ངོས་སུ་བོན་བསྐོར་གཡུང་དྲུང་གཉིས་ཀྱིས་བརྒྱན་ཡོད། མཆོད་རྟེན་གྱི་འོག་ནས་ཡར་རྩེང་གཞི་（ནང་བསྟན་མཆོད་རྟེན་དུ་འདིར་“ས་འཛིན་”ནམ་“ས་སྡེགས་”སུ་འབོད་）དང་། ཁྲི་འཕང་（ནང་བསྟན་མཆོད་རྟེན་དུ་འདིར་“ཐེམ་སྐས་”སུ་འབོད་）གཅིག རི་རབ། ཁ་བད།（ནང་བསྟན་མཆོད་རྟེན་དུ་འདིར་“གཟུང་སྟེ་”དང་“བད་ཆུང་”ཞེས་པ་གཉིས་མར་ནས་ཡར་རིམ་བཞིན་བརྩེགས་སྒྲིལ་ཡོད་） གདུང་ཆེན་ནམ་བྱ་འདབ།（ནང་བསྟན་མཆོད་རྟེན་དུ་འདིར་“བ་གམ་”དུ་འབོད།） བང་རིམ་ངམ་རྟ་བབ་གཅིག མགུར་ཆུ།（ནང་བསྟན་མཆོད་རྟེན་དུ་འདིར་“བུམ་གདན་”ནམ་“བུམ་རྟེན་”དུ་འབོད།） བུམ་པ། བྲེ། ཆོས་འཁོར། གདུགས། བྱ་རུ་བྱ་གྲིའི་ཏོག་དང་དར་དཔྱངས་བཅས་ལྡན་ཞིང་། དེའི་གཡས་གཡོན་དུ་བོན་བསྐོར་གཡུང་དྲུང་ཁྱོན་གསུམ་གྱིས་བརྒྱན་ཏོ། །བཟོ་དབྱིབས་འདི་ལྟའི་མཆོད་རྟེན་ནི་པར་2–2ནང་གི་དཔེ་རིས་དང་ཐ་དད་དུ་མངོན་པ་མ་ཟད། དེ་ནི་དུས་ཚོད་སྔ་ཕྱིའི་ཁྱད་པར་དུའང་འགྲོ་བ་སྟེ། པར་2–2ནང་གི་མཆོད་རྟེན་ཡང་རི་མོ་2–2ནང་གི་མཆོད་རྟེན་ལས་སྔ་བའི་ཁྱད་ཆོས་ལྡན་པར་མངོན་པའོ། །དེ་ཡང་། སྐུ་ཞབས་པེ་ལི་ཛས་རི་མོ་ 2–2ནང་གི་མཆོད་རྟེན་ནི་བོད་དུ་ནང་བསྟན་དར་འགོ་ཚུགས་པའི་དུས་རིམ་（དུས་རབས་༧པའི་ནང་①）ལ་ཡིན་པའི་ཚོད་དཔག་བྱས་ཡོད་པར་པེར་

① John Vincent Bellezza.Antiquities of Northern Tibet: Pre-Buddhist Archaeological Discoverris on

འཛིན་པ་རང་ཉིད་ཀྱིས་དེར་མོས་མཐུན་ཡོད་དོ། །① པར་2-2དང་རི་མོ་2-2ནང་དུ་གསལ་བའི་མཆོད་རྟེན་འདི་གཉིས་ཀྱིས་ཆེས་སྔ་བའི་དུས་རིམ་ནང་དུ་བོན་གྱི་མཆོད་རྟེན་ཕྱིའི་རྣམ་པར་འཕེལ་འགྱུར་ཇི་ལྟར་བྱུང་ཡོད་པ་གསལ་པོར་ཤེས་ནུས་ལ། རི་མོ་2-2ནང་གི་བཟོ་དབྱིབས་སུ་དར་དཔྱངས་ལྡན་པའང་དུས་རབས་༧༠པ་ཙམ་ཆད་ནས་བོད་ཡུལ་སྟོད་མངའ་རིས་སུ་ག་ཤེ་མིར་ནས་དང་། གདུང་ཆེན་མན་ཆད་ཀྱི་ཁྲིའི་དབྱིབས་ནུབ་ག་ཤེ་མིར་དང་ཤར་ལི་ཡུལ་ཏེ་དེང་གི་ཏུན་ཧོང་ཁོངས་ནས་དར་འཕེལ་བྱུང་བའི་ནང་བསྟན་མཆོད་རྟེན་གྱི་ཁྱད་ཆོས་དང་ཆ་མཚུངས་སུ་མངོན་པར་སེམས། འོན་ཀྱང་། ཡིད་རྨུགས་དགོས་པ་ཞིག་སྟེ། ད་ལམ་རྒྱལ་ནང་གི་ཞིབ་འཇུག་པ་ཉུང་ཤས་ཤིག་གིས་བོད་ཀྱི་བྲག་བརྐོས་རི་མོར་འཁོད་པའི་མཆོད་རྟེན་ལ་དཔྱད་བརྗོད་བྱེད་པའི་ཚེ། རི་མོ་2-2ནང་དུ་གསལ་བའི་མཆོད་རྟེན་ལ་"མཆོད་རྟེན་དབྱིབས་དོད་ཀྱི་མཆོད་སྡེགས་དང་མིའི་བཟོ་དབྱིབས"ཞེས་པའི་མཚན་མ་བཏབ་ཡོད་ཅིང་། རི་མོ་དེའི་ཆོས་འཁོར་ནས་གདུགས་དང་། བྱ་རུ་བྱ་གྲིའི་བར་གྱི་གྲུབ་ཆ་ལས་བྱུང་བའི་བཟོ་དབྱིབས་དེ་མཆོད་རྟེན་དབྱིབས་དོད་ཀྱི་མཆོད་སྡེགས་སྟེང་དུ་འདངས་བསྟད་པའི་མི་ཞིག་ལ་ངོས་འཛིན་བྱས་ཡོད་པ་མ་ཟད། མི་དེ་ནི་བོན་གྱི་མཆོད་འབུལ་མཁན་ཞིག་དང་། ཡང་ན་མི་ཆེ་གེ་མོ་ཞིག་དམར་མཆོད་དུ་གསོན་འབུལ་བྱེད་པའི་རྣམ་པ་ཡིན་པར་རིག་པས་རྨུབ་ཁུལ་བྱས་འདུག་ཀྱང་། དེ་ནི་རང་སྣང་གང་ཤར་གྱིས་འོལ་ཚོད་འབབ་ཞིག་ཡིན་ཞིང་། དེས་བོད་ཀྱི་མཆོད་རྟེན་

the High Plateau.(Findings of Changthang Circuit Expedition,1999),pp199.Delhi:Adroit Publishers.2001. ཞེས་པའི་ཤོག་ངོས་འདིའི་ནང་དུ་པེ་ལི་ཛས་ནང་ཆོས་བོད་དུ་དར་བའི་དུས་ཚོད་ནི་དུས་རབས་༧པར་ངོས་འཛིན་བྱས་ཡོད་པ་དང་། དུས་འདི་ཙམ་ཆད་བོད་ཀྱི་ལོ་རྒྱུས་འཕེལ་རིམ་ལ་"ནང་བསྟན་ཆོས་ལུགས་དུས་སྐབས"ཞེས་མིང་དུ་བཏབ་ཡོད།

① མཆོད་རྟེན་འདིའི་དུས་ཚོད་སྐོར་ལ་ངོ་སྤྲོད་བྱས་པའི་དཔྱད་གཞི་ནི་སྐུ་ཞབས་པེ་ལི་ཛས་བྲིས་པའི་རྩོམ་ཡིག་གློག་ཀླད་དྲ་བའི་http://www.asianart.com/articles/rockart/21.htmlནང་གསལ་ལོ། །

བཟོ་དབྱིབས་ཇི་ལྟར་བསྒྱུར་དགོས་པའི་དོན་དང་མཆོད་རྟེན་འཕེལ་རིམ་གྱི་གནས་ཚུལ་ཤེས་རྒྱུ་ལྟ་ཅི། ཐ་ན་མངོན་གསལ་དོད་པའི་རི་མོའི་བཟོ་དབྱིབས་ལ་ཡང་དབྱེ་འབྱེད་ཀྱི་ནུས་པ་སྤུ་ཙམ་མེད་པའི་རྫོངས་པའི་རྟགས་མཚན་བསྟན་པ་ཙམ་ལ་ཟད་དོ། །དཔྱད་བརྗོད་འདི་ལྟ་བུས་ཡོད་པའི་ཞིབ་འཇུག་མཁན་གྱི་དཔེ་མཚོན་མི་སྣ་ནི་བོད་ཀྱི་བྲག་བརྐོས་རི་མོར་ཞིབ་འཇུག་མཁན་ཀྲང་យ្ហ་ཧྭ་ལྷ་བུ་ཡིན་ནོ། །[①]

རི་མོ་2-3དང་རི་མོ་2-4ནང་དུ་གསལ་བ་ནི་བོད་ལྗོངས་ངམ་རིང་རྫོང་མདོ་སྨེ་ཤང་ཀ་མགོ་ཡུལ་གྱི་བྲག་བརྐོས་སུ་འཁོད་པའི་མཆོད་རྟེན་གྱི་རྣམ་པ་ཡིན་པ་དང་།[②] དེའི་ཁྲོད་རི་མོ་2-3ཡི་ཨང་རྟགས་༤པ་དང་། རི་མོ་2-4ཡི་ཨང་རྟགས་༣པ་ཕུད་པའི་དེ་བྱིངས་ཀྱི་ཁྱད་ཆོས་སུ་མཆོད་རྟེན་ཏོག་ལ་བྱ་རྡ་བྱ་གི་དབྱིབས་ཅན་བྱུང་བ་ནི་བོན་གྱི་མཆོད་རྟེན་དུ་མངོན་པར་སྣམ། དེའི་ནང་དུ་རི་མོ་2-4ཡི་ཨང་རྟགས་༧པོ་ཕུད་པའི་མཆོད་རྟེན་བུམ་པའི་འོག་ཏུ་བང་རིམ་ལྔ་

① ལྟ་བ་འདི་ལྟ་འཛིན་པ་ནི་ཏ་ཅང་དགོད་བྲོ་བའི་དོན་ཞིག་ཡིན་ཞིང་། ཐོག་མ་ཡང་ཀྲང་ཡྭ་ཧྲ་དང་ཀུང་དན་ཟླ་གཉིས་ཀྱིས་བྲིས་པའི་དཔྱད་རྩོམ《བོད་ཀྱི་བྲག་བརྐོས་རི་མོའི་ཁྲོད་ཀྱི་མཆོད་རྟེན་རིས་དབྱིབས》（《西藏岩画中的“塔图形”》，《中国藏学》2005年第1期（总第69期）第70-79页）ཞེས་པའི་ནང་གསལ་བ་དང་། རྩོམ་དེའི་ནང་དུ། “མཆོད་རྟེན་ཡར་ཐོད་ན། ཡང་ན་མིའི་དབྱིབས་འདྲ་བ་དང་། ཡང་ན་ཡ་མཚན་ཅན་གྱི་མཚོན་རྟགས་ཤིག་ཡིན་ཚོད་འདུག”（ཤོག་ངོས་༧༨）ཅེས་འཁོད་ཡོད། དེ་ནས་ལོ་གཉིས་ཕྱིན་རྗེས་ཀྲང་ཡྭ་ཧྲ་ཡིས་བྲིས་པའི《གནའ་བོའི་ཞང་ཞུང་གི་བྱའི་བླ་རྫོག་དང་བོད་ཀྱི་བྱ་གཏོར་》（《古象雄的“鸟图腾”与西藏的“鸟葬”》，《中国藏学》2007年第3期（总第79期），第45-54页）ཞེས་པའི་ནང་། རྩོམ་གོང་མའི་ལྟ་བ་དེ་མུ་མཐུད་སྐྱུད་ཡོད་པ་མ་ཟད། དེའི་ཁ་སྐོང་ལ། “མིའི་རི་མོ་འདི་གལ་སྲིད་བོན་གྱི་མཆོད་འབུལ་མཁན་ཞིག་ཡིན་ན། དེས་བོན་གྱི་བྱའི་བླ་རྫོག་དང་འབྲེལ་བའི་སྲོལ་རྒྱུན་སྟངས་སྟབས་རྒྱུན་སྲིང་བྱས་ཡོད་པ་དང་། གལ་སྲིད་མཆོད་རྟེན་གྱི་མཆོད་སྟེགས་སྟེང་དམར་མཆོད་དུ་གསོན་འབུལ་བྱེད་པའི་མི་ཆེ་གེ་མོ་ཞིག་ཡིན་ན། དེས་བྱའི་བླ་རྫོག་དང་འབྲེལ་བའི་སྲོལ་རྒྱུན་སྟངས་སྟབས་རྒྱུན་སྲིང་བྱས་ཡོད་ཅིང་། དེ་ནི་བོད་ཀྱི་སྲོལ་རྒྱུན་བྱ་གཏོར་དང་འབྲེལ་བ་གང་ཞིག་ལྡན་པའང་མངོན་ཐུབ”（ཤོག་ངོས་༥༢）ཅེས་གསལ་ལོ། །

② 索朗旺堆主编，李永宪、霍魏、尼玛编写：《昂仁县文物志》，西藏人民出版社，1992年版，第141-147页ནང་གི་དཔེ་རིས་图4-3དང་图4-5ལ་གསལ།

རི་མོ་2-3 ངམ་རིང་རྫོང་མདོ་སྨེ་ཁང་ཀ་མགོའི་ཤང་རྟགས་༣པའི་བྲག་བརྐོས་རི་མོ།

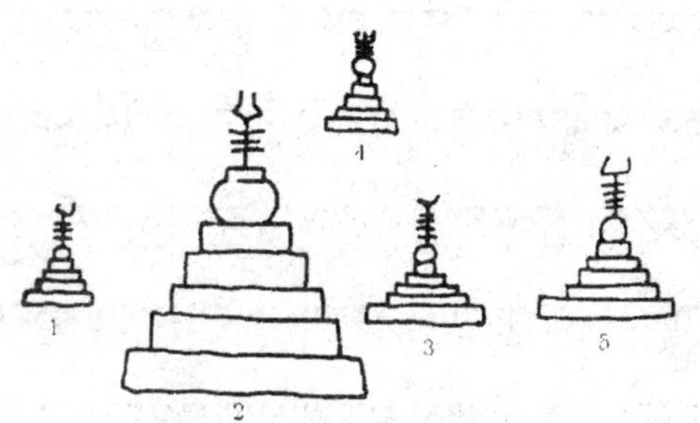
རི་མོ་2-4 ངམ་རིང་རྫོང་མདོ་སྨེ་ཁང་ཀ་མགོའི་ཤང་རྟགས་༤པའི་བྲག་བརྐོས་རི་མོ།

ཡོད་པ་ནི་བོན་གྱི་འབྱུང་བ་ལྔའི་མཚོན་བྱེད་ཀྱི་དབྱིབས་སུ་འདུག་པ་སྟེ། འོག་ཤོས་རྒྱང་གཞི་འབྱུང་བ་ནམ་མཁའ་ནས་ཡར་རིམ་བཞིན་མེ་ཆུ་ས་རླུང་བཞིའི་ཁྲི་འཕང་མཚོན་པར་སེམས། བུམ་སྟེང་གི་གདུགས་འཁོར་（དེང་དུས་ཆོས་འཁོར་དུ་འབོད་ཁྱབ་ཆེའོ་）གྲངས་ཚད་གཉིས་ནས་བཞིའི་བར་དུ་མངོན་པའི་སྐུ་རྒྱལ་མཚོན་བྱེད་ཀྱི་འགྲེལ་བརྗོད་ཐད། ད་ལམ་ཁོ་བོར་ལག་སོན་བྱུང་བའི་བོན་གྱི་འབྲེལ་ཡོད་དཔྱད་གཞིའི་ནང་དེ་སྐོར་ལ་གསལ་བཤད་གནང་བ་མཇལ་མ་སྨྱོང་ཡང་། བོད་ཡུལ་མཆོད་རྟེན་གྱི་བཟོ་དབྱིབས་མ་དཔེ་ནི་ནང་ཆོས་དར་བའི་གནའ་བོའི་རྒྱ་གར་གྱི་ཡུལ་གྲུར་གཙུགས་དགོས་པའི་དཔྱད་བརྗོད་གོང་དུ་ཞུས་ཟིན་པ་བཞིན་བདེན་པ་ཡིན། ཆེས་སྔ་དུས་སུ་བོད་ཡུལ་མཆོད་རྟེན་གྱི་སྐུ་རྒྱལ་མཚོན་བྱེད་ཁྲིད། གྲུབ་མཐའི་དབྱེ་བར་མ་བལྟས་པར་གང་ཞིག་དགེ་བའི་ཆ་དེ་རང་རང་སོ་སོའི་བླང་བྱར་བཙུག་ནས་བསྐྲུན་པའི་མཆོད་རྟེན་གདུགས་འཁོར་གྱི་གྲངས་ཚད་སྐོར་ལ་འགྲེལ་བརྗོད་

འདི་ལྟ་ཞིག་སྟེ། ཀུན་མཁྱེན་འཇིགས་མེད་གླིང་པས་ཐེག་པ་སོ་སོའི་གང་ཟག་དང་བསྟུན་པའི་མཆོད་རྟེན་གྱི་རང་བཞིན་བསྟན་ནས་ལྷག་དོར་གྱི་གནས་ལ་གསལ་བརྗོད་གནང་སྐབས་སུ། 《འདུལ་བ་ལུང་》ལས་ལུང་དྲངས་ཏེ་ཤཱ་རིའི་བུའི་རིང་བསྲེལ་ལ་ཁྱིམ་བདག་ཚེས་ཇི་ལྟར་མཆོད་པ་བགྱིད་ཁུལ་ལ་བཅོམ་ལྡན་འདས་ཀྱིས་བཀའ་སྩལ་པར། "རིམ་བཞིན་བང་རིམ་བཞི་བྱས་ལ་དེ་ནས་བུམ་རྟེན་བྱའོ། དེ་ནས་བུམ་པ་དང་། བྲེ་དང་། སྲོག་ཤིང་དང་། གདུགས་གཅིག་དང་། གཉིས་དང་། གསུམ་དང་། བཞི་བྱ་བ་ནས་བཅུ་གསུམ་གྱི་བར་བྱ་ཞིང་ཆར་ཁེབས་དག་ཀྱང་གཞག་པར་བྱའོ། །"[①]ཞེས་འཕོད་པ་དང་། དེ་ནས་མཆོད་རྟེན་ཇི་ལྟར་བཞེངས་དགོས་པའི་ཚུལ་ལ། "དེ་བཞིན་གཤེགས་པའི་མཆོད་རྟེན་ནི་རྣམ་པ་ཐམས་ཅད་རྫོགས་པར་བྱའོ། རང་སངས་རྒྱས་ཀྱིས་ནི་ཆར་ཁེབས་མ་གཞག་པར་བྱའོ། དགྲ་བཅོམ་པ་ནི་གདུགས་བཞིའོ། ཕྱིར་མ་འོང་བ་ནི་གདུགས་གསུམ་མོ། ཕྱིར་འོང་བ་ནི་གཉིས་སོ། རྒྱུན་དུ་བཞུགས་པ་ནི་གཅིག་གོ། སོ་སོ་སྐྱེ་བོ་དགེ་བ་རྣམས་ནི་བྲི་དོར་བྱའོ། ཞེས་ཆོས་འཁོར་ལ་གདུགས་དང་། གདུགས་ལ་ཆར་ཁེབས་སུ་བཏགས་ནས་མཆོག་དམན་གྱི་རྣམ་པར་གཞག་པའང་ཤེས་དགོས་"[②]ཞེས་བསྟན་པ་ལས། འདིར་མཆོད་རྟེན་གྱི་གདུགས་འཁོར་རམ་ཆོས་འཁོར་གྲངས་ཚད་ཇི་ལྟར་བབས་དགོས་པའི་སྤྱིའི་འགྲོ་སྟངས་བསྟན་པ་ནང་བསྟན་ཆོས་ཀྱི་ལུགས་ཡིན་ཙང་། དེས་བོད་ཀྱི་ཁྱད་ཆོས་ལྡན་པའི་མཆོད་རྟེན་བཟོ་དབྱིབས་ལ་དཔྱད་བསྡུར་གྱི་ནུས་པ་ཐོན་ནུས་པ་ནི་ནང་ཆོས་དང་གཡུང་དྲུང་བོན་གཉིས་དབར་བྱུང་བའི་ལོ་རྒྱུས་ཀྱི་འབྲེལ་འདྲིས་ལས་

① 《འཇིགས་མེད་གླིང་པའི་གཏམ་ཚོགས་》གངས་ཅན་རིག་མཛོད་དེབ་༡༨པ། བོད་ལྗོངས་བོད་ཡིག་དཔེ་རྙིང་དཔེ་སྐྲུན་ཁང་ནས་སྤྱི་ལོ་༡༩༩༡ལོར་བསྐྲུན་པའི་ཤོག་གྲངས་༥༠༧ན་གསལ།

② 《འཇིགས་མེད་གླིང་པའི་གཏམ་ཚོགས་》གངས་ཅན་རིག་མཛོད་དེབ་༡༨པ། བོད་ལྗོངས་བོད་ཡིག་དཔེ་རྙིང་དཔེ་སྐྲུན་ཁང་ནས་སྤྱི་ལོ་༡༩༩༡ལོར་བསྐྲུན་པའི་ཤོག་གྲངས་༥༠༨ན་གསལ།

ངེས་ཤེས་ཤིག་རྙེད་སྲིད་པ་སྟེ། 《ཐུའུ་བཀྭན་གྲུབ་མཐའ་》ལས། "ཆོས་དང་བོན་ཞེས་འགལ་བའི་ཚད་བྱས་ཀྱང་། ཆོས་ལ་བོན་འདྲེས་བོན་ལ་ཆོས་འདྲེས་པས། ཆོས་མིག་རྩལ་བྲལ་མི་ལྡན་བདག་ལྟ་བུ། ཆོས་བོན་རྣམ་དབྱེ་འབྱེད་ལ་སྙིང་ལུག་སྒྱུར་"① ཞེས་འཕོད་པས་ཀྱང་གསལ་བར་ནུས། དེ་ཡང་། ཆོས་འཁོར་བཅུ་གསུམ་ཕུད་པའི་གཞན་གྱི་གྲངས་ཚད་ནི་དེང་གི་དུས་ལ་སྤྱིར་ནས་ཀྱང་བྱེད་སྒོལ་མེད་པར་གཞིགས་ན། འདིར་དྲངས་པའི་དཔེ་རིས་གཉིས་སུ་གསལ་བའི་ཆོས་འཁོར་གྲངས་ཚད་གཉིས་ནས་བཞི་བར་གྱི་མཆོད་རྟེན་རྣམ་པའི་དུས་རིམ་ནི་ཆེས་སྔ་དུས་ཀྱི་སྒྲོལ་ཞིག་ཡིན་པར་སྙམ། ལར་རི་མོ2–3དང་རི་མོ2–4ཡི་བྲག་བརྐོས་རི་མོའི་བརྟག་དཔྱད་མཁན་གྱིས་འདི་གཉིས་ཀྱི་དུས་ཚོད་ཉུང་མཐར་ཡང་དུས་རབས་༡༣–༡༥བར་དུ་ཚོད་དཔག་བྱས་ཡོད་ཅིང་། བྲག་སྟེང་དུ་མཆོད་རྟེན་འགོད་པའི་དགོས་དབང་ཡང་ཐང་སྟོང་རྒྱལ་པོས་ཡུལ་དེ་ཁུལ་གྱི་སྲི་གནོན་གྱི་ཆེད་དུ་བསྐྲུན་པ་ཡིན་ཚོད་དུ་འཆད་འདུག་མོད།② འོན་ཀྱང་། འདི་ལྟར་བྲག་བརྐོས་སུ་བྱུང་བའི་མཆོད་རྟེན་བཟོ་དབྱིབས་ཀྱི་རྣམ་པར་བལྟས་ཆོ། དེའི་དུས་ཚོད་ནི་མ་མཐར་ཡང་དུས་རབས་༩–༡༡པའི་བར་ལ་ཡིན་ཚོད་དེ་བས་ཆེ་བར་མངོན།

བོད་ཀྱི་བྲག་བརྐོས་རི་མོའི་འབྲི་བྱུར་ཕྱུར་བའི་མཆོད་རྟེན་ཁྲོད། ཆེས་སྔ་བའི་དུས་རིམ་དུ་ནང་ཆོས་ཀྱི་ཁྱད་ཆོས་ལྡན་པའི་བཟོ་དབྱིབས་རྣམ་པ་གང་ཞིག་ཀྱང་བྱུང་ཡོད་པ་ནི་ཨ་ཙང་བརྗོད་མེད་ཡིན། པར་2–3ནི་སྐུ་ཞབས་པེ་ལེ་ཛའི་བརྩམས་ཆོས་སུ་གསལ་བའི་སྟོད་མངའ་རིས་རུ་ཐོག་རྫོང་ར་བང་ཁུལ་

① ཐུའུ་བཀྭན་བློ་བཟང་ཆོས་ཀྱི་ཉི་མས་བརྩམས་པའི་《ཐུའུ་བཀྭན་གྲུབ་མཐའ་》 ཀན་སུའུ་མི་རིགས་དཔེ་སྐྲུན་ཁང་གིས་སྤྱི་ལོ་༡༩༨༥ལོའི་པར་ཐེངས་གཉིས་པའི་ཤོག་གྲངས་༣༥༩ན་གསལ།

② 索朗旺堆主编，李永宪、霍魏、尼玛编写：《昂仁县文物志》，西藏人民出版社，1992年版，第147页

པར'2-3 བྲག'བརྐོས'སུ'འཁོད'པའི'ནང'བསྟན'མཆོད'རྟེན།

གྱི་རྣ་འགྲོང་འཕྲང་བྲག་བརྐོས་མཆོད་རྟེན་གྱི་པར་རིས་ཤིག་ཡིན་པ་དང་།[①] ཁོང་གིས་མཆོད་རྟེན་འདི་ནི་ནང་ཆོས་ཀྱི་ཁྱད་ཆོས་ལྡན་པའི་བཟོ་དབྱིབས་རྣམ་པ་ཞིག་ཏུ་ངོས་འཛིན་གནང་འདུག་པ་ནི་བདེན་པར་ཁོ་བོས་འདོད། དེའི་བྲི་མན་ཆད་བཟོ་དབྱིབས་ཀྱི་བརྐོས་ཐིག་ཤིན་ཏུ་གསལ་ཀྱང་བྲི་སྟེང་དུ་བཀོད་ཡོད་པའི་ཉི་ཟླའི་དབྱིབས་ནི་དུས་དང་རྣམ་པས་རྐྱེན་པས་ད་ཆ་ཁ་མི་གསལ་བ་ཞིག་ཏུ་མངོན་འདུག །ཁོང་གིས་དཔྱེ་ཞིབ་ལྟར་ན། ཉི་ཟླའི་ཐིག་རིས་འདི་བྲི་མན་ཆད་མཆོད་རྟེན་ཡོངས་ཀྱི་བཀོད་པ་དང་དུས་ཚོད་སྔ་ཕྱིའི་ཁྱད་པར་མཚིས་པར་ངོས་འཛིན་བྱས་ཡོད་ཅིང་། དེའི་རྒྱུ་རྐྱེན་དུ་འདི་གཉིས་ཀྱི་བྲག་ངོས་ཐིག་རིས་སྟེང་གཡའ་ཚད་མངོན་གསལ་དོད་མི་དོད་དང་། རི་མོའི་གོང་འོག་གི་འབྲེལ་ཐིག་དུས་གཅིག་ཏུ་བྲིས་པ་བཞིན་གྱི་དོ་སྙོམས་མི་སྙོམས་ལ་སོགས་པར་བརྟེན་ཏེ་ཉི་ཟླའི་དབྱིབས་ནི་བྲི་མན་ཆད་མཆོད་རྟེན་གྱི་རི་མོ་ལས་ཕྱི་བར་འདོད་མོད།[②] འོན་ཀྱང་། ཁོ་བོའི་དཔྱེ་ཞིབ་ལྟར་ན། ཉི་ཟླ་ཟུང་དང་བཅས་པའི་བྲག་བརྐོས་སུ་འཁོད་པའི་མཆོད་རྟེན་ཡོངས་ཀྱི་བཟོ་དབྱིབས་འདི་ནི་དུས་གཅིག་ལ་བསྐྲུན་པ་མ་ཟད། དེ་ནི་སོ་སྐྱེས་མཆོད་རྟེན་གྱི་རྣམ་པ་བསྟན་པ་ཞིག་རེད་སྙམ། འདིའི་སྒྲུབ་བྱེད་དུ་སུམ་པ་མཁན་པོ་ཡེ་ཤེས་དཔལ་འབྱོར་གྱི་《སྐུ་གསུང་ཐུགས་རྟེན་གྱི་ཐིག་རྩ་

① གོང་དུ་དྲངས་ཟིན་གྱི་John Vincent Bellezzaཡི་སྤྱི་ལོ་༢༠༠༧ལོའི་བརྩམས་དེབ་ཀྱི་ཤོག་ངོས་༣༨༧ནང་གི་པར་ཨང་རྟགས་10.97ལ་གསལ།

② གོང་དུ་དྲངས་ཟིན་གྱི་John Vincent Bellezzaཡི་༢༠༠༧ལོའི་བརྩམས་དེབ་ཤོག་ངོས་༢༢༢-༢༢༣ལ་གསལ།

མཆན་འགྲེལ་ཅན་མེ་ཏོག་ཕྲེང་མཛེས་》ཞེས་པའི་ཟུར་བཀོད་རི་མོར་འཕོད་པ་སོ་སྐྱེས་མཆོད་རྟེན་དབྱིབས་ཀྱིས་ནུས་པ་སྟེ།① རི་མོ་2–5ནང་གསལ་བའི་ཁྱད་ཆོས་དང་ཤིན་ཏུ་འདྲ་བར་མངོན་ཡོད། དེ་ཡང་། དཔེ་རིས་འདི་གཉིས་ཀྱི་ཞིབ་ཕྲའི་ཁྱད་ཆོས་ལ་དབྱེ་ཞིབ་བྱས་ན། པར་2–3ནང་གི་མཆོད་རྟེན་བུམ་པའི་འོག་ལ་ཁྲི་ཕུད་པའི་བང་རིམ་ལྔའི་རྣམ་པ་བྱུང་བ་སྟེ། བུམ་པའི་འོག་གི་བང་རིམ་དང་པོ་ནི་བུམ་གདན་ནམ་བུམ་རྟེན་ཡིན་དགོས་པ་དང་། དེ་ནས་མར་རིམ་བཞིན་ཕྱིར་འཕར་བའི་བང་རིམ་བཞི་ནི་མཆོད་རྟེན་ལུས་ཀྱི་གྲུབ་ཆའི་བང་རིམ་བཞི་པོ་དེ་དག་ཡིན་པ། ཁྲིའི་བཟོ་དབྱིབས་ཀྱི་རྣམ་པར་མར་རིམ་བཞིན་གྱི་བ་གམ་དང་། ཡང་

རི་མོ་2-5 སོ་སྐྱེས་མཆོད་རྟེན་དཔེ་རིས།

ན་བད་ཆུང་ངམ་གཟུང་སྟེའི་དོད་དབྱིབས་མངོན་པ། ཁྲིའི་གྲུབ་ཆ་གདོང་ཆེན་མདུན་ངོས་གཡས་གཡོན་གཉིས་ཀྱི་ནང་དུ་སྒྲོམ་ཐིག་མཐའ་བརྒྱན་ལྷ་བུར་སྣང་བ། གདོང་ཆེན་ཁྲིའི་འོག་ཤོས་སུ་བང་རིམ་གཅིག་མངོན་པ་ནི་ས་འཛིན་གྱི་དབྱིབས་ལ་ངོས་འཛིན་བྱས་ཆོག་ཅིང་། བུམ་པའི་ཡར་ཐོད་དུ་བྲེ་ཞིག་བྱུང་བ་དང་། དེའི་སྟེང་ཉི་ཟླ་ཟུང་གིས་བརྒྱན་པའོ། །མཆོད་རྟེན་འདིའི་བུམ་པའི་ཁ་ཁྱིར་རམ་དཔུང་པ་གཡས་གཡོན་གཉིས་ནི་ཕྱིས་འབྱུང་གི་བཟོ་དབྱིབས་འཕྲེད་དུ་ཕྱིར་འཕར་གྱི་རྣམ་པ་དང་། བུམ་པའི་ཐོད་ཀྱི་ཐིག་རིས་འཕྲེད་དུ་ཐད་ཀར་བྱས་པ་དང་མི་འདྲ་བར་

① སྐལ་བཟང་གིས་ སྒྲིག་སྒྲུར་བྱས་པའི་《བོད་རྒྱུད་ནང་བསྟན་ལྷ་རིས་ཐིག་རྩ་》མཚོ་སྔོན་མི་དམངས་དཔེ་སྐྲུན་ཁང་གིས་སྤྱི་ལོ་༡༩༩༢ལོར་བསྐྲུན་པའི་ཤོག་ཤོས་༧༦ན་གསལ།

ཅུང་ཟླུམ་པོར་བྱུང་བའང་ཆེས་སྔ་དུས་ཀྱི་ཁྱད་ཆོས་སུ་མངོན་པར་སེམས། མཆོད་རྟེན་འདི་དང་རི་མོ་2–5ནང་གི་དཔེ་རིས་བསྡུར་ན། བང་རིམ་བཞི་དང་། བུམ་གདན། བུམ་པ། བྲེ། ཉི་ཟླ་བཅས་པའི་གྲུབ་ཆ་མཚུངས་ཙང་། བང་རིམ་བཞིའི་འོག་ཏུ་རྨང་དགེའི་དོད་དམ་བང་རིམ་གྱི་པད་གདན་ལྟ་བུའི་དབྱིབས་དང་། སྒོ་ཁྱིམ། བྲེ་གདན་བཅས་པའི་གྲུབ་ཆ་མི་འདྲ་བར་བྱུང་བ་ནི་དུས་སྔ་ཕྱིའི་ཁྱད་པར་དང་། གཞན་ཡང་། རི་མོ་2–5ནང་གི་བུམ་པའི་ཐོད་ཀྱི་བཟོ་དབྱིབས་ནི་ཤས་ལེབ་པར་མངོན་པའང་པར་2–3ནང་གི་མཆོད་རྟེན་བུམ་པ་དང་ཐ་དད་པའི་ཆ་ཙམ་མངོན་ནོ། །

རི་མོ་2–6དང་། རི་མོ་2–7 རི་མོ་2–8བཅས་ཀྱི་ནང་གསལ་བ་ནི་བོད་ཡུལ་དབུ་རུའི་ལྷུན་གྲུབ་རྫོང་ངར་ནང་ཤང་ཀ་ལེབ་གྲོང་ཁོངས་ནས་གསར་དུ་རྙེད་པའི་ནང་བསྟན་མཆོད་རྟེན་གྱི་རྣམ་པ་ཞིག་ལགས།① ས་ཆ་འདིའི་བྲག་བརྐོས་ནི་རྩག་དམར་གྱིས་བྲག་ཐོག་ཏུ་བྲིས་པ་དང་། ཚོན་མདོག་གི་མངོན་གསལ་དོད་ཚད་ལ་བལྟས་ན། ཆེས་སྔ་དུས་ཀྱི་རི་མོར་མངོན་པར་སྣམ། དཔེ་རིས་འདི་གསུམ་གྱི་སྤྱིའི་རྣམ་པར་གཅིག་མཐུན་དུ་བྱུང་བ་ནི་བང་རིམ་བཞི་རེ་དང་། བུམ་པ། བྲེ། ཆོས་འཁོར་བཅས་སོ། །དེ་ཡང་། རི་མོ་2–6ཡི་མཆོད་རྟེན་ལ་ཆོས་འཁོར་རིམ་གདུགས་འཁོར་ལྟ་ཙ་བྱས་པའི་སྟེང་སྒོར་དབྱིབས་ཀྱི་ཏོག་ཅིག་དང་། བུམ་པ་དང་བང་རིམ་

རི་མོ་2-6 ཀ་ལེབ་གྲོང་གི་བྲག་བརྐོས་མཆོད་རྟེན།

① ཐེངས་གསུམ་པའི་བོད་ལྗོངས་རིག་དངོས་ཞིབ་བཤེར་ལས་ཚོགས་ཀྱིས་སྤྱི་ལོ་༢༠༠༧ལོར་ས་ཡུལ་དངོས་སུ་ཞིབ་བཤེར་བྱས་པའི་རྒྱུ་ཆ།

དབར་གོང་འོག་ངོ་སྐྱོམས་པར་མངོན། རི་མོ་2−7ནང་དུ་ཆོས་འཁོར་ལྷུར་བྱས་ཀྱང་ཏོག་གི་ཞིབ་ཕྲའི་བཟོ་དབྱིབས་དེ་ཙམ་གྱི་མི་གསལ་ལ། བུམ་དབྱིབས་ལྷུང་བཟེད་ཁ་སྦུབས་འོག་ལེབ་ཞེང་ཆེ་བའི་བང་རིམ་བཞི་ལྡན་པའོ། །རི་མོ་2−8ནི་སྒོ་ཁྱིམ་ཞིག་བྱས་པ་དང་། གདུགས་འཁོར་དྲུག་ཡོད་པ། ཏོག་ཀྱང་རྩེ་གསུམ་དབྱིབས་སམ་ཉི་ཟླ་ཟུང་དུ་མངོན། བུམ་དབྱིབས་ཆུང་ལ་བང་

རི་མོ་2-7 ཀ་ལེབ་གྲོང་གི་བྲག་བརྐོས་མཆོད་རྟེན།

རིམ་བཞི་མཐུག་ཅིང་ཞེང་ཆེ་བའི་ཚུལ་དུ་བྱས་པའོ། །དཔེ་རིས་འདི་གསུམ་ཁྲོད་ཆོས་འཁོར་ལྷུའམ་དྲུག་ཏུ་བྱུང་བའི་འགྲེལ་བརྗོད་ཐད། ད་ལམ་ཕོ་བོར་འབྲེལ་ཡོད་ཀྱི་དཔྱད་གཞི་གང་ཡང་ལག་སོན་བྱུང་མེད་པས། དེ་ལྟར་བགྱིས་པའི་བརྟ་ཚོན་གང་ཡིན་བཤད་ཚོད་དཀའ་བས་མཁྱེན་ལྡན་པ་རྣམས་ཀྱིས་དཔྱད་པར་འཚལ་ལོ། འོན་ཀྱང་། ཆོས་འཁོར་གྲངས་ཚད་འདི་ལྟར་དུ་བྱས་པའང་བྲག་བརྐོས་མཆོད་རྟེན་ཙམ་མ་ཟད། དངོས་རྒྱ་གཞན་ལས་བྱུང་བའི་ཆེས་སྔ་དུས་ཀྱི་མཆོད་རྟེན་དབྱིབས་སུའང་བྱུང་འདུག་པ་དོན་གཞན་དང་འབྲེལ་

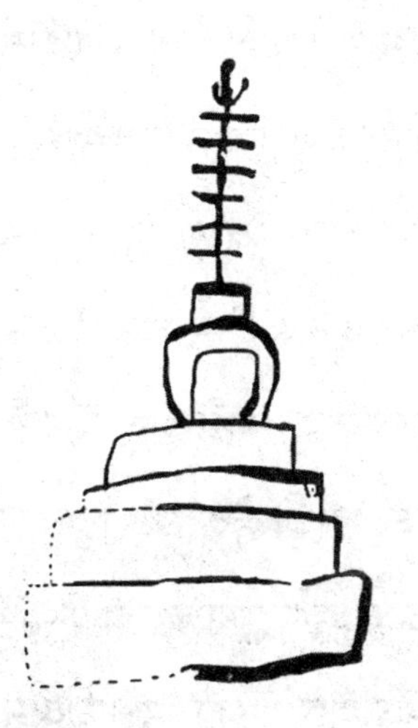

རི་མོ་2-8 ཀ་ལེབ་གྲོང་གི་བྲག་བརྐོས་མཆོད་རྟེན།

ཏེ་མཚམས་སྦྱོར་ཞུ་འདོད་པས། བཟོ་དབྱིབས་འདི་ལྟ་བུ་ནི་རང་རེའི་ཡུལ་དུ་དར་བའི་གནའ་བོའི་མཆོད་རྟེན་གྱི་ཁྱད་ཆོས་ཤིག་ཡིན་ངེས་ཆེ་བར་སྙམ།

ཁོ་བོའི་མཐོང་ཆོས་སུ་གྱུར་པའི་དཔྱད་གཞིའི་ཡིག་རིགས་ཁྲོད། རང་རེའི་སྔོན་བྱོན་མཁས་པའི་གསུང་ལས་བོད་ཡུལ་དུ་ཐོག་མར་མཆོད་རྟེན་དར་ཚུལ་བསྟན་པ་ཆེས་སྔ་བ་ནི། ཤར་རྫ་བཀྲ་ཤིས་རྒྱལ་མཚན་མཆོག་གི་ཆོས་འབྱུང་དེ་ཡིན་པ་དང་། དེའི་ནང་གཉའ་ཁྲིའི་སྐུ་དུས་སུ་སྣ་ཆེན（སྣ་བོན་ཞེས་ཀྱང་འབོད་）ལི་ཤུ་སྟག་རིང་འོལ་མོའི་གླིང་དུ་བྱོན་ནས་སྟག་གཟིག་མཁས་པ་གསུམ་ལ་སོགས་བླ་མ་མང་པོ་ལ་གདུགས་ནས་བོན་སྡེ་མང་པོ་བོད་དུ་བསྒྱུར་བའི་དུས་སུ། “འབུམ་དང་། གསུང་རབ། གསས་ཁང་། ལྷ་ཁང་། མཆོད་རྟེན་རྣམས་གཙང་དབུས་སུ་མ་དར་གོང་དུ་ཞང་ཞུང་གི་ཡུལ་དུ་དར་”[①] ཞེས་འབོད་པ་ལས། བོད་ཡུལ་དུ་མཆོད་རྟེན་ཐོག་མ་དར་བའི་དུས་ནི་གཉའ་ཁྲིའི་སྐབས་སུ་ཡིན་པ་མ་ཟད། དར་བའི་ཡུལ་ནི་བོད་ཀྱི་ནུབ་ཕྱོགས་ཡུལ་ཏེ། ཞང་ཞུང་གི་ཁོངས་སྟོད་མངའ་རིས་སུ་ཡིན་པའི་སྐོར་ལ། གོང་གི་འབྲེལ་ཡོད་དོན་ཚན་ཁག་ནང་བྲག་བརྐོས་ལ་སོགས་པའི་གནད་དོན་དང་འབྲེལ་ཏེ་དཔྱད་བརྗོད་མདོར་བསྡུས་ཙམ་ཞུས་ཡོད་མོད། འོན་ཀྱང་། ད་བར་བོད་ཡུལ་གྱི་བྲག་བརྐོས་རི་མོར་འབོད་པའི་མཆོད་རྟེན་དཔེ་རིས་ཀྱི་དུས་ཚིགས་ལ་ངེས་གཏན་གྱི་དབྱེ་འབྱེད་ཅིག་མི་ནུས་པའི་རྒྱུ་རྐྱེན་དང་གཅིག །གཉིས་སུ་བོད་ཀྱི་ཆོས་འབྱུང་ཕལ་མོ་ཆེར་ཡབ་མེས་སྲོང་བཙན་སྔོན་ལ་ཐུགས་ཀྱི་རྟེན་དར་ཁུལ་དུ་གཉན་པོ་གསང་བ་དང་འབྲེལ་བའི་གསེར་གྱི་མཆོད་རྟེན་མུ་དྲའི་ཕྱག་རྒྱའམ་གཡུའི་མཆོད་རྟེན་བང་རིམ་བཞི་ཅན་[②]བྱུང་ཚུལ་དེ་ལས་གཞན་གསལ་བར་འབོད་མེད་རྐྱེན། དུས་རིམ་དེའི་སྔོན་དང་། བོད་ཀྱི་བྲག་བརྐོས་སུ་འབོད་པའི་མཆོད་རྟེན་གྱི་དཔེ་རིས་དག་ཀྱང་ཐུགས་རྟེན་ཐོག་མ་བོད་ཡུལ་དུ་ཇི་ལྟར་དར་ཚུལ་སྐོར་སྐབས་སུ་

① གོང་དུ་དྲངས་ཟིན་གྱི་ཤར་རྫ་མཆོག་གི་ཆོས་འབྱུང་ཤོག་ངོས་༡༥༦དང་༡༥༨ན་གསལ།

② དཔའ་བོ་གཙུག་ལག་ཕྲེང་བས་བརྩམས་པའི《ཆོས་འབྱུང་མཁས་པའི་དགའ་སྟོན་》མི་རིགས་དཔེ་སྐྲུན་ཁང་གིས་སྤྱི་ལོ་༢༠༠༨ལོར་བསྐྲུན་པའི་ཤོག་ངོས་༡༧ན་གསལ།

དཔྱོད་གཞིའི་བགྲོ་གླེང་དང་བཅས་པར་བཀོད་པ་ཡིན་ནོ། །

གཉིས་པ། བར་དུ་ཇི་ལྟར་དར་ཚུལ།

དེ་ཡང་། བོད་ཀྱི་གནའ་བོའི་ཨར་སྐྲུན་མཚོད་རྟེན་གྱི་འཕེལ་རིམ་ཕྱི་མའི་རྣམ་པ་ནི་ལོ་རྒྱུས་སྔ་མའི་རྨང་གཞིའི་ཐོག་གོང་འཕེལ་དང་གསར་གཏོད་བྱུང་བ་གོར་མ་ཆག །དེ་ལྟར་དབང་དུ་ཕྱིན་པའི་རང་རེའི་གནའ་བོའི་ཨར་སྐྲུན་མཚོད་རྟེན་གྱི་དར་ཚུལ་སྐོར་ལོ་རྒྱུས་དང་ཆོས་འབྱུང་། དེབ་ཐེར་ཁག་ནང་འཁོད་པ་དང་གཅིག །སྐོས་སུ་གནའ་བོའི་བོད་ཀྱི་ལོ་རྒྱུས་དུས་རིམ་ནང་མངོན་པའི་དངོས་གཟུགས་ཀྱི་མཚོད་རྟེན་རྣམ་པའི་སྤྱིའི་ཁྱད་ཆོས་དག་བརྗོད་བྱའི་རྨང་གཞི་བྱས་པ་བཅས་གཉིས་ཙམ་དུ་བཟུང་སྟེ། དེའི་བྱུང་འཕེལ་གྱི་དུས་རིམ་སྐོར་ལ་དཔྱད་བརྗོད་རགས་ཙམ་ཞུ་བར་འདོད་དེ།

བོད་ཀྱི་གནའ་བོའི་ཨར་སྐྲུན་མཚོད་རྟེན་བྱུང་འཕེལ་གྱི་དུས་རིམ་ནི་བོད་ཀྱི་སྤྱི་ཚོགས་ལོ་རྒྱུས་ཙམ་མ་ཟད། བོད་ཀྱི་སྲོལ་རྒྱུན་སྒྲ་རྩལ་གྱི་འཕེལ་འགྱིབ་དང་ཡང་འབྲེལ་འདྲིས་ཤིན་ཏུ་ཆེན་པོ་ཡོད། ད་ལམ་ང་ཚོས་ཆེས་སྔ་བའི་བོད་ཀྱི་གནའ་རབས་ཨར་སྐྲུན་མཚོད་རྟེན་བཞེངས་པའི་དུས་ཚོད་ལ་ངེས་པ་གནད་དུ་འཁེལ་བར་བརྗོད་ཐུབ་པ་ནི། ཡབ་མེས་སྲོང་བཙན་སྒམ་པོ་དུས་སུ་ར་ས་འཕྲུལ་སྣང་མཚོའི་སྙིང་རྗེ་ཁང་བཞེངས་སུ་གསོལ་བའི་སྐབས། སའི་སྐྱོན་ལྷ་སེལ་བའི་དགོས་དབང་དུ། "ནུབ་ཀྱི་བདུད་བྱ་ར་བྱེད་པ་ལ་མཚོད་རྟེན་བསེ་རུ་བརྩིགས"①ཞེས་པ་དང་། "དེ་ནས་རུ་ཡོང་བཟས་ནུབ་བྱང་མ་མོའི་ཞལ་སར་རྣམ་པར་སྣང་མཛད་བཞེངས་ནས་བྲག

① མཁས་པ་ལྡེའུས་མཛད་པའི་《ལྡེའུ་ཆོས་འབྱུང་རྒྱས་པ་》 གངས་ཅན་རིག་མཛོད་དེབ་༣པ། བོད་ལྗོངས་བོད་ཡིག་དཔེ་རྙིང་དཔེ་སྐྲུན་ཁང་དང་བོད་ལྗོངས་མི་དམངས་དཔེ་སྐྲུན་ཁང་གིས་སྤྱི་ལོ་༡༩༨༧ལོར་བསྐྲུན་པའི་ཤོག་ངོས་༢༨༡ན་གསལ།

ལྷ་མགོན་པོར་མཚན་གསོལ། ལྷོ་ནུབ་མཚམས་ཀྱི་བཙན་གྱི་རྒྱ་སྲུང་གཙོད་པའི་ཕྱིར། མཚམས་གཙོད་ཀྱི་མཆོད་རྟེན་ཀ་རུ་བཞེངས་”①ཞེས་འཁོད་པ་དག་ལས། ཉུང་མཐར་ཡང་དུས་སྐབས་དེ་ནས་བཟུང་བོད་ཡུལ་དུ་ཐུགས་རྟེན་གང་ཞིག་ཨར་སྐྲུན་གྱི་རྣམ་པའི་ཐོག་ནས་བསྐྲུན་སྲོལ་བྱུང་ཡོད་པ་གསལ་པོར་ཤེས་ཐུབ། སྐབས་དེའི་ཨར་སྐྲུན་མཆོད་རྟེན་གྱི་རྣམ་པ་ཇི་འདྲ་ཞིག་ཡོད་མེད་གསལ་བརྗོད་མ་ཐུབ་ཀྱང་། བཙན་པོའི་སྐུ་དུས་ནས་བཟུང་དུས་ཕྱིས་ལོ་ངོ་སྟོང་ཕྲག་འདས་པའི་ད་བར་དུ་བོད་ཡུལ་སྟོད་སྨད་བར་གསུམ་གྱི་ཡུལ་གྲུར་རྣམ་པ་གང་ཞིག་ཏུ་གྲུབ་པའི་ཨར་སྐྲུན་མཆོད་རྟེན་ཇི་སྙེད་ཅིག་བསྐྲུན་སྲོལ་བྱུང་ཡོད།

དེ་ལྟར་སྐབས་དང་རྣམ་པར་བསྟུན་ཏེ་འཕེལ་བའི་བོད་ཀྱི་ཨར་སྐྲུན་མཆོད་རྟེན་བྱུང་འཕེལ་དུས་རིམ་གྱི་རྣམ་གཞག་ལ་སྤྱིའི་དབྱེ་བ་གསུམ་ཙམ་དུ་ཕྱེ་སྟེ་བཤད་པར་བྱ་སྟེ།

གཅིག །བཙན་པོའི་རྒྱལ་རབས་ཀྱི་སྐབས།

དུས་རིམ་འདི་ནི་ད་བར་བོད་ཀྱི་གནའ་བོའི་ཨར་སྐྲུན་མཆོད་རྟེན་བྱུང་འཕེལ་རྣམ་གཞག་གི་ཁྲོད། ལོ་རྒྱུས་ཀྱི་དཔྱད་གཞིའི་ཡིག་རིགས་ཁག་ཏུ་བཀོད་ཡོད་པ་མ་ཟད། འཁོད་པའི་ཨར་སྐྲུན་མཆོད་རྟེན་དག་ཀྱང་ལོ་རྒྱུས་ཀྱི་རྐྱེན་གང་ཞིག་ལ་བརྟེན་པས་འཐོར་བརླག་ཏུ་ཕྱིན་པ་དང་། ཡང་ན་ལོ་རྒྱུས་སྔ་མའི་སྒྱུ་རྩལ་གྱི་བརྩམས་ཆོས་གང་ཞིག་ཕྱི་མའི་ཁོར་ཡུག་བག་ཆགས་ཀྱིས་དེར་བསྒྱུར་བ་གང་ཞིག་བྱུང་བ་ལ་སོགས་པས་དུས་རིམ་འདི་གར་གཏོགས་པའི་དངོས་པོའི་

① མཁས་པ་ལྡེའུས་མཛད་པའི་《ལྡེའུ་ཆོས་འབྱུང་རྒྱས་པ་》གངས་ཅན་རིག་མཛོད་དེབ་༣པ། བོད་ལྗོངས་བོད་ཡིག་དཔེ་རྙིང་དཔེ་སྐྲུན་ཁང་དང་བོད་ལྗོངས་མི་དམངས་དཔེ་སྐྲུན་ཁང་གིས་སྤྱི་ལོ་༡༩༨༧ལོར་བསྐྲུན་པའི་ཤོག་གྲངས་༢༨༧ན་གསལ།

དཔྱད་གཞི་དེང་གི་དུས་ལ་མཇལ་ཐུབ་པ་དཀོན་མོད། འོན་ཏེ། ས་བཅད་འདིའི་གོང་གི་དོན་ཚན་ནང་བགྲོ་གླེང་ཟིན་པའི་འབྲེལ་ཡོད་དཔྱད་གཞི་དང་མི་འདྲ་བ་སྟེ། དུས་རིམ་འདིའི་བོད་ཀྱི་ཨར་སྐྲུན་མཆོད་རྟེན་ཐད་ལ་ལོ་རྒྱུས་དང་ཆོས་འབྱུང་། དེབ་ཐེར་གྱི་དཔང་སྐྱེལ་ཙམ་མ་ཡིན་པར། འབྲེལ་ཡོད་སྒྱུ་རྩལ་བརྩམས་ཆོས་ཁག་གིས་ཀྱང་དུས་རིམ་འདིའི་རྣམ་གཞག་གི་དབྱེ་འབྱེད་ལ་སྐྱེལ་བྱེད་ཅིག་སྤྲིན་ནུས་པར་སེམས།

དེ་ཡང་། བོད་ཀྱི་ཨར་སྐྲུན་མཆོད་རྟེན་བྱུང་འཕེལ་གྱི་དུས་རིམ་འདིའི་ནང་། ཡབ་མེས་སྲོང་བཙན་གྱི་སྐུ་དུས་ནས་ཁྲི་གཙུག་ལྡེ་བཙན་ནམ་རལ་པ་ཅན་(སྤྱི་ལོ་༨༠༦ལོ་–སྤྱི་ལོ་༨༤༡ལོར་འཚོ་བཞུགས། སྤྱི་ལོ་༨༡༥ལོར་ཁྲི་ར་འཁོད་①)གྱི་སྐུ་དུས་བར་དབུས་གཙང་གཙོ་བོར་འཛིན་པའི་བོད་ཀྱི་ཡུལ་གྲུ་མང་དག་ཅིག་ཏུ་མཆོད་རྟེན་བཞེངས་སྲོལ་བྱུང་བ་དང་། དེའི་རྗེས་སུ་བཙན་པོ་ཁྲི་དར་མ་འུ་དུམ་བཙན་ནམ་གླང་དར་མའི་(སྤྱི་ལོ་༨༠༣ལོ་–སྤྱི་ལོ་༨༤༦ལོར་འཚོ་བཞུགས། སྤྱི་ལོ་༨༤༡ལོར་ཁྲིར་འཁོད་②)སྐུ་དུས་སུ་སྤུ་རྒྱལ་བཙན་པོའི་རྒྱལ་རབས་འཐོར་ཞིག་ཏུ་ཕྱིན་མཐར། བཙན་པོའི་རྒྱལ་རྒྱུད་དབུས་གཙང་དང་སྟོད་མངའ་རིས་ལ་སོགས་པའི་ཡུལ་གྲུར་རང་རང་གི་སྲིད་དབང་འཕེལ་རྒྱས་བྱུང་བའི་སྐབས་དེའང་བོད་ཀྱི་ཨར་སྐྲུན་མཆོད་རྟེན་བྱུང་འཕེལ་གྱི་དུས་རིམ་མཇུག་སྒྲིལ་བའི་དུས་མཚམས་ཤིག་ལ་མངོན་པར་སེམས།

①ཤར་ཡུལ་ཕུན་ཚོགས་ཚེ་རིང་གིས་རྩོམ་སྒྲིག་བྱས་པའི་《བོད་ཀྱི་ལོ་རྒྱུས་ཞིབ་འཇུག་ལ་ཉེ་བར་མཁོ་བའི་དོན་ཆེན་རེའུ་མིག་རྒྱས་པ་གེ་ཏ་ཀ་ཞེས་བྱ་བ་བཞུགས་སོ་》མི་རིགས་དཔེ་སྐྲུན་ཁང་གིས་སྤྱི་ལོ་༢༠༠༥ལོར་བསྐྲུན་པའི་ཤོག་ངོས་༡༧༦ནང་གསལ།

② ཤར་ཡུལ་ཕུན་ཚོགས་ཚེ་རིང་མཆོག་གིས་རྩོམ་སྒྲིག་བྱས་པའི་《བོད་ཀྱི་ལོ་རྒྱུས་ཞིབ་འཇུག་ལ་ཉེ་བར་མཁོ་བའི་དོན་ཆེན་རེའུ་མིག་རྒྱས་པ་གེ་ཏ་ཀ་ཞེས་བྱ་བ་བཞུགས་སོ་》མི་རིགས་དཔེ་སྐྲུན་ཁང་གིས་སྤྱི་ལོ་༢༠༠༥ལོར་བསྐྲུན་པའི་ཤོག་ངོས་༡༧༦ནང་གསལ།

གཉིས། བསྟན་པ་ཕྱི་དར་དབུ་ཚུགས་ནས་དུས་རབས་བཅོ་ལྔ་པའི་སྐབས།

སྤུ་རྒྱལ་བཙན་པོའི་རྒྱལ་རབས་འཁོར་ཞིག་ཏུ་ཕྱིན་རྗེས་ནས་དུས་རབས་༡༠པའི་དུས་སྟོད་དམ་དུས་དཀྱིལ་ཡན་ཆད་ཀྱི་ལོ་ངོ་བརྒྱ་ཙམ་གྱི་རིང་། བོད་ཀྱི་ཨར་སྐྲུན་མཚོད་རྟེན་དར་འཕེལ་ཇི་ལྟར་བྱུང་བའི་རྣམ་པར་གསལ་བརྗོད་བྱེད་པའི་དཔྱད་གཞིའི་ཡིག་རིགས་ད་བར་ཁོ་བོར་ལག་སོན་མ་བྱུང་བའི་རྐྱེན་གྱིས་དེའི་སྐོར་ལ་དཔྱད་བརྗོད་བྱེད་པའི་སྤོབས་པ་མ་སྐྱེད། འོན་ཏེ། རང་རེའི་ལོ་རྒྱུས་ཆོས་འབྱུང་དེབ་ཐེར་ཁག་ནང་དུ་འཁོད་པར་གཞིགས་ན། བོད་ཀྱི་ཨར་སྐྲུན་མཚོད་རྟེན་བྱུང་འཕེལ་གྱི་དུས་རིམ་འདིའི་ནང་སྐོ། དུས་རབས་༡༠པའི་དུས་སྟོད་དམ་དུས་དཀྱིལ་ནས་བཟུང་བོད་ཡུལ་དབུས་གཙང་ཏུ་བཞི་དང་། སྟོད་ཀྱི་སྐོར་གསུམ། སྨད་ཀྱི་མདོ་ཁམས་སྒང་དྲུག་གི་ཡུལ་ལུང་ཁག་ཏུ་ནང་ཆོས་བསྟན་པའི་མེ་རོ་གསོས་པ་དང་སྤྲགས། གཡུང་དྲུང་བོན་གྱི་བསྟན་པའང་མདོ་སྨད་ཁུལ་ནས་སླར་གསོས་དར་འཕེལ་བྱུང་ལ་དབུས་གཙང་དུའང་བོན་གྱི་གདན་ས་རིམ་བཞིན་བཙུགས་འགོ་ཚུགས་ཡོད།

དེ་ཡང་། ནང་ཆོས་བསྟན་པའི་མེ་རོ་བསླངས་པའི་ཚུལ་དུ་འདུལ་བ་སྨད་ནས་དར་ཚུལ་དང་འདུལ་བ་སྟོད་ནས་དར་ཚུལ་གཉིས་སུ་བྱུང་བར། སྨད་ནས་དར་ཚུལ་དུ་དབུས་གཙང་གི་མཁས་པ་མི་བཅུས་བླ་ཆེན་དགོངས་པ་རབ་གསལ་དྲུང་དུ་རབ་བྱུང་བསྙེན་རྫོགས་བཞེས་པ་དང་། དེ་ནས་དབུས་གཙང་དུ་ནང་ཆོས་འདུལ་བའི་བསྟན་པ་དར་བའི་རྩ་ལག་ཆེན་པོར་གྱུར་ཏེ་ནང་ཆོས་བསྟན་པའི་ཕྱི་དར་དུ་གྲགས་པའི་ཞིབ་ཆའི་དུས་ཚིགས་ལ་མཁས་པ་སོ་སོའི་བཞེད་དགོངས་ཐ་དད་དུ་བྱུང་ཡང་།[1] ཕྱིར་དུས་རབས་༡༠པའི་དུས་སྟོད་ནས་དུས་དཀྱིལ་ཙམ་

① གོང་དུ་དྲངས་ཟིན་གྱི་མང་ཐོས་ཀླུ་སྒྲུབ་རྒྱ་མཚོའི་《བསྟན་རྩིས་གསལ་བའི་ཉིན་བྱེད་》ཀྱི་ཤོག་གྲངས་༧༠ཡི་

ལ་འཕེལ་ཡོད། དུས་འདིའི་ནང་། འདུལ་བ་སྟོད་ནས་དར་བར་བདག་རྐྱེན་གཙོ་བོ་མཛད་མཁན་ལྷ་བླ་མ་ཡེ་ཤེས་འོད་དམ་མཚན་དངོས་དྲང་སྲོང་ལྷེའམ་ཁྲི་ལྡེ་སྲོང་གཙུག་བཙན་（སྤྱི་ལོ་༩༦༥ལོ་–སྤྱི་ལོ་༡༠༣༦ལོའི་བར་འཚོ་བཞུགས་①）གྱིས་གནང་བ་དང་། ཁོང་གིས་བོད་མེ་འབྲུག་སྤྱི་ལོ་༡༠༡༦ལོར་ལོ་ཙྪ་བ་ཆེན་པོ་རིན་ཆེན་བཟང་པོའི་（སྤྱི་ལོ་༩༥༨ལོ་–སྤྱི་ལོ་༡༠༥༥ལོའི་བར་འཚོ་བཞུགས་②）དྲུང་དུ་རབ་ཏུ་བྱུང་བའི་ལོ་ཚིགས་དེ་ནས་བཟུང་། ནང་ཆོས་བསྟན་པའི་མེ་རོ་སླད་ནས་བསླངས་ཏེ་སྟོད་མངའ་རིས་སུ་གསང་སྔགས་གསར་མའི་ཆོས་ཞིན་ཏུ་དར་

ནང་དུ་ནང་ཆོས་བསྟན་པ་ཕྱི་དར་དབུ་བརྙེས་པའི་དུས་ཚིགས་ནི་ས་མོ་བྱ་སྟེ་སྤྱི་ལོ་༩༤༩ལོར་བཞེད་པ་དང་། ཀ་ཐོག་རིག་འཛིན་ཚེ་དབང་ནོར་བུས་མཛད་པའི《རྒྱལ་བའི་བསྟན་པ་བྱང་ཕྱོགས་སུ་འབྱུང་བའི་རྩ་ལག་བོད་རྗེ་ལྷ་བཙན་པོའི་གདུང་རབས་ཚིག་ཉུང་དོན་གསལ་ཡིད་ཀྱི་མེ་ལོང་ཞེས་བྱ་བ་བཞུགས་སོ》ཞེས་པ་གངས་ཅན་རིག་མཛོད་དེབ་༩པའི་ནང་བཀོད་པ་《བོད་ཀྱི་ལོ་རྒྱུས་དེབ་ཐེར་ཁག་ལྔ》བོད་ལྗོངས་བོད་ཡིག་དཔེ་རྙིང་དཔེ་སྐྲུན་ཁང་ནས་སྤྱི་ལོ་༡༩༩༠ལོའི་པར་གཞི་དང་པོར་བསྒྲིགས་པ་སྤྱི་ལོ་༢༠༠༥ལོར་ཐེངས་གཉིས་པར་བསྐྲུན་པའི་ཤོག་གྲངས་༨༠ནང་ཕྱི་དར་དབུ་བརྙེས་ལོ་ས་སྟག་ཏུ་བསྟན་པའི་སྤྱི་ལོའི་ལོ་ཚིགས་༡༧༨ལ་ཐབ་པ་ནི་ཆབ་སྤེལ་ཚེ་བརྟན་ཕུན་ཚོགས་མཆོག་ལ་སོགས་པས་བསྒྲིགས་པའི《བོད་ཀྱི་ལོ་རྒྱུས་རགས་རིམ་གཡུ་ཡི་ཕྲེང་བ》(སྟོད་ཆ་) བོད་ལྗོངས་བོད་ཡིག་དཔེ་རྙིང་དཔེ་སྐྲུན་ཁང་གིས་སྤྱི་ལོ་༡༩༨༩ལོར་བསྐྲུན་པའི་ཤོག་གྲངས་༥༨༤ནང་གསལ། ཤར་ཡུལ་ཕུན་ཚོགས་ཚེ་རིང་མཆོག་གིས་རྩོམ་སྒྲིག་བྱས་པའི《བོད་ཀྱི་ལོ་རྒྱུས་ཞིབ་འཇུག་ལ་ཉེ་བར་མཁོ་བའི་དོན་ཆེན་རེའུ་མིག་རྒྱས་པ་ཀེ་ཏ་ཀ་ཞེས་བྱ་བ་བཞུགས་སོ》མི་རིགས་དཔེ་སྐྲུན་ཁང་གིས་སྤྱི་ལོ་༢༠༠༥ལོར་བསྐྲུན་པའི་ཤོག་གྲངས་༤༩ནང་བོད་ས་སྟག་སྤྱི་ལོ་༩༧༨ལ་བཞེད་པ་སོགས་པའོ། །

① ཆབ་སྤེལ་ཚེ་བརྟན་ཕུན་ཚོགས་མཆོག་ལ་སོགས་པས་བསྒྲིགས་པའི《བོད་ཀྱི་ལོ་རྒྱུས་རགས་རིམ་གཡུ་ཡི་ཕྲེང་བ》(སྟོད་ཆ་) བོད་ལྗོངས་བོད་ཡིག་དཔེ་རྙིང་དཔེ་སྐྲུན་ཁང་གིས་སྤྱི་ལོ་༡༩༨༩ལོར་བསྐྲུན་པའི་ཤོག་གྲངས་༥༥༡-༥༥༥ནང་གསལ། གཞན་ཡང་། གུ་གེ་ཚེ་རིང་རྒྱལ་པོའི《མངའ་རིས་ཆོས་འབྱུང་གངས་ལྗོངས་མཛེས་རྒྱན》བོད་ལྗོངས་མི་དམངས་དཔེ་སྐྲུན་ཁང་གིས་སྤྱི་ལོ་༢༠༠༦ལོར་བསྐྲུན་པའི་ཤོག་གྲངས་༣༦–༣༩བར་དུ། ལྷ་བླ་མ་ཡེ་ཤེས་འོད་ཀྱི་འཚོ་བཞུགས་ལོ་དུས་སྤྱི་ལོ་༩༤༧–༡༠༡༩ལོར་བཞེད་པ་ནི་ཕྱི་རྒྱལ་བའི་ཞིབ་འཇུག་པ་མང་དག་གིས་དང་ལེན་གནང་ཡུས་ཀྱི་ལྟ་བ་ཞིག་ཀྱང་ཡིན།

② དྲུང་དཀར་རིན་པོ་ཆེ་མཆོག་གིས་མཛད་པའི《དྲུང་དཀར་ཚིག་མཛོད་ཆེན་མོ》ཀྲུང་གོའི་བོད་རིག་པ་དཔེ་སྐྲུན་ཁང་ནས་སྤྱི་ལོ་༢༠༠༢ལོར་བསྐྲུན་པའི་ཤོག་གྲངས་༡༩༧༦ནང་གསལ།

བ་སྟེ། "སྟོད་འདུལ"དུ་གྲགས་པའི་བསྟན་པ་ཕྱི་དར་གྱི་འགོ་དེ་ནས་ཚུགས་ཞེས་སོ། །[①]དུས་སྐབས་འདི་ནས་འགོ་ཚུགས་ཏེ་དུས་རབས་༡༥པའི་བར་བོད་ཀྱི་ནང་ཆོས་བསྟན་པ་འདི་ཡང་དབྱར་མཚོ་རྒྱས་པ་བཞིན་གྱིས་དར་འཕེལ་བྱུང་ཡོད་ལ། གཡུང་དྲུང་བོན་གྱི་བསྟན་པའང་དུས་དང་རྣམ་པར་བསྟུན་པའི་འཕེལ་རྒྱས་བྱུང་ཡོད། ལྷག་དོན་དུ་དུས་རིམ་འདིའི་ནང་། ལོ་རྒྱུས་སྔ་མའི་ཁྱད་ཆོས་དང་ཐ་དད་པ་སྟེ། སྤྱིལ་རྒྱུན་སྒྱུ་རྩལ་གྱི་འཕེལ་ཕྱོགས་ཀྱང་རིམ་བཞིན་བོད་ཡུལ་རང་བཞིན་ཅན་དུ་འཕེལ་འགྱུར་བྱུང་འགོ་ཚུགས་ཤིང་། བཟོ་རིག་པའི་ཁོངས་གཏོགས་ཀྱི་བྱེ་བྲག་སྐུ་རྟེན་དང་ཐུགས་རྟེན་གྱི་ཆག་ཚད་ཐད་བོད་ཀྱི་མཁས་པ་རང་གིས་ཕྱག་བསྟར་ཉམས་ལེན་མཐུན་པ་དང་བོད་མིའི་མཛེས་དཔྱོད་འདུ་ཤེས་རང་བཞིན་(审美观念)གྱི་ཁྱད་ཆོས་ལྡན་པའི་བཅོས་ཆོས་ཀྱང་རིམ་བཞིན་དུ་བྱུང་བ་དང་། ལར་གྲུབ་མཐའ་སོ་སོའི་སློབ་དཔོན་དང་མཁས་མཆོག་དམ་པ་དུ་མའི་སྐུ་དྲིན་གྱིས་རང་རང་གི་ལྟ་གྲུབ་ཁྲབ་བསྒྲགས་ཆེད་དུ་བསྐྲུན་པའི་སྣ་མང་ཨར་སྐྲུན་མཆོད་རྟེན་ཅམ་མ་ཟད། སྐུ་གསུང་ཐུགས་རྟེན་གྱི་བཟོའི་བཅོས་ཆོས་དང་དེ་དག་གི་སྒྱུ་རྩལ་རྣམ་པའང་ཤིན་ཏུ་ནས་ཕུན་སུམ་ཚོགས་པར་མངོན་ཡོད། འདི་ལྟའི་ལོ་རྒྱུས་རྒྱབ་ལྗོངས་འོག་འཕེལ་རྒྱས་བྱུང་བའི་བོད་ཀྱི་ཨར་སྐྲུན་མཆོད་རྟེན་ནི་བྱུང་འཕེལ་དུས་རིམ་སྔ་མའི་ཚད་ལས་བརྒལ་ཡོད་ལ་ཕྱིས་མའི་དུས་རིམ་གྱིས་ཀྱང་འགྲན་པར་དཀའ་བའི་རྣམ་པ་ཞིག་བྱུང་བར་སེམས།

① ཆབ་སྤེལ་ཚེ་བརྟན་ཕུན་ཚོགས་མཆོག་ལ་སོགས་པས་བསྒྲིགས་པའི་《བོད་ཀྱི་ལོ་རྒྱུས་རགས་རིམ་གཡུ་ཡི་ཕྲེང་བ་》(སྟོད་ཆ་) བོད་ལྗོངས་བོད་ཡིག་དཔེ་རྙིང་དཔེ་སྐྲུན་ཁང་གིས་སྤྱི་ལོ་༡༩༨༩ལོར་བསྐྲུན་པའི་ཤོག་ངོས་༥༥༢–༥༥༣ནང་གསལ། གཞན་ཡང་གུ་གེ་ཚེ་རིང་རྒྱལ་པོའི་《མངའ་རིས་ཆོས་འབྱུང་གངས་ལྗོངས་མཛེས་རྒྱན་》བོད་ལྗོངས་མི་དམངས་དཔེ་སྐྲུན་ཁང་གིས་སྤྱི་ལོ་༢༠༠༨ལོར་བསྐྲུན་པའི་ཤོག་ངོས་༣༨ནང་། ལྷ་བླ་མ་ཡེ་ཤེས་འོད་རབ་ཏུ་བྱུང་བའི་ལོ་ཚིགས་སྤྱི་ལོ་༩༨༩ལོར་བཞེད་འདུག

གསུམ། དུས་རབས་བཅུ་དྲུག་པ་ནས་དུས་རབས་བཅུ་དགུའི་སྐབས།

བོད་ཀྱི་ཨར་སྐྲུན་མཆོད་རྟེན་གྱི་བྱུང་འཕེལ་དུས་རིམ་འདི་ནི་མཆོད་རྟེན་བཟོ་ཁྱད་ཀྱི་རྣམ་པ་གཅིག་གྱུར་གཏན་འཇགས་སུ་བྱུང་སྐབས་ཡིན་པ་དང་། མཆོད་རྟེན་ཐིག་རྩའི་གཞུང་ལུགས་ཀྱི་སྐོར་ལ་གྲུབ་ཆ་སོ་སོའི་ཞིབ་བྲིའི་ཆག་ཚད་ཐད་ལ་ཕྱུག་ལེན་མཁན་པོའི་ཉམས་མྱོང་ལ་བརྟེན་པས་ཐིག་ཚད་ཀྱི་རིང་ཐུང་དང་། མཐོ་དམའ་ཙམ་གྱི་ཁྱད་པར་ལས། སྤྱིའི་བཟོ་དབྱིབས་རྣམ་པར་ཁྱད་པར་དེ་ཙམ་མེད་པའི་འཕེལ་རིམ་ཞིག་ཡིན་ལ། དུས་འདི་ནས་བཟོ་དབྱིབས་གཏན་འཇགས་སུ་བྱུང་བའི་མཆོད་རྟེན་གྱི་རྣམ་པ་ནི་དེང་སང་གི་བར་དུ་འང་མུ་མཐུད་རྒྱུན་སྲིང་བྱེད་བཞིན་དུ་མཆིས་པ་ཞིག་གོ །

དུས་རབས་༡༤པའི་དུས་སྨད་ནས་དུས་རབས་༡༥པའི་དུས་སྟོད་བར་མཚམས་སུ་བོད་ཀྱི་གནའ་རབས་ཨར་སྐྲུན་མཆོད་རྟེན་གྱི་བཟོ་དབྱིབས་དེ་བོད་ཀྱི་ས་ཁུལ་རང་བཞིན་ལྡན་པའི་ཁྱད་ཆོས་སུ་གྲུབ་པའི་རྗེས། མི་ལོ་བརྒྱ་ལ་ཁད་པའི་ལོ་རྒྱུས་ཀྱི་འཕེལ་རིམ་ནང་སྔོན་ཕྱིན་མཁས་པ་དུ་མ་དང་བཟོ་བོ་མཁས་ཅན་མང་དག་ཅིག་གིས་རྣམ་དཔྱོད་ལས་འཕེལ་བའི་མཆོད་རྟེན་བཟོ་རྩལ་གྱི་ཉམས་མྱོང་གསོག་འཇོག་གི་རྨང་གཞིའི་ཐོག བོད་ཀྱི་མཆོད་རྟེན་བཟོ་དབྱིབས་དེ་ཡང་དུས་རིམ་འདིའི་ནང་དུ་གཏན་འཇགས་གཅིག་གྱུར་གྱི་རྣམ་པར་གྱུར་མོད། འོན་ཏེ་དུས་རིམ་འདིའི་ནང་གི་མཆོད་རྟེན་བཟོ་དབྱིབས་ཀྱི་རྣམ་གཞག་ནི་གོང་གི་དུས་རིམ་དེ་དང་འགྲན་ཟླ་བྲལ་བའི་རྣམ་པར་མངོན་པ་སྟེ། གཅིག་གྱུར་གཏན་འཇགས་སུ་གྱུར་པའི་མཆོད་རྟེན་བཟོ་དབྱིབས་དེས་ཚད་ལྡན་ཐིག་རྩའི་གཏན་འབེབས་ཁ་གསལ་བཞིན་བཞེངས་བདེ་བར་འགྱུར་བ་ནི་ཐེ་ཚོམ་མི་དགོས་པ་ཞིག་ཡིན་ཅིང་། དེ་ལས་ཕུད་པའི་གཞན་གྱི་ཐིག་ཚད་འབེབས་ལུགས་དོར་བའི་རྨང་གཞིའི་ཐོག་གཅིག་གྱུར་

ད་འགྲུབ་ཐུབ་པའི་ཐིག་ཚད་བཞིན་བསྐྲུན་པའི་མཆོད་རྟེན་བཟོ་དབྱིབས་རྣམ་པའི་ཉམས་འགྱུར་ནི་ཆ་འདྲ་བར་མཛོན་པ་ལས། དུས་རིམ་གོང་མའི་ནང་གི་མཆོད་རྟེན་བཟོ་དབྱིབས་བཞིན་ཕུན་སུམ་ཚོགས་པོ་མེད་དོ། །

ས་བཅད་གསུམ་པ། བོད་བཙན་པོའི་རྒྱལ་རབས་སྐབས་ཀྱི་ཨར་སྐྲུན་མཆོད་རྟེན།

དང་པོ། ལོ་རྒྱུས་ཆོས་འབྱུང་དང་དེབ་ཐེར་ཁག་ནང་འཁོད་པའི་གནས་ཚུལ་རགས་བསྡུས།

བོད་བཙན་པོའི་རྒྱལ་རབས་སྐབས་སུ་ཨར་སྐྲུན་མཆོད་རྟེན་བཞེངས་པའི་དུས་ཚིགས་ཁ་གསལ་ཡོད་པའི་དཔེ་མཚོན་ཞིག་སྟེ། ཡབ་མེས་སྲོང་བཙན་གྱི་སྐུ་དུས་སུ་འོ་ཐང་མཚོའི་སྟེང་ཇོ་ཁང་དམ་ར་ས་འཕྲུལ་སྣང་གཙུག་ལག་ཁང་བཞེངས་པའི་སྐབས། སའི་སྐྱོན་ལྡུ་སེལ་བའི་དགོས་དབང་དུ། "ནུབ་ཀྱི་བདུད་བྱ་ར་བྱེད་པ་ལ་མཆོད་རྟེན་བསེ་ཏུ་བརྩིགས"[①]ཞེས་པ་དང་། "དེ་ནས་ཏུ་ཡོང་བཟས་ནུབ་བྱང་མ་མོའི་ཉལ་སར་རྣམ་པར་སྣང་མཛད་བཞེངས་ནས་བྲག་ལྷ་མགོན་པོར་མཚན་གསོལ། ལྷོ་ནུབ་མཚམས་ཀྱི་བཙན་གྱི་རྒྱུ་སྲང་གཅོད་པའི་ཕྱིར། མཚམས་གཅོད་ཀྱི་མཆོད་རྟེན་ཀ་ཏུ་བཞེངས"[②]ཞེས་འཁོད་པ་དག་གིས། མ་མཐར་ཡང་དུས་སྐབས་དེ་ནས་བཟུང་ཐུགས་རྟེན་གང་ཞིག་ཨར་སྐྲུན་རྣམ་པའི་ཐོག་ནས་བསྐྲུན་སྲོལ་བྱུང་ཡོད་པ་གསལ་པོར་ཤེས་ཐུབ། སྐབས་དེའི་ཨར་སྐྲུན་མཆོད་རྟེན་གྱི་རྣམ་པ་ཇི་འདྲ

① མཁས་པ་ལྡེའུས་མཛད་པའི་《ལྡེའུ་ཆོས་འབྱུང་རྒྱས་པ་》 གངས་ཅན་རིག་མཛོད་དེབ་༣༥། བོད་ལྗོངས་བོད་ཡིག་དཔེ་རྙིང་དཔེ་སྐྲུན་ཁང་དང་བོད་ལྗོངས་མི་དམངས་དཔེ་སྐྲུན་ཁང་གིས་སྤྱི་ལོ་༡༩༨༧ལོར་བསྐྲུན་པའི་ཤོག་ངོས་༢༨༧ན་གསལ།

② མཚན་①དང་མཚུངས།

ཞིག་ཡོད་མེད་གསལ་བརྗོད་མ་ཐུབ་ཅུང་། བཙན་པོ་འདིའི་སྐུ་རིང་ནས་བཟུང་ཕྱིས་འབྱུང་བོད་ཀྱི་བཙན་པོ་ཁྲི་ལྡེ་གཙུག་བརྟན་ནམ་མེས་ཨག་ཚོམ་དང་། ཁྲི་སྲོང་ལྡེ་བཙན། མུ་ཏིག་བཙན་པོའམ་ཁྲི་ལྡེ་སྲོང་བཙན། ཁྲི་གཙུག་ལྡེ་བཙན་ནམ་རལ་པ་ཅན་ལ་སོགས་པའི་སྐུ་དུས་སུ་རིམ་བཞིན་བོད་ཡུལ་སྟོད་སྨད་བར་གསུམ་གྱི་ཡུལ་གྲུར་གཙུག་ལག་ཁང་ཅམ་མ་ཟད། རྣམ་པ་གང་ཞིག་ཏུ་ཅུང་བའི་ཨར་སྐྲུན་མཚོད་རྟེན་གྱི་བཟོ་སྐྲུན་མང་དུ་བཞེངས་ཡོད། དེ་ལྟ་བུའི་ལོ་རྒྱུས་ཀྱི་གནད་དོན་ལ་སྟོན་འབྲིན་མཁས་པའི་བརྩམས་ཆོས་དེབ་ཐེར་ཁག་ཏུ་འཀོད་པ་གྲུང་དུ་བསྒྲིགས་ཁུལ་གྱིས་མཚམས་སྦྱོར་ཞུས་ན་འདི་ལྟ་སྟེ།

གཅིག ཁྲི་སྲོང་བཙན་（ཕྱི་ལོ་༦༡༧ལོ་–ཕྱི་ལོ་༦༥༠ལོའི་བར་འཚོ་བཞུགས་[①]）

གྱི་སྐུ་དུས་སྐོར།

ཡབ་མེས་འདིའི་སྐུ་རིང་ལ་གོང་དུ་མཚམས་སྦྱོར་ཞུས་ཟིན་པའི་ལྷ་སའི་ཇོ་ཁང་ལ་སོགས་པའི་བཟོ་སྐྲུན་སྤེལ་སྐབས་བཞེངས་པའི་མཆོད་རྟེན་འགའ་ཕུད། ཡང་འདུལ་གྱི་གཙུག་ལག་ཁང་བཞི་བཞེངས་དགོས་པའི་བཙན་པོའི་བཀའ་བཞིན་བཞེངས་པའི་གཙུག་ལག་ཁང་རྣམས་ཀྱི་རྣམ་པ་ནི་ཕལ་ཆེར་མཆོད་རྟེན་རང་གི་དབྱིབས་སུ་བྱས་པར་སྣམ་པ་སྟེ། ནེའུ་པཎྜི་ཏ་གྲགས་པ་སྨོན་ལམ་བློ་གྲོས་ཀྱིས་ཕྱི་ལོ་༡༢༨༣ལོར་བརྩམས་གནང་བའི《སྔོན་གྱི་གཏམ་མེ་ཏོག་ཕྲེང་བ་ཞེས་བྱ་བ་བཞུགས་སོ་》ཞེས་པའི་ཤོག་གྲངས་༡༧ནས་༡༨ནང་དུ། "ཤར་ཕྱོགས་སུ་སྐར་མ་སྨིན་དྲུག་འཆར་བའི་འོག་ཏུ། དུང་ཕོར་པ་སྤུག་(སྤུབས་)པ་འདྲ་བའི་གཙུག་ལག་ཁང་། ཕྱི་མཆོད་

① ཁྲི་སྲོང་བཙན་གྱི་འཁྲུངས་འདས་དུས་ཚིགས་འདི་བཞིན་ནི་བོད་ཀྱི་ལོ་རྒྱུས་ཆོས་འབྱུང་དེབ་ཐེར་མང་དག་ཏུ་གསལ་བའི་གཅིག་མཐུན་བཞེད་དགོངས་ཤིག་ཡིན་ཅུང་། ཆེད་དེབ་འདིར་དྲངས་ཟིན་གྱི་ཁང་དཀར་ཚུལ་ཁྲིམས་སྐལ་བཟང་གི་བརྩམས་ཆོས་ཀྱི་ཤོག་གྲངས་༧༥༠ནང་དུ་སྲོང་བཙན་གྱི་འཁྲུངས་འདས་༥༦༩--༦༤༩ལོའི་བར་བཞེད་ཡོད།

རྟེན། ནང་ལྷ་ཁང་། རྩ་བ་གཟིར་མགོ་རྩེ་མོ་རྒྱ་ཕུགས་(ཕུབས་)ཀྱི་ཚུལ་དུ་བཞེངས། ལྷོ་སྐར་མ་ལག་ཟྭོར་འཆར་བའི་འོག་ཏུ། མེ་ཏོག་པདྨ་ཁ་ཕྱེ་བ་འདྲ་བའི་གཙུག་ལག་ཁང་། ཕྱི་མཆོད་རྟེན། ནང་ལྷ་ཁང་། རྩ་བ་གཟིར་མགོ །རྩེ་མོ་རྒྱ་ཕུབས་ཀྱི་ཚུལ་དུ་བཞེངས། ནུབ་ཕྱོགས་ཟླ་བ་ཚེས་པའི་འོག་ཏུ། ལྕགས་ཀྱི་སྡོང་པོ་གནམ་དུ་སྦྲེང་བ་འདྲ་བའི་གཙུག་ལག་ཁང་། ཕྱི་མཆོད་རྟེན། ནང་ལྷ་ཁང་། རྩ་བ་གཟིར་མགོ །རྩེ་མོ་རྒྱ་ཕུབས་ཀྱི་ཚུལ་དུ་བཞེངས། བྱང་སྐར་མ་སྨྲེ་བདུན་འཆར་བའི་འོག་ཏུ། སྐྱེས་ཞུབ་སྔ་ལྷ་གྱོན་པ་འདྲ་བའི་གཙུག་ལག་ཁང་། ཕྱི་མཆོད་རྟེན། ནང་ལྷ་ཁང་། རྩ་བ་གཟིར་མགོ །རྩེ་མོ་རྒྱ་ཕུབས་ཀྱི་ཚུལ་དུ་བཞེངས་སོ། །”[①]ཞེས་གསལ་བ་ལས། དུས་ཐོག་འདིའི་སྐབས་སུ་ཡང་འདུལ་གཙུག་ལག་ཁང་བཞིའི་ཕྱི་རྣམ་པའི་མཆོད་རྟེན་དང་། ནང་ལྷ་ཁང་གི་ཚུལ་དུ་བཞེངས་ཡོད་པར་བསྟན་ཞིང་། ཕྱོགས་བཞི་ན་བཞེངས་པའི་གཙུག་ལག་ཁང་གི་བཟོ་དབྱིབས་ཀྱང་མི་འདྲ་བ་དང་། ལྷོ་ཕྱོགས་སུ་པདྨ་ཁ་ཕྱེ་འདྲ་བ། ནུབ་ཕྱོགས་སུ་ལྕགས་སྡོང་གནམ་དུ་སྦྲེང་བ་འདྲ་བ། བྱང་ཕྱོགས་སུ་སྐྱེས་ཞུབ་སྔ་ལྷ་གྱོན་པ་འདྲ་བ་བཅས་ཀྱི་ཨར་སྐྲུན་ཁྱད་ཆོས་ལྡན་ལ། འདི་དག་གི་རྩ་བ་གཟིར་མགོ །རྩེ་རྒྱ་ཕུབས་ཀྱི་ཚུལ་དུ་བཞེངས་ཞེས་པའང་ཨར་སྐྲུན་འདི་བཞིན་ཕྱི་དབྱིབས་ཀྱི་རྣམ་པར་རྣང་གཞི་ཞིང་ཆེ་ལ་རྩེ་མོ་ཆུང་བའི་ཁྱད་ཆོས་ལྡན་པའི་ཚུལ་ཞིག་བསྟན་ཡོད་པར་སེམས་པས་མུ་མཐུད་དཔྱད་པ་གཏོང་དགོས་སོ། །

གལ་སྲིད་པིར་འཛིན་པས་ཚོད་དཔག་བྱས་པའི་གོང་ལྟར་ཀྱི་ཚུལ་དེ་བཙན་པོ་འདིའི་སྐུ་དུས་སུ་བྱུང་བའི་བོད་ཀྱི་ཨར་སྐྲུན་མཆོད་རྟེན་གྱི་ཕྱིའི་རྣམ་པའི་ཁྱད་ཆོས་ཙམ་དུ་འཇུག་ན། དུས་ཐོག་འདིའི་བོད་ཀྱི་ཨར་སྐྲུན་མཆོད་རྟེན་གྱི་བཟོ་དབྱིབས

① ཆབ་སྤེལ་ཚེ་བརྟན་ཕུན་ཚོགས་ཀྱིས་རྩོམ་སྒྲིག་བྱས་པའི་《བོད་ཀྱི་ལོ་རྒྱུས་དེབ་ཐེར་ཁག་ལྔ་》གངས་ཅན་རིག་མཛོད་དེབ་༼པའི་ནང་འཁོད་པ། བོད་ལྗོངས་བོད་ཡིག་དཔེ་རྙིང་དཔེ་སྐྲུན་ཁང་དང་བོད་ལྗོངས་མི་དམངས་དཔེ་སྐྲུན་ཁང་གིས་སྤྱི་ལོ་༢༠༠༥ལོར་བསྐྲུན་པའི་ལྷུགས་པར་མར་གསལ།

ཁྲིད་རྩེ་མོ་རྒྱ་ཕྱུབས་སུ་མངོན་པ་འབྱུང་མི་སྲིད་པ་མིན་ཏེ། དཔའ་བོ་གཙུག་ལག་ཕྲེང་བས་སྤྱི་ལོ་༡༥༤༥ལོར་བརྩམས་གནང་བའི་《ཆོས་འབྱུང་མཁས་པའི་དགའ་སྟོན》གྱི་ཤོག་གྲངས་༡༠༠ནང་དུ། "ཤར་ཕྱོགས་རྒྱ་དང་མི་ཉག་ནས། །བཟོ་དང་རྩིས་ཀྱི་དཔེ་རྣམས་བླངས། །ལྷོ་ཕྱོགས་དཀར་པོའི་རྒྱ་གར་ནས། །དམ་པའི་ཆོས་ཀྱི་སྒྲ་རྣམས་བསྒྱུར། །ནུབ་ཕྱོགས་སོག་པོ་བལ་པོ་ནས། །ཟས་ནོར་ལོངས་སྤྱོད་གཏེར་ཁ་ཕྱེ། །བྱང་ཕྱོགས་ཧོར་དང་ཡུ་གུར་ནས། །ཁྲིམས་དང་ལས་ཀྱི་དཔེ་རྣམས་བླངས། །"①ཞེས་འཁོད་པས་སྐབས་ཅིད་གང་ཞིག་སྨིན་ནུས་པ་སྟེ། ཨར་སྐྲུན་ཁྱད་ཆོས་སུ་བྱུང་བའི་རྒྱ་ཕྱུབས་རྣམ་པ་ནི་ཤར་ཕྱོགས་རྒྱ་ཡི་བཟོ་སྐྲུན་ཁྱད་ཆོས་ཤིག་ཡིན་པ་ཚང་མས་མཁྱེན་གསལ་བཞིན། བཙན་པོ་འདི་པའི་སྐབས་ཀྱི་ཨར་སྐྲུན་མཆོད་རྟེན་དང་གཙུག་ལག་ཁང་གི་ཕྱིའི་རྣམ་པར་རྒྱ་ཕྱུབས་ཀྱི་བཟོ་དབྱིབས་ལྟ་བུ་འབྱུང་ཡོད་མོད། འོན་ཏེ་འདི་ལྟར་སྣང་བའི་ཁྱད་ཆོས་ནི་སྐབས་འདིའི་ཕྱིའི་རྣམ་པའི་བཟོ་དབྱིབས་སུ་བབས་པ་ལས་ཨར་སྐྲུན་ཁྲོན་ཡོངས་ཀྱི་ཁྱད་ཆོས་ནི་ངེས་མཚོན་མི་ཐུབ་པ་ཞིག་ཡིན། གང་ལྟགས་ཤེ་ན། དུས་སྐབས་འདིའི་ཁོངས་སུ་གཏོགས་པའི་ར་ས་འཕྲུལ་སྣང་གཙུག་ལག་ཁང་གི་ཐོག་མའི་ཨར་སྐྲུན་ཏེ། ཇོ་བོའི་སྐུའི་སྣང་བརྟན་བཞུགས་སུ་གསོལ་བའི་ཤར་གྱི་གཙང་ཁང་དབུས་མས་གཙོས་པའི་གཙང་ཁང་ཡོངས་རྫོགས་ཀྱི་ཨར་སྐྲུན་བཀོད་པ་ནི་དུས་རབས་༥པ་ནས་༨པའི་བར་ཡིན་པའི་རྒྱ་གར་གྱི་ཨ་ཙན་ཏཱའི་བྲག་ཕུག་ཁྲིད་བསྐྲུན་པའི་གྲྭ་ཤག་དང་ན་ལེནྡྲ་དགོན་པའི་བཀོད་པ་དང་གཅིག་མཚུངས་སུ་བྱུང་བ་སྟེ། བོད་ཀྱི་ལོ་རྒྱུས་དང་ཆོས་འབྱུང་། དེབ་ཐེར་ཁག་ནང་དུའང་ར་ས་འཕྲུལ་སྣང་གཙུག་ལག་ཁང་གི་རྨང་གཞིའི་བཀོད་པ་ནི་གནའ་བོའི་རྒྱ་གར་དགོན་པའི་གྲྭ་ཤག་ལ་དཔེར་

① དཔའ་བོ་གཙུག་ལག་ཕྲེང་བས་བརྩམས་པའི་《ཆོས་འབྱུང་མཁས་པའི་དགའ་སྟོན》མི་རིགས་དཔེ་སྐྲུན་ཁང་གིས་སྤྱི་ལོ་༢༠༠༨ལོའི་ལྷུགས་པར་མའི་ཤོག་གྲངས་༡༠༠ན་གསལ།

བླངས་ཏེ་བསྐྲུན་ཡོད་ཚུལ་《ལྡེའུ་ཆོས་འབྱུང་རྒྱས་པ་》ཡི་ཤོག་ངོས་༢༥༧ནང་། "སྐྱི་བོ་དང་བསྟུན་ཏེ་གྲུ་བཞིར་རྩང་བརྟིང་། བཙུན་པ་དང་བསྟུན་ཏེ་རེའུ་མིག་ཏུ་བརྟིང་། བོན་པོ་དང་བསྟུན་ཏེ་གཡུང་དྲུང་རིས་སུ་བྱས་ནས། རྒྱའི་ཏ་ཤང་དཔེའ་དཀར་ལ་དཔེ་བླངས་ཏེ། རྩིག་པས་ཡང་ཉུབ་མོ་ཞིག"①ཅེས་འཁོད་པ་དང་། ཡང་དེའི་ཤོག་ངོས་༢༥༨ནང་། "རྒྱའི་ཧེན་ཁང་སྤེ་དཀར་ལ་དཔེ་བླངས་ཏེ་བརྩིགས་དེ་བཞིན" ཞེས་འཁོད་ཡོད་པ་དང་། 《ཆོས་འབྱུང་མཁས་པའི་དགའ་སྟོན་》ཤོག་ངོས་༡༢༨ནང་། "དེ་ལྟར་བོད་ཡུལ་ས་གཞི་བྱིན་རླབས་ནས། །སྤྲུལ་པའི་གཙུག་ལག་ཁང་ཆེན་རྩང་བརྟིང་སྟེ། །དགེ་རྩ་ཡོངས་སུ་རྫོགས་ཕྱིར་གྲུ་བཞི་པ། །བྱང་ཆུབ་ཕྱོགས་ཆོས་རེ་མིག་སུམ་ཅུ་བདུན། །ཆོས་ཉིད་མི་འགྱུར་བརྟན་པས་གཡུང་དྲུང་རིས། །མཐར་ཐུག་འབྲས་བུ་སྟོན་ཕྱིར་དབུས་དཀྱིལ་འཁོར། །རྒྱ་ཡི་ཧེན་ཁང་བི་ཧར་ཇི་ལྟ་བར། །རྒྱ་མཚོའི་གྲུ་གཟིངས་འཕྲིད་པོའི་ཚད་དུ་བརྟིང་། །" ཞེས་འཁོད་པ་དག་ལ་པེར་འཛིན་པ་བདག་གིས་འོག་ཐིག་བགོད་པའི་ཐ་སྙད་དེ་དག་ནི་སཾསྐྲྀཏའི་མིང་ཚིག་གི་སྒྲ་བསྒྱུར་ཡིན་ཞིང་། དེ་ནི་ཝི་ཧཱ་ར་Vihāraཞེས་པ་གྲྭ་ཤག་གི་སྡེའི་དོན་དུ་འཇུག་པ་དང་། ར་ས་འཕྲུལ་སྣང་གཙུག་ལག་ཁང་གི་རྩིག་རྩང་རྒྱ་གར་གྱི་དགོན་པའི་བཀོད་པར་དཔེ་བླངས་ཏེ་བསྐྲུན་པ་གོང་གི་ལུང་འདྲེན་གྱིས་ཤེས་ནུས་ལ། དཔེ་འཛིན་ཡུལ་ནི་རྒྱ་གར་གྱི་གཙུག་ལག་ཁང་ཀཱ་མ་ལ་ཡིན་པའི་སྐོར་《རྒྱལ་པོ་བཀའི་ཐང་ཡིག་》ཏུ། "རྒྱ་གར་ཡུལ་གྱི་གཙུག་ལག་ཁང་ཆེན་ནི། །ཀཱ་མ་ལ་（འདི་ནི་རྒྱ་གར་བྱང་ཤར་ཡུལ་ཏེ་བལ་ཡུལ་དང་ཉེ་བའི་བིཀྲམཤིལ་'Vikramashila'ཡི་ལྷ་ཁང་དེའོ། །སྨྲུག་འཛིན་པའི་མཆན་）ཡི་གཙུག་ལག་དཔེར་བླངས་ནས། །ལྷ་ས་འཕྲུལ་སྣང་ར་མོ་ཆེ་ལ་སོགས། །མཐའ་འདུལ་ཡང་

① མཁས་པ་ལྡེའུས་མཛད་པའི་《ལྡེའུ་ཆོས་འབྱུང་རྒྱས་པ་》 གངས་ཅན་རིག་མཛོད་དེབ་༣པ། བོད་ལྗོངས་བོད་ཡིག་དཔེ་རྙིང་དཔེ་སྐྲུན་ཁང་དང་བོད་ལྗོངས་མི་དམངས་དཔེ་སྐྲུན་ཁང་གིས་སྤྱི་ལོ་༡༩༨༧ལོར་བསྐྲུན་པའི་ནང་འཁོད།

འདུལ་གཙུག་ལག་བཞི་བཅུ་བཞེངས། །”[1]ཞེས་གསལ་བརྗོད་གནང་བ་བཞིན། ར་ས་འཕྲུལ་སྣང་གཙུག་ལག་ཁང་ཙམ་མ་ཟད། མཐའ་འདུལ་ཡང་འདུལ་གཙུག་ལག་ཁང་གི་བཟོ་སྐྲུན་བཀོད་པའང་རྒྱ་གར་གྱི་ལུགས་སུ་གནང་ཡོད་པ་བསྟན་ཡོད། དེ་ལྟར་ན་ར་ས་འཕྲུལ་སྣང་གཙུག་ལག་ཁང་གི་བཟོ་སྐྲུན་བཀོད་པ་ནི་རང་རྒྱལ་དུ་དར་བའི་རྒྱ་ཡི་བཟོ་སྐྲུན་གྱི་ཁྱད་ཆོས་ལྡན་པའི་དགོན་པའི་བཀོད་པ་དང་ལོགས་བཀར་ཡིན་ལ།[2] དུས་རིམ་འདིའི་བོད་ཀྱི་ཨར་སྐྲུན་མཆོད་རྟེན་གྱི་བཀོད་པར་ལྷོ་ཕྱོགས་རྒྱ་བལ་གྱི་ཤུགས་རྐྱེན་ཆེན་པོ་ཐེབས་ཡོད་པའང་མངོན་གསལ་དོད་པོ་ཞིག་ལགས།

གཉིས། ཁྲི་ལྡེ་གཙུག་བརྟན（ཕྱི་ལོ་༨༤༠ལོ་–ཕྱི་ལོ་༧༥༥ལོའི་བར་འཚོ་བཞུགས[3]）ཀྱི་སྐུ་དུས་སྐོར།

ཡབ་མེས་འདིའི་སྐུ་དུས་སུ་མཆོད་རྟེན་བཞེངས་ཡོད་མེད་སྐོར་ལ་སྔོན་གྱི་ལོ་རྒྱུས་དང་ཆོས་འབྱུང་། དཔེ་ཐེར་དུ་འཁོད་པ་ཅུང་ཟད་ཡང་། མེད་པ་མ་ཡིན་ཏེ། 《རྒྱལ་རབས་གསལ་བའི་མེ་ལོང་》དུ་བཙན་པོའི་བཙུན་མོ་སྣ་ནམ་བཟའ་དང་རྒྱ་མོ་བཟའ་ཀྱིམ་ཤིང་ཀོང་ཇོ་གཉིས་ཀྱིས་རྒྱལ་སྲས་ཁྲི་སྲོང་ལྡེ་བཙན་གྱི་ཡུམ་སུ་ཡིན་གྱི་རྩོད་འཁྲུག་གི་སྐབས། ཀོང་ཇོའི་སེམས་ནང་། “བུ་ཆུང་འདིས་ང་ལ་ཕན་པ་དགའ།

① ཀུ་རུ་ཨུ་རྒྱན་གླིང་པས་ཡར་ཀླུང་ཤེལ་བྲག་ཕུག་ནས་བཏོན་པ་དང་རྗེ་ཟེ་རྒྱལ་པོས་བསྒྲིགས་པའི《བཀའ་ཐང་སྡེ་ལྔ》མི་རིགས་དཔེ་སྐྲུན་ཁང་གིས་སྤྱི་ལོ་༡༩༩༧ལོར་བསྐྲུན་པའི་ཤོག་གྲངས་༡༡༨ན་གསལ།

② 宿白：《藏传佛教寺院考古》，文物出版社出版，1996年版，第2-4页

③ ཤར་ཡུལ་ཕུན་ཚོགས་ཚེ་རིང་མཆོག་གིས་རྩོམ་སྒྲིག་གནང་བའི《བོད་ཀྱི་ལོ་རྒྱུས་ཞིབ་འཇུག་ལ་ཉེ་བར་མཁོ་བའི་དོན་ཆེན་རིའུ་མིག་རྒྱས་པ་ཀེ་ཏ་ཀ་ཞེས་བྱ་བ་བཞུགས་སོ》མི་རིགས་དཔེ་སྐྲུན་ཁང་གིས་སྤྱི་ལོ་༢༠༠༥ལོར་བསྐྲུན་པའི་ཤོག་གྲངས་༡༥༥ན་གསལ། གཞན་ཡང་ཆབ་སྤེལ་ཚེ་བརྟན་ཕུན་ཚོགས་མཆོག་སོགས་ཀྱིས་བསྒྲིགས་གནང་བའི《བོད་ཀྱི་ལོ་རྒྱུས་རགས་རིམ་གཡུ་ཡི་ཕྲེང་བ》སྟོད་ཆ། བོད་ལྗོངས་བོད་ཡིག་དཔེ་རྙིང་དཔེ་སྐྲུན་ཁང་གིས་སྤྱི་ལོ་༡༩༨༥ལོར་བསྐྲུན་པའི་ཤོག་གྲངས་༢༨༧དང་༢༧༥ནང་དང་། འདིར་དྲངས་ཟིན་གྱི་ཁང་དཀར་ཚུལ་ཁྲིམས་སྐལ་བཟང་མཆོག་གི་བརྩམས་ཆོས་ཤོག་གྲངས་༧༤༣དང་། ༧༧༢ནང་དུ་བཙན་པོའི་འདིའི་འཚོ་བཞུགས་དུས་ཚིགས་༧༠༨–༧༥༨ལོའི་བར་བཞེད་ཡོད་པ་དེའང་ཧུན་རྟོང་གཏེར་ཡིག་གི་ལོ་ཚིགས་དང་མཐུན་པར་མཐོང་།

བོད་འདི་ཕྱུང་པའི་ལས་ཅིག་བྱེད་དགོས་བསམས་ནས་རིའི་དཔྱད་བལྟས་པས། རྒྱལ་པོའི་གདུང་རབས་ཆད་པའི་ཕྱིར། རྗེའི་བླ་རི་གནམ་དུ་མཆོང་བ་འདྲ་བའི་མགོ་ལ། མངའ་ཁྲག་གིས་འཁོར་ལོ་བྲིས་ནས་མཆོད་རྟེན་གྱིས་མནན་”[①]ཞེས་འཁོད་པ་དང་། 《སྦ་བཞེད་》དུ། “ཕྱིས་ཀོང་ཇོ་ལ་ཡོས་བུའི་ལོ་ལ་རྒྱལ་བུ་ཆགས་རྗེས།……རྒྱའི་ཧ་ཤང་མཐོན་ཤེས་ཡོད་པ་ཞིག་ན་རེ། རྒྱལ་པོ་ཁྱོད་ཀྱི་བཙུན་མོ་ལ་སེམས་བྱང་ཆུབ་སེམས་དཔར་ངེས་པ་ཅིག་བཙལ་(བཙའ་)བར་ངེས། དེ་ལ་རིམ་གྲོ་བསྐྱེད་ཅིག་ཅེས་ཟེར། རྒྱལ་པོས་ནམ་ཕྱེད་ལ་མཆོད་རྟེན་བརྒྱ་རྩ་བརྒྱད་བཞེངས། འཛིམ་པ་ལྷག་མ་ལ་ངའི་སྐུ་ཚབ་བྱེད་གསུངས་པས་མཆོད་རྟེན་གྲིས་ཐག་ཅན་ཡང་བརྩིགས་”[②]ཞེས་འཁོད་པ། 《བསམ་ཡས་དཀར་ཆག་དད་པའི་སྒོ་འབྱེད་》ནང་། “བཙུན་མོར་བྱང་ཆུབ་སེམས་དཔའི་སྤྲུལ་པ་ཞིག་བཙའ་བར་ངེས་པས་རིམ་གྲོ་སྐྱེད་ཅིག་པའི་ལུང་བསྟན་པ་བཞིན། བསམ་ཡས་སུ་སྲུས་ཀྱི་དོན་དུ་རིང་བསྲེལ་གྱི་སྙིང་པོ་ཅན་གྱི་མཆོད་རྟེན་བརྒྱ་རྩ་བརྒྱད་དང་། འཛིམ་ལྷ་ལས་མཆོད་རྟེན་ཆེ་བ་གཅིག་བཅས་བཞེངས་”[③]ཞེས་འཁོད་པའི་ལུང་དུ། ཡང་སྙིང་གྱིམ་ཤིང་ཀོང་ཇོ་ཁྲི་ལྡེ་གཙུག་བརྟན་གྱི་བཙུན་མོར་མངའ་གསོལ་ཡོད་མེད་སྐོར་ལ་དོགས་གཞི་མང་དུ་མཆིས་པ་སྟེ། སྔོན་གྱི་དེབ་ཐེར་ཁག་ཏུ་བཙན་པོ་འདིས་གྱིམ་ཤིང་བཙུན་མོར་བཞེས་ཚུལ་བསྟན་ཡོད་ཀྱང་། 《བོད་ཀྱི་ལོ་རྒྱུས་རགས་རིམ་གཡུ་ཡི་ཕྲེང་བ་》ཡི་ནང་དུ་ལྟ་བ་འདི་བཞིན་ལ་སུན་

① ས་སྐྱ་བ་བསོད་ནམས་རྒྱལ་མཚན་གྱིས་སྤྱི་ལོ་༡༣༢༨ལོར་བརྩམས་པའི་《རྒྱལ་རབས་གསལ་བའི་མེ་ལོང་》མི་རིགས་དཔེ་སྐྲུན་ཁང་གིས་སྤྱི་ལོ་༢༠༠༢ལོར་བསྐྲུན་པའི་པར་ཐེངས་༥པའི་ཤོག་ངོས་༡༩༨--༢༠༠ན་གསལ།

② སྦ་གསལ་སྣང་གིས་བརྩམས་པའི་《སྦ་བཞེད་》མི་རིགས་དཔེ་སྐྲུན་ཁང་གིས་སྤྱི་ལོ་༡༩༨༠ལོར་བསྐྲུན་པའི་ཤོག་ངོས་༤ན་གསལ།

③ བཤད་སྒྲ་གུང་དབང་ཕྱུག་རྒྱལ་པོས་སྤྱི་ལོ་༡༨༤༧ལོར་ཚུགས་པའི་བསམ་ཡས་ཉམས་གསོའི་ལས་གྲྭ་མཇུག་སྒྲིལ་རྗེས་སུ་བརྩམས་པའི་《བསམ་ཡས་དཀར་ཆག་དད་པའི་སྒོ་འབྱེད་》གངས་ཅན་རིག་མཛོད་དེབ་༣༤པ། བོད་ལྗོངས་བོད་ཡིག་དཔེ་རྙིང་དཔེ་སྐྲུན་ཁང་གིས་སྤྱི་ལོ་༢༠༠༠ལོར་བསྐྲུན་པའི་ཤོག་ངོས་༡༧ནང་གསལ།

འཁྱིན་གཞང་ཐོག་ དེ་ནི་"མ་དག་རྒྱན་འཁྱམས་ཀྱི་ཡོངས་གྲགས་བཤད་ཚུལ་"[1] ཞིག་ལ་ངོས་འཛིན་གཞང་འདུག་པ་ལའང་མུ་མཐུད་དཔྱད་དགོས་པའོ། །

གལ་སྲིད་གོང་གི་ལུང་དུ་བསྟན་པའི་མཆོད་རྟེན་བཞེངས་ཚུལ་གྱི་རྐྱེན་དེ་ལྟ་ཞིག་དམིགས་བསལ་གྱི་དགོས་དབང་དུ་གྱུར་པ་དང་། དོན་དངོས་ཡབ་མེས་འདིའི་སྐུ་རིང་ལ་མཆོད་རྟེན་བསྐྲུན་ཡོད་པ་ལོ་རྒྱུས་དངོས་དང་མཐུན་སྲིད་ན། མཆོད་རྟེན་འདི་དག་ཀྱང་བཙན་པོ་འདིས་བཞེངས་པའི་ལྷ་ཁང་ལྔ་སྟེ། ལྷ་ས་མཁར་བྲག་དང་། བྲག་དམར་མགྲིན་བཟང་། མཆིམས་ཕུ་ནམ་རལ། བྲག་དམར་ཀ་རུ། མ་ས་གོང་གི་གནས་[2]བཅས་ཀྱི་ཁྲོད། བསམ་ཡས་ནས་བྲག་དམར་དང་མཆིམས་ཕུའི་བར་མཚམས་ཀྱི་ཉེ་སྐོར་གང་ཞིག་གི་གནས་སུ་བསྐྲུན་སྲིད་པར་དཔོག་དགོས་སྙམ་པ་སྟེ། 《རྒྱལ་པོ་བཀའི་ཐང་ཡིག》ཏུ། "རྒྱལ་པོ་ཨག་ཚོམ་མེ་ཡི་སྐུ་རིང་ལ། །བསམ་ཡས་ཀ་ཆུ་པདྨ་ཆེན་གཙུག་ལག་ཁང་། །མཆིམས་ཕུ་ནམ་རའི་གཙུག་ལག་བསིལ་ཁང་དང་། །བྲག་དམར་འགྲམ་བཟང་ལྷ་ཤུག་གཙུག་ལག་ཁང་། །བྲག་དམར་འོལ་བྱའི་ཚལ་ཆེན་གཙུག་ལག་བཞེངས། །ཕོ་བྲང་བཞེངས་སྐོར་གཙུག་ལག་ལོངས་སྤྱོད་ཁང་། །རི་ཐང་མཚམས་སུ་མཆོད་རྟེན་བཅུ་གསུམ་བཞེངས། །དམ་པའི་ཆོས་ལ་མོས་ཤིང་འདུན་པར་མཛད། །"[3]ཅེས་འཁོད་པས་གསལ་བར་རྟོགས་ཐུབ་སེམས། དེ་བཞིན་གོང་དུ་དྲངས་ཟིན་པའི་ལུང་དུ་བཤད་པའི་"རིང་བསྲེལ་གྱི་སྙིང་པོ་

① ཆབ་སྤེལ་ཚེ་བརྟན་ཕུན་ཚོགས་ལ་སོགས་པས་བསྒྲིགས་པའི་《བོད་ཀྱི་ལོ་རྒྱུས་རགས་རིམ་གཡུ་ཡི་ཕྲེང་བ》(སྟོད་ཆ་) བོད་ལྗོངས་བོད་ཡིག་དཔེ་རྙིང་དཔེ་སྐྲུན་ཁང་གིས་སྤྱི་ལོ་༡༩༨༩ལོར་བསྐྲུན་པའི་ཤོག་གྲངས་༢༨༢ནང་གསལ།

② གོང་དུ་དྲངས་ཟིན་གྱི་《ཆོས་འབྱུང་མཁས་པའི་དགའ་སྟོན་》གྱི་ཤོག་གྲངས་༡༥༨ནང་གསལ་བ་དང་། ལྷ་ཁང་འདི་དག་ལྔའི་མཚན་བྱང་སྐོར་ལ་དེབ་ཐེར་གཞན་དུ་མི་འདྲ་བ་གསལ་ཡོད་མོད། འདིར་རེ་ཞིག་དཔའ་བོ་གཙུག་ལག་ཕྲེང་བའི་བཞེད་དགོངས་བཞིན་ལུང་དྲངས་པའོ། །

③ གུ་རུ་ཨུ་རྒྱན་གླིང་པས་ཡར་ཀླུང་ཤེལ་བྲག་ཕུག་ནས་བཏོན་པ་དང་རྗེ་རྗེ་རྒྱལ་པོས་བསྒྲིགས་པའི་《བཀའ་ཐང་སྡེ་ལྔ་》 མི་རིགས་དཔེ་སྐྲུན་ཁང་གིས་སྤྱི་ལོ་༡༩༨༧ལོར་བསྐྲུན་པའི་ཤོག་གྲངས་༡༡༨ནང་གསལ།

ཅན་གྱི་མཆོད་རྟེན་བརྒྱ་རྩ་བརྒྱད་”ཅེས་པ་འདི་སྔ་རྟོལ་ལྟར་ཨ་བའི་ཨར་སྐྲུན་བཟོ་དབྱིབས་སུ་གྲུབ་པ་ཞིག་ཡིན་ན། ཕྱིས་འབྱུང་བོད་ཡུལ་སྟོད་སྨད་བར་གསུམ་དུ་དར་བའི་“མཆོད་རྟེན་བརྒྱ་རྩ་བརྒྱད་”ཀྱི་རྣམ་པ་ཡང་ཡབ་མེས་འདིའི་སྐུ་དུས་ནས་འགོ་ཚུགས་པ་ཞིག་ཏུ་སྣང་མོད། འོན་ཀྱང་དོན་འདིའི་སྐོར་ལ་དཔྱད་གཞིའི་ཡིག་རིགས་ཤིན་ཏུ་ནས་དབེན་རྐྱེན་མུ་མཐུད་དཔྱད་དགོས་པ་ལ་ཐད་དོ། །

གཞན་ཡང་། བཙན་པོ་འདིའི་སྐུ་དུས་སུ་“ཆོས་སྲོལ་ཆེན་པོ་བཙུགས་”[①]གནང་བ་དང་། “ལི་ཡུལ་ནས་ཐོན་པའི་རབ་ཏུ་བྱུང་བ་རྣམས་དང་། རྒྱའི་ཡུལ་ནས་ཧ་ཤང་མང་པོ་སྤྱན་དྲངས་ཏེ་བསྟན་པ་ལ་གུས་མཛད་ཀྱང་བོད་མི་རབ་ཏུ་བྱུང་བ་ནི་མ་བྱུང་”[②]བའི་སྐོར་ལ། “བྲན་ཁ་མུ་ལེ་ཤོ་ཀ་(《ཆོས་འབྱུང་མཁས་དགའ་》ཡི་ནང་དུ་བྲན་ཀ་མུ་ལེ་ཀ་ཁྲ་འབོད་)དང་གཉགས་ཛྙཱ་ནམ་ཀུ་མ་ར་(《ཆོས་འབྱུང་མཁས་དགའ་》ཡི་ནང་དུ་གཉགས་ཛྙཱན་ཀ་མ་ར་ཙུ་འབོད་)གཉིས་པོ་ཉར་བཙངས་ཏེ། གངས་རི་ཏི་སེ་ལ་པཎྜི་ཏ་སངས་རྒྱས་གསང་བ་དང་། སངས་རྒྱས་ཞི་བ་གཉིས་སྤྱན་འདྲེན་དུ་བཏང་བས་གདན་མ་དྲངས་པ་དང་། ཐེག་པ་ཆེན་པོའི་མདོ་སྡེ་ལྔ་བློ་ལ་བཟུང་ནས་འོངས་ཏེ། ཡི་གེར་བྲིས་ནས་གླིགས་བམ་ལྔ་བཞེངས་ནས་དེ་རྣམས་ཀྱི་བཞུགས་ས་ལ་ལྷ་ཁང་ལྔ་བརྩིགས་”[③]ཞེས་པ་གོང་དུ་ཞུས་ཟིན་ཅིང་། རྒྱ་ཡུལ་“གོ་མ་ཤི་”འམ་“གོང་ཤི་”ནས་མདོ་གསེར་འོད་དམ་པ་དང་། འདུལ་བ་ལས་རྣམ་པར་འབྱེད་པ་བསྒྱུར་[④]

---

① 《ལ་དྭགས་རྒྱལ་རབས་》 བོད་ལྗོངས་མི་དམངས་དཔེ་སྐྲུན་ཁང་གིས་སྤྱི་ལོ་༡༩༧༨ལོར་བསྐྲུན་པའི་ཤོག་གྲངས་༣༥ན་གསལ།

② འགོས་ལོ་གཞོན་ནུ་དཔལ་གྱིས་བརྩམས་པའི་《དེབ་ཐེར་སྔོན་པོ་》 སྟོད་ཆ། སི་ཁྲོན་མི་རིགས་དཔེ་སྐྲུན་ཁང་གིས་སྤྱི་ལོ་༡༩༨༤ལོར་བསྐྲུན་པའི་པར་ཐེངས་༢པའི་ཤོག་གྲངས་༤༤ན་གསལ།

③ གོང་དུ་དྲངས་ཟིན་པའི་《རྒྱལ་རབས་གསལ་བའི་མེ་ལོང་》ཤོག་གྲངས་༡༩༤--༡༩༨ན་གསལ།

④ གོང་དུ་དྲངས་ཟིན་པའི་《རྒྱལ་རབས་གསལ་བའི་མེ་ལོང་》ཤོག་གྲངས་༡༩༨དང་། 《བསམ་ཡས་དཀར་ཆག་དད་པའི་སྒོ་འབྱེད་》ཀྱི་ཤོག་གྲངས་༡༤ནང་གསལ།

ཞེས་པའི་རྒྱ་ཡུལ་ཀེ་མ་ཤེའམ་ཀིང་ཤི་འདི་ནི་དོན་དངོས་སུ་བོད་ཀྱི་ནུབ་བྱང་དུ་གནས་པའི་གནའ་བོའི་ལི་ཡུལ་ཏེ་དེང་གི་རྒྱ་ནག་སྐད་དུ་སིན་ཛང་（新疆）དུ་འབོད་པའི་ཡུལ་དེ་ཡིན་པར་སེམས། གང་ལྟར་ཤེ་ན། མཁས་དབང་དགེ་འདུན་ཆོས་འཕེལ་གྱིས་རྒྱ་གར་སྐད་དུ་ལི་ཡུལ་ལ"ཀཾ་ས་དེ་ཤ"①ཏུ་འབོད་ཅེས་གསུངས་པ་ལྟར། གོང་གི་ཀེ་མ་ཤེའམ་ཀིང་ཤི་ནི་རྒྱ་གར་གྱི་སྒྲ་འདོན་འདི་བཞིན་དུ་བྲིས་པར་དག་པ་ཆེར་མེད་ཀྱང་། ཀཾ་ཤ་ཞེས་པའི་སྒྲ་འདོན་འདྲ་མཚུངས་སུ་ཡོད་པ་གསལ་པོར་ཤེས་ཐུབ། དེ་ལྟར་ན། བཙན་པོ་འདིའི་སྐུ་རིང་ལ་རྒྱ་གར་དང་ལི་ཡུལ་གཉིས་སུ་ཆོས་ཀྱི་འབྲེལ་བ་བྱུང་བ་མ་ཟད། རྒྱ་ནག་ཡུལ་དུའང་སྦྲ་སང་ཤི་སོགས་མི་བཞི་ཆོས་ཀྱི་གཙུག་ལག་ལེན་དུ་མངགས་པ་②སོགས་པ་དང་བསྟུན། དུས་འདིའི་ཨར་སྐྲུན་མཚོད་རྟེན་གྱི་རྣམ་པར་གོང་གི་ས་ཆ་ཁག་གི་བཟོ་དབྱིབས་ཀྱི་ཤུགས་རྐྱེན་ཀྱང་ཐེབས་སྲིད་པར་སེམས།

གསུམ། ཁྲི་སྲོང་ལྡེ་བཙན(སྤྱི་ལོ་༧༡༨–སྤྱི་ལོ་༧༨༥ལོའི་བར་འཚོ་བཞུགས③)ཀྱི་སྐུ་དུས་སྐོར།

ཡབ་མེས་འདིའི་སྐུ་རིང་ལ་བཙན་པོའི་རྒྱལ་རབས་ཀྱི་མངའ་ཐང་ཡར་ངོའི་ཟླ་

① 《དགེ་འདུན་ཆོས་འཕེལ་གྱི་གསུང་རྩོམ་》དེབ་གསུམ་པའི་ནང་བཀོད་པའི《བོད་ཆེན་པོའི་སྲིད་ལུགས་དང་འབྲེལ་བའི་རྒྱལ་རབས་དེབ་ཐེར་དཀར་པོ་ཞེས་བྱ་བ་བཞུགས་སོ་》གངས་ཅན་རིག་མཛོད་༡༢ བོད་ལྗོངས་བོད་ཡིག་དཔེ་རྙིང་དཔེ་སྐྲུན་ཁང་ནས་སྤྱི་ལོ་༡༩༩༤ལོར་བསྐྲུན་པའི་པར་ཐེངས་༢པའི་ཤོག་ངོས་༢༢༥ན་གསལ།

② གོང་དུ་དྲངས་ཟིན་གྱི་《བོད་ཀྱི་ལོ་རྒྱུས་རགས་རིམ་གཡུ་ཡི་ཕྲེང་བ་》ཡི་ཤོག་ངོས་༢༧༥ན་གསལ།

③ འདིར་དྲངས་པའི་ལོ་ཚིགས་ནི་ཤར་ཡུལ་ཕུན་ཚོགས་ཚེ་རིང་མཆོག་གིས་རྩོམ་སྒྲིག་གནང་བའི《བོད་ཀྱི་ལོ་རྒྱུས་ཞིབ་འཇུག་ལ་ཉེ་བར་མཁོ་བའི་དོན་ཆེན་རེའུ་མིག་རྒྱས་པ་ཀེ་ཏ་ཀ་ཞེས་བྱ་བ་བཞུགས་སོ་》མི་རིགས་དཔེ་སྐྲུན་ཁང་གིས་༢༠༠༥ལོར་བསྐྲུན་པའི་ཤོག་ངོས་༡༥༥ནང་དུ་གསལ་བ་ལྟར་དང་། གཞན་ཡང《དུང་དཀར་ཚིག་མཛོད་ཆེན་མོ་》ཡི་ཤོག་ངོས་༡༠༩--༡༠༥བར་ན་གསལ་བ་ལ་སོགས་པའི་མཁས་པ་གཞན་གྱིས་བཙན་པོ་འདིའི་འཁྲུངས་འདས་ལོ་ཚིགས་ནི་༧༤༢--༧༩༧ལོར་བཞེད་ཡོད། མཁར་རྨེའུ་བསམ་གཏན་མཆོག་གི་གསུང་རྩོམ་ཕྱོགས་སྒྲིག《མདའ་དང་འཕང་》སྟོད་ཆ། བདེ་ཁང་བསོད་ནམས་ཆོས་རྒྱལ་གྱིས་ཡིག་བསྒྱུར་གནང་བ། ཀྲུང་གོ་བོད་རིག་པའི་དཔེ་སྐྲུན་ཁང་ནས་༢༠༠༧ལོར་བསྐྲུན་པའི་ཤོག་ངོས་༡༡༨ནང་དུ་བཙན་པོ་ཁྲི་སྲོང་ལྡེ་བཙན་ཁྲིར་འཁོད་ཀྱི་ལོ་ཚིགས་ནི་༧༥༥--༧༩༧བར་ལ་བཞེད་ཡོད།

ལྷར་འཕེལ་ཞིང་། ཁོང་ནི་“བོད་ཁམས་ཀྱི་སྟོབས་འབྱོར་དགེ་མཚན་དར་ལ་དྲག་པར་མཛད་པའི་ཕྱག་རྗེས་རླབས་པོ་ཆེ་དང་ལྡན་པ་ཆོས་སྲིད་ལུགས་གཉིས་ཀྱི་དཔལ་ལ་མངའ་དབང་བསྒྱུར་བས་ཆོས་རྒྱལ་མེས་དབོན་རྣམ་གསུམ་ཞེས་མཚན་སྙན་ཀུན་ཏུ་གྲགས་པའི་ཡ་རྒྱལ་སྲོང་བཙན་གཉིས་པ་ལྟ་བུ་གཞན་གྱི་དོ་ཟླ་མེད་པ་ཞིག་ལགས།”[1] དུས་རིམ་འདི་ནས་བཟུང་། ཁ་བའི་ལྗོངས་འདིར་སངས་རྒྱས་དང་། ཆོས། དགེ་འདུན་བཅས་པའི་ཚད་ཡོངས་སུ་རྫོགས་པའི་དགོན་གྱི་སྒྲིག་གཞིའི་སྲོལ་གཏོད་འགོ་ཚུགས། དེ་ལྟ་བུའི་སྐབས་རྟགས་སུ་དཔལ་བསམ་ཡས་མི་འགྱུར་ལྷུན་གྱིས་གྲུབ་པའི་སྤྲུལ་པའི་གཙུག་ལག་ཁང་བཞེངས་གནང་བ་དེའོ། །

དེ་ཡང་། ཡབ་མེས་འདིའི་སྐུ་རིང་དུ་བོད་ལ་ཨར་སྐྱུན་མཆོད་རྟེན་བསྐྲུན་སྲོལ་དར་འཕེལ་ཤུགས་ཆེན་ཕྱིན་པ་ནི་ཤིན་ཏུ་ཁ་གསལ་བའི་དོན་ཞིག་ཡིན། བསམ་ཡས་མི་འགྱུར་ལྷུན་གྱིས་གྲུབ་པའི་སྤྲུལ་པའི་གཙུག་ལག་ཁང་འདི་དང་དུས་མཉམ་དུ་བཞེངས་ཤིང་ཕྱིས་འབྱུང་བོད་ཀྱི་ལོ་རྒྱུས་ཐོག་གྲགས་ཆེ་བའི་ཨར་སྐྱུན་མཆོད་རྟེན་ཏེ། ལྕགས་རིའི་ནང་དུ་བཞུགས་སུ་གསོལ་བའི་མཆོད་རྟེན་རྣམ་བཞི་ནི་བཙན་པོའི་རྒྱལ་རབས་དུས་སུ་བཞེངས་པའི་ཁྲུངས་བཙན་དག་སྐྱིལ་གྱི་བཟོ་སྐྲུན་དངོས་པོའི་དཔེ་མཚོན་ཞིག་ཡིན། དེ་བཞིན་གཙུག་ལག་ཁང་དེ་བཞེངས་པའི་ཐོག་མའི་ས་ཕྱོད་དང་རྫ་ཕྱོད་བྲག་ཡེར་པར་ཕྱུལ་ཏེ་མཆོད་རྟེན་བཞེངས་གནང་མཛད་པ་དང་། ལྕགས་རིའི་རྩིག་སྟེང་དུ་རིང་བསྲེལ་ཅན་གྱི་མཆོད་རྟེན་སྟོང་རྩ་བརྒྱད། ཟུང་མཁར་གྱི་མདར་རྗེའི་མཆོད་རྟེན་རྣམ་པ་ལྔ་ལ་སོགས་པ་བཞེངས་པའང་དུས་རིམ་འདིའི་དཔེ་མཚོན་ལྟ་བུར་གཏོགས་པ་ཤེས་གསལ་ཡིན།

མཆོད་རྟེན་བཞི་པོ་དེའི་སྐབས་ཐོག་གི་གནས་ཚུལ་ངོ་སྤྲོད་མདོ་ཙམ་ཞུས་

[1] གོང་དུ་དྲངས་ཟིན་གྱི་གཡུ་ཐྲིང་ཤོག་ངོས་༢༧༨ན་གསལ།

ན། ཕྱིས་འབྱུང་བོ་རྒྱས་ཀྱི་རྐྱེན་དབང་གང་ལ་བརྟེན་ནས་བཟོ་སྐྲུན་རྣམ་པར་འཕོ་འགྱུར་འབྱུང་སྲིད་པའི་བསམ་ཡས་མཆོད་རྟེན་བཞི་པོ་དག་གི་བཟོ་དབྱིབས་ཡོངས་རྫོགས་ནི་སྔར་སྲོལ་ལྟར་མིན། འོན་ཀྱང་། དེ་བཞི་པོ་བཞེངས་པའི་ཐོག་མའི་རྒྱུ་རྐྱེན་ནི་བགེགས་མནན་ཆེད་དུ་ཡིན་ཞེས་པ་《སྦ་བཞེད་》ལས། "གཞན་ཡང་བགེགས་མནན་དགོས་ཞེས་ཀྱང་གསུངས་ནས། མཆོད་རྟེན་བཞིའི་བླ་ཕུར་བཏབ་"①ཅེས་འཁོད་པ་ལས་གསལ་བར་སྣང་ཡང་། མཁར་རྩེའུ་བསམ་གཏན་མཆོག་གིས"མཆོད་རྟེན་བཞིའི་བླ་ཕུར་བཏབ་"པའི་སྲོལ་འདི་ནི་གདོན་འདྲེ་རྣམས་གནོན་པའི་དོན་དུ་བཞེངས་པ་ཡིན་ཞེས་གསུངས་ཀྱང་དོན་དངོས་ནི། བོད་ཀྱི་སྔར་སྲོལ་ཨར་སྐྲུན་གྱི་ཕྱོགས་ཆའི་བྱ་བ་རྟུས་བཀོད་བྱེད་པའི་བརྒྱུད་རིམ་ལ་ཐབས་གཉིས་སུ་མངོན་པའི་ཡ་གྱལ་ཞིག་ཏེ། མདའ་རྒྱང་གང་ཞིག་འཕེན་པས་མདའ་ལྡིང་སའི་རྩ་བའི་ཁ་ཕྱོགས་བཞི་ལ་བརྟེན་ཕུར་བཙུགས་པའི་ཤུལ་དུ་བཞེངས་གནང་བར་འདོད་ཅིང་།② འདི་ནི་བོད་ཀྱི་སྟོད་ཁང་གི་སྲོལ་རྒྱུན་ཨར་སྐྲུན་རྟུས་བཀོད་བྱེད་སྟངས་ལས་འཕྲོས་པ་ཞིག་ལགས།

དེ་བཞིན་མཆོད་རྟེན་བཞི་པོ་ལ་སོགས་པའི་སྤྲུལ་པའི་གཙུག་ལག་ཁང་གི་བཞེངས་ཚུལ་བསྟན་པར། 《ཆོས་འབྱུང་མཁས་པའི་དགའ་སྟོན་》དུ། "ཨོ་ཏན་པུ་རིའི་གནས་ལ་དཔེ་བླངས་ཏེ། །དབུ་རྩེ་རིགས་གསུམ་དབུས་ཀྱི་རི་རབ་མཆོག །ཕྱོགས་

① གང་དུ་དྲངས་ཟིན་གྱི་《སྦ་བཞེད་》ཤོག་ངོས་༣༤ན་གསལ།

② 《བོད་མིའི་སྟོད་ཁང་གི་འཛུགས་སྐྲུན་རྟུས་བཀོད་སྐོར་གླེང་བ་》ཞེས་པ་མཁར་རྩེའུ་བསམ་གཏན་མཆོག་གི་གསུང་རྩོམ་ཕྱོགས་སྒྲིག 《མདའ་དང་འཕང་》སྟོད་ཆ་ལས་བཏུས་པ་དང་། བདེ་ཁང་བསོད་ནམས་ཆོས་རྒྱལ་གྱིས་ཡིག་སྒྱུར་གནང་བ། ཀྲུང་གོ་བོད་རིག་པའི་དཔེ་སྐྲུན་ཁང་ནས་སྤྱི་ལོ་༢༠༠༧ལོར་བསྐྲུན་པའི་ཤོག་ངོས་༦༧༥—༦༧༨བར་ན་གསལ་ཞིང་། དེའི་ཤོག་ངོས་༦༧༤ནང་དུ《གཡུང་དྲུང་ལས་རྣམ་པར་དག་པའི་རྒྱུད་》ཅེས་པའི་བོན་གཏེར་ཕྱུག་དཔེ་ལས་འཁོད་པ་མཚམས་སྦྱོར་ཞུས་ན་འདི་ལྟར་ཏེ། "མཚན་ལྡན་བཀྲ་ཤིས་ས་གནས་སུ། །དད་འདུན་ལྡན་པའི་གཤེན་རབ་ཀྱིས། །ཕུན་སུམ་འཚོགས་ (ཚོགས་) པའི་དུས་བཟུང་ལ། །ཕྱིར་ཕྱིམ་ཀུན་གྱིས་ཤུགས་ཚད་ལས། །ངོས་ཅིག་ཕྱོགས་ཀྱི་ཆང་བཟུང་ནས། །ཕྱོགས་མཚམས་མ་ནོར་ཕུར་བཞི་གདབ། །ཐུགས་རྗེ་བཞི་ལྡན་ཨུ་ཁྲུད་བཀོད། །"ཅེས་སོ། །

དེར་གླིང་གསུམ་གླིང་བཞི་གླིང་ཕྲན་བརྒྱད། །ཉི་ཟླའི་ཚུལ་དུ་ཡག་ཤ་ལྷག་འོག་གཉིས། །མཐིལ་ཀུན་དཀར་ཞལ་རྒྱ་མཚོའི་རི་མོ་ཅན། །ཕྱི་རོལ་ཁོར་ཡུག་ཚུལ་དུ་ལྕགས་རིའི་རྩེར། །རིང་བསྲེལ་ཅན་གྱི་མཆོད་རྟེན་སྟོང་རྩ་བརྒྱད། །རི་རབ་ལྷུན་པོའི་རྣ་རྩེའི་ཚུལ་དུ་ནི། །འབྱུང་བའི་ཁ་གནོན་མཆོད་རྟེན་རྣམ་བཞིར་བཅས། །ཕྱི་ལྷར་གླིང་བཞིའི་འཇིག་རྟེན་ཁམས་ཀྱི་ཚུལ། །ནང་ལྷར་ཞིང་ཁམས་ཆེན་པོ་གཅིག་གི་ཚུལ། །གསང་བ་ཕོ་བྲང་དཀྱིལ་འཁོར་ཆེན་པོའི་ཚུལ། །བྱང་ཆུབ་ཕྱོགས་ཆོས་སོ་བདུན་ཡོངས་རྫོགས་པ། །ཛམྦུའི་གླིང་ན་འགྲན་ཟླ་བྲལ་བར་བཞེངས། །"①ཞེས་འཁོད་པ་ལས། མཆོད་རྟེན་རྣམ་བཞི་ནི་འབྱུང་བའི་ཁ་གནོན་དང་། ལྕགས་རི་རྩེའི་རིང་བསྲེལ་ཅན་གྱི་མཆོད་རྟེན་དག་ནི་རི་རབ་ལྷུན་པོའི་རྣ་རྩེའི་ཚུལ་དུ་བཞེངས་ཡོད་ཚུལ་བསྟན་པའོ། །

མཆོད་རྟེན་རྣམ་བཞིའི་སྐོར་ལ། 《སྦ་བཞེད་》ལས། "མཆོད་རྟེན་དཀར་པོ་བྱང་ཆུབ་ཆེན་པོའི་མཆོད་རྟེན་ཉན་ཐོས་ཀྱི་ལུགས་སུ་བཞེངས། ཤུད་བུ་ང་མི་རྒྱལ་གཏོ་རེས་ལས་དཔོན་བྱས་སེང་གེས་བརྒྱན་པའོ། །ཆོས་སྐྱོང་གནོད་སྦྱིན་སྐར་མདའ་གདོང་ལ་གཏད། མཆོད་རྟེན་དམར་པོ་ཆོས་ཀྱི་འཁོར་ལོ། བྱང་ཆུབ་སེམས་པའི་ལུགས་པད་མས་བརྒྱན་པའོ། སྣ་ནམ་རྒྱལ་ཚ་ལྷ་སྣང་གིས་བཞེངས། ཆོས་སྐྱོང་པ་གཟའ་མིག་དམར་ལ་གཏད། མཆོད་རྟེན་ནག་པོ་དེ་བཞིན་གཤེགས་པའི་སྐུ་གདུང་གིས་བརྒྱན་པ་སངས་རྒྱས་ཀྱི་ལུགས། ངན་ལམ་སྟག་ར་ཀླུ་གོང་གིས་བཞེངས། ཆོས་སྐྱོང་གནོད་སྦྱིན་ལྕགས་ཀྱི་མཆུ་ཅན་ལ་གཏད། མཆོད་རྟེན་སྔོན་པོ་དཔལ་ལྷ་ལས་བབས་པ་དེ་བཞིན་གཤེགས་པའི་ལུགས། ལྷ་ཁང་གི་སྒོ་མོ་བཅུ་དྲུག་གིས་བརྒྱན། མཆིམས་རྗེ་རྗེ་ཕྲེ་ཆུང་གིས་བཞེངས། ཆོས་སྐྱོང་བ་གནོད་སྦྱིན་ཉི་མའི་གདོང་ཅན་ལ་གཏད། དེའི་ཚེ་

① ཁོང་དུ་དྲངས་ཟིན་གྱི་《ཆོས་འབྱུང་མཁས་པའི་དགའ་སྟོན་》གྱི་ཤོག་ངོས་༡༧༥ན་གསལ།

འདྲེ་མོ་འོད་ཅན་མས་སློན་པོ་རྣམས་ཉལ་བའི་མགོ་འཇུག （མཇུག） ལྡོག་པ་ལ་སོགས་པའི་འཚེ་བ་མང་དུ་བྱུས་པས། དེའི་སློབ་དཔོན་ལ་ཞུས་པས། བྱམས་པའི་གླིང་དུ་མཆོད་རྟེན་འོད་འབར་བ་བརྩིགས་ཏེ་མནན། མཆོད་རྟེན་ཆེན་པོ་བཞི། མཆོད་རྟེན་འོད་འབར་བ་དང་ལྔ་བཞེངས།”①ཞེས་འཁོད་པ་ལྟར། མཆོད་རྟེན་རྣམ་བཞིའི་ཕྱིའི་བཟོ་དབྱིབས་དང་། ལས་དཔོན་སུ་ཡིན། གང་གིས་བརྒྱན་མིན། ཆོས་སྐྱོང་ཇི་ཞིག་ལ་གཏད་པ་བཅས་པའི་སྐོར་ཞིབ་པར་བཀོད་ཡོད་པའི་ཁྲོད། སྐབས་ཀྱི་བརྗོད་བྱར་གྱུར་པ་ནི་ལུགས་གང་ཞིག་དང་གང་གིས་བརྒྱན་མིན་གཙོ་བོར་བཟུང་ཐོག །ལོ་རྒྱུས་དེབ་ཐེར་གཞན་དུ་འཁོད་པའི་གནས་ཚུལ་དཔྱད་བསྡུར་གྱིས་རེའུ་མིག་དང་པོར་གསལ་བ་བཞིན། མཆོད་རྟེན་དཀར་པོ་བྱང་ཆུབ་མཆོད་རྟེན་ནི་ཉན་ཐོས་ཀྱི་ལུགས་སུ་བྱས་པ་དང་། སེང་གེས་བརྒྱན་པ་གོང་གི་ལུང་འདྲེན་སའི་དཔེ་དེབ་དང་ཡོངས་སུ་མཐུན་པར་མངོན། དེ་བཞིན་མཆོད་རྟེན་དམར་པོ་རེའུ་མིག་གཉིས་པའི་ནང་གསལ་བ་བཞིན་《རྒྱལ་རབས་གསལ་བའི་མེ་ལོང་》གི་ནང་། “ཆོས་ཀྱི་འཁོར་ལོ་བསྐོར་བའི་ལུགས་”ཞེས་འཁོད་པ་འདི་ཡང་《སྦ་བཞེད་》དང་《ཆོས་འབྱུང་མཁས་པའི་དགའ་སྟོན་》གཉིས་དང་མི་མཐུན་པ་ལས། པདྨས་བརྒྱན་པ་གཅིག་མཚུངས་སུ་མངོན་མོད། འོན་ཏེ་《ཆོས་འབྱུང་མཁས་པའི་དགའ་སྟོན་》གྱི་ནང་། “མཆོད་རྟེན་དམར་པོ་སྐུ་ཚེ་

རེའུ་མིག་དང་པོ། མཆོད་རྟེན་དཀར་པོའི་དཔྱད་བསྡུར།

མཆོད་རྟེན་མིང་།	ལུགས་གང་དུ་བྱས་པ།	གང་གིས་བརྒྱན་པ།	ལུང་འདྲེན་བརྩམས་ཆོས།
མཆོད་རྟེན་དཀར་པོ་བྱང་ཆུབ་ཆེན་པོའི་མཆོད་རྟེན།	ཉན་ཐོས་ཀྱི་ལུགས།	སེང་གེས་བརྒྱན་པ།	《སྦ་བཞེད་》ཤོག་གྲངས་༥༠

① གོང་དུ་དྲངས་ཟིན་གྱི་《སྦ་བཞེད་》ཤོག་གྲངས་༥༠ན་གསལ།

མཆོད་རྟེན་མིང་།	ལུགས་གང་དུ་ཞུགས་པ།	གང་གིས་བརྒྱན་པ།	ལུང་འདྲེན་བརྗོད་པ་ཚིག
མཆོད་རྟེན་དཀར་པོ་བྱང་ཆུབ་ཆེན་པོའི་མཆོད་རྟེན།	ཉན་ཐོས་ཀྱི་ལུགས།	སེང་གེས་བརྒྱན་པ།	《རྒྱལ་རབས་གསལ་བའི་མེ་ལོང་》ཤོག་གྲངས་༢༡༡
མཆོད་རྟེན་དཀར་པོ་བྱང་ཆུབ་ཆེན་པོའི་མཆོད་རྟེན།	ཉན་ཐོས་ཀྱི་ལུགས།	སེང་གེས་བརྒྱན་པ།	《ཆོས་འབྱུང་མཁས་དགའ་》ཤོག་གྲངས་༡༨༣
མཆོད་རྟེན་དཀར་པོ་		སེང་གེ་བརྒྱད་ཀྱིས་བརྒྱན།	《བཀའ་ཐང་སྡེ་ལྔ་》ཤོག་གྲངས་༡༣༧

རེའུ་མིག་གཉིས་པ། མཆོད་རྟེན་དམར་པོའི་དཔྱད་བསྡུར།

མཆོད་རྟེན་མིང་།	ལུགས་གང་དུ་ཞུགས་པ།	གང་གིས་བརྒྱན་པ།	ལུང་འདྲེན་བརྗོད་པ་ཚིག
མཆོད་རྟེན་དམར་པོ་ཆོས་ཀྱི་འཁོར་ལོ།	བྱང་ཆུབ་སེམས་དཔའི་ལུགས།	པདྨས་བརྒྱན་པ།	《སྦ་བཞེད་》ཤོག་གྲངས་༥༠
མཆོད་རྟེན་དམར་པོ།	ཆོས་ཀྱི་འཁོར་ལོ་བསྐོར་བའི་ལུགས།	པདྨས་བརྒྱན་པ།	《རྒྱལ་རབས་གསལ་བའི་མེ་ལོང་》ཤོག་གྲངས་༢༡༢
མཆོད་རྟེན་དམར་པོ་སྐུ་ཚེ་བརྟན་པ།	བྱང་ཆུབ་སེམས་དཔའི་ལུགས།	པདྨས་བརྒྱན་པ།	《ཆོས་འབྱུང་མཁས་དགའ་》ཤོག་གྲངས་༡༨༣
མཆོད་རྟེན་དམར་པོ་		པདྨ་སྟོང་གིས་བརྒྱན།	《བཀའ་ཐང་སྡེ་ལྔ་》ཤོག་གྲངས་༡༣༨

བརྟན་པ་”ཞེས་འབོད་པའི་བརྡ་དོན་ལ་ཞུ་མཐུད་དཔྱད་དགོས། མཆོད་རྟེན་ནག་པོའི་སྐོར་ལ་རེའུ་མིག་གསུམ་པའི་ནང་གསལ་བ་བཞིན་དེ་ནི་རང་སངས་རྒྱས་ཀྱི་ལུགས་སུ་བྱས་པ་དང་གཅིག་མཚུངས་ཡིན་ལ། དེ་བཞིན་གཤེགས་པའི་སྐུ་གདུང་གིས་བརྒྱན་པའི་ཁྱད་ཆོས་ཀྱང་འདྲ་མཚུངས་སུ་མངོན་ཡོད། རེའུ་མིག་བཞི་པའི་ནང་གསལ་བ་བཞིན་མཆོད་རྟེན་སྔོན་པོ་དེ་བཞིན་གཤེགས་པའི་ལུགས་སུ་བྱས་པ་ཡོངས་མཐུན་ཡིན་མོད། འོན་ཀྱང་མཆོད་རྟེན་གྱི་མིང་དུ《ཆོས་འབྱུང་མཁས་དགའ་》ཡི་ནང་། “མཆོད་རྟེན་སྔོན་མོ་ཆོས་ཀྱི་འཁོར་ལོ་”ཞེས་འབོད་པ་འདིའང་ཆོས་ཀྱི་འཁོར་ལོ་བསྐོར་བའི་བཀྲ་ཤིས་སྒོ་མང་མཆོད་རྟེན་ཡིན་དགོས་ཀྱེན། 《སྦ་བཞེད་》དང་《རྒྱལ་རབས་གསལ་བའི་མེ་ལོང་》གི་ནང་། “མཆོད་རྟེན་སྔོན་པོ་ལྷ་ལས་བབས་”ཞེས་འབོད་པའི་མིང་དེའི་བརྡ་དོན་ཡང་སྙིང་ཅི་ཡིན་སྐོར་ལ་ད་ལམ་ཕིར་འཛིན་པར་དཔྱད་ཡིག་རྙེད་སོན་མ་བྱུང་བར་བརྟེན་ཞུ་མཐུད་དཔྱད་དགོས་པ་གལ་ཆེ།

བྱང་མཁར་མདའ་ཡི་མཆོད་རྟེན་རྣམ་ལྔ་ནི་སྦ་གསལ་སྣང་དང་། མཁན་ཆེན་བོ་དྷི་སཏྭ། པདྨ་སམ་བྷ་ཝ་ལ་སོགས་པ་བལ་ཡུལ་ནས་བོད་ཡུལ་བསམ་ཡས་ཕྱོགས་ཀྱི་འགྲོ་ལམ་དུ་བསྐྱུན་པར་བཞེད་པ་སྟེ། 《སྦ་བཞེད་》དུ། “དེ་ནས་ངམ་ཤོད་ལ་ཕྱིན་ནས་བྱང་དཀར་འཕྲང་ལ་རྫོའི་མཆོད་རྟེན་ལྷ་མཛད་ནས། མཁན་པོ་ཕོ་བྲང་དུ་གཤེགས་ནས་བཙན་པོ་ལ་བརྡ་སྤྲུར་ནས་བཙན་པོ་ལ་ཕྱག་བཞེས་པ་ལ་”①ཞེས་འབོད་པ་ལས། བྱང་མཁར་མདའ་ཡི་རྫོའི་མཆོད་རྟེན་རྣམ་ལྔ་ནི་བཙན་པོ་འདི་པའི་སྐུ་དུས་སུ་བཞེངས་པ་ཡིན་པ་གསལ་པོར་རྟོགས་ཐུབ། གཞན་ཡང་མཁན་ཆེན་བོ་དྷི་སཏྭའི་ཕྱིའི་གདུང་རྟེན་བསམ་ཡས་ཧས་པོ་རིའི་སྙིང་དུ་བཞེངས་ཡོད་པར་གྲགས་པ་

① གོང་དུ་དྲངས་ཟིན་གྱི་《སྦ་བཞེད་》ཀྱི་ཤོག་ངོས་༢༧ན་གསལ།

དེ་ནི་བོད་ཡུལ་དུ་ཡུལ་ཕྱིའི་གདུང་རྟེན་གྱི་རྣམ་པ་དར་འགོ་ཚུགས་པ་ཞིག་ཏུ་སེམས་པས་མུ་མཐུད་དཔྱད་པ་གལ་ཆེ། གལ་སྲིད་ཕྱིའི་གདུང་རྟེན་རྣམ་པའི་མཆོད་རྟེན་བཙན་པོ་འདི་པའི་སྐུ་དུས་ནས་དར་འགོ་ཚུགས་པའི་དབང་དུ་བཏང་ན། བཙན་པོ་འདི་པའི་རྒྱལ་སྲས་མུ་ནེ་བཙན་པོ་གཤེགས་རྗེས་སུ། "སྐུ་གདུང་མཆོད་རྟེན་ཞིག་ཏུ་སྲས་ཐབས་ཀྱིས་བཞུགས་པ་སྐམ་མོ་"①ཞེས་པའི་ཚོད་དཔག་ལ་རྒྱུ་མཚན་མེད་པ་ཞིག་མ་ཡིན་པར། མངའ་བདག་ཁྲི་རལ་པ་ཅན་གྱི་སྐུ་དུས་སུ། "ཡོ་ཙླ་བ་ག་ཅིག་ཞང་གསུམ་ཡང་ཞུ་ཤང་རྗེ་ཚར་བའི་སྐབས་དེ་ཤེད་དུ་མྱུ་ངན་ལས་འདས་ནས་

རེའུ་མིག་གསུམ་པ། མཆོད་རྟེན་ནག་པོའི་དཔྱད་བསྡུར།

མཆོད་རྟེན་མིང་།	ལུགས་གང་དུ་ཐུས་པ།	གང་གིས་བརྒྱན་པ།	ལུང་འདྲེན་བརྩམས་ཆོས།
མཆོད་རྟེན་ནག་པོ།	སངས་རྒྱས་ཀྱི་ལུགས།	དེ་བཞིན་གཤེགས་པའི་སྐུ་གདུང་གིས་བརྒྱན་པ།	《སྦ་བཞེད་》ཤོག་ངོས་༥༠
མཆོད་རྟེན་ནག་པོ།	རང་སངས་རྒྱས་ཀྱི་ལུགས།		《རྒྱལ་རབས་གསལ་བའི་མེ་ལོང་》ཤོག་ངོས་༢༧༢
མཆོད་རྟེན་ནག་པོ།	རང་སངས་རྒྱས་ཀྱི་ལུགས།	དེ་བཞིན་གཤེགས་པའི་སྐུ་གདུང་གིས་བརྒྱན་པ།	《ཆོས་འབྱུང་མཁས་པའི་དགའ་སྟོན་》ཤོག་ངོས་༧༨༣
མཆོད་རྟེན་ནག་པོ།		མཆོད་རྟེན་སྟོང་གིས་བརྒྱན།	《བཀའ་ཐང་སྡེ་ལྔ་》ཤོག་ངོས་༧༣༨

① གོང་དུ་དྲངས་ཟིན་གྱི་《ཆོས་འབྱུང་མཁས་པའི་དགའ་སྟོན་》གྱི་ཤོག་ངོས་༢༧༣ན་གསལ།

རེའུ་མིག་བཞི་པ། མཆོད་རྟེན་སྔོན་པོའི་དཔྱད་བསྡུར།

མཆོད་རྟེན་མིང་།	ལུགས་གང་དུ་བྱས་པ།	གང་གིས་བརྒྱན་པ།	ལུང་འདྲེན་བརྩམས་ཆོས།
མཆོད་རྟེན་སྔོན་པོ་དཔལ་ལྷ་ལས་བབས་པ།	དེ་བཞིན་གཤེགས་པའི་ལུགས།	ལྷ་ཁང་གི་སྒོ་མོ་བཅུ་དྲུག་གིས་བརྒྱན།	《སྦ་བཞེད་》ཤོག་ངོས་༥༠
མཆོད་རྟེན་སྔོན་པོ་དཔལ་ལྷ་ལས་བབས་པ།	དེ་བཞིན་གཤེགས་པའི་ལུགས།	ལྷ་ཁང་གི་སྒོ་མོ་བཅུ་དྲུག་གིས་བརྒྱན།	《རྒྱལ་རབས་གསལ་བའི་མེ་ལོང་》ཤོག་ངོས་༢༡༢
མཆོད་རྟེན་སྔོན་མོ་ཆོས་ཀྱི་འཁོར་ལོ།	དེ་བཞིན་གཤེགས་པའི་ལུགས།	སྒོ་མོ་བཅུ་དྲུག་གིས་བརྒྱན།	《ཆོས་འབྱུང་མཁས་དགའ་》ཤོག་ངོས་༡༨༣
མཆོད་རྟེན་སྔོན་མོ།		ལྷ་ཁང་བཅུ་དྲུག་བརྒྱན།	《བཀའ་ཐང་སྡེ་ལྔ་》ཤོག་ངོས་༡༣༨

མཆོད་རྟེན་ཏས་པོ་རིའི་སྟེང་དུ་བརྩིགས་སོ། །"[①]ཞེས་པ་འདི་ཡང་ལོ་རྒྱུས་ཀྱི་དོན་དངོས་དང་མཚུངས་པ་ཞིག་རེད་སྙམ། དེ་ལྟར་ན། བོད་ལ་ཡུལ་ཕྱིའི་གདུང་རྟེན་རྣམ་པའི་མཆོད་རྟེན་ནི་དུས་རབས་བརྒྱད་པ་ཚུན་ཆད་ནས་དར་འགོ་ཚུགས་པ་ཞིག་ཏུ་སེམས།

བཞི། ཁྲི་ལྡེ་སྲོང་བཙན་（སྤྱི་ལོ་༧༦༤ལོ–སྤྱི་ལོ་༨༡༤ལོའི་བར་འཚོ་བཞུགས་[②]）གྱི་སྐུ་དུས་སྐོར།

ཡབ་མེས་འདིའི་མཚན་གཞན་ལ་མུ་ཏིག་བཙན་པོའམ་སད་ན་ལེགས་མཇིང་

① གོང་དུ་དྲངས་ཟིན་གྱི་《ཆོས་འབྱུང་མཁས་པའི་དགའ་སྟོན་》ཤོག་ངོས་༢༢༠ན་གསལ།

② འདིར་དྲངས་པའི་ལོ་ཚིགས་ནི་ཤར་ཡུལ་སུན་ཚོགས་ཚེ་རིང་གིས་རྩོམ་སྒྲིག་གནང་བའི་《བོད་ཀྱི་ལོ་རྒྱུས་ཞིབ་འཇུག་ལ་ཉེ་བར་མཁོ་བའི་དོན་ཆེན་རེའུ་མིག་རྒྱས་པ་གེ་ཏ་ཀ་ཞེས་བྱ་བ་བཞུགས་སོ་》ཞེས་པའི་ཤོག་ངོས་༡༦༨ན་གསལ། གཞན་གོང་དུ་དྲངས་ཟིན་གྱི་ཁང་དཀར་ཚུལ་ཁྲིམས་སྐལ་བཟང་གི་བརྩམས་ཆོས་ཀྱི་ཤོག་ངོས་༨༡༠དང་༨༡༤ནང་དུ་༧༧༦-༨༡༥ལོའི་བར་དུ་བཞེད་འདུག

ཡོན་དུ་གསོལ་ཞིང་། ཁོང་གི་སྐུ་དུས་སུ་བཞེངས་པའི་ཨར་སྐྲུན་མཆོད་རྟེན་གཞན་གང་ཞིག་འབྱུང་སྲིད་ཀྱང་། དེ་དག་དེ་ཡིན་འདི་མིན་གྱི་དཔྱད་གཞིའི་ཡིག་རིགས་ཤིན་ཏུ་དབེན་པས་ཁ་ཆོག་གཅོད་དཀའ། འོན་ཀྱང་། བཙན་པོ་འདིའི་སྐུ་རིང་ལ་ལྷ་སའི་སྐྱིད་ཆུའི་ལྷོ་ངོས་ཀྱི་ར་མ་སྒང་དུ་བཞེངས་གནང་བའི་སྐར་ཆུང་རྡོ་རྗེ་དབྱིངས་ཀྱི་ལྷ་ཁང་གི་ཕྱོགས་མཚམས་སུ་མཆོད་རྟེན་བསྐྲུན་ཡོད་པ་སྔོན་གྱི་ཡིག་ཚང་དུ་གསལ་བ་སྟེ། 《བཀའ་ཐང་སྡེ་ལྔ་》ལས། "རྒྱལ་པོ་མུ་ཏིག་བཙན་པོའི་སྐུ་རིང་ལ། །ཇོ་མོ་དཔལ་གྱི་དང་བཙུན་ཁབ་ཏུ་བཞེས། །བསམ་ཡས་ལྷུགས་རི་ནག་པོའི་ཤར་ལྷོ་མཚམས། །དམ་པའི་རྒྱ་མཁར་རྩེ་དགུ་བཞེངས་པ་ནི། །རྒྱ་ཁྲིན་དཔངས་ནི་དགུ་རྩེ་སུམ་ལྡབ་ལ།……རྗེས་ལ་དགུ་ཙ་བླུངས་ཤོད་གཙུག་ལག་ཁང་། །སྐར་མ་གཅིག་གི་རྒྱ་ཁྲིན་དཔེ་ཙ་བླངས། །སྐར་ཆུང་རྡོ་རྗེ་དབྱིངས་ཀྱི་དཀྱིལ་འཁོར་བཞེངས། །དབུས་ཀྱི་ལྟེ་བ་རྒྱལ་ཁང་བཟོ་ཐོན་ལ། །ཕྱོགས་མཚམས་བརྒྱད་དུ་བཀའ་རྟགས་མཆོད་རྟེན་བཞེངས། །རྩིས་ཀྱི་རྡོ་རིང་ལ་སོགས་གཙུག་ལག་ཁང་། །སྟོང་སྡེའི་མི་བྲན་ས་རྡོ་ཤིང་གཤོག་དང་། །ཕྱོགས་རེ་དག་ན་བཟོ་བོ་བརྒྱ་བརྒྱ་ཡིས། །རྡོ་ཡི་རྨང་བཏིང་ཤིང་དང་འདམ་པས་བརྩིགས། །"①ཞེས་འཁོད་པ་བཞིན། སྐར་ཆུང་ལྷ་ཁང་གི་ཕྱོགས་མཚམས་བརྒྱད་དུ་མཆོད་རྟེན་བཞེངས་པའི་ཚུལ་བསྟན་ཡོད་ཅིང་། མཆོད་རྟེན་གྱི་གྲངས་ཚད་ཀྱང་བརྒྱད་ཡིན་པ་གསལ་པོར་རྟོགས་ཐུབ་མོད། འོན་ཏེ་དུས་རབས་༢༠པའི་ལོ་རབས་༩༠པའི་ནང་དུ་སྤེལ་བའི་ལྗོངས་ཡོངས་ཀྱི་རིག་དངོས་ཞིབ་བཤེར་ལས་དོན་གྱི་བརྟག་དཔྱད་བརྒྱུད་ཤེས་རྟོགས་བྱུང་བ་ལྟར་ན། རིག་གསར་སྔོན་གྱི་ལྷ་ཁང་འདིའི་ཕྱོགས་བཞིར་མཆོད་རྟེན་

① གོང་དུ་དྲངས་ཟིན་གྱི་《བཀའ་ཐང་སྡེ་ལྔ་》ཡི་ཤོག་ངོས་༡༥༥ནང་གསལ།

རེ་རེ་①ལས་བརྒྱད་མེད་པ་ནི་ཆེས་སྔ་བའི་ལོ་རྒྱུས་དུས་རིམ་ནང་འཕོ་འགྱུར་གང་ཞིག་བྱུང་ཡོད་པ་གོར་མ་ཆག །

དེ་ཡང་། གོང་དུ་བཤད་ཟིན་གྱི་སྐབས་དེའི་བརྟག་དཔྱད་བྱས་འབྲས་ལས། རྒྱལ་སྡེ་དཀར་ཆུང་རྡོ་རྗེ་དབྱིངས་ཀྱི་ལྷ་ཁང་གི་ཕྱོགས་བཞིའི་མཆོད་རྟེན་ནི་འདི་ལྟར་སྟེ། ཤར་དུ་ཆོ་སྒྲུབ་འབུམ་པ་དང་། ལྷོར་གཡུལ་རྒྱལ་འབུམ་པ། ནུབ་ཏུ་ནོར་རྒྱས་འབུམ་པ། བྱང་དུ་སྨོ་བཞི་འབུམ་པ་བཅས་སོ། །དེ་དག་གི་ཁྲོད་ཤར་ཆོ་སྒྲུབ་འབུམ་པའི་ཕྱིའི་རྣམ་པར་ཕྱོགས་བཞིའི་རྨང་གཞི་མཚམས་ནས་སྨོ་ཆུང་རེ་རེའི་དབྱིབས་སུ་བྱུང་བས་ཁྱོན་སྨོ་སྒྲོམ་གསང་ཁུང་བཞི་ཚད་ཀྱི་ཁྱད་ཆོས་ལྡན་ཡོད་ཅེས་པ་དེའང་ཡབ་མེས་ཁྲི་སྲོང་བཙན་སྐུ་དུས་སུ་ར་སའི་གཙུག་ལག་ཁང་བཞེངས་པའི་ཚེ། ཀླུ་བཏུལ་བའི་རྒྱལ་ཁ་ཐོབ་རྟགས་སུ་གཙུག་ལག་ཁང་གི་གཙང་ཁང་ཕྱོགས་བཞིར་བརྩིགས་པའི་"གསང་ཁུང་བཞི་སྒྲོམ་དུ་བྱས་པའི་སྒྲོམ་ཁར་མཆོད་རྟེན་"②དུ་གྲགས་པའི་རྣམ་པ་དེ་དང་མཚུངས་པར་སྙམ། ལྷག་དོན་དུ་ཐེངས་དེའི་བརྟག་དཔྱད་མཁན་ཚོས་ར་མ་སྒང་གྲོང་ཚོའི་ཉམས་སྦྱོང་ཅན་པོར་བཀའ་འདྲི་ཞུས་པ་ལས་ཤེས་རྟོགས་བྱུང་བ་ལྟར་ན། འཐོར་ཞིག་མ་ཕྱིན་སྔོན་གྱི་མཆོད་རྟེན་བཞི་པོ་ནི་བང་རིམ་ཉིས་ཅན་ངོས་གྲུ་བཞིའི་སྟེང་དུ་ལྷུང་བཟེད་ཁ་སྦུབས་པ་ལྟ་བུའི་བུམ་པ་བྱས་པ་དང་། བུམ་ཐོད་ཡན་གྱི་གྲུབ་ཆ་སྔར་ནས་ཉམས་ཆགས་སུ་སོང་ལ། མཆོད་རྟེན་ཕྱིའི་ཚོན་མདོག་ཀྱང་ས་རྩི་དཀར་པོས་བྱུགས་པར་བཤད་ཡོད། གལ་སྲིད་བང་རིམ་ཉིས་ཅན་གྱི་ཁྱད་ཆོས་དེར་ཕྱིས་འབྱུང་ལོ་རྒྱུས་ཐོག་བསྐྱར་བཅོས་ཅི་ཡང་

① ཚེ་བརྟན་དགེ་ལེགས་ཀྱིས་《སྐར་ཆུང་ལྷ་ཁང་གི་གནས་ཤུལ་དང་སྐར་ཆུང་རྡོ་རིང་ལ་བརྟག་དཔྱད་སྟོགས་འདོན་བྱས་པའི་སྙན་ཞུ་མདོར་བསྡུས་》ཞེས་པ་འགྲེམས་སྤེལ་བྱས་མེད་པའི་རྒྱ་ཡིག་དཔྱད་རྩོམ་ཟིན་བྲིས་མ། 次丹格列：《噶迥寺遗址及噶迥寺赤德松赞盟书誓文碑调查及试掘情况简报》，待刊稿

② གོང་དུ་དྲངས་ཟིན་གྱི་《ཆོས་འབྱུང་མཁས་པའི་དགའ་སྟོན་》གྱི་ཤོག་ངོས་༡༢༢ན་གསལ།

ཐོག་མེད་ན། དེ་ནི་བཙན་པོའི་རྒྱལ་རབས་སྐབས་ཐོག་དེ་རང་གི་ཁྱད་ཆོས་ཤིག་ཏུ་སྣང་སྲིད་པ་བསམ་ཡས་བྱུར་མཁར་མདའ་ཡི་རྗེའི་མཆོད་རྟེན་རྣམ་ལྔར་བང་རིམ་གཉིས་སུ་ལྡན་པ་དང་དཔྱད་བསྡུར་བྱས་པ་ལས་ཤེས་ནུས། དེ་བཞིན་སྐར་ཆུང་ལྷ་ཁང་དེ་ནམ་ཞིག་ལ་བཞེངས་པའི་དུས་ཚིགས་ལ་སྔོན་གྱི་ལོ་རྒྱུས་དེབ་ཐེར་ཁག་ཏུ་ཞིབ་པར་མ་འཁོད་ཀྱང་། མཁས་དབང་དུང་དཀར་རིན་པོ་ཆེ་མཆོག་གིས《ཆོས་འབྱུང་མཁས་པའི་དགའ་སྟོན་》ནང་སྐར་ཆུང་ལྷ་ཁང་གི་བཀའ་གཙིགས་རྒྱས་པ་ཞིག་བཀོད་ཡོད་པར་གསལ་བའི་ཕྱོན་པོ་ཁག་གི་མིང་ཐོ་གཞིར་བཟུང་སྟེ། བཙན་པོ་ཁྲི་ལྡེ་སྲོང་བཙན་གྱི་སྐུ་ཚེའི་སྟོད་ཙམ་ལ་ཡིན་པ་ཚོད་དཔག་གནང་ཡོད་དོ། །[①]

ལྔ། ཁྲི་གཙུག་ལྡེ་བཙན་ནམ་རལ་པ་ཅན（སྤྱི་ལོ་༨༠༦ལོ-སྤྱི་ལོ་༨༤༡ལོའི་བར་འཚོ་བཞུགས[②]）ཀྱི་སྐུ་དུས་སྐོར།

བཙན་པོ་འདིའི་སྐུ་རིང་ལ་དེབ་འདིའི་བརྗོད་བྱར་གྱུར་པའི་མཆོད་རྟེན་རྣམ་པའི་སྐོར་བཞེངས་ཚུལ་འཁོད་པ་ཉུང་བར་མངོན་ཡང་། ཁང་ཐོག་དགུ་བརྩེགས་ཀྱི་ཨར་སྐྲུན་རྣམ་པར་བཞེངས་པའི་འུ་ཤང་རྡོ་དཔེ་མེད་བཀྲ་ཤིས་དགེ་འཕེལ་གྱི་གཙུག་ལག་ཁང་དེ་ནི་སྐབས་འདིའི་བོད་ཀྱི་ཨར་སྐྲུན་བཟོ་རྩལ་གྱི་ཤེས་སྟོབས་རྩེར་སོན་པའི་དཔེ་མཚོན་ལྟ་བུར་གྱུར་ཡོད་པར་སེམས། འདི་ལྟ་བུའི་ངོ་མཚར་དཔག་མེད་ཀྱི་གཙུག་ལག་ཁང་བཞེངས་པའི་ས་ཕྱོགས་ལ་ཡོར་པའི་མཆོད་རྟེན་བསྐྲུན་མཛད་པའི་ཚུལ་ལ《ཆོས་འབྱུང་མཁས་པའི་དགའ་སྟོན་》ནང་དུ་གསལ་བ་སྟེ། "ཕྱུགས་དམ་

---

① 《དུང་དཀར་ཚིག་མཛོད་ཆེན་མོ་》ཡི་ཤོག་གྲངས་༢༡༨ན་གསལ།

② འདིར་དྲངས་པའི་ལོ་ཚིགས་ནི་ཤར་ཡུལ་ཕུན་ཚོགས་ཚེ་རིང་མཆོག་གིས་རྩོམ་སྒྲིག་བྱས་པའི《བོད་ཀྱི་ལོ་རྒྱུས་ཞིབ་འཇུག་ལ་ཉེ་བར་མཁོ་བའི་དོན་ཆེན་རེའུ་མིག་རྒྱས་པ་གེ་ཧ་ཀ་ཞེས་བྱ་བ་བཞུགས་སོ་》ཞེས་པའི་ཤོག་གྲངས་༡༨༦ན་དང་། གོང་དུ་དྲངས་ཟིན་གྱི་ཁང་དཀར་ཚུལ་ཁྲིམས་སྐལ་བཟང་གི་བརྩམས་ཆོས་ཀྱི་ཤོག་གྲངས་༨༤༡-༨༥༡བར་ན་གསལ་བའི་བཙན་པོ་འདིའི་འཁྲུངས་འདས་ལོ་ཚིགས་དང་ཡོངས་སུ་མཐུན་པའོ། །

ཀྱི་རྟེན་དུ་ཨུ་ཤང་རྡོ་དཔེ་མེད་བཀྲ་ཤིས་དགེ་འཕེལ་གྱི་གཙུག་ལག་ཁང་བཞེངས་ཏེ། དེའི་ས་ཕྱུད་ལ་ལྷ་སར་བྱམས་པ་ཆོས་འཁོར་གྱི་སྒོ་སྲུང་ཚངས་པ་དང་བརྒྱ་བྱིན་བཞེངས། ཤིང་ཕྱུད་ལ་གནམ་ཡངས་ཀ་བ་བཞི་རིན་པོ་ཆེས་བརྒྱན་ཏེ་ཕུལ། ཕྱིས་ཕྱུད་དུ་བེ་བུམ་བརྒྱ་དང་རྩ་བརྒྱད་སོགས། ལྷུགས་མའི་ཕྱུད་ལ་ཅོང་དྲིལ་ཆེན་ཕུལ། ཡང་ཕྱུད་ལ་ཡེར་པར་མཆོད་རྟེན་བཞེངས། རྒྱ་བལ་གྱིས་བཟོ་བོ་མཁས་པ་མང་པོས་ལྷ་ཁང་དངོས་ཐོག་དགུ་ལྷན་འཕྲུལ་སྣང་གི་ཚད་ཙམ་དུ་བཞེངས་ཏེ། འོག་གི་ཐོག་གསུམ་རྡོ་ལས་བརྩིགས་ཏེ་དེ་ན་རྗེ་སློབ་རྣམས་བཞུགས། བར་ཐོག་གསུམ་སོ་ཕག་གིས་བརྩིགས་ཏེ་ལོ་པཎ་དགེ་འདུན་རྣམས་བཞུགས། སྟེང་ཐོག་གསུམ་ཤིང་གི་འཕྲུལ་གྱིས་བརྟེགས་ཏེ་ཐུགས་དམ་གྱི་རྟེན་རྣམས་བཞུགས་”①ཞེས་པ་དང་“ཡང་རྩེའི་རྒྱ་ཕིབས་ཀླུང་གིས་བསྐྱོད་པ་ན་མཁའ་ལ་གདུགས་ལྟར་འཁོར་བ། ཀླུང་ཏ་ཅང་ཆེ་བ་ན་ཟུར་བཞིར་ལྕགས་ཐག་གིས་རྡོའི་སེང་གེ་ལ་གཏོད་པའམ་མཆོད་རྟེན་ཆེན་པོ་བཞིའི་ངོས་སུ་འདོགས་ཀྱང་སྣང་”② ཅེས་འཁོད་པ་དག་ལས། ཨུ་ཤང་རྡོ་གཙུག་ལག་ཁང་གི་ཟུར་བཞི་རུ་ཡང་མཆོད་རྟེན་ཆེན་པོ་བཞི་བསྐྲུན་ཡོད་པ་ཤེས་ནུས། གཙུག་ལག་ཁང་དེ་བཞེངས་པའི་དུས་ཚོད་ལོ་རྒྱུས་དེབ་ཐེར་གཞན་དུ་བརྗོད་མེད་ན་ཡང་། ཤར་ཡུལ་ཕུན་ཚོགས་ཚེ་རིང་མཆོག་གིས་《ཆོས་འབྱུང་མཁས་པའི་དགོངས་རྒྱན་》ནང་《ལེགས་བཤད་རིན་ཆེན་གཏེར་མཛོད་》དུ་བཙན་པོ་འདི་དགུང་ལོ་བཅོ་བརྒྱད་ལ་ལོན་པར། “འོན་འཇང་རྡོའི་ཕོ་བྲང་དགུ་ཐོག་བརྩེགས་”ཞེས་པར་གཞིགས་ནས། ལྷ་ཁང་བཞེངས་པའི་ལོ་ཚིགས་ཀྱང་བོད་ཚ་ཡོས་ཏེ་སྤྱི་ལོ་༨༢༣ལོར་གཏན་འཁེལ་གནང་ཡོད།③

① གོང་དུ་དྲངས་ཟིན་གྱི་《ཆོས་འབྱུང་མཁས་པའི་དགའ་སྟོན་》གྱི་ཤོག་ངོས་༢༡༨ན་གསལ།

② མཚན་①དང་གཅིག་མཚུངས་སོ། །

③ གོང་དུ་དྲངས་ཟིན་གྱི་《ཆོས་འབྱུང་མཁས་པའི་དགོངས་རྒྱན་》གྱི་ཤོག་ངོས་༡༥༣ན་གསལ།

གོང་དུ་སྨོས་ཟིན་པའི་ཁང་ཐོག་དགུ་བརྩེགས་ཀྱི་ཨུ་ཤང་རྡོའི་ཨར་སྐྲུན་གྱི་རྣམ་པའི་ཁྱད་ཆོས་ནི“ཁང་བརྩེགས་མཆོད་རྟེན”གྱི་བཟོ་དབྱིབས་སུ་སྣང་ཡོད་པར་སེམས། དེ་ཡང་། ཨེ་ཤེ་ཡའི་གླིང་དུ་སྔ་ནས་ད་བར་དུ་དར་ཁྱབ་བྱུང་བའི་མཆོད་རྟེན་གཙོ་བོའི་བཟོ་དབྱིབས་རྣམ་པར་རྣམ་གཞག་གཉིས་སུ་དབྱེ་ཡོད་དེ། གཅིག་ནི་ཨེ་ཤེ་ཡའི་ལྷོ་ཕྱོགས་ཁོངས་སུ་གཏོགས་པའི་གནའ་བོའི་རྒྱ་གར་དང་། ནེ་པ་ལ་སོགས་པའི་ཡུལ་གྲུ་ནས་དར་ཁྱབ་བྱུང་བའི་ལྷུང་བཟེད་ཁ་སྦུབས་སུ་གྲུགས་པའི་བུམ་པའི་དབྱིབས་གཙོ་བོའི་བྱད་གཟུགས་སུ་གྱུར་བའི་མཆོད་རྟེན་དང་། གཉིས་ནི་ཨེ་ཤེ་ཡའི་ཤར་ཕྱོགས་སུ་གཏོགས་པའི་རང་རྒྱལ་དུ་དར་ཁྱབ་བྱུང་བའི་ཁང་བརྩེགས་མཆོད་རྟེན་ཏེ། ཐོག་བརྩེགས་རེ་རེའི་ནང་དབྱིབས་ལྷ་ཁང་དུ་བྱས་པའང་རྒྱ་ནག་གི་གནའ་བོའི་ཨར་སྐྲུན་གྱི་ཁྱད་ཆོས་ལྡན་པའོ། །མ་གཞི་བྱས་ན། ཕྱི་དབྱིབས་མཆོད་རྟེན་དང་། ནང་དུ་ལྷ་ཁང་རྣམ་པའི་ཁང་བརྩེགས་ཨར་སྐྲུན་དུ་གྲུབ་པའི་མཆོད་རྟེན་བཟོ་དབྱིབས་ཀྱང་གནའ་བོའི་རྒྱ་གར་ཡུལ་གྲུར་དར་འཕེལ་བྱུང་ཡོད་ཀྱང་། རང་རྒྱལ་དུ་དར་ཁྱབ་སོང་བའི་ཁང་བརྩེགས་མཆོད་རྟེན་གྱི་ཁྱད་ཆོས་དང་ལོགས་བཀར་ཡིན། 《རྒྱལ་རབས་གསལ་བའི་མེ་ལོང་》དུ་ཨུ་ཤང་རྡོ་གཙུག་ལག་ཁང་བཞེངས་སྐབས་སུ། “ལིའི་ཡུལ་ནས་རིག་བྱེད་ལ་མཁས་པའི་བཟོ་བོ་བོས། བལ་པོའི་ཡུལ་ནས་ལྷ་བཟོ་དང་། རྡོ་བཟོ་བ་མང་པོ་བོས་ནས་ལྷ་ཁང་དགུ་ཐོག་ཏུ་མཛད་པ་ལ”①ཞེས་འཁོད་པ་ལས་སྐབས་དེའི་བཟོ་བོ་ནི་བོད་ཀྱི་ནུབ་བྱང་དུ་གནས་པའི་ལི་ཡུལ་དང་། ལྷོ་ཕྱོགས་སུ་གནས་པའི་བལ་ཡུལ་ནས་གདན་དྲངས་ཡོད་ལ། “སྐུའི་རྟེན་ཐམས་ཅད་རྒྱ་གར་ཡུལ་དབུས་ཀྱི་ལྷ་ལ་དཔེ་བྱས་ལི་དཀར་དམར་ལས་ལུགས་སུ་བླུགས་པ་ཛམྦུ་ཆུ་བོའི་

① གོང་དུ་དྲངས་ཟིན་གྱི་《རྒྱལ་རབས་གསལ་བའི་མེ་ལོང་》གི་ཤོག་ངོས་༡༡༨ན་གསལ།

གསེར་གྱིས་གཡོགས་པ་འབབ་ཞིག་མཛད་”[①] ཡོད་མོད། འོན་ཀྱང་གཙུག་ལག་ཁང་འདིའི་བཟོ་སྐྲུན་ཁྱད་ཆོས་སུ་མངོན་པའི་རྒྱུ་ཕྱུབས་དང་། རིན་པོ་ཆེའི་ཕ་གུ (མེར་བསྲེགས་པའི་སོ་ཕག)ལ་མདའ་ཡབ་དང་ཕྱུ་ཤུས་བརྒྱན་པ་[②]ནི་རང་རྒྱལ་དུ་ཁྱབ་པའི་གནའ་བོའི་ཨར་སྐྲུན་གྱི་ཁོངས་སུ་གཏོགས་པས་ཁྲ་ཤང་རྗེ་གཙུག་ལག་ཁང་གི་གྲུབ་ཆའི་མཛེས་རྒྱན་ལ་རྒྱ་ནག་གི་ཤུགས་རྐྱེན་ཐེབས་ཡོད་ལ། “ཐོག་རེ་རེ་ཞིང་གློ་འབུར་གྱི་སྒོ་”[③]རུ་བྱས་པའི་ཁྱད་ཆོས་ནི་རྒྱ་གར་མཆོད་རྟེན་བཟོ་དབྱིབས་ཀྱིས་ཤུགས་རྐྱེན་ཐེབས་པའང་གསལ་པོར་རྟོགས་ཐུབ། དེ་ལྟར་ན། ཁྲ་ཤང་རྗེ་དཔེ་མེད་བཀྲ་ཤིས་དགེ་འཕེལ་གཙུག་ལག་ཁང་དེ་ཡང་“ཁང་བརྩེགས་མཆོད་རྟེན་”གྱི་ཁོངས་སུ་ངོས་འཛིན་བྱས་ན་མི་ཐད་པ་མེད་པར་སྙམ།

མདོར་ན། ཁང་ཐོག་དགུ་བརྩེགས་ཀྱི་ཨར་སྐྲུན་རྣམ་པའི་སྐོར་བོད་ཀྱི་ཡིག་ཚང་ནང་ཆེས་སྔ་ཤོས་སུ་འཁོད་པ་ནི་ལྷ་རིག་བཙན་པོའམ་ཁྲི་ལྡེ་སྲོང་བཙན་གྱིས་བསམ་ཡས་ལྷུགས་རི་ནག་པོའི་ལྟེ་མཚམས་སུ་བཞེངས་གནང་བའི་“རྒྱ་མཁར་རྩེ་དགུ”ཞེས་པ་དེ་ཡིན་ཤས་ཆེ་ཞིང་། དེའི་“འོག་ཁང་གཞི་མ་བོད་ཀྱི་ལུགས་སུ་བྱུབ། །ལི་ཡི་ཤིང་མཁན་བོད་དུ་གདན་དྲངས་ནས། །གོང་གི་ཐོག་གཉིས་ལི་ཡི་ལུགས་སུ་ཕུབ། །རྒྱ་ནག་བེ་ཚུའི་ཤིང་མཁན་གདན་དྲངས་ནས། །དེ་སྟེང་ཐོག་གསུམ་རྒྱ་ནག་ལུགས་སུ་ཕུབ། །རྒྱ་གར་ཤིང་མཁན་མཁས་པ་གདན་དྲངས་ནས། །དེ་གོང་ཐོག་གསུམ་རྒྱ་གར་ལུགས་སུ་ཕུབ། །”[④]ཞེས་འཁོད་པས་ཁང་ཐོག་དགུ་བརྩེགས་ཀྱི་ཨར་སྐྲུན་རྣམ་པ་ནི་མ་མཐར་ཡང་ཁྲི་ལྡེ་སྲོང་བཙན་སྐུ་དུས་སུ་བསྐྲུན་སྲོལ་བྱུང་

① གོང་དུ་དྲངས་ཟིན་གྱི《ཆོས་འབྱུང་མཁས་པའི་དགའ་སྟོན》གྱི་ཤོག་ངོས་༢༧༨ན་གསལ།

② གོང་དུ་དྲངས་ཟིན་གྱི《རྒྱལ་རབས་གསལ་བའི་མེ་ལོང་》གི་ཤོག་ངོས་༢༢༨ན་གསལ།

③ མཆན་②དང་གཅིག་མཚུངས།

④ གོང་དུ་དྲངས་ཟིན་གྱི《བཀའ་ཐང་སྡེ་ལྔ》ཡི་ཤོག་ངོས་༡༥༥ན་གསལ།

བ་ཤེས་པ་དང་། ཨུ་ཤང་རྫོ་གཙུག་ལག་ཁང་གི་བཟོ་སྐྲུན་སྒྱུ་རྩལ་དེ་ཡང་ལོ་རྒྱུས་སྔ་མའི་རྣང་རྟེན་ཐོག་ཏུ་འཕེལ་རྒྱས་གང་ཞིག་བྱུང་ཡོད་པར་སེམས་ལ། དེའི་གྲུབ་ཆའི་བཀོད་པ་དང་ཕྱིའི་རྣམ་པའི་ཁྱད་ཆོས་ལ་གཞིགས་ན། སྒོ་འབུར་གྱི་དབྱིབས་སུ་བྱུང་བ་རྒྱ་གར་གྱིས་ཤན་ཤུགས་ཐོག་ཡོད་པ་དང་། རྒྱ་ཕུབས་ལ་སོགས་པའི་ཁྱད་ཆོས་ནི་རྒྱ་ནག་གི་ཤུགས་རྐྱེན་ཐེབས་ཡོད་ཀྱང་། དེའི་བཟོ་སྐྲུན་གྱི་རྣང་གཞི་ཡང་བོད་ཀྱི་སྲོལ་རྒྱུན་ཨར་སྐྲུན་རྣམ་པའི་ཁྱི་བྲག་སྟེ་དམངས་ཁྲོད་དུ"ཁྱུང་ཚང"ཞེས་པར་འབོད་ཁྱབ་ཆེ་ཡང་། དོན་དངོས་ནི་བཙན་པོའི་རྒྱལ་རབས་འཕེལ་རིམ་ནང་ནས་དར་འཕེལ་བྱུང་བའི"ཐོག་བརྩེགས་ཅན་གྱི་མཁར"[①]གྱི་རྣམ་པའི་ཨར་སྐྲུན་བཟོ་རྩལ་རྒྱུན་སྲིང་བྱས་ནས་གྲུབ་པ་ཞིག་ཡིན་པར་སེམས།

གཉིས་པ། གནའ་རབས་གནའ་རྫས་ལས་མཐོང་བའི་ཁྱད་ཆོས།

གོང་གི་ལེ་ཚན་ནང་བོད་ཀྱི་གནའ་བོའི་ཨར་སྐྲུན་མཆོད་རྟེན་བྱུང་འཕེལ་དུས་རིམ་དེའི་སྐབས་སུ། ཁྲི་སྲོང་བཙན་སྐུ་དུས་ནས་འགོ་ཚུགས་ཏེ་ཁྲི་རལ་པ་ཅན་གྱི་བར་བོད་ཀྱི་ཡུལ་དབུས་སུ་བཞེངས་གནང་བའི་མཆོད་རྟེན་མང་པོ་ཞིག་ལོ་རྒྱུས་དེབ་ཐེར་ཁག་ཏུ་འཁོད་པ་བཞིན་མཚམས་སྦྱོར་ཞུས་ཡོད་མོད། འོན་ཀྱང་ལོ་རྒྱུས་འཕེལ་འགྱུར་གྱི་རྐྱེན་དབང་ཇི་སྙེད་ཀྱིས་དེ་དག་ཡང་ན་རྩ་འཕྲོར་དུ་ཕྱིན་པ་དང་། ཡང་ན་དུས་ཕྱིས་སུ་བཅོས་བསྒྱུར་བྱུང་སྟེ་སྔར་སྲོལ་ཇི་ཡིན་ཉམས་སུ་མི་

① ཉེ་བའི་ལོ་ཤས་སུ་ཕྲ་རན་སིའི་ཞིབ་འཇུག་པས་སོལ་ཀྲུར་ཨང་རྟགས་༡༥པའི་ལོ་ཚད་གཏན་འཁེལ་བྱ་ཐབས་སྤྱད་དེ་བོད་ཡུལ་དབུས་ཀྱི་ཤར་ལྷོའི་ཁོངས་གཏོགས་གོང་པོ་རྒྱ་མདའ་རྫོང་ཤུལ་པ་གྲོང་ཚོའི"ཐོག་བརྩེགས་ཅན་གྱི་མཁར"གྱི་ལོ་ཚིགས་ནི་དུས་རབས་དགུ་པར་གཏན་འཁེལ་བའི་སྔོམ་ཚིག་ཅིག་བྱུང་བ་དེ་ཤར་རྒྱ་མོ་རོང་གི་རྣམ་པ་གཅིག་མཚུངས་སུ་མངོན་པའི་ཨར་སྐྲུན་ལས་ཀྱང་སྔ་བར་འདུག་ཅེས་བཀྲ་ཤིས་ཡོན་ཏན་ལགས་ཀྱིས་མཚམས་སྦྱོར་གནང་བྱུང་བ་ལས། བོད་ཡུལ་དབུས་སུ་ཐོག་བརྩེགས་ཅན་གྱི་མཁར་བཞེངས་སྲོལ་དེ་བཞིན་ཆེས་སྔ་དུས་ནས་བཟུང་བོད་མིས་བསྐྲུན་པའི་ཨར་སྐྲུན་གྱི་རྣམ་པ་ཞིག་ཏུ་མཐོང་བར་སེམས།

ཚོད་པའི་རྣམ་པར་གྱུར་ཡོད། དེར་བརྟེན། མིག་སྔར་པིར་འཛིན་པར་ལག་སོན་བྱུང་བའི་བོད་ཀྱི་ཨར་སྐྲུན་མཆོད་རྟེན་བྱུང་འཕེལ་དུས་རིམ་འདིར་གཏོགས་པའི་དཔྱད་གཞིའི་ཡིག་ཆ་དང་། དངོས་པོའི་གཟུགས་སུ་བྱས་པའི་གནའ་ཤུལ་གནའ་རྫས་གཉིས་དབར་འབྲེལ་བ་གང་ཞིག་འཇུགས་ཁུལ་ཐོག་དེའི་བཟོ་དབྱིབས་རྣམ་པར་དཔྱད་བརྗོད་བྱེད་པའི་ཚེ། དཔང་རྟགས་བཙལ་འཚོལ་གྱི་དཀའ་ཚེགས་ཤིན་ཏུ་ཆེན་པོ་འཕྲད་བྱུང་ཡང་། ད་ལམ་ང་ཚོས་མཐོང་ཚོས་སུ་གྱུར་པའི་གནའ་རྫས་ཁྲོད་དུ་བསམ་ཡས་ཟུང་མཁར་མདའ་ཡི་རྫོའི་མཆོད་རྟེན་རྣམ་ལྔ་ནི་ཁྲི་སྲོང་ལྡེ་བཙན་སྐུ་དུས་སུ་བཞེངས་པའི་དངོས་པོའི་མཚོན་དཔེར་བཞག་ན་སྐྱོན་ཆེ་བར་མི་མཐོང་སྙམ། གཞན་ཡང་། བོད་ཡུལ་དབུས་ཀྱི་ཡུལ་གྲུ་གཞན་ལ་ཁྱབ་ཅིང་། མང་ཚོགས་ཀྱི་ཤོད་རྒྱུན་དུ་བོད་བཙན་པོའི་རྒྱལ་རབས་སྐབས་སུ་ཡིན་པར་སྐད་པའི་ཨར་སྐྲུན་མཆོད་རྟེན་གྱི་གནའ་རྫས་དངོས་དཔེ་དག་བསྡུ་རུབ་བྱས་ཐོག །དུས་རིམ་འདིའི་བོད་ཀྱི་ཨར་སྐྲུན་མཆོད་རྟེན་གྱི་ཁྱད་ཆོས་ལ་སོགས་པར་དབྱེ་ཞིབ་མདོ་ཙམ་བགྱི་ཁུལ་བྱ་རྒྱུ་ལགས།

གཅིག བསམ་ཡས་ཟུང་མཁར་མདའ་ཡི་རྫོའི་མཆོད་རྟེན་རྣམ་ལྔ།

ཟུང་མཁར་མདའ་ཡི་མཆོད་རྟེན་གྱི་གྲངས་ཚད་ལྔ་ཡིན་ཡང་། ཕྱིའི་རྣམ་པའི་ཐོག་ནས་དབྱེ་བ་གཉིས་ལ་ཕྱེ་ཆོག་སྟེ། གཅིག་ནི་རི་མོ3–1དང་། པར3–1དང་པར3–2པའི①ནང་དུ་གསལ་བ་བཞིན། བང་རིམ་ཉིས་

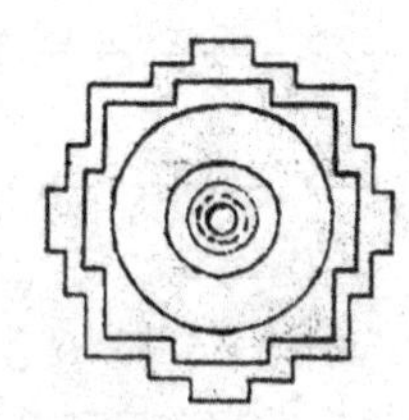

རི་མོ3-1 ཟུང་མཁར་མཆོད་རྟེན།

① GiuseppeTucci translated by J.E.Stapleton Driver ,TIBET Land of Snows ,Elek Books London,1967.ཤོག་ངོས་75ཡི་པར་33པ།

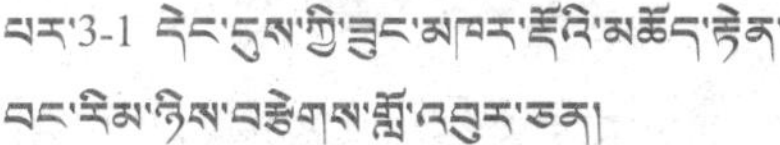

པར་3-1 དེང་དུས་ཀྱི་བྱང་མཁར་རྫོའི་མཆོད་རྟེན་བང་རིམ་ཉིས་བརྩེགས་སྒྲོ་འཁྱུར་ཅན།

པར་3-2 ཉམས་ཆག་མ་བྱུང་གོང་གི་བྱང་མཁར་རྫོའི་མཆོད་རྟེན་བང་རིམ་ཉིས་བརྩེགས་སྒྲོ་འཁྱུར་ཅན།

ཅན་དབུས་སུ་སྒྲོ་འཁྱུར་བྱུང་བའི་བང་རིམ་དང་པོར་སྒྲོ་འཁྱུར་རིམ་པ་གཉིས་དང་། བང་རིམ་གཉིས་པར་སྒྲོ་འཁྱུར་གཅིག་ཏུ་སྣང་བ། བང་རིམ་ཉིས་བརྩེགས་སྟེང་དུ་ལྷུང་བཟེད་ཁ་སྦུབས་ཀྱི་བུམ་པ་དང་། བུམ་སྐེད་ཅུང་ཞེར་བའི་རྣམ་པར་མངོན།

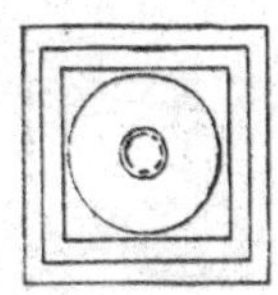

རི་མོ་3-2 བྱང་མཁར་མཆོད་རྟེན།

པར་3-3 ཉམས་ཆག་མ་བྱུང་གོང་གི་བྱང་མཁར་རྫོའི་མཆོད་རྟེན་བང་རིམ་གསུམ་བརྩེགས་ཅན།

གཞན་གཅིག་ནི་རི་མོ3-2དང་། པར3-3པའི་ནང་དུ་གསལ་བ་བཞིན། བང་རིམ་གསུམ་ཅན་སྒོ་འཁྱུར་མེད་པ་དང་། ལྷུང་བཟེད་ཁ་སྦུབས་བུམ་པའི་སྨད་ཆ་འཇོལ་ལ་ཞེང་ཆུང་ཆེ་བ་བཅས་སོ། །མཆོད་རྟེན་རིགས་དེ་གཉིས་ཀྱི་བུམ་སྟེང་དུ་བྲི་གདན་དང་བྲིའི་རྣམ་པ་འདྲ་མཉམ་དུ་སྣང་ལ། བྲི་གདན་གྱི་དཔངས་མཐོ་ལ་བྲི་དཔངས་ཤིན་ཏུ་དམའ་བའི་རྣམ་པ་མངོན་ཡོད། དེབ་འདིའི་ནང་དུ་གསལ་བའི་རི་མོ་འདི་གཉིས་ནི་《གྲ་ནང་རྫོང་གི་རིག་དངོས་རྣམ་བཤད་》ཅེས་པ་སྤྱི་ལོ་༡༨༤༥ལོར་ལྷོ་ཁ་ཡོངས་ཀྱི་རིག་དངོས་ཡོངས་བཤེར་ཐེངས་དང་པོ་སྤེལ་སྐབས་སུ་ཐིག་ཚད་བླངས་པའི་རི་མོ་ཞིག་ཡིན། དེའི་ནང་དུ་འཁོད་པ་ལྟར་ན། རིག་གསར་སྐབས་སུ་མཆོད་རྟེན་འདི་དག་གི་ཆོས་འཁོར་ཡན་ཆོད་འཐོར་ཞིག་ཏུ་ཕྱིན་ཡང་། རྗེས་སུ་མང་ཚོགས་ཚོས་ཨར་འདམ་ལས་བསྐྲུར་གསོ་བྱས་འདུག་①ཅེས་པར་གཞིགས་ན། དེང་གི་ཟུང་མཁར་རྫོའི་མཆོད་རྟེན་གྱི་ཆོས་འཁོར་གྲུབ་ཆའི་བཟོ་དབྱིབས་ནི་བོད་བཙན་པོའི་རྒྱལ་རབས་དུས་སུ་བཞེངས་པའི་ཐོག་མའི་བཟོ་དབྱིབས་དེ་མིན་པ་མངོན་གསལ་དོད་པོ་ཡིན་ཏེ། པར3-2ནི་གཏོར་སྐྱོན་མ་བྱུང་སྔོན་གྱི་རྣམ་པ་ཡིན་པ་དང་། དེའི་ཆོས་འཁོར་རམ་གདུགས་འཁོར་དྲུག་ཏུ་བྱས་པ་དང་། གདུགས་འཁོར་སྟེང་དུ་ཆར་ཁེབས་ཡོད། དེའི་ཏོག་ནི་ཉི་ཟླའོ། །འདི་ལྟ་བུའི་ཆོས་འཁོར་རམ་གདུགས་འཁོར་བཟོ་དབྱིབས་ནི་ཆེས་སྔ་དུས་མཆོད་རྟེན་གྱི་ཁྱད་ཆོས་ཤིག་ཡིན་ཞིང་། རྒྱ་གར་ཡུལ་ནས་བོད་དུ་དར་ཁྱབ་བྱུང་བའི་མཆོད་རྟེན་གྱི་དཔེ་མཚོན་དུ་ཟུང་མཁར་མདའ་ཡི་རྫོའི་མཆོད་རྟེན་ཅམ་མ་ཟད། སྐེ་མོ་འགྲོ་བ་མཆོད་རྟེན་དང་། ཟངས་རི་འཕྲིན་པ་མཆོད་རྟེན་ལ་སོགས་པས་ཀྱང་འཐུས་ཐུབ།

① 索朗旺堆、何周德主编：《扎囊县文物志》，西藏自治区文物管理委员会，陕西印刷厂印刷1986年版，第190-192页

གཞན་ཡང་། མཆོད་རྟེན་འདི་དག་གི་ཆོས་འཁོར་ཡན་ཆོད་ལ་འགྱུར་བ་ཤུགས་ཆེ་བར་ཕོག་སྲིད་པ་དང་། ཕྱིའི་བཟོ་དབྱིབས་སྐེ་མཆོད་རྟེན་བུམ་པ་དང་བྲེ་ལ་སོགས་པའི་གྲུབ་ཆའི་རྫོའི་ངོས་སུ་ཕྱི་རབས་པ་ཆོས་ལས་སྔོན་ཙུང་ཟད་འབྱུང་སྲིད་པ་ལས། བང་རིམ་ལ་སྒོ་འབུར་ཡོད་མེད་ཀྱི་ཕྱོས་བཅས་འདིས་དུས་སྔ་ཕྱིའི་ཁྱད་པར་གྱི་སྣུབ་བྱེད་དུ་མི་ནུས། དེའི་རྒྱུ་རྐྱེན་ནི་ཞུང་མཐར་ཡང་དུས་རབས་༥པའི་ཡས་མས་སུ་གནའ་བོའི་རྒྱ་གར་ཡུལ་དུ་ས་ཁུལ་རང་བཞིན་ཁྱད་ཆོས་ལྡན་པའི་རིག་གནས་རྒྱུབ་རྟེན་འོག་འཕེལ་བའི་མཆོད་རྟེན་གྱི་བཟོ་དབྱིབས་ཁྲིད། རྒྱ་གར་དབུས་དང་བྱང་ཤར། ཤར་ཕྱོགས་བཅས་ཀྱི་གཙོ་བོའི་ཁྱད་ཆོས་ལ་སྒོ་འབུར་ཅན་དུ་མངོན་ལ། རྒྱ་གར་ནུབ་བྱང་དང་ཨེ་ཤེ་ཡའི་ལྟེ་བའི་ཡུལ་གྲུ་ག་ཤི་མིར་དང་། ཨ་ཧྥ་གན་སི་ཏན་ལ་སོགས་པའི་ས་ཆར་གཙོ་བོའི་ཁྱད་ཆོས་སྒོ་འབུར་མེད་པར་མངོན་པར་སེམས། ལར་མཆོད་རྟེན་གྱི་བང་རིམ་གཉིས་སམ་གསུམ་དུ་བྱས་པའི་ཁྱད་ཆོས་ནི་ཞུང་མཐར་ཡང་སྤྱི་ལོའི་དུས་རབས་༡༠པ་ཡས་མས་ནས་བཟུང་ག་ཤི་མིར་དང་པ་གི་སི་ཏན། རྒྱ་གར་བྱང་ཤར་གྱི་ཡུལ་གྲུར་དར་སྲོལ་ཤུགས་ཆེ་བའི་བཟོ་དབྱིབས་ཁྱད་ཆོས་སུ་མངོན་པར་བརྟེན། ཟུང་མཁར་མདའ་ཡི་རྫོའི་མཆོད་རྟེན་རྣམ་ལྔའི་རྩ་བའི་གྲུབ་ཆ་ནི་ཆེས་སྔ་དུས་སུ་གཏོགས་པ་ཚོད་དཔག་བྱེད་ནུས།

གཉིས། ཟངས་རི་རྫོང་འཕྲིན་པ་ལུང་པའི་རྫོའི་མཆོད་རྟེན།

འཕྲིན་པ་མཆོད་རྟེན་ནི་རྫ་རིལ་ཕ་བོང་ཆེན་མོ་ཞིག་ལ་བརྐོས་པ་ལས་གྲུབ་པ་དང་། དེ་ནི་བསམ་ཡས་ཟུང་མཁར་མདའ་ཡི་རྫོའི་མཆོད་རྟེན་དང་བཟོ་སྐྱངས་ཆ་འདྲ་བར་མངོན་པ་ཞིག་ལགས། མཆོད་རྟེན་དེའི་གནས་ཡུལ་ནི་ལྷོ་ཁ་ས་གནས་ཟངས་རི་རྫོང་ཁོངས་རོང་གྲོང་ཚོའི་ནུབ་ངོས་བར་ཐག་སྤྱི་ལེ་༡༥ཙམ་གྱི་འཕྲིན་པ་ལུང་ཁོག་ཏུ་ཡིན་པ་དང་། ད་ལམ་འབྲེལ་ཡོད་ཡིག་ཆ་ཁག་ཏུ་དེའི་སྐོར་གྱི་ལོ་རྒྱུས་

རྒྱབ་ལྗོངས་སོགས་འཕོད་པའི་དཔྱད་གཞི་རྙེད་སོན་བྱུང་མེད་ཙང་། ས་ཆ་དེ་གའི་མང་ཚོགས་ཀྱི་ཤོད་རྒྱུན་འདི་ལྟ་ཡོད་དེ། སྔོན་གནས་འདིར་མཆོད་རྟེན་དྲུག་ཡོད་ཅིང་། དུས་གཅིག་མཆོད་རྟེན་སྦུན་དྲུག་པོ་འདིས་བསམ་ཡས་ཀྱི་ཡུལ་ནི་ཤིན་ཏུ་ཡིད་དུ་འོང་པ་ཞིག་ཏུ་ཡོད་པ་ཐོས་ཏེ་དེར་མཉམ་དུ་སྦྱོ་འགྲོ་ཞེས་ཞལ་མཐུན་པ་བཞིན། བསམ་ཡས་ཕྱོགས་སུ་ཀུ་བསྐྱར་སྒྲིག་སྐྱེ་ཕྱིན་སོང་བས་མཆོད་རྟེན་ཆུང་ཤོས་དེ་འགྲུལ་དུ་མ་ཐུབ་པར་ལུས། གཞན་གྱི་མཆོད་རྟེན་ལྔ་པོ་དག་གཙང་པོ་བརྒྱལ་ཚར་ནས་ཕྱིར་མིག་བལྟ་བའི་ཚེ། གཙང་པོ་འོང་མེད་པར་གཟིགས་དུས་ཟུང་མཁར་གྱི་རི་སྣའི་སྟེང་སྒྲུགས་ནས་བསྡད། དུས་དེ་ནས་བཟུང་། ཟུང་མཁར་དུ་མཆོད་རྟེན་ལྔ་དང་འཁྱིན་པ་ལུང་ཁོག་ཏུ་མཆོད་རྟེན་གཅིག་བཞུགས་སོ། །[①]ཞེས་པའི་གཏམ་རྒྱུད་འདིའི་ནང་འཁྱིན་པ་མཆོད་རྟེན་བཞེངས་པའི་དུས་ཚོད་ནི་ཟུང་མཁར་མཆོད་རྟེན་དང་དུས་མཉམ་ཡིན་པ་བསྟན་ཡོད་པ་དང་། རི་མོ་3–3པ་དང་པར་3–4–1དང་3–4–2ནང་གསལ་བའི་མཆོད་རྟེན་བཟོ་དབྱིབས་ཀྱི་ཁྱད་ཆོས་ལ་དཔྱེ་ཞིབ་བྱས་ཚེ། བང་རིམ་ཉིས་ཅན་སྒོ་འཁྱུར་དུ་བྱས་པ་རིས་3–1དང་པར་3–1ནང་གི་ཟུང་མཁར་མཆོད་རྟེན་དང་འདྲ་བ་དང་། བུམ་དབྱིབས་ལྷུང་བཟེད་ཁ་སྦུབས་ལྟར་དུ་སྣང་ཡང་བུམ་སྐེད་ནི་ཐད་ཀྲོང་དོད་པ་ལས་ཟུང་མཁར་མཆོད་རྟེན་ནང་བཞིན་གྱི་ལྷིར་བའི་རྣམ་པ་མངོན་གསལ་མི་དོད་པ། ཐེ་གདན་དང་ཐེའི་བཟོ་དབྱིབས་གོང་སྨོས་ཟུང་མཁར་མཆོད་རྟེན་བཞིན

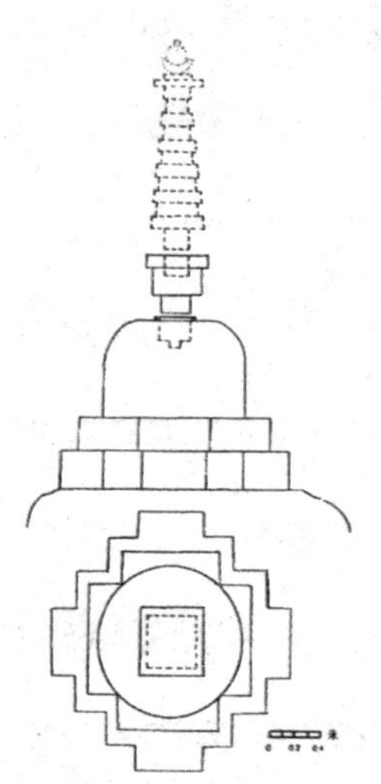

རི་མོ3-3 ཟངས་རི་རྫོང་འཁྱིན་པ་མཆོད་རྟེན།

① 西藏山南地区文官会编：《桑日县文物志》，成都科技大学出版社1992年版，第114-115页དང་དེའི་པར་རིས་ཤོག་ངོས་༡༧ནང་གི་རི་མོ་ཨང་རྟགས་༣༠པ།

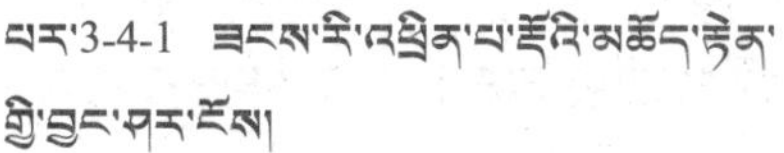

པར་3-4-1 ཟངས་རི་འཁྲིན་པ་རྫོའི་མཆོད་རྟེན་གྱི་བྱང་ཤར་ངོས།

པར་3-4-2 ཟངས་རི་འཁྲིན་པ་རྫོའི་མཆོད་རྟེན་གྱི་ལྷོ་ནུབ་ངོས།

ད་མངོན་ཡོད་ཅིང་། རི་མོ་3-3ནང་དུ་རི་མོ་མཁན་གྱིས་རྡོ་བརྐོས་བཟོ་སྟངས་ཀྱི་གྲུབ་ཆའི་རྣམ་པ་གསལ་བའི་ཆེད་དུ་བུམ་སྟོད་དཀྱིལ་དབུས་སུ་བྲི་གདན་དང་བྲི། ཆོས་འཁོར་བཅས་པ་བུམ་པའི་ནང་དུ་འཇུག་ཚུལ་དུམ་བུའི་ཐིག་གིས་མཚོན་པའི་རྣམ་པས་མཚོན་པར་བྱས་ཡོད་མོད། བྲི་དང་ཆོས་འཁོར་གྱི་བཟོ་དབྱིབས་ངོ་མ་ནི་ཟངས་མཁར་མདོའི་མཆོད་རྟེན་པར་3–4–1དང་3–4–2ནང་གསལ་བཞིན་ཡིན།

གསུམ། སྐྱེ་མོ་འགྲོ་བ་རྫོའི་མཆོད་རྟེན།

མཆོད་རྟེན་འདིའི་གནས་ཡུལ་ནི་བོད་ལྗོངས་སྐྱེ་མོ་རྫོང་སྐྱེ་མོ་ཤང་རི་མཚོ་གྲོང་ཚོའི་ཁོངས་སུ་ཡིན་པ་དང་། མིང་དངོས་ལ“འགྲོ་བ་མཆོད་རྟེན་”དུ་འབོད་ཀྱང་དེའི་ཁྱད་ཆོས་གཙོ་བོ་མངོན་ཕྱིར“འགྲོ་བ་རྫོའི་མཆོད་རྟེན་”ཞེས་པར་འཛིན་པས་སྐབས་འདིར་འདི་ལྟར་དུ་བྲིས་པའོ། །《གྲོང་ཁྱེར་ལྷ་སའི་ལོ་རྒྱུས་རིག་གནས་དེབ་དགུ་པ་སྐྱེ་མོ་རྫོང་》ཞེས་པའི་ནང་། “རྡོ་གཅིག་རང་ལས་གྲུབ་”པར་གསུངས་ཀྱང་། དོན་དངོས་ནི་བུམ་པ་མན་ཆད་རྡོ་གཅིག་རང་ལས་གྲུབ་པ་དང་། ཆོས་འཁོར་གྲངས་ཚད་ལྔ་ཏ་བྱས་པའི་གྲུབ་ཆ་ནི་དུམ་བུ་བཞིན་གྱིས་མཐུད་དེ་གྲུབ་

པ་ཞིག་ཡིན། ཡང་གོང་གི་དཔྱད་ཡིག་དེའི་ནང་། "དེའི་ལོ་རྒྱུས་ཡིག་རིགས་སུ་འཁོད་པ་མ་མཐོང་ཙང་། དམངས་ཁྲོད་ཀྱི་བཤད་སྲོལ་ལྟར་ན་མཆོད་རྟེན་དེ་ས་འོག་ནས་རང་བྱུང་དུ་སྐྱེས་པ་ཡིན་ཚུལ་ཡོངས་གྲགས་ཆེ་ཞིང་། བུད་མེད་ཕྲུ་གུ་མི་འཁོར་བ་རྣམས་དེ་ལ་སྐོར་བ་བསགས་ན་ཕྲུ་གུ་འཁོར་བ་ཡིན་ཟེར་བ་སོགས་ཀྱིས་བཤད་སྲོལ་ལ་བརྟེན་མང་ཚོགས་ནང་བག་ཆགས་ཆེ་ཙམ་ཡོད། མཆོད་རྟེན་དེའི་ཕར་ཚད་དུ་རྗོ་ཕ་བོང་མགོ་འབུར་ཙམ་ཞིག་ཡོད་པ་དེ་ཡང་ས་འོག་ནས་སྐྱེས་པའི་མཆོད་རྟེན་གྱི་མགོ་བོ་ཡིན་ཟེར། སྤྱི་ལོ་༡༩༨༥ལོར་ཚོག་མཆན་ཐོབ་པ་ལྟར་བསམ་གཏན་ཡང་རྩེའི་བཙུན་དགོན་དེ་གར་སྤོས་ནས་མཆོད་རྟེན་དེ་ད་ལྟ་བཙུན་དགོན་གྱི་ར་སྐོར་ནང་ཡོད་"① ཅེས་འཁོད་པ་བཞིན། འགྲོ་བ་མཆོད་རྟེན་གྱི་ཞིབ་ཆའི་ལོ་རྒྱུས་རྒྱབ་ལྗོངས་གསལ་བའི་དཔྱད་གཞི་ད་བར་ཡང་པིར་འཛིན་པར་རྙེད་སོན་མ་བྱུང་སོད། འོན་ཀྱང་དགོན་དེའི་དེང་གི་སྐུ་གཉེར་བཙུན་མ་ཞིག་གིས། མཆོད་རྟེན་སྐོར་གྱི་དཀར་ཆག་ཅིག་ཡོད་ཚོད་འདུག་ཅིང་། དེ་སྔོན་ཡུལ་དེའི་རྒན་པོ་ཞིག་གི་ལག་ནས་དགོན་པར་རྩིས་སྤྲོད་བྱ་རྒྱུའི་སྐབས་བྱུང་ཙང་མ་འཁྱེར་བར་ལུས། བཤད་སྲོལ་ལ་མཆོད་རྟེན་འདི་དུས་སྔ་མོའི་སྐབས་སུ་ཡིན་པ་ལ་སོགས་པའི་བཀའ་མོལ་གསུངས་བྱུང་བས། མཆོད་རྟེན་བཞེངས་པའི་དུས་ཚོད་ནི་དུས་སྔ་མོ་ཞིག་ནས་ཡིན་པ་གོར་མ་ཆག་སྙམ། གཞན་ཡང་། "མཆོད་རྟེན་དེ་ས་འོག་ནས་རང་བྱུང་དུ་སྐྱེས་པ་"ཞེས་པ་ནི་གཏན་ནས་མི་སྲིད་པར་དེ་ནི་ཆེས་སྔ་དུས་ཀྱི་རང་རེའི་མེས་པོ་གང་ཞིག་གི་སྐུ་དུས་སུ་བསྐྲུན་པའི་ཁྱད་འཕགས་ཀྱི་སྒྱུ་རྩལ་བཟོ་སྐྲུན་ཞིག་ཡིན་པ་གསལ་པོར་རྟོགས་ཐུབ་པ་དང་། དེའི་བཟོ་དབྱིབས་ཀྱི་ཁྱད་ཆོས་ནི་བཙན་པོའི་རྒྱལ་

① གྲོང་ཁྱེར་ལྷ་ས་སྲིད་གྲོས་ལོ་རྒྱུས་རིག་གནས་དཔྱད་ཡིག་རྒྱུ་ཆ་རྩོམ་འབྲི་ཨུ་ཡོན་ལྷན་ཁང་ནས་རྩོམ་འབྲི་གནང་བའི་《གྲོང་ཁྱེར་ལྷ་སའི་ལོ་རྒྱུས་རིག་གནས་དེབ་དགུ་པ་སྙེ་མོ་རྫོང་》 བོད་གསར་བསྐྲུན་ཅུས་ཀྱི་ཚོག་མཆན་ཨང་༢༠༠༠-༠༡༧བཞིན་སྤྱི་ལོ་༢༠༠༠ལོར་པར་བསྐྲུན་གནང་བའི་ཤོག་ངོས་༣༥ན་གསལ།

རབས་དུས་སུ་གཏོགས་པའི་གདེང་ཚོད་ཤས་ཆེ་བར་མངོན་པས། སྐབས་བབས་ཀྱི་བརྗོད་བྱར་བཙུག་སྟེ་ངོ་སྤྲོད་རགས་ཙམ་ཞུས་ན།

རི་མོ3-4དང་པར3-5ནང་གསལ་བ་བཞིན། མཆོད་རྟེན་བང་རིམ་གཉིས་ཀྱི་འོག་ཏུ་ལས་སྔོན་མ་བྱས་པའི་རང་བྱུང་རྡོ་ཕ་བོང་ཆེན་མོ་ཞིག་ས་སྟེགས་སམ་ཡང་ན་ས་འཛིན་དོད་དུ་རང་ཆས་སུ་གྲུབ་པ་དང་། བང་རིམ་ཉིས་ཅན་འདི་ཡང་དབུས་སུ་གྲོ་འབུར་གྱི་རྣམ་པར་སྣང་ཞིང་། བང་རིམ་དང་པོའི་ཕྱོགས་བཞིའི་གྲོ་འབུར་རིམ་པ་གསུམ་དང་། བང་རིམ་གཉིས་པའི་གྲོ་འབུར་རིམ་པ་གཉིས་སུ་སྣང་ཡོད། བང་རིམ་གཉིས་ཀྱི་སྟེང་དུ་རྡོ་ཆེན་པོ་གཅིག་རང་ལ་བཀོས་པའི་བུམ་པ་ལྷུང་བཟེད་ཁ་སྦུབས་ཀྱི་རྣམ་པ་དང་། བུམ་པའི་དཔུང་པ་གཡས་གཡོན་གཉིས་ཀྱི་ཞེང་ཚད་ནི་བུམ་སྨད་ལས་ཆེ་བར་མངོན་ལ། བུམ་པ་ཡན་ཆོད་བྲི་གདན་དང་བྲི་བཅས་པ་མེད་པར་སྤྱོག་ཤིང་ཆོས་འཁོར་ནང་དུ་མ་བཏུམས་པར་ཕྱིར་མངོན་པའི་ཐོག །གདུགས་ཀྱི་དབྱིབས་དོད་མངོན་གསལ་དོད་པའི་ཆོས་འཁོར་ལྔ་ཡིས་བརྒྱན་པའི་རྣམ་པར་མངོན། ཆོས་འཁོར་གྱི་རྣམ་པ་འདི་བཞིན་དུ་མངོན་པ་ནི་ཆེས་སྔ་དུས་ཀྱི་

རི་མོ3-4 སྐྱེ་མོ་འགྲོ་བ་མཆོད་རྟེན།

པར3-5 སྐྱེ་མོ་འགྲོ་བ་མཆོད་རྟེན།

རི་མོ3-5 ཐང་རྒྱལ་རབས་སྐབས་ཀྱི་མཆོད་རྟེན་རྣམ་པ།

བཟོ་ལུགས་ཤིག་ཡིན་པ་དང་། རི་མོ3–5ནང་གསལ་བའི་མཆོད་རྟེན་གྱི་ཁྱད་ཆོས་ནི་ཐང་རྒྱལ་རབས་སྐབས་སུ་བྱུང་བའི་རྣམ་པ་ཞིག་ཡིན་ཞིང་།[①] ཆོས་འཁོར་རམ་གདུགས་འཁོར་གྱི་གྲངས་ཚད་དྲུག་ཏུ་བྱས་ཤིང་། སྲོག་ཤིང་དེ་ཆོས་འཁོར་ནང་དུ་མ་བཏུམས་པར་ཕྱིར་མངོན་པའི་རྣམ་པ་ནི་འགྲོ་བ་མཆོད་རྟེན་གྱི་གདུགས་འཁོར་སྲོག་ཤིང་དང་འདྲ་མཉམ་དུ་མངོན་པ་མ་ཟད། དེའི་ཆོས་འཁོར་ཡན་ཆོད་ཀྱི་རྣམ་པར་ཆར་ཁེབས་དང་། ནོར་བུའི་ཏོག །དེའི་སྟེང་དུ་ཉི་ཟླ། དེའི་སྟེང་དུ་རལ་གྲི་ལྟ་བུའི་གཟུགས་སུ་བརྒྱན་པའི་བཟོ་དབྱིབས་ཤིག་ཏུ་མངོན། གཞན་ཡང་། རི་མོ3–6ནང་གསལ་བའི་མཆོད་རྟེན་ནི་རྒྱ་གར་ནུབ་བྱང་སྐེ་དེང་པྲ་ཁི་སེ་ཏན་པོ་རི་ཡན་ཐང་ཀེ་ཡུལ་གྱི་གན་དྷ་རའི་ལུགས་ཀྱི་རྡོ་བཏོས་མཆོད་རྟེན་ཞིག་ཡིན་ཞིང་། དུས་རབས2པ་ནས3པའི་སྐབས་བཞེངས་པ་ཞིག་ཡིན། དེའི་ཆོས་འཁོར་བཟོ་དབྱིབས་ནི་ཆར་ཁེབས་གདུགས་ཀྱི་གཟུགས་སུ་བྱས་པའི་བང་རིམ་དྲུག་ལྡན་དུ་མངོན།[②]

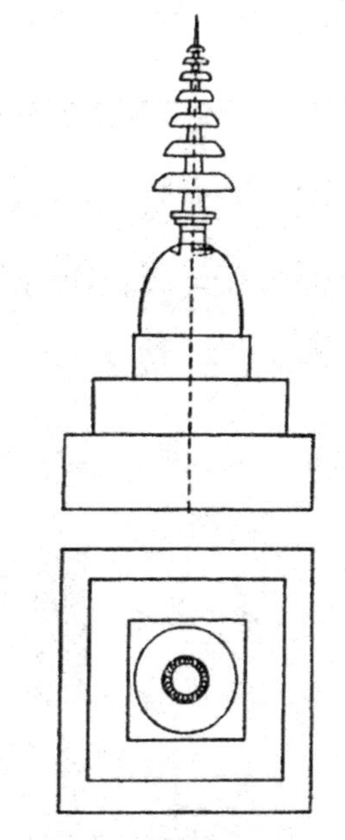

རི་མོ3-6 ཨེ་ཤི་ཡའི་ཁ་ལ་ཆེ་ཕེའི་དགོན་གྱི་ལྡེབས་རིས་མཆོད་རྟེན།

① 萧墨：《中国建筑》，北京：文化艺术出版社1999年版，第89页

② 国家文物局教育处编：《佛教石窟考古概要》，北京：文物出版社1993年版，第252页 དེང་གི་ཁྲོ་ཕུ་སྐྱ་འབུམ་འདིའི་ཉམས་ལྟར་རོ། །

རི་མོ་3-6ནང་གསལ་བའི་རི་མོ་ནི་དེང་གི་ཨེ་ཤེ་ཡའི་ཡུལ་གྲུའི་ལྟེ་བ་སྟེ། ཇེར་མེ་ཟིའི་(捷尔梅兹)ནང་བསྟན་རིག་གནས་གནའ་ཤུལ་ཁོངས་གཏོགས་ཀྱི་ཁ་ལ་ཆེ་ཕེའི་(卡拉切佩)བྲག་ཕུག་དགོན་པའི་ཕུག་པ་ཨང་རྟགས་༡པོའི་ལྷེབས་རིས་སུ་འཁོད་པའི་མཆོད་རྟེན་རྣམ་པ་ཞིག་ཡིན་པ་དང་།[①] དེའི་ཁྱད་ཆོས་སུ་མངོན་པའི་ཆོས་འཁོར་ནང་དུ་སྲོག་ཤིང་མ་བཙུགས་པར་གདུགས་འཁོར་དྲུག་དང་ཆར་ཁེབས་ཏོག་དང་བཅས་ལས་གྲུབ་ཡོད་ཅིང་། ཐེ་གདན་དང་ཐེའི་བཟོ་དབྱིབས་ཀྱང་ཟུར་མཁར་མཆོད་རྟེན་གྱི་རྣམ་པ་དང་འདྲ་བའི་ཁར། མཆོད་རྟེན་དེའི་དུས་ཚོད་ནི་སྤྱི་ལོའི་དུས་རབས་༡༠པར་ཡིན། པར་3-6དང་རི་མོ་3-7པ་ནི་ཀྲུང་གོའི་ཧང་ཀྲའུ་ལེ་ཧྥུང་མཆོད་རྟེན་གནའ་ཤུལ་ནས་ཐོན་པའི་ཨཤྭོའི་ལུགས་ཀྱི་དངུལ་གྱི་མཆོད་རྟེན་ཞིག་ཡིན་པ་དང་། དེའི་གདུགས་འཁོར་བང་རིམ་ལྔ་ལྡན་ཡིན།[②] གདུགས་འཁོར་བང་རིམ་བཟོ་དབྱིབས་ནི་ཟུར་མཁར་མདའ་དང་། སྐེ་མོ་འགྲོ་བ་མཆོད་རྟེན་དང་འདྲ། མཆོད་རྟེན་གྱི་ཆོས་འཁོར་བཟོ་དབྱིབས་གདུགས་

རི་མོ་3-7 ཧང་ཀྲའུ་ལེ་ཧྥུང་མཆོད་རྟེན་གནའ་ཤུལ་ནས་ཐོན་པའི་ཨཤྭོའི་ལུགས་ཀྱི་མཆོད་རྟེན།

པར་3-6 ཧང་ཀྲའུ་ལེ་ཧྥུང་མཆོད་རྟེན་གནའ་ཤུལ་ནས་ཐོན་པའི་ཨཤྭོའི་ལུགས་ཀྱི་མཆོད་རྟེན།

① 国家文物局教育处编：《佛教石窟考古概要》，北京：文物出版社1993年版，第300页

② 浙江文物考古研究所：《雷峰塔遗址》，北京：文物出版社2005年版，第127-129页、第184页

འཁོར་དོད་དུ་བྱས་པའི་དཔེར་བརྗོད་ཡང་ཤིན་དུ་མང་ལ། བྲག་བཀོད་རི་མོར་ཡང་འཁོད་ཡོད་དེ། ས་བཅད་གཉིས་པའི་རི་མོ2–6དང་2–7ནི་ལྷ་སའི་སྐྱིད་ཆུ་སྟོད་ཁུལ་ལྷུན་གྲུབ་རྫོང་དར་ནང་ཤང་ཁོངས་སུ་གནས་པའི་ཀ་ལེབ་བྲག་བཀོད་རི་མོར་འཁོད་པའི་མཆོད་རྟེན་བཟོ་དབྱིབས་ཤིག་ཡིན་ཞིང་། དེའི་གདུགས་འཁོར་གྲངས་ཚད་ལྔ་ཡི་ཁྱད་ཆོས་ལྡན་པ་ཞིག་ཏུ་གྲུབ་ཡོད་པ་བཅས་སོ། །

བཞི། བསམ་ཡས་མཆོད་རྟེན་རྣམ་བཞི།

གོང་གི་ལེ་ཚན་དུ་བསམ་ཡས་མཆོད་རྟེན་རྣམ་བཞིའི་སྐོར་ཡིག་ཚང་ནང་འཁོད་པའི་གནས་ཚུལ་ལ་མཚམས་སྦྱོར་རགས་བསྡུས་ཤིག་ཞུས་ཡོད། སྐབས་འདིར་མཆོད་རྟེན་རྣམ་བཞིའི་སྐོར་གྱི་བཟོ་དབྱིབས་ལ་འཇོར་ཞིག་མ་སོང་སྔོན་གྱི་དངོས་དཔེ་གཞིར་བཟུང་གིས་དབྱེ་ཞིབ་མདོ་ཙམ་ཞུ་ཁུལ་བགྱི་བར། པར་འཛིན་པར་ལག་སོན་བྱུང་བའི་པར་དང་རི་མོ་ཉུང་ཤས་ཤིག་སྔེ་སྤྱི་ལོ་༡༩༥༥ལོར། ཀྲུང་གུང་ཀྲུང་དབྱང་རིག་གནས་སྲུའུ་ཡི་བོད་ལྗོངས་རིག་དངོས་བརྟག་དཔྱད་ལས་དོན་ཚོ་ཆུང་ཞེས་པས་བོད་དུ་ས་ཆ་དངོས་ལ་རྟོག་ཞིབ་བྱེད་པོའི་ཁོངས་མིའམ་ཀྲུང་གོའི་གྲགས་ཅན་གྱི་གནའ་དཔྱད་རིག་པ་མཁས་ཅན་སུའུ་པེ་ཡིས་མཆོད་རྟེན་རྣམ་བཞི་པར་དུ་བླངས་པ་དང་། རི་མོར་བཀོད་པ་དེ་དག་དཔྱད་གཞིར་བཟུང་སྟེ། དེའི་བཟོ་དབྱིབས་ཁྱད་ཆོས་ཇི་བཞིན་དུ་སྣང་ཡོད་མེད་དང་དུས་རིམ་ནམ་ཞིག་ལ་གཏོགས་པ་ལ་སོགས་པར་དཔྱད་བརྗོད་བྱེད་པ་ཡང་ཁོང་གི་བརྩམས་ཆོས་ནང་གསལ་བའི་མཆོད་རྟེན་སོ་སོའི་རྣམ་པ་བཤད་པའི་①ཐོག་དབྱེ་ཞིབ་མདོ་ཙམ་བྱ་རྒྱུ་གཤམ་གསལ་ལྟར་ཏེ།

༡ མཆོད་རྟེན་དཀར་པོའི་སྐོར།

“ཤར་ལྷོར་གནས་པ་མཆོད་རྟེན་དཀར་པོ་དང་། དེའི་ཁྲི་གྲུ་བཞིའི་སྟེང་བང་

① 宿白：《藏传佛教寺院考古》，北京：文物出版社1996年版，第60–61页བར་ན་གསལ།

རིམ་དྲུག་ཏུ་མངོན་ཞིང་། དེའི་སྟེང་ཟླུམ་ལ་ལེབ་པའི་ལྷུང་བཟེད་ཁ་སྦུབས་ཀྱི་བུམ་པ་དང་། དེའི་སྟེང་བྲེ། དེའི་སྟེང་ཕྲ་ལ་རིང་བའི་ཆོས་འཁོར་བཅུ་བདུན་ཚུགས་པའང་ཡར་རིམ་བཞིན་ཆུང་བའི་རྣམ་པར་མངོན་པ། ཆོས་འཁོར་སྟེང་དུ་གདུགས་ཁེབས་དང་། བུམ་པ་ནོར་བུ་ལ་སོགས་ཀྱིས་བརྒྱན་པའི་ཏོག་དང་། ཆོས་འཁོར་མར་རིམ་གྱི་ཕྱིའི་རྣམ་པར་རྡོ་བརྩིགས་དཀར་པོར་མངོན་འདུག་ཅིང་། 《སྦྲ་བཞེད་》དུ་གསུངས་པའི་སེང་གེས་བརྒྱན་ཡོད་ཅེས་པའི་ཁྱད་ཆོས་ནི་ད་ལམ་མཇལ་རྒྱུ་མེད་པས་དུས་ནམ་ཞིག་ལ་འཕོ་འགྱུར་བྱུང་བ་བཤད་ཚོད་དཀའ་” ཞེས་འཁོད་པའི་ནང་། རི་མོ་3–8དང་པར་3–7ནང་གསལ་བ་བཞིན། ཁྲིའི་སྟེང་དུ་བང་རིམ་དྲུག་མངོན་ཡོད་

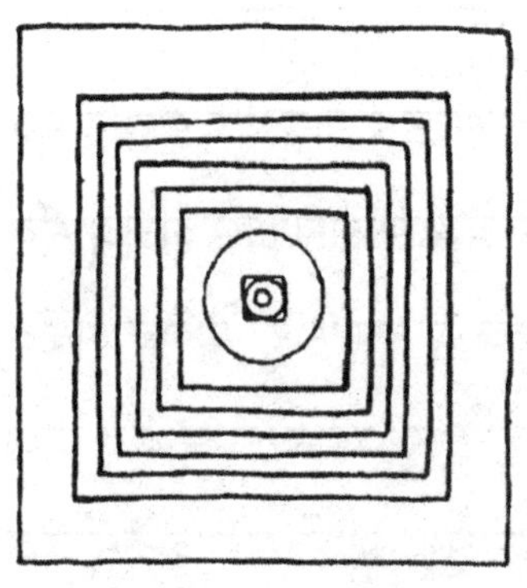

རི་མོ་3-8 བསམ་ཡས་མཆོད་རྟེན་དཀར་པོའི་ངོས་ལེབ་རི་མོ།

པར་3-7 བསམ་ཡས་མཆོད་རྟེན་དཀར་པོ།

པ་ནི་འོག་ཤོས་ཛྭང་དགེ་ཡིན་དགོས་པ་དང་། དེའི་སྟེང་གི་ཡར་རིམ་བཞིན་བང་རིམ་གྲངས་ཚད་བཞི་ནི་བྱང་ཆུབ་ཆེན་པོའི་མཆོད་རྟེན་གྱི་བང་རིམ་བཞི་ཡིན་པ། སྟེང་ཤོས་ཀྱི་བང་རིམ་གཅིག་དེ་ནི་བུམ་གདན་གྱི་དོད་དུ་གྲུབ་ཡོད་པར་སྙམ། འོན་ཀྱང་དེ་ལྟ་བུའི་བཟོ་དབྱིབས་ཀྱི་ཁྱད་ཆོས་ཁྲོད་དུ་ང་ཚོས་དོ་སྣང་བྱེད་དགོས་པ་ཞིག་སྟེ། བོད་ཡུལ་དུ་དར་བའི་ཆེས་སྔ་དུས་ཀྱི་བྱང་ཆུབ་ཆེན་པོའི་ཨར་སྐྲུན་རྣམ་

པའི་བཟོ་དབྱིབས་སུ་ཁྲིའི་སྟེང་དུ་"མཆོད་རྟེན་གྱི་ལུས་"ཞེས་ཁྲི་ཕུད་པའི་བང་རིམ་དང་། བུམ་པ། བྲེ། ཆོས་འཁོར། ཏོག་བཅས་པའི་གྲུབ་ཆའི་ནང་རྫང་དགེའམ་དགེ་བཅུའི་གྲུབ་ཆ་དེ་མཆོད་རྟེན་གྱི་གཟུགས་ཀྱི་རྣམ་པར་བཀོད་པའི་དུས་རིམ་ནི། མ་མཐར་ཡང་དུས་རབས་༡༥པ་ཚུན་ཆད་དུ་བྱུང་འགྲོ་ཚུགས་པར་སྙམ། དུས་དེ་ལས་སྔ་བའི་མཆོད་རྟེན་གྱི་ཁྱད་ཆོས་སུ་བཟོ་དབྱིབས་དེ་བཞིན་རི་བོང་གི་ར་ལྟ་བུར་སྣང་ལ། མཆོད་རྟེན་དཀར་པོ་འདིའི་ལུགས་ནི་ཉན་ཐོས་ལུགས་ཡིན་པ་གོང་དུ་ངོ་སྤྲོད་ཞུས་ཟིན་པ་བཞིན། ཆོས་གོས་བཞི་བལྟབ་ཀྱི་བང་རིམ་སྟེ། བང་རིམ་གྲངས་ཚད་བཞི་རུ་ཡིན་པ་ཆེས་སྔ་བའི་ཁྱད་ཆོས་སུ་གཏོགས་ཤིང་། བང་རིམ་འོག་ཤོས་འདི་ནི་"རྫང་རྟེན་"（སྟག་ཚང་ལོ་ཙྪ་བ་ཤེས་རབ་རིན་ཆེན་གྱིས་དུས་རབས་༨པའི་ནང་རྒྱལ་པོ་ཁྲི་སྲོང་ལྡེ་བཙན་གྱིས་བསམ་ཡས་ལ་རབ་གནང་སྐབས་གདན་དྲངས་པའི་རྒྱ་གར་གྱི་སློབ་དཔོན་ཤཱནྟིགརྦྷས་མཆོད་རྟེན་གྱི་གྲུབ་ཆའི་མཚོན་དོན་གྱི་དགེ་བ་འཕེལ་ཡོད་པའི་ལུང་དྲངས་དུས། རྫང་རྟེན་ནི་དགེ་བཅུ་ཡི་བརྡ་མཚོན་དུ་ཡིན་པ་གསུངས་འདུག—ཕྱིར་འཛིན་པའི་མཆན་）དུ་འབོད་པ་དེ་མིན་ནམ་སྙམ། རྫང་དགེ་ཞེས་པའང་རྫང་རྟེན་ལས་འཕོ་འགྱུར་བྱུང་ལ། དེ་དང་མཆོད་རྟེན་ཁྲི་མཉམ་དུ་ལྡན་པའི་རྣམ་པ་བྱུང་བ་ནི་ཅུང་ཕྱི་བའི་ཁྱད་ཆོས་སུ་སྣང་བར་སེམས། ལར་སྐུ་ཞབས་སུའུ་པེ་ཡིས། "《སྦ་བཞེད་》དུ་གསུངས་པའི་སེང་གེས་བརྒྱན་ཡོད་ཅེས་པའི་ཁྱད་ཆོས་ནི་ད་ལྟ་འཇལ་རྒྱུ་མེད་པས་དུས་ནམ་ཞིག་ལ་འཕོ་འགྱུར་བྱུང་བ་བཤད་ཆོད་དཀའ"ཞེས་པའི་བཀའ་མོལ་ལས། ཕྱི་ལོ་༡༩༥༩ལོའི་སྐབས་ཀྱི་མཆོད་རྟེན་དཀར་པོའི་རྣམ་པ་ནི་བཙན་པོའི་རྒྱལ་རབས་དུས་ཀྱི་སྔར་སྲོལ་དང་མི་འདྲ་བའི་ཆ་ལྡན་པ་ནི་གོར་མ་ཆག །འོན་ཏེ། མཆོད་རྟེན་དཀར་པོའི་གྲུབ་ཆ་ཡོངས་ཀྱི་བཟོ་དབྱིབས་ཀྱང་དེ་ལྟར་དུ་འཕོ་འགྱུར་བྱུང་མེད་པ་ཡིན་ཏེ། ཕྱི་ལོ་༡༩༥༩ལོའི་

གོང་རོལ་དུ་བསམ་ཡས་གཙུག་ལག་ཁང་ལ་ཉམས་གསོ་ཆེ་གྲས་ཐེངས་བཅུ་གནང་བ་དང་དཀར་ཆག་ནང་།[①] མཆོད་རྟེན་རྣམ་བཞིར་ཉམས་གསོ་གནང་སྐོར་ཡོད་མེད་ཀྱི་སྐོར་ལ་དམིགས་སུ་བཀར་བའི་མཚམས་སྦྱོར་མེད་པར་གཞིགས་ན། དེ་དག་ལ་མཐར་ཕྱིན་པའི་ཞིག་གསོ་བྱེད་དགོས་མ་བྱུང་བ་དང་། ཆ་ཤས་གང་ཞིག་ཏུ་གོག་སྐྱོན་བྱུང་རིགས་ལ་ཉམས་གསོ་གནང་ཡོད་པར་མངོན་ནོ། །གཞན་ཡང་། མཆོད་རྟེན་དེའི་བྲིའི་ཁྱད་ཆོས་ལ་བལྟས་ན། ཟུར་མཁར་མདའ་ལ་སོགས་པའི་གོང་གླིང་བཙན་པོའི་རྒྱལ་རབས་དུས་སུ་གཏོགས་པའི་མཆོད་རྟེན་གྱི་ཁྱད་ཆོས་དང་འདྲ་བར་བརྟེན། དེའི་ཆ་ཤས་འགའ་ཡི་བཟོ་དབྱིབས་ནི་སྔར་སྲོལ་བཞིན་གྱིས་རྒྱུན་སྲིང་བྱེད་ཐུབ་ཡོད་པར་སེམས།

༢ མཆོད་རྟེན་དམར་པོའི་སྐོར།

"མཆོད་རྟེན་དམར་པོ་དབུ་རྩེའི་ལྷོ་ནུབ་ཏུ་གནས་ཤིང་། ཁྲི་ཟུར་བརྒྱད་སྟེང་དུ་པདྨ་ཁ་འབུབ་ཅན་བང་རིམ་དྲུག་བརྩེགས་ཀྱི་རྣམ་པར་མངོན་པ་དེ་ནི《སྦ་

①ལྷོ་ཁ་ས་ཁུལ་སྲིད་གཞུང་ལོ་རྒྱུས་རིག་གནས་དཔྱད་གཞིའི་རྒྱུ་ཆ་བདམས་བསྒྲིགས་རྩོམ་སྒྲིག་ཨུ་ཡོན་ལྷན་ཁང་གིས་བསྒྲིགས་པའི《བསམ་ཡས་མི་འགྱུར་ལྷུན་གྱིས་གྲུབ་པའི་གཙུག་ལག་ཁང་ལ་ཉམས་གསོ་རིམ་པར་མཛད་པའི་ལོ་རྒྱུས་མདོར་བསྡུས》ཞེས་པ《ལྷོ་ཁའི་ལོ་རྒྱུས་རིག་གནས་དཔྱད་གཞིའི་རྒྱུ་ཆ་བདམས་བསྒྲིགས》ཞེས་པའི་འདོན་ཐེངས་གསུམ་པའི་ནང་དུ་འཁོད། བོད་ལྗོངས་མི་དམངས་དཔེ་སྐྲུན་ཁང་གིས་སྤྱི་ལོ་༢༠༠༨ལོར་བསྐྲུན་པའི་ཤོག་ངོས་༡༥ནས་༤༡བར་ན་གསལ་བ་ལྟར་ན། དང་པོ་ར་ལོ་རྡོ་རྗེ་གྲགས་ཀྱིས་ཉམས་གསོ་མཛད་པ་དང་། གཉིས་པ་དཔལ་ལྡན་བླ་མ་དམ་པ་བསོད་ནམས་རྒྱལ་མཚན་གྱིས་མཛད་པ། གསུམ་པ་སྟག་ལུང་འཆང་ཆེན་པོ་ཀུན་དགའ་རིན་ཆེན་གྱིས་མཛད་པ། བཞི་པ་ས་སྐྱོང་དགའ་ལྡན་ཞབས་དྲུང་རྡོ་རྗེ་རྣམ་རྒྱལ་གྱིས་མཛད་པ། ལྔ་པ་རྒྱལ་བ་སྐུ་ཕྲེང་བདུན་པ་སྐལ་བཟང་རྒྱ་མཚོའི་ཡབ་རྗེ་བསོད་ནམས་རྒྱ་མཚོ་ནས་མཛད་པ། དྲུག་པ་མི་དབང་པོ་ལྷ་བ་བསོད་ནམས་སྟོབས་རྒྱལ་གྱིས་མཛད་པ། བདུན་པ་དེ་མོ་དགེ་དབང་འཇམ་དཔལ་བདེ་ལེགས་རྒྱ་མཚོ་མཆོག་གིས་མཛད་པ། བརྒྱད་པ་བཀའ་བློན་བཤད་སྒྲ་བ་དོན་གྲུབ་རྡོ་རྗེ་མཆོག་གིས་མཛད་པ། དགུ་པ་བཀའ་བློན་བཤད་སྒྲ་བ་གུང་དབང་ཕྱུག་རྒྱལ་པོས་མཛད་པ། བཅུ་པ་སྲིད་སྐྱོང་རྭ་སྒྲེང་ཐུབ་བསྟན་འཇམ་དཔལ་ཡེ་ཤེས་བསྟན་པའི་རྒྱལ་མཚན་མཆོག་གིས་མཛད་པ་བཅས་སོ། །གནས་ཚུལ་ཞིབ་ཕྲ《བསམ་ཡས་དཀར་ཆག་དད་པའི་སྒོ་འབྱེད》ནང་དུ་གསལ་འདུག་གོ །

བཞེད་》དུ་བཀོད་པའི་‘པདྨས་བརྒྱན་’ཞེས་པ་དང་མཐུན་པར་ངེས་པ་དང་། པད་བརྩེགས་མཐོ་ཤོས་ཀྱི་སྟེང་དུ་ཟླུམ་དབྱིབས་ཀྱི་ལྷུང་བཟེད་ཁ་འབུབ་ཀྱི་བུམ་པ་བརྩེགས་པ། དེའི་སྟེང་བྲེ། དེའི་སྟེང་ཕྲ་ལ་རིང་བའི་ཆོས་འཁོར་དང་། གདུགས་ཁེབས་དང་། བུམ་པ་དང་། ནོར་བུ་ལ་སོགས་པའི་ཁྱད་ཆོས་ནི་མཆོད་རྟེན་དཀར་པོ་དང་འདྲ་བར་མངོན་མོད། དེའི་ཆོས་འཁོར་དུམ་བུ་གཉིས་སུ་གྲུབ་སྟེ། འོག་གི་དུམ་བུར་འཁོར་ལོ་༡དང་། སྟེང་གི་དུམ་བུར་འཁོར་ལོ་༧དུ་བྱས་པ་ནི་མཆོད་རྟེན་དཀར་པོ་དང་ཐ་དད་པའོ། །ཆོས་འཁོར་མར་རིམ་གྱི་ཕྱིའི་རྣམ་པར་ཚང་མ་གཡུ་རྩི་དམར་པོ་ཅན་གྱི་ཕ་གུས་བརྒྱན་འདུག”ཅེས་འཁོད་པར་གཞིགས་ན། འདིའི་བང་རིམ་དྲུག་གི་གྲངས་ཚད་ཡང་མཆོད་རྟེན་དཀར་པོའི་བང་རིམ་གྱི་ཚུལ་དང་འདྲ་བར་སྙམ་པས་མུ་མཐུད་དཔྱད་པ་གལ་ཆེ། གཞན་ཡང་མཆོད་རྟེན་འདིའི་པདྨ་ཁ་སྤུབས་ཅན་བང་རིམ་དྲུག་བརྩེགས་ཀྱི་རྣམ་པ་ནི་ཟླུམ་པོའི་དབྱིབས་སུ་སྣང་འདུག་པ་རི་མོ་3–9དང་པར་3–8པའི་ནང་གསལ་ཞིང་། ཀུན་མཁྱེན་འཇིགས་མེད་གླིང་པས། “དེ་ལྟར་མཆོད་རྟེན་རྣམ་བཞག་ལ། །ཟླུམ་པོའི་དབྱིབས་སུ་བྱས་

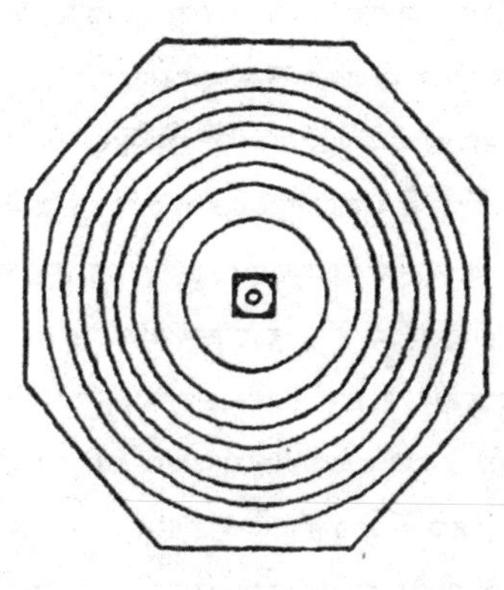

རི་མོ3-9 བསམ་ཡས་མཆོད་རྟེན་དམར་པོའི་ངོས་ལེབ་རི་མོ།

པར3-8 བསམ་ཡས་མཆོད་རྟེན་དམར་པོ།

པ་ཀུན། །སྒྲོས་པའི་མཚན་མ་ཉེར་བཞིའི་དོན། །"①ཞེས་གསུངས་པ་དང་མཐུན་པར་སེམས་ལ། འདིའི་བྲི་ཡང་སྔར་ལུགས་ཀྱི་ཁྱད་ཆོས་དེ་བས་ཆེ་བར་མངོན་པ་མཆོད་རྟེན་དཀར་པོ་སོགས་དང་འདྲ་བར་སྣང་།

༣ མཆོད་རྟེན་ནག་པོའི་སྐོར།

"དབུ་རྩེའི་ནུབ་བྱང་དུ་མཆོད་རྟེན་ནག་པོ་དང་། ཁྲི་ཀླུམ་པོ་བང་རིམ་ཉིས་ཅན་དུ་གྲུབ། དེའི་སྟེང་དྲིལ་བུ་ཁ་འབུབ་ཀྱི་བུམ་པ། དེའི་སྟེང་བྲེ་དང་། གདུགས་ཁེབས་དང་། བུམ་པ་དང་། ནོར་བུ་ལ་སོགས་པ་མཆོད་རྟེན་དམར་པོ་དང་འདྲ་བར་མངོན་ཞིང་། ཆོས་འཁོར་མར་རིམ་གྱི་ཕྱིའི་རྣམ་པར་ཕ་གུ་ནར་མོའི་རྩིག་པས་བརྒྱན་པའོ། །"ཞེས་འཁོད་པ་ལས་རི་མོ་3–10དང་པར་3–9ནང་གསལ་བ་བཞིན། ཁྲི་ཀླུམ་པོར་བྱས་པའི་བརྟ་མཚོན་ནི་མཆོད་རྟེན་དམར་པོ་དང་འདྲ་བར་སྣམ་པ་དང་། དྲིལ་བུ་ཁ་སྦུབས་ཀྱི་བུམ་པའི་མཚོན་དོན་ནི། "དྲིལ་པོའི་དབྱིབས་

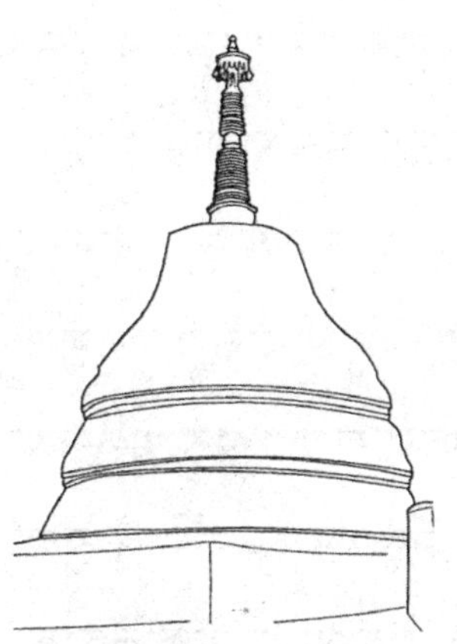

རི་མོ3-10 བསམ་ཡས་མཆོད་རྟེན་ནག་པོའི་དཔེ་རིས།

པར3-9 བསམ་ཡས་མཆོད་རྟེན་ནག་པོ།

① ཀུན་མཁྱེན་འཇིགས་མེད་གླིང་པས་ (1729-1789) 《འཇིགས་མེད་གླིང་པའི་གཏམ་ཚོགས་》 ཆབ་སྲིད་ཚེ་བརྟན་ཕུན་ཚོགས་སོགས་ཀྱིས་བསྒྲིགས་པའི་《གངས་ཅན་རིག་མཛོད་》འདོན་ཐེངས་༡༨པ། བོད་ལྗོངས་བོད་ཡིག་དཔེ་སྐྲུན་ཁང་གིས་སྤྱི་ལོ་༡༩༩༡ལོར་བསྐྲུན། ཤོག་གྲངས་༥༠༨ན་གསལ།

ཀྱི་བུམ་པ་ནི། །ལྷ་གནས་རི་རབ་ཡིན་ཞེས་གྲགས། །"[①]ཞེས་པས་གསལ་ལ། བྲིའི་ཁྱད་ཆོས་ཀུང་ སྔར་སྲོལ་བཞིན་སྣང་འདུག་པར་སེམས།

༤ མཆོད་རྟེན་སྟོན་པོའི་སྐོར།

"མཆོད་རྟེན་སྟོན་པོ་བྱང་ཤར་མཚམས་སུ་གནས། སྒོ་འཁྱུར་ཅན་གྱི་བང་རིམ་གསུམ་དུ་གྲུབ་ཅིང་། བང་རིམ་དང་པོར་ཕྱོགས་བཞིར་སྒོ་གསུམ་གསུམ་བསྐྲུན་པའི་ལྷ་ཁང་དང་། བང་རིམ་གཉིས་པར་ཕྱོགས་བཞིར་སྒོ་རེ་རེ་བསྐྲུན་པའི་ལྷ་ཁང་ཡོད་པ་ཁྱོན་ལྷ་ཁང་༡༨ཏུ་གྲུབ་པ་དེ་ཡང་《སྦ་བཞེད་》ནང་'སྒོ་བཅུ་དྲུག་གིས་བརྒྱན་'ཞེས་པ་དེ་ཡིན་ཞིང་། བང་རིམ་གསུམ་པར་ལྷ་ཁང་མེད་ལ། དེའི་སྟེང་དུ་ཟླུམ་ལ་ལེབ་པའི་ལྷུང་བཟེད་ཁ་འབུབ་ཀྱི་བུམ་པ་དང་། དེའི་སྟེང་བྲི། དེའི་སྟེང་ཆོས་འཁོར་བརྩིགས་པའི་རྣམ་པ་དུམ་བུ་གསུམ་དུ་གྲུབ་པར། འོག་གི་དུམ་བུར་འཁོར་ལོ་༩དང་། བར་གྱི་དུམ་བུར་འཁོར་ལོ་༧སྟེང་གི་དུམ་བུར་འཁོར་ལོ་༥ཏུ་བྱས་ཤིང་། ཆོས་འཁོར་སྟེང་གདུགས་ཁེབ་དང་། བུམ་པ་དང་། ནོར་བུ་བཅས་པ་དང་། ཆོས་འཁོར་མར་རིམ་གྱི་ཕྱིའི་རྣམ་པར་གཡུ་རྩེ་རྔོ་ལྡང་ཅན་གྱི་ཕ་གུས་བརྒྱན་འདུག"ཅེས་འཁོད་པའི་ནང་། སྐུ་ཞབས་སུའུ་པེ་ཡིས་གསལ་བརྗོད་ཡི་གེར་མཆོད་རྟེན་འདིའི་བང་རིམ་གསུམ་དུ་གྲུབ་ཅེས་གསུངས་ཀྱང་། ཁོང་གིས་བྲིས་པའི་རི་མོ་3–11དང་པར་3–10ནང་གསལ་བར་གཞིགས་ན། འདིའི་བང་རིམ་ནི་གཉིས་སུ་ཡིན་པ་དང་། སྟེང་ཤོས་གསུམ་པ་དེ་ནི་བུམ་རྟེན་པོ་ན་ཡིན་པ་ལས་བང་རིམ་དུ་གྲུབ་མི་ཐུབ་པར་སེམས། དེའི་རྒྱུ་རྐྱེན་ནི་བང་རིམ་གསུམ་པ་དེར་ལྷ་ཁང་སྒོ་དང་བཅས་པ་བསྐྲུན་མེད་ལ། དེའི་ཐིག་

① འདིར་དྲངས་ཟིན་གྱི་སྟག་ཚང་ལོ་ཙྪ་བ་ཤེས་རབ་རིན་ཆེན་གྱིས་བརྩམས་པའི་《རྟེན་གསུམ་བཞུགས་གནས་དང་བཅས་པའི་སྒྲུབ་ཚུལ་དཔལ་འབྱོར་རྒྱ་མཚོ་ཞེས་བྱ་བ་བཞུགས་སོ་》ཞེས་པའི་དཔེ་དེབ་ཀྱི་ཤོག་ངོས་༡༢༥ནས་༡༢༨བར་ན་གསལ།

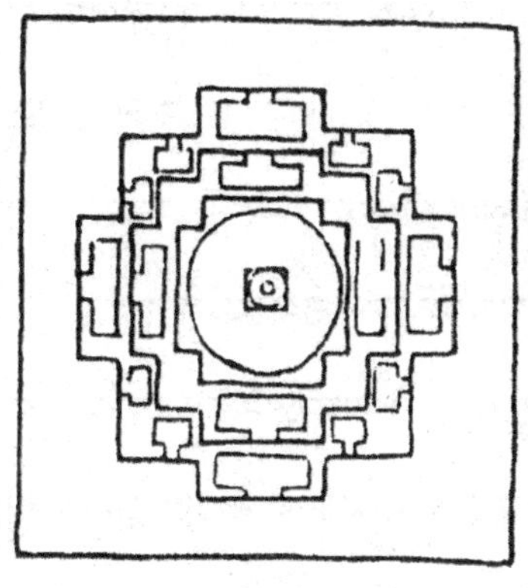

རི་མོ3-11 བསམ་ཡས་མཆོད་རྟེན་སྔོན་པོའི་ངོས་ལེབ་རི་མོ།

པར3-10 བསམ་ཡས་མཆོད་རྟེན་སྔོན་པོ།

གི་ཞིང་ཚད་ཀྱང་རི་མོ3–11ནང་དུ་གསལ་བ་བཞིན་གྱི་ངོས་ལེབ་རི་མོ(平面图)ལས་རྟོགས་པའོ། །གཞན་ཡང་། མཆོད་རྟེན་འདིའི་བང་རིམ་གཉིས་སུ་གྲུབ་པའི་བང་རིམ་དང་པོའི་ཕྱོགས་བཞིར་སྒོ་གསུམ་གསུམ་དུ་ཕྱེས་པའི་ལྷ་ཁང་དང་། བང་རིམ་གཉིས་པའི་ཕྱོགས་བཞིར་སྒོ་རེ་རེ་ཕྱེས་པའི་ལྷ་ཁང་བཞིའི་རྣམ་པར་མངོན་ཡོད་པ་དེས་ཉུང་མཐར་ཡང་དུས་རབས་༡༠པ་ཡས་མས་ཀྱི་མངའ་རིས་ཀུ་གེའི་སྣཚྪའི་ནང་དུ་གསལ་བའི་བཀྲ་ཤིས་སྒོ་མང་མཆོད་རྟེན་དང་དུས་མཉམ་དུ་བྱུང་བ་ཤེས་ནུས། འདི་ལྟ་བུའི་བཀྲ་ཤིས་སྒོ་མང་མཆོད་རྟེན་གྱི་ཁྱད་ཆོས་ནི་མ་མཐར་ཡང་དུས་རབས་༡༥པའི་གོང་རོལ་དུ་བོད་དུ་དར་སྤྱོལ་ཆེ་བའི་རྣམ་པའི་ནང་ཚན་ཞིག་ཡིན་པར་སྙམ།

མཆོད་རྟེན་འདིའི་བང་རིམ་སྒྲོ་འབུར་རྣམ་པར་ཕྱེས་པའི་བང་རིམ་གྱི་ཟུར་བཅུ་གཉིས་བྱུང་བ་དང་། བཀྲ་ཤིས་སྒོ་མང་གི་གྲངས་ཚད་སྐོར་གྱི་བརྡ་མཚོན་སྐོར་ལ་རྒྱ་གར་གྱི་སློབ་དཔོན་ཤྲཱིཀྟིགཛྙས་མཆོད་རྟེན་གྱི་གྲུབ་ཆའི་མཚོན་དོན་དབྱེ་བ་ལས། "སྒོ་མང་གི་སྒོ་ནི། བདེན་བཞི་རྣམ་ཐར་བརྒྱད། རྟེན་འབྲེལ་བཅུ་གཉིས།

སྟོང་ཉིད་བཅུ་དྲུག་ལ་སོགས་པའོ། །གློ་འབུར་གཞན་ལས་ཁྱད་པར་འཕགས་པ་སེམས་ཅན་གྱི་དོན་མཛད་པའོ། །"[①]ཞེས་འཕོད་པ་དང་། "ས་ཡི་ཁྲི་འཕང་ཟུར་བཅུ་གཉིས། །གླིང་བཞི་གླིང་ཕྲན་བརྒྱད་ཡིན་ཏེ། །"[②]ཞེས་འཕོད་པ་ལས་གློ་འབུར་ལས་གྲུབ་པའི་ཟུར་བཅུ་གཉིས་ཀྱི་བརྡ་མཚོན་གསལ་བར་རྟོགས་ཐུབ་པའོ། །

མདོར་ན། བོད་ཀྱི་ཨར་སྐྲུན་མཆོད་རྟེན་གྱི་བྱུང་འཕེལ་དུས་རིམ་འདིའི་ནང་དུ་ཡིག་ཚང་ཁག་ལ་འཕོད་པར་གཞིགས་ན། བོད་བཙན་པོའི་རྒྱལ་རབས་སྐབས་སུ། གཙུག་ལག་ཁང་སྟོང་ལྷག་ཙམ་བཞེངས་ཡོད་པ་དང་། དེ་དང་ཆབས་ཅིག་བོད་ཡུལ་དབུས་གཙོ་བོར་གྱུར་པའི་ཡུལ་གྲུ་སྟོད་སྨད་བར་གསུམ་དུ་མཆོད་རྟེན་མང་དག་ཅིག་བཞེངས་ཡོད་མོད། དེ་དག་ནི་རང་བྱུང་གི་གནོད་འཚེ་དང་ལོ་རྒྱུས་ཀྱི་རྐྱེན་གང་ཞིག་གི་དབང་གིས་ད་ལྟ་རང་རེའི་འདྲེན་བྱེད་གཉིས་ཀྱི་སྤྱོད་ཡུལ་དུ་མ་འགྱུར་ཡང་། དེའི་ཁྲོད་ཀྱི་གྲགས་ཆེ་བའི་མཆོད་རྟེན་མ་དཔེ་འགའ་ཞིག་ཆེད་དེབ་འདིའི་གཙོ་བོའི་དཔྱད་གཞིར་བཟུང་སྟེ། དུས་རིམ་དེའི་བོད་ཀྱི་ཨར་སྐྲུན་མཆོད་རྟེན་གྱི་རྣམ་པར་དཔྱད་བརྗོད་མདོ་ཙམ་ཞུས་པ་སྐབས་ཤིག་ཇོགས་སོ། །

① འདིར་དྲངས་ཟིན་གྱི་སྟག་ཚང་ལོ་ཙཱ་བ་ཤེས་རབ་རིན་ཆེན་གྱིས་བརྩམས་པའི་《རྟེན་གསུམ་བཞུགས་གནས་དང་བཅས་པའི་སྐྲུབ་ཚུལ་དཔལ་འབྱོར་རྒྱ་མཚོ་ཞེས་བྱ་བ་བཞུགས་སོ་》ཞེས་པའི་ཆེད་དེབ་ཀྱི་ཤོག་གྲངས་༡༨༥ནས་༡༨༦བར་ན་གསལ།

② ཀུན་མཁྱེན་འཇིགས་མེད་གླིང་པས་ (1729-1789) 《འཇིགས་མེད་གླིང་པའི་གཏམ་ཚོགས་》ཆབ་སྤེལ་ཚེ་བརྟན་ཕུན་ཚོགས་སོགས་ཀྱིས་བསྒྲིགས་པའི་གངས་ཅན་རིག་མཛོད་འདོན་ཐེངས་༡༨པ། བོད་ལྗོངས་བོད་ཡིག་དཔེ་རྙིང་དཔེ་སྐྲུན་ཁང་གིས་སྤྱི་ལོ་༡༩༩༡ལོར་བསྐྲུན། ཤོག་གྲངས་༤༠༦ན་གསལ།

ས་བཅད་བཞི་པ། བསྟན་པ་ཕྱི་དར་དབུ་ཚུགས་པ་ནས་དུས་རབས་བཅོ་ལྔ་པའི་དབར་གྱི་ཨར་སྐྲུན་མཆོད་རྟེན།

དང་པོ། སྤྱིའི་ཁྱད་ཆོས་ལྡན་པའི་མཆོད་རྟེན་གྱི་རྣམ་པའི་སྐོར།

གོང་གི་ས་བཅད་གཉིས་པའི་ལེ་ཚན་གཉིས་པའི་ནང་དུ་སློས་ཟིན་པ་བཞིན། བསྟན་པ་ཕྱི་དར་དབུ་ཚུགས་པའི་ཞིབ་ཕྲའི་དུས་ཚིགས་ལ་མཁས་པ་སོ་སོའི་བཞེད་དགོངས་མི་འདྲ་བ་མང་པོ་ཡོད་ཅུང་། དེའི་སྤྱིའི་དུས་རིམ་ནི་སྤྱི་ལོའི་དུས་རབས་༡༠པའི་དུས་སྟོད་ནས་དུས་དཀྱིལ་བར་མཚམས་སུ་ཡིན་པ་ཞིབ་འཇུག་པ་ཕལ་མོ་ཆེས་ངོས་འཛིན་གྱི་ཡོད་པ་རེད། ད་བར་ཁོ་བོར་ལག་སོན་བྱུང་བའི་དཔྱད་གཞིའི་ཁྲོད། བསྟན་པ་ཕྱི་དར་འགོ་ཚུགས་ཙམ་གྱི་དུས་རིམ་དང་མཐུན་པའི་བོད་ཀྱི་ཨར་སྐྲུན་མཆོད་རྟེན་གྱི་མ་དཔེ་འཛིན་ཡུལ་ནི་སྟོད་མངའ་རིས་ཁོ་ན་ལྷ་བུར་སྣང་འདུག་ཅིང་། དེ་ནས་དུས་རབས་༡༥པའི་མཚམས་སུ་སླེབས་པ་ནས་བཟུང་། བོད་ཡུལ་དབུས་ཀྱི་ཡུལ་གྲུ་ཁག་གཅིག་ཏུ་འཕོར་ཞིག་མ་ཕྱིན་པའམ། ཡང་ན་སྤྱི་ཚོགས་ཀྱི་བཅོས་བསྒྱུར་ཆེ་ཙམ་ཕོག་མེད་པའི་ཨར་སྐྲུན་མཆོད་རྟེན་གྱི་མ་དཔེ་གྲུས་ཉིད་ཀྱིས་བཙལ་འཚོལ་གང་ཐུབ་བྱུང་བ་དག་སྐབས་འདིའི་བརྗོད་བྱའི་དཔྱད་གཞི་གཙོ་བོར་བཟུང་སྟེ། དུས་རིམ་དེའི་བོད་ཀྱི་ཨར་སྐྲུན་མཆོད་རྟེན་གྱི་རྣམ་པ་དང་། ཁྱད་ཆོས་ལ་སོགས་པའི་གནད་དོན་ཁག་ལ་དཔྱད་བརྗོད་རགས་ཙམ་བགྱི་ཁྲུལ་བྱ་བ་

ལུགས།

དུས་རིམ་འདིའི་སྐབས་སུ་བོད་ཀྱི་ཨར་སྐྲུན་མཆོད་རྟེན་གྱི་སྤྱིའི་ཁྱད་ཆོས་ལྡན་པའི་བཟོ་དབྱིབས་རྣམ་པའི་ཁྲོད། དར་སྤྱོལ་ཆེ་བར་གྱུར་པའི་རྣམ་གཞག་ལ་དབྱེ་བ་འགའ་ཞིག་ཕྱེ་ཐུབ་པ་སྟེ།

གཅིག བང་རིམ་ཉིས་ཅན་གྱི་ཁྱད་ཆོས་གཙོ་བོར་གྱུར་པའི་མཆོད་རྟེན་རྣམ་པ།

རྣམ་པ་འདི་ལྷ་བུའི་མཆོད་རྟེན་ལ་མངོན་གསལ་དོད་ཤོས་ཀྱི་ཁྱད་ཆོས་ཤིག་ནི་ཁྲི་འཕང་མེད་པའི་ཁྲི་གདན་ནམ་ས་སྟེགས་ཤིག་གི་སྟེང་བང་རིམ་གྱི་གྲངས་ཚད་ཉིས་ཅན་དུ་མངོན་པ་དང་། བཟོ་དབྱིབས་འདི་ལྷའི་མཆོད་རྟེན་བོད་ཡུལ་དུ་དར་ཁྱབ་བྱུང་བའི་ཐོག་མའི་དུས་རིམ་ནི་གོང་གི་ས་བཅད་དུ་མཚམས་སྦྱོར་ཞུས་ཟིན་པའི་པར་3–2ནང་དུ་གསལ་བའི་བསམ་ཡས་བྲུང་མཁར་མདའ་ཡི་མཆོད་རྟེན་ལ་སོགས་པ་ལས། མ་མཐར་ཡང་དུས་རབས་༤པ་ཚུན་ཆད་དུ་ཡིན་ངེས་པས་སུ་མཐུད་དཔྱད་དགོས་པ་ཤིན་ཏུ་གལ་ཆེ། ཁྱད་ཆོས་འདི་ལྟར་ལྡན་པའི་མཆོད་རྟེན་ནི་ཉུང་མཐར་ཡང་དུས་རབས་༡༥པ་ཡན་ཆད་ནང་བོད་དུ་དར་ཁྱབ་ཆེ་བའི་གཙོ་བོའི་རྣམ་པའི་བྱེ་བྲག་ཅིག་ཏུ་གྱུར་ཡོད་པར་སེམས་ཏེ། དེའི་དར་ཚུལ་ལའང་བོད་ཡུལ་རང་དང་། རྒྱལ་ནང་དུ་དར་བའི་བོད་དར་ནང་བསྟན་ཁྱད་ཆོས་ལྡན་པའི་མཆོད་རྟེན་གྱི་རྣམ་པ་གཉིས་ཙམ་དུ་ཕྱེ་ཐུབ་པ་ལ།

༡ བོད་ཡུལ་རང་དུ་དར་བའི་རྣམ་པ།

ད་ལམ་ཕིར་འཛིན་པར་ལག་སོན་བྱུང་བའི་མཆོད་རྟེན་དངོས་པོའི་དཔེ་རིས་ཏེ། བོད་ཡུལ་སྟོད་མངའ་རིས་དང་དབུས་གཙང་གི་ས་ཆ་འགའ་ཞིག་ཏུ་བོད་ཀྱི་ཨར་སྐྲུན་མཆོད་རྟེན་གྱི་དུས་རིམ་འདི་དང་མཐུན་པའི་སྔར་སྲོལ་ཁྱད་ཆོས་ཅན་གྱི་དཔྱད་གཞི་ཁག་གཅིག་བརྗོད་བྱར་བཟུང་ནས་འབྲེལ་ཡོད་གནད་དོན་ལ་དབྱེ་

ཞིབ་མདོ་ཙམ་བགྱི་ཁུལ་བྱ་བ་ལ། སྟོད་མངའ་རིས་ཀྱི་ཡུལ་ནས་ཐོན་པའི་སྤུ་ཚྭའི་རྣམ་པར་མཆོད་རྟེན་གྱི་བཟོ་དབྱིབས་བཀྲ་ཤིས་སྒོ་མང་དུ་སྣང་བའི་དཔེ་རིས་ལ་སོགས་པ་དང་། བོད་ཡུལ་དབུས་སུ་དུས་རིམ་འདིའི་ནང་དར་སྤྱོལ་ཆེ་བའི་ཁྲི་འཕང་མེད་པའི་ཁྲི་གདན་ཞིག་གི་སྟེང་དུ་བང་རིམ་ཉིས་ཅན་གྱི་མཆོད་རྟེན་རྣམ་པ་བྱུང་བ་ལ་སོགས་པའི་མ་དཔེས་མཚོན་ནུས། འབྲེལ་ཡོད་ཀྱི་དཔྱད་གཞི་དང་བསྟུན་ཏེ་སྐབས་འདིའི་བོད་ཡུལ་རང་དུ་དར་བའི་མཆོད་རྟེན་རྣམ་པར་དབྱེ་ཞིབ་བྱ་ཁུལ་གཤམ་གསལ་ལྟར་ཏེ།

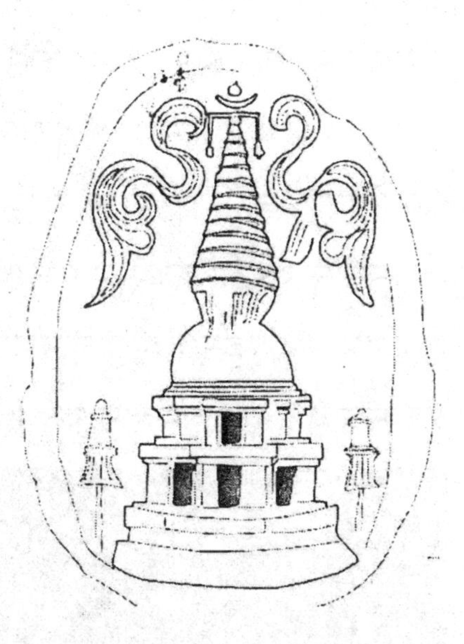

རི་མོ་4-1 གུ་གེའི་སྤུ་ཚྭ་མཆོད་རྟེན།

རི་མོ་4-1ནང་དུ་གསལ་བའི་དཔེ་རིས་ནི་སྟོད་མངའ་རིས་གུ་གེ་ས་ཁོངས་སུ་གནོགས་པའི་མཐོ་ལྡིང་(ཡིག་ཚགས་ནང་དུ་འཕོད་པར་གཞིགས་ན་མཐོ་ལྡིང་དགོན་པ་ཡིན་མོད་འོན་ཏེ་དེང་དུས་མཐོ་ལྡིང་དགོན་ཞེས་སུ་འབོད་)དགོན་གྱི་གནའ་ཤུལ་ནས་དུས་རབས་༢༠པའི་ལོ་རབས་༩༠ཡི་ནང་དུ་སྔོགས་ཐོན་བྱུང་བའི་སྤུ་ཚྭའི་ནང་འཕོད་ཀྱི་མཆོད་རྟེན་དཔེ་རིས་ཤིག་ཡིན།[①] མཆོད་རྟེན་འདིའི་ཁྱད་ཆོས་སུ་བང་རིམ་དང་པོའི་འོག་ཏུ་ཁྲི་གདན་དོད་ཀྱི་གྲུབ་ཆ་ཞིག་བྱུང་བ་དང་། དཔེ་རིས་ཀྱི་མདུན་ངོས་ལ་བལྟས་ན། བང་རིམ་དང་པོའི་ཕྱོགས་དེར་སྒོ་མོ་གསུམ་རེ་སྤེལ་བ་

① 西藏自治区文物管理局编：《托林寺》，北京：中国大百科全书出版社，2001年，第147页

སྐྲེ། ཕྱོགས་བཞིར་ཁྱིན་སྒོ་མོ་བཅུ་གཉིས་དང་། བང་རིམ་གཉིས་པར་ཕྱོགས་རེར་སྒོ་མོ་རེ་རེ་སྐྲེ་ཁྱིན་སྒོ་མོ་བཞི་ཏུ་གྲུབ་པ་འདི་ནི་བསམ་ཡས་མཆོད་རྟེན་རྣམ་བཞིའི་ནང་གི་མཆོད་རྟེན་སྔོན་མོ་དང་གཅིག་མཚུངས་སུ་སྣང་ཞིང་། སྒོ་མོ་ཁྱིན་བསྡོམས་བཅུ་དྲུག་ཏུ་བྱས་པ་དང་། བང་རིམ་གཉིས་པའི་སྟེང་དུ་བུམ་གདན་དང་། དེའི་སྟེང་ལྷུང་བཟེད་ཁ་སྦུབས་བུམ་པའི་དཔུང་པ་གཡས་གཡོན་གཉིས་ཀྱི་རྣམ་པ་ཡང་ཟླུམ་དབྱིབས་ལྟ་བུར་གྲུབ་ཡོད་ལ། བུམ་པའི་སྟེང་གི་བྲེ་གདན་དོད་ཀྱི་དཔངས་མཐོ་ཞིང་། བྲེའི་དཔངས་ཀྱང་ཤིན་ཏུ་ནས་མངོན་གསལ་དོད་པོ་མེད་པའི་རྣམ་པ་བྱུང་བ་དང་། ལར་བྲེ་གདན་དང་བྲེའི་བཟོ་དབྱིབས་ནི་གདུགས་འདེགས་པདྨ་འདྲ་བར་གྲུབ་ཡོད་པ་ནི་དེ་བས་མངོན་གསལ་དོད་པར་སྣང་བ་སྐྲེ། རྣམ་པ་འདི་ནི་བུམ་པའི་སྟེང་དུ་བྲེ་རང་གི་ཁྱད་ཆོས་སུ་བྱས་པ་ཡང་རྒྱ་གར་མཆོད་རྟེན་གྱི་ཁྱད་ཆོས་ཁོ་ན་དང་འདྲ་བར་མངོན་འདུག་པ་ལས། ཕྱིས་འབྱུང་བོད་ཀྱི་ཡུལ་གྲུ་གཞན་དུ་དར་ཁྱབ་སོང་བའི་མཆོད་རྟེན་གྱི་བྲེ་དང་བྲེ་གདན་སོགས་པའི་བཟོ་དབྱིབས་ཀྱི་ཁྱད་ཆོས་དང་ཐ་དད་དུ་མངོན་པ་པར་4–1ནང་གསལ་བ་བཞིན་ཏེ།[①] མངའ་རིས་ས་

པར་4-1 མངའ་རིས་རྩ་མདའ་ཁྲ་རྩེའི་མཆོད་རྟེན་པར་རིས།

ཁུལ་རྩ་མདའ་རྫོང་ཁོངས་ཀྱི་ཁྲ་རྩེ་ལུང་ཁོག་ཏུ་ད་བར་ཡང་གནའ་ཤུལ་ཙམ་དུ་མཇལ་ནུས་པའི་ཨར་སྐྲུན་མཆོད་རྟེན་གྱི་རྣམ་པ་ལས་གྲུབ་ཆ་འདིའི་ཁྱད་ཆོས་ཇི་ལྟར་དུ་མངོན་པ་ཡང་གསལ་པོར་རྟོགས་ཐུབ་

① པར་བརྙན་འདི་ནི་ཞུང་ཀྭ་མ་རྒྱལ་མཚན་གྱིས་མཁོ་འདོན་གནང་།

པར་སེམས། རྣམ་པ་འདིའི་མཆོད་རྟེན་གྱི་ཆོས་འཁོར་གྲངས་ཚད་ནི་བཅུ་གསུམ་དུ་མངོན་པ་རི་མོ་4–1ནང་དུ་གསལ་བ་བཞིན་དང་། ཆོས་འཁོར་སྟེང་གི་གདུགས་ཁེབས་གཡས་གཡོན་གཉིས་སུ་དྲིལ་བུ་རེ་རེ་དང་། ཏོག་ཏུ་ཉི་ཟླས་བརྒྱན་ཡོད་ལ། མཆོད་རྟེན་མདུན་ངོས་གཡས་གཡོན་དུ་རྒྱལ་མཚན་རེ་རེས་ཀྱང་བརྒྱན་འདུག ། སྟཱུཔ་འདིའི་མ་དཔེ་དངོས་ཀྱི་ངོས་སུ་སཾསྐྲྀཏའི་ལན་ཚའི་གཟུགས་ལ་གཞིགས་ན། དེའི་ལུགས་པར་གྱི་དུས་ཚོད་ནི་ཉུང་མཐར་ཡང་དུས་རབས་༡༠–༡༣བར་དུ་ངེས་ཡོད་པའོ། །[1] བཟོ་དབྱིབས་རྣམ་པ་འདི་ལྟ་བུའི་ཨར་སྐྲུན་མཆོད་རྟེན་གྱི་མ་དཔེ་ཡང་མཐོ་ལྡིང་དགོན་གྱི་བརྒྱ་རྩའམ་བརྒྱ་ས་ལྷ་ཁང་གི་གྱང་དང་སྦྱར་ཏེ་བསྐྲུན་པའི་བང་རིམ་ཉིས་ཅན་རྣམ་པའི་ཕྱོགས་བཞིའི་མཆོད་རྟེན་གྱིས་གསལ་ནུས་པ་སྟེ། རི་མོ་4–2[2]ནི་ཕྱོགས་བཞིའི་མཆོད་རྟེན་གྱི་བཀྲ་ཤིས་སྒོ་མང་མཆོད་རྟེན་རྣམ་པ་ཞིག་ཡིན་པ་དང་། འདི་དང་རི་མོ་4–1ནང་གི་སྟཱུཔའི་མཆོད་རྟེན་གྱི་བཟོ་དབྱིབས་གཅིག་མཚུངས་སུ་མངོན་ཡོད་ལ། རི་མོ་4–3ནི་མཆོད་རྟེན་དེའི་བང་རིམ་དང་པོའི་ངོས་ལེབ་རི་མོ་ཡིན་ཞིང་། དེའི་སྒོ་མོའི་གྲངས་ཚད་བཅུ་གཉིས་སུ་མངོན་པ་བསམ་ཡས་མཆོད་རྟེན་སྔོན་པོ་

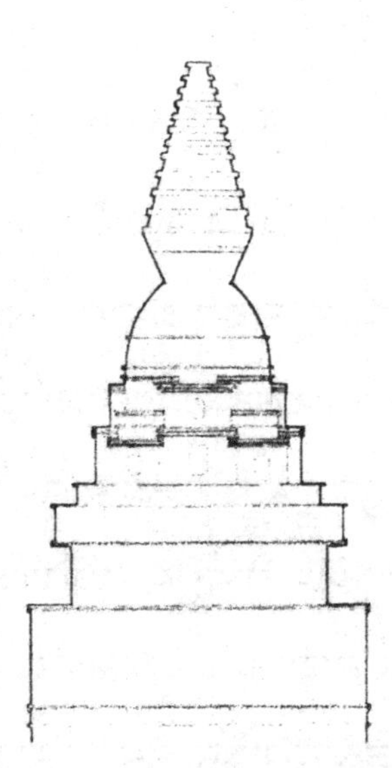
རི་མོ་4-2 མཐོ་ལྡིང་བརྒྱ་ས་ལྷ་ཁང་ཕྱོགས་བཞིའི་མཆོད་རྟེན་ཡ་གྱལ།

① སྐུ་ཞབས་དུའུ་ཅོའི་《西藏考古》，西藏人民出版社，2004年版ཞེས་པའི་ཤོག་ངོས་༤༣ནང་དུ་མཆོད་རྟེན་འདི་ལྟ་བུའི་རྣམ་པ་ནི་དུས་རབས་༡༠ནས་༡༣བར་དུ་གཏན་འཁེལ་གནང་ཡོད་ཅིང་། ཚད་འཛིན་ས་ནི་ལན་ཚའི་ཚིག་བྱང་བྲིས་པ་དེར་བཞག་ཡོད་ལ། དུས་རབས་༡༣ཚུན་ཆད་ཀྱི་སྟཱུཔའི་ལུགས་པར་ནང་དེ་ལྟར་མཐོང་རྒྱུ་མེད་པར་བཞེད་ཡོད།

② 西藏自治区文物局编：《西藏阿里地区文物抢救保护工程报告》，北京：科学出版社 2002年ཞེས་པའི་ཤོག་ངོས་༣༢ཡི་པར་རིས།

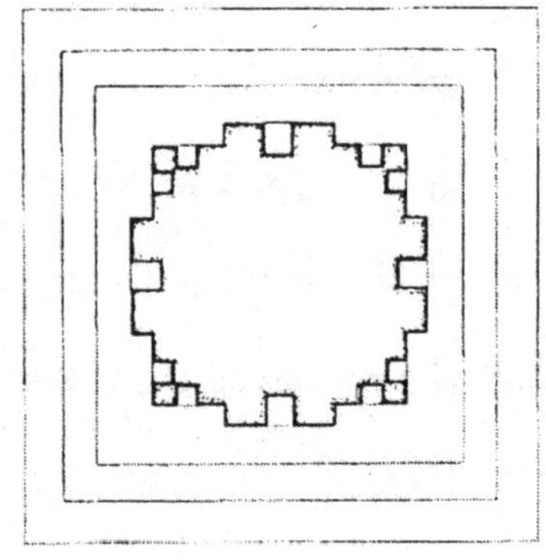

རི་མོ4-3 རི་མོ4-2ངོས་ལེབ་རི་མོ།

དང་རི་མོ་4−1ནང་གི་སྒོ་མང་མཆོད་རྟེན་གྱི་བང་རིམ་དང་པོའི་སྒོ་མོའི་གྲངས་ཚད་དང་མཚུངས་པའོ། །ད་བར་པིར་འཛིན་པས་མཐོང་ཆོས་སུ་གྱུར་བའི་རྣམ་པ་འདི་ལྟ་བུའི་ཨར་སྐྲུན་མཆོད་རྟེན་གྱི་ཁྱབ་ཡུལ་ནི་བོད་ཡུལ་དབུས་དང་སྟོད་མངའ་རིས་སུ་སྣང་ཡང་། དོན་དངོས་སུ་ནི་དེ་ལྟར་མ་ཡིན་པ་གསལ་པོར་ཤེས་ལ། དེའི་རྒྱུ་རྐྱེན་ཡང་ལོ་རྒྱུས་ཀྱི་འཕེལ་འགྲིབ་གང་ཞིག་ལ་བརྟེན་ནས་རང་རེའི་འདྲེན་བྱེད་གཉིས་ཀྱི་སྤྱོད་ཡུལ་དུ་འགྱུར་ཐུབ་མེད་པར་སེམས།

གཞན་ཡང་། བང་རིམ་གཉིས་སུ་བྱས་ཡོད་ཀྱང་དུས་རིམ་འདིའི་ནང་དུ་དར་ཁྱབ་བྱུང་བའི་རྣམ་པ་འདིའི་མཆོད་རྟེན་བཟོ་དབྱིབས་ཀྱི་ཞིབ་ཕྲའི་ཁྱད་ཆོས་ཐད། ད་ཡོད་ཀྱི་དཔྱད་གཞིའི་ཡིག་ཆར་གཞིགས་ན། ས་ཁུལ་རང་བཞིན་གྱི་ཁྱད་ཆོས་ཅམ་མ་ཟད། དུས་ཚོད་སྔ་ཕྱིའི་ཁྱད་པར་ཡང་འདུག་ཅིང་། གོང་དུ་མཚམས་སྦྱོར་ཟིན་པའི་སྟོད་མངའ་རིས་སུ་དར་འཕེལ་བྱུང་བའི་བང་རིམ་ཉིས་ཅན་གྱི་རྣམ་པ་དང་འདྲ་བའི་གཙང་གི་སྣར་ཐང་དགོན་པའི་མཆོད་རྟེན་ཁྲིད་བཀྲ་ཤིས་སྒོ་མང་གི་ཁྱད་ཆོས་ལ་དཔེ་ཞིབ་བྱས་ཚེ། བུམ་པ་དང་། བྲེ་གདན། བྲེ། ཆོས་འཁོར་ལ་སོགས་པའི་ཆ་ཤས་སུ་མི་འདྲ་བའི་རྣམ་པ་ལྡན་པ་གསལ་བར་ཤེས་ཤིང་། རི་མོ་4−4དང་པར་4−2ནང་དུ་གསལ་བ་བཞིན་པའི་མཆོད་རྟེན་འདི་ནི་དུས་རབས་༡༤པའི་ནང་དུ་བསྐྲུན་པ་ཞིག་ཡིན་པ་དང་།① དེའི་བུམ་པའི་བཟོ་དབྱིབས་ནི་

① 宿白：《藏传佛教寺院考古》，北京：文物出版社出版，1996年版 ཤོག་ངོས་༡༢༧ན་གསལ།

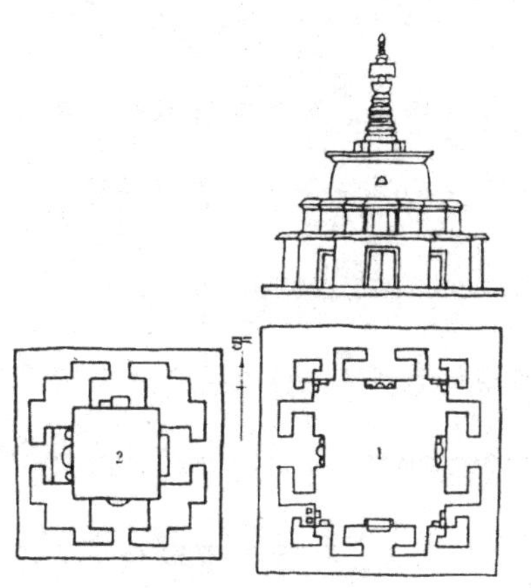

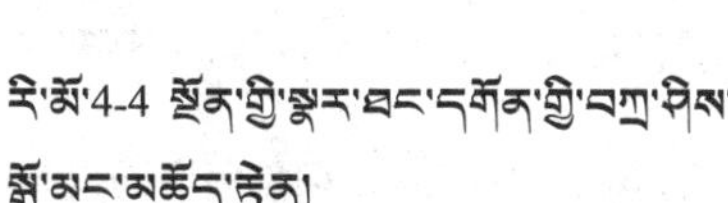
རི་མོ4-4 སྤོན་གྱི་སྣར་ཐང་དགོན་གྱི་བཀྲ་ཤིས་སྒོ་མང་མཆོད་རྟེན།

པར4-2 སྤོན་གྱི་སྣར་ཐང་དགོན་གྱི་བཀྲ་ཤིས་སྒོ་མང་མཆོད་རྟེན།

མངའ་རིས་ཁུལ་གྱི་རྣམ་པ་དང་ཆ་འདྲ་བའི་མཆོད་རྟེན་དང་མི་འདྲ་བར་བུམ་སྟོད་གཡས་གཡོན་གྱི་དབྱིབས་དེ་ཙམ་གྱི་ཟླུམ་པོར་མ་བྱས་པ་དང་། བུམ་ཐོད་དུ་ཁང་པའི་གྲུབ་ཆར་མངོན་པའི་སྦུ་ཤུའི་དབྱིབས་སུ་འགྱུར་བ། དེའི་སྟེང་གི་བྲི་དང་བྲི་གདན་གྱི་དབྱེ་བ་མེད་པ་ལྟ་བུ་བྱས་པ་དེ་ཡང་བྲི་ཡོད་པ་ལས་བྲི་གདན་མེད་པའི་རྣམ་པར་མངོན་པ་མ་ཟད། བྲིའི་བཟོ་དབྱིབས་ཡང་ཟུར་བཅུ་གཉིས་ལྡན་པའི་སྒྲོ་འབྱུར་གྱི་རྣམ་པར་སྣང་བ། ཆོས་འཁོར་གྱི་དབྱིབས་ནི་མངའ་རིས་ཁུལ་དུ་དར་བའི་སྒོ་མང་མཆོད་རྟེན་བཞིན་གྱི་བུམ་པའི་ཆ་ཚད་ལས་བོངས་གཟུགས་ཤས་ཆེ་བར་མངོན་པའི་རྣམ་པ་དང་མི་འདྲ་བར། བུམ་པ་དང་ཆོས་འཁོར་གྱི་དཔངས་ཙུང་ཆ་འདྲ་བར་སྣང་ལ། ཞེང་ཚད་ཀྱང་ཤས་ཆུང་བར་མངོན་ཅིང་། བུམ་པ་དང་ཆོས་འཁོར་གཉིས་ཀྱི་ཐིག་ཚད་ནི་ཙུང་དོ་སྙོམས་པའི་སྣང་བ་སྟེར་བ་དང་། ཆོས་འཁོར་ཐོད་དུ་མངོན་གསལ་དོད་པའི་ཐུགས་ཇེ་ཇོ་གཟུངས་ལྟ་བུའི་གྲུབ་ཆ་ཞིག་ཡོད་པ། གདུགས་ཁེབས་སྟེང་དུ་ནོར་བུས་བརྒྱན་པ་བཅས་སོ། །མཆོད་རྟེན་

འདི་ནི་སྣར་ཐང་དགོན་པའི་ནང་དུ་བཞུགས་པའི་མཆོད་རྟེན་ཁྲོད་ཀྱི་ཆེ་ཤོས་དེ་ཡིན་པ་དང་། རིག་གསར་སྐབས་སུ་འཐོར་ཞིག་ཏུ་སོང་ཞིང་། དེང་དུས་བསྐྱར་བཞེངས་གནང་འདུག་པའི་བཀོད་པ་ནི་སྔོན་དང་མི་འདྲ་བའི་འཕོ་འགྱུར་བྱུང་འདུག་པ་རི་མོ་4-4དང་དཔྱད་བསྡུར་བྱས་ན་གསལ་བར་ཤེས་ཐུབ།

གོང་དུ་སྨྲོས་ཟིན་པའི་བོད་ཀྱི་ཡར་སྐུན་མཆོད་རྟེན་གྱི་བྱུང་འཕེལ་དུས་རིམ་དེའི་ནང་དུ་དར་ཁྱབ་བྱུང་བའི་སྟོད་མངའ་རིས་ཁུལ་དང་དབུས་གཙང་ཁུལ་གྱི་བང་རིམ་ཉིས་ཅན་གྱི་ཁྱད་ཆོས་གཙོ་བོར་གྱུར་པའི་མཆོད་རྟེན་རྣམ་པའི་ཁྲོད། སྒོ་མང་མཆོད་རྟེན་དཔེ་རིས་གསུམ་དཔེ་མཚོན་དུ་བཀོད་ནས། བོད་ཡུལ་རང་དུ་དར་བའི་སྒོ་མང་མཆོད་རྟེན་གྱི་ཁྱད་ཆོས་ལ་དབྱེ་ཞིབ་མདོ་ཙམ་བགྱིས་ཁུལ་བྱས་ཡོད་ལ། མཆོད་རྟེན་རྣམ་བཞག་དེ་དག་ཕུད་པའི་བང་རིམ་ཉིས་ཅན་གྱི་མཆོད་རྟེན་རྣམ་པ་གཞན་གཉམ་དུ་མུ་མཐུད་མཚམས་སྦྱོར་ཞུ་རྒྱུ་སྟེ།

པར་4-3[①]དང་པར་4-4[②]ནི་སྔོན་གྱི་ཚལ་གུང་ཐང་དགོན་པའི་ནང་བཞུགས་པའི་མཆོད་རྟེན་གླིང་གི་ཟུར་ཞིག་ཡིན་པ་དང་། ད་ལམ་དེ་དག་གི་ཞིབ་ཆའི་ལོ་རྒྱུས་རྒྱབ་ལྗོངས་རྙེད་སོན་མ་བྱུང་ཞིང་། པར་ནང་གི་མཆོད་རྟེན་སོ་སོའི་

པར་4-3 ཚལ་གུང་ཐང་དགོན་པའི་སྔོན་གྱི་མཆོད་རྟེན་འགའ་ཡི་ཟུར་གཅིག

① Hugh Richardson.High Peaks,Pure Earth;Collected Writings on Tibetan History and Culture.London;Serindia Publication.1998.ཤོག་ངོས་༦༠ནང་གི་པར་རིས།

② 张驭寰、罗哲文：《中国古塔精粹》，北京：科学出版社，1988年版ཤོག་ངོས་༢༧༦ནང་གི་པར་རིས།

མཚན་བྱང་ཇི་ཡིན་མི་ཤེས་ཀྱང་པར་དངོས་སུ་གསལ་བའི་བཟོ་དབྱིབས་ལ་བརྟག་ཆོ། དེ་ལྟ་བུའི་མཆོད་རྟེན་རྣམ་པའི་བཟོ་དབྱིབས་ནི་ཕ་ལམ་དུས་རབས་༡༤ནས་༡༥པའི་

པར་4-4 ཚལ་གུང་ཐང་དགོན་པའི་སྔོན་གྱི་མཆོད་རྟེན་འགའ་ཡི་ཟུར་གཅིག

གོང་རོལ་དུ་བོད་ཡུལ་དབུས་གཙང་ཁུལ་དུ་དར་ཁྱབ་ཆེ་བའི་མཆོད་རྟེན་བཟོ་དབྱིབས་རྣམ་པའི་བྱེ་བྲག་ཅིག་ཡིན་པར་སེམས། དེ་ཡང་ཚལ་གུང་ཐང་དགོན་པ་ནི་དགོན་པ་ལྔ་བྱང་གཉིས་ཀྱི་མཚན་བསྡུས་པ་ལས་བྱུང་བ་སྟེ། བྱང་དངོས་སུ་ཚལ་ཡང་དགོན་དང་ལྔོ་དངོས་སུ་གུང་ཐང་དགོན་བཞུགས་པའོ། །ཚལ་པ་བཀའ་བརྒྱུད་ཀྱི་སྲོལ་བཏོད་པ་གུང་ཐང་བླ་མ་ཞང་བརྩོན་འགྲུས་གྲགས་པས་ (༡༡༢༢-༡༡༩༣) རབ་བྱུང་༡༣པའི་ཤིང་ལུག་སྟེ་སྤྱི་ལོ་༡༡༧༥ལོར་ཚལ་ཡང་དགོན་ཕྱག་བཏབ་པ་དང་། དེ་ནས་ལོ་བཅུ་གསུམ་སོང་བའི་རབ་བྱུང་༣པའི་མེ་ལུག་སྟེ་སྤྱི་ལོ་༡༡༨༧ལོར་གུང་ཐང་དགོན་པ་བཞེངས་གནང་ཞིང་། དེ་ནས་དར་སྤེལ་བྱུང་བའི་ཆོས་ལུགས་ལ་ཚལ་པ་བཀའ་བརྒྱུད་ཟེར། རབ་བྱུང་༡༧པའི་ལྕགས་ཡོས་ཏེ་སྤྱི་ལོ་༡༤༡༡ལོར། ཚལ་གུང་ཐང་ལ་དམག་གི་གནོད་པ་བྱུང་བ་དང་། དེ་རྗེས་རབ་བྱུང་༩པའི་མེ་རྟ་སྟེ་སྤྱི་ལོ་༡༥༤༦ལོར་གུང་ཐང་གཙུག་ལག་ཁང་ཡས་མས་ལ་མེ་སྐྱོན་བྱུང་ནས་རྟེན་གསུམ་རིག་དངོས་ཉུང་ཤས་ལས་མ་ལུས་པའི་ལོ་རྒྱུས་གནས་ཚུལ་མང་པོར་གསལ་[1]བ་དང་། དེ་ནས་སྤྱི་ལོ་༡༥༤༩ལོར་དགོན་དེར་བསྐྱར་གསོ་གནང་སྟེ་ཕྱིས་འབྱུང་གི་རྣམ་པ་གང་ཞིག

[1] གོང་དུ་དྲངས་ཟིན་གྱི་《དུང་དཀར་ཚིག་མཛོད་ཆེན་མོ་》ཡི་ཤོག་ངོས་༥༠༥ནས་༥༡༦བར་ན་གསལ།

རྒྱན་སྲིང་བྱེད་ཐུབ་པ་དེ་ཡིན་ཞེས་འཁོད་དོ། །[①] གོང་དུ་ངོ་སྤྲོད་ཞུས་པའི་ནང་དོན་དུ་དགོན་དེའི་མཆོད་རྟེན་སྐོར་གྱི་གནས་ཚུལ་ལ་གསལ་ཁ་གང་ཡང་གཏོད་མེད་མོད། འོན་ཏེ། 《ལྷ་སའི་རིག་དངོས་རྣམ་བཤད་》ནང་འཁོད་པ་ལྟར་ན། གུང་ཐང་དགོན་པའི་བྱུང་ངོས་སུ་སྟོན་མ་ས་རྗེ་ལས་བསྐྲུན་པའི་མཆོད་རྟེན་ཆེན་པོ་༡༣ཡོད་པར་བཞེད་འདུག་ལ། དེ་དག་ནི་གུང་ཐང་བླ་མ་ཞང་ཕོང་ཉིད་ཀྱི་སྐུ་དུས་སུ་བཞེངས་པར་ཡང་འཁོད་ཡོད། ཕྱི་ལོ་༡༩༤༥ལོར་དགོན་དེར་གནའ་དཔྱད་རྟོག་ཞིབ་གནང་སྐབས། སྟོན་གྱི་མཆོད་རྟེན་༡༣ཀྱི་ནང་ནས་གཅིག་གི་གོག་ཤུལ་ཙམ་མ་གཏོགས་གཞན་རྣམས་མཇལ་རྒྱུ་མེད་པའི་གསལ་བཤད་གནང་འདུག[②]ལ། 《ཀཿཐོག་སི་ཏུའི་དབུས་གཙང་གནས་ཡིག་》ནང་དུའང་དགོན་དེའི་མཆོད་རྟེན་གླིང་གི་སྐོར་ལ་ངོ་སྤྲོད་མདོར་བསྡུས་གནང་ཡོད་པ་སྟེ། "གྲོང་གི་གཤམ་འོག་ཞང་གི་གཟིམས་ཕུག་ཏུ་ཞང་གི་སྐུ་བྱིན་ཅན་སོགས་སྐུ་ཁ་ཤས། བདེར་གཤེགས་མཆོད་རྟེན་བརྒྱད། ཏ་མགྲིན་མཆོད་རྟེན། སྲི་གཙོད་འབུམ་པ། མཆོད་རྟེན་སེར་པོའི་ནང་ཕྱོགས་བཞིར་ལྷ་ཁང་བཞི་ལ། ཤར་དུ་ཐུབ་དབང་ལི་མ་ཐོག་སོ་མཐོ་ངེས། ལྷོ་ནུབ་བྱང་དུ་རིགས་བཞི་གཞན་རྣམས་འཇིམ་སྐུ། འཁོར་ཀུན་རིག་རྩ་ལྷ་སོ་བདུན་མི་ཚད་རེ་འཇིམ་སྐུ། རྩེར་བསྐལ་བའི་མར་མེ་ཟེར་སྟེ་ནོར་བུ་ཤེལ་ཏོག་ལས་དབྱར་ཀ་ཟླ་བ་དྲུག་པར་མེ་འབར་བ་ལྟར་འབྱུང་ཟེར་"[③]ཞེས་འཁོད་པ་ལས། སྟོན་གྱི་གུང་ཐང་དགོན་པའི་མཆོད་རྟེན་གྲངས་ཚད་༡༡གི་གནས་ཚུལ་མདོར་བསྡུས་གསལ་

① 西藏自治区文物管理委员会编：《拉萨文物志》，咸阳：陕西咸阳印刷厂印刷1985年版ཤོག་ངོས་༥༧ནང་གསལ།

② 西藏自治区文物管理委员会编：《拉萨文物志》，咸阳：陕西咸阳印刷厂印刷1985年版ཤོག་ངོས་༥༤ནང་གསལ།

③ ཀཿཐོག་སི་ཏུ་ཆོས་ཀྱི་རྒྱ་མཚོས་མཛད་པའི་《ཀཿཐོག་སི་ཏུའི་དབུས་གཙང་གནས་ཡིག་》བོད་ལྗོངས་བོད་ཡིག་དཔེ་རྙིང་དཔེ་སྐྲུན་ཁང་གིས་ཕྱི་ལོ་༡༩༩༩ལོར་བསྐྲུན་པའི་ཤོག་ངོས་༡༠༣ནང་གསལ།

འདོན་གནང་ཡོད་དོ། །པར་4–3དང་པར་4–4ནི་འཕྲོར་ཞིག་མ་ཕྱིན་སྔོན་གྱི་གུང་ཐང་དགོན་པའི་ནང་དུ་བཞུགས་པའི་མཆོད་རྟེན་སླིང་གི་གཏད་ཕྱོགས་མ་འདྲ་བའི་པར་རིས་ཤིག་ཡིན་ལ། པར་4–3ཡི་མདུན་ནས་རྩིས་པའི་དང་པོ་དང་གཉིས་པ་ནི་པར་4–4ཡི་ཨང་རྟགས་༢དང་༣པའི་མཆོད་རྟེན་དེ་རང་ཡིན་ཞིང་། དེ་དག་གི་བཟོ་དབྱིབས་རྣམ་པ་ནི་བང་རིམ་ཉིས་ཅན་དུ་སྣང་ཡོད། དེ་ཡང་བང་རིམ་ཉིས་ཅན་རྣམ་པའི་མཆོད་རྟེན་བོད་ཡུལ་དུ་དར་བའི་ཐོག་མའི་དུས་རིམ་ནི་བསམ་ཡས་ཟུར་མཁར་མདའ་ཡི་རྫོའི་མཆོད་རྟེན་དང་མཉམ་པའི་དུས་ཏེ། སྤྱི་ལོའི་དུས་རབས་༡༠པ་ཚུན་ཆད་ནས་ཡིན་པ་གོང་དུ་སྨྲོས་ཟིན་པ་བཞིན་དང་། དེ་ནས་ཕལ་ཆེར་སྤྱི་ལོའི་དུས་རབས་༡༣པ་ནས་༡༤པའི་བར་གྱི་གོང་རོལ་དུ་སྔོད་མངའ་རིས་དང་དབུས་གཙང་གཙོས་པའི་བོད་ཀྱི་ཡུལ་གྲུ་ཁག་ཏུ་དར་བའི་ཨར་སྐྲུན་མཆོད་རྟེན་གྱི་རྣམ་པའི་ཁྱད། བང་རིམ་ཉིས་ཅན་གྱི་རྣམ་པ་ནི་དར་སྤྲོལ་ཆེ་བར་བྱུང་བའི་བཀོད་པ་ཞིག་ཡིན་པར་སེམས། པར་4–4ནང་གི་མཆོད་རྟེན་ཨང་རྟགས་༢པ་ཕུད་པའི་ཨང་རྟགས་༡དང་༣པའི་བཟོ་དབྱིབས་ནི་བང་རིམ་ཉིས་ཅན་ཡིན་ལ། ཟུར་བཅུ་གཉིས་ལྡན་པའི་སྒོ་འཁྱུར་ཅན་དུ་མངོན་པ་དང་། ཁྲི་གདན་ཡང་དེ་ལྟར་དུ་སྣང་བ་ཞིག་ཡིན། གཞན་ཡང་། ཁོ་བོས་མཐོང་བའི་སྐུ་ཞབས་སུའུ་པེ་ཡི་བརྩམས་ཆོས《བོད་དར་ནང་བསྟན་དགོན་གྱི་གནའ་དཔྱད་ཞིབ་འཇུག》ཅེས་པར་འཁོད་པའི་གཙང་སྟར་ཐང་དགོན་གྱི་ཨར་སྐྲུན་མཆོད་རྟེན་ཁྲིད་དང་།[①] ལྔ་ཁ་ཡར་ཀླུང་རྟེན་གསུམ་གྱི་ཡ་གྱལ་རྟེན་མཆོག་རྟག་སྤྱན་འབུམ་པ། ཡར་སྟོད་གཡའ་བཟང་དགོན་དུ་བཞུགས་པའི་མཆོད་རྟེན་ཁག་གཅིག་[②]ལ་སོགས་པའི་བཟོ་དབྱིབས་རྣམ་པའང་

① 宿白：《藏传佛教寺院考古》，北京：文物出版社出版，1996年版 ནང་གི་ཟུར་བཀོད་པར་བརྙན་ཨང་༨༠པར་གཟིགས་འཚལ།

② པིར་འཛིན་པས་ས་ཆ་དངོས་སུ་ཕྱིན་པའི་བརྟག་དཔྱད་རྒྱུ་ཆ།

གོང་དུ་ངོ་སྤྲོད་ཞུས་ཟིན་པའི་གུང་ཐང་དགོན་ནང་གི་མཆོད་རྟེན་བང་རིམ་ཉིས་ཅན་དང་ཆ་འདྲ་བ་ཤ་སྟག་ཡིན་མོད། འོན་ཏེ་གོང་དུ་དྲངས་ཟིན་གྱི་དཔེ་མཚོན་དང་འདྲ་བར་ཡོད་རྐྱེན་འདིར་དེ་དག་གི་པར་རིས་རྣམས་བསྐྱར་ཟློས་ཀྱིས་འདྲེན་པར་མི་བྱའོ། །

ད་བར་ཁོ་བོས་མཐོང་ཆོས་སུ་གྱུར་པའི་དཔྱད་གཞིའི་ཁྲོད། དེ་ལྟ་བུའི་བང་རིམ་ཉིས་ཅན་རྣམ་པའི་མཆོད་རྟེན་གྱི་མ་དཔེ་རང་རེའི་སྔོན་ཐོན་མཁས་པའི་བརྩམས་ཆོས་སུ་གསལ་བ་ནི། 《སློང་བརྗོད་ངག་དབང་བློ་བཟང་གི་གསུང་འབུམ་》ཡིན་པ་དང་། དེའི་ནང་དུ་རྒྱ་གར་ཤར་ཕྱོགས་ཧྰཱ་ལ་ཡི་མཐའ་དང་རྒྱ་ནག་འདབས་འབྲེལ་བའི་ས་ནས་རྒྱ་མཚོ་ལ་གྲུ་བཏང་ནས་ཉིན་གསུམ་ཙམ་ཕྱིན་པའི་གནས་ཤྲཱི་ཧྰ་བྱ་ག་ཏ་གཀའམ་ཕལ་སྐད་དུ་ཨསྟུ་ག་ཡ་ཞེས་པར་བཞུགས་པའི་དུས་འཁོར་རྩ་རྒྱུད་ལས་གསུངས་པའི་གནས་མཆོད་རྟེན་དཔལ་ལྡན་འབྲས་སྤུངས་ཀྱི་བཟོ་དབྱིབས་བཀོད་པར་ངོ་སྤྲོད་གནང་ཡོད་ཅིང་། དཔལ་ལྡན་འབྲས་སྤུངས་མཆོད་རྟེན་གྱི་སྐོར་ལ། "རྨང་ལ་འཁོར་ཡུག་རྒྱང་གྲངས་བཞི་བཅུ་ཡོད་པ། དེ་སྟེང་བང་རིམ་རྒྱལ་ཆེན་རིགས་བཞིས་རིན་པོ་ཆེ་ཕ་གུས་བྱས་པའི་ག་བ་སོ་བདུན། ཕྱོགས་བཞིར་སྒོ་ནང་དུ་ཆོས་དབྱིངས་གསུམ་དབང་གི་དཀྱིལ་འཁོར། དེ་སྟེང་བང་རིམ་གཙང་རིས་དཔལ་མགོན་བདུན་ཅུ་རྩ་ལྔས་བཞེངས་པ། མཆོད་རྟེན་ཉི་ཤུ་རྩ་བརྒྱད་ཀྱི་བར་བར་དུ་རྒྱུ་སྐར་ཉེར་བརྒྱད་ཀྱིས་རྗེ་ཀྲ་མ་ཤྲཱིའི་ག་བ་ཉེར་བརྒྱད་བརྩིགས་པ། ཕྱོགས་བཞིར་སྒོ་དང་ནང་དུ་རྡོ་རྗེ་དབྱིངས་ཀྱི་ལྷ་བདུན་ཅུ་ཉེར་གཉིས་ཀྱི་དཀྱིལ་འཁོར། དེ་སྟེང་བུམ་པ་ལྷ་ཁྲབ་འཇུག་གིས་བཻཌཱུརྱ་དཀར་པོས་བཞེངས་པ། ཤར་ཕྱོགས་ལ་སྒོ་དང་ནང་དུ་དཔལ་ལྡན་རྒྱུ་སྐར་གྱི་དཀྱིལ་འཁོར་ལྷ་སྟོང་དྲུག་བརྒྱ་ཉི་ཤུ་བཞུགས། དེ་སྟེང་བྲེ་ཆོས་འཁོར་ཏོག་བཅས་རྒྱ་ཆེ་ཞིང་དཔངས་མི་མཐོ་བ། རྩེ་ནས་རས་ཡུག་འདོམ་

བཞི་བརྒྱ་ཡོད་པ་བརྒྱུད་པས་བང་རིམ་གོང་མ་ལ་སླེབས་ཙམ་བཞུགས་"[①] ཞེས་འཁོད་པ་ལྟར། མཆོད་རྟེན་འདིའི་གྲུབ་ཆའི་རྣམ་པ་ནི་རྨང་དམ་ས་སྟེགས་དང་། བང་རིམ་གཉིས། བུམ་པ། ཐྲི། ཆོས་འཁོར། ཏོག་དང་། རྩེ་ནས་རས་ཡུག་གིས་བརྒྱུད་པ་བཅས་སོ། །རི་མོ་4-5ནི་མཊ་ལུང་གུ་ཏུས་འབྲས་སྤུངས་སུ་ཕྱིན་ནས་བྲིས་ཏེ་བོད་དུ་བསྒྱུར་པའི་གཞི་ལ་དཔེ་བྱས་ཐོག་མཁན་ཆེན་བུ་སྟོན་རིན་པོ་ཆེས་ཐང་སྐུར་བྲིས་གནང་བ་དང་། མཁན་ཆེན་དཔལ་ལྡན་བློ་གྲོས་པས་ཞལ་ཤུས་གནང་བ་ནས་ཀློང་རྡོལ་བླ་མ་ངག་དབང་བློ་བཟང་གིས་ཕྱིས་འབྱུང་གི་སྐལ་ལྡན་རྣམས་ལ་ཕན་སེམས་ཀྱིས་བྲིས་པའི་དཔལ་ལྡན་འབྲས་སྤུངས་མཆོད་རྟེན་གྱི་དཔེ་རིས་ཤིག་ཡིན།[②] རི་མོ་འདིའི་གྲུབ་ཆའི་རྣམ་པ་ཡང་གོང་གི་ནང་དོན་དུ་ངོ་སྤྲོད་ཞུས་པ་བཞིན་དུ་སྣང་ཡོད་མོད། འོན་ཏེ་ཡི་གེའི་ནང་དུ་གྲུབ་ཆ་སོ་སོའི་ཞིབ་ཆའི་ཁྱད་ཆོས་ལ་གསལ་བརྗོད་གནང་མེད་ཀྱང་། རི་མོར་འཁོད་པའི་རྣམ་པར་དཔྱེ་ཞིབ་ཅིག་བྱས་ཚེ། བང་རིམ་གཉིས་པའི་སྟེང་དུ་བུམ་གདན་（རྟེན་）པདྨ་ཡོད་པ་དང་། བུམ་

རི་མོ4-5 བུ་སྟོན་གྱིས་མཛད་པའི་དཔལ་ལྡན་འབྲས་སྤུངས་མཆོད་རྟེན་དཔེ་རིས།

①ཀློང་རྡོལ་ངག་དབང་བློ་བཟང་གིས་བརྩམས་པའི་《ཀློང་རྡོལ་ངག་དབང་བློ་བཟང་གི་གསུང་འབུམ་》ཛ། གློག་བམ་དང་པོའི་ནང་བཀུས། གངས་ཅན་རིག་མཛོད་དེབ་༢༠པ། བོད་ལྗོངས་བོད་ཡིག་དཔེ་རྙིང་དཔེ་སྐྲུན་ཁང་ནས་སྤྱི་ལོ་༢༠༠༢ལོར་བསྐྲུན་པའི་པར་ཐེངས་གཉིས་པའི་ཤོག་ངོས་༢༨༣ན་གསལ།

②ཀློང་རྡོལ་ངག་དབང་བློ་བཟང་གིས་བརྩམས་པའི་《ཀློང་རྡོལ་ངག་དབང་བློ་བཟང་གི་གསུང་འབུམ་》ཛ། གློག་བམ་དང་པོའི་ནང་བཀུས། གངས་ཅན་རིག་མཛོད་དེབ་༢༠པ། བོད་ལྗོངས་བོད་ཡིག་དཔེ་རྙིང་དཔེ་སྐྲུན་ཁང་ནས་སྤྱི་ལོ་༢༠༠༢ལོར་བསྐྲུན་པའི་པར་ཐེངས་གཉིས་པའི་ཤོག་ངོས་༢༤༧ན་གསལ།

པའི་བཟོ་དབྱིབས་ལྷུང་བཟེད་ཁ་སྦུབས་སུ་བྱས་པའི་སྟོད་ཀྱི་དཔུང་པ་གཉིས་ནི་ཞུམ་ཞིང་རླུམ་པའི་རྣམ་པར་མངོན་པ། བུམ་པའི་དབུས་སུ་སྒོ་ཁྱིམ་བཟོ་དབྱིབས་བྱུང་བ། བུམ་པའི་སྟེང་ཡར་རིམ་བཞིན་བྲེ་རྨང་དང་། བྲེ་རྟེན་ནམ་བྲེ་གདན། བྲེ། བྲེའི་སྟེང་གྲངས་ཚད་དྲུག་གི་འཁོར་ལོ་ཡོད་ལ། རི་མོ་འདི་རང་གི་རྣམ་པར་བལྟས་ན། ཕོ་འཁོར་འོག་ཏུ་དང་མོ་འཁོར་སྟེང་དུ་བྱས་པའི་རྣམ་པ་ལྟ་བུར་མངོན་འདུག་ཀྱང་། དེ་ལྟར་བདེན་དང་མི་བདེན་བཤད་ཆོད་དཀའ། འཁོར་ལོའི་སྟེང་ཐུགས་རྗེ་མདོ་གཟུངས། དེའི་སྟེང་མངོན་གསལ་མི་དོད་པའི་ཆར་ཁེབས་སམ་གདུགས་ཁེབས། དེའི་སྟེང་ཉི་ཟླ་ཏོག་གིས་བརྒྱན་པ་བཅས་སོ། །གཞན་ཡང་། བང་རིམ་སོ་སོའི་བར་སྟོང་དུ་པདྨ་དང་། མཆོད་རྟེན། ཀ་བ་སོགས་པས་བརྒྱན་ཡོད་ལ། བང་རིམ་སོ་སོའི་ཕྱོགས་བཞིར་སྒོ་རེ་རེ་ཡོད་པ་ནི་དེའི་གྲུབ་ཆའི་ཁྱད་ཆོས་ཤིག་གོ །ཁོ་བོར་ལག་སོན་བྱུང་བའི་དཔྱད་གཞིའི་ཁྲོད་རང་རེའི་བོད་ཡུལ་དུ་ཆེས་སྔ་དུས་སུ་བཞེངས་པའི་དཔལ་ལྡན་འབྲས་སྤུངས་མཆོད་རྟེན་གྱི་རྣམ་པ་དང་མཚུངས་པའི་བཟོ་སྐྲུན་ནི་ཕལ་ཆེར་དུས་རབས་༡༢པ་ནས་བཟུང་བྱུང་ཡོད་དེ། གཙང་པ་སྐྱུ་ཕྲེང་དང་པོ་གཙང་དུས་གསུམ་མཁྱེན་པའི་ (༡༡༡༠–༡༡༩༣) གསེར་གདུང་①ཡིན་པར་སྙམ་པས་ལྡུ་མཐུད་དཔྱད་དགོས་རྒྱུ་དང་། པར་4–5–1དང་4–5–2ནང་གསལ་བ་ནི་གོང་དུ་དྲངས་ཟིན་པའི་བུ་སྟོན་རིན་པོ་ཆེའི་འབྲས་སྤུངས་མཆོད་རྟེན་དཔེ་རིས་དང་ཆ་འདྲ་བར་སྣང་བའི་ཨར་སྐྲུན་མཆོད་རྟེན་གྱི་མ་དཔེ་ཞིག་ཡིན་ཏེ། འདིར་དྲངས་པའི་བརྩམས་ཆོས་ནང་དུ་པར་

① དཔའ་བོ་གཙུག་ལག་ཕྲེང་བས་བརྩམས་པའི་《ཆོས་འབྱུང་མཁས་པའི་དགའ་སྟོན་》 མི་རིགས་དཔེ་སྐྲུན་ཁང་གིས་སྤྱི་ལོ་༢༠༠༨ལོར་བསྐྲུན་པའི་ཤོག་གྲངས་༥༧ནང་དུ་གནས་ཚུལ་འདིའི་སྐོར་ལ། "གདུང་བཞུ་བའི་སར་དཔལ་ལྡན་འབྲས་སྤུངས་ཀྱི་མཆོད་རྟེན་བཞེངས་ཏེ་དེ་བཞིན་གཤེགས་པ་སྣང་བོའི་གདུང་ཉེར་གཅིག་དང་རྗེ་ཉིད་ཀྱི་རྟེན་རིང་བསྲེལ་སོགས་མཐའ་ཡས་པར་བཞུགས་ཤིང་ཕྱིས་མི་ཉག་ནས་དགེ་བཤེས་གཙང་སོ་བས་བསྐྱར་ཏེ་གསེར་ཟངས་གཡོགས"ཞེས་འཁོད་ཡོད། གཞན་ཡང་《དུང་དཀར་ཚིག་མཛོད་ཆེན་མོ་》ཡི་ཤོག་གྲངས་༣༠ན་ཡང་གསལ།

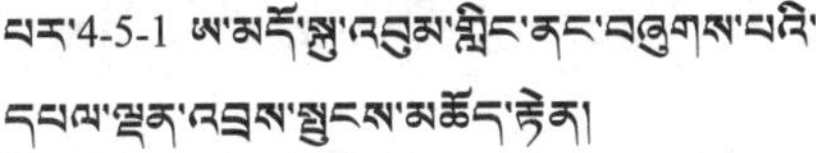

པར་4-5-1 ཨ་མདོ་སྐུ་འབུམ་གླིང་ནང་བཞུགས་པའི་དཔལ་ལྡན་འབྲས་སྤུངས་མཆོད་རྟེན།

པར་4-5-2 ཨ་མདོ་སྐུ་འབུམ་གླིང་ནང་བཞུགས་པའི་དཔལ་ལྡན་འབྲས་སྤུངས་མཆོད་རྟེན།

རིས་ཡོད་པ་མ་ཟད།① པར་4–5–1དང་4–5–2ནི་ཨ་མདོ་སྐུ་འབུམ་བྱམས་པ་གླིང་དུ་བཞུགས་པའི་མཆོད་རྟེན་ཞིག་ཡིན་པ་དང་། པར་འཛིན་པས་སྤྱི་ལོ་༢༠༡༥ལོར་ས་ཡུལ་དངོས་སུ་བླངས་པའི་པར་ཞིག་ཡིན། དེའི་ནང་གི་པར་4–5–2ནི་ཀ་ཀྲིའི་མཆོད་རྟེན་ལུགས་སུ་བྱས་ཤིང་ལམ་གྱི་འགྲོ་འོང་འཇུལ་སྒོར་བཞེངས་ཡོད། དེའི་ཆོས་འཁོར་གྲངས་ཚད་བྱ་སྟོན་གྱིས་མཛད་པའི་དཔེ་རིས་དང་མི་འདྲ་བ་མ་གཏོགས་ཆ་ངམ་ས་སྐྱེགས་དང་། བང་རིམ་གཉིས། བུམ་པ་ལ་སོགས་པའི་སྤྱིའི་རྣམ་པ་ནི་བུ་སྟོན་གྱི་དཔེ་རིས་དང་ཤིན་ཏུ་འདྲ་བར་མངོན་པ་མ་ཟད། བང་རིམ་དང་པོའི་ཐོད་ཀྱི་པདྨའི་བརྒྱན་དང་། བང་རིམ་གཉིས་པའི་བར་སྟོང་དུ་ཀ་བ་མཆོད་རྟེན་གྱིས་བརྒྱན་པ། བང་རིམ་གཉིས་དང་བུམ་པའི་དབུས་སུ་སྒོ་ཁྱིམ་རེ་རེ་སྤེལ་བ་ཡང་བུ་སྟོན་གྱི་དཔེ་རིས་སུ་འཁོད་པའི་རྣམ་པ་དང་འདྲ་བར་བསྐྲུན་འདུག་པར་བརྟེན། མཆོད་རྟེན་འདིའི་བཀོད་པ་ཕལ་ཆེར་བུ་སྟོན་གྱི་དཔེ་རིས་དེ་རང་ལ་དཔྱད་གཞི་གནང་སྟེ་བཞེངས་གནང་བའི་དོགས་པ་ཞིག་མི་སྐྱེ་ཀ་མེད་དོ། །ད་ལམ་པར་འཛིན་པར་མཆོད་རྟེན་འདི་ནམ་ཞིག་ལ་བསྐྲུན་པའི་སྐོར་གྱི་ཞིབ་ཕྲའི་དཔྱད་ཡིག་འཚོར་

① 张驭寰、罗哲文：《中国古塔精粹》，北京：科学出版社，1988年版

མ་བྱུང་ཡང་པར་བརྟན་དེའི་འབྱུང་ཁུངས་བརྩམས་ཆོས་ནང་དུ་ཆིང་རྒྱལ་རབས་དུས་སུ་ཡིན་པའི་ཚིག་ཐག་བཅད་གནང་འདུག་པ་དེ་ལྟར་དུ་འཇོག་རྒྱུ་ལས་རེ་ཞིག་ཐབས་གཞན་མ་རྙེད་དོ། །

༢ རྒྱལ་ནང་དུ་དར་བའི་བོད་བརྒྱུད་ནང་བསྟན་ཁྱད་ཆོས་ལྡན་པའི་རྣམ་པ།

ད་བར་ཁོ་བོར་ལག་སོན་བྱུང་བའི་དཔྱད་གཞིའི་ཁྲོད། རྒྱལ་ནང་དུ་དར་བའི་བོད་བརྒྱུད་ནང་བསྟན་གྱི་ཁྱད་ཆོས་ལྡན་པའི་མཆོད་རྟེན་གྱི་མ་དཔེ་སྔ་ཤོས་ནི་དུས་རབས་༡༢པའི་དུས་མཇུག་ནས་དུས་རབས་༡༦པའི་དུས་དཀྱིལ་ཡོལ་ཙམ་གྱི་བར་ཏེ། ཕྱི་ལོ་༡༢༠༦ལོ་–ཕྱི་ལོ་༡༣༦༨[①]ལོའི་སྐབས་ཀྱི་ཡོན་རྒྱལ་རབས་(元朝)དུས་རིམ་ཡོངས་རྫོགས་ཀྱི་ཐོག་ཕྱི་ལོ་༡༡༨༣ལོ་–ཕྱི་ལོ་༡༢༢༧ལོའི་[②]བར་ཏེ་འཞའམ་མི་ཉག་རྒྱལ་རབས་(西夏王朝，1038–1227)དུས་མཇུག་གི་དུས་རིམ་ནང་། རང་རྒྱལ་གྱི་ནུབ་བྱང་ས་ཁུལ་ཏུན་ཧོང་ལ་སོགས་པའི་བྲག་ཕུག་ལྷེབས་རིས་སུ་འགོད་པའི་མཆོད་རྟེན་གྱི་རྣམ་པ་ཞིག་ཡིན་འདུག་ལ། དེ་དག་གི་བཟོ་དབྱིབས་ཁྱད་ཆོས་བང་རིམ་ཉིས་ཅན་ཁྲི་གདན་འབའ་ཞིག་གི་སྟེང་དུ་བཀའ་གདམས་མཆོད་རྟེན་དུ་བྱས་ཤིང་། ནང་དོན་འདིའི་བརྗོད་བྱ་དང་འབྲེལ་བའི་དཔེ་རིས་འདྲེན་པ་ལ། རི་མོ་4–6ནི་རང་རྒྱལ་ཀན་སུའུ་ཞིང་ཆེན་ཏུན་ཧོང་ས་ཁུལ་གྱི་མོ་

རི་མོ་4-6 ཏུན་ཧོང་མོ་ཀའོ་བྲག་ཕུག་ཨང་རྟགས་༢༨༥ནང་གི་ལྷེབས་རིས་མཆོད་རྟེན།

① 白寿彝主编：《中国通史》，第八卷，中古时代•元（上册）上海人民出版社，1994年版ཤོག་ངོས་༡༦༢ནང་གསལ།

② 宿白：《藏传佛教寺院考古》，北京：文物出版社出版，1996年版ཤོག་ངོས་༢༧༡ནང་གསལ།

ཀའོ་བྲག་ཕུག་（莫高窟）ཨང་རྟགས་༡༥༥ནང་གི་ལྡེབས་རིས་སུ་འཁོད་པའི་མཆོད་རྟེན་ཞིག་ཡིན།① ལྡེབས་རིས་དེའི་དུས་ཚོད་ནི་མི་ཉག་རྒྱལ་རབས་ཀྱི་དུས་མཇུག་གམ་ཡོན་རྒྱལ་རབས་ཀྱི་དུས་འགོར་བབས་ཡོད་པ་དང་། དཔེ་རིས་ནང་གི་མཆོད་རྟེན་རྣམ་པར་དབྱེ་ཞིབ་བྱས་ན། དེ་ནི་བང་རིམ་ཉིས་ཅན་ཟུར་བཅུ་གཉིས་ལྡན་པའི་གྲྭ་འབུར་རྣམ་པར་མངོན་ཞིང་། བང་རིམ་གཉིས་པའི་སྟེང་དུ་བུམ་རྟེན་པདྨ། དེའི་སྟེང་དཔངས་མཐོ་བའི་དྲིལ་བུ་ཁ་སྦུབས་ལྟ་བུའི་བུམ་པ་དང་། བུམ་དབུས་སུ་སྒོ་ཁྱིམ་གྱི་རྣམ་པ། བུམ་པའི་སྟེང་ཡར་རིམ་བཞིན་བྲེ་རྨང་དང་། བྲེ་རྟེན། བྲེ་ཡོངས་རྫོགས་ཀྱི་བཟོ་དབྱིབས་ནི་ཟུར་བརྒྱད་ལྡན་པའི་གྲྭ་འབུར་རྣམ་པར་མངོན་ལ། དེའི་སྟེང་གྲངས་ཚད་བདུན་ཅན་གྱི་འཁོར་ལོ། དེའི་སྟེང་དཔངས་ཤིན་ཏུ་དམའ་བའི་གདུགས་ཁེབས། དེའི་སྟེང་བུམ་པའི་དབྱིབས་ཀྱི་ཏོག་གིས་བརྒྱན་པ། དེ་ལ་དར་གྱིས་གཡས་གཡོན་ནས་དཔྱངས་ཡོད་པ་བཅས་སོ། །ཡང་གོང་གི་མཆོད་རྟེན་དཔེ་རིས་དེ་དང་དུས་མཉམ་པའི་རི་མོ4-7ནང་གསལ་བའི་མཆོད་རྟེན་②གྱི་བཟོ་དབྱིབས་ལ་དབྱེ་ཞིབ་ཅིག་བྱས་ན། དེ་ནི་བང་རིམ་ཉིས་ཅན་གྱི་རྣམ་པར་མངོན་པ་དང་། བང་རིམ་གྱི་ཁྱད་ཆོས་ནི་ཐེམ་སྐས་དང་གཟུང་སྐྱེ། བད་ཆུང་། བ

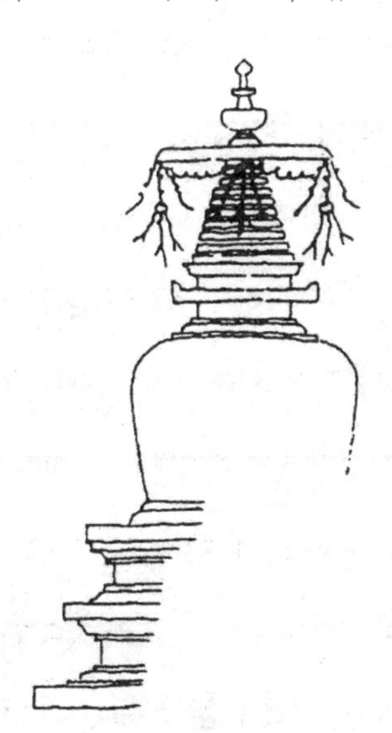

རི་མོ4-7 མོ་ཀའོ་བྲག་ཕུག་ཨང་༤༦༥ནང་འཁོད་པའི་བཀའ་གདམས་མཆོད་རྟེན།

① 宿白：《藏传佛教寺院考古》，北京：文物出版社出版，1996年版ཤོག་ངོས་༣༩༠ནང་གི་དཔེ་རིས་ཨང་༢པར་གསལ།

② 宿白：《藏传佛教寺院考古》，北京：文物出版社出版，1996年版ཤོག་ངོས་༣༩༠ནང་གི་དཔེ་རིས་ཨང་༤པར་གསལ།

གམ་ལ་སོགས་པ་ལྷན་པའི་ཁྲི་གདན་རྣམ་པ་ཉིས་བརྩེགས་ལྷ་བུར་བྱས་ཤིང་། དེའི་སྟེང་དུ་བུམ་རྟེན་རིམ་པ་ཉིས་བརྩེགས། དེའི་སྟེང་དུ་ལྷུང་བཟེད་ཁ་སྦུབས་ཀྱི་བུམ་པའི་སྟོད་ཀླུམ་པོའི་དབྱིབས་སུ་བྱས་པ་ཞིག །དེའི་སྟེང་བྲེ་རྨང་དང་། བྲེ་རྟེན། བྲེ། བྲེའི་གཞིགས་གཡས་གཡོན་གཉིས་སུ་ཡར་ཐོན་པའི་ཟུར་རེ་རེ་ཡོད་པ་ནི་ལི་མ་ལ་སོགས་པའི་དངོས་སྐུ་གཞན་ལས་བསྐྲུན་པའི་བཀའ་གདམས་མཆོད་རྟེན་གྱི་བྲེའི་རྣམ་པ་དང་མཚུངས་པ། དེའི་སྟེང་གི་ཆོས་འཁོར་གྲངས་ཚད་དགུ་དང་། དེའི་སྟེང་གདུགས་ཁེབས། དེའི་སྟེང་བུམ་པའི་ཏོག་བཅས་པའོ། །མཆོད་རྟེན་འདི་ནི་རི་མོ་4–6ནང་གི་མཆོད་རྟེན་ལས་ཀྱང་བོད་ཡུལ་རང་བཞིན་གྱི་ཁྱད་ཆོས་མངོན་གསལ་དོད་པ་ཞིག་འདུག་སྙམ།

གོང་དུ་དཔེ་མཚོན་གཉིས་འདྲེན་ནས་ངོ་སྤྲོད་ཞུས་ཟིན་པ་བཞིན། རྒྱལ་ནང་དུ་བོད་བརྒྱུད་ནང་བསྟན་གྱི་ཁྱད་ཆོས་ལྡན་པའི་བང་རིམ་ཉིས་ཅན་རྣམ་པའི་མཆོད་རྟེན་ཆེས་སྔ་དུས་སུ་དར་ཁྱབ་བྱུང་བའི་དུས་ཚོད་ནི། རང་རྒྱལ་ལོ་རྒྱུས་ཐོག་གི་ནན་སུང་རྒྱལ་རབས་(南宋， སྤྱི་ལོ་༡༡༢༧ལོ་–སྤྱི་ལོ་༡༢༧༩ལོའི་བར་)དང་མི་ཉག་རྒྱལ་རབས་ཀྱི་དུས་མཇུག་གམ་ཡང་ན་ཡོན་རྒྱལ་རབས་ཀྱི་དུས་འགོར་ཡིན་པ་དང་། དེ་ནས་མིང་རྒྱལ་རབས་(明朝， སྤྱི་ལོ་༡༣༦༨ལོ་–སྤྱི་ལོ་༡༦༤༤ལོའི་བར་)དང་། ཆིང་རྒྱལ་རབས་དུས་སུ་ཡང་རྒྱལ་ནང་དུ་བསྐྲུན་པའི་བོད་བརྒྱུད་ནང་བསྟན་ཁྱད་ཆོས་ལྡན་པའི་ཨར་སྐྲུན་མཆོད་རྟེན་ཕལ་ཆེ་བ་ཡང་བང་རིམ་ཉིས་ཅན་གྱི་ཚུལ་དུ་བཞེངས་སྲོལ་ཡོད་པ་འདྲ་སྙམ། འོན་ཏེ་ལོ་རྒྱུས་འཕེལ་རིམ་གྱི་དུས་ཚོད་ཇི་ཙམ་ཕྱི་བར་ཡོད་པའི་སྐབས་ཐོག་དེར་བང་རིམ་ཉིས་ཅན་རྣམ་པའི་མཆོད་རྟེན་བཞེངས་སྲོལ་དེ་ཙམ་གྱི་ཇེ་རྒུད་དུ་སོང་བའི་རྣམ་པར་གྱུར་ཡོད་པར་སེམས། དེ་ཡང་། འདིར་ཡོན་རྒྱལ་རབས་དང་མིང་རྒྱལ་རབས་སྐབས་སུ་རྒྱལ་ནང་

ཏུ་བཞེངས་པའི་བང་རིམ་ཉིས་ཅན་ཨར་སྐྲུན་མཆོད་རྟེན་གྱི་དཔེ་རིས་འགའ་ཞིག་དྲངས་ཏེ་མུ་མཐུད་དཔྱད་བརྗོད་བྱེད་པ་ཡང་དུས་སྐབས་འདིའི་རིང་ལ་རྒྱལ་ནང་དུ་དར་བའི་བོད་བརྒྱུད་ནང་བསྟན་མཆོད་རྟེན་གྱི་རྣམ་པའི་འཕེལ་འགྱུར་ཇི་ལྟར་བྱུང་མིན་སྐོར་ལ་ཅུང་ཞིབ་པའི་ཐོག་ནས་གོ་བ་ལོན་ཐུབ་པའི་སླད་དུ་ཡིན། །

པར་4-6ནི་རང་རྒྱལ་ཅང་སུའུ་ཞིང་ཆེན་གྱི་ཅང་སུའུ་གྲོང་བརྡལ་ཅང་ཡུན་ཐའི་ཧྲན་(江苏镇江台山过街塔)དུ་བཞུགས་པའི་ཀ་སྐྱིའི་མཆོད་རྟེན་(过街塔)ཞིག་ཡིན་པ་དང་། འདིའི་ཁྲི་གདན་ཐོད་ཀྱི་སྣོ་སྒྲོམ་གཡས་གཡོན་ལ་མིང་རྒྱལ་རབས་ཝན་ལིའི་ལོ་རྟགས་(明万历，སྤྱི་ལོ་༡༥༧༣ལོ་–སྤྱི་ལོ་༡༦༡༩ལོའི་བར་)༡༠པའི་དུས་ཏེ་སྤྱི་ལོ་༡༥༨༢ལོར་ལས་སྟོན་མཛེས་བཟོ་རགས་ཙམ་བྱས་པ་ལས།[1] མཆོད་རྟེན་གྱི་བཟོ་སྐྲུན་དེ་ནི་སྤྱི་ལོ་༡༣༡༡ལོ་སྔོན་ཡོན་རྒྱལ་རབས་དུས་མཇུག་གི་བརྩམས་ཆོས་རྣལ་མ་ཞིག་ཡིན།[2] དེའི་བཟོ་དབྱིབས་ཁྱད་ཆོས་ཀྱང་བང་རིམ་ཉིས་ཅན་གློ་འབུར་དུ་བྱས་པ་དང་། བུམ་ཁེབ་ཐོད་དུ་པདྨའི་

པར་4-6 ཅང་སུའི་གྲོང་རྡལ་ཅང་ཡུན་ཐའི་ཧྲན་ཀ་སྐྱིའི་མཆོད་རྟེན།

---

① 张驭寰、罗哲文：《中国古塔精粹》，北京：科学出版社，1988年版 ཤོག་ངོས་༩༡ནང་གི་པར་དང་འགྲེལ་བཤད་ན་གསལ།

② 熊文彬：《元代藏汉艺术交流》，石家庄：河北教育出版社，2003年版ཤོག་ངོས་༩༨ན་གསལ།

ཕྲེང་བ་གཅིག་གིས་བརྒྱན་པ། བྲི་གདན་དང་བྲི་ཡང་སྒོ་འཕྱུར་དུ་བྱས་པ། ཆོས་འཁོར་གྲངས་ཚད་བཅུ་གསུམ་དང་། གདུགས་ཁེབས་སམ་ཆར་ཁེབས་དང་བུམ་པ་ཏོག་ལ་སོགས་པ་རི་མོ4–7དང་ཆ་འདྲ་བར་སྣང་ཡང་། མཆོད་རྟེན་འདིའི་བུམ་པ་ཏོག་ནི་ཉག་ཕྲ་ལ་ཆག་ཚད་དོ་སྙོམས་པའི་རྣམ་པར་བསྐྲུན་ཡོད་པ་བཅས་སོ། །

རི་མོ4–8ནི་སྔོན་གྱི་པེ་ཅིང་ཙུས་ཡུང་འགག་སྒོའི་（北京居庸关）མཆོད་རྟེན་རྣམ་གསུམ་གྱི་བསྐྱར་བཟོས་དཔེ་རིས་ཤིག་ཡིན་པ་དང་། དེའི་སྔོན་གྱི་མཆོད་རྟེན་ནི་འགག་སྒོའི་སྟེང་དུ་བཞེངས་ཡོད་སྐབས་ཀ་སྒྲིའི་མཆོད་རྟེན་གྱི་རྣམ་པར་མངོན་ཡོད་ལ། འདི་ནི་དུས་གསུམ་སངས་རྒྱས་ཀྱི་མཚོན་བྱེད་ཡིན་པར་ཡང་གསུངས་འདུག[①] མཆོད་རྟེན་འདི་ཡང་ཡོན་རྒྱལ་རབས་ཀྱི་དུས་མཇུག་སྤྱི་ལོ་༡༣༤༢ལོ་ནས་སྤྱི་ལོ་༡༣༤༥ལོའི་བར་གྱི་བགྲང་བྱ་གསུམ་ནང་གྲུབ་ཡོད་ཅིང་།[②] ཚང་མ་མྱུར་འདས་ཀྱི་རྣམ་པར་བཞེངས་འདུག་ལ། དེའི་ཁྱད་ཆོས་ཀྱང་བང་རིམ་ཉིས་ཅན་སྒོ་འཕྱུར་གྱི་རྣམ་པ་མངོན་པ་དང་། བུམ་པའི་སྟེང་དུ་བྲེའི་གྲུབ་ཆ་ལས་བྲི་རྨང་དང་བྲི་གདན་ལྷ་བུ་མངོན་རྒྱུ་མེད་ལ། དེའི་སྟེང་ཆོས་འཁོར་བཅུ་གསུམ་འདུག་ཅེས་འདིར་དྲངས་པའི་སྐུ་ཞབས་སུའུ་པེ་ཡིས་བརྩམས་ཆོས་སུ་གསུངས་ཡོད་ཀྱང་དཔེ་རིས་འདིའི་ནང་

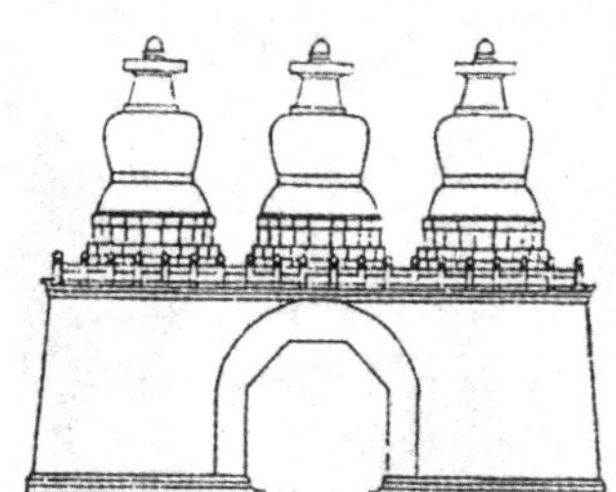

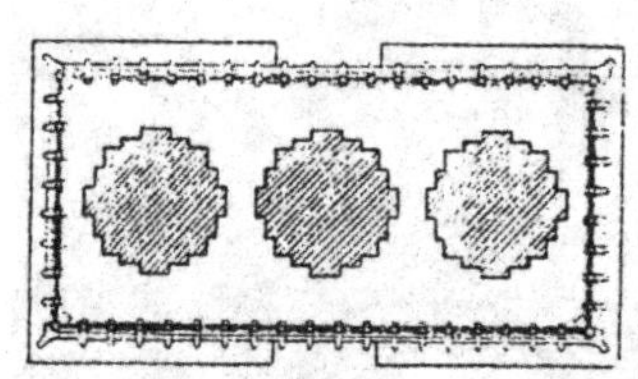

རི་མོ4-8 སྔོན་གྱི་པེ་ཅིང་ཙུས་ཡུང་འགག་སྒོའི་མཆོད་རྟེན་རྣམ་གསུམ་གྱི་བསྐྱར་བཟོས་དཔེ་རིས།

① 熊文彬：《元代藏汉艺术交流》，石家庄：河北教育出版社，2003年版ཤོག་གྲངས་༡༤ནང་གསལ།

② 熊文彬：《元代藏汉艺术交流》，石家庄：河北教育出版社，2003年版ཤོག་གྲངས་༡༤ནང་གསལ།

དུ་དེ་ལྟར་གསལ་མེད། དེའི་སྟེང་ཆོས་འཁོར་འོག་གི་ཁྲིའི་རྣམ་པ་དང་འདྲ་བའི་ཐུགས་རྗེ་མདོ་གཟུངས་ཕྱུང་བ་དང་། དེའི་སྟེང་གྲུ་བཞི་ནར་དབྱིབས་ཀྱི་གདུགས་ཁེབས་ཤིག །དེའི་སྟེང་གི་ཏོག་ནི་བང་རིམ་ཉིས་བརྩེགས་ཤིག་གི་སྟེང་དུ་ནོར་བུའི་ཏོག་གིས་བརྒྱན་པ་བཅས་སོ། །རྣམ་པ་དེ་དང་འདྲ་བའི་མཆོད་རྟེན་ནི་རི་མོ་4–9ནང་གསལ་བའི་མཆོད་རྟེན་ཏེ། ཅུས་ཡུང་འགག་སྒོའི་གྲུང་ལྡེབས་སུ་གསལ་བའི་རྗེ་བརྐོས་མཆོད་རྟེན་དཔེ་རིས་ཤིག་ཡིན་ལ། དེ་ནི་ཅུས་ཡུང་འགག་སྒོ་བཞེངས་པའི་དུས་དེ་རང་ལ་བཀོད་པའི་རྒྱལ་ཆེན་རིགས་བཞིའི་ཡ་གྱལ་རྣམ་ཐོས་སྲས་ཀྱི་ཕྱག་ཐོག་བསྣམས་པའི་མཆོད་རྫས་མཆོད་རྟེན་གྱི་རྣམ་པ་ཞིག་ཡིན།

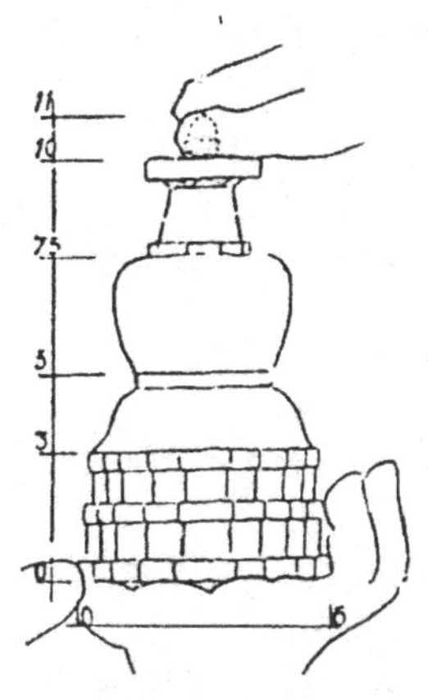

རི་མོ་4-9 པེ་ཅིང་ཅུས་ཡུང་འགག་སྒོའི་གྲུང་ལྡེབས་སུ་འཁོད་པའི་མཆོད་རྟེན།

པར་4–7ནི་ཧུའུ་པེའི་ཞིང་ཆེན་ཝུ་ཁྲང་གྲོང་ཁྱེར་དུ་བཞུགས་པའི་རྟེན་ཤང་མཆོད་རྟེན་(湖北武昌胜像宝塔)ཞེས་པ་དེ་ཡིན་ཏེ།① སྤྱི་ལོ་༡༣༤༣འཁོར་བཞེངས་པ་དང་།② བང་རིམ་ཉིས་ཅན་སྒོ་འབུར་དུ་བྱས་ལ་དེའི་འོག་ཏུ་ཡང་སྒོ་འབུར་རྣམ་པའི་ཁྲི་གདན་ཉམས་དོད་པོ་ཞིག

པར་4-7 ཧུའུ་པེའི་ཝུ་ཁྲང་དུ་བཞུགས་པའི་རྟེན་ཤང་མཆོད་རྟེན།

① 张驭寰、罗哲文：《中国古塔精粹》，北京：科学出版社，1988年版 ཤོག་གྲངས་༡༥༡ན་གི་པར་རིས།

② 熊文彬：《元代藏汉艺术交流》，石家庄：河北教育出版社，2003年版 ཤོག་གྲངས་༥༦ན་གསལ།

བསྐྲུན་འདུག །བང་རིམ་གཉིས་པོ་དང་། ཁྲི་རྒྱང་། ཁྲིའི་ཟུར་དུ་ཡར་ཐོན་པའི་ཟེ་གྲོག་རྣམས་པ་རེ་བྱུང་བ་ནི་བཀའ་གདམས་མཆོད་རྟེན་གྱི་ཁྱད་ཆོས་སུ་གཏོགས་པར་བརྟེན་ན། མཆོད་རྟེན་འདིའི་བཟོ་དབྱིབས་ཀྱང་བཀའ་གདམས་མཆོད་རྟེན་གྱི་མ་དཔེར་གཞིགས་ཏེ་བསྐྲུན་པ་ཞིག་ཡིན་ཤས་ཆེ། མཆོད་རྟེན་འདིའི་གྲུབ་ཆ་གཞན་གྱི་བཟོ་དབྱིབས་ཁྱད་ཆོས་ནི་གོང་དུ་དྲངས་ཟིན་པའི་པར་4–6དང་ཅུང་འདྲ་བའི་ཆ་འདུག་ཀྱང་། མཆོད་རྟེན་ལུས་ཀྱི་བུམ་པའི་མཛེས་ཆ་ཅུང་ཞན་ལ་ཏོག་ཏུ་བརྒྱན་པའི་བུམ་པ་ཡང་ཕྲ་ལ་ཀྲོང་ངེ་བའི་རྣམ་པར་མངོན་ཏོ། །

ད་ལམ་ཕོ་བོར་ལག་སོན་བྱུང་བའི་དཔྱད་གཞིར་གཞིགས་ན། རྒྱལ་ནང་དུ་དར་བའི་བོད་བརྒྱུད་ནང་བསྟན་ཁྱད་ཆོས་ལྡན་པའི་ཨར་སྐྲུན་མཆོད་རྟེན་གྱི་རྣམ་པའི་ཁྲོད། ཡོན་རྒྱལ་རབས་དང་མིང་རྒྱལ་རབས་སྐབས་སུ་བཞེངས་པའི་བཟོ་སྐྲུན་ཕལ་མོ་ཆེ་ནི་འདིར་དྲངས་ཟིན་པའི་ཅང་སུའུ་དང་ཧུའུ་པེའི་ས་ཁུལ་དུ་མཐའ་ཀྱེ་ཡོད་པའི་བང་རིམ་ཉིས་ཅན་གྱི་མཆོད་རྟེན་དང་འདྲ་བར་མངོན་འདུག་ལ། དེ་མིན་རྒྱ་ནག་རི་བོ་རྩེ་ལྔའི་ཐ་ཡོན་དགོན་(山西五台山塔院寺)ནང་དུ་བཞུགས་པ་སྤྱི་ལོ་༡༥༨༢ལོའི་སྔོན་དུ་བཞེངས་པའི་རིང་བསྲེལ་མཆོད་རྟེན་(舍利塔)དང་།[①] དེའི་ཡོན་ཀྲའོ་དགོན་(圆照寺)ནང་བཞུགས་པ་སྤྱི་ལོ་༡༤༣༤ལོར་བཞེངས་པའི་རྡོ་རྗེ་ཁྲི་ཅན་གྱི་མཆོད་རྟེན།(金刚宝座塔)[②] ཉིང་ཤ་(宁夏)ས་ཁུལ་དུ་བཞུགས་པ་འ་ཞ་རྒྱལ་རབས་མཇུག་སྒྲིལ་ནས་མིང་རྒྱལ་རབས་ནང་བཞེངས་པའི་མཆོད་རྟེན་བརྒྱ་རྩ་བརྒྱད་དུ་མངོན་པའི་བང་རིམ་ཉིས་ཅན་

① 张驭寰、罗哲文：《中国古塔精粹》，北京：科学出版社，1988年版 张驭寰、罗哲文：《中国古塔精粹》，北京：科学出版社，1988年版 ཤོག་ངོས་༤༨ན་གསལ།

② 张驭寰、罗哲文：《中国古塔精粹》，北京：科学出版社，1988年版 张驭寰、罗哲文：《中国古塔精粹》，北京：科学出版社，1988年版 ཤོག་ངོས་༥༧ན་གསལ།

གྱི་མཆོད་རྟེན་[①]ལ་སོགས་པའི་རྒྱུག་ཆེ་བའི་བཟོ་དབྱིབས་ཀྱི་འབྱུང་ཁུངས་ནི་སྔོ་འབུར་དུ་བྱས་པའི་བང་རིམ་ཉིས་ཅན་སྟེང་དུ་བཀའ་གདམས་མཆོད་རྟེན་གྱི་གཟུགས་སུ་བྱས་པ་དེའོ། །དེ་ལྟ་བུའི་བཟོ་དབྱིབས་ཀྱི་ཚད་ལྡན་མ་དཔེ་ནི་སྤྱི་ལོ་༡༢༧༡ལོར་ཡོན་རྒྱལ་རབས་ཀྱི་རྒྱལ་ས་ཏཱ་ཏུའུ་(大都)སྟེ། དེང་གི་པེ་ཅིང་གྲོང་ཁྱེར་དུ་བསྐྲུན་པའི་མཆོད་རྟེན་དཀར་པོ་ཞེས་པ་དེ་ཡིན་ངེས་ཆེ་བར་འདུག་སྙམ་པས་དཔྱད་པར་གལ་ཆེ་ཞིང་། དེ་ནི་ཡོན་གོང་མས་གདན་འདྲེན་ཞུས་པའི་བལ་པོའི་བཟོ་བོ་མཁས་ཅན་ཨ་ནི་ཀོ་(སྤྱི་ལོ་༡༢༤༣ལོ་–སྤྱི་ལོ་༡༣༠༥ལོའི་བར་འཚོ་བཞུགས་)ཡིས་ཇུས་བཀོད་ལས་དཔོན་གཙོ་བོར་མཛད་ནས་བསྐྲུན་པའི་མཆོད་རྟེན་ཞིག་ཡིན་པ་དང་། ཡོན་རྒྱལ་རབས་དུས་སུ་མཆོད་རྟེན་གནས་ཡུལ་དགོན་གྱི་མིང་ལ་ཏཱ་ཧྲེང་ཧྲུའུ་ཝན་ཨན་དགོན་(大圣寿万安寺)ཞེས་པ་དང་། མིང་རྒྱལ་རབས་ཀྱི་དུས་ཏེ་སྤྱི་ལོ་༡༢༧༩ལོར་དགོན་དེའི་མིང་མཚོའོ་དབྱིངས་དགོན་(妙应寺)ཞེས་པར་བསྒྱུར་བ་ནས་བཟུང་ད་བར་དུ་འདི་ལྟར་དུ་འབོད་དོ། །བཟོ་དབྱིབས་འདི་བཞིན་དུ་བཞེངས་པའི་མཆོད་རྟེན་ལ་“ཨ་ནི་ཀོའི་ལུགས་”ཞེས་ཕྱི་རྒྱལ་བའི་ཞིབ་འཇུག་པ་འགའ་ཡིས་མིང་བཏགས་ཁུལ་བྱས་ཡོད་ཀྱང་། དོན་དངོས་སུ་ཁོང་རང་གཅིག་པུས་ཇུས་བཀོད་གནང་བ་ཞིག་མ་ཡིན་པ་སྐབས་དེའི་གོང་མ་ཚང་གི་ཡིག་ཚང་ལ་སོགས་པ་ལས་གསལ་བར་བསྟན་ཡོད། རི་མོ་4–10ནང་གསལ་བ་བཞིན་དེའི་བང་རིམ་ཉིས་ཅན་དུ་སྣང་ལ། ཁྲི་དང་བང་རིམ་གཉིས་པོའང་སྔོ་འབུར་དུ་བྱས་ཤིང་། བྲེ་རྨང་དང་བྲེ་གདན་དང་བྲེ་ཡང་དེ་ལྟར་དུ་བྱས་ཡོད། ཁྲིའི་མདུན་ངོས་ཀྱི་གཞོགས་གཡས་གཡོན་གཉིས་ནས་སྟེང་དུ་སྐས་འཛེགས་ཡོད་

① 雷泽润、于存海、何继英编著：《西夏佛塔》，北京：文物出版社 1995年版ཤོག་ངོས་༢༢༣ན་གསལ།

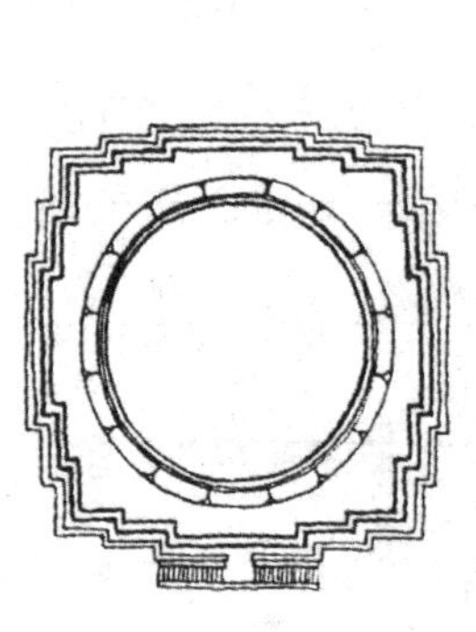

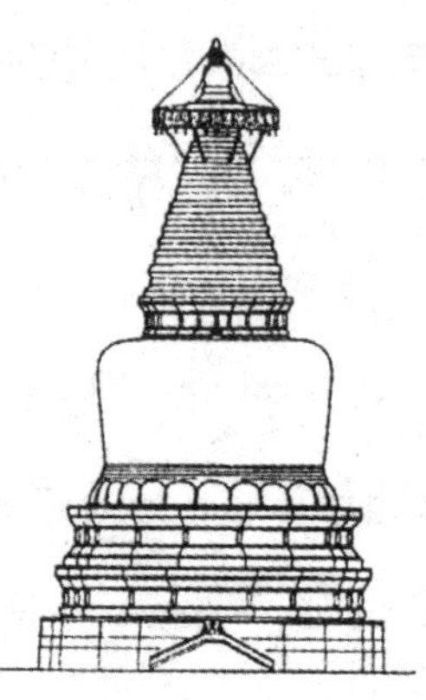

རི་མོ4-10 པེ་ཅིང་རྒྱལ་ཁབ་ཀྱི་གྲོང་ཁྱེར་ཆེན་པོའི་གནས་ཆེན་ནང་བཞུགས་པའི་མཆོད་རྟེན་དཀར་པོ།

པ། བང་རིམ་གཉིས་པ་ཡན་ཆད་ཀྱི་མཆོད་རྟེན་ལུས་ནི་བཀའ་གདམས་མཆོད་རྟེན་གྱི་རྣམ་པར་མངོན་ལ། བུམ་པའི་དབྱིབས་ནི་བུམ་སྟོད་དང་བུམ་སྨད་གཉིས་ཀྱི་ཞེང་ཚད་ལ་ཁྱད་པར་ཆེན་པོ་མེད་པ་གོང་དུ་དྲངས་པའི་མཆོད་རྟེན་གཞན་གྱི་བུམ་པའི་ཆག་ཚད་དང་ཅུང་མི་འདྲ་བ་བཅས་སོ། །གཞན་ཡང་། ཆིང་རྒྱལ་རབས་སྐབས་སུ་གོང་གི་རྣམ་པ་དེ་བཞིན་གྱི་མཆོད་རྟེན་བཞེངས་སྲོལ་ཤིན་ཏུ་དར་བའི་རྣམ་པར་མངོན་ཡོད་པར་སེམས་པས་མུ་མཐུད་དཔྱད་དགོས།

གཉིས། བང་རིམ་གསུམ་ཅན་གྱི་ཁྱད་ཆོས་གཙོ་བོར་གྱུར་པའི་མཆོད་རྟེན་རྣམ་པ།

ད་བར་པིར་འཛིན་པས་མཐོང་ཆོས་སུ་གྱུར་བའི་དཔྱད་གཞིའི་ཁྲོད། ཆེས་སྔ་དུས་ཀྱི་བོད་ཡུལ་དུ་དར་བའི་བང་རིམ་གསུམ་ཅན་གྱི་དངོས་དཔེ་ནི་བསམ་ཡས་བྱང་མཁར་མདའ་ཡི་རྫོའི་མཆོད་རྟེན་རྣམ་ལྔར་གསལ་བ་སྟེ། ས་བཅད་གསུམ་པའི་དོན་ཚན་གཉིས་པར་དྲངས་པའི་རི་མོ3–2བཞིན་དེའི་བང་རིམ་གསུམ་ཅན་ལ་སྒྲོ་འབུར་གྱི་དབྱིབས་གསལ་མེད་མོད། འོན་ཀྱང་སྟོད་མངའ་རིས་གུ་གེ་རྒྱལ་རབས་ཀྱི་དུས་འགོར་ཡིན་སྲིད་པའི་བང་རིམ་གསུམ་ཅན་གྱི་མཆོད་རྟེན་རྣམ་པའི་ཁྲོད་སྒྲོ་འབུར་གྱི་དབྱིབས་བྱུང་འགོ་ཚུགས་ཡོད་པ་ནི་ཁ་གསལ་བའི་དོན་ཞིག་ལགས། དེ་ཡང་། བང་རིམ་གསུམ་ཅན་རྣམ་པའི་ཨར་སྐྲུན་མཆོད་རྟེན་གྱི་གཙོ་བོའི་དར་ཡུལ་ནི་བོད་ཡུལ་སྟོད་མངའ་རིས་དང་རྒྱ་གར་ནུབ་བྱང་གི་ལ་དྭགས་ས་ཁུལ་དང་། དེ་

བཞིན་བལ་པོའི་བྱང་ཕྱོགས་བཅས་སུ་ཡིན་ཚོད་ཆེ་བར་འདུག་ལ། དབུས་གཙང་ཁུལ་དུ་དར་ཁྱབ་ཆེ་བའི་མཆོད་རྟེན་གྱི་དབྱིབས་དང་ཅུང་མི་འདྲ་བའི་ཁྱད་པར་ནི། ལོ་རྒྱུས་ཀྱི་དུས་རིམ་སྔ་ཕྱི་བར་གསུམ་དུ་འཕེལ་བའི་ས་ཁུལ་རང་བཞིན་གྱི་ཁྱད་ཆོས་ཤིག་ཏུ་འགྱུར་བར་སེམས་ཀྱང་། ད་དུང་མུ་མཐུད་དཔྱད་དགོས་པ་གལ་ཆེའོ། །ཁོ་བོར་ལག་སོན་ཐུབ་པའི་དཔྱད་གཞི་ལྟར་ན། བང་རིམ་གསུམ་ཅན་གྱི་ཨར་སྐྲུན་མཆོད་རྟེན་བཞེངས་སྲོལ་ཉམས་གུད་དུ་ཕྱིན་པའི་དུས་ཚོད་ནི་དུས་རབས་༡༤པ་མཇུག་མ་སླེབ་ཚུན་ཆད་དུ་ཡིན་པར་སྙམ་སྟེ། དེའི་སྒྲུབ་བྱེད་ཀྱང་དུས་རབས་༡༤པའི་ནང་བཞེངས་པའི་གུ་གེ་རྩ་རང་མཁར་གཤམ་གྱི་ལྷ་ཁང་བཞིའི་ནང་གསེས་ལྷ་ཁང་དམར་པོའི་ལྡེབས་རིས་སུ་བང་རིམ་གསུམ་ཅན་གྱི་ལྷ་བབས་མཆོད་རྟེན་དང་བཀྲ་ཤིས་སྒོ་མང་མཆོད་རྟེན་གྱི་རྣམ་པ་མཐོང་རྒྱུ་ཡོད་པ་ལས་ཤེས་ནུས་པར་འདོད་ལ། དེའི་དཔེ་རིས་ནི་གཤམ་གྱི་འབྲེལ་ཡོད་ནང་དོན་དུ་མཚམས་སྦྱོར་ཞུ་རྒྱུ་དང་། བང་རིམ་གསུམ་ཅན་གྱི་རྣམ་པའི་མཆོད་རྟེན་བཟོ་དབྱིབས་མཆོད་རྟེན་འདི་ཡང་དར་སྲོལ་ཆེ་བར་གྱུར་པའི་དུས་རིམ་ནི། ཉུང་མཐར་དུས་རབས་༥པ་ནས་འགོ་ཚུགས་པ་ནས་དུས་རབས་༡༤པ་ཡན་ལ་ཡིན་པར་མངོན་པས། སླད་ཕྱིན་འབྲེལ་ཡོད་ཀྱི་དཔྱད་གཞིས་དེ་ལྟར་མིན་པ་སྒྲུབ་པར་མུ་མཐུད་དཔྱད་བརྗོད་བྱ་དགོས་པ་ཧ་ཅང་གལ་ཆེ། །

པར་4–8ནི་མངའ་རིས་ས་ཁུལ་རྩ་མདའ་རྫོང་ཕྱི་དབང་（ཁ་སྐད་དུ་ཕི་ཨང་ཟེར་）ཁུལ་དུ་བཞུགས་པའི་སྣཚོའི་ནང་འཁོད་ཀྱི་མཆོད་རྟེན་ཞིག་ཡིན།[①] འདིའི་སྐྱིའི་རྣམ་པ་ནི་བང་རིམ་གསུམ་ཅན་གྱི་ཐོད་དུ་ཁང་པའི་ཕུ་ཤུའམ་ཉ་རྒྱབ་ཀྱི་གྲུབ་ཆ་ལྟ་བུ་ལྡན་པ་དང་། བང་རིམ་གྱི་དབུས་སུ་སྟོན་པ་དཀྱིལ་མོ་ཀྲུང་ཕྱག་

① ཞུང་ཝེན་པིན་（熊文彬）ལགས་ཀྱིས་པར་བླངས་ཏེ་མཁོ་འདོན་གནང་བར་ཐུགས་རྗེ་ཆེ་ཞུ་རྒྱུ།

པར་4-8 མངའ་རིས་ཕྱི་དབང་ཁུལ་གྱི་ལྷ་རྐྱ་མཆོད་རྟེན།

གཡས་ས་ནོན་དང་། གཡོན་མཉམ་བཞག་གི་ཕྱག་རྒྱའི་ཚུལ་དུ་བཞུགས་པ། བང་རིམ་འོག་ཏུ་པདྨ་ཁ་སྦྱར་གྱི་ཁྲི་གདན་ནམ་རྨང་རྟེན། བང་རིམ་སྟེང་བུམ་རྟེན། དེའི་སྟེང་ལྷུང་བཟེད་ཁ་སྦུབས་ཀྱི་བུམ་པ་ཟླུམ་པོའི་རྣམ་པ་ཅན། དེའི་སྟེང་གནའ་བོའི་རྒྱ་གར་ནུབ་བྱང་བམ་དེང་གི་ཀ་ཤི་མིར་ས་ཁུལ་དུ་དར་སྲོལ་ཆེ་བའི་བཟོ་དབྱིབས་ཏེ་ཁྲི་རྟེན་དང་ཁྲི་ལ་བཅས་པའི་གྲུབ་ཆ་མི་མངོན་པར། ཕྱོགས་བཞིར་ཀ་གདུང་དང་ལྷ་བཞི་ཡིས་བརྒྱན་པའི་རྣམ་པ་འདྲ་བ་དེ་ཡང་གདུགས་འདེགས་ཀྱི་གྲུབ་ཆ་ལྟ་བུར་འདུག་པ་པར་4–9ལས་གསལ་བ་བཞིན། བུམ་པའི་སྟེང་དུ་མངོན་གསལ་དོད་པའི་ཁྲི་རྟེན་དང་ཁྲི་བཅས་པ་མི་བསྟུན་པར་ཀ་གདུང་དང་ལྷ་བཞི་ཡིས་བརྒྱན་པའི་གྲུབ་ཆའི་སྟེང་ཆོས་འཁོར་རམ་གདུགས་འཁོར་ཡོད་པའོ། །པར་དེའི་ནང་དུ་གསལ་བའི་མཆོད་རྟེན་ནི་དེང་གི་པ་ཀི་སི་ཏན་རྒྱལ་ཁབ་ཀྱི་མངའ་ཁོངས་པེ་ཤ་ཝར་(Peshawar，白沙瓦)ས་ཁུལ་དུ་བཞེངས་པའི་དངོས་རྒྱུ་ལི་ལས་གྲུབ་པའི་མཆོད་རྟེན་ཞིག་ཡིན་ཙང་། དེ་ནི་ཀ་ཤི་མིར་གྱི་བཟོ་ལུགས་སུ་གྲུབ་པའི་མཆོད་རྟེན་ཞིག་ཡིན་ཞིང་དེར་ཀ་ནི་ཥ་ཀ་(Kaniska)ལུགས་ཀྱི་མཆོད་རྟེན་ཞེས་འབོད་ལ། དེ་ནི་དུས་རབས་༢པའི་བརྩམས་ཆོས་ཤིག་ཡིན་པ་མ་ཟད།①

① Ulrich Von Schroeder.Buddhist.Sculptures in Tibet.Volume one,India &Nepal.Visual Dharma Publication Ltd.,Hong Kong.2001.ཤོག་ངོས་༡༠༠-༡༠༡བར་ན་གསལ།

ཕྱིས་འབྱུང་ཡོ་རྒྱུས་སུ་ས་ཁུལ་དེ་དག་དང་རིག་གནས་སྤེལ་རེས་ཀྱི་འཕྲིན་ལམ་རྒྱ་ཆེ་ལ་གཏིང་ཟབ་པར་བྱུང་སྒྲུང་བའི་བོད་ཡུལ་སྟོད་མངའ་རིས་སུ་བསྐྲུན་པའི་དངོས་རྒྱུ་སྣ་མང་ལས་གྲུབ་པའི་མཆོད་རྟེན་གྱི་རྣམ་པ་དང་ཆ་མཚུངས་སུ་མངོན་པའི་དཔེ་མཚོན་ཞིག་ཡིན་པ་གསལ་པོར་རྟོགས། དེ་ཡང་། པར་4–8ནང་གསལ་བའི་མཆོད་རྟེན་གྱི་བུམ་པ་དང་བྲེ་རྟེད་ཀྱི་ཀ་གདུང་ལྟ་བུའི་བཟོ་དབྱིབས་ནི་ཀ་ཤི་མིར་བཟོ་ལུགས་ཀྱིས་ཤན་ཤུགས་ཐེབས་ཡོད་པ་པར་4–9ལས་གསལ་བ་དང་། པར་4–8ནང་གསལ་བའི་བྲེ་རྟེད་རྣམ་པ་ནི་གདུགས་འདེགས་པདྨའི་ཁྱད་ཆོས་དང་འདྲ་བར་མངོན་ཞིང་། བང་རིམ་གསུམ་ཅན་གྱི་ཐོད་དུ་ཁང་པའི་སྤུ་ཤུ་དང་བཟོ་དབྱིབས་སུ་གཟུང་སྟེ་(བོན་གྱི་མཆོད་རྟེན་དུ་ཁ་འབབ་ཅེས་ཟེར་)དང་བ་གམ་(བོན་གྱི་མཆོད་རྟེན་དུ་བྱ་འདབ་ཅེས་ཟེར་)འདྲ་བའི་ཆར་ཨར་སྐྲུན་གྱི་གདུང་ཤིང་ལྟ་བུར་བྱུང་བའི་ཁྱད་ཆོས་ནི་གནའ་བོའི་རྒྱ་གར་བྱང་ཤར་གྱི་པཱ་ལ་རྒྱལ་རབས་(༧༥༠–༡༡༨༨)བཟོ་ལུགས་ཀྱི་ཤུགས་རྐྱེན་ཐེབས་ཡོད་ཀྱང་། དེའི་འབྱུང་ཁུངས་ནི་གནའ་བོའི་གན་དྷཱ་རའི་བཟོ་ལུགས་ཡིན་པ་དཔྱད་གཞི་གཞན་ལས་མངོན་ཐུབ་སྟེ། པར་4–10ནི་དུས་རབས་༡༠–༡༡པའི་བར་གྱི་བལ་པོའམ་ཡང་ན་བོད་ཡུལ་སྟོད་མངའ་རིས་སུ་བསྐྲུན་པའི་སླཱ་ཚྭའི་མཆོད་རྟེན་ཞིག་ཡིན་པ་དང་དེའི་བང་རིམ་ཐོད་ཀྱི་ཉ་རྒྱབ་འདྲ་བའི་རྣམ་པར་གདུང་ཤིང་ལྟ་བུ་ཅམ་མ་ཟད་བང་རིམ་སོ་སོའི་སྒོ་མོའི་གཡས་གཡོན་དུ་འདང་ཀ་བའི་བཟོ་དབྱིབས་གསལ་ལ། དེའི་རྣམ་པའི་འབྱུང་ཁུངས་ནི་གན་དྷཱ་

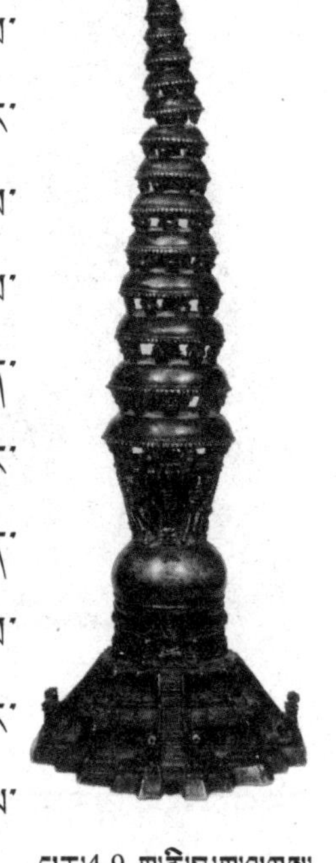
པར་4-9 ཀ་ཤི་ཁ་ཀ་ལུགས་ཀྱི་མཆོད་རྟེན།

རའི་བཟོ་ལུགས་ཡིན་པར་འདོད།[1] མཆོད་རྟེན་འདིའི་བང་རིམ་གསུམ་ཅན་གྱི་སྤྱིའི་ཁྱད་ཆོས་ནི་པར་4–8དང་མི་འདྲ་བར་མངོན་ཡོད། འོན་ཏེ་འདི་གཉིས་ཀྱི་གྲུབ་ཆའི་ཆ་ཤས་འགའ་ཡི་བཟོ་ལུགས་མཛེས་རྒྱན་ལ་སོགས་པས་ཕན་ཚུན་

པར་4-10 བལ་པོའམ་བོད་ཡུལ་གྱི་སླ་རྫ་མཆོད་རྟེན།

དབར་འབྲེལ་བ་གང་ཞིག་བྱུང་ཡོད་མེད་ཐད་ལ་གོ་བ་ཞིག་ལོན་ཐུབ་པ་ནི་ཐེ་ཚོམ་མེད་ལ། པར་4–10དང་འདྲ་བའི་མཆོད་རྟེན་བཟོ་དབྱིབས་ཀྱི་རྣམ་པ་ནི་དུས་རབས་༡༨པའི་སྐབས་ཐོག་ཏུ་བཞེངས་པའི་གུ་གེ་རྩ་རང་མཁར་གཤམ་གྱི་ལྷ་ཁང་དམར་པོའི་ལྡེབས་རིས་སུ་འཀོད་པའི་བཀྲ་ཤིས་སྒོ་མང་མཆོད་རྟེན་དཔེ་རིས་ཀྱིས་རྣམ་པ་འདི་ལྟ་བུའི་བྱུང་འཕེལ་དང་མུ་མཐུད་བཟོ་དབྱིབས་འདི་ལྟར་དུ་བསྐྲུན་སྲོལ་བྱུང་དང་འབྱུང་བཞིན་པའི་སྐོར་ལ་སྐྲུབ་བྱེད་སྲ་བརྟན་ཞིག་སྤྲིན་ཞིང་། དེའི་སྐོར་གྱི་ནང་དོན་ལ་གཤམ་གྱི་འབྲེལ་ཡོད་གནད་དོན་མུ་མཐུད་ངོ་སྤྲོད་ཞུ་རྒྱུའོ། །གོང་དུ་དཔྱེ་ཞིབ་ཞུས་པའི་ཁྱད་ཆོས་དེ་དག་དང་པར་4–8ནང་སླ་ཚྭའི་ངོས་སུ་གནའ་བོའི་རྒྱ་གར་གྱི་ཡི་གེ་བཀོད་སྲོལ་བྱུང་བར་གཞིགས་ན། མཆོད་རྟེན་དཔེ་རིས་འདིའི་དུས་ཚོད་ནི་དུས་རབས་༡༠–༡༡པའི་བར་དུ་ངེས་པར་སེམས་པས་མུ་མཐུད་དཔྱད་པར་འཚལ།

① [瑞士]艾米•海勒著，赵能、廖旸译：《西藏佛教艺术》，北京：文化艺术出版社，2007年版ཤོག་ངོས་༥༨ན་གསལ།

རི་མོ་4–11ནི་རྒྱ་གར་ནུབ་བྱང་ལ་དྭགས་ས་ཁུལ་དུ་གནས་པའི་ཨལ་ཆི་དགོན་(Alchi，阿契寺ཡང་ན་阿济寺)གྱི་ལྷེབས་རིས་སུ་གསལ་བའི་པར་བརྙན་དེ་ཕིར་འཛིན་པས་སྐྱ་རིས་སུ་ཕབ་པའི་དཔེ་རིས་ཤིག་ཡིན།[1] དེ་བཞེངས་པའི་དུས་ཚོད་ནི་དུས་རབས་༡༢པའི་ནང་ཡིན་པ་དང་།[2] སྤྱིའི་ཁྱད་ཆོས་སུ་བང་རིམ་གསུམ་ཅན་གྱི་ལྷ་བབས་མཆོད་རྟེན་རྣམ་པར་བྱས་ཤིང་། དབུས་ཀྱི་ཐེམ་སྐས་ནི་བང་རིམ་སོ་སོར་རེ་རེ་བྱས་པ་ལས་བང་རིམ་གྱི་ཐོད་ནས་སྨད་བར་དུ་གཅིག་གི་རྣམ་པར་བསྐྲུན་མེད། ལར་རི་མོའི་འབྲི་སྟངས་སུ་བང་རིམ་གཉིས་པ་དང་གསུམ་པར་པདྨ་ཁ་སྦྱར་གྱི་རྣམ་པར་སྣང་ཡོད་པ་ནི། བོད་ཡུལ་དུ་དར་ཁྱབ་ཆེ་བའི་མཆོད་རྟེན་བང་རིམ་གྱི་ཁྱད་ཆོས་དང་ཐ་དད་པའི་སྣང་ཚུལ་དུ་གྱུར། བང་རིམ་གསུམ་གྱི་འོག་ཏུ་རྨང་རྟེན་ཞིག །དེའི་འོག་ཏུ་པད་གདན་དང་། བང་རིམ་སྟེང་གི་བུམ་རྟེན་དོད་ཀྱི་གྲུབ་ཆ་དེ་བུམ་པ་དང་མཉམ་དུ་འབྲེལ་བ་ལྟ་བུར་བྱས་པ་ལས་ཐ་དད་པའི་གྲུབ་ཆ་མངོན་རྒྱུ་མེད། བུམ་པའི་བཟོ་དབྱིབས་ཟླུམ་རིལ་དུ་བྱས་པ་ཡང་ཆེས་སྔ་དུས་ཀྱི་ཀ་ཤི་མིར་བཟོ་ལུགས་ཁྱད་ཆོས་ལྡན་པ་སྟེ། གོང་དུ་དྲངས་ཟིན་པའི་པར་4–9ནང་གི་མཆོད་རྟེན་བུམ་པ་དང་ཆ་འདྲ་བར་མངོན་ཡོད་པ། བུམ་པའི་སྟེང་བྲེའི་དོད་ཀྱི་གྲུབ་ཆ་ཡང་པར་4–9ནང་གསལ་བའི་གདུགས་འདེགས་པདྨ་

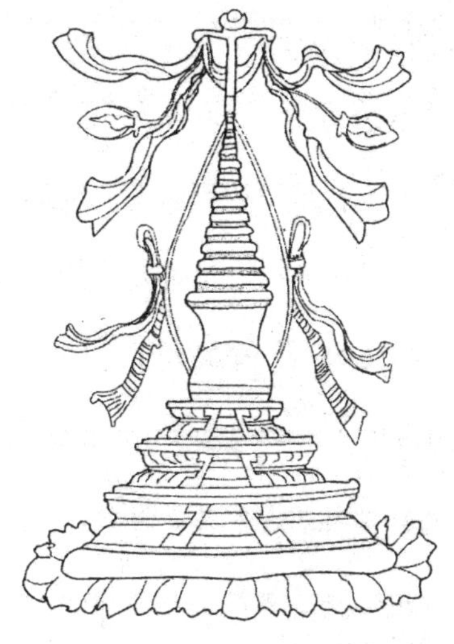
རི་མོ4-11 རྒྱ་གར་ལ་དྭགས་ས་ཁུལ་ཨལ་ཆི་དགོན་གྱི་ལྷེབས་རིས་སུ་གསལ་བའི་མཆོད་རྟེན།

① Goepper,R,and J.Poncar.Alchi.Buddha,Goddesses,Mandalas.Köln,1984

② 罗杰•格佩尔著、杨清凡译：《阿济寺早期殿堂中的壁画》，载张长虹、廖旸主编：《越过喜玛拉雅-西藏西部佛教艺术与考古译文集》，成都：四川大学出版社，2007年版

ལྷ་བུ་དང་འདྲ་བ། དེའི་སྟེང་ཆོས་འཁོར་བཅུ་གསུམ། དེའི་སྟེང་སྲུལ་གྱི་དབྱིབས་མངོན་གསལ་མི་དོད་པའི་ཐུགས་རྗེ་མདོ་གཟུངས། དེའི་སྟེང་གདུགས་ཁེབས། དེའི་སྟེང་ཉི་ཟླ་ཏོག །ཆར་ཁེབས་འོག་ནས་གཡས་གཡོན་གཉིས་སུ་དར་དཔྱངས་དང་དྲིལ་བུ། ཐུགས་རྗེ་མདོ་གཟུངས་མཚམས་ནས་གཡས་གཡོན་གཉིས་སུ་བུམ་སྐེད་དུ་སྙིབས་པའི་ལྕུགས་ཐག་གིས་བརྒྱན་ལ། དེའི་སྐེད་མཚམས་སུ་དར་གྱིས་འཕྱུང་བ་བཅས་སོ། །རྣམ་པ་འདི་ལྷ་བུའི་མཆོད་རྟེན་ནི་ཀ་ཤེ་མིར་བཟོ་ལུགས་ཁྱད་ཆོས་ལྡན་པའི་ཚད་ལྡན་གྱི་མ་དཔེ་ཞིག་ཏུ་འགྱུར་སྲིད་ལ། དེའི་ཁྱད་ཆོས་ཁྲིད་ཀྱི་བང་རིམ་གསུམ་ཅན་འདི་ལྟའི་དབྱིབས་ནི་བོད་ཡུལ་དུ་དར་བའི་བང་རིམ་གསུམ་ཅན་མཆོད་རྟེན་ནང་མཐོང་རྒྱུ་ཡོད་པ་ད་ལམ་ཕིར་འཛིན་པར་འབྲེལ་ཡོད་དཔྱད་གཞི་ལག་སོན་མ་བྱུང་སོང་། འོན་ཏེ་བུམ་པ་དང་བྲེ་དོད་དབྱིབས་ཀྱི་ཁྱད་ཆོས་ནི་བོད་ཡུལ་སྟོད་མངའ་རིས་སུ་བསྐྲུན་པའི་མཆོད་རྟེན་ཁྲིད་མཐོང་རྒྱུ་ཡོད་པ་གོང་གི་ནང་དོན་དུ་དཔྱེ་ཞིབ་བྱས་པ་བཞིན་ནོ། །

རི་མོ་4–12ནི་མཐོ་ལྡིང་དགོན་གྱི་ཕྱི་རོལ་ཕྱོགས་བཞིར་བཞུགས་པའི་མཆོད་རྟེན་རྣམ་བཞིའི་ཡ་གྱལ་ཏེ་ལྷོ་ནུབ་ཕྱོགས་ཀྱི་ལྷ་བབས་མཆོད་རྟེན་གྱི་དཔེ་རིས་ཤིག་ཡིན་ཏེ།[1] དེའི་རྣམ་པའི་ཁྱད་ཆོས་སུ་ཁྲི་གདན་གྲུ་བཞིའི་སྟེང་རྨང་དགེའམ་དགེ་བཅུ་སྒྲོ་འབུར་གྱི་རྣམ་པར་བྱས་པ་ཞིག་དང་། དེའི་སྟེང་བང་རིམ་གསུམ་ཅན་ཟུར་ཉི་ཤུ་ལྡན་པ་སྒྲོ་འབུར་དུ་བྱས་པ། བང་རིམ་དབུས་སུ་གསུམ་པའི་ཐོད་ནས་ཁྲིའི་ངོས་མཚམས་བར་དུ་ཐེམ་སྐས་གཅིག་གི་རྣམ་པར་བྱས་པ། དེའི་སྟེང་བུམ་རྟེན། དེའི་སྟེང་གི་བུམ་པའི་བཟོ་དབྱིབས་ལྷུང་བཟེད་ཁ་སྦུབས་ཀྱི་ཁྱད་ཆོས་ནི་ལེབ་

① 西藏自治区文物局编：《西藏阿里地区文物抢救保护工程报告》，北京：科学出版社，2002年ཤོག་ངོས་༥༨ནང་གི་རི་མོ་༣པར་གསལ་སོང་། འོན་ཏེ་དེའི་ནང་དུ་མཆོད་རྟེན་འདིའི་མཚན་བྱང་ལ་འབྲུལ་ནོར་བྱུང་འདུག་སྟེ་མཆོད་རྟེན་ཁྲ་བོ་ཞེས་བཀོད་པའོ། །

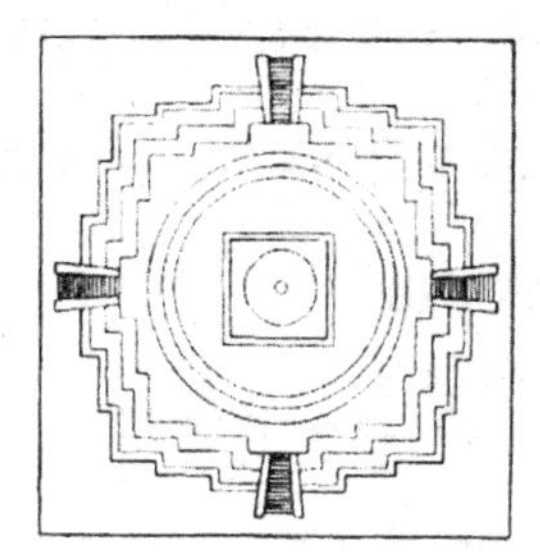

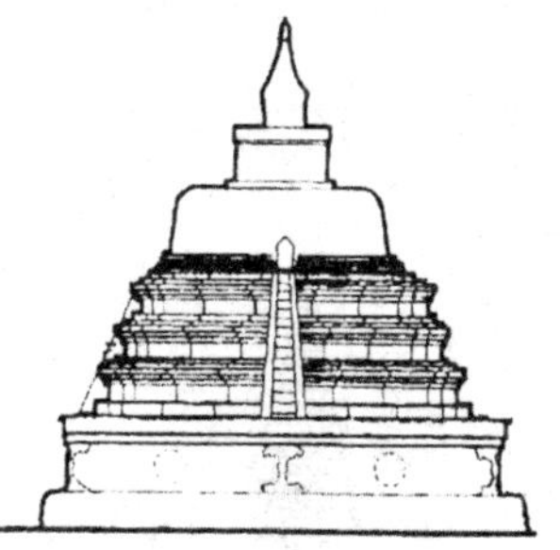

རི་མོ4-12 མཐོ་ལྡིང་དགོན་གྱི་ཕྱི་ཡི་དུ་གཙོན་བཞིའི་ཡ་གྲུལ་སྐོ་རྡུབ་ལྷ་བབས་མཆོད་རྟེན།

ཞིང་ཆེ་ལ། བུམ་པའི་དཔྱང་པ་གཡས་གཡོན་གཉིས་འཛོལ་ཙམ་གྱི་རྣམ་པར་མངོན་པ་མ་གཏོགས། བུམ་པའི་སྤྱིའི་བཟོ་དབྱིབས་ནི་སྐས་དབྱིབས་(梯形)དང་ཆ་འདྲ་བར་འདུག་ཅིང་། བང་རིམ་གསུམ་པའི་ཡར་ཐོད་ནས་འགོ་བཙུགས་ཏེ་བུམ་རྟེན་ཁོངས་སུ་ཚུད་པའི་བུམ་སྨད་མཚམས་བར་དུ་སྒོ་ཁྱིམ་ཆུང་ཆུང་སྨད་ནར་དབྱིབས་དང་སྟོད་རྩེ་སྣུང་བའི་དབྱིབས་སུ་བྱས་པ། བུམ་པའི་སྟེང་དཔངས་མཐོ་པོ་མ་ཡིན་པའི་བྲེ་རྐང་། དེའི་སྟེང་གཟུང་སྣེ་དང་འདྲ་བའི་དབྱིབས་ཤིག་བྱུང་བའི་སྟེང་དུ་དཔངས་མཐོ་པོ་མ་ཡིན་པའི་བྲེ། དེའི་སྟེང་ཆོས་འཁོར་གྱི་བཟོ་དབྱིབས་ནི་ཁྱད་མཚར་བ་ཞིག་ཏུ་བྱས་ཡོད་པ་དེ་ནི་དྲུག་པོའི་གཏོར་མ་ལྟ་བུ་ཞིག་སྟེ། འཁོར་ལོ་སོ་སོའི་ཞབ་ཐྲའི་ཁྱད་ཆོས་མ་བཀོད་པར་དེའི་སྨད་ནི་ཀ་ཟླུམ་དབྱིབས་(圆柱形)སུ་བྱས་པ་དང་སྟོད་དུ་སྣུང་རིལ་(圆锥形)གྱི་བཟོ་དབྱིབས་སུ་བྱས་ལ། དེའི་སྟེང་དུ་ནོར་བུ་ཏོག་གིས་བརྒྱན་པ་བཅས་སོ། །མཆོད་རྟེན་འདིའི་ཆོས་འཁོར་བཟོ་དབྱིབས་དེ་ལྟ་ནི་སྟོད་མངའ་རིས་ཀྱི་རིག་གནས་ཁོར་ཡུག་དེའི་མངའ་ཁོངས་སུ་བསྐྲུན་པའི་མཆོད་རྟེན་རྣམ་པར་མཇལ་རྒྱུ་ཡོད་པ་ཙམ་ལས་ས་ཁུལ་གཞན་དུ་དེ་ལྟར་བྱུང་ཡོད་མིན་སྐོར་ནི་ད་ལམ་ཕིར་འཛིན་པར་ལག་སོན་བྱུང་བའི་དཔྱད་གཞིས་ར་སྤྲོད་བྱེད་ཐུབ་དཀའ་བའི་གནས་སུ་གྱུར་ཞིང་། དེ་ལྟ་བུའི་བཟོ་དབྱིབས་རྣམ་པ་ནི་ས་ཁུལ་རང་བཞིན་གྱི་ཁྱད་ཆོས་སུ་རྟུང་བ་མ་ཟད། དུས་རིམ་རང་བཞིན་གྱི་ཁྱད་ཆོས་ཤིག་ཀྱང་ཡིན་འདུག་པར་སྙམ་མོ། །མཆོད་རྟེན་

འདིའི་སྤྱིའི་རྣམ་པའི་ཁྱད་ཆོས་ལ་གཞིགས་ན། བཞེངས་པའི་དུས་ཚོད་ནི་དུས་རབས་༡༣པ་ནས་༡༥པའི་བར་ཡིན་འདུག་པར་མངོན་ཡང་ད་དུང་མུ་མཐུད་ནས་དཔྱད་པར་འཚལ།

རི་མོ་4–13ནི་གུ་གེ་རྩ་རང་མཁར་གཤམ་དུ་གནས་པའི་ལྷ་ཁང་དམར་པོའི་ལྡེབས་རིས་སུ་འཁོད་པའི་བདེ་གཤེགས་མཆོད་རྟེན་ཆ་བརྒྱད་ཀྱི་ནང་གསེས་ལྷ་བབས་མཆོད་རྟེན་གྱི་དཔེ་རིས་ཤིག་ཡིན་པ་དང་། རི་མོ་འདིའི་མ་དཔེ་ནི་《གུ་གེ་གནའ་གྲོང་རྗེས་ཤུལ》ཞེས་པའི་གནའ་དཔྱད་སྙན་ཞུའི་དཔེ་དེབ་སྨད་ཆའི་པར་བརྙན་དུ་འཁོད་ཡོད་ཅིང་།[①] དེའི་མ་དཔེར་གཞི་འཛིན་ཐོག་པེར་འཛིན་པས་སྐྱ་རིས་སུ་ཕབ་པ་ཞིག་ཡིན། གཤམ་དུ་འདྲེན་པའི་ལྷ་ཁང་དེའི་ལྡེབས་རིས་མཆོད་རྟེན་གྱི་དཔེ་རིས་ཚང་མ་གོང་གི་འབྱུང་ཁུངས་དང་འདྲ་བས་དམིགས་བསལ་གྱིས་གསལ་བཤད་མི་བྱེད་དོ། །མཆོད་རྟེན་འདིའི་རྣམ་པར་བང་རིམ་གསུམ་ཅན་ཟུར་བཅུ་གཉིས་ལྡན་པ་སྒོ་འབུར་དུ་བྱས་པ་དང་། བང་རིམ་གསུམ་པོའི་དབྱིབས་སུ་ཐེམ་སྐས་གཅིག །བང་རིམ་འོག་ཏུ་རྐང་དགུ །དེའི་འོག་ཏུ་ཁྲི་གདན། བང་རིམ་སྟེང་བུམ་ཆེན་པོ། དེའི་སྟེང་བུམ་པ་དྲིལ་བུ་ཁ་སྦུབས་ཀྱི་དབྱིབས་སུ་བྱས་པ། དེའི་སྟེང་བྲེ་རྐང་དང་བྲེ་རྟེན་མེད་པར་བྲེ་རང་གི་གྲུབ་ཆ་བྱས་པ། དེའི་སྟེང་

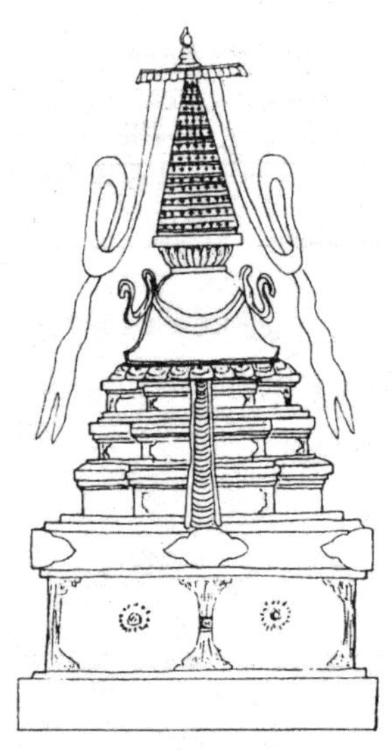

རི་མོ་4-13 གུ་གེའི་ལྷ་ཁང་དམར་པོའི་ལྡེབས་རིས་སུ་འཁོད་པའི་ལྷ་བབས་མཆོད་རྟེན།

① 西藏自治区文物管理委员会编：《古格故城》（下册），北京：文物出版社1991年版ནང་གི་པར་ཨང་༥༧ལ་གསལ།

གདུགས་འདེགས་པ་བརྒྱར་ཐོག་ཁེབས་ལྟ་བུ་ཞིག་ཡོད་པ། དེའི་སྟེང་ཡར་རིམ་བཞིན་ཆོས་འཁོར་དང་། ཆར་ཁེབས། ཏོག་བཅས་ཡོད་དོ། །

རི་མོ་4-14ནང་གསལ་བ་ནི་རྩ་རང་མཁར་གཤམ་ལྷ་ཁང་དམར་པོའི་ལྡེབས་རིས་སུ་འཁོད་པའི་མཆོད་རྟེན་ཆ་བརྒྱད་ཀྱི་ནང་གསེས་བཀྲ་ཤིས་སྒོ་མང་མཆོད་རྟེན་གྱི་དཔེ་རིས་ཤིག་ཡིན། དེའི་ཁྲི་གདན་དང་རྐང་དགེ་གོང་དུ་དྲངས་ཟིན་པའི་ལྷ་བབས་མཆོད་རྟེན་དང་འདྲ་ཞིང་། བང་རིམ་གསུམ་ཅན་གྱི་སྤྱིའི་རྣམ་པ་ནི་པར་4-10དང་འདྲ་ཡང་སྒོ་མོའི་ནང་དུ་སངས་རྒྱས་ཀྱི་དབུ་བཞུགས་ཡོད་པའི་རྣམ་པ་མེད་ལ། བང་རིམ་གསུམ་ཅན་གྱི་ཁྱད་ཆོས་ཀྱང་དབུས་ཀྱི་མདུན་དུ་བང་རིམ་གཉིས་སུ་བྱས་པ་མ་ཟད། དེའི་དཔངས་ཀྱང་རྒྱབ་ཀྱི་བང་རིམ་གསུམ་ཅན་དང་ཛམས་ཚད་ཆ་འདྲ་བར་བྱས་པ་དང་། བང་རིམ་ཡན་ཆོད་གྲུབ་ཆ་གཞན་རྣམས་ཀྱི་རྣམ་པ་ནི། གོང་གི་རྩ་རང་མཁར་གཤམ་ལྷ་ཁང་དམར་པོའི་ལྡེབས་རིས་སུ་འཁོད་པའི་ལྷ་བབས་མཆོད་རྟེན་དང་འདྲ་བས་འདིར་བསྐྱར་ཟློས་མི་བྱའོ། །

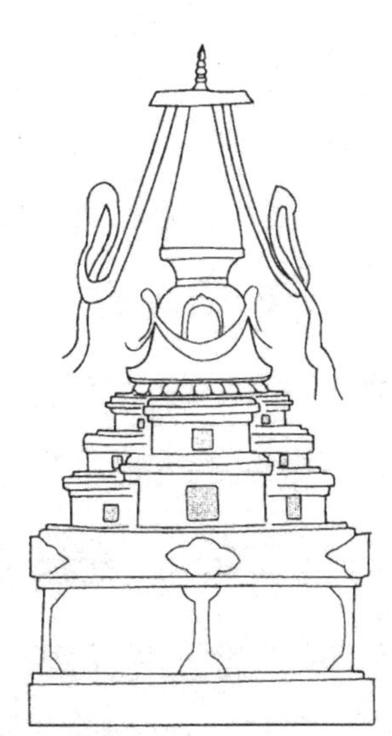

རི་མོ་4-14 གུ་གེའི་ལྷ་ཁང་དམར་པོའི་ལྡེབས་རིས་སུ་འཁོད་པའི་སྒོ་མངས་མཆོད་རྟེན།

གོང་དུ་དྲངས་ཟིན་པའི་གུ་གེ་རྩ་རང་མཁར་གཤམ་ལྷ་ཁང་དམར་པོའི་ལྡེབས་རིས་སུ་གསལ་བའི་ལྷ་བབས་མཆོད་རྟེན་དང་སྒོ་མང་མཆོད་རྟེན་གཉིས་ནི་ལྷ་ཁང་དེ་ཇི་ཙམ་ལ་བསྐྲུན་པའི་དུས་དང་མཉམ་དུ་ཡིན་ཏེ། སྟག་གི་ལོ་ལ་(སྤྱི་ལོ་༡༤༢༤ལོར[①])བྲག་ལ་སྐར་དུ་འཁྲུངས་པའི་གུ་གེ་རྒྱལ་ཐོག་༡༨པ་བློ་བཟང་རབ་

① 古格·次仁加布：《阿里史话》，拉萨：西藏人民出版社，2003年版ཤོག་ངོས་༢༥ནང་

བརྟན་[1]གྱི་སྐུ་དུས་སུ་ཁོང་གི་“བཙུན་མོ་དོན་གྲུབ་མས་མཆོད་ཁང་དམར་པོ་ཀ་བ་སུམ་ཅུའི་ཁྱོན་ལྡན་དང་། མཉམ་མེད་གྲུབ་པའི་དབང་པོ། བྱམས་པ། རིགས་གསུམ་མགོན་པོ། རྗེ་བཙུན་ཙོང་ཁ་པ་ཡབ་སྲས་རྣམས་ཀྱི་སྐུ་བརྙན་དང་། གསུང་རབ་སོགས་སྐུ་གསུང་ཐུགས་རྟེན་བརྟན་པར་ཅིས་པ་བཞེངས།”[2] ཞེས་འཁོད་པ་ལས། ལྷ་ཁང་དམར་པོ་གང་དང་དུས་ནམ་ཙམ་དུ་བཞེངས་མིན་སྐོར་གསལ་ཡོད་པར་གཟིགས་ན། ལྷ་ཁང་དམར་པོ་བཞེངས་པའི་དུས་ཚོད་ནི་རྒྱལ་པོ་བློ་བཟང་རབ་བརྟན་ན་ཚོད་ལོན་པའི་དགུང་གྲངས་ཏེ་དགུང་ལོ་༡༨ཡན་ལ་ཕེབས་རྗེས་སུ་བཙུན་མོ་བཞེས་པར་སྲིད་ན། ལྷ་ཁང་དམར་པོ་བཞེངས་པའི་དུས་ཚོད་ནི་དུས་རབས་༡༨པའི་དུས་སྟོད་ནང་དུ་ངེས་པར་སེམས་པས་མུ་མཐུད་དཔྱད་དགོས་པ་གལ་ཆེ། གཞན་ཡང་། ཆེད་དེབ་འདིའི་ནང་དུ་མུ་མཐུད་ལྷ་ཁང་དམར་པོའི་ལྡེབས་རིས་སུ་འཁོད་པའི་མཆོད་རྟེན་དཔེ་རིས་འདྲེན་པའི་དུས་ཚོད་ཀྱང་གོང་དང་གཅིག་མཚུངས་ཡིན་པས་དམིགས་བསལ་གྱིས་འགྲེལ་བརྗོད་མི་བྱའོ། །

རི་མོ་4-15ནི་ས་སྐྱའི་གདན་ས་ཆེན་མོའི་བྱང་དུ་བཞུགས་པའི་རྣམ་རྒྱལ་མཆོད་རྟེན་ཕྱིར་བཏུམས་པའི་སྔོན་གྱི་དཔེ་རིས་ཤིག་ཡིན།[3] མཆོད་རྟེན་འདིའི་ནང་དུ་བཞུགས་པའི་རྣམ་རྒྱལ་མཆོད་རྟེན་ནི་གདན་ས་ཆེན་མོ་ས་སྐྱ་དགོན་གྱི་ངོ་མཚར་

གསལ་འདུག་ལ་ཁོང་གི་འདས་ལོ་མ་རྙེད་ཀྱང་ལྷ་ཁང་དམར་པོ་བཞེངས་པའི་དུས་ཚོད་ནི་དུས་རབས་༡༨པའི་ནང་ཡིན་ཤས་ཆེའོ། །

① གུ་གེ་ཚེ་རིང་རྒྱལ་པོའི་《མངའ་རིས་ཆོས་འབྱུང་གངས་ལྗོངས་མཛེས་རྒྱན་》 བོད་ལྗོངས་མི་དམངས་དཔེ་སྐྲུན་ཁང་གིས་སྤྱི་ལོ་༢༠༠༨ལོར་བསྐྲུན་པའི་ཆེད་དེབ་ནང་འཁོད་པའི་གུ་གེའི་རྒྱལ་ཐོག་རིམ་བྱོན་གྱི་གོ་རིམ་ལྟར་དུ་སྒྲིག་པའོ། །

② སྡེ་སྲིད་སངས་རྒྱས་རྒྱ་མཚོས་བརྩམས་པའི་《དགའ་ལྡན་ཆོས་འབྱུང་བཻཌཱུརྻ་སེར་པོ་》 ཀྲུང་གོའི་བོད་ཀྱི་ཤེས་རིག་དཔེ་སྐྲུན་ཁང་གིས་སྤྱི་ལོ་༡༩༩༡ལོར་བསྐྲུན་པའི་པར་ཐེངས་༢པའི་ཤོག་ངོས་༢༧༦ན་གསལ།

③ 宿白：《藏传佛教寺院考古》，北京：文物出版社，1996年版ཤོག་ངོས་༡༠ཡི་དཔེ་རིས་སུ་གསལ།

རྟེན་བཞིའི་ཡ་གྱལ་ཞིག་ཡིན་པ་དང་། ཐོག་མའི་རྣམ་པ་ནི་རྒྱ་གར་ཤར་ནུབ་མཆོད་རྟེན་བྱིན་རླབས་ཅན་ཇོ་སྙེད་ཅིག་བཞུགས་པའི་ཐམས་ཅད་ཀྱི་ས་སྟ་བསྐྲུས་ནས་དཔལ་ལྡན་ས་སྐྱའི་གདན་རབས་གཉིས་པ་བ་རི་ལོ་ཙྪ་བ་རིན་ཆེན་གྲགས་(ཕྱི་ལོ་༡༠༤༠ལོ་–ཕྱི་ལོ་༡༡༡༡ལོའི་བར་འཚོ་བཞུགས་[①])ཀྱིས་གདན་ས་ལོ་བརྒྱད་བཟུང་རིང་(ཕྱི་ལོ་༡༡༠༢ལོ་–ཕྱི་ལོ་༡༡༡༡ལོའི་བར་གདན་སའི་ཁྲིར་བཞུགས་[②])དུ་ཉིད་

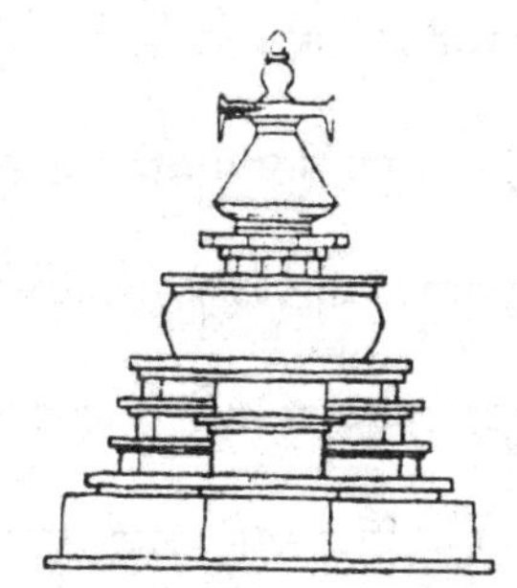

རི་མོ4-15 ས་སྐྱའི་གདན་ས་དགོན་པ་བྱང་དུ་བཞུགས་པའི་རྣམ་རྒྱལ་མཆོད་རྟེན་ཕྱིར་བཏུམས་པའི་སྔོན་གྱི་གསེར་ཟངས་མཆོད་རྟེན།

ཀྱི་ཐུགས་དམ་གྱི་རྟེན་དུ་བཞེངས་པའི་བྱིན་ཅན་མཆོད་རྟེན་"ས་སྐྱའི་རྣམ་རྒྱལ་སྐུ་འབུམ་"ཞེས་གྲགས་པ་དེ་ཡིན་ཏེ། དེའི་ནང་དུ་རྣམ་རྒྱལ་གྱི་གཟུངས་འབུམ་ཐེར་གསུམ་དང་། ཁྲི་ཚེ་བདུན་བཞུགས་པའི་སྣཚྭ་རྒྱ་བོད་ཀྱི་རྟེན་བྱིན་ཅན་དུ་མ་ནང་དུ་བཅུག་ཡོད་ཅིང་། དེ་བཞིན་གཤེགས་པ་དང་། པཎ་གྲུབ་དུ་མའི་རིང་བསྲེལ་དང་གདུང་། ཁྱད་པར་དུ་སངས་རྒྱས་འོད་སྲུང་གི་སྐུམ་སྦྱར་སོགས་བྱིན་རྟེན་བསམ་གྱིས་མི་ཁྱབ་པ་བཞུགས་པ་ལགས།[③] དེ་ནི་ཕྱི་ལོ་༡༡༠༢ལོ་–ཕྱི་ལོ་༡༡༡༡ལོའི་བར་དུ་བཞེངས་པའི་བྱིན་ཅན་མཆོད་རྟེན་ཞིག་ཡིན་པ་དང་། དེའི་རྗེས་ཀྱི་དུས་རབས་༡༥པའི་དུས་སྨད་ནས་དུས་རབས་༡༨པའི་དུས་སྟོད་བར་མཚམས་སུ་ས་སྐྱའི་ཁྲི་པ་ཉེར་གཉིས་པ་སྔགས་འཆང་བདུད་ཀྱི་སྟོབས་འཇོམས་གྲགས་པ་སྔགས་

① 《དུང་དཀར་ཚིག་མཛོད་ཆེན་མོ་》ཡི་ཤོག་ངོས་༡༣༧༤ན་གསལ།

② བཀྲས་ལྷུན་དགོན་ལོ་རྒྱུས་རྩོམ་འབྲི་ཚོགས་ཆུང་གིས་བསྒྲིགས་པའི་《དཔལ་ལྡན་ས་སྐྱ་དགོན་གྱི་ལོ་རྒྱུས་དང་ཁྲི་པ་རིམ་བྱོན་གྱི་རྣམ་ཐར་མདོར་བསྡུས་བཞུགས་སོ་》 བོད་ལྗོངས་མི་དམངས་དཔེ་སྐྲུན་ཁང་གིས་ཕྱི་ལོ་༢༠༠༠ལོར་བསྐྲུན་པའི་པར་ཐེངས་༢པའི་ཤོག་ངོས་༡༩ན་གསལ།

③ ས་སྐྱ་བློ་གྲོས་རྒྱ་མཚོའི་《ས་སྐྱའི་བསྟན་འཛིན་ངོ་མཚར་གསུམ་དང་གདན་སའི་གནས་ཡིག་》མི་རིགས་དཔེ་སྐྲུན་ཁང་གིས་ཕྱི་ལོ་༢༠༠༩ལོར་བསྐྲུན་པའི་ཤོག་ངོས་༤༢དང་༤༣ན་གསལ།

འཆང་བསྟན་པའི་ཉི་མ་འཁམ་བདག་ཆེན་སྔགས་འཆང་ངག་དབང་ཀུན་དགའ་རིན་ཆེན་བཀྲ་ཤིས་གྲགས་པ་རྒྱལ་མཚན་ (སྤྱི་ལོ་༡༤༥༧ལོ་–སྤྱི་ལོ་༡༥༢༩ལོའི་བར་འཚོ་བཞུགས་གནང་། ༡༤༥༢–༡༥༢༩ལོའི་བར་ཁྲིར་བཞུགས་①) གྱིས། "གནས་མཆོག་ཁྱད་འཕགས་འདི་ཉིད་དུ་བཀྲ་ཤིས་དགེ་ལེགས་སྟོལ་བའི་སླད་དུ་མེད་དུ་མི་རུང་བར་དགོངས་ཏེ་རྨང་ནས་བཟུང་ཉམས་གསོ་མཛད་ཅིང་དེ་ཉིད་ནང་གཟུངས་ཚུལ་དུ་བཞུགས་པ་ལ་སླར་ཡང་རྨང་ནས་བཟུང་རྩེ་མོ་ཆོས་འཁོར་གན་ཛི་རས་བརྒྱན་པའི་བར་དུ་ཞབས་ཏོག་ལྷ་ན་མ་མཆིས་པ་ཕུལ་བ་"②ནས་བཟུང་། ཁྱིན་ཅན་རྣམ་རྒྱལ་མཆོད་རྟེན་དེ་ཉིད་ཀྱང་གསེར་ཟངས་ཀྱིས་བརྟུམས་པའི་མཆོད་རྟེན་གྱི་ནང་གཟུང་གི་ཚུལ་དུ་བཞུགས་པ་ལགས། རི་མོ་4–15 དུ་གསལ་བའི་གསེར་ཟངས་མཆོད་རྟེན་གྱིས་མ་བརྟུམས་སྔོན་གྱི་ཐོག་མའི་རྣམ་པ་ནི་རི་མོ་4–16 ནང་དུ་གསལ་བ་བཞིན་ཏེ། སྤྱི་ལོ་༡༩༨༥ལོར་པར་བསྐྲུན་གནང་བའི་《ས་སྐྱ་དགོན་པ་》ཞེས་པའི་པར་བརྙན་བཙམས་ཆོས་སུ་བཏུས་པའི་པར་ཨང་༤པའི་ནང་དུ་གསལ་བ་བཞིན་ཡིར་འཛིན་པས་སྐྱ་རིས་སུ་ཕབ་པ་ཞིག་ཡིན།③ དེ་ཡང་། རྣམ་རྒྱལ་སྐུ་འབུམ་གྱི་ཕྱིར་བརྟུམས་པའི་གསེར་ཟངས་མཆོད་རྟེན་དེ་རྩ་བརྟག

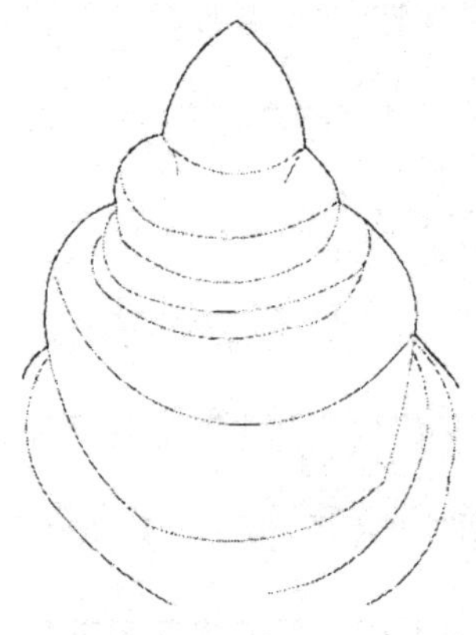

རི་མོ་4-16 གསེར་ཟངས་ནང་དུ་བརྟུམས་པའི་ས་སྐྱའི་རྣམ་རྒྱལ་སྐུ་འབུམ།

① བཀྲས་ལྷུན་དགོན་པོ་རྒྱས་རྫོམ་འབྲི་ཚོགས་ཚང་གིས་བསྒྲིགས་པའི་《དཔལ་ལྡན་ས་སྐྱ་དགོན་གྱི་ལོ་རྒྱུས་དང་ཁྲི་པ་རིམ་བྱོན་གྱི་རྣམ་ཐར་མདོར་བསྡུས་བཞུགས་སོ་》 བོད་ལྗོངས་མི་དམངས་དཔེ་སྐྲུན་ཁང་གིས་སྤྱི་ལོ་༢༠༠༠ལོར་བསྐྲུན་པའི་པར་ཐེངས་༢པའི་ཤོག་གྲངས་༥༨ནས་༦༠བར་ན་གསལ།

② ས་སྐྱ་བློ་གྲོས་རྒྱ་མཚོའི་《ས་སྐྱའི་བསྟན་འཛིན་ངོ་མཚར་གསུམ་དང་གདན་སའི་གནས་ཡིག་》 མི་རིགས་དཔེ་སྐྲུན་ཁང་གིས་སྤྱི་ལོ་༢༠༠༤ལོར་བསྐྲུན་པའི་ཤོག་གྲངས་༨༣ན་གསལ།

③ 西藏自治区文物管理委员会编：《萨迦寺》（画册），北京：文物出版社，1985年版

ཁུ་སོང་རྫེས་དེང་གི་གསེར་ཟངས་རྣམ་རྒྱལ་མཆོད་རྟེན་བསྐྲུར་བཞེངས་མ་གནང་སྔོན་གྱི་བར་མཚམས་དེར་པར་དུ་བླངས་པའི་སྣང་བརྙན་དེས་རྣམ་རྒྱལ་སྐུ་འབུམ་གྱི་བཟོ་དབྱིབས་དངོས་ཇི་ལྟར་དུ་བསྐྲུན་མིན་ཐད་ལ་དཔྱད་གཞི་རགས་ཙམ་ཞིག་ཐོན་ཐུབ་པ་ནི་བརྗོད་མེད་ཡིན་མོད། འོན་ཏེ་སྐབས་ཐོག་དེར་པར་དུ་བླངས་པའི་སྣང་བརྙན་དུ་མཆོད་རྟེན་གྱི་བུམ་པ་དང་། ཧོག་གི་རྣམ་པ་གསལ་པོར་བྱུང་བ་ལས་མཆོད་རྟེན་བཞུགས་ཡུལ་གྱི་ས་རྒྱ་ཆེན་པོ་མེད་རྐྱེན་དེའི་བུམ་རྟེན་མན་ཆད་ཀྱི་ཁྱད་ཆོས་ནི་པར་གྱི་ནང་དུ་མངོན་ཐུབ་མེད་པ་རི་མོ་4–16ནང་དུ་གསལ་བ་བཞིན་ནོ། །པར་བརྙན་དུ་གསལ་བ་དེ་རི་མོར་ཕབ་པར་གཞིགས་ན། ལྷུང་བཟེད་ཁ་སྦུབས་བུམ་པའི་སྟེང་གི་ཧོག་ནི་བང་རིམ་གཉིས་སུ་ཕྱེས་པའི་རྩེར་ནོར་བུའི་ཧོག་བརྒྱན་པ་ཡང་ཡོན་རྒྱལ་རབས་དུས་སུ་དར་སྲོལ་ཆེ་བའི་མཆོད་རྟེན་གྱི་ཧོག་དེ་ལྟར་དུ་མངོན་ཡོད་པར་སེམས།

ད་ནི་རི་མོ་4–15དུ་གསལ་བའི་བང་རིམ་གསུམ་ཅན་གྱི་གསེར་ཟངས་མཆོད་རྟེན་དེའི་རྣམ་པར་དབྱེ་ཞིབ་བྱ་རྒྱུ་སྟེ། ཁྲི་གདན་སྒོ་འབུར་ཅན་གྱི་སྟེང་དུ་རྨང་དགེ་དང་། དེའི་སྟེང་གི་བང་རིམ་གསུམ་ཅན་རྣམ་པའི་ཕྱིའི་ཁྱད་ཆོས་ནི་རྩ་རང་མཁར་གཤམ་ལྷ་ཁང་དམར་པོའི་བཀྲ་ཤིས་སྒོ་མང་གི་ལྡེབས་རིས་མཆོད་རྟེན་དང་ཆ་འདྲ་བར་མངོན་པ་དེ་ཡང་ཕལ་ཆེར་སྟོད་མངའ་རིས་ཀྱི་མཆོད་རྟེན་བང་རིམ་གསུམ་ཅན་རྣམ་པས་ཤན་ཤུགས་ཐེབས་པར་འདོད་ཅིང་། དེའི་བུམ་རྟེན་མངོན་གསལ་དུ་བསྐྲུན་མེད་ལ། བུམ་པ་ཡན་ཆོད་ཀྱི་བཟོ་དབྱིབས་ནི་སྟོད་མངའ་རིས་ཀྱི་བང་རིམ་གསུམ་ཅན་མཆོད་རྟེན་གྱི་རྣམ་པ་དང་ཐ་དད་ཡིན་པ་དཔེ་རིས་གཉིས་ཀྱི་དཔྱད་བསྡུར་ལས་གསལ་པོར་རྟོགས་ཐུབ་ཅིང་། བུམ་པའི་བཟོ་དབྱིབས་ཅུང་ལེབ་ཞིང་ཆེ་བར་མངོན་ལ། བུམ་ཐོད་དུ་ཁ་ཤིང་རྣམ་

པར་བྱས་པ། དེའི་སྟེང་དུ་ཕྱིས་འབྱུང་ནང་བསྟན་མཆོད་རྟེན་དུ་དར་སྲོལ་ཆེ་བའི་ཡར་རིམ་བཞིན་བྲེ་རྐང་དང་། བྲེ་རྟེན། བྲེའི་རྣམ་པ་དང་མི་འདྲ་བར་ས་བཅད་དང་པོའི་ནང་དྲངས་ཟིན་པའི་དེང་དུས་བོན་གྱི་གཡུང་དྲུང་བཀོད་ལེགས་མཆོད་རྟེན་གྲུབ་ཆར་གསལ་བའི་རྣམ་པ་སྟེ། བུམ་སྐེ་དང་། བྲེ་གདན། བྲེའི་རྣམ་པ་དང་གཅིག་མཚུངས་སུ་བྱས་པའི་བཟོ་དབྱིབས་སྒོ་འབུར་ཅན་དེ་ཡང་། བན་བོན་གཉིས་དབར་གྱི་མཆོད་རྟེན་བཟོ་དབྱིབས་སུ་འབྲེལ་བ་གང་ཞིག་བྱུང་བའི་གནས་ཚུལ་ལས་ངེས་ཤེས་ཤིག་བསྐྱེད་ཐུབ་པར་སེམས་ཤིང་། དེའི་སྟེང་གདུགས་འདེགས་པདྨ། དེའི་སྟེང་གི་ཆོས་འཁོར་ནི་སྨད་ཞེང་ཅུང་ཆེ་ལ་དཔངས་མཐོ་པོ་མེད་པར་བྱས་པའང་བོད་ཡུལ་དབུས་གཙང་དུ་དར་ཁྱབ་བྱུང་བའི་གུང་ཐང་དགོན་ནང་གི་མཆོད་རྟེན་དང་། ཆེད་དེབ་འདིའི་གཤམ་གྱི་ནང་དོན་དུ་འདྲེན་རྒྱུ་ཡིན་པའི་ལྷོ་བྲག་གཏམ་ཤུལ་དགའ་ཐང་འབུམ་ཆེན་དང་། གཞིས་རྩེ་ཁང་དམར་གནས་རྙིང་དགོན་གྱི་མཆོད་རྟེན། རྒྱལ་མཁར་རྩེའི་དཔལ་འཁོར་མཆོད་རྟེན་ལ་སོགས་པའི་ཆོས་འཁོར་བཟོ་དབྱིབས་དང་འདྲ་བར་མངོན་པའི་ཁྱད་ཆོས་ནི། བོད་ཡུལ་སྟོད་མངའ་རིས་ཀྱི་མཆོད་རྟེན་དང་ཐ་དད་པའི་རྣམ་པར་གྱུར་ཡོད་པར་སེམས་ལ། ཁྱད་ཆོས་འདི་ནི་བོད་ཡུལ་དབུས་གཙང་གི་མཆོད་རྟེན་བྱུང་འཕེལ་དུས་རིམ་སྔེ་ཕལ་ཆེར་དུས་རབས་༡༥པའི་གོང་རོལ་དུ་བསྐྲུན་པའི་མཆོད་རྟེན་དག་གི་ས་ཁྱུལ་རང་བཞིན་ལྡན་པའི་བཟོ་ལུགས་ཙམ་དུ་མངོན་པར་སེམས། གལ་སྲིད་རི་མོ་4–15ནང་གསལ་བའི་རྣམ་རྒྱལ་སྐུ་འབུམ་གྱི་ཕྱིར་བཏུམས་པའི་གསེར་ཟངས་མཆོད་རྟེན་དེའི་གདུགས་ཁེབས་སམ་ཆར་ཁེབས་ཀྱི་བཟོ་དབྱིབས་དངོས་ལ་ཆགས་སྐྱོན་མ་བྱུང་བར་རྣམ་པ་དེ་རང་ལ་མངོན་ཡོད་ན། དེའི་ཁྱད་ཆོས་ནི་དམིགས་བསལ་ཞིག་ཏུ་སྣང་འདུག་པ་སྟེ། གཞོགས་གཡས་གཡོན་གཉིས་ཀྱི་

འོག་དང་སྟེང་དུ་ཟུར་སྒོ་རེ་ཐོན་པའི་རྣམ་པར་བྱས་འདུག་མོད། འོན་ཏེ་ཡིར་འཛིན་པའི་ངོས་འཛིན་ལྟར་ན། དེ་ནི་སྔོན་གྱི་གདུགས་ཁེབས་ཀྱི་ལྷུ་ལག་གཞན་རྣམས་ཉམས་ཆགས་བྱུང་བས་རི་མོ་འབྲི་སྐབས་རྣམ་པ་དེ་ལྟར་དུ་མངོན་པ་ཇི་བཞིན་དུ་བྲིས་པ་ཞིག་ཡིན་པ་ལས། དོན་དངོས་ཀྱི་ཆར་ཁེབས་ཁྱད་ཆོས་ནི་དེ་ལྟར་འབྱུང་མི་སྲིད་པ་ཞིག་རེད་སྙམ། ཆར་ཁེབས་སྟེང་བུམ་པ་ཞིག་གི་ཐོད་དུ་ནོར་བུ་ཏོག་གིས་བརྒྱན་པའང་གོང་གི་ནང་དོན་ཁག་ཏུ་དྲངས་ཟིན་པའི་ཡོན་རྒྱལ་རབས་དུས་སུ་རྒྱལ་ནང་དུ་དར་བའི་བོད་དར་ནང་བསྟན་ཁྱད་ཆོས་ལྡན་པའི་མཆོད་རྟེན་ཏོག་དང་ཆ་འདྲ་བར་སྣང་བའོ། །

རི་མོ་4-17ནི་སྔོན་གྱི་ས་སྐྱ་དགོན་པའི་བྱང་གི་ཞིང་ང་བ་གཞོན་ནུ་དབང་ཕྱུག་གཙུག་ལག་ཁང་ནང་དུ་བཞུགས་པའི་ས་སྐྱ་དཔོན་ཆེན་བཅུ་གསུམ་པ་འོད་ཟེར་སེང་གེའི་གདུང་རྟེན་དཔེ་རིས་ཡིན་ལུགས། གདུང་རྟེན་དེའི་བཟོ་དབྱིབས་རྣམ་པ་ནི་བང་རིམ་གསུམ་ཅན་གྱི་རྣམ་རྒྱལ་མཆོད་རྟེན་གཟུགས་སུ་བྱས་པ་དང་། ཁྲི་གདན་ཟུར་བཞི་ཅན་ཡིད་ཕྱིན་པ་ ...

རི་མོ་4-17 སྔོན་གྱི་ས་སྐྱ་དཔོན་ཆེན་འོད་ཟེར་སེང་གེའི་གདུང་རྟེན།

བཟོ་དབྱིབས་བྱུང་འཕེལ་ཁྱད་པར་གྱིས་རྒྱན་ལས། ལུང་མཐར་ཡང་དུས་རབས་༡༤པའི་ཚུན་ཆད་བོད་ཡུལ་དུ་དར་ཁྱབ་ཆེ་བར་བྱུང་བའི་ཆག་ཚད་གཏན་འབེབས་

སུ་གསལ་བའི་མཆོད་རྟེན་གྱི་གྲུབ་ཆ་དང་ཡོངས་སུ་མཐུན་ཡོད་པར་སེམས། དེ་ཡང་མཆོད་རྟེན་འདི་བསྐྲུན་པའི་དུས་ཚོད་ཐད་ཞིབ་ཕྲའི་ལོ་རྒྱུས་རྒྱབ་ལྗོངས་ཀྱི་དཔྱད་གཞི་ཞིག་ད་བར་པེར་འཛིན་པར་ལག་སོན་མ་བྱུང་མོད། འོན་ཏེ་མཆོད་རྟེན་འདིའི་བཞུགས་ཡུལ་ནི་སྔོན་གྱི་ས་སྐྱ་དགོན་པའི་བྱང་གི་ཞོང་ང་བ་གཞོན་ནུའི་གཙུག་ལག་ཁང་དུ་ཡིན་པ་དང་། དེའི་ནང་དུ་ས་རྗེ་ལས་གྲུབ་པའི་གདུང་རྟེན་ཁྲུན་གཉིས་སུ་བཞུགས་ཡོད་པའི་གཞན་ཞིག་ནི་ཞོང་ང་བ་ཉིད་ཀྱི་གདུང་རྟེན་དེ་ཡིན། དཔོན་ཆེན་འོད་ཟེར་སེང་གེའི་གདུང་རྟེན་དེ་ཡང་ཞོང་ང་བའི་གདུང་རྟེན་གྱི་ལྷོ་ཕྱོགས་སུ་འབྲེལ་ཏེ་བཞེངས་ཡོད་ལ།[①] དེའི་ཁྲི་གདན་རྩིག་རྨང་གིས་ཞོང་ང་བའི་གདུང་རྟེན་རྩིག་རྨང་མནན་ཏེ་བཞེངས་པར་གཞིགས་ན། དཔོན་ཆེན་འོད་ཟེར་གྱི་གདུང་རྟེན་ནི་ཞོང་ང་བའི་གདུང་རྟེན་ལས་དུས་ཕྱི་བའི་ནང་དུ་བཞེངས་པ་ར་འཁྲོད་གསལ་པོ་ཐུབ་ཡོད་ཅེས་པ་དང་། དེ་བཞིན་རྩ་བརྟག་མ་ཕྱིན་སྔོན་གྱི་གཙུག་ལག་ཁང་དེའི་ལྡེབས་རིས་བྲིས་ལུགས་ནི་ཆེས་ སྔ་བའི་བལ་བྲིས་ཀྱི་ཁྱད་ཆོས་མངོན་གསལ་དོད་པ་དང་། དེའི་བྲིས་རྒྱུན་ནི་དུས་རབས་༡༤ལ་ཚུན་ཆད་དུ་དར་བའི་ས་སྐྱའི་བྲིས་རྒྱུན་ཞེས་པ་དང་ཐ་དད་ཡིན་པར་བརྟེན་ན། མཆོད་རྟེན་འདི་གཉིས་བཞེངས་པའི་དུས་ཚོད་ནི་ཁུང་མཐར་དུས་རབས་༡༤པའི་གོང་རོལ་དུ་ངེས་པའོ། །[②]ཞེས་ཀྲུང་གོའི་གྲགས་ཅན་གྱི་གནའ་དཔྱད་རིག་པ་མཁས་ཅན་སུ་ཞབས་སུའུ་པེ་ཡིས་གསུངས་ཡོད་པ་དང་། དེ་བཞིན་སྟག་ཚང་དག་དབང་ཀུན་དགའ་རིན་ཆེན་དང་ཁོང་གི་སྲས་སྟག་

① ས་སྐྱ་བློ་གྲོས་རྒྱ་མཚོའི་《ས་སྐྱའི་བསྟན་འཛིན་དོར་རྗོང་ཚར་གསུམ་དང་གདན་སའི་གནས་ཡིག་》མི་རིགས་དཔེ་སྐྲུན་ཁང་གིས་སྤྱི་ལོ་༢༠༠༤ལོར་བསྐྲུན་པའི་ཤོག་ངོས་༡༨༢ན་གསལ།

② གོང་གི་ནང་དོན་གྱི་དཔྱད་གཞི་བྱ་ཡུལ་ནི་宿白：《藏传佛教寺院考古》，北京：文物出版社，1996年版ཤོག་ངོས་༡༠༤-༡༠༥བར་ན་གསལ།

འཆང་གྲགས་པ་བློ་གྲོས་རྒྱལ་མཚན་ (༡༥༠༣–༡༥༥༧) ནས་མནྜའི་མཚན་ཅན་པའི་སྐུ་དུས་སུ་ཞིང་ང་བའི་གཙུག་ལག་ཁང་དེར་ཉམས་གསོ་མཛད་ཅེས་གསུངས་ཀྱང་།[①] མཆོད་རྟེན་ལ་ཉམས་གསོ་གནང་བའི་སྐོར་འཁོད་མེད་པར་གཞིགས་ན། སྐུ་ཞབས་སུའུ་པེ་ཡིས་ཚོད་དཔག་གནང་བའི་མཆོད་རྟེན་འདི་གཉིས་བཞེངས་པའི་དུས་རིམ་དེ་རང་དུ་བདེན་པར་མཐོང་བར་སྣམ་པས། དཔོན་ཆེན་འོད་ཟེར་སེང་གེ་དང་ཞིང་ང་བ་གཞོན་ནུའི་སྐུ་གདུང་འདི་གཉིས་བཞེངས་པའི་དུས་ཚོད་ནི་ཉུང་མཐར་ཡང་དུས་རབས་༡༨པའི་ནང་དུ་ཡིན་ཤས་ཆེའོ། །

རི་མོ་4–18ནི་ལྷོ་ཁ་མཆོ་སྨད་རྫོང་ཁོངས་སུ་བཞུགས་པའི་སྟོན་གྱི་ལྷོ་བྲག་གཏམ་ཤུལ་དགའ་ཐང་འབུམ་ཆེན་གྱི་དཔེ་རིས་ཤིག་ཡིན་པ་དང་། འདི་ནི་མཁས་མཆོག་ཏེའུ་རི་ཚཱ་སོན་གྱིས་སྤྱི་ལོ་༡༤༥༠ལོར་ས་ཡུལ་དངོས་སུ་ཕེབས་ཏེ་པར་བླངས་

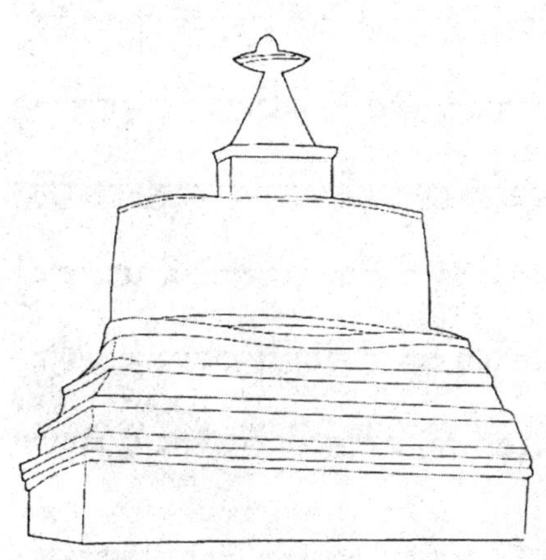

རི་མོ་4-18 ལྷོ་ཁ་མཚོ་སྨད་དུ་བཞུགས་པའི་སྟོན་གྱི་ལྷོ་བྲག་གཏམ་ཤུལ་དགའ་ཐང་འབུམ་ཆེན།

པར་4-11 སྟོན་གྱི་སྒྲ་བོ་ལྷུག་དཀོན་གཏམ་གྱི་ལྷོ་བྲག་གཏམ་ཤུལ་དགའ་ཐང་འབུམ་ཆེན།

① བཀྲས་ལྷུན་དགོན་པོ་རྒྱས་རྩོམ་འབྲི་ཚོགས་ཆུང་གིས་བསྒྲིགས་པའི་《དཔལ་ལྡན་ས་སྐྱ་དགོན་གྱི་ལོ་རྒྱུས་དང་ཁྲི་པ་རིམ་བྱོན་གྱི་རྣམ་ཐར་མདོར་བསྡུས་བཞུགས་སོ་》 བོད་ལྗོངས་མི་དམངས་དཔེ་སྐྲུན་ཁང་གིས་སྤྱི་ལོ་༢༠༠༠ལོར་བསྐྲུན་པའི་པར་ཐེངས་༢པའི་ཤོག་ངོས་༡༨ན་གསལ།

པ་སྟེ་པར་4–11གཞིར་འཛིན་ཐོག་པིར་འཛིན་པས་སྐྲ་རིས་སུ་ཕབ་པ་ཡིན།[①] ཕོང་གི་བརྒྱམས་ཆོས་ཀྱི་ངོ་སྤྲོད་དུ་མཆོད་རྟེན་འདི་ནི་གཏེར་སྟོན་ཆེན་པོ་མངའ་བདག་ཉང་ཉི་མ་འོད་ཟེར་（ཕྱི་ལོ་༡༡༢༣ལོ་–ཕྱི་ལོ་༡༡༩༣ལོའི་བར་འཚོ་བཞུགས་[②]）གྱིས་བཞེངས་གནང་བར་སྐད་པར་ལྟར་ན།[③] མཆོད་རྟེན་འདི་བཞེངས་པའི་དུས་ཚོད་ནི་དུས་རབས་༡༢པའི་ནང་དུ་ཡིན་དགོས་ལ། དེའི་བཟོ་དབྱིབས་བང་རིམ་གསུམ་ཅན་དུ་སྣང་ཞིང་། བང་རིམ་སོ་སོའི་ཐོད་དུ་ཁ་ཤིང་ངམ་བད་ཕུར་གྱི་རྣམ་པ་བྱུང་བ་དང་། བང་རིམ་གསུམ་པོའི་འོག་ཏུ་དཔངས་མཐོ་པོ་མེད་པའི་ཁྲི་གདན་ནམ་རྨང་རྟེན་དེ་རང་ལས་དེའི་འོག་ཤོས་ཀྱི་གྲུབ་ཆ་ས་འཛིན་སམ་ཐེམ་སྐས་མེད་པར་བྱས་པ། བང་རིམ་གསུམ་པོའི་སྟེང་བུམ་རྟེན། དེའི་སྟེང་གི་བུམ་པའི་བཟོ་དབྱིབས་ནི་བོད་ཡུལ་དབུས་གཙང་ཁུལ་དུ་དུས་རབས་༡༣པའི་གོང་རོལ་དུ་དར་སྤྱོལ་ཆེ་བར་བྱུང་བའི་མཆོད་རྟེན་བུམ་པ་སྟེ། བོད་ཡུལ་རང་བཞིན་ལྡན་པའི་བུམ་པའི་ཁྱད་ཆོས་སུ་མངོན་ཏེ། འདིའི་བཟོ་དབྱིབས་རྣམ་པ་ནི་ལྷུང་བཟེད་ཁ་སྦུབས་ཀྱི་གཟུགས་སུ་བྱས་ཀྱང་བུམ་སྟོད་དང་བུམ་སྨད་ཕྱིར་འཕར་ནང་བཀུམ་གྱི་དབྱེ་བ་དེ་ཙམ་མངོན་གསལ་དོད་པོ་མེད་པར་ཀ་ཟླུམ་དབྱིབས་（圆柱形）ཅན་ཞིག་ཏུ་བྱས་པ་དེ་ཡང་དབུ་རྒྱུད་ཐང་དགོན་དང་། གཡོ་རུ་ཡར་སྟོད་གཡའ་བཟང་དགོན། གཡས་རུ་གཙང་སྟར་ཐང་དགོན་དང་རུ་ལག་ཁང་དམར་གནས་རྙིང་དགོན་ལ་སོགས་པའི་དབུས

① Hugh Richardson.High Peaks,Pure Earth:Collected Writings on Tibetan History and Culture.London:Serindia Publication.1998ནང་གི་པར་ཤང་༧༢པར་གསལ།

② མཁས་གྲུབ་ཀྱི་བརྩམས་པའི་《ལྷོ་ཁའི་ཆོས་འབྱུང་སྐྱེས་མའི་ནུ་རིན་》 མི་རིགས་དཔེ་སྐྲུན་ཁང་གིས་ཕྱི་ལོ་༢༠༠༥ལོར་བསྐྲུན་པའི་ཤོག་ངོས་༡༠༤ནང་གསལ་བ་དང་། དེའི་ནང་སྨྲ་བོ་ལྕོག་དགོན་གྱི་གནས་ཚུལ་མཚམས་སྦྱོར་མདོ་ཙམ་གནང་ཡོད།

③ Hugh Richardson.High Peaks,Pure Earth:Collected Writings on Tibetan History and Culture.London:Serindia Publication.1998 ཤོག་ངོས་༣༢༧ན་གསལ།

གཙང་ཁུལ་གྱི་བཀའ་གདམས་དང་བཀའ་བརྒྱུད་གྲུབ་མཐའི་དུས་རིམ་དེའི་ནང་དུ་བསྐྲུན་པའི་སྟར་གྱི་ཨར་སྐྲུན་མཆོད་རྟེན་བུམ་པའི་ཁྱད་ཆོས་དང་འདྲ་བར་མངོན་ཡོད་པས། བུམ་པའི་བཟོ་དབྱིབས་རྣམ་པ་འདི་ལྷ་བྲུ་ནི་དགེ་ལུགས་པའི་མཆོད་རྟེན་བུམ་པ་དང་ཐ་དད་པའི་ཁྱད་ཆོས་ཅམ་དུ་མངོན་འདུག་པར་སེམས་ལ། དུས་རབས་༡༢པའི་ནང་དུ་བསྐྲུན་པའི་དགའ་ཐང་འབུམ་ཆེན་དེས་གོང་གི་དགོན་གནས་ཁག་ཏུ་བཞེངས་པའི་བཟོ་དབྱིབས་རྣམ་པ་དང་ཆ་འདྲ་བར་གནང་ཡང་དེ་དག་གི་བཞེངས་དུས་ལ་གསལ་ཁ་མེད་པས་ཨར་སྐྲུན་མཆོད་རྟེན་གྱི་དུས་ཚོད་གཏན་འབེབས་བྱེད་པར་དཔྱད་གཞི་དེས་ཅན་ཞིག་ཐོན་སྲིད་པ་ལགས། གཞན་ཡང་། སྤྱི་ལོ་༢༠༠༨ལོའི་དབྱར་དུས་སུ་གཏམ་ཤུལ་ཁུལ་གྱི་དད་ལྡན་མང་ཚོགས་ཚོས་དགའ་ཐང་བུམ་པ་ཆེ་མཆོད་རྟེན་དེ་ཉིད་ལ་ཉམས་གསོ་ཞུ་སྐབས། དེའི་ནང་ནས་ས་རྗོ་དང་འདྲེས་པའི་གནའ་ཡིག་རྙིང་རྒྱལ་མང་དག་ཅིག་ཐོན་ཡོད་པ་དང་། དེའི་ཁྲོད་ནང་བསྟན་ཆོས་ལུགས་ཀྱི་གཟུང་ཡིག་དང་། ཤེས་རབ་ཀྱི་ཕ་རོལ་ཏུ་ཕྱིན་པའི་སྟོང་ཕྲག་བརྒྱ་པའི་གསེར་བྲིས་ཐར་ཐོར། བོན་དཔེ་ཅུང་ཤས་ཤིག་དང་གནའ་བོའི་སྐད་དཔྱད་ཀྱི་ཡི་གེ་གཅིག་བཅས་པ་རྙེད་སོན་བྱུང་འདུག་པ་དེ་དག་ནས་བོན་གྱི་གནའ་དཔེའི་སྐོར་ད་ལམ《གཏམ་ཤུལ་དགའ་ཐང་འབུམ་པ་ཆེ་ནས་གསར་དུ་རྙེད་པའི་བོན་གྱི་གནའ་དཔེ་བདམས་བསྒྲིགས》ཞེས་པའི་དཔེ་དེབ་གཅིག་པར་བསྐྲུན་འགྲེམས་སྤེལ་གནང་བར་གཟིགས་པར་འཚལ།[①] ཉམས་གསོ་གྲུབ་པའི་མཆོད་རྟེན་གྱི་བཟོ་དབྱིབས་རྣམ་པ་དེ་ཡང་སྔོན་གྱི་མཆོད་རྟེན་དང་འདྲ་བར་བསྐྲུན་འདུག་ལ། ཡང་སྒོས་བང་རིམ་དང་བུམ་པའི་རྣམ་པ་སྟར་

① པ་ཚབ་པ་སངས་དབང་འདུས་དང་གླང་ཅུ་ནོར་བུས་བསྒྲིགས་པའི《གཏམ་ཤུལ་དགའ་ཐང་འབུམ་པ་ཆེ་ནས་གསར་རྙེད་བྱུང་བའི་བོན་གྱི་གནའ་དཔེ་བདམས་བསྒྲིགས》བོད་ལྗོངས་དཔེ་རྙིང་དཔེ་སྐྲུན་ཁང་ནས་སྤྱི་ལོ་༢༠༠༧ལོར་བསྐྲུན་པའི་གླེང་གཞིའི་ཤོག་ངོས་༡པོ་ན་གསལ།

བཞིན་དུ་བཞུགས་ཡོད་པའི་རྒྱང་གཞིའི་ཐོག་བཞེངས་གནང་བར་བརྟེན། དེའི་ཁྱད་ཆོས་ནི་སྔར་སྤྲོལ་བཞིན་མངོན་ཡོད་པ་གོང་དུ་བཀོད་པའི་པར་བརྙན་ལ་བལྟས་ན་གསལ་པོར་རྟོགས་ཐུབ་པའོ། །

གོང་གི་ནང་དོན་དུ་བོད་ཡུལ་སྟོད་མངའ་རིས་དང་། ལྷོ་ཁ། གཙང་སྟོད་བཅས་པའི་ས་ཁུལ་དུ་དུས་རབས་༡༤པའི་གོང་རོལ་དུ་བྱུང་བའི་བང་རིམ་གསུམ་ཅན་མཆོད་རྟེན་གྱི་རྣམ་པའི་ཁྱད་ཆོས་ལ་ངོ་སྤྲོད་མདོ་ཙམ་བྱས་ཡོད་ཅིང་། མཆོད་རྟེན་གྱི་བཟོ་དབྱིབས་བང་རིམ་གསུམ་ཅན་དུ་མངོན་པའི་རྣམ་པ་དེ་ལ་ད་དུང་ནུ་མཐུད་དཔྱེ་ཞིབ་བྱས་ན། རི་མོ་4-19ནང་གསལ་བའི་དཔེ་རིས་ནི་གཙང་ཡུལ་ཁང་དམར་རྫོང་ཁོངས་ཚོ་ནང་(雪囊དང་雪那ཞེས་པར་བྲིས་འདུག་ཀྱང་མིག་སྔར་ཕིར་འཛིན་པར་དེའི་བོད་ཡིག་དག་ཆ་ཇི་ལྟར་དུ་འབྲི་དགོས་མིན་སྐོར་གྱི་དཔྱད་གཞི་མ་འཁྱོར་)དགོན་པར་བཞུགས་པའི་མཆོད་རྟེན་ཞིག་ཡིན་པ་དང་།[①] སྤྱིའི་རྣམ་པ་ནི་བཀའ་གདམས་མཆོད་རྟེན་གྱི་གཟུགས་སུ་བསྐྲུན་ཞིང་བང་རིམ་གསུམ་ཅན་དུ་སྣང་ལ། དེའི་འོག་གི་ཁྲི་དང་བང་རིམ་སོ་སོའི་ཐོད་དུ་བད་ཞུར་རམ་ཉ་རྒྱབ་ཀྱི་བཟོ་དབྱིབས་བྱུང་བ་དང་། དཔེ་རིས་འདིའི་ནང་དུ་བུམ་གདན་གྲུབ་ཆ་མི་མངོན་

རི་མོ་4-19 ཁང་དམར་རྫོང་ཚོ་ནང་དགོན་དུ་བཞུགས་པའི་སྔར་གྱི་བང་རིམ་གསུམ་ཅན་མཆོད་རྟེན།

① 宿白：《藏传佛教寺院考古》，北京：文物出版社，1996年版ཤོག་གྲངས་༡༡༤ན་གསལ་བ་དང་། ད་ལམ་ཕིར་འཛིན་པར་དགོན་དེའི་མིང་རྒྱ་ཡིག་ཏུ་བྲིས་པ་ལས་བོད་ཡིག་ཏུ་ཇི་ལྟར་འབྲི་དགོས་མིན་གྱི་དཔྱད་གཞི་མ་འཁྱོར་བའི་རྐྱེན་གྱིས་དེར་རྒྱ་ཡིག་གི་སྒྲ་ལས་དགོན་པའི་མིང་ཕབ་རྒྱུ་མ་གཏོགས་རེ་ཞིག་ཐབས་གཞན་མ་རྙེད།

པར་འདུག་ཀྱང་། མཆོད་རྟེན་དངོས་ལ་ཧ་ལམ་ཡོད་དགོས་པས་རི་མོ་འདིའི་ནང་དུ་ཆད་ལྷག་གི་སྐྱོན་ཞིག་བྱུང་བ་མིན་ནམ་སྙམ། བུམ་པའི་བཟོ་དབྱིབས་ལྟོ་བྲག་གཏམ་ཤུལ་དགའ་ཐང་འབུམ་པའི་བུམ་པ་དང་འདྲ་བར་མངོན་མོད། འོན་ཏེ་བུམ་ཐོད་དུ་མདའ་ཡབ་བམ་བྱ་འདབ་འདྲ་བའི་རྣམ་པ་བྱུང་བ་དང་། བུམ་དབུས་སུ་སྒོ་ཁྱིམ་ཞིག །བུམ་པའི་སྟེང་དུ་བྲེ་གདན་དང་བྲེའི་བཟོ་དབྱིབས་ཀྱང་བཀའ་གདམས་མཆོད་རྟེན་དང་འདྲ་བར་མངོན་ཡོད་པ། དེའི་སྟེང་གི་ཆོས་འཁོར་དཔངས་མཐོ་པོ་མེད་ཅིང་། དེའི་སྟེང་ཆར་ཁེབས་དང་ཏོག་བཅས་པའོ། །མཆོད་རྟེན་འདིའི་ཞབ་ཕྲའི་བཞེངས་དུས་ཁ་མི་གསལ་མོད། འོན་ཀྱང་འདིའི་བང་རིམ་གསུམ་ཅན་དང་ཁྲི་གདན་གྱི་རྣམ་པ་སྒོ་འགྱུར་དུ་བྱས་མེད་ཀྱང་། སྤྱིའི་ཁྱད་ཆོས་གོང་དུ་དྲངས་ཟིན་པའི་ས་སྐྱའི་རྣམ་རྒྱལ་སྐུ་འབུམ་གྱི་ཕྱིར་བཏུམས་པའི་གསེར་ཟངས་མཆོད་རྟེན་དང་འདྲ་བར་བརྟེན། སྐུ་ཞབས་སུའུ་པེ་ཡིས་འདིའི་དུས་ཚོད་ཀྱང་དུས་རབས་༡༥པའི་སྔོན་ལ་ཡིན་པའི་ཚོད་དཔག་གནང་ཡོད། གཞན་ཡང་། 《ཁང་དམར་རྫོང་རིག་དངོས་རྣམ་བཤད་》ནང་དུ་ཞོ་ནང་དགོན་དེ་ཉིད་རྒྱ་འཇམ་དཔལ་བཟང་པོས་ལོ་རྗེ་ཆིག་སྟོང་ཙམ་གྱི་གོང་རོལ་དུ་བཞེངས་ཞེས་འཁོད་ཡོད་ཀྱང་། ཆིག་ཐག་ཆོད་པའི་དཔྱད་ཡིག་ད་བར་རྙེད་སོན་མ་བྱུང་། དེ་བཞིན་སྤྱི་ལོ་༡༩༩༠ལོར་ལྡོངས་ཡོངས་ཀྱི་རིག་དངོས་ཞིབ་བཤེར་སྤྱིལ་སྐབས་སུ་བང་རིམ་ཉིས་ཅན་རྣམ་པར་བསྐྲུན་ཞིང་ཆོས་འཁོར་ཡན་ཆོད་རྩ་བརླག་ཏུ་སོང་ཡང་གྲུབ་ཆ་གཞན་རྣམས་ཆ་ཚང་བར་བཞུགས་པའི་མཆོད་རྟེན་གཞན་ཞིག་གི་དཔེ་རིས་ཀྱང་གསལ་འདུག་པ་དེ་དག་གི་རྒྱུ་མཚན་ལ་གཞིགས་ན།[①] རི་མོ་4–19ནང་གི་མཆོད་རྟེན་དེའི་དུས་ཚོད་མ་མཐར་

① 索朗旺堆主编：《亚东、康马、岗巴、定结县文物志》，拉萨：西藏人民出版社，193年版 ཤོག་ངོས་༤༨-༦༡ནང་གསལ།

ཡང་དུས་རབས་༡༥པའི་སྔོན་ལ་ཡིན་པ་དེ་བས་ཡིད་རྟོན་རུང་བ་ཞིག་ཡིན།

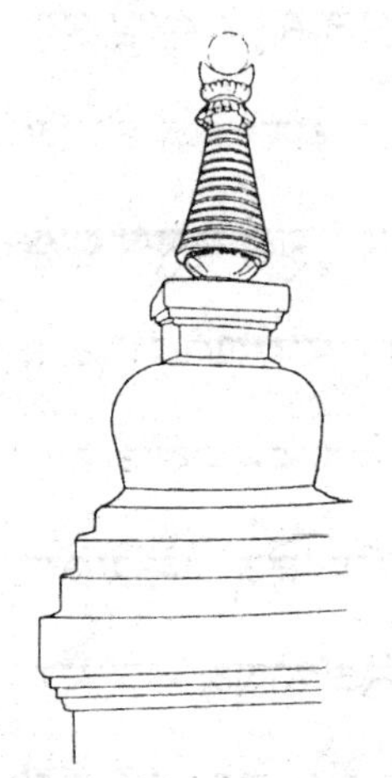

རི་མོ་4-20 ཕོ་བྲང་པོ་ཏ་ལའི་ཆོས་རྒྱལ་བྲག་ཕུག་བསྐོར་ལམ་གྱི་བང་རིམ་གསུམ་ཅན་མཆོད་རྟེན།

དེ་མིན་རི་མོ་4–20ནང་གསལ་བ་འདི་ནི་ཕོ་བྲང་པོ་ཏ་ལའི་ཆོས་རྒྱལ་སྒྲུབ་ཕུག་གི་ནུབ་ངོས་བསྐོར་ལམ་ནང་དུ་བཞུགས་པའི་མཆོད་རྟེན་དཀར་པོའི་དཔེ་རིས་ཤིག་ཡིན་པ་དང་། དེའི་བཟོ་དབྱིབས་བང་རིམ་གསུམ་ཅན་དུ་གྲུབ་པ་དང་། བང་རིམ་གསུམ་པོའི་འོག་ཏུ་ཁྲི་གདན་དང་། བང་རིམ་གསུམ་པོའི་སྟེང་བུམ་རྟེན། བུམ་པའི་བཟོ་དབྱིབས་ཅུང་ལྷེར་ལ་ཐོད་ཀྱི་དཔུང་པ་གཡས་གཡོན་གཉིས་ཞོལ་བ་དེའི་རྣམ་པ་ཡང་དུས་རབས་༡༥པའི་ཚུན་ཆད་དང་། དུས་རབས་༡༢པའི་གོང་རོལ་གྱི་མཆོད་རྟེན་བུམ་པ་དང་མི་འདྲ་བ་སྟེ། དེ་བཞེངས་པའི་དུས་ཚོད་ནི་དུས་རབས་༡༢པ་ནས་༡༥པའི་བར་མཚམས་སུ་ཡིན་ཤས་ཆེ་བར་འདུག་སྙམ་རུང་ཞིབ་ཕྲའི་ལོ་རྒྱུས་དཔྱད་གཞི་ད་བར་ཐེར་འཛིན་པར་རྙེད་སོན་མ་བྱུང་ངོ་། །བུམ་པའི་སྟེང་བྲེ་རྐང་དང་། དེའི་སྟེང་བྲེ་རྟེན་གྱི་ཐོད་དུ་གཟུང་སྣེ་དང་བད་ཆུང་གཅིག་མཚུངས་རྣམ་པའི་གྲུབ་ཆ་བྱུང་བ། དེའི་སྟེང་བྲེ། དེའི་སྟེང་གདུགས་འདེགས་པདྨ། དེའི་སྟེང་ཆོས་འཁོར། དེའི་སྟེང་ཆར་ཁེབས་ཀྱི་གྲུབ་ཆ་ཟར་ཚགས་དང་ཆར་ཁེབས་ཁག་གཉིས་ཀྱི་རྣམ་པར་བྱུང་བའི་ཁྱད་ཆོས་ཡང་དུས་རིམ་ཆེས་སྔ་བའི་སྐབས་སུ་མིན་པར་མངོན་པ། དེའི་སྟེང་ཉི་ཟླ་ཏོག་གིས་བརྒྱན་ཡོད་ཀྱང་པར་གྱི་ནང་དུ་བལྟས་ན། ཟླ་བའི་ཏོག་བརྒྱན་དེ་ཆག་སྐྱོན་བྱུང་ཡོད་པ་བཅས་སོ། །དཔེ་རིས་འདི་ནི་《ཀྲུང་གོའི་གནའ་རབས་ཀྱི་འཛུགས་སྐྲུན་མཆོད་རྟེན་ཕོ་བྲང་པོ་ཏ་ལ་》ཞེས་པའི་དཔེ་དེབ་ཀྱི་སྐད་ཆའི་ནང་འཁོད་པའི་པར་བཀྲན་གཞིར་བཟུང་སྟེ་ཐེར་འཛིན་

པས་སྐྱ་རིས་སུ་ཕབ་པ་ཞིག་ཡིན་ལ།[①] དཔེ་དེབ་དེའི་ངོ་སྤྲོད་དུ་མཆོད་རྟེན་འདི་ནི་བོད་ཀྱི་བཙན་པོའི་རྒྱལ་རབས་སྐབས་སུ་ཡིན་པའི་ཚོད་དཔག་བྱས་འདུག་ཀྱང་།[②] ཁོ་བོའི་ལྟ་བ་ནི་དེ་དང་མི་མཐུན་པ་གོང་དུ་མཚམས་སྦྱོར་ཞུས་ཟིན་པ་བཞིན་ནོ། །

མདོར་ན། བང་རིམ་གསུམ་ཅན་རྣམ་པའི་མཆོད་རྟེན་ནི་བོད་ཀྱི་གནའ་རབས་ཨར་སྐྲུན་མཆོད་རྟེན་བྱུང་འཕེལ་དུས་རིམ་གྱི་བར་མཚམས་གང་ཞིག་ནང་དུ་དར་སྤྲོལ་བྱུང་བའི་བཟོ་དབྱིབས་ཀྱི་ནང་ཚན་ཞིག་ཡིན་ཞིང་། དེའི་འབྱུང་ཁུངས་ཀྱང་གནའ་བོའི་རྒྱ་གར་མཆོད་རྟེན་ཁྲོད་ཀྱི་བང་རིམ་གསུམ་ཅན་གྱི་རྣམ་པ་ཡིན་དགོས་པ་རི་མོ4–21ནང་གསལ་བ་བཞིན་དང་། གཞན་ཡང་། བང་རིམ་གསུམ་ཅན་མ་ཟད་བང་རིམ་ཉིས་ཅན་རྣམ་པར་གྲུབ་པའི་མཆོད་རྟེན་བཟོ་དབྱིབས་ནི་གནའ་བོའི་རྒྱ་གར་གྱི་ལྷོ་ཕྱོགས་རྒྱ་མཚོའི་མཐར་གནས་པའི་ཁུལ་ཏེ་དེང་གི་སི་རི་ལན་ཀའི་ (Sri Lanka) ས་ཆར་དར་སྤྲོལ་ཆེན་པོ་ཡོད་པ་ཞིག་ཡིན་འདུག་ཅིང་། རི་མོ4–22ནང་གསལ་བ་ནི་བང་

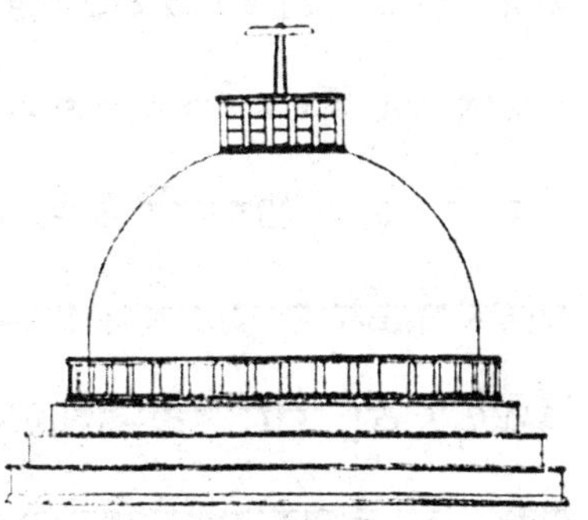

རི་མོ4-21 གནའ་བོའི་རྒྱ་གར་གྱི་བང་རིམ་གསུམ་ཅན་མཆོད་རྟེན།

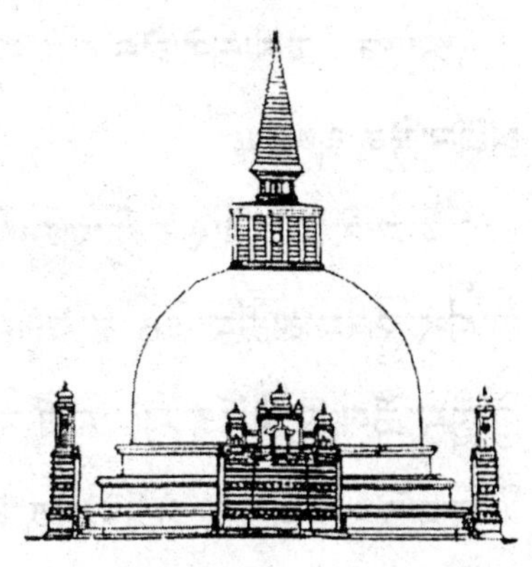

རི་མོ4-22 གནའ་བོའི་སི་རི་ལན་ཀའི་བང་རིམ་གསུམ་ཅན་གྱི་མཆོད་རྟེན།

① 姜怀英、甲央、噶苏•平措朗杰编著：《中国古代建筑--西藏布达拉宫》（下册），北京：文物出版社，1996年版ཤོག་ངོས་༥༣༨ནང་གསལ།

② 姜怀英、甲央、噶苏•平措朗杰编著：《中国古代建筑--西藏布达拉宫》（下册），北京：文物出版社，1996年版ཤོག་ངོས་༥༦༦ནང་གསལ།

རིམ་གསུམ་ཅན་གྱི་མཆོད་རྟེན་དཔེ་མཚོན་ཞིག་ཡིན་ཏེ། དེའི་བཟོ་དབྱིབས་འབྱུང་ཁུངས་ཀྱང་རྒྱ་གར་དུ་གཏུགས་དགོས་པར་འདོད་ལ། རྣམ་པ་འདི་ལྟ་བུའི་མཆོད་རྟེན་གྱི་དུས་རིམ་ནི་དུས་རབས་༢པ་ནས་༡༣པའི་བར་མཚམས་ལ་ཡིན་འདུག[①] རི་མོ་4–21ནང་གསལ་བའི་བང་རིམ་གསུམ་ཅན་མཆོད་རྟེན་གྱི་དུས་ཚོད་ནམ་ཞིག་ལ་ཡིན་མིན་སྐོར་འདིར་དྲངས་པའི་དཔྱད་གཞིའི་ནང་ཞིབ་པར་བརྗོད་མེད་མོད། འོན་ཏེ་རི་མོ་4–22ནང་གི་སི་རི་ལན་ཀའི་མཆོད་རྟེན་བང་རིམ་གསུམ་ཅན་རྣམ་པའི་དུས་ཚོད་དེ་དུས་རབས་༢པ་ནས་༡༣པའི་བར་མཚམས་ལ་ཡིན་པའི་དབྱེ་ཞིབ་ལྟར་ན། བང་རིམ་གསུམ་ཅན་མཆོད་རྟེན་གྱི་འབྱུང་ཁུངས་སུ་གྱུར་པའི་གནའ་བོའི་རྒྱ་གར་མཆོད་རྟེན་གྱི་དཔེ་རིས་4–21ཡི་དུས་ཚོད་ནི་དུས་རབས་༢པའི་གོང་རོལ་དུ་ཡིན་པ་གསལ་པོར་རྟོགས་སླ།

གསུམ། རྒྱང་དགེ་མེད་པའི་བང་རིམ་བཞི་ཅན་གྱི་ཁྱད་ཆོས་གཙོ་བོར་གྱུར་པའི་མཆོད་རྟེན་རྣམ་པ།

བང་རིམ་བཞི་ཅན་གྱི་གཟུགས་སུ་བཞེངས་པའི་མཆོད་རྟེན་རྣམ་པ་ནི་དེང་གི་བར་དུ་འང་མཆོད་རྟེན་ཆ་བརྒྱད་ཁྲོད་ཀྱི་རྣམ་རྒྱལ་མཆོད་རྟེན་ཕུད་པའི་གཞན་གྱི་ཁྱད་ཆོས་སུ་མངོན་པའི་བཟོ་དབྱིབས་རྒྱུག་ཆེ་བ་ཞིག་ཡིན་མོད། འོན་ཏེ་དེང་གི་བང་རིམ་བཞི་ཅན་མཆོད་རྟེན་ནི་ཆེས་ཐོག་མའི་དུས་རིམ་དུ་དར་ཁྱབ་བྱུང་བའི་ཁྱད་ཆོས་དང་ཐ་དད་པའི་རྣམ་པར་མངོན་ཡོད་པ་སྟེ། ཆེས་ཐོག་མའི་བང་རིམ་བཞི་ཅན་གྱི་མཆོད་རྟེན་རྣམ་པར་ཁྲི་གདན་དང་། རྒྱང་དགེའམ་དགེ་བཙུ། བྲི་རྒྱང་། བྲི་རྟེན། གདུགས་འདེགས་པདྨ། ནོར་བུའི་ཏོག་གམ་ཉི་ཟླའི་ཏོག་གི་གྲུབ་ཆ་མེད་

① Munidasa P Ranaweera,Ancien Stupas in Srilanka Largest Brick Structures in the World,CHS newsletter No.70,December 2004,London,Construction Histrory Society.ཞེས་པ་ལས་རི་མོ་དེ་གཉིས་དྲངས་པའོ། །

དེ། དེ་ཡང་《མཆོད་རྟེན་གྱི་ཆ་དབྱེ་བ་འདུལ་བ་ལུང་ལས་བྱུང་བའི་མདོ་》ཞེས་པ་ནས་ལུང་དྲངས་ཏེ་བཅོམ་ལྡན་འདས་སྐུ་འཚོ་བཞུགས་སྐབས་སུ་བང་རིམ་བཞི་ཅན་གྱི་མཆོད་རྟེན་གྲུབ་ཆ་བཟོ་དབྱིབས་དང་འབྲེལ་བའི་ལུང་གསུངས་གནང་ཡོད་པ་འདི་ལྟ་སྟེ། "དེའི་བང་རིམ་བཞི་དང་། བུམ་རྟེན་དང་། བུམ་པ་དང་། ཕུ་ཤུ་དང་། སྲོག་ཤིང་དང་། འཁོར་ལོ་བརྩེགས་མ་བཅུ་གསུམ་དང་། ཆར་ཁེབས་རྣམས་ནི་མཆོད་རྟེན་གྱིས་[གྱི་]དབྱིབས་ཡིན་នོ། །"[①] ཞེས་པ་དང་། 《འདུལ་བ་ལུང་》ནང་ཤ་རིའི་བུའི་རིང་བསྲེལ་ལ་ཁྱིམ་བདག་ཆོས་ཇི་ལྟར་མཆོད་པ་བགྱི་ཁུལ་ལ་བཅོམ་ལྡན་འདས་ཀྱིས་བཀའ་བསྩལ་པར། "རིམ་བཞིན་བང་རིམ་བཞི་བྱས་ལ་དེ་ནས་བུམ་རྟེན་བྱའོ། དེ་ནས་བུམ་པ་དང་། ཐྲེ་དང་། སྲོག་ཤིང་དང་། གདུགས་གཅིག་དང་། གཉིས་དང་། གསུམ་དང་། བཞི་བྱ་བ་ནས་བཅུ་གསུམ་གྱི་བར་བྱ་ཞིང་ཆར་ཁེབས་དག་ཀྱང་གཞག་པར་བྱའོ། །"[②] ཞེས་འཁོད་པ་ལས། གནའ་བོའི་རྒྱ་གར་གྱི་ཆེས་ཐོག་མའི་མཆོད་རྟེན་རྣམ་པའི་ནང་ཚན་ཏེ་བང་རིམ་བཞི་ཅན་གྱི་མཆོད་རྟེན་རྣམ་པའི་བཟོ་དབྱིབས་ཇི་ལྟར་དུ་བསྐྲུན་དགོས་མིན་གསལ་པོར་ཤེས་ནུས། ལུང་འདྲེན་འདི་གཉིས་ནང་གི་གོང་མ་དེར་གསལ་བའི་"ཕུ་ཤུ"ཞེས་པ་ནི་དེ་གཉིས་ཀྱི་དཔྱད་བསྡུར་ལས་"ཐྲེ་"རང་ལ་གོ་དགོས་པ་ཞིག་འདུག་ལ། དེའི་སྟེང་དུ་"སྲོག་ཤིང་"བྱེད་དགོས་ཞེས་པའང་ཕྱིས་འབྱུང་ལོ་རྒྱུས་སུ་བྱུང་བའི་སྲོག་ཤིང་འཛུགས་སྟངས་དང་ཐ་དད་པའི་རྣམ་པ་ཞིག་སྟེ། མཆོད་རྟེན་གྱི་ལུས་སུ་འཇུག་པའི་བང་རིམ་དང་། བུམ་

① སྣར་ཐང་པར་མའི་བསྟན་འགྱུར་རྒྱུད་ཀྱི་ཏུ་སྡེ་ཤོག་གྲངས་༡༧༤གོང་གི་ཡིག་ཕྲེང་༧པ་ནས་འོག་མ་ཕྲེང་༡པོར་གསལ་བ་དང་། དཔྱད་རྩོམ་འདིའི་ནང་དྲངས་ཟིན་གྱི་སྐུ་ཞབས་པདྨ་རྡོ་རྗེའི་དབྱིན་ཡིག་བརྩམས་ཆོས་ཤོག་གྲངས་༡༡༧ནས་དྲངས།

② 《འཛིགས་མེད་གླིང་པའི་གཏམ་ཚོགས་》གངས་ཅན་རིག་མཛོད་དེབ་༡༨པ། བོད་ལྗོངས་བོད་ཡིག་དཔེ་རྙིང་དཔེ་སྐྲུན་ཁང་གིས་སྤྱི་ལོ་༡༩༩༡ལོར་བསྐྲུན་པའི་ཤོག་གྲངས་༤༠༧ན་གསལ།

པ། འཁོར་ལོ། རྟོག་ལ་བཅས་པའི་ནང་དུ་བཅུག་སྟེ་ཕྱིར་མི་མངོན་པའི་སྒྲོག་ཤིང་གཞུགས་ཚུལ་དང་མི་འདྲ་བའི་རྣམ་པར་བྱེད་དགོས་པ་དེ་ཡང་རི་མོ་4–21ནང་གསལ་བའི་གནའ་བོའི་རྒྱ་གར་གྱི་མཆོད་རྟེན་གྱི་རྣམ་པ་དང་མཚུངས་པ་ཞིག་ཏུ་བསྐྲུན་དགོས་པ་གོར་མ་ཆག་ལ། རྣམ་པ་འདི་བཞིན་མཆོད་རྟེན་གྱི་གཙོ་བོའི་ཁྱད་ཆོས་སུ་གྲུབ་པའི་རྐང་དགེ་མེད་པའི་བང་རིམ་བཞི་ཅན་གྱི་གཟུགས་སུ་བསྐྲུན་པའི་བཟོ་དབྱིབས་དེར། སངས་རྒྱས་བཅོམ་ལྡན་འདས་སྐུ་འཚོ་བཞུགས་གནང་སྐབས་སུ་གཏན་འབེབས་གནང་ཡོད་པ་དང་། བང་རིམ་བཞི་ཅན་གྱི་གཟུགས་སུ་བསྐྲུན་ཡང་བྲི་ཡན་ཆོད་ཀྱི་གྲུབ་ཆའི་ཁྱད་ཆོས་ནི་ནང་བསྟན་ཆོས་ལུགས་དེ་ཉིད་ཡུལ་གྲུ་སོ་སོར་དར་བའི་ལོ་རྒྱུས་བརྒྱུད་རིམ་ནང་འཕེལ་འགྱུར་གང་ཞིག་བྱུང་སྟེ་བཅོམ་ལྡན་འདས་ཀྱི་ཐོག་མའི་ལུང་དང་ཐ་དད་པར་མངོན་ཡོད་མོད། འོན་ཏེ་རྐང་དགེ་མེད་པའི་བང་རིམ་བཞི་ཅན་གྱི་གཙོ་བོའི་ཁྱད་ཆོས་དེ་ནི་ནང་བསྟན་མཆོད་རྟེན་བྱུང་འཕེལ་དུས་རིམ་གྱི་བར་མཚམས་གང་ཞིག་ཏུ་དར་ཁྱབ་བྱུང་བའི་བཟོ་དབྱིབས་རྣམ་པའི་ནང་ཚན་ཞིག་ཏུ་གྱུར་ཡོད་པ་གཤམ་གྱི་དཔྱད་བརྗོད་ཁག་ལས་ངེས་ཤེས་འདྲོང་ཐུབ་པར་སེམས།

དེ་ཡང་། སྐབས་འདིར་བརྗོད་པའི་བང་རིམ་བཞི་ཅན་གྱི་ཁྱད་ཆོས་གཙོ་བོར་གྱུར་པའི་མཆོད་རྟེན་རྣམ་པ་ཞེས་པ་ནི་བང་རིམ་བཞི་པོའི་འོག་ཏུ་རྐང་དགེའམ་དགེ་བཅུ་མེད་པའི་ཁྱད་ཆོས་གཙོ་བོར་བཟུང་པའི་མཆོད་རྟེན་གྱི་བཟོ་དབྱིབས་ཤིག་ཡིན་ཞིང་། དེ་མིན་གྱི་གྲུབ་ཆའི་ཁྱད་ཆོས་དག་སངས་རྒྱས་བཅོམ་ལྡན་འདས་ཀྱི་ལུང་དུ་གསུངས་པའི་རྣམ་པའི་ཚད་དང་དཔྱད་བསྡུར་བྱས་ཐོག་བོད་ཀྱི་ཨར་སྐྲུན་མཆོད་རྟེན་གྱི་བྱུང་འཕེལ་དུས་རིམ་གང་ཞིག་ནང་དར་བའི་རྐང་དགེ་མེད་པའི་བང་རིམ་བཞི་ཅན་གྱི་མཆོད་རྟེན་རྣམ་པར་དབྱེ་ཞིབ་མདོ་ཙམ་ཞུ་ཁུལ་བྱ་རྒྱུ

དང་། ད་བར་ཕིར་འཛིན་པར་རྙེད་ཐོན་བྱུང་བའི་དཔྱད་གཞི་ལྟར་ན། བོད་ཀྱི་ཡུལ་གྲུར་རྣམ་པ་འདི་ལྟ་བུའི་མཆོད་རྟེན་དར་ཁྱབ་བྱུང་བའི་དུས་རིམ་ནི་བོད་ཀྱི་བྲག་བརྐོས་སུ་འབོད་པའི་མཆོད་རྟེན་དཔེ་རིས་ཀྱི་དུས་ཚོད་དེ། ཉུང་མཐར་ཡང་དུས་རབས་༦པ་ཚུན་ཆད་ཀྱི་བཙན་པོའི་རྒྱལ་རབས་དུས་སུ་བྱུང་འགོ་ཚུགས་པའི་བགྲོ་གླེང་ས་བཅད་གཉིས་པའི་བྲག་བརྐོས་མཆོད་རྟེན་གྱི་སྐབས་སུ་མཚམས་སྦྱོར་ཞུས་ཟིན་བཞིན། དེ་ནས་བཟུང་པའི་དུས་རབས་༡༥པའི་གོང་རོལ་བར་དུ་རྗང་དགེ་མེད་པའི་བང་རིམ་བཞི་ཅན་གྱི་མཆོད་རྟེན་ནི་དུས་རིམ་འདིའི་ནང་དར་སྤེལ་བྱུང་བའི་གཙོ་བོའི་རྣམ་པའི་ནང་ཚན་ཞིག་ཏུ་མངོན་པ་སྟེ། ཉུང་མཐར་ཡང་དུས་རབས་༡༥པའི་ནང་བུ་སྟོན་རིན་པོ་ཆེས་མཛད་པའི་བྱང་ཆུབ་ཆེན་པོའི་མཆོད་རྟེན་གྱི་ཆག་ཚད་དུ་བང་རིམ་བཞིའི་འོག་ཏུ་རྗང་དགེ་གྲུབ་ཆ་དེ་གསལ་ཡོད་པར་གཞིགས་ན། དེ་ནས་བཟུང་རྗང་དགེའི་གྲུབ་ཆ་ལྡན་པའི་མཆོད་རྟེན་རྣམ་པ་དར་འགོ་ཚུགས་ཡོད་པར་སེམས་སོ། འོན་ཏེ་དུས་རབས་༡༨པའི་དུས་སྟོད་ནང་བཞེངས་པའི་སྟོད་མངའ་རིས་རྩ་རང་མཁར་གཤམ་གྱི་ལྷ་ཁང་དམར་པོའི་ལྡེབས་རིས་ལ་འབོད་པའི་མཆོད་རྟེན་ཁྱད་ཆོས་སུ་མུ་མཐུད་རྗང་དགེ་མེད་པའི་བང་རིམ་བཞི་ཅན་དུ་བྱུས་པའང་མཇལ་རྒྱུ་འདུག་པས། དེ་ནི་ལོ་རྒྱུས་སྔ་མའི་མཆོད་རྟེན་གྱི་ཁྱད་ཆོས་རྒྱུན་སྲིང་གནང་བའི་ཁྱད་པར་བྲིས་ལུགས་ཤིག་ཡིན་པ་ལས། གཙོ་བོའི་རྣམ་པའི་ནང་ཚན་ཞིག་ཏུ་གཏོགས་མི་ཐུབ་པར་སྙམ། ད་བར་ཁོ་བོས་མཇལ་བའི་དངོས་དཔེ་ལྟར་ན། རང་རེའི་བོད་ཡུལ་དུ་དར་བའི་ཆེས་སྔ་དུས་ཀྱི་རྗང་དགེ་མེད་པའི་བང་རིམ་བཞི་ཅན་གྱི་མཆོད་རྟེན་ནི་དུས་རབས་༡༠པ་ཚུན་ཆད་དུ་ཡིན་ཚོད་ཆེ་བར་འདུག་པས་གཤམ་དུ་དེའི་སྐོར་ལ་དཔྱད་བརྗོད་རགས་ཙམ་ཞུ་བ་ལགས།

རི་མོ་4–23ནང་གསལ་བ་ནི་རྒྱ་གར་གྱི་ནུབ་བྱང་ལ་དྭགས་ཁུལ་གྱི་ས་ཆ་

རི་མོ4-23 ལ་དྭགས་ཁོར་དུ་བཞུགས་པའི་ལྷ་བླ་མ་ཡེ་ཤེས་འོད་རྗོ་རིང་གི་མཆོད་རྟེན།

ཁོར་ཞེས་པར་བཞུགས་པའི་ལྷ་བླ་མ་ཡེ་ཤེས་འོད་（ཕྱི་ལོ་༩༦༥ལོ–ཕྱི་ལོ་༡༠༣༦ལོའི་བར་དང་ཕྱི་ལོ་༩༤༧ལོ–ཕྱི་ལོ་༡༠༡༩ལོའི་བར་འཚོ་བཞུགས་གནང་བའི་ལོ་ཚིགས་མི་འདྲ་བ་གཉིས་ཡོད་）གྱི་རྗོ་རིང་དུ་བཀོད་པའི་མཆོད་རྟེན་བང་རིམ་བཞི་ཅན་རྣམ་པར་མཛོན་པའི་དཔེ་རིས་ཤིག་ཡིན་པ་དང་། དེ་བསྐྲུན་པའི་དུས་ཚོད་ནི་དུས་རབས་༡༠པའི་དུས་མཇུག་ནས་དུས་རབས་༡༡པའི་དུས་འགོར་ཡིན་པར་འདོད་ཅིང་། འདི་ལྷ་སྦུའི་མཆོད་རྟེན་ནི་དུས་སྐབས་དེའི་ལ་དྭགས་ཁུལ་གྱི་རིག་གནས་དར་འཕེལ་ལྡེ་བར་གྱུར་པའི་ཡུལ་ལུང་ཁག་ཏུ་དར་སྤྲོལ་ཆེ་བའི་རྣམ་པ་ཞིག་ཀྱང་ཡིན་འདོད།[①] མཆོད་རྟེན་འདིའི་བཟོ་དབྱིབས་ཁྱད་ཆོས་སུ་བང་རིམ་བཞི་ཅན་གྱི་འོག་ཏུ་དགེ་བཅུའི་གྲུབ་ཆ་མེད་པར་ས་འཛིན་ནམ་རྨང་དགེ་དོད་དུ་པདྨ་རྒྱུང་སྦྱར་ཡས་བསྐྲིགས་ཅན་ཞིག་དང་། བང་རིམ་སྟེང་བུམ་རྟེན། དེའི་སྟེང་ཅུང་ཟླུམ་རིལ་གྱི་དབྱིབས་སུ་བྱས་པའི་བུམ་པ་དེ་ཡང་གོང་གི་བང་རིམ་ཉིས་ཅན་དང་གསུམ་ཅན་མཆོད་རྟེན་སྐབས་སུ་ངོ་སྤྲོད་ཞུས་པའི་སྟོད་མངའ་རིས་ཀྱི་སྣཱཉྪ་མཆོད་རྟེན་བུམ་པའི་རྣམ་པ་དང་འདྲ་བར་མཛོན། དེའི་སྟེང་བྲེ་གདན། དེའི་སྟེང་གི་བྲེའི་གྲུབ་ཆར་བད་ཆུང་བད་ཆེན་དང་འདྲ་བའི་བཟོ་དབྱིབས་བྱུང་བ། དེའི་སྟེང་གི་ཆོས་འཁོར་དང་གདུགས་དང་ཏོག་བཅས་པའི་ཁྱད་ཆོས་ནི་པར་བརྙན་ནང་དུ་ཁ་གསལ་མེད་པར་བརྟེན་ཞིབ་ཕྲའི་གནས་ཚུལ་ལ་གསལ་

① Deborah E.Klimburg-Salter,A Decorated Prajnaparamita Manuscript From Poo,Orientation,Jun 1994.ནང་གི་ལྷ་བླ་མ་ཡེ་ཤེས་འོད་རྗོ་རིང་གི་པར་བརྙན་དུ་གསལ་ཞིང་། དེབ་འདིའི་ནང་གི་དཔེ་རིས་ནི་པིར་འཛིན་པས་སྐྱ་རིས་སུ་ཕབ་པ་ཞིག་ཡིན།

བཤད་བྱེད་ཐུབ་པ་དཀའ་སོང་། འོན་ཀྱང་དེའི་སྤྱིའི་རྣམ་པ་ནི་གོང་དུ་དྲངས་ཟིན་པའི་ཆེས་སྔ་བའི་མངའ་རིས་ཀྱི་མཆོད་རྟེན་དང་ཆ་འདྲ་བར་མངོན་པའོ། །

པར་4–12[①]དང་4–13[②]ནི་སྟོད་མངའ་རིས་རྩ་མདའ་རྫོང་ཁུལ་གྱི་སཱཙྪ་མཆོད་རྟེན་གཉིས་ཀྱི་པར་བརྙན་ཡིན་པ་དང་། འདི་གཉིས་ཀྱི་བརྗོད་བྱ་འདྲ་བར་མངོན་པ་སྟེ་མཆོད་རྟེན་རྣམ་གསུམ་གྱི་སྒྱུ་རྩལ་མཚོན་ཚུལ་དུ་བྱས་སོང་། འོན་ཏེ་པར་འདི་གཉིས་སུ་གསལ་བའི་མཆོད་རྟེན་རྣམ་གསུམ་གྱི་ཧྲུས་བཀོད་ཐ་དད་ཡིན་ལ། བཟོ་དབྱིབས་ཁྱད་ཆོས་ཀྱང་ཁག་ཁག་ཏུ་མངོན་པ་ལགས། པར་4–12ནང་དབུས་ཀྱི་མཆོད་རྟེན་གྱི་བང་རིམ་དང་བྲེ་གདན་དང་བྲེ་བཅས་པ་ནི་རི་མོ་4–23ཡི་མཆོད་རྟེན་དང་འདྲ་བའི་ཆ་ཡོད་ཙང་། རྨང་རྟེན་དོད་ཀྱི་པདྨ་རྒྱང་སྦྱར་ནི་མས་

པར་4-12 མངའ་རིས་མཐོ་གླིང་དགོན་ཁུལ་གྱི་སཱཙྪ་མཆོད་རྟེན།

པར་4-13 མངའ་རིས་ཏུང་དཀར་ཁུལ་གྱི་སཱཙྪ་མཆོད་རྟེན།

① 张建林主编：《中国藏传佛教雕塑全集•4•擦擦卷》，北京美术摄影出版社，2002年版གླེང་གཞིའི་ཤོག་ངོས་༢པར་གསལ།

② པར་འཛིན་པས་པར་བླངས།

བསྒྲིགས་ཅན་དུ་མངོན་པ་དང་། ཆོས་འཁོར་སྡེང་གི་ཏོག་ཉི་ཟླས་བརྒྱན་པ་དང་། ཆར་ཁེབས་ཀྱི་འོག་ནས་གཡོགས་གཡས་གཡོན་གཉིས་སུ་དར་འཕན་རེ་རེ་འཕྱང་བའང་ཡང་ན་བང་རིམ་ཉིས་ཅན་མཆོད་རྟེན་གྱི་སྐབས་སུ་དྲངས་པའི་གུ་གེའི་སྒོ་མང་སྟཱུཔ་མཆོད་རྟེན་དང་། བང་རིམ་གསུམ་ཅན་སྐབས་སུ་དྲངས་པའི་ལ་དྭགས་ཨལ་ཆི་དགོན་པའི་ལྷེབས་རིས་སུ་འཁོད་པའི་ཀ་ཤེ་མིར་བཟོ་ལུགས་ཁྱད་ཆོས་ཅན་གྱི་ལྷ་བབས་མཆོད་རྟེན་དང་འདྲ་བར་སྣང་། དེ་བཞིན་མཆོད་རྟེན་འདིའི་མདུན་ངོས་ཀྱི་གཡས་གཡོན་དུ་རྒྱལ་མཚན་དོད་ཀྱི་བཟོ་དབྱིབས་རེ་རེ་བྱུང་བ་དེ་ཡང་གོང་གི་གུ་གེའི་བཀྲ་ཤིས་སྒོ་མང་མཆོད་རྟེན་གྱི་རྣམ་པ་དང་མཚུངས་པའི་མ་དཔེར་བལྟས་ནས་བསྐྲུན་པ་ཞིག་ཡིན་ཅུང་། དེའི་ཁྱད་ཆོས་ནི་དེ་ཙམ་གྱི་མངོན་གསལ་མི་དོད་པ་ཞིག་ཡིན་འདུག་ཅིང་། སྟཱུཔའི་ངོས་ཀྱི་སྡུགས་ཡིག་བོད་ཡིག་གི་གཟུགས་སུ་བྲིས་པ་དེ་ཡང་ལེགས་སྦྱར་ཡི་གེར་བྲིས་པ་ལས་དུས་ཚོད་ཕྱི་བར་ཡོད་པ་གོང་གི་དོན་ཚན་ནང་དུ་མཚམས་སྦྱོར་ཞུས་ཟིན་པ་ལས། མཆོད་རྟེན་འདི་ལྷ་བུའི་སྟཱུཔའི་ལུགས་དཔར་ནི་ཕལ་ཆེར་དུས་རབས་༡༡–༡༢པའི་བར་དུ་ཡིན་ཚོད་ཆེ་བར་འདུག་ཀྱང་མུ་མཐུད་དཔྱད་རྒྱུ་གལ་ཆེ། མཆོད་རྟེན་འདིའི་བུམ་སྟོད་མཚམས་ཀྱི་གཡས་གཡོན་དུ་ཡོད་པའི་མཆོད་རྟེན་གཉིས་པོའི་སྤྱིའི་རྣམ་པ་ནི་དབུས་དང་འདྲ་བར་མངོན་མོད། འོན་ཏེ་དེ་གཉིས་ཀྱི་བོངས་གཟུགས་ཤས་ཆུང་བར་བརྟེན་བུམ་པའི་བཟོ་དབྱིབས་ཟླུམ་རིལ་དུ་བྱས་འདུག་པ་དེ་ནི་ལུགས་དཔར་བཟོ་ཐབས་ཀྱི་ཁྱད་པར་ལས་དེ་ལྟར་བྱུང་བར་སེམས། པར་4–13ནང་གི་དབུས་ཀྱི་མཆོད་རྟེན་དེ་ནི་རྨང་དགེ་མེད་པའི་བང་རིམ་བཞི་ཅན་ལྷ་བབས་མཆོད་རྟེན་གྱི་གཟུགས་སུ་བསྐྲུན་པ་དང་། བང་རིམ་བཞི་པོའི་འོག་ཏུ་གདན་གྱི་དོད་དུ་པདྨ་རྒྱང་སྦྱར་ཡས་བསྒྲིགས་ཀྱི་རྣམ་པར་བྱས་ཤིང་། དེའི་བཟོ་དབྱིབས་ཁྱད་ཆོས་གོང་དུ་དྲངས་ཟིན་

པའི་ལྷ་བླ་མ་ཡེ་ཤེས་འོད་ཀྱི་རྗེ་རིང་མཆོད་རྟེན་གྱི་པདྨའི་རྩེ་ལས་ཅུང་སྙོང་བའི་རྣམ་པར་མངོན་པ་དང་། བུམ་པའི་དཔངས་ཅུང་མཐོ་བའི་རྣམ་པ་དེ་ནི་དྲིལ་བུ་ཁ་སྦུབས་འདྲ་ལ། དེ་ལྟ་བུའི་ཁྱད་ཆོས་ཀྱང་གནའ་བོའི་རྒྱ་གར་གན་དྷ་རའི་བཟོ་ལུགས་མཆོད་རྟེན་དང་དེའི་ཤན་ཤུགས་འོག་ཏུ་བསྐྲུན་པའི་གནའ་བོའི་རྒྱ་གར་པཱ་ལ་བཟོ་ལུགས་ཀྱི་མཆོད་རྟེན་དང་འདྲ་བ་ནི། གོང་གི་མཆོད་རྟེན་རྣམ་གསུམ་ཀ་ཤེ་མིར་བཟོ་ལུགས་སུ་སྣང་བ་དང་ཡོགས་བཀར་ཡིན་མོད། འོན་ཏེ་ཁྲི་གདན་ཡན་ཆོད་ཀྱི་བཟོ་ལུགས་ཀ་ཤེ་མིར་མཆོད་རྟེན་གྱི་རྣམ་པ་དང་འདྲ་བར་མངོན་ཡོད། གོང་གི་རྒྱུ་མཚན་དེ་དག་ལ་བརྟེན་ན་སྟཱུཔ་འདིའི་ལུགས་དཔར་དེ་བོད་ཡུལ་སྟོད་མངའ་རིས་རང་དུ་བསྐྲུན་པ་ཞིག་ཡིན་ལ་དེའི་དུས་ཚོད་ནི་དུས་རབས་༡༢–༡༣པའི་བར་མཚམས་སུ་མིན་ནམ་སྙམ། དེ་མིན་གཡས་གཡོན་མཆོད་རྟེན་གཉིས་པོ་ནི་ཁྲི་གདན་གཅིག་གི་སྟེང་དུ་བང་རིམ་མེད་པའི་རྣམ་པར་བཞེངས་འདུག་པར་གཞིགས་ན། དེའི་གཟུགས་དབྱང་འདས་མཆོད་རྟེན་མིན་ནམ་སྙམ་ཞིང་། ཁྲི་གདན་ཕུད་པའི་གཞན་གྱི་གྲུབ་ཆའི་བཟོ་དབྱིབས་ཁྱད་ཆོས་ཀྱང་དབུས་ཀྱི་མཆོད་རྟེན་དང་མཚུངས་པའོ། །

རི་མོ་4–24ནི་མཐོ་ལྡིང་དགོན་པའི་ནང་དང་བརྒྱ་རྩ་ལྷ་ཁང་གི་ཕྱི་རོལ་ལྷོ་ནུབ་ངོས་སུ་བཞུགས་པའི་ཕྱོགས་བཞིའི་མཆོད་རྟེན་གྱི་ཡ་གྱལ་དཔེ་རིས་ཤིག་ཡིན།[①] དེ་ཡང་སྔོན་གྱི་མཐོ་ལྡིང་དགོན་པར་ནང་གནོན་མཆོད་རྟེན་བཞི་དང་ཕྱི་གནོན་མཆོད་རྟེན་བཞི་ཡིས་གཙོས་པའི་མཆོད་རྟེན་མང་པོ་ཡོད་མོད། འོན་ཏེ་ད་ལམ་ཕྱི་གནོན་མཆོད་རྟེན་བཞི་པོ་ཇི་ཡིན་པ་ཅུང་གསལ་བ་ལས་ནང་གནོན་མཆོད་རྟེན་

① 西藏自治区文物局编：《西藏阿里地区文物抢救保护工程报告》，北京：科学出版社，2002年版ཤོག་ངོས་༢༥༤་གསལ།

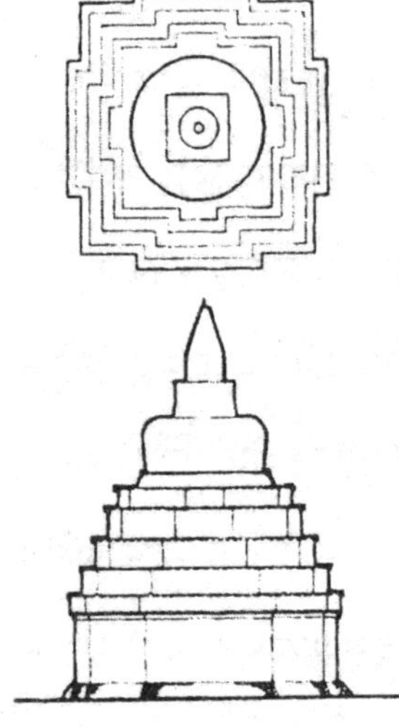

རི་མོ4-24 མཐོ་ལྡིང་དགོན་བརྒྱ་རྩ་ལྷ་ཁང་ཕྱི་རོལ་སྒོ་རྒྱབ་ངོས་ཀྱི་མཆོད་རྟེན།

བཞི་པོ་གང་ཡིན་པ་བཤད་ཚོད་དཀའ་བའི་གནས་སུ་གྱུར་ཡོད།[1] རི་མོ་འདིའི་ནང་གི་མཆོད་རྟེན་རྣམ་པ་ནི་ཚེ་འཕྲུལ་གྱི་གཟུགས་སུ་བསྐྲུན་པ་དང་། དེ་ནི་ཁྲི་གདན་སྟེང་དུ་རྨང་དགེ་མེད་པའི་བང་རིམ་བཞི་ཅན་གྱི་རྣམ་པར་མངོན་ཏེ། ཁྲི་དང་བང་རིམ་བཞི་པོའང་སྒོ་འཕྲུར་གྱི་དབྱིབས་སུ་བྱས་ཡོད། དེའི་སྟེང་བུམ་རྟེན། དེའི་སྟེང་གི་བུམ་པ་དང་ཆོས་འཁོར་ཏོག་ཀྱང་གོང་དུ་དྲངས་ཟིན་པའི་མཐོ་ལྡིང་དགོན་པའི་ཕྱི་གཙོན་ཏུ་བཞིའི་ཡ་གྱལ་བྱང་གི་ལྷ་བབས་མཆོད་རྟེན་དང་ཆ་འདྲ་བར་ཡོད་ཙང་ཞིབ་ཕྲའི་བཟོ་དབྱིབས་ལ་ཁྱད་པར་ཅུང་ཟད་མངོན་འདུག་སྟེ། བུམ་པའི་དཔུང་ཟུར་གཉིས་པོ་ཅུང་ལྡིར་བའི་ཁྱད་ཆོས་སུ་མངོན་པ་དང་། བུམ་པའི་སྟེང་གི་གྲུབ་ཆར་བྲེ་འབབ་ཞིག་གི་རྣམ་པ་ལས་བྲེ་གདན་དང་བྲེའི་ཁྱད་པར་མེད་པའི་བཟོ་ལུགས་དེའང་ཆེས་སྔ་དུས་ཀྱི་ཁྱད་ཆོས་རྒྱུན་སྲིད་བྱས་པ་ཞིག་ཡིན་སྙམ། སྤྱིའི་བཟོ་དབྱིབས་ཁྱད་ཆོས་ལ་བལྟས་ན། མཆོད་རྟེན་འདི་བཞེངས་དུས་ནི་གོང་གི་ཕྱི་གཙོན་ལྷ་བབས་མཆོད་རྟེན་དང་དུས་མཉམ་པ་སྟེ། དུས་རབས་༡༣ནས་༡༤པའི་བར་མཚམས་ལ་མིན་ནམ་སྙམ་མོ། །གཞན་ཡང་། མཆོད་རྟེན་འདིའི་ཕྱོགས་གཞན་གསུམ་དུ་བཞེངས་པའི་བྱང་ཆུབ་ཆེན་པོའི་གཟུགས་སུ་བྱས་པ་གཉིས་དང་། ཚེ་འཕྲུལ་གྱི་གཟུགས་སུ་བྱས་པའི་བུམ་པ་མན་ཆད་གཏོར་བཤིག་མ་ཐེབ་པའི་བང་རིམ་གྱི་ཁྱད་ཆོས་ཀྱང་

[1] ཚེ་རྗོར་གྱིས《བོད་ལྗོངས་མཐོ་སྒང་（མཐོ་ལྡིང་）དགོན་པའི་ལོ་རྒྱུས་》གངས་ལྗོངས་རིག་གནས་སྒྲིག་ལོ་༢༠༠༢ལོའི་འདོན་ཐེངས་༡པའི་ཤོག་ངོས་༦༧-༦༢བར་ན་གསལ།

མཆོད་རྟེན་འདི་དང་ཡོངས་སུ་མཐུན་པར་བཞེངས་ཡོད་པའོ། །

པར་4–14ནི་མངའ་རིས་རྩ་མདའ་རྫོང་ཁོངས་ཤེར་ཕུག་པའི་ནང་བཞུགས་པའི་མཆོད་རྟེན་ཞིག་ཡིན་པ་དང་། ཕྱི་ལོ་༢༠༠༧ལོའི་སྔོན་ལ་ཕུག་པའི་ནང་གི་མཆོད་རྟེན་དེར་ཉམས་ཆག་ཅི་ཡང་མེད་པར་སྔར་སྲོལ་བཞིན་བཞུགས་ཡོད་མོད། འོན་ཏེ་དེང་དུས་ལུག་ལ་སྐྱུང་གི་ཤོར་བ་ལྟ་བུའི་རང་གི་སེམས་པོའི་

པར་4-14 རྩ་མདའ་རྫོང་ཁོངས་ཤེར་ཕུག་པའི་ནང་བཞུགས་པའི་མཆོད་རྟེན།

ཤུལ་བཞག་ཐམས་ཅད་རྐུ་མ་བརྒྱབ་སྟེ་སྐབས་འཕྲལ་འཚོ་བའི་བག་མེད་སྤྱོད་ཆེད་ལ་དམིགས་པའི་ངན་སྤྱོད་ཀྱི་ཧག་ལག་འོག་ཏུ་ཤོར་ཟིན་པའི་མཆོད་རྟེན་དེའི་རྫིག་རྫང་ས་བག་ཙམ་མ་གཏོགས་ཚང་མ་རྩ་བརླག་ཏུ་ཕྱིན་འདུག་ལ། པར་དེ་ནི་ཕྱི་ལོ་༡༩༩༨ལོར་བླངས་པའི་དྲན་རྟེན་ཙམ་དུ་གྱུར་བ་ཞིག་ལགས།[①] མཆོད་རྟེན་འདི་ནི་ཁྲི་གདན་སྒོ་འབུར་ཅན་གྱི་སྟེང་དུ་རྫང་དགེ་མེད་པའི་བང་རིམ་བཞི་ཅན་དུ་བསྐྲུན་པའི་ལྷ་བབས་མཆོད་རྟེན་ཞིག་ཡིན་པ་དང་། སྒོ་ཁྲིམ་ནས་ཁྲི་གདན་ངོས་སུ་ཐེམ་སྐས་གཅིག་གི་རྣམ་པར་མངོན་པ། བུམ་སྟོད་ཟླུམ་ལ་ལྷེར་བའི་ཁྱད་ཆོས་སུ་བྱུང་བ་ཡང་དུས་རབས་༡༧པའི་དུས་སྟོད་དུ་བཞེངས་པའི་རྩ་རང་མཁར་གཤམ་ལྷ་ཁང་དམར་པོའི་ལྷེབས་རིས་སུ་འཁོད་པའི་བྱང་ཆུབ་ཆེན་པོའི་མཆོད་རྟེན་བུམ་པ་

① མཆོད་རྟེན་འདིའི་གནས་ཚུལ་སྐོར་ཀརྨ་རྒྱལ་མཚན་གྱིས་མཚམས་སྦྱོར་གནང་བ་དང་། མཆོད་རྟེན་པར་བརྙན་ནི་མངའ་རིས་ས་ཁུལ་རིག་གནས་ཚུས་ཀྱི་བགྲ་ཤེས་དོན་གྲུབ་ཀྱིས་བླངས་པ་དེ་ཀརྨ་རྒྱལ་མཚན་གྱིས་མཁོ་འདོན་གནང་།

དང་འདྲ་བ་དང་། བྲེ་རྟེན་དང་བྲེའི་ཛམས་ཚད་ཆ་འདྲ་བར་སྣང་བ་སྟེ་སྤྱིའི་རྣམ་པ་ནི་མགུལ་པ་ཐུང་བར་མངོན་འདུག་པའང་དུས་འཕོར་ནས་བཤད་པའི་བཟོ་དབྱིབས་བཞིན་བསྐྲུན་པར་སེམས། དེའི་གདུགས་འདེགས་པདྨའི་དཔངས་ཚུང་མཐོ་བའི་རྣམ་པར་བྱུང་བ་ནི། དུས་རབས་༡༥པའི་སྔོན་ལ་བསྐྲུན་པའི་མཆོད་རྟེན་འགའ་ཡི་གདུགས་འདེགས་བཟོ་དབྱིབས་དང་འདྲ་བར་མངོན་པ་དཔེར་ན་གོང་དུ་དྲངས་ཟིན་པའི་ས་སྐྱའི་དཔོན་ཆེན་འོད་ཟེར་སེང་གེའི་གདུང་རྟེན་དང་། གཤམ་དུ་འདྲེན་རྒྱུ་ཡིན་པའི་ཞོང་ང་བ་གཞོན་ནུ་དབང་ཕྱུག་གི་གདུང་རྟེན་ལ་སོགས་པས་མཚོན་ནུས། གདུགས་འདེགས་པདྨའི་དཔངས་མཐོ་བའི་ཁྱད་ཆོས་ནི་དུས་རབས་༡༡ནས་༡༣པའི་བར་དུ་བོད་ཡུལ་ལ་དར་ཆེ་བའི་དངོས་རྒྱུ་ལི་མ་ལས་གྲུབ་པའི་བཀའ་གདམས་མཆོད་རྟེན་གྱི་ཁྲོད་དུ་མཇལ་རྒྱུ་ཡོད་ཅིང་། པར་4–14ནང་གི་མཆོད་རྟེན་གྱི་གདུགས་འདེགས་པདྨའི་དཔངས་དེ་ཡང་བཀའ་གདམས་མཆོད་རྟེན་ལ་དཔེ་འཛིན་ནས་བསྐྲུན་པ་ཞིག་མིན་ནམ་སྙམ། དེ་བཞིན་ཆར་ཁེབས་བཟོ་དབྱིབས་ཀྱང་སྔ་དུས་ཀྱི་བཀའ་གདམས་མཆོད་རྟེན་རྣམ་པ་དང་འདྲ་བར་སྣང་ཡོད་པའོ། །གོང་གི་ཁྱད་ཆོས་དེ་དག་ལ་གཞིགས་ན། མཆོད་རྟེན་འདི་ནི་དུས་རབས་༡༤–༡༥པའི་བར་མཚམས་སུ་བསྐྲུན་པར་སེམས།

རི་མོ་4–25ནས་རི་མོ་4–28བར་ནི་གུ་གེ་རྩ་རང་མཁར་གཤམ་གྱི་ལྷ་ཁང་དམར་པོའི་ལྡེབས་རིས་སུ་འཕོད་པའི་མཆོད་རྟེན་ཆ་བརྒྱད་ནང་གི་དབྱེན་འདུམ་མཆོད་རྟེན་དང་། ཆོ་འཕྲུལ་མཆོད་རྟེན། བྱང་ཆུབ་ཆེན་པོའི་མཆོད་རྟེན། པད་སྤུངས་མཆོད་རྟེན་བཅས་ཀྱི་དཔེ་རིས་ཡིན་པ་དང་། དེའི་དཔྱད་གཞིའི་འབྱུང་ཁུངས་ནི་གོང་གི་དོན་ཚན་ཁག་ཏུ་གསལ་བས་འདིར་བསྐྱར་ཟློས་མི་བྱ་ལ། རི་མོ་འདི་དག་གི་ནང་དུ་གསལ་བ་བཞིན་ཞིབ་ཕྲའི་ཁྱད་ཆོས་ཐད་དེང་གི་མཆོད་རྟེན་རྣམ་

རི་མོ4-25 ཀུ་གེ་ལྷ་ཁང་དམར་པོའི་དབྱེན་འདུམ་མཆོད་རྟེན།

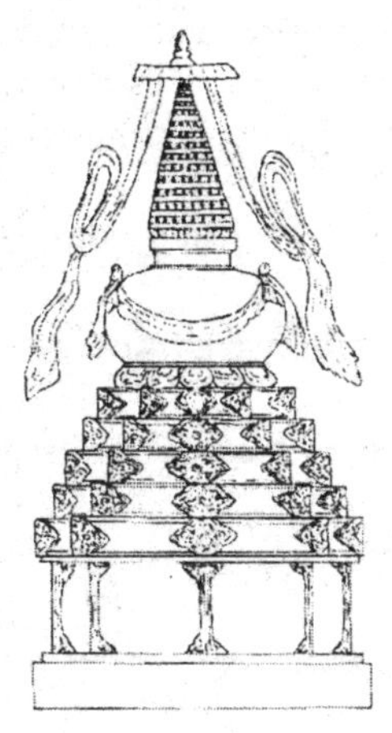

རི་མོ4-26 ཀུ་གེ་ལྷ་ཁང་དམར་པོའི་ཆོ་འཕྲུལ་མཆོད་རྟེན།

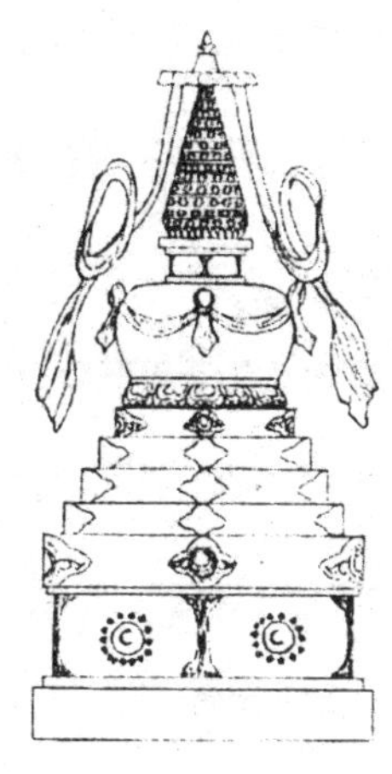

རི་མོ4-27 ཀུ་གེ་ལྷ་ཁང་དམར་པོའི་བྱང་ཆུབ་མཆོད་རྟེན།

གཞག་དང་ཐ་དད་པའི་ཆ་ཡོད་མོད། འོན་ཀྱང་འདིར་གཙོ་བོའི་བརྗོད་བྱ་དང་འབྲེལ་ཆེ་བ་ནི་རྒྱང་དགེ་མེད་པའི་བང་རིམ་བཞི་ཅན་གྱི་བཟོ་དབྱིབས་དེ་ཡིན་པས། འདིར་དཔེ་མཚོན་ཙམ་དུ་དྲངས་ཏེ་མཁྱེན་ལྡན་པ་རྣམ་པར་དཔྱད་བསྒྱུར་གྱི་སླད་དུ་བཀོད་པའོ། །

རི་མོ4-28 ཀུ་གེ་ལྷ་ཁང་དམར་པོའི་པད་སྤུངས་མཆོད་རྟེན།

གོང་དུ་དྲངས་པའི་དཔེ་མཚོན་དག་ཀྱང་སྟོད་མངའ་རིས་ཁུལ་དུ་དར་བའི་རྒྱང་དགེ་མེད་པའི་བང་རིམ་བཞི་ཅན་གྱི་མཆོད་རྟེན་ཁོ་ན་ཡིན་མོད། འོན་ཀྱང་བཟོ་དབྱིབས་རྣམ་པ་འདི་ལྟ་བུ་ནི་སྟོད་མངའ་རིས་ས་ཁུལ་ཙམ་མ་ཟད། དབུས་གཙང་ཁུལ་དུའང་དར་སྲོལ་བྱུང་འདུག་པ་སྟེ། པེར་འཛིན་པར་རྙེད་སོན་བྱུང་བའི་དཔྱད་གཞིར་གཞིགས་ན། གཙང་དང་ལྷོ་ཁ་དང་ལྷ་ས་ཁུལ་གྱི་ཡུལ་ལུང་ཁག་གི་དགོན་པར་བཞུགས་པའི་མཆོད་རྟེན་བཟོ་དབྱིབས་ཁྲོད་དུ་རྣམ་པ

འདི་ལྟ་བུའི་མཆོད་རྟེན་བསྐྲུན་སྲོལ་ཡོད་པ་དང་། དེ་དག་ཕལ་མོ་ཆེ་ནི་དུས་དང་རྣམ་པའི་རྒྱུ་རྐྱེན་གྱིས་རྩ་འཕྲོར་དུ་ཕྱིན་པའམ་ཡང་ན་གོག་ཤུལ་དུ་ཕྱིན་མཐར། དེང་དུས་བོད་ཡུལ་དབུས་གཙང་གི་ཡུལ་གྲུར་མཇལ་ནུས་པའི་རྣམ་པ་འདི་བཞིན་གྱི་མཆོད་རྟེན་ནི་ཤིན་ཏུ་དཀོན་པའི་སྣང་ཚུལ་ཞིག་ཏུ་གྱུར་བ་ལགས། ད་ལམ་པིར་འཛིན་པས་མཐོང་ཆོས་སུ་གྱུར་པའི་དབུས་གཙང་ཁུལ་གྱི་ཇང་དགེ་མེད་པའི་བང་རིམ་བཞི་ཅན་རྣམ་པའི་མཆོད་རྟེན་ནི་ས་སྐྱ་དགོན་པའི་བྱང་དུ་བཞུགས་ཡོད་པའི་སྟོན་གྱི་ཞོང་ང་བ་གཞོན་ནུ་དབང་ཕྱུག་གི་སྐུ་གདུང་མཆོད་རྟེན་དང་། ལྷོ་ཁ་མཚོ་སྣ་རྫོང་ཁོངས་ཀྱི་དཀར་པོ་རྟེང་བརྟན་མཆོད་རྟེན། འཕན་ཡུལ་སྣྲང་ཐང་དགོན་པའི་སྟེར་གྱི་མཆོད་རྟེན་འགའ་ཞིག །མལ་གྲོ་རྒྱ་མའི་ཡུལ་ལུང་ཁག་ཏུ་གནས་པའི་མཆོད་རྟེན་འགའ་ཞིག་ལ་སོགས་པ་ཡིན་པ་དང་། དེ་དག་བཞེངས་པའི་དུས་ཚོད་ནི་དུས་རབས་༡༥པའི་གོང་རོལ་དུ་གཏོགས་པའོ། །

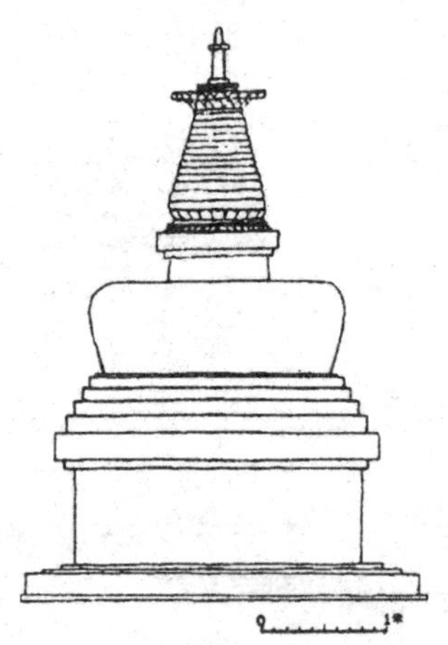

རི་མོ་4-29 སྟོན་གྱི་ཞོང་ང་བ་གཞོན་ནུ་དབང་ཕྱུག་གི་སྐུ་གདུང་མཆོད་རྟེན།

དེ་ཡང་། རི་མོ་4–29ནང་གསལ་བ་ནི་སྟེར་གྱི་ཞོང་ང་བ་གཞོན་ནུ་དབང་ཕྱུག་གི་སྐུ་གདུང་དཔེ་རིས་ཤིག་ཡིན་པ་དང་།[①] ཁྲི་གདན་སྟེང་དུ་ཇང་དགེ་མེད་པའི་བང་རིམ་བཞི་ཅན་གྱི་བཟོ་དབྱིབས་སུ་བྱས་ཤིང་། བུམ་སྟོད་ནི་བུམ་སྨད་ལས་ཞེང་ཆེ་ལ་བུམ་པའི་དཔུང་ཟུར་གཉིས་ཟླུམ་ཞིང་ཞོལ་བའི་རྣམ་པར་སྣང་བ། བུམ་པའི་སྟེང་དུ་བྲེ་རྟེན་ནམ་བུམ་སྐྱེ། དེའི་སྟེང་བྲེའི་རྣམ་པ་ནི་བད་ཆུང་དང་བད་ཆེན་གྱི་གྲུབ་ཆ་ལྟ་བུར་ཡར་རིམ་བཞིན་རིམ་

① 宿白：《藏传佛教寺院考古》，北京：文物出版社，1996年版

པ་གཉིས་སུ་བརྩིགས་ཡོད་པ་དེ་ཡང་དེང་དུས་བོད་ཀྱི་གཡུང་དྲུང་བཀོད་ལེགས་མཆོད་རྟེན་གྲུབ་ཆའི་བྲི་གདན་དང་བྲེ་རྫ་འཐོབ་པ་དང་རྣམ་པ་གཅིག་མཚུངས་སུ་བྱུང་། དེའི་སྟེང་གི་གདུགས་འདེགས་པདྨ་ཉིས་བརྩེགས་བསྒྲིགས་པའི་དབྱིབས་ནི་ཆེས་སྔ་བའི་བཀའ་གདམས་མཆོད་རྟེན་དུ་གསལ་བ་བཞིན་ཡིན་ཙང་དཔངས་དེ་ཙམ་གྱི་མཐོ་པོ་མེད། ཆོས་འཁོར་ཙུང་སྒྲོམ་ལ་དཔངས་དམའ་བ། ཆར་ཁེབས་དང་ཏོག་གི་བརྒྱན་ཆ་ཉམས་ཆགས་སུ་ཕྱིན་ཏེ་མངོན་རྒྱུ་མེད་པ་བཅས་སོ། །

དཀར་པོ་རྟིང་བརྟན་མཆོད་རྟེན་དང་། འཕན་ཡུལ་སྣང་ཐང་དགོན་པར་བཞུགས་པའི་མཆོད་རྟེན་འགའ་ཡི་རྣམ་པ་ཡང་རྒྱང་དགེ་མེད་པའི་བང་རིམ་བཞི་ཅན་དུ་འདུག་པ་རི་མོ་4–30དང་རི་མོ་4–31[①]ནང་གསལ་བ་བཞིན་དང་། ལར་དཀར་པོ་རྟིང་བརྟན་མཆོད་རྟེན་ནི་བོད་རབ་བྱུང་དྲུག་པའི་ནང་དུ་བཞེངས་ཞེས་སྐད་པར་གཞིགས་ན། དེ་ནི་སྤྱི་ལོ་༡༣༢༧ལོ–སྤྱི་ལོ་༡༣༨༦ལོའི་བར་མཚམས་སུ་ཡིན་

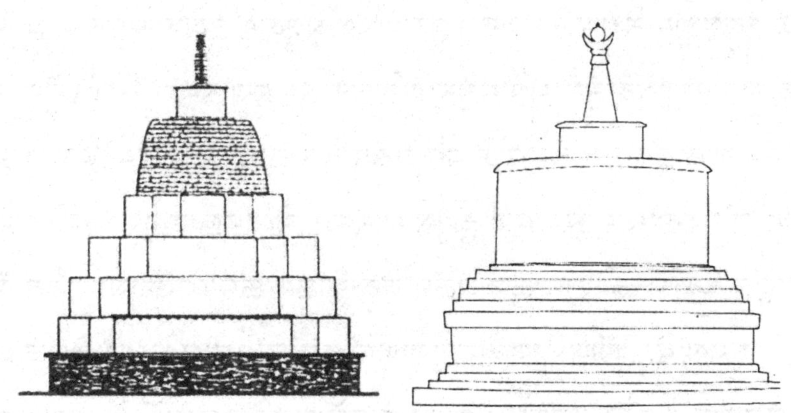

རི་མོ་4-30 མཚོ་སྣ་རྫོང་དཀར་པོ་རྟིང་བརྟན་མཆོད་རྟེན།

རི་མོ་4-31 འཕན་ཡུལ་སྣང་ཐང་དགོན་དུ་བཞུགས་པའི་མཆོད་རྟེན།

① པར་འཛིན་པས་ས་ཡུལ་དངོས་སུ་ཕྱིན་པའི་བརྟག་དཔྱད་རྒྱུ་ཆ།

པ་གསལ་པོར་རྟོགས་ཞེས་པའོ། །[1]

ཚང་དགེ་མེད་པའི་བང་རིམ་བཞི་ཅན་གྱི་མཆོད་རྟེན་རྣམ་པ་ནི་བང་རིམ་ཉིས་ཅན་དང་གསུམ་ཅན་གྱི་རྣམ་པ་བཞིན་བོད་ཀྱི་གནའ་བོའི་ཨར་སྐྲུན་མཆོད་རྟེན་བྱུང་འཕེལ་དུས་རིམ་གྱི་བར་མཚམས་གང་ཞིག་ནང་དར་སྤྱོལ་བྱུང་བའི་བཟོ་དབྱིབས་རྣམ་པའི་ནང་ཚན་ཞིག་ཡིན་པ་དང་། དེའི་བཟོ་དབྱིབས་མ་དཔེ་ཡང་གནའ་བོའི་རྒྱ་གར་མཆོད་རྟེན་ལ་གཏུགས་དགོས་ཤིང་། ཐུབ་པའི་དབང་པོ་བཅོམ་ལྡན་འདས་ལ་སོགས་པའི་རྒྱ་བོད་ཀྱི་སྔོན་བྱོན་ལུང་རིག་སྨྲ་བ་དུ་མས་གཞུང་དང་རང་རང་གི་རྣམ་དཔྱོད་ལ་བརྟེན་ནས་དུས་དང་རྣམ་པའི་བབས་བསྟུན་འོག་མཛེས་རྩལ་གྱི་ཕྱག་ལེན་གང་ལེགས་ཅི་ཡག་ཇི་མ་བཞིན་གྱི་ངང་ནས་གྲུབ་པ་ལས་བྱུང་བ་ལགས། དེའི་རྒྱུ་རྐྱེན་ལས་རང་རེའི་བོད་ཡུལ་དུ་མཆོད་རྟེན་གྱི་གྲུབ་ཆ་ལྷུ་ཚང་བར་བྱུང་བ་ནས་བཟུང་། ལོ་རྒྱུས་སྔ་མའི་ནང་གི་བཟོ་དབྱིབས་བསྐྲུན་ལུགས་གཞན་རྣམས་ཀྱང་རིམ་བཞིན་གཅིག་གྱུར་ཡོངས་མཐུན་གྱི་རྣམ་པར་གྱུར་བ་སྟེ། པེར་འཛིན་པར་ལག་སོན་བྱུང་བའི་དཔྱད་གཞི་ལྟར་ན། དུས་རབས་༡༥པའི་གོང་རོལ་དུ་དེང་དུས་ང་ཚོས་རྒྱུས་མངའ་ཆེ་བའི་མཆོད་རྟེན་ཆ་བརྒྱད་བཟོ་དབྱིབས་ཀྱི་གྲུབ་ཆ་ཚང་བའི་རྣམ་པ་དེ་བྱུང་འགོ་ཚུགས་པ་དང་། དེའི་གཞུང་ལུགས་འཛིན་ཡུལ་ནི་བུ་སྟོན་རིན་པོ་ཆེའི་བྱང་ཆུབ་མཆོད་རྟེན་གྱི་ཆག་ཚད་ལ་སོགས་པ་ཡིན་མོད། འོན་ཏེ་སྐབས་དེར་ཁོང་གི་གཞུང་ལུགས་དེ་དང་ཆ་འདྲ་བའི་ཕྱག་ལེན་མཛད་ཅིང་ཁྱབ་གདལ་ཅུང་ཆེ་བར་འཕེལ་བསྐྱུར་གཏོང་བའི་མཁན་པོ་སྟེ། དུས་རབས་༡༧པའི་ནང་འཚོ་བཞུགས་གནང་བའི་གནས་ལྔ་མཁས་ཅན་སྤྲུལ་སྐུ་འཕྲེང་ཁ་བ

---

① 索朗旺堆主编：《错那、加查、隆孜、曲松县文物志》，拉萨：西藏人民出版社，1993年版ཤོག་ངོས་༢༦༤་གསལ་མོད། འོན་ཏེ་དགོན་དེའི་མིང་རྒྱ་ཡིག་མ་གཏོགས་བྲིས་མེད་རྗེན་བོད་ཡིག་གི་དག་ཆ་ཇི་ལྟར་འབྲི་དགོས་མིན་མ་ཤེས་པས་རྒྱ་ཡིག་ནས་སྒྲ་ཕབ་སྟེ་བྲིས་པའོ། །

ལྷོ་གྲོས་བཟང་པོ་ཙམ་གྱིས་མཚོན་པ་བཞིན་ལས་དུས་རབས་༡༧པ་ནས་བཟུང་པའི་སེ་སྲིད་སངས་རྒྱས་རྒྱ་མཚོའི་གཞུང་ལུགས་བཞིན་པའི་དར་ཁྱབ་དེ་ཙམ་ཆེན་པོ་བྱུང་མེད་པར་སྣམ། གང་ལྟར་ན། དུས་རབས་༡༦པའི་དུས་སྨད་དང་དུས་རབས་༡༥པའི་དུས་འགོའི་སྐབས་ནས་བསྐྲུན་པའི་ལྡེབས་རིས་མཆོད་རྟེན་དང་དངོས་རྒྱུ་གཞན་ལས་གྲུབ་པའི་མཆོད་རྟེན་ཆ་བརྒྱད་ཀྱི་རྣམ་པར་དེང་དུས་རྒྱུག་ཆེ་བའི་བཟོ་དབྱིབས་རྣམ་པའི་གྲུབ་ཆ་ཡོངས་རྫོགས་ཚང་ཡོད་པ་མ་ཟད། དུས་དེ་ནས་བཟུང་བོད་ཡུལ་སྟོད་སྨད་བར་གསུམ་དུ་བསྐྲུན་པའི་ཨར་སྐྲུན་མཆོད་རྟེན་གྱི་གྲུབ་ཆ་ཡང་རིམ་བཞིན་ཆེས་གཅིག་གྱུར་གྱི་འཕེལ་ཕྱོགས་སུ་གཞོལ་བར་མངོན་ནོ། །

གཞན་ཡང་། འདིར་ཆེད་མངགས་གསལ་འདོན་བྱེད་དགོས་པའི་གནས་ཚུལ་ཞིག་སྟེ། དེང་དུས་ཀྱང་གཡུང་དྲུང་བོན་གྱི་མཆོད་རྟེན་བཟོ་དབྱིབས་ཁྱད་བང་རིམ་བཞི་ཅན་དུ་བྱས་པ་ཐམས་ཅད་ལ་རྨང་དགེའི་གྲུབ་ཆ་དེ་མངོན་རྒྱུ་མེད། དེ་ལྟར་དུ་བསྐྲུན་པའི་བཟོ་ཁྱད་ནི་གོང་གི་ནང་དོན་ལས་ཤེས་གསལ་བཞིན། དུས་རབས་༡༨པའི་སྔོན་ལ་བོད་ཡུལ་དུ་དར་བའི་རྨང་དགེ་མེད་པའི་མཆོད་རྟེན་རྣམ་པ་དེ་སུ་མཐུད་རྒྱུན་སྲིང་བྱས་པའི་བཟོ་རྩལ་ལས་བྱུང་བ་ཞིག་ཡིན་པ་གསལ་པོར་རྟོགས་ལ། དེ་མིན་ས་བཅད་དང་པོའི་རི་མོ་1–13ནང་གསལ་བའི་བོན་གྱི་གཡུང་དྲུང་བཀོད་ལེགས་མཆོད་རྟེན་དུ་ཐུམ་སྐྱེ་དང་། ཁྲི་གདན་དུ་འབོད་པའི་བརྟ་ཁྱད་དེ་ཡང་ནང་བསྟན་མཆོད་རྟེན་ཏེ་གོང་དུ་དྲངས་ཟིན་པའི་སྟེང་གྱི་ས་སྐྱའི་གདན་ས་དགོན་པའི་བྱང་དུ་བཞུགས་པའི་ཞང་ང་བ་གཞོན་ནུ་དབང་ཕྱུག་གི་གདུང་རྟེན་གྲུབ་ཆར་མངོན་པའི་ཁྲི་གདན་དང་། བོད་ཆུང་གི་བརྟ་ཁྱད་དེ་དང་ཡོངས་སུ་མཐུན་པའི་གྲུབ་ཆར་བྱས་པ་ལ་སོགས་པར་བརྟེན་ན། གཡུང་དྲུང་བོན་གྱི་རྨང་དགེ་མེད་པའི་བང་རིམ་བཞི་ཅན་གྱི་བཟོ་དབྱིབས་ཁྱད་ཆོས་ནི་ནང་བསྟན་མཆོད་

རྟེན་དང་འབྲེལ་འདྲིས་ཆེན་པོ་ཡོད་པ་ཤེས་ཤིང་། རྣམ་པ་དེ་ལྟ་བུའི་མཆོད་རྟེན་བཟོ་དབྱིབས་ཀྱང་གཡུང་དྲུང་བོན་དང་ནང་བསྟན་གྱི་གྲུབ་མཐའི་དབྱེ་བ་ཕྱེ་བའི་དགོས་པ་མེད་ལ། དེ་དག་ནི་བོད་ཀྱི་གནའ་བོའི་མཆོད་རྟེན་བཟོ་དབྱིབས་ཀྱི་ཐུན་མོང་གི་ཁྱད་ཆོས་སུ་གཏོགས་པ་ཞིག་ཡིན་ལ། གྲུབ་མཐའི་གནས་བབས་འདྲ་མཉམ་དུ་འཛིན་དགོས་པའི་བོད་ཀྱི་མཆོད་རྟེན་རིག་གནས་རྣམ་གཞག་གི་གལ་ཆེའི་གྲུབ་ཆ་འབའ་ཞིག་ཀྱང་ཡིན་ནོ། །

གཉིས་པ། བཀའ་གདམས་མཆོད་རྟེན་གྱི་སྐོར།

བཀའ་གདམས་མཆོད་རྟེན་ནམ་བཀའ་གདམས་གདུང་རྟེན་ནི། "དེ་སྔོན་བོད་དུ་བཀའ་གདམས་ཀྱི་བསྟན་པ་དར་རྒྱས་ཆེ་སྐབས་བལ་ཡུལ་ནས་ལྷ་བཟོ་མང་པོ་བོས་ནས་བཞེངས་པའི་མཆོད་རྟེན་ལ་ཟེར་"[1]ཞེས་དུང་དཀར་རིན་པོ་ཆེ་མཆོག་གིས་གསུངས་པ་བཞིན། བོད་ཡུལ་དུ་དར་བའི་བཀའ་གདམས་མཆོད་རྟེན་གྱི་བཟོ་དབྱིབས་རྣམ་པ་ནི་བཀའ་གདམས་བསྟན་པའི་མཛད་པོ་ཇོ་བོ་རྗེ་པཎ་ཆེན་ཨ་ཏི་ཤ (སྤྱི་ལོ་༩༨༢ལོ–སྤྱི་ལོ་༡༠༥༤ལོའི་བར་) གང་ཉིད་ཁ་བའི་ལྗོངས་འདིར་ཞབས་བཅགས་པ་ནས་བཟུང་འཕེལ་བའི་བོད་དར་ནང་བསྟན་གྲུབ་མཐའི་ཡ་གྲལ་བཀའ་གདམས་པའི་བསྟན་པ་དང་ཐད་ཀའི་འབྲེལ་འདྲིས་ལས་བྱུང་འགྲོ་ཚུགས་པ་དང་། དེ་ནས་བཟུང་པའི་ས་སྐྱ་པ་དང་། བཀའ་བརྒྱུད་པ། རྙིང་མ་བ། གཡུང་དྲུང་བོན། དགེ་ལུགས་པ་ལ་སོགས་པའི་སྐྱེས་ཆེན་དམ་པ་མང་པོས་ཀྱང་རྣམ་པ་འདི་ལྟ་བུའི་མཆོད་རྟེན་གྱི་དགེ་མཚན་རྣམས་རང་རང་གི་བླང་བྱར་བཟུང་སྟེ། གངས་ཅན་བོད་ཀྱི་མཆོད་རྟེན་བཟོ་དབྱིབས་རྣམ་གཞག་གི་ནང་དོན་དེ་བས་ཕུན་སུམ་ཚོགས་པའི་སྒང་དུ

[1] 《དུང་དཀར་ཚིག་མཛོད་ཆེན་མོ་》ཡི་ཤོག་གྲངས་༡༦༧ན་གསལ།

དགེ་བའི་འཕྲིན་ལས་རྒྱ་ཆེར་མཛད་པར་བརྟེན། བོད་ཀྱི་མཆོད་རྟེན་བྱུང་འཕེལ་ཐོག་མཐའ་བར་གསུམ་གྱི་དུས་རིམ་ནང་བཀའ་གདམས་མཆོད་རྟེན་གྱི་རྣམ་པའི་བཟོ་དབྱིབས་སྣ་ཚོགས་སུ་བྱུང་ཡོད་པ་སྟེ། གཅིག་ནས་བཀའ་གདམས་བསྟན་པའི་ཐོག་མའི་དུས་སུ་བྱུང་བའི་རྣམ་པ་བཞིན་རྒྱུན་སྲིང་གནང་ཡོད་པ་དང་། གཉིས་སུ་བཀའ་གདམས་མཆོད་རྟེན་གྱི་གྲུབ་ཆའི་བཟོ་དབྱིབས་ཀྱི་དགེ་མཚན་དག་བོད་མིའི་མཛེས་དཔྱོད་འདུ་ཤེས་དང་མཚུངས་པའི་མཆོད་རྟེན་གཟུགས་ཀྱི་མཛེས་རྒྱན་ལྟ་བུར་མཛད་དེ་བརྩམས་ཆོས་དུ་མ་བསྐྲུན་ཡོད་པར་སེམས།

ཆེད་དེབ་འདིའི་གཙོ་བོའི་བརྗོད་བྱར་གྱུར་པ་ནི་ཨར་སྐྲུན་རྣམ་པར་བསྐྲུན་པའི་བཀའ་གདམས་མཆོད་རྟེན་ཡིན་པ་དང་། ད་བར་པིར་འཛིན་པར་བོད་ཀྱི་གནའ་དུས་སུ་ཨར་སྐྲུན་རྣམ་པར་བཞེངས་པའི་ཚད་དང་ལྡན་པའི་བཀའ་གདམས་མཆོད་རྟེན་གྱི་དངོས་དཔེ་ལག་ཏུ་འཁྱོར་མ་བྱུང་ལ། བཀའ་གདམས་བསྟན་པའི་ཐོག་མའི་དུས་སུ་བོད་ཡུལ་དུ་བསྐྲུན་པའི་ཨར་སྐྲུན་མཆོད་རྟེན་རྣམ་པར་མདོན་པའི་དཔེ་རིས་ཀྱང་རྙེད་སོན་མ་བྱུང་མོད། འོན་ཏེ་དངོས་རྒྱུ་གཞན་ལས་བཞེངས་པའི་དཔེ་རིས་ལས་དུས་ཐོག་དེའི་བཀའ་གདམས་མཆོད་རྟེན་གྱི་རྣམ་པ་ཇི་འདྲ་ཞིག་ཡོད་མེད་ལ་དཔྱད་གཞི་མགོ་འདོན་ཐུབ་པ་མ་ཟད། གོང་གི་ནང་དོན་ཁག་ཏུ་དྲངས་པའི་རྒྱལ་ནང་དུ་དར་བའི་བང་རིམ་ཉིས་ཅན་རྣམ་པའི་མཆོད་རྟེན་ཁྲོད་དུ་བཀའ་གདམས་མཆོད་རྟེན་གྱི་དབྱིབས་ལྟར་བཞེངས་པའི་དངོས་དཔེ་དང་། ས་སྐྱའི་དབང་བསྒྱུར་དུས་རིམ་སྐབས་སུ་བྱུང་བའི་བོད་ཡུལ་དབུས་གཙང་ཁུལ་གྱི་མཆོད་རྟེན་གྲུབ་ཆ་འགའ་ཡི་བཟོ་དབྱིབས་ལས་ཀྱང་དཔྱད་གཞི་གང་ནུས་ཤིག་སྤྱིན་ནུས་པར་སེམས།

པར་4–15ནི་ལྷོ་ཁ་གྲྭ་ནང་རྫོང་སྙིན་གྲོལ་གླིང་དགོན་པར་བཞུགས་པའི་རྫ་

པར་4-15 སྨིན་གྲོལ་གླིང་དགོན་པའི་ཇོ་བོ་ཤཱཀྱ་མུ་ནེའི་གཡས་གཡོན་གྱི་བཀའ་གདམས་མཆོད་རྟེན།

བོ་ཤཱཀྱ་མུ་ནེ་གཙོ་འཁོར་གྱི་སྐུ་འདྲ་ཞིག་ཡིན་ཞིང་། དེའི་གཡས་གཡོན་དུ་རྒྱ་གར་བྱང་ཤར་གྱི་པཱ་ལའི་བཟོ་ལུགས་སུ་བསྐྲུན་པའི་བཀའ་གདམས་མཆོད་རྟེན་རེ་རེ་བཞེངས་ཡོད། འདི་ནི་སྤྱི་ལོ་༡༩༩༣ལོར་བླངས་པའི་པར་བརྙན་ཞིག་ཡིན་ལ།① སྤྱི་ལོ་༡༩༩༠ལོའི་ནང་བླངས་པའི་པར་གཞན་ཞིག་གི་ནང་དུ་པད་སྟོང་གི་དབུས་སུ་ཇོ་བོ་ཤཱཀྱ་མུ་ནེ་བཞུགས་ཡོད་པ་དང་། དེའི་གཡས་གཡོན་གྱི་ཡལ་ག་གཉིས་སུ་སངས་རྒྱས་མར་མེ་མཛད་དང་རྒྱལ་བ་བྱམས་པའི་སྣང་བརྙན་ལི་སྐུག་ལས་བཞེངས་པ་བཞུགས་འདུག་པར་གཞིགས་ན། སྔོན་གྱི་སྐུ་འདྲ་དེ་ནི་དུས་གསུམ་སངས་རྒྱས་ཀྱི་སྣང་བརྙན་ཞིག་ཡིན་པར་སྙམ་མོད།② འོན་ཏེ་ཕྱི་མའི་དུས་སུ་བླངས་པའི་པར་ཏེ་འདིར་དྲངས་པའི་པར་ནང་གི་གཡས་གཡོན་དུ་སྐུ་འདྲ་དེ་གཉིས་མཇལ་རྒྱུ་མེད་པའོ། །སྐུ་འདྲ་འདི་བཞེངས་པའི་དུས་ཚོད་ནི་དུས་རབས་༡༡པའི་དུས་སྨད་ནས་དུས་རབས་༡༢པའི་དུས་སྟོད་བར་དུ་ཡིན་པར་སྙིང་ཡོད། སྐུ་འདྲའི་གཡས་གཡོན་གྱི་བཀའ་གདམས་མཆོད་རྟེན་བཟོ་དབྱིབས་ལ་དབྱེ་ཞིབ་ཅིག་བྱས་ཚེ། ཞབས་མཐིལ་ཟླུམ་པོའི་རྣམ་པར་པདྨ

① Urich Von Schroeder.Buddhist,Sculptures in Tibet.Volum one.India&Nepal.Visual Publication Ltd,Hong Kong.2001ཤོག་ངོས་༢༨༤-༢༨༥བར་ན་གསལ།

② Michael Henss,Himalayan Metal Images of Five Centuries:Recent Discoveries in Tibet,Oriental Art, Jun 1996ནང་གི་པར་ཨང་༨པར་གསལ།

ཁ་སྒྱུར་ཡས་མས་སུ་བསྒྲིགས་པ་དང་། དེའི་སྟེང་གི་བུམ་པའི་མས་མཐར་ལྷུ་ཏིག་ཕྲེས་པ། བུམ་པའི་དབྱིབས་དྲིལ་བུ་ཁ་སྦུབས་སུ་བྱས་ཤིང་བུམ་རྐེད་ན་ཕྲེང་ཐག་ཉིས་བརྩེགས་ཀྱིས་བསྐོར་བ། བུམ་སྟོད་དང་བུམ་སྨད་ཕྱིར་འཕར་ནང་བཀུམ་མངོན་གསལ་མི་དོད་པར་ཀ་ཚྭམ་ཁོ་ན་ཞིག་ཏུ་གྲུབ་པ། དེ་སྟེང་དུ་བུམ་ཁེབས་སམ་བྲེ་རྐང་གི་གྲུབ་ཆ་ལྟ་བུའི་དཔངས་དམའ་ལ་ཞེང་ཚད་ཙུང་ཆེ་བར་མངོན་པ། དེའི་སྟེང་མགུལ་པ་ཐུང་བའི་བྲེ་རྟེན། བུམ་ཁེབས་སམ་བྲེ་རྐང་ལྟ་བུའི་བཟོ་དབྱིབས་ནི་དུས་ཕྱིས་བོད་ཡུལ་དུ་དར་བའི་མཆོད་རྟེན་གྲུབ་ཆར་དབྱེ་བ་ཕྱེ་བ་བྱུང་ཡོད་པ་སྟེ། སྔ་སྲིད་སངས་རྒྱས་རྒྱ་མཚོ་ལ་སོགས་པའི་མཁས་པའི་ཆག་ཚད་དུ་གསལ་བ་ལས་དུས་རབས་༡༥པའི་སྐབས་སུ་མཛད་པའི་བུ་སྟོན་རིན་པོ་ཆེའི་ཆག་ཚད་ལྟར་ན་དེའི་གྲུབ་ཆ་མངོན་མེད་ཀྱང་། བུ་སྟོན་གྱི་མཆོད་རྟེན་འགའ་ཡི་བཟོ་སྐྲུན་དངོས་ཀྱི་ཕྱག་ལེན་དུ་དེ་ལྟར་གནང་སྲོལ་ཡོད་པ་གོང་གི་ནང་དོན་ཁག་ཏུ་དྲངས་པའི་ཆེས་སྔ་དུས་ཀྱི་མཆོད་རྟེན་དཔེ་རིས་ལས་གསལ་ནུས་ལ། གནའ་བོའི་རྒྱ་གར་མཆོད་རྟེན་དབྱིབས་སུ་དེ་ལྟར་བགྱིས་པའང་མང་དུ་མཆིས། དེའི་སྟེང་བྲེའི་བཟོ་དབྱིབས་སུ་བད་ཆུང་དང་། བད་ཆེན་འདྲ་བའི་རྣམ་པ་བྱུང་བ་ནི་རྒྱས་སྤྲོས་ཀྱི་གྲུབ་ཆ་ཙམ་ལས་དོན་དངོས་སུ་བྲེ་རང་ལ་ངོས་འཛིན་དགོས་པ་སྟེ། གནའ་བོའི་རྒྱ་གར་མཆོད་རྟེན་གྱི་གྲུབ་ཆའི་ཁྲིད་ཀྱི་བྲེ་ལ་དེ་ལྟ་བུའི་རྒྱས་སྤྲོས་སུ་མངོན་པའི་རྣམ་པ་ནི་བྲེ་རང་དུ་ངོས་འཛིན་པར་གཞིགས་ན། མཆོད་རྟེན་འདིའི་བྲེའི་བཟོ་དབྱིབས་ཀྱང་གནའ་བོའི་རྒྱ་གར་ནུབ་བྱང་གནྡྷ་རའི་བཟོ་ལུགས་ཀྱི་ཤུགས་རྐྱེན་ཐེབས་པའི་རྒྱ་གར་བྱང་ཤར་པཱ་ལའི་ལུགས་སུ་བྱས་པ་གསལ་པོར་རྟོགས། བྲེའི་མཐའ་ཟུར་ཟེ་ཕྲོག་ཕྲེས་པ་དང་། དེའི་སྟེང་གི་གདུགས་འདེགས་དང་བྲེའི་དབར་དུ་ངོས་གཅིག་ཏུ་འཁེལ་བའི་ཁད་ཉུང་ཙམ་གྱི་བཟོ་དབྱིབས་སུ་བྱུང་བ་ནི་བསྐོར་ལམ་ཡོད་པ་ལྟ་བུར་སྣང་བ། དེའི་

སྟེང་ཆོས་འཁོར་ལྕྱ། དེའི་སྟེང་གི་ཐུགས་རྗེ་མདོ་གཟུངས་མདོན་གསལ་མི་དོད་པ། དེའི་སྟེང་ཁ་ཞེང་ཆུང་བའི་གདུགས་ཁེབས། དེའི་སྟེང་ནོར་བུའི་ཏོག་ལ་ཞབས་མཐིལ་དུ་བང་རིམ་ བླུམ་སྐོར་ཉིས་བརྩེགས་ཅན་གྱི་རྣམ་པར་བྱུང་བ་བཅས་སོ། །

རི་མོ་4–32ནི་ལྷོ་ཁ་གྲྭ་ནང་རྫོང་གྲྭ་ཐང་དགོན་པའི་ལྡེབས་རིས་སུ་གསལ་བའི་མཆོད་རྟེན་དཔེ་རིས་ཤིག་ཡིན་པ་དང་།[①] དེའི་བཟོ་དབྱིབས་ནི་བཀའ་གདམས་མཆོད་རྟེན་གྱི་གཟུགས་སུ་བྱས་ཤིང་། དྲིལ་བུ་ཁ་སྦུབས་ཀྱི་བུམ་པའི་སྟོད་ཅུང་བླུམ་ཞིང་ཞུམ་ལ་བུམ་སྨད་རྒྱས་པ། ཞབས་མཐིལ་གྱི་པདྨ་ཁ་སྦྱར་ཡས་མས་སུ་བསྒྲིགས་ཀྱང་གོང་འོག་ཁ་མ་གྱེས་པར་བསྐྱར་དུ་སྣང་བ་ནི་སྨིན་གྲོལ་གླིང་དགོན་པའི་སྐུ་འདྲར་གསལ་བའི་མཆོད་རྟེན་གྱི་པདྨ་དང་ཁྱད་པར་ལྡན་པ། བུམ་རྐེད་དུ་འཁྱུར་གྱི་རྣམ་པའི་གོང་འོག་ཏུ་ཕྲེང་ཐག་ཡོད་པར་མངོན་པ་དེ་ཡང་བུམ་པ་ཉིས་

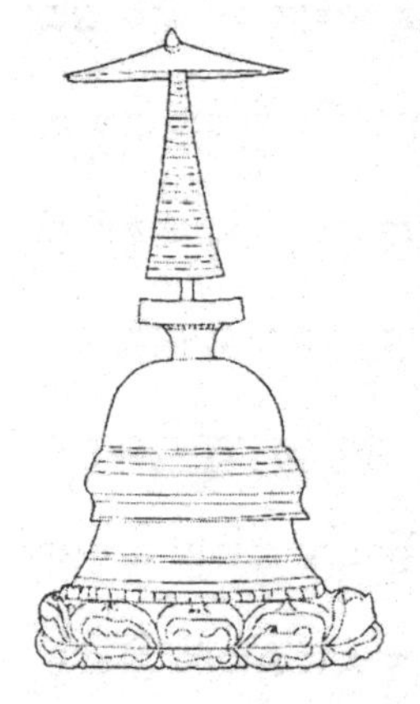

རི་མོ་4-32 གྲྭ་ཐང་དགོན་པའི་ལྡེབ་རིས་སུ་འཁོད་པའི་མཆོད་རྟེན།

བརྩེགས་ལྟར་གྱི་བཟོ་དབྱིབས་སུ་བྱུང་བ། བུམ་པའི་སྟེང་བྲེ་རྟེན་དང་བྲེ། གདུགས་འདེགས་པདྨའི་མཚམས་སུ་མཆོད་རྟེན་གྱི་སྲོག་ཤིང་མངོན་པ་ལས་གདུགས་འདེགས་པདྨའི་དབྱིབས་མ་བསྐྲུན་པ། དཔངས་མཐོ་བའི་ཆོས་འཁོར་སྟེང་དུ་བུམ་སྨད་ཀྱི་ཞེང་དང་མཉམ་པའི་གདུགས་ཁེབས་ཁ་ཞེང་ཆེན་པོ་ཞིག་དང་ཏོག་ཏུ་ནོར་བུས་བརྒྱན་པ་བཅས་སོ། །དེ་ཡང་གྲྭ་ཐང་དགོན་པ་ནི་གྲྭ་ནང་མཁས་པ་མི་བཅུའི་ཡ་གྱལ་ལམ་ཡང་ན་གཏེར་སྟོན་བརྒྱ་རྩའི་ནང་ཚན་གཏེར་སྟོན་གྲྭ་པ་མངོན་ཤེས་ཅན་(སྤྱི་ལོ་༡༠༡༢ལོ་–སྤྱི་ལོ་༡༠༩༠ལོའི་བར་)པས་རབ་བྱུང་དང་པོའི་ལྕགས་མོ་བྱ་སྟེ་སྤྱི་ལོ་

① ཕིར་འཛིན་པས་ས་ཡུལ་དངོས་སུ་ཕྱིན་ཏེ་སྐྲུ་རིས་སུ་ཐབ་པ།

༡༠༦༧ལོར་རྨང་བཏིང་ནས་དགོངས་པ་ཞི་བར་གཤེགས་རྗེས་ཀྱི་བཞེངས་འཕྲོ་ལུས་པ་རྣམས་དབོན་པོ་འབྲུང་ཤེས་དང་། འབྲུང་ཚུལ་གཉིས་ཀྱིས་རབ་བྱུང་གཉིས་པའི་ཆུ་མོ་བྱ་སྟེ་སྤྱི་ལོ་༡༠༩༣ལོར་ཁྲིན་ལོ་བཅུ་གསུམ་ནང་ལེགས་པར་གྲུབ་[1]ཅེས་འཁོད་པར་གཞིགས་ན། དགོན་འདིའི་ལྷེབས་རིས་ཀྱི་དུས་ཚོད་ནི་སྤྱི་ལོ་༡༠༦༧ལོ–སྤྱི་ལོ་༡༠༩༣ལོའི་བར་དུ་བསྐྲུན་པ་ཞིག་ཡིན་པས་མཆོད་རྟེན་འདི་ཡང་དུས་རབས་༡༡པའི་དུས་སྨད་དུ་བཞེངས་པ་གསལ་པོར་རྟོགས་ཐུབ།

གོང་གི་དཔེ་མཚོན་དེ་གཉིས་ལས་བཀའ་གདམས་བསྟན་པའི་ཐོག་མའི་དུས་སྐབས་དེའི་བཀའ་གདམས་མཆོད་རྟེན་གྱི་རྣམ་པ་ཇི་ལྟར་ཚུལ་དུ་མངོན་མིན་ལ་ངེས་ཤེས་ཤིག་འབྱུང་ལ། མཆོད་རྟེན་འདི་བཞིན་རྣམ་པའི་བཟོ་དབྱིབས་འབྱུང་ཁུངས་སམ་དོན་དངོས་ཀྱི་བཟོ་དབྱིབས་ནི་མཆོད་རྟེན་ཆ་བརྒྱད་ཀྱི་ནང་གསེས་བང་རིམ་མེད་པའི་མྱང་འདས་མཆོད་རྟེན་ཡིན་པ་དང་། ཡོངས་གྲགས་སུ་མཆོད་རྟེན་"དྲིལ་གཟུགས་མ་"ཞེས་བརྗོད་དོ། །[2]བསྟན་པ་ཕྱི་དར་དབུ་ཚུགས་པ་ནས་བཟུང་། བོད་ཡུལ་སྟོད་སྨད་བར་གསུམ་དུ་དར་ཁྱབ་བྱུང་བའི་བཀའ་གདམས་མཆོད་རྟེན་གྱི་དངོས་པོའི་མ་དཔེ་ནི་གནའ་བོའི་རྒྱ་གར་བྱང་ཤར་གྱི་པྰ་ལ་རྒྱལ་རབས་ཀྱི་བཟོ་རྩལ་ལས་འཕེལ་བ་དང་། དེའི་བཟོ་དབྱིབས་ཀྱི་ཆེས་ཐོག་མའི་དངོས་དཔེ་ཡང་སྤྱི་ལོའི་དུས་རབས་༢པ་ནས་༣པའི་སྐབས་སུ་བྱུང་བའི་རྒྱ་གར་ནུབ་བྱང་གནྡྷ་རའི་ལུགས་ཀྱི་མཆོད་རྟེན་བཟོ་དབྱིབས་སུ་གསལ་ཡོད་པ་སྟེ། ཆེད་དེབ་འདིའི་ས་བཅད་དང་པོའི་རི་མོ་1–4ནང་གསལ་བའི་སེ་ཝ་ཏ་ཡུལ་ནས་སྟོག་འདོན་བྱུང་བའི་གནའ་རབས་

① ངག་དབང་ཕུན་ཚོགས་ཀྱི་《གཏེར་སྟོན་གྲུ་པ་མངོན་ཤེས་ཀྱི་རྣམ་ཐར་རགས་བསྡུས་བདུད་རྩིའི་ཟེགས་མ་》《བོད་ལྗོངས་ནང་བསྟན་》 སྤྱི་ལོ་༡༩༨༦ལོའི་འདོན་ཐེངས་༡པོའི་ཤོག་གྲངས་༢༢དང་༢༦བར་ན་གསལ།

② བོད་ལྗོངས་ནང་བསྟན་རྩོམ་སྒྲིག་ཁང་གིས་《མཆོད་རྟེན་གྱི་འབྱུང་ཁུངས་དང་མཚོན་དོན་》《བོད་ལྗོངས་ནང་བསྟན་》 སྤྱི་ལོ་༡༩༨༥ལོའི་འདོན་ཐེངས་༢པའི་ཤོག་གྲངས་༢༧ན་གསལ།

རྒྱ་གར་གན་དྷ་རའི་སྐབས་ཀྱི་རྡོའི་མཆོད་རྟེན་དཔེ་རིས་ཀྱིས་གསལ་པོར་མཚོན་ཐུབ། པར་4–16ནི་པར་4–17ནང་དུ་གསལ་བའི་རྡོ་བོ་འཇམ་དཔལ་རྡོ་རྗེའི་སྣང་བརྙན་ཐོད་དུ་འཁོད་པའི་མཆོད་རྟེན་གྱི་པར་རིས་ཡིན་པ་དང་།[①] དེ་ནི་དུས་རབས་༡༡པའི་ནང་རྒྱ་གར་བྱང་ཤར་དུ་བསྐྲུན་པའི་བརྩམས་ཆོས་ཞིག་སྐྱེ་བོད་ཡུལ་དུ་ཡོངས་གྲགས་སུ་བཀའ་གདམས་མཆོད་རྟེན་དུ་འབོད་པའོ། །དེའི་བུམ་པའི་བཟོ་དབྱིབས་ནི་དྲིལ་བུ་ཁ་སྦུབས་སུ་བྱས་པ་སྟོད་ཟླུམ་ཞིང་ཞུམ་ལ་སྨད་རྒྱས་ཤིང་། གོང་དུ་དྲངས་ཟིན་གྱི་མཆོད་རྟེན་གཉིས་དང་མི་འདྲ་བར་པདྨ་ཁ་སྦྱར་ཞབས་མཐིལ་གྱི་ཐོད་དུ་བྱུང་བ་དང་། དེའི་འོག་ཏུ་མུ་ཏིག་སྤྲས་པའི་དབྱིབས་སུ་བྱས་པ། བྲེ་རྟེན་དང་བྲེའི་རྣམ་པ་ག་ཟླུམ་ལྟ་བུར་སྣང་བ། ཆོས་འཁོར་གྲངས་ཚད་བདུན་དུ་བྱས་ལ། གདུགས་ཁེབས་དང་ཏོག་ནི་གོང་དུ་དྲངས་ཟིན་གྱི་སྨིན་གྲོལ་གླིང་དགོན་པའི་མཆོད་རྟེན་དང་ཆ་འདྲ་བར་མཐོན་པོ། །མཆོད་རྟེན་འདི་ལྟ་བུའི་བཟོ་དབྱིབས་ནི་རང་རེའི་ཡུལ་དུ་དར་ཁྱབ་ཆེ་བའི་

པར་4-16 རྡོ་བོ་འཇམ་དཔལ་རྡོ་རྗེའི་སྣང་བརྙན་དུ་འཁོད་པའི་མཆོད་རྟེན།

པར་4-17 རྡོ་བོ་འཇམ་དཔལ་རྡོ་རྗེའི་རྡོ་བརྐོས་སྣང་བརྙན།

① Steven M.Kossak and Jane Casey Singer.Sacred Vision:Early paintings from Central Tibet.Publish by The Metropolition Museum of Art,New York.1998.ཤོག་ངོས་༡༠པར་གསལ།

བཀའ་གདམས་མཆོད་རྟེན་གྱི་མ་དཔེར་གྱུར་ཅིང་། "འབྲོམ་སྟོན་རྒྱལ་བའི་འབྱུང་གནས་(ཕྱི་ལོ་༡༠༠༤ལོ་–ཕྱི་ལོ་༡༠༦༤ལོའི་བར་)གྱི་དངོས་སློབ་སྤྱན་སྔ་བ་ཚུལ་ཁྲིམས་འབར་(ཕྱི་ལོ་༡༠༣༨ལོ་–ཕྱི་ལོ་༡༡༠༣ལོའི་བར་)གྱིས་ཇོ་བོ་རྗེའི་འབྲས་སྤུངས་པད་སྤུངས་ལ་དཔེ་མཛད་དེ་བལ་པོའི་བཟོ་བོ་དང་བོད་ཀྱི་བཟོ་བོ་མཁས་པ་མང་པོ་གདན་དྲངས་ཏེ་གསེར་དངུལ་ལ་སོགས་པའི་རྒྱུ་རིན་པོ་ཆེ་འབའ་ཞིག་ལས་གྲུབ་པའི་བཀའ་གདམས་གདུང་རྟེན་གྲངས་ལས་འདས་པ་བཞེངས་"[1]ཞེས་འཁོད་པ་བཞིན། དུས་དེ་ནས་བཟུང་རང་རེའི་བོད་ཡུལ་དུ་གྲུབ་མཐའ་རིས་མེད་ཀྱིས་བཀའ་གདམས་གདུང་རྟེན་གྲངས་ལས་འདས་པ་བཞེངས་པའམ་དེའི་བཟོ་དབྱིབས་ཀྱི་ལུགས་ཆ་རང་རང་སོ་སོའི་མཛེས་རྩལ་དུ་བསྐྱལ་ཏེ་བརྩམས་ཆོས་མང་ཙམ་བསྐྲུན་པའོ། །ཡང་སྔོས་སུ་གཡུང་དྲུང་བོན་གྱི་རྒྱལ་བ་གཉིས་པ་མཉམ་མེད་ཤེས་རབ་རྒྱལ་མཚན་(ཕྱི་ལོ་༡༣༥༦ལོ་–ཕྱི་ལོ་༡༤༡༥ལོའི་བར་)གྱི་སྐུ་གདུང་མཚན་དུ་"གསེར་གདུང་རྣམ་རྒྱལ་མཆོད་རྟེན་"[2]ཞེས་སུ་གསོལ་ཡང་། དེའི་ཕྱིའི་བཟོ་དབྱིབས་རྣམ་པར་གཡུང་དྲུང་བོན་གྱི་མཚོན་རྟགས་བྱ་རུ་བྱ་གྲི་མ་གཏོགས་གཞན་རྣམས་ནི་བཀའ་གདམས་གདུང་རྟེན་དང་རིས་སུ་མེད་པར་བསྐྲུན་འདུག་པ་དང་། དེ་བཞིན་གཙང་གཡས་རུའི་རབ་ལེགས་གཡུང་དྲུང་གླིང་དགོན་གྱི་ཕྱག་འདེབས་པ་པོ་(ཕྱི་ལོ་༡༨༣༤ལོར་ཕྱག་བཏབ་[3])རྒྱལ་ཚབ་སྐྱབས་མགོན་སྣང་སྟོན་ཟླ་བ་རྒྱལ་མཚན་གྱི་གསེར་གདུང་

① བསྟན་པ་རབ་བརྟན་མཆོག་གིས་《བོད་ཀྱི་སྲོལ་རྒྱུན་མཛེས་རྩལ་ལས་བྲིས་འབུར་གཉིས་ཀྱི་བྱུང་བ་མདོ་ཙམ་བརྗོད་པ་》མི་རིགས་དཔེ་སྐྲུན་ཁང་གིས་ཕྱི་ལོ་༢༠༠༧ལོར་བསྐྲུན་པའི་ཤོག་གྲངས་༤༦ན་གསལ།

② སློ་རིགས་ཉི་རི་ཤེལ་བཞིན་གྱིས་བསྒྲིགས་པའི་《རྗེ་རིན་པོ་ཆེ་མཉམ་མེད་ཤེས་རབ་རྒྱལ་མཚན་གྱི་རྣམ་ཐར་》སི་ཁྲོན་དཔེ་སྐྲུན་ཚོགས་པ་དང་སི་ཁྲོན་མི་རིགས་དཔེ་སྐྲུན་ཁང་གིས་ཕྱི་ལོ་༢༠༠༤ལོར་བསྐྲུན་པའི་ཤོག་གྲངས་༡༡༦ན་གསལ།

③ ཤར་ཡུལ་ཕུན་ཚོགས་ཚེ་རིང་མཆོག་གིས་《བོད་ཀྱི་བོན་དགོན་ཁག་གི་ལོ་རྒྱུས་དང་ད་ལྟའི་གནས་བབ་》མི་རིགས་དཔེ་སྐྲུན་ཁང་གིས་ཕྱི་ལོ་༢༠༠༢ལོར་བསྐྲུན་པའི་ཤོག་གྲངས་༢༤༤ན་གསལ།

ཡང་བྱ་རུ་བྱ་གྲིའི་ཏོག་ཕུད་པའི་གཞན་རྣམས་ནི་བཀའ་གདམས་གདུང་རྟེན་གྱི་རྣམ་པར་བཞེངས་ཡོད་པ་པར་4–18ནང་གསལ།[1]

པར་4-18 སྐུབས་མགོན་བླ་རྒྱལ་གྱི་གསེར་གདུང་།

དེ་ཡང་སྐབས་འདིར་གཡུང་དྲུང་བོན་གྱི་གདུང་རྟེན་རྣམ་པར་དཔྱད་བརྗོད་རགས་ཙམ་བྱས་ན་དོན་སྙིང་ཆེར་མཐོང་བར་སྙམ་སྟེ། ད་བར་པིར་འཛིན་པར་རྙེད་སོན་བྱུང་བའི་དཔྱད་གཞིའི་ཡིག་རིགས་དང་མཆོད་རྟེན་གྱི་དངོས་དཔེ་ལྟར་ན། གཡུང་དྲུང་བོན་གྱི་གདུང་རྟེན་རྣམ་པར་བཞེངས་པའི་ཆེས་སྔ་བའི་དངོས་དཔེ་ནི་མཉམ་མེད་ཤེས་རབ་རྒྱལ་མཚན་གྱི་གདུང་རྟེན་དེ་ཉིད་ཡིན་པར་སེམས་ཤིང་། དེ་ཕུད་པའི་ཆེས་སྔ་བའི་སྐབས་ཀྱི་གདུང་རྟེན་རྣམ་པ་ཇི་ལྟར་དུ་གྲུབ་ཡོད་མིན་ནི་ད་བར་རྙེད་སོན་བྱུང་བའི་དཔྱད་གཞིས་བཤད་ཚོད་དཀའ་བ་དང་། འུང་མཐར་ཡང་དུས་རབས་༡༥པའི་སྐབས་ཀྱི་གཡུང་དྲུང་བོན་གྱི་གདུང་རྟེན་རྣམ་པ་ནི་གོང་དུ་འགྲེལ་བརྗོད་ཟིན་པ་བཞིན་བཀའ་གདམས་གདུང་རྟེན་གྱི་སྤྱིའི་རྣམ་པ་དང་ཆ་འདྲ་བར་མངོན་ཡོད་ཅིང་། དུས་ཐོག་དེའི་སྐབས་སུ་མཉམ་མེད་ཆེན་མོ་གང་ཉིད་ཀྱིས་གཡུང་དྲུང་བོན་གྱི་མཆོད་རྟེན་ཆག་ཚད་སྐོར་གྱི་བརྩམས་ཆོས་ཡང་མཛད་གནང་འདུག་ལ། ས་བཅད་དང་པོའི་ནང་དུ་དྲངས་ཟིན་པའི་རི་མོ་1–13ནང་གསལ་བའི་བོན་གྱི་གཡུང་དྲུང་བཀོད་ལེགས་མཆོད་རྟེན་གྱི་གྲུབ་ཆ་ཁག་གི་བརྗེ་ཁྱད་ཁྱིད་"སྲོག་ཤིང་"དུ་འབོད་པ

---

① ལི་སྦྱལ་གཤེན་རྒྱལ་བསྟན་འཛིན། 《ཐེག་ཆེན་གཡུང་དྲུང་བོན་གྱི་བྱུང་བ་དང་མཚོ་སྔོན་དགོན་པའི་ལོ་རྒྱུས་ཤུང་བསྡུས་》 སི་ཁྲོན་ཞིང་ཆེན་ནང་བསྟན་ཆོས་ཚོགས་ཀྱིས་སྤྱི་ལོ་༢༠༠༥ལོར་ཁྲིན་ཏུའུ་ཕིའི་ཤན་ཐང་ཁྲང་དཔར་འདེབས་ཁང་（郫县唐昌印制厂）ནས་བསྐྲུན་པའི་བར་འཇུག་པར་བརྟེན་དུ་གསལ།

དང་། ནང་བསྟན་མཆོད་རྟེན་གྲུབ་ཆའི་བརྗོད་ཁྱད་དུ"གདུགས་འདེགས་པདྨ"ཏུ་འབོད་པ་དེ་གཉིས་དབར་ལ་ཁྱད་པར་བྱུང་བ་ནི་རྒྱུ་མཚན་འདི་ལྟ་ཞིག་ལ་གཏུགས་དགོས་པ་སྟེ། ཆེས་སྔ་བའི་བོད་ཀྱི་གདུང་རྟེན་བཟོ་ཁྱད་ཀྱི་དཔེ་འཛིན་ས་ནི་བོད་ཡུལ་དུ་ཐོག་མར་དར་བའི་ནང་བསྟན་བཀའ་གདམས་མཆོད་རྟེན་དེ་རང་ཡིན་རྩོད་ཆེ་ཞིང་། གཡུང་དྲུང་བཀོད་ལེགས་མཆོད་རྟེན་གྲུབ་ཆའི་བརྗོད་ཁྱད་དུ་གདུགས་འདེགས་པདྨའི་རྣམ་པ་འབའ་ཞིག་ཏུ་མངོན་ཡོད་ཀྱང་དེར"སྲོག་ཤིང་"ཞེས་འབོད་པ་ནི་བོད་ཡུལ་དུ་ཐོག་མར་དར་བའི་བཀའ་གདམས་མཆོད་རྟེན་གྱི་བཟོ་དབྱིབས་ཀྱང་། གོང་དུ་དྲངས་ཟིན་པའི་གྲྭ་ཐང་དགོན་པའི་ལྷེབས་རིས་སུ་འཁོད་པའི་གདུགས་འདེགས་པདྨ་མི་མངོན་པར་སྲོག་ཤིང་རང་གི་དབྱིབས་སུ་སྣང་བ་དེ་ལྟ་བུ་ཞིག་ལས་བྱུང་བ་མིན་ནམ་སྙམ། རྒྱུ་མཚན་དེ་དག་ལ་བརྟེན་ན། གཡུང་དྲུང་བོན་གྱི་བདེ་གཤེགས་སྐུ་གདུང་གི་ཐིག་རྩའི་གཞུང་ལུགས་ཆ་ལག་ཚང་ལ་ཆེས་སྔ་དུས་ཀྱི་བརྩམས་ཆོས་ནི་མཉམ་མེད་ཆེན་པོ་གང་ཉིད་ཀྱིས་མཛད་པ་དེ་རང་ཡིན་རྩོད་ཆེ་བར་འདུག་སྙམ་ལ། གལ་སྲིད་དེའི་སྔོན་དུ་གཞུང་ལུགས་མ་ལག་ཆ་ཚང་བའི་བརྩམས་ཆོས་གཞན་ཞིག་ཡོད་ན་གང་ཉིད་འདིའི་གདུང་རྟེན་ཡང་བཀའ་གདམས་གདུང་རྟེན་གྱི་རྣམ་པ་ལས་ཐ་དད་པ་ཞིག་འབྱུང་དགོས་པར་སེམས་པས་དེ་དག་སྐོར་གྱི་གནད་དོན་ལ་མུ་མཐུད་དཔྱད་དགོས་པ་ཤིན་ཏུ་གལ་ཆེའོ། །

གོང་དུ་སྨྲོས་ཟིན་པའི་ཤིན་ཏུ་མདོར་བསྡུས་ཀྱི་ནང་དོན་ལས་དུས་རབས་11པ་ནས་བཟུང་དེང་གི་བར་དུ་བོད་ཀྱི་ཡུལ་གྲུ་མང་དག་ཅིག་ཏུ་རིམ་པ་བཞིན་བཀའ་གདམས་གདུང་རྟེན་རྣམ་པའི་མཆོད་རྟེན་གྱི་བཟོ་སྐྲུན་ཇི་སྙེད་ཅིག་མཛད་ཡོད་པ་དང་། དེ་དག་གི་བཟོ་དབྱིབས་ཀྱང་དུས་དང་རྣམ་པའི་རྒྱུ་རྐྱེན་ལ་བརྟེན་ནས་ཞིབ་ཕྲའི་ཁྱད་པར་འབྱུང་བ་ནི་ཨ་ཅང་བརྗོད་མེད་ཡིན་མོད། འོན་ཏེ་སྐབས་

འདིའི་གཙོ་བོའི་བརྗོད་བྱ་དང་འབྲེལ་བ་ཆེར་མི་མངོན་པའི་དངོས་རྒྱུ་གཞན་ལས་གྲུབ་པའི་བཀའ་གདམས་མཆོད་རྟེན་གྱི་དཔེ་རིས་དག་གིས་ཨར་སྐྲུན་མཆོད་རྟེན་གྱི་ཁྱད་ཆོས་དེ་ཙམ་གསལ་བརྗོད་བྱེད་མི་ཐུབ་ན། རེ་ཤིག་དེའི་བརྗོད་མཚམས་འཇོག་རྒྱུ་དང་། གོང་དུ་མཚམས་སྦྱོར་ཞུས་པའི་དཔེ་མཚོན་ཙུང་ཤས་དེ་དག་གིས་ཀྱང་བཀའ་གདམས་གདུང་རྟེན་གྱི་རྣམ་པའི་མཆོད་རྟེན་ནི། བོད་ཀྱི་གནའ་རབས་མཆོད་རྟེན་བྱུང་འཕེལ་ཁྲོད་དུ་མེད་དུ་མི་རུང་བའི་བཟོ་དབྱིབས་ཡན་ལག་ཅིག་ཡིན་པའི་གསལ་བཤད་བྱས་ཡོད་པ་མ་ཟད། ཕྱིས་འབྱུང་དེ་དང་འབྲེལ་བའི་དཔྱད་གཞིར་མུ་མཐུད་ཞིབ་འཇུག་གི་བྱ་གཞག་སྤེལ་དགོས་པའི་སྣད་དུའོ། །

གསུམ་པ། སྐུ་འབུམ་མཆོད་རྟེན་གྱི་སྐོར།

སྤྱིར་སྐུ་འབུམ་མཆོད་རྟེན་ཞེས་པའི་ཐ་སྙད་འདི་ནི་ནང་གཞུག་སྣཚྭ་སྐྲུབ་ཚུལ་གྱི་འབོར་ཚད་དབང་གིས་གྲངས་འབུམ་ཡན་ཆོད་ལོན་པར་གྲུབ་པའི་མཆོད་རྟེན་ལ་འབོད་ཆོག་པར་སྣམ་ཉུང་། འདིར་བརྗོད་པའི་སྐུ་འབུམ་མཆོད་རྟེན་ནི་ཨར་སྐྲུན་གྱི་བཟོ་ཁྱད་དུ་མངོན་པའི་ཕྱི་མཆོད་རྟེན་དབྱིབས་དང་ནང་ལྷ་ཁང་མང་པོ་ཐོག་བརྩེགས་ཅན་གྱི་རྣམ་པར་གོ་དགོས་པ་སྟེ། དེའི་བཟོ་དབྱིབས་རྣམ་པ་ནི་བཟོ་ལུགས་སྣ་ཚོགས་ལས་བྱུང་བའི་བཀྲ་ཤིས་སྒོ་མང་མཆོད་རྟེན་ཡིན་ཞིང་། རང་རེའི་བོད་ཀྱི་ཡུལ་དུ་དེང་གི་སྐབས་སུའང་མཇལ་རྒྱུ་ཡོད་ལ། འཛམ་གླིང་ཡུལ་གྲུ་ཀུན་ལ་སྐད་གྲགས་ཆེ་བའི་རྣམ་པ་འདི་ལྟ་བུར་གྲུབ་པའི་མཆོད་རྟེན་གྱི་དཔེ་མཚོན་ལྟ་བུ་ནི་རྒྱལ་རྩེ་དཔལ་འཁོར་ཆོས་སྡེ་དགོན་དུ་བཞུགས་པའི་སྐུ་འབུམ་ཆེན་མོ་དང་། ངམ་རིང་གཙུང་རི་བོ་ཆེའི་སྐུ་འབུམ། ལྷ་རྩེ་ཇོ་ནང་སྐུ་འབུམ་ལ་སོགས་པ་ཡིན་ལུགས། དེ་བཞིན་དེང་དུས་གོག་ཤུལ་ཙམ་དུ་མཇལ་

རྒྱུ་ཡོད་པའི་སྐུ་འབུམ་ཆེན་མོའི་གྲས་སུ་ལྷ་རྩེ་རྒྱང་འབུམ་མོ་ཆེ་དང་། ས་སྐྱའི་ཁྲོ་ཕུ་འབུམ་མོ་ཆེ་ལ་སོགས་པ་ཡོད་དོ། །

དེ་ཡང་། ད་བར་དུ་ང་ཚོའི་མཐོང་ཆོས་སུ་གྱུར་པའི་དངོས་དཔེ་དང་། སྔོན་གྱི་དཔྱད་གཞིའི་ཡིག་རིགས་ཁག་ཏུ་འཁོད་པའི་གནས་ཚུལ་ལྟར་ན། ཆེས་སྔ་བའི་བོད་ཀྱི་གནའ་རབས་ཨར་སྐྲུན་མཆོད་རྟེན་བྱུང་འཕེལ་གྱི་དུས་རིམ་ནང་བཀྲ་ཤིས་སྒོ་མང་མཆོད་རྟེན་གྱི་དབྱིབས་ནི་ཉུང་མཐར་ཡང་དུས་རབས་‹པའི་ནང་དུ་བྱུང་འགོ་ཚུགས་པ་མ་ཟད། དེའི་སྐབས་ཀྱི་བཀྲ་ཤིས་སྒོ་མང་གི་སྒོ་མོ་དེ་ཡང་ཕྱིའི་རྣམ་པ་ཙམ་དུ་མ་ཡིན་པར། ཕྱོགས་བཞིར་ལྷ་ཁང་གི་རྣམ་པར་བསྐྲུན་ཡོད་ལ། བོད་ཀྱི་སྐུ་འབུམ་ཆེན་མོའི་བཟོ་དབྱིབས་ཀྱི་འབྱུང་ཁུངས་ཀྱང་དུས་སྐབས་དེ་ལ་བཞག་ན་སྐྱོན་ཆེ་བར་མ་མཐོང་སྙམ། གཞན་ཡང་། ཡབ་མེས་སྲོང་བཙན་གྱི་སྐུ་དུས་སུ་ཡང་འདུལ་གྱི་གཙུག་ལག་ཁང་བཞི་བཞེངས་གནང་བ་དེ་དག་ཡིག་ཚང་ལྟར་ན་ཕྱི་མཆོད་རྟེན། ནང་ལྷ་ཁང་གི་རྣམ་པར་བཞེངས་ཞེས་གསུངས་སྲོལ་ཡོད་ཀྱང་ད་ལམ་དེའི་སྐོར་གྱི་མ་དཔེ་གང་ཞིག་མཇལ་རྒྱུ་མེད་པས་ཕྱོགས་བཞིར་ལྷ་ཁང་རེ་རེ་ཁྱོན་བཞི་ཚད་ཡིན་ནམ་ཡང་ན་ལྷ་ཁང་གཅིག་གི་གྲངས་ཚད་ཡིན་མིན་མི་ཤེས་པར་བརྟེན། དུས་སྐབས་དེར་བཞེངས་པའི་ཨར་སྐྲུན་མཆོད་རྟེན་དེ་ཡང་བོད་ཡུལ་དུ་དར་བའི་བཀྲ་ཤིས་སྒོ་མང་མཆོད་རྟེན་གྱི་འབྱུང་ཁུངས་སུ་འཛུགས་ཐབས་བྲལ་བར་སྙམ་མོད། འོན་ཏེ་དུས་རབས་‹པ་ནས་བསྟན་པ་ཕྱི་དར་དབུ་ཚུགས་ཙམ་གྱི་དུས་སུ་བོད་ཡུལ་དབུས་གཙང་དང་། སྟོད་མངའ་རིས་སུ་རིམ་བཞིན་ཨར་སྐྲུན་མཆོད་རྟེན་ཇི་སྙེད་ཅིག་བསྐྲུན་ཡོད་པའི་ཁྲོད་དུའང་ཕྱི་དབྱིབས་མཆོད་རྟེན་དང་ནང་ལྷ་ཁང་གི་རྣམ་པར་བཞེངས་པ་མཇལ་རྒྱུ་ཡོད་པ་སྟེ། གོང་གི་ནང་དོན་དུ་མཚམས་སྦྱོར་ཞུས་ཟིན་པའི་ཚལ་གུང་ཐང་དགོན་པར་བཞུགས་པའི་མཆོད་རྟེན་

གསེར་པོ་ཞེས་པ་དེ་ནི་"ཕྱོགས་བཞིར་ལྷ་ཁང་བཞི་ལ། ཤར་དུ་ཐུབ་དབང་ལི་མ་ཐོག་སོ་མཐོ་ངེས། ལྷོ་ནུབ་བྱང་སོ་སོར་རིགས་བཞི་གཞན་རྣམས་འཛིམ་སྐུ། འཁོར་ཀུན་རིགས་རྩ་ལྷ་སོ་བདུན་ཚད་རེ་འཛིམ་སྐུ། རྩེར་བསྐལ་བའི་མར་མེ་ཐེར་སྟེ་[ཏེ]ཉོར་བུ་ཤེལ་ཏོག"①བཞུགས་པར་བརྟགས་ཆོ། མཆོད་རྟེན་དེའི་བཟོ་དབྱིབས་ནི་བང་རིམ་ཉིས་ཅན་དུ་བྱས་པའི་བཀྲ་ཤིས་སྒོ་མང་གི་རྣམ་པར་བཞེངས་པ་ཞིག་ཡིན་ཚོད་ཆེ་བར་འདུག་སྙམ། སྒོས་སུ་ཕྱོགས་བཞིར་ལྷ་ཁང་གི་རྣམ་པར་བྱུང་བ་ནི་འདིར་བརྗོད་པའི་སྐུ་འབུམ་མཆོད་རྟེན་གྱི་ཨར་སྐྲུན་རྣམ་པའི་ཚད་དང་མཐུན་པ་ཞིག་ཡིན་པ་ཐེ་ཚོམ་ཅི་ལ་དགོས།

གཞན་ཡང་། གུང་ཐང་དགོན་གྱི་གོང་རོལ་དང་དུས་དེ་ནས་བཟུང་པའི་དུས་རབས་༡༤པའི་བར་དུ་གུང་ཐང་དགོན་པའི་མཆོད་རྟེན་གསེར་པོ་དང་ཆ་འདྲ་བར་སྣང་བའམ་ཡང་ན་བོངས་གཟུགས་དེ་ཙམ་ཆེ་བར་མི་མངོན་པའི་རྣམ་པ་གཞན་གྱི་བཀྲ་ཤིས་སྒོ་མང་སྐུ་འབུམ་དབྱིབས་དོད་ཀྱི་མཆོད་རྟེན་ཡང་དུ་མ་ཞིག་བསྐྲུན་སྲིད་མོད། འོན་ཏེ་ད་ལམ་ཕིར་འཛིན་པར་དེ་དག་སྐོར་གྱི་དཔྱད་གཞི་གང་ཞིག་རྙེད་སོན་བྱུང་མེད་པར་བརྟེན་དཔྱད་བརྗོད་བྱེད་ཐབས་བྲལ།

དུས་རབས་༡༤པ་ནས་བཟུང་། བོད་ཀྱི་གནའ་རབས་ཨར་སྐྲུན་མཆོད་རྟེན་གྱི་བྱུང་འཕེལ་ནང་ཁྱད་འཕགས་བཟོ་རྩལ་གྱི་རྣམ་པ་གསར་པ་ཞིག་བྱུང་འགོ་ཚུགས་ཡོད། དེའི་མཚོན་བྱེད་དུ་གོང་དུ་སྨྲོས་ཟིན་པའི་སྐུ་འབུམ་ཆེན་མོའི་ཨར་སྐྲུན་མཆོད་རྟེན་དག་ཡིན་ཞིང་། གཤམ་དུ་དེའི་གནས་ཚུལ་ལ་ངོ་སྤྲོད་མདོར་བསྡུས་བྱ་རྒྱུ་ལགས།

① ཀཿཐོག་སི་ཏུ་ཆོས་ཀྱི་རྒྱ་མཚོས་མཛད་པའི་《ཀཿཐོག་སི་ཏུའི་དབུས་གཙང་གནས་ཡིག》བོད་ལྗོངས་བོད་ཡིག་དཔེ་རྙིང་དཔེ་སྐྲུན་ཁང་གིས་སྤྱི་ལོ་༡༩༩༩ལོར་བསྐྲུན་པའི་ཤོག་ངོས་༡༠༢ན་གསལ།

༡ ཁྲོ་ཕུ་བྱམས་ཆེན་དགོན་གྱི་སྐུ་འབུམ་མཐོང་གྲོལ་ཆེན་མོ།

སྐུ་འབུམ་འདི་ནི་གཙང་ས་སྐྱ་རྫོང་ཤབ་དགེ་ལྡིང་གྲོང་ཚོའི་ཤར་ངོས་ཀྱི་ལུང་ཁོག་ཅིག་ཏུ་གནས་ཤིང་། ཐོག་མ་གནས་དེར་ཁྲོ་ཕུ་ལོ་ཙཱ་བ་ཚུལ་ཁྲིམས་ཤེས་རབ་བམ་བྱམས་པའི་དཔལ་ (སྤྱི་ལོ་༡༡༧༣ལོ་–སྤྱི་ལོ་༡༢༡༨ལོའི་བར་) གང་ཉིད་ཀྱིས་སྤྱི་ལོ་༡༢༠༩ལོ་ནས་ཁྲོ་ཕུའི་བྱམས་ཆེན་གྱི་སྐུ་དང་ལྷ་ཁང་བཞེངས་པའི་དབུ་ཚུགས་པ་ནས་བཟུང་། ལོ་ངོ་བཅུའི་ནང་དུ་ཁྲོ་ཕུའི་བྱམས་ཆེན་རྒྱུ་གསེར་ཟངས་ལས་གྲུབ་ཅིང་བཟོ་བཀོད་འགྲན་ཟླ་མེད་པ་"ཁྲུ་བརྒྱད་ཅུ་ཞེས་གྲགས་པ་ཞལ་འདོམ་ངོ་པར་གྲགས་པ་"①དེ་ཉིད་ལེགས་པར་བཞེངས། རབ་བྱུང་བཞི་པའི་ས་ཡོས་ཏེ་སྤྱི་ལོ་༡༢༡༨ལོར་གང་ཉིད་འདི་འགྲོ་དོན་གཞན་དུ་ཐེབས་ཁད་ལ་"འབུམ་པོ་ཆེ་འདི་ལྟར་གྱིས་གསུངས་པའི་ཞལ་བཀོད་མཛད་ནས་ལོ་དེ་ཉིད་ལ་མྱུ་ངན་ལས་འདས་"②རྗེས། ལོ་དེའི་ཕྱི་མ་ལ་འབྲུངས་པའི་ཁོང་གི་སྲས་བྱང་སེམས་ཆེན་པོ་བསོད་ནམས་སེང་གེས། "ལུང་བསྟན་པ་ལྟར་ཁྲོ་ཕུ་བའི་འབུམ་མོ་ཆེ་ངོ་མཚར་དུ་མ་དང་ལྡན་པ་ལེགས་པོ་བཞེངས་"③ཞེས་འཁོད་པ་ལྟར་ན། ཁྲོ་ཕུ་འབུམ་མོ་ཆེ་དེ་ནི་དུས་རབས་༡༣པའི་ནང་དུ་བཞེངས་པ་གསལ་པོར་རྟོགས།

འབུམ་མོ་ཆེ་འདི་ཡང་རིག་གསར་དུས་སྐབས་སུ་འཕྲོར་ཞིག་ཚབས་ཆེན་ཕོག་མཐར་དེང་སྐབས་གོག་རོ་ཙམ་མ་གཏོགས་མཇལ་རྒྱུ་མེད་པ་པར་4–22ལས་གསལ་པོར་རྟོགས་ཐུབ་ཅིང་། སྤྱི་ལོ་༢༠༠༨ལོར་པར་འཛིན་པས་པར་ལེན་བྱས། སྤྱི་ལོ་

① ཀཿ ཐོག་སི་ཏུ་ཆོས་ཀྱི་རྒྱ་མཚོས་མཛད་པའི་《ཀཿ ཐོག་སི་ཏུའི་དབུས་གཙང་གནས་ཡིག་》བོད་ལྗོངས་བོད་ཡིག་དཔེ་རྙིང་དཔེ་སྐྲུན་ཁང་གིས་སྤྱི་ལོ་༡༩༩༩ལོར་བསྐྲུན་པའི་ཤོག་ངོས་༣༦༧ན་གསལ།

② ཏ་ཚགས་ཚེ་དབང་རྒྱལ་གྱིས་མཛད་པའི་《ལྷོ་རོང་ཆོས་འབྱུང་》བོད་ལྗོངས་བོད་ཡིག་དཔེ་རྙིང་དཔེ་སྐྲུན་ཁང་གིས་སྤྱི་ལོ་༡༩༩༤ལོར་བསྐྲུན་པའི་ཤོག་ངོས་༣༣༤ན་གསལ།

③ ཏ་ཚགས་ཚེ་དབང་རྒྱལ་གྱིས་མཛད་པའི་《ལྷོ་རོང་ཆོས་འབྱུང་》བོད་ལྗོངས་བོད་ཡིག་དཔེ་རྙིང་དཔེ་སྐྲུན་ཁང་གིས་སྤྱི་ལོ་༡༩༩༤ལོར་བསྐྲུན་པའི་ཤོག་ངོས་༣༣༤ན་གསལ།

པར་4-22 བོར་ཞིག་ཏུ་སོང་བའི་ཁྲོ་ཕུ་སྐུ་འབུམ།

༡༩༩༠ལོར་སྤེལ་བའི་སྤྱོངས་ཡོངས་ཀྱི་རིག་དངོས་ཞིབ་བཤེར་གྱི་སྐབས་སུ་བྲིས་པའི་འབུམ་མོ་ཆེ་དེ་ཉིད་ཀྱི་ཟིན་ཐོར་འདི་ལྟར་འཁོད་པ་སྟེ། སྔོན་གྱི་མཆོད་རྟེན་དེ་ནི་ཐོག་རྩིགས་དྲུག་ཏུ་མངོན་ཞིང་། དཔངས་ལ་རྨིད་༢༨དང་། རྒྱང་གི་ཞེང་ཚད་ལ་རྨིད་༥༨དང་། བང་རིམ་བཞི་པ་མན་ཆད་ཀྱི་གྲུབ་ཆ་མངོན་གསལ་དོད་པ་སྟེ། བཞི་པ་ཟླུམ་དབྱིབས་སུ་བྱས་ཤིང་དེའི་ཕྱི་མཐར་བསྐོར་ལམ་ཞིག་ཡོད་པ་དང་། གསུམ་པ་མན་ཆད་ནི་སྒྲོ་འབུར་ཅན་གྱི་དཀྱིལ་འཁོར་དབྱིབས་སུ་གྲུབ་ལ། ཕྱོགས་བཞིར་མཆོད་གཞོམ་དབྱིབས་དོད་ཀྱི་སྐེའུ་（佛龛）མང་པོ་སྤེལ་ཡོད་པ། བང་རིམ་ལྔ་པ་དང་དྲུག་པ་གཉིས་ནི་གོག་རོར་ཕྱིན་ཡང་། དེའི་ལྔ་པ་དཀྱིལ་འཁོར་སྒྲོ་འབུར་ཅན་གྱི་དབྱིབས་སུ་བྱས་ལ། དྲུག་པ་དེ་ནི་སླུང་རིལ་དབྱིབས་ཀྱི་ཆོས་འཁོར་དང་ཧོག་བཅས་པ་ཡིན་ངེས་པ་ལགས་སོ། །[①]ཞེས་པ་དང་། ཡང་《ཀཿ ཐོག་སི་ཏུའི་དབུས་གཙང་གནས་ཡིག་》ནང་དུ། "དགོན་མཐར་མཆོད་རྟེན་ཆེན་པོ་བང་རིམ་གསུམ་ལ་ལྷ་ཁང་ལྔ་ལྔ་རེ་དྲུག་ཅུ་དང་། བུམ་སྐོར་ལྷ་ཁང་བཅས་རྗེ་ཡིས་བརྩིགས་པ་ལེབ་ཞིང་ཅན་ཡོད་"[②]ཅེས་འཁོད་པ་འདི་གཉིས་དཔྱད་བསྡུར་ཐོག་ནས་འབུམ་མོ་ཆེ་འདིའི་བཟོ་དབྱིབས་ལ་དབྱེ་ཞིབ་ཅིག་བྱས་ན། དེའི་རྣམ་པ་ཁ་གསལ་པོ་ཞིག་ཏུ་

① 索南旺堆主编：《萨迦、谢通门县文物志》，西藏人民出版社，1993年版ཤོག་ངོས་༡༡༠ན་གསལ།

② བརྒྱམས་ཆོས་འདིའི་ཤོག་ངོས་༢༥༦ན་གསལ།

མཐོང་ཐུབ་པ་སྟེ། ཀཿཐོག་སི་ཏུའི་གསུང་ནང་བང་རིམ་གསུམ་ཅན་དུ་གྲུབ་ཡོད་ཅེས་པ་དེ་ནི་རིག་དངོས་ཞིབ་བཤེར་ཟིན་ཐོར་འཀོད་པའི་"བང་རིམ་གསུམ་པ་མན་ཆོད་ནི་སྒྲོ་འབུར་ཅན་གྱི་དཀྱིལ་འཁོར་དབྱིབས་སུ་གྲུབ་"ཅེས་པ་དེ་ཡིན་པ་དང་། ཞིབ་བཤེར་ཟིན་ཐོའི་ནང་དུ་བང་རིམ་བཞི་པ་"ཟླུམ་དབྱིབས་སུ་བྱས་ཤིང་དེའི་ཕྱི་མཐར་བསྐོར་ལམ་ཞིག་ཡོད་པ་"ཞེས་འཀོད་པ་ནི་འཐོར་ཞིག་ཏུ་སོང་བའི་བུམ་པའི་སྨད་ཀྱི་གྲུབ་ཆ་ཡིན་ལ། དེ་ནི་ཀཿཐོག་སི་ཏུའི་གསུང་ནང་"བུམ་སྐོར་ལྷ་ཁང་"ཡོད་པ་དེར་གོ་དགོས་པ་མ་ཟད། བུམ་པའི་ལྷ་ཁང་གི་ཕྱི་མཐར་བསྐོར་ལམ་ཡོད་པ་གསལ་པོར་ཤེས་ནུས། ཞིབ་བཤེར་ཟིན་ཐོར་བང་རིམ་"ལྔ་པ་དཀྱིལ་འཁོར་སྒྲོ་འབུར་ཅན་གྱི་དབྱིབས་སུ་བྱས་"ཞེས་འཀོད་པ་ནི་འབུམ་མོ་ཆེ་དེའི་བྲེའི་གྲུབ་ཆ་ཡིན་ཞིང་། དེའི་སྟེང་དུ་ཟིན་ཐོར་འཀོད་པ་"བང་རིམ་དྲུག་པ་དེ་ནི་སྟུང་རིལ་དབྱིབས་ཀྱི་ཆོས་འཁོར་དང་ཏོག་བཅས་པ་ཡིན་ངེས་པ་ལགས་"ཞེས་འཀོད་པ་དེ་རང་ཡིན་པར་མཐོང་བས། ཕྲི་ཕུ་འབུམ་མོ་ཆེའི་སྔོན་གྱི་བཟོ་དབྱིབས་ནི་ང་ཚོའི་མིག་ལམ་དུ་ཁྲ་ལྷ་མེར་མངོན་ཐུབ་པ་སྟེ། དེ་ནི་བང་རིམ་གསུམ་ཅན་སྒྲོ་འབུར་དབྱིབས་སུ་བྱས་པའི་བཀྲ་ཤིས་སྒོ་མང་སྐུ་འབུམ་མཆོད་རྟེན་ཞིག་ཡིན་པ་དང་། ཕྱོགས་བཞིར་སྒོ་མོ་ལྔ་རེའི་ལྷ་ཁང་ལྡན་ལ། བང་རིམ་གསུམ་ལ་ཁྱོན་ལྷ་ཁང་༨༠ཙམ་བསྐྲུན་ཡོད་པ་དང་། དེའི་སྟེང་དུ་བུམ་པའི་དབུས་ཀྱི་སྒོ་ཁྱིམ་འཛུལ་ཁད་ཀྱི་བུམ་པའི་ནང་ལོག་ཏུ་ལྷ་ཁང་ཞིག་སྤེལ་ཡོད་པའི་ཕྱི་མཐར་བསྐོར་ལམ་ཡོད་པ། དེའི་སྟེང་གི་བྲེའི་གྲུབ་ཆ་ནི་སྒྲོ་འབུར་ཅན་གྱི་རྣམ་པར་བཞེངས་པ། དེའི་སྟེང་གི་ཆོས་འཁོར་དང་ཏོག་བཅས་པའི་རྣམ་པ་ཇི་ལྟར་དུ་གྲུབ་མིན་གོང་གི་དཔྱད་གཞི་ཁག་ཏུ་གསལ་མེད་མོད། འོན་ཏེ་འབུམ་མོ་ཆེ་འདི་དུས་རབས་༡༣པའི་ནང་བསྐྲུན་པའི་བང་རིམ་གསུམ་ཅན་རྣམ་པའི་མཆོད་རྟེན་ཞིག་ཡིན་པར་བརྟེན། དེའི་ཆོས་འཁོར་དང་ཏོག་གི་བཟོ་དབྱིབས་ནི་སྐབས་

པར་4-23 སྟོན་གྱི་ཁྲོ་ཕུ་སྐུ་འབུམ།

དེ་དུས་དབུས་གཙང་ཁུལ་དུ་དར་ཆེ་བའི་མཆོད་རྟེན་གྱི་རྣམ་པ་དང་ཆ་འདྲ་བར་ཡོང་སྲིད་དེ། ཆོས་འཁོར་གྱི་དཔངས་དེ་ཙམ་གྱི་མཐོ་པོ་མེད་ལ་བུམ་སྨད་ཞིང་ཆེ་བ། གདུགས་ཁེབས་ཁ་ཞེང་ཙུང་ཚུང་བའི་བཀའ་གདམས་མཆོད་རྟེན་དང་འདྲ་བ། ཧོག་ཏུ་བུམ་པའི་དབྱིབས་སུ་བྱས་པའི་ཐོག་ནོར་བུས་བརྒྱན་པ་སྟེ་པར་4–23ནང་དུ་གསལ་བ་བཞིན་ནོ། །①

གཞན་ཡང་། ཇོ་ནང་ལུགས་ཀྱི་གདན་ས་ཆེ་ཤོས་གཙང་སྟོད་རྟག་བརྟན་དམ་ཆོས་གླིང་ངེས་དོན་དགའ་བའི་ཚལ་(ཐོག་མའི་མཚན་)ལམ་ཡང་ན་དགའ་ལྡན་ཕུན་ཚོགས་གླིང་(དགེ་ལུགས་སུ་བསྒྱུར་རྗེས་ཀྱི་མཚན་)དགོན་(སྤྱི་ལོ་༡༨༡༥ལོ་–སྤྱི་ལོ་༡༨༡༩ལོའི་བར་དུ་བཞེངས་②)པའི་པད་བཀོད་ལྷ་ཁང་མདོའི་གྲུང་རིས་སུ་ཁྲི་ཕུའི་སྐུ་འབུམ་གྱི་དཔེ་རིས་ཞིག་འཕོད་འདུག་ཀྱང་། དེའི་བཟོ་དབྱིབས་རྣམ་པ་ཡང་བང་རིམ་བཞི་ཅན་དུ་བྱས་འདུག་པས། དེ་ལྟར་འབྲི་བའི་རྒྱུ་མཚན་ཅི་ཡིན་བཤད་ཚོད་

① GiuseppeTucci translated by J.E.Stapleton Driver ,*TIBET Land of Snows* ,Elek Books London,1967.ཤོག་ངོས་70ཡི་པར་32པ།

② རྫོང་རྩེ་བྱམས་པ་ཐུབ་བསྟན་གྱིས་མཛད་པའི་《དགའ་ལྡན་ཕུན་ཚོགས་གླིང་གི་ཐོག་མཐའ་བར་གསུམ་གྱི་བྱུང་བ་ཀུན་ཁྱབ་སྙན་པའི་རྔ་སྒྲ་ཞེས་བྱ་བ་བཞུགས་སོ་》 གཞིས་རྩེ་དཔར་འདེབས་བཟོ་གྲྭ་ནས་སྤྱི་ལོ་༢༠༠༨ལོར་འགྲེམ་སྤེལ་གནང་བའི་ཤོག་ངོས་༤ན་གསལ།

དཀའ་ཡང་། དེ་ནི་ཀཿཐོག་སི་ཏུའི་གནས་ཡིག་དང་རིག་དངོས་ཞིབ་བཤེར་གྱི་ཟིན་ཐོའི་ནང་འཁོད་པའི་རྣམ་པ་དང་ཁག་ཁག་ཡིན་ནོ། །

༢ ཇོ་ནང་སྐུ་འབུམ་མཐོང་གྲོལ་ཆེན་མོ།

སྐུ་འབུམ་འདི་ཉིད་ཀྱི་གནས་ཡུལ་ནི་གཙང་ལྷ་རྩེ་རྫོང་ཕུན་ཚོགས་གླིང་དགོན་པའི་ལྷོ་ནུབ་ངོས་ཏེ། བོད་སྐྱོང་བསྟན་མ་བཅུ་གཉིས་ཀྱི་ནང་ཚན་སྨན་བཙུན་ཞུག་བཅོས་རྡོ་རྗེ་གཡའ་མོ་བསིལ་བྱ་བའམ་ཡང་ན་ནགས་སྨན་རྒྱལ་མོའི་བཞུགས་གནས་ཇོ་མོ་ནང་ཞེས་པའི་ལུང་ཁོག་ཏུ་ཡིན་ལ། དེར་གངས་ཅན་ལྗོངས་སུ་དར་བའི་གཞན་སྟོང་གི་ལྟ་བ་འཛིན་མཁན་ཇོ་ནང་ལུགས་ཀྱི་གདན་སའི་བཞུགས་གནས་ཀྱང་ཡིན་ནོ། །ཇོ་ནང་པའི་ལྟ་སྒྲུབ་འཛིན་པའི་གདན་སར་མ་གྱུར་སྔོན་ལ། གནས་དེ་ནི་ཁྱད་འཕགས་ཀྱི་སྒྲུབ་གནས་ཤིག་ཡིན་ཏེ། སྔ་རྗེས་སུ་སྟབས་ཆེན་ནམ་མཁའི་སྙིང་པོ་དང་། ངམ་བྲེ་སྤྲུའི་རྒྱལ་མཚན། སྟ་རྣམ་པ་ཚུལ་ཁྲིམས་འབྱུང་གནས་སོགས་ཀྱིས་སྒྲུབ་གནས་མཛད་སྐྱོང་ཡོད་ཅིང་། འབྲོག་མི་ལོ་ཙཱ་བའི་སློབ་མ་སྐྱེ་མོ་གྲུབ་ཐོབ་པ་བཞིའི་གཙོ་མོ་བཟང་སྐོམ་དཀོན་མཆོག་མཚན་ཅན་པས་གནས་དེར་ཡུན་རིང་བཞུགས་ཤིང་མཐར་འཇའ་ལུས་སུ་སྐུ་བརྙེས་པ་ད་ལྟ་ཡང་བཞུགས་གནས་ཡོད་པ་དང་། དེ་རྗེས་ཀྱི་ལོ་བརྒྱད་ཅུ་སྐོར་ན། མ་ཅིག་སངས་རྒྱས་རེ་མ་ཡུན་རིང་བཞུགས་ཤིང་བཀའ་གདམས་དང་རྫོགས་ཆེན་གྱི་སྒྲུབ་གྲྭ་བསྐྲུངས་པར་གདའ། དེ་ཉིད་ཀྱི་སྒྲུབ་གྲྭ་མ་སྟོངས་པར་རྒྱུན་ལ། གྲུབ་ཐོབ་འདར་ཆེན་རིན་ཆེན་བཟང་པོ་ཕེབས་ཏེ། གསང་འདུས་རིམ་ལྔ་གཙོ་བོར་གྱུར་པའི་གསར་རྙིང་གཉིས་བསྡུས་ཀྱི་སྒྲུབ་གྲྭ་མཛད་ཡོད། དེ་ནས། རིགས་ལྡན་སྤྲུལ་པའི་སྐུ་མཁས་བཙུན་བཟང་པོ་མངོན་གྱུར་གྱི་གྲུབ་ཐོབ་ཆེན་པོ་ཞང་ཀུན་སྤངས་ཐུགས་རྗེ་བརྩོན་འགྲུས་（སྤྱི་ལོ་༡༢༤༣ལོ་–སྤྱི་ལོ་༡༣༡ལོའི་བར་）ཀྱིས་སྔར་གྱི་སྒྲུབ་གྲྭའི་རྒྱུན་མ་སྟོངས་པའི་རི་ཁྲོད་དེར་བྱོན་ཏེ། མཁས་པ་མང་པོའི་

མདུན་ནས་རྒྱ་བོད་ཀྱི་བཀའ་བསྟན་གྱི་གཞུང་ལུགས་ལ་སྒྲོ་འདོགས་མཐའ་ཆོད་པར་མཛད། ཁྱད་པར་སེམས་འགྲེལ་སྐོར་གསུམ་དང་། ཀུན་མཁྱེན་འོད་ཟེར་གྱི་མདུན་ནས་སྦྱོར་བ་ཡན་ལག་དྲུག་ཉམས་སུ་བཞེས་པའི་གྲུབ་པའི་གོ་འཕང་ཐོབ། མཐར་ཕྱི་ལོ་༡༢༩༤ལོར། གདན་ས་བཟུང་ནས་ཇོ་ནང་པའི་གདན་རབས་དང་པོ་གང་ཉིད་འདིས་མཛད་གནང་ཡོད་ལ། གནས་མིང་ཆོས་བརྒྱུད་ལ་ཐོགས་ཏེ་དཔལ་ཇོ་ནང་པའི་མཚན་ཆགས་ཞེས་སོ། །①

ཇོ་ནང་གདན་རབས་བཞི་པ་ཇོ་ནང་ཀུན་མཁྱེན་དོལ་པོ་བ་ཤེས་རབ་རྒྱལ་མཚན་དཔལ་བཟང་པོ་ (ཕྱི་ལོ་༡༢༩༢ལོ–ཕྱི་ལོ་༡༣༦༢ལོའི་བར་) གང་ཉིད་དགུང་ལོ་སོ་ལྔ་པ་སྟེ་ཕྱི་ལོ་༡༣༢༦ལོར་གདན་སར་ཕེབས་ཏེ་ལོ་༡༥བསྐྱངས་པའི་རིང་སྟེ། ཕྱི་ལོ་༡༣༣༠ལོ–ཕྱི་ལོ་༡༣༣༣ལོའི་བར་གྱི་ལོ་གསུམ་དང་ཕྱེད་ཀའི་ནང་། སྲིད་ན་དཀོན་པའི་འཛམ་གླིང་མཐོང་གྲོལ་སྐུ་འབུམ་ཆེན་མོ་གསར་བཞེངས་མཛད།② སྔོན་གྱི་སྐུ་འབུམ་དེའི་ཕྱིའི་རྣམ་པ་སྟེ། དབུས་སུ་དཔངས་མཐོ་པོ་མེད་པའི་རྨང་དགེ་བ་བཅུ་ནས་བང་རིམ་བཞི་པོ་མན་ཆོད་ཀྱི་བཟོ་དབྱིབས་སྒོ་འབུར་དུ་བྱས་པ་དང་། བང་རིམ་བཞི་པོའི་ཕྱོགས་རེ་རེར་ལྷ་ཁང་གསུམ་གསུམ་བསྒོམས་པའི་བཅུ་གཉིས་དང་། དེའི་སྟེང་བུམ་རྟེན་མ་བྱས་པར་དབྱིབས་ཟླུམ་པོའི་བུམ་པའི་ནང་དུ་ལྷ་ཁང་བཞི། དེའི་སྟེང་དབྱིབས་གྲུ་བཞིའི་བྲེ་ནང་ལྷ་ཁང་བདུན་ཏེ། ཁོང་གི་ལྷ་ཁང་ཚང་མ་བསྡེབས་པས་ཁྲིན་ ༥༠ ཡི་ཐོག །བྲེའི་ནང་

① གོང་གསལ་ནང་དོན་ནི་ཇོ་ནང་མཛའ་མཐུན་ལོ་རྒྱུས་ཕྱོགས་སྒྲིག་ཚོགས་པས་རྩོམ་སྒྲིག་བྱས་པའི་《ཇོ་ནང་བའི་གདན་རབས་མདོར་བསྡུས་དྲང་སྲོང་རྒན་པོའི་ཞལ་ལུང་》 མི་རིགས་དཔེ་སྐྲུན་ཁང་གིས་ཕྱི་ལོ་༢༠༠༥ལོར་བསྐྲུན་པའི་ཤོག་གྲངས་༢༡-༢༣བར་དང་། ངག་དབང་བློ་གྲོས་གྲགས་པའམ་མ་ཏི་གིརྟིས་མཛད་པའི་《ཇོ་ནང་ཆོས་འབྱུང་ཟླ་བའི་སྒྲོན་མེ་》 ཀྲུང་གོའི་བོད་ཀྱི་ཤེས་རིག་དཔེ་སྐྲུན་ཁང་གིས་ཕྱི་ལོ་༡༩༩༢ལོར་བསྐྲུན་པའི་ཤོག་གྲངས་༢༠-༢༢ན་གསལ་བ་བཞིན་རྩོམ་སྒྲིག་བྱས་ཏེ་བྲིས།

② གོང་དུ་དྲངས་ཟིན་གྱི་མང་ཐོས་ཀླུ་སྒྲུབ་རྒྱ་མཚོའི་《བསྟན་རྩིས་གསལ་བའི་ཉིན་བྱེད་དང་ཐ་སྙད་རིག་གནས་ལྔའི་བྱུང་ཚུལ་》ཀྱི་ཤོག་གྲངས་༡༦༢ནང་། ཀུན་མཁྱེན་དོལ་པོ་བ་དགུང་ལོ་སོ་དགུ་པར་མཆོད་རྟེན་ཆེན་པོ་བཞེངས། ལོ་ཕྱེད་དང་བཞི་ལ་གྲུབ་ཅེས་པས་ངེས་ཤེས་འབྱུང་ངོ་། །ཞེས་འཁོད།

ནས་རང་བཞིན་ལྷུན་གྱིས་གྲུབ་པའི་མཚན་ཉིད་འོད་གསལ་ཆེན་པོ་དུས་འཁོར་གཞལ་ཡས་ཀྱི་ཁང་པ་དེ་བརྩིས་པས་ཁྱོན་སྐུ་འབུམ་ཆེན་མོ་འདིར་ལྷ་ཁང་གྲངས་ཚད་༨༠ཙམ་བཞུགས་པ་དང་། དེའི་སྟེང་གདུགས་འདེགས་པདྨ། དེའི་སྟེང་ཆོས་འཁོར་བཅུ་གསུམ། དེའི་སྟེང་ཆར་ཁེབས་ཆེན་མོ། དེའི་སྟེང་དུ་རིན་པོ་ཆེ་བདུན་དང་གསེར་ལས་གྲུབ་པའི་ཚད་མེད་པའི་ཐུགས་རྗེས་འོད་དང་ལྡན་པའི་གཞི་རའི་ཏོག་དང་། གསེར་འཕྱུལ་རིན་པོ་ཆེའི་དོ་ཤལ་དང་མུ་ཏིག་གི་ཕྲེང་བ་རྣམས་ཕྱོགས་ཀུན་ནས་མཛེས་པར་འཁྱིལ་དུ་འཕྱང་ཞིང་། དབུས་ཀྱི་མཆོད་རྟེན་ཕྱིར་ལྟུགས་རི་གྲུ་བཞི་སྒོ་འབུར་ཅན་དུ་བྱས་པ་དེང་གི་དུས་སུ་ནང་ཡོགས་ཀྱི་གྱང་མདུན་ལ་མ་ཎི་ཆོས་འཁོར་བསྐོར་ལམ་གྱི་གྲུབ་ཆ་མངོན་པ་དང་། དེའི་ཕྱི་མཐར་དཀྱིལ་འཁོར་ཟླུམ་པོའི་ལྟགས་རི་ཞིག་ཡོད་པ་རི་མོ་4–33ནང་གསལ་བ་བཞིན་བཅས་སོ། །སྐུ་འབུམ་མཆོད་རྟེན་འདིའི་བཀོད་པའི་སྐོར་ཞིབ་པའི་གནས་ཚུལ་ནི་བལ་པོའི་པཎྜི་ཏ་ཆེན་པོ་མཁས་མཆོག་རྗེ་བཙུན་མ་ཧཻ་ཀ་ཤྲཱི་ནས་མཛད་པའི་《ཆོས་རྗེ་ཀུན་མཁྱེན་ཆེན་པོའི་རྣམ་ཐར་བདེ་ཆེན་གསལ་སྒྲོན་ཞེས་བྱ་བ་རྣམ་བཤད་ཆེན་པོ་དགེ་ལེགས་ནོར་བུའི་ཕྲེང་བ》ཞེས་པའི་ནང་དུ་གསལ་ཞིང་།[①] གོང་དུ་སྨོས་ཟིན་གྱི་སྐུ་འབུམ་

རི་མོ་4-33 དེང་གི་ཇོ་ནང་སྐུ་འབུམ་མཐོང་གྲོལ་ཆེན་མོའི་མཚོན་རིས།

① ངག་དབང་དང་ཀུན་དགའ་རྩོམ་སྒྲིག་བྱས་པའི་《ཀུན་མཁྱེན་ཇོ་ནང་པ་ཡབ་སྲས་རྣམས་ཀྱི་རྣམ་ཐར་དད་པའི་ཁྲུས་རྫིང་》ཤར་འཛམ་ཐང་བསམ་གྲུབ་ནོར་བུའི་གླིང་གི་བཤད་གྲྭ་ནས་སྤེལ་བའི་གངས་ཅན་ཤཱསྟྲ་ལར་འཇུག་ངོགས་ཞེས་པའི་དེབ་ཕྲེང་ནང་གི་དེབ་དང་པོའི་ཤོག་ངོས་༧༥-༧༢༨བར་ན་བཀོད། ཤང་ཀང་

ཆེན་མོའི་གནས་ཚུལ་ཡང་དཔེ་དེབ་དེར་དཔྱད་གཞི་བྱས་ཏེ་བྲིས་པ་མ་ཟད། ཡང་དེའི་ནང་དུ། "དེ་ལྟར་སྤྲུལ་པས་འཕྲུལ་བའི་གཏེར་རྣམས་བསྟུས་ཏེ་རྟེན་གྱི་རྒྱུ་རྐྱེན་ཚང་ནས། རབ་བྱུང་གྱི་ལོ་རྟའི་ (རབ་བྱུང་དྲུག་པའི་ལྕགས་ཕོ་སྟེ་སྤྱི་ལོ་༡༣༣༠ལོ་ལ་འཁེལ་) ཟླ་བ་བཀྲ་ཤིས་ཡར་ངོའི་ཚེས་གསུམ་ལ། རྒྱལ་བའི་མཆོད་རྟེན་ཆེན་པོ་བཀྲ་ཤིས་དཔལ་འབར་དོན་ཡོད་ཚད་མེད་ཐུགས་རྗེ་ཅན་གྱི་འོག་གི་རྒྱ་ལ་ཁྲུ་ཉིས་བརྒྱ་བཅོ་ལྔ་ཡོད་པ། རྒྱངས་ནས་སྒྲ་འཛིར་རའི་ [གཞིར་ཡིན་པར་སེམས།]བར་ལ་དཔངས་ཁྲུ་ཉིས་བརྒྱ་བཅོ་ལྔ་ཡོད་པའི་འགྲམ་བཏིང་ནས། སློབ་མ་སྐྱིད་ཕུག་པ་ལ་སོགས་སློབ་མས། མགོན་པོ་ལ་རྟེན་བཞེངས་སྤྲ་བ་ཞིག་མཛད་པར་ཞེས་འདི་འདྲ་བ་ཡེ་ནས་མི་འོང་ཞེས་ནུ་ [ཞུ་ཡིན་པར་འདྲ།]བ་ནན་ཏན་ཕུལ་ནས། མགོན་པོས་བུ་ལོ་ཅི་གསུས་པར་ཉོན་ཅིག ཛེ་ཁྲོ་ཕུ་བྱམས་པ་དཔལ་དང་། ངེད་གཉིས་ནི་སྔར་དགའ་ལྡན་དུ་ཡོད་པའི་དུས་སུ་འཛམ་གླིང་དུ་སེམས་ཅན་གྱི་ཚོགས་རྫོགས་པའི་ཕྱིར་འདི་འདྲ་བཞེངས་པར་དམ་བཅའ་བ་ཡིན་ནོ། །"①ཞེས་འཁོད་པ་ལས། གནས་ཚུལ་གསུམ་ལ་དཔྱེ་ཞིབ་བྱ་རྒྱུ་སྟེ། གཅིག་ནི་སྐུ་འབུམ་འདིའི་རྒྱ་དང་དཔངས་ཚད་ལ་ཁྲུ་ཉིས་བརྒྱ་ལྔ་བཅུ་སྟེ། ཁྲུ་གང་ལ་ཆ་སྙོམས་སུ་དེང་གི་སྨིད་0.4ཙམ་ལ་ཕབ་ན། སྨིད་༡༠༠ལ་བབས་དགོས་ཀྱང་། འདིའི་རྒྱ་ཙ་སྨིད་༡༠༠ཡོད་ངེས་ཆེ་ཙུང་དཔངས་སུ་དེ་ལྟར་རང་མེད། གཉིས་སུ་ནི་ཀུན་མཁྱེན་གང་ཉིད་དང་ཛེ་ཁྲོ་ཕུ་བྱམས་པ་དཔལ་གཉིས་སྔར་ནས་སྐུ་འབུམ་འདི་འདྲ་བཞེངས་རྒྱུའི་དམ་བཅའ་ཡོད་པར་གཞིགས་ན། ཇོ་ནང་སྐུ་འབུམ་འདིའི་ཨར་སྐྲུན་བཟོ་རྩལ་གྱི་དཔེ་འཛིན་ཡུལ་ནི་

ཐན་སྣ་དཔེ་སྐྲུན་ཁང་ནས་བསྐྲུན་པའི་ལོ་དུས་མི་གསལ།

① ངག་དབང་དང་ཀུན་དགས་རྩོམ་སྒྲིག་བྱས་པའི་《ཀུན་མཁྱེན་ཇོ་ནང་པ་ཡབ་སྲས་རྣམས་ཀྱི་རྣམ་ཐར་དད་པའི་ཁྲུས་རྫིང་》ཤར་འཛམ་ཐང་བསམ་གྲུབ་ནོར་བུའི་གླིང་གི་བཤད་གྲྭ་ནས་སྤེལ་བའི་གངས་ཅན་ཤཱཀྱ་ལར་འཇུག་རོགས་ཞེས་པའི་དེབ་ཕྲེང་ནང་གི་དེབ་དང་པོའི་ཤོག་ངོས་༥༡-༥༢བར་ན་གསལ།

ཁྲོ་ཕུ་བྱམས་ཆེན་དགོན་གྱི་སྐུ་འབུམ་དེ་མིན་ནམ་སྙམ་པས་མུ་མཐུད་དཔྱད་པར་བྱའོ། །གསུམ་ནི་ཇོ་ནང་སྐུ་འབུམ་གྱི་མཚན་རྒྱས་པ་ལ་"རྒྱལ་བའི་མཆོད་རྟེན་ཆེན་མོ་བཀྲ་ཤིས་དཔལ་འབར་དོན་ཡོད་ཐུགས་རྗེ་ཅན་"ཞེས་ཟེར་བ་མིན་ནམ་སྙམ། སྐུ་འབུམ་ཆེན་མོ་འདིའི་ལྷ་ཁང་ཁག་ཏུ་བལ་ལུགས་རྙིང་མ་དང་རྒྱ་གར་བྱང་ཤར་ལུགས་ཀྱི་བྲིས་རྩལ་ཁྱད་འཕགས་ཀྱི་ལོགས་རིས་འགའ་ཞིག་དེང་གི་སྐབས་སུའང་མཐོང་རྒྱུ་ཡོད་ལ། དེའི་སྤྱིའི་ནང་དོན་གྱི་རྟུས་བཀོད་ཇི་ལྟར་མཛད་མིན་ལ་སོགས་པ་ནི་གོང་དུ་དྲངས་པའི་བལ་པོའི་པཎྜི་ཏ་ཆེན་པོའི་བརྩམས་ཆོས་སུ་གསལ་བ་དང་། འདི་ནི་གཙོ་བོའི་བརྗོད་བྱ་དང་འབྲེལ་བ་ཆེར་མི་ལྡན་པར་བརྟེན་སྐབས་འདིར་འགྲེལ་བརྗོད་མི་བྱའོ། །

གཞན་ཡང་། ཐོག་མའི་སྐུ་འབུམ་མཆོད་རྟེན་གྱི་ཕྱིའི་རྣམ་པར་རྡོ་གཡམ་གྱིས་བརྒྱན་ཡོད་པར་སེམས་ཏེ། དེང་དུས་ཀྱང་མཐོང་རྒྱུ་ཡོད་པའི་མཆོད་རྟེན་ཆེན་མོའི་མདུན་དུ་བཞུགས་པའི་བོངས་གཟུགས་ཆུང་བའི་མཆོད་རྟེན་གཞན་ཞིག་གི་བང་རིམ་དུ་རྡོ་གཡམ་གྱི་པདྨས་བརྒྱན་ཡོད་པ་མ་ཟད། མཆོད་རྟེན་ཆེན་མོའི་སྒང་དགེ་ལའང་རྡོ་གཡམ་པདྨས་བརྒྱན་འདུག །ལར་ཉེ་འཁོར་དུ་བྱ་འདབ་བམ་ཡང་ན་རྒྱ་ཕིབས་སམ་ཉ་རྒྱབ་རྩེ་མོའི་མཐའ་འཛུགས་ཀྱི་རྒྱན་དུ་མེད་དུ་མི་རུང་བའི་རྡོ་གཡམ་ལས་གྲུབ་པའི་མཛེས་རྒྱན་དངོས་པོ་སྟེ་པར་4–19ནང་གསལ་བ་བཞིན། མདུན་ངོས་སྒོར་དབྱིབས་ཀྱི་ངོས་སུ་གུར་གུམ་མེ་ཏོག་དབྱིབས་འདྲའི་རྒྱན་རིས་བཀོད་ཡོད་

པར་4-19 སྔར་གྱི་ཇོ་ནང་སྐུ་འབུམ་ཆེན་མོའི་རྡོ་གཡམ་རྒྱན་ཆ།

ཅིང་། ཆར་གཡོལ་ནུས་པ་ཐོན་པའི་གྲུབ་ཆའི་དངོས་པོ་ལ་སོགས་པ་ཐར་ཐོར་རྙེད་སོན་བྱུང་བ་ལས། སྔོན་གྱི་མཆོད་རྟེན་ཆེན་མོའི་བྱ་འདབ་ཏུའང་རྫ་གཡམ་གྱིས་རྒྱན་ཡོད་པར་སེམས་སོང་། འོན་ཏེ་སྤྱི་ལོ་༡༨༠༠ལོར། དབྱི་ཏ་ལིའི་བོད་རིག་པ་མཁས་ཅན་སྐུ་ཞབས་ཏུའུ་ཅིས་པར་དུ་བླངས་པའི་མཆོད་རྟེན་འདིའི་ཕྱིའི་རྣམ་པར་དེ་ལྟར་དུ་མངོན་མེད།[①] འདིའི་རྒྱུ་མཚན་ནི་ཇོ་ནང་གདན་རབས་བཞི་པ་ཀུན་མཁྱེན་ཆེན་མོས་སྐུ་འབུམ་འདི་ཉིད་བཞེངས་རྗེས་ཀྱི་ཕྱི་མའི་གདན་རབས་ཀྱི་དུས་རིམ་ནང་བཟོ་བཅོས་གང་ཞིག་ཐེབས་པས་ཏེ། ཕིར་འཛིན་པར་ལག་སོན་བྱུང་བའི་དཔྱད་གཞི་ལྟར་ན། ཇོ་ནང་གདན་རབས་ཉེར་གསུམ་པ་ནམ་མཁའ་ཆོས་སྐྱོང་ངམ་བསྟན་འཛིན་ནམ་མཁའ་དཔལ་བཟང་[②]གི་སྐུ་དུས་སུ་སྐུ་འབུམ་ཆེན་མོའི་ཆོས་འཁོར་གསེར་ཟངས་ཀྱིས་གཡོགས་པར་མཛད་གནང་བ་དང་།[③] ཡར་ཇོ་ནང་གདན་རབས་ཉེར་བདུན་པ་སྟེ། ངེས་དོན་བསྟན་པ་འཛིན་པའི་སྐྱེས་ཆེན་རྗེ་བཙུན་ཆེན་མོ་ཀུན་དགའ་སྙིང་པོའམ་ཇོ་ནང་རྗེ་བཙུན་ཏཱ་ར་ནཱ་ཐ་（སྤྱི་ལོ་༡༥༧༥ལོ་–སྤྱི་ལོ་༡༦༣༤ལོའི་བར་）དགུང་གྲངས་ཉེར་དྲུག་པའི་སྐུ་དུས་ཏེ་སྤྱི་ལོ་༡༦༠༡ལོར་ཇོ་ནང་སྐུ་འབུམ་ཆེན་མོའི་ཞིག་གསོས་ཞབས་ཏོག་གི་མཛད་འཕྲིན་ལེགས་པར་གྲུབ་ཡོད་པ་ལ་[④]སོགས་པར་གཞིགས་ན། སྔར་གྱི་མཆོད་རྟེན་ཞིག་རལ་དུ་ཕྱིན་པར་ཉམས་

① Heather Stoddard,*The mThong-Grol Chen-Mo Stupa of Jo-Nang In gTsang*(built 1330-1333), 谢继胜、沈卫荣、廖旸主编：《汉藏佛教艺术研究--第二届西藏考古与艺术国际学术研讨会论文集》，中国藏学出版社，2006年版，第335-358ནང་བཏུས་པའི་ཤོག་ངོས་༣༣༨ཡི་པར་ཨང་༢པར་གསལ།

② ཀོང་དུ་དྲངས་ཟིན་གྱི《ཇོ་ནང་བའི་གདན་རབས་མདོར་བསྡུས་དྲང་སྲོང་རྒན་པོའི་ཞལ་ལུང་》གི་ཤོག་ངོས་༢༥ནང་དུ་བསྟན་འཛིན་ནམ་མཁའ་དཔལ་བཟང་ཞེས་གསལ་ལོ། །

③ ཀོང་དུ་དྲངས་ཟིན་གྱི《ཇོ་ནང་ཆོས་འབྱུང་ཟླ་བའི་སྒྲོན་མེ་》ཡི་ཤོག་ངོས་༦༠ན་གསལ།

④ ཀོང་དུ་དྲངས་ཟིན་གྱི《ཇོ་ནང་བའི་གདན་རབས་མདོར་བསྡུས་དྲང་སྲོང་རྒན་པོའི་ཞལ་ལུང་》ཡི་ཤོག་ངོས་༥༨ན་གསལ།

གསོ་མཛད་པའི་བརྒྱུད་རིམ་ནང་བཅོས་བསྒྱུར་གང་ཞིག་འབྱུང་ངེས་པས་སོ། །

དེང་གི་ཆར་གཙང་སྟོད་རྫོ་མོ་ནང་དུ་བཞུགས་པའི་སྐུ་འབུམ་མཐོང་གྲོལ་ཆེན་མོ་འདི་ཉིད་ནི་པར་4-24ནང་གསལ་བ་བཞིན་སྤྱི་ལོ་༡༤༢༢ལོའི་ཚུན་ཆད་དུ་སྔོན་གྱི་བང་རིམ་གསུམ་པ་མན་ཆོད་བཞུགས་ཡོད་པའི་རྨང་གཞིའི་ཐོག་ཉམས་གསོ་གནང་བ་ཞིག་ཡིན་མོད། འོན་ཏེ་དེའི་ཕྱིའི་རྣམ་པ་ནི་སྔར་སྲོལ་དང་ཆ་འདྲ་བར་བཞེངས་གནང་ཡོད་པ་དང་། དེས་རང་རེའི་ལྟོངས་འདིར་ཕྱིན་པའི་ཐུན་མོང་མ་ཡིན་པའི་ཆོས་ལུགས་གྲུབ་མཐའ་རྫོ་མོ་ནང་པའི་

པར་4-24 དེང་གི་རྫོ་ནང་སྐུ་འབུམ་མཐོང་གྲོལ་ཆེན་མོ།

གདན་སའི་སྔོན་བྱུང་ལོ་རྒྱུས་ཀྱི་སྣེ་ཤན་ཏན་ཏན་པོ་ལྟ་བུར་གྲུབ་ཅིང་། རྒྱ་ཆེའི་སྐལ་ལྡན་དད་ལྡན་པ་ཅམ་མ་ཟད། འཛམ་གླིང་ཡུལ་གྲུ་གང་ས་ནས་ཕེབས་པའི་བོད་ཀྱི་ཆོས་ལུགས་ལོ་རྒྱུས་དང་། སྲོལ་རྒྱུན་མཛེས་རྩལ། ཨར་སྐྲུན་བཟོ་ཁྲད་ལ་སོགས་པར་ཞིབ་འཇུག་གནང་དང་གནང་མུས་སུ་མཆིས་པའི་སྐྱེ་བོ་གྲངས་མེད་ལ་ཕྱིན་རླབས་ཀྱི་འོད་སྟོང་སྤྲིན་མུས་སུ་མཆིས་པ་ཞིག་གོ །

༣ དཔལ་འཁོར་ཆོས་སྡེའི་སྐུ་འབུམ་མཐོང་གྲོལ་ཆེན་མོ།

རྒྱལ་རྩེ་དཔལ་འཁོར་ཆོས་སྡེ་དགོན་ནང་བཞུགས་པའི་སྐུ་འབུམ་མཐོང་གྲོལ་ཆེན་མོ་ནི། དེང་གི་བར་དུའང་ཕྱིའི་བཟོ་དབྱིབས་རྣམ་པ་སྔར་སྲོལ་བཞིན་དུ་རྒྱུན་སྲིང་བྱེད་ཐུབ་ཡོད་པའི་སྐུ་འབུམ་མཆོད་རྟེན་ཞིག་ཡིན་པ་དང་། དེ་ཉིད་བཞེངས་

པའི་དུས་ཚིགས་ལ་ལྟ་བ་མི་འདྲ་བ་འགའ་ཞིག་ཡོད་ཀྱང་། སྤྱི་འགྲོས་མཐུན་པའི་དུས་ཚོད་ནི་དུས་རབས་༡༥པའི་ལོ་རབས་༢༠པ་ནས་ལོ་རབས་༣༠པའི་ནང་དུ་ཡིན་པར་ངེས་པ་ལགས།[①] དེ་ཡང་སྐུ་འབུམ་མཆོད་རྟེན་འདིའི་ནང་དུ་བཞུགས་པའི་ལོགས་རིས་དང་། འཛིམ་སྐུ་ལ་སོགས་པའི་འབྲེལ་ཡོད་ཀྱི་གནས་ཚུལ་ཁག་ལ་ད་ལམ་ཞིབ་འཇུག་པ་མང་པོས་ཞིབ་འཇུག་གནང་ཡོད་པས་འདིར་པིར་འཛིན་པར་ལག་སོན་བྱུང་བའི་དཔྱད་གཞི་སྟེ། སྐུ་ཞབས་སུའུ་པེ་ཡི་《རྒྱལ་རྩེ་དཔལ་ཆོས་དགོན་གྱི་བརྟག་དཔྱད་ཟིན་ཐོ་》དང་།[②] གྲའེ་ཧོན་པོའོ་ཡི་《རྒྱལ་རྩེ་དཔལ་ཆོས་དགོན་གྱི་གནས་ཚུལ་ཕྱོགས་བསྡུས་》[③]ཞེས་པའི་བརྟག་དཔྱད་དངོས་ཀྱི་དཔྱད་གཞིའི་རྒྱུ་ཆ་གཞི་གཙོ་བོར་འཛིན་ཐོག །འབྲེལ་ཡོད་ཡིག་ཚང་དཔྱད་གཞི་དང་བསྟུན་ཏེ་སྐུ་འབུམ་མཆོད་རྟེན་འདི་ཉིད་ཀྱི་བཟོ་ཁྱད་དང་བཀོད་པའི་གནས་ཚུལ་ལ་མཚམས་སྦྱོར་རགས་ཙམ་ཞུ་རྒྱུ།

རི་མོ་4-34ནང་གསལ་བ་ནི་རྒྱལ་རྩེ་དཔལ་ཆོས་དགོན་དུ་བཞུགས་པའི་སྐུ་འབུམ་མཐོང་གྲོལ་ཆེན་མོའི་ནང་གི་གྲུབ་ཆའི་མཚོན་རིས་ཡིན་ཏེ།[④] ཕྱིའི་བང་རིམ་གྱི་བསྐོར་ལམ་དང་། ནང་གི་ལྷ་ཁང་ཁག་གི་ཐོག་ཕུབ་པ་བརྩིས་ན་སྐུ་འབུམ་ཆེན་མོ་འདིར་ཐོག་བརྩེགས་༧ཡོད་པ་དང་། རི་མོ་འདིའི་ནང་གི་ཨང་༡པོ་ནི་ཁྲི་གདན་ཡིན་ལ། ཨང་༡པོ་དང་ཨང་༢པའི་བར་གྱི་ཐེམ་སྐས་གཉིས་ཙམ་དུ་མངོན་ཡོད་པ་ནི་རྨང་དགེ་ཡིན་པ། ཨང་༢པ་ནི་བང་རིམ་དང་པོ་དང་། ཨང་༣པ་ནི་བང་རིམ་

① 熊文彬：《中世纪藏传佛教艺术--白居寺壁画艺术研究》，中国藏学出版社，1996年版ཤོག་ངོས་༢༨ནང་རྒྱལ་རྩེ་སྐུ་འབུམ་ཆེན་མོའི་བཞེངས་པ་དང་གྲུབ་པའི་ལོ་ཚིགས་སྤྱི་ལོ་༡༤༢༥ལོ་ནས་༡༤༣༦ལོའི་བར་ཡིན་པར་ཚོད་དཔག་བྱས་ཡོད།

② 宿白：《藏传佛教寺院考古》，北京：文物出版社，1996年版第134-150页

③ 柴焕波：《江孜白居寺综述》，四川大学博物馆、西藏自治区文物管理委员会编：《南方民族考古》第4辑，四川科学技术出版社，1991年

④ 宿白：《藏传佛教寺院考古》，北京：文物出版社，1996年版第238页

གཉིས་པ། ཨང་༤པ་བང་རིམ་གསུམ་པ། ཨང་༥པ་བང་རིམ་བཞི་པ། ཨང་༦པ་བུམ་པ་ཡིན་ཞིང་། རབ་བརྟན་ཀུན་བཟང་འཕགས་ཀྱི་རྣམ་ཐར་ནང་བང་རིམ་བཞི་པ་དེའི་སྟེང་དུ་བུམ་གདན་ཡོད་སྐོར་གསུངས་ཡོད་ཀྱང་། དེ་ནི་རི་མོའི་ནང་དུ་མཚོན་མིན་འདུག་པ་ནི་རི་མོར་ཕབ་དུས་ཆུང་དྲག་པས་མངོན་མེད་པར་སེམས། དེང་གི་སྐུ་འབུམ་ཆེན་མོའི་ཕྱིའི་རྣམ་པ་ནི་པར་4–25ནང་དུ་གསལ་བ་བཞིན་དང་དེ་ནི་སྤྱི་ལོ་༢༠༡༣ལོར་བླངས་པའི་པར་ཞིག་ཡིན་ནོ། །གཤམ་གྱི་ནང་དོན་དུ་ཁོང་གི་རྣམ་ཐར་དུ་གསལ་བའི་སྐུ་འབུམ་ཆེན་མོའི་དཀར་ཆག་ལས་མུ་མཐུད་དྲངས་ཏེ་དཔྱད་བསྡུར་བྱ་རྒྱུའོ། །

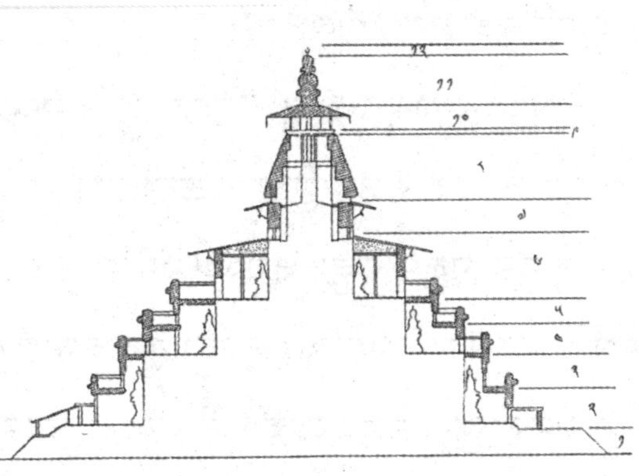

རི་མོ4-34 རྒྱལ་རྩེ་དཔལ་འཁོར་ཆོས་དགོན་གྱི་སྐུ་འབུམ་མཐོང་གྲོལ་ཆེན་མོའི་གྲུབ་ཆའི་མཚོན་རིས།

པར4-25 རྒྱལ་རྩེ་དཔལ་འཁོར་ཆོས་སྡེའི་སྐུ་འབུམ་མཐོང་གྲོལ་ཆེན་མོ།

ཨང་༧པ་བྲེ་ཡིན་པ། ཨང་༧པ་དང་༨པའི་བར་དུ་གདུགས་འདེགས་ཀྱི་པདྨ། ཨང་༨པ་ཆོས་འཁོར་བཅུ་གསུམ། ཨང་༩པ་ཐུགས་རྗེ་མདོ་གཟུངས། ཨང་༡༠པ་ཆར་ཁེབས། ཨང་༡༡པ་ཏོག །ཨང་༡༢པ་སྙེ་མ་བཅས་པ་དང་། 《རབ་བརྟན་ཀུན་བཟང་

འཕགས་ཀྱི་རྣམ་ཐར་》ལས།①

(༡) པད་གདན་སྐོར། "དེའང་སྐྱེ་བོ་གཞན་ཕལ་གྱི་ཁྲུ་བས་སོར་བཞི་རེ་འཕགས་པ་ཆོས་རྒྱལ་ཉིད་ཀྱི་ཁྲུ་ལ་ཆ་ཕྲན་གཅིག་ཏུ་མཛད་པའི་ཕྱོགས་བཞིར་ཆ་ཕྲན་བརྒྱ་དང་བརྒྱད་བརྒྱ། ཐབས་(བདེ་བ་ཆེན་)དང་ཤེས་རབ་(སྟོང་པ་ཉིད་)ཡོངས་སུ་དག་པའི་པད་ཟླའི་གདན། ཀུན་ནས་ཁྲུ་བཞི་བརྒྱ་དང་སུམ་ཅུ་རྩ་གཉིས་པའི་དཔངས་སུ་ཁྲུ་དོ། ཐེམ་སྐས་རིམ་པ་གསུམ་དང་ལྡན་པ་"(ཤོག་ངོས་༡༠༡ན་གསལ)འདི་ནི་གོང་གི་རི་མོར་གསལ་མེད་པའོ། །

(༢) སེང་ཁྲིའི་སྐོར། "པད་གདན་སྟེང་དུ་སེང་ཁྲི་དཔངས་སུ་ཆ་ཕྲན་བདུན་པ། ཕྱོགས་རེར་གདོང་ལྔ་ལྔ་དང་ལྡན་ཞིང་ཁྲི་འདེགས་མི་འཇིགས་པ་བཞི་མཚོན་པའི་སེང་གེ་དང་། སྟོབས་བཅུ་མཚོན་པའི་གླང་པོ་ཆེ་དང་། རྫུ་འཕྲུལ་གྱི་རྐང་པ་བཞི་མཚོན་པའི་རྟ་དང་། དབང་བ་བཅུའི་(ཚེ། སེམས། ཡོ་བྱད། ལས། སྐྱེ་བ། མོས་པ། སྨོན་ལམ། རྫུ་འཕྲུལ། ཡེ་ཤེས། ཆོས་རྣམས།)ངོ་བོ་རྣམ་བྱ་དང་། ཐམས་ཅད་ཐོག་ཏུ་མེད་པའི་སྟོབས་(འདས་མ་འོངས་ད་ལྟར་གྱི་ཤེས་བྱ་ཐམས་ཅད་ལ་ཡེ་ཤེས་གཟིགས་པ་ཆགས་པ་)ཀྱི་ཤུགས་དང་ལྡན་པའི་མཚོན་པའི་ནམ་མཁའ་ལྡིང་སོགས་ཀྱིས་བཏེགས། དེ་བད་ཆུང་རིམ་པ་གཉིས་བད་འབུར་བད་ཆེན། བྱ་འདབ་ལན་ཀན་དང་བཅས།"(ཤོག་ངོས་༡༠༢ན་གསལ་)འདི་ནི་རི་མོའི་ནང་གི་ཨང་༡པོ་དེ་ཡིན་པར་འདུག །

(༣) རྒྱང་དགེའི་སྐོར། སེང་ཁྲིའི་"སྟེང་དུ་(སྲོག་གཅོད། མ་བྱིན་ལེན། མི་ཚངས་སྤྱོད། རྫུན། ཚིག་རྩུབ། ངག་འཁྱལ། བརྣབ་སེམས། གནོད་སེམས། ལོག་ལྟ་སྤོང་བའི་)

① འཇིགས་མེད་གྲགས་པས་བརྩམས་པའི་《རབ་བརྟན་ཀུན་བཟང་འཕགས་ཀྱི་རྣམ་ཐར་》བོད་ལྗོངས་མི་དམངས་དཔེ་སྐྲུན་ཁང་གིས་སྤྱི་ལོ་༡༩༨༧ལོར་བསྐྲུན།

དགེ་བ་བཅུ་མཚོན་པའི་རྒྱང་། དཔངས་སུ་ཁྲི་ཆ་ཕྲན་གཉིས་པ་བད་ཆུང་བད་ཆེན་བྱ་འདབ་དང་བཅས།”(ཤོག་ངོས་༡༠༢ནས་༡༠༣བར་གསལ་)འདི་ནི་རིས་ཀྱི་ནང་གི་ཨང་༡པོ་དང་ཨང་༢པའི་བར་གྱི་ཐེམ་སྐས་གཉིས་ཙམ་དུ་མངོན་པ་དེའོ། །

(༤) བང་རིམ་དང་པོའི་སྐོར། རྒྱང་དགེའི་སྟེང་དུ། “དྲན་པ་ཉེར་བར་བཞག་པ་བཞིའི་ (ལུས་དང་། ཚོར་བ། སེམས། ཆོས་)ངོ་བོ་བང་རིམ་དང་པོ་དཔངས་སུ་ཆ་ཕྲན་བརྒྱད་པ། ཀུན་ནས་ཆ་ཕྲན་སུམ་བརྒྱ་དང་བཞི་བཅུར་ལྡན་ཞིང་། བད་ཆུང་ཉིས་བརྩེགས་བད་འབུར་བད་ཆེན། བྱ་འདབ། ལན་ཀན་དང་བཅས་པ་ཕྱོགས་རེ་ཞིང་གདོང་ལྔ་ལྔ་དང་གདོང་རེ་ལ་བཀོད་པ་ཕུན་སུམ་ཚོགས་པ་དང་ལྡན་པའི་ལྷ་ཁང་རེ་བཞུགས་པ་”(ཤོག་ངོས་༡༠༣ན་གསལ་)ཞེས་འཁོད་པ་ལས། བང་རིམ་དང་པོའི་ཕྱོགས་བཞིར་ལྷ་ཁང་ལྔ་ལྔ་གཏོད་པས་ཁྱོན་༢༠བསྐྲུན་ཡོད་ཅིང་། དེ་བཞིན་སྐུ་འབུམ་མཐོང་གྲོལ་ཆེན་མོ་འདིའི་བང་རིམ་དང་པོ་དང་གསུམ་པའི་ལྷ་ཁང་གཏོད་སྟངས་གཅིག་ཏུ་མངོན་ཡོད་པ་ཁྱོན་༤༠བྱུང་བ་ལས། གཞན་གྱི་བང་རིམ་དང་ཐོག་བརྩེགས་སུ་གཏོད་པའི་ལྷ་ཁང་གི་གྲངས་ཚད་མི་གཅིག་པ་སྟེ། བང་རིམ་གཉིས་པའི་ཕྱོགས་བཞིར་ལྷ་ཁང་བཞི་བཞི་བྱས་པའི་ཁྱོན་༡༨དང་། བང་རིམ་བཞི་པའི་ཕྱོགས་བཞིར་ལྷ་ཁང་གསུམ་གསུམ་བྱས་པའི་ཁྱོན་༡༢ བུམ་པའི་ཕྱོགས་བཞིར་ལྷ་ཁང་རེ་རེ་ཁྱོན་༤ ཁྲིའི་ནང་གི་ཕྱོགས་བཞིར་སྒོ་རེ་རེ་གཏོད་ཡོད་ཀྱང་ལྷ་ཁང་༡ཡིན་པ། ཆོས་འཁོར་གྱི་སྣོད་ཆའི་ཕྱོགས་བཞིར་སྒོ་རེ་རེ་བྱས་པའི་ལྷ་ཁང་༡ ཆོས་འཁོར་སྟོད་ཀྱི་ཆར་ལྷ་ཁང་༡ ཆར་ཁེབས་ནང་དུ་ལྷ་ཁང་༡བཅས་ཐོག་བརྩེགས་(ཏུ་གྲུབ་པ་ལགས།①

(༥) བང་རིམ་གཉིས་པའི་སྐོར། “ཡང་དག་སྤོང་བ་བཞིའི་ངོ་བོ། བང་རིམ་

① བོད་དུ་དྲངས་ཟིན་གྱི་སྐུ་ཞབས་སུའུ་པེ་ཡི་བརྩམས་དེབ་ཀྱི་ཤོག་གྲངས་༡༤༢ནང་གི་མཚོན་རིས་5-8ནང་གསལ།

གཉིས་པའི་དཔངས་སུ་ཆ་ཕྲན་ཕྱེད་དང་བརྒྱད། ཕྱོགས་བཞིར་ཆ་ཕྲན་ཉིས་བརྒྱ་དང་གཉིས་ཀྱི་ལྷག་པའི་བཅུ་ཕྲག་དགུ་དང་ལྡན་པ་བད་ཆུང་ཉིས་བརྩེགས་བད་འབུར་བད་ཆེན་བྱ་འདབ་འཕོར་ཡུག་ལན་ཀན་དང་བཅས། གདོང་ལྷུ་པ། གདོང་རེ་བཞིན་བཀོད་པ་ཕུལ་དུ་བྱུང་བ་དང་ལྡན་པའི་ལྷ་ཁང་རེ་བཞུགས་པ་”(ཞིབ་ངོས་༡༡༡ན་གསལ་)ཞེས་གསུངས་ཡོད་ཀྱང་། བང་རིམ་འདིའི་ཕྱོགས་བཞི་པོའི་དབུས་ཀྱི་སྒོ་འབུར་གྲུབ་ཆར་ལྷ་ཁང་གཏོད་མེད་ཅིང་། ཕྱོགས་རེར་ལྷ་ཁང་བཞི་བཞི་བརྩིས་ན་ཁྱོན་༡༦སྣང་།

(༣) བང་རིམ་གསུམ་པའི་སྐོར། “རྫུ་འཕྲུལ་གྱི་རྐང་པ་བཞིའི་ངོ་བོ། (འདུན་པ། བརྩོན་འགྲུས། སེམས། སྤྱོད་པ།)བང་རིམ་གསུམ་པ། དཔངས་སུ་ཆ་ཕྲན་བདུན་པ། ཁོར་ཡུག་ཏུ་ཆ་ཕྲན་ཉིས་བརྒྱ་དམ་གཉིས་ཀྱི་ལྷག་པའི་དྲུག་ཅུ་དང་ལྡན་པ། བད་ཆུང་སོགས་སྔ་མ་སོགས་མཚུངས”(ཞིབ་ངོས་༡༡༧ནས་༡༡༨བར་ན་གསལ་)ཞེས་འཁོད་པ་འདིའི་ལྷ་ཁང་གི་གྲངས་ཚད་བང་རིམ་དང་པོ་དང་མཚུངས་པ་༢༠ཡོད་དོ། །

(༤) བང་རིམ་བཞི་པའི་སྐོར། “དབང་པོ་ལྔའི་ངོ་བོ་[དད་པ། བརྩོན་འགྲུས། དྲན་པ། ཏིང་འཛིན། བློ་གྲོས་ཏེ་]བང་རིམ་བཞི་པ་དཔངས་སུ་ཆ་ཕྲན་ཕྱེད་དང་བདུན་པ་ཁོར་ཡུག་ཏུ་ཆ་ཕྲན་བརྒྱ་ཕྲག་གཉིས་དང་ཉི་ཤུ་རྩ་བཞི། བད་ཆུང་བད་ཆེན་བྱ་འདབ་ལན་ཀན། གདོང་ལྷུ་ལྷུ་ལྷ་ཁང་སོགས་སྔ་མ་དང་མཚུངས”(ཞིབ་ངོས་༡༣༠ན་གསལ་)ཞེས་གསུངས་ཡོད་ཀྱང་། འདིའི་ཕྱོགས་བཞིའི་དབུས་སུ་ལྷ་ཁང་མ་གཏོད་པར་ཕྱོགས་གཉིས་འབྲེལ་མཚམས་ཀྱི་ཟུར་དུ་ལྷ་ཁང་གསུམ་གསུམ་བྱས་པས་ཁྱོན་སུམ་བཞི་༡༢ཙམ་བསྐྲུན་ཡོད།

(༥) བུམ་གདན་(རྟེན་)གྱི་སྐོར། “[མ་དད་པ། ལེ་ལོ། རྗེད་པ། རྣམ་གཡེངས། རྨོངས་པ། རྣམས་འཛོམ་པའི།]སྟོབས་ལྔའི་ངོ་བོ་བུམ་གདན་མགུར་ཆུ

ཟླུམ་པོ་དཔངས་སུ་ཆ་ཕྲན་གཅིག །མཐའ་འཁོར་དུ་ཆ་ཕྲན་བརྒྱ་དང་ཉེར་བརྒྱད་ཡོད་པ། པདྨ་རྒྱས་པའི་དབྱིབས་ཅན་”(ཤོག་ངོས་༡༣༤ན་གསལ་)ཞེས་གསུངས་ཡོད་ཀྱང་། འདིར་དྲངས་པའི་རི་མོར་གྲུབ་ཆ་དེ་མངོན་མེད།

(༩) བུམ་པའི་སྐོར། “བྱང་ཆུབ་བདུན་གྱི་ངོ་བོ་(དྲན་པ། ཆོས་རབ་ཏུ་རྣམ་དབྱེ། བརྩོན་འགྲུས། དགའ་བ་ཤིན་ཏུ་སྦྱངས་པ། ཏིང་ངེ་འཛིན། བཏང་སྙོམས་ཏེ།)བུམ་པ་ཟླུམ་པོ་དཀར་པོ་དཔངས་སུ་ཆ་ཕྲན་གསུམ་པ། དེའི་རྩེ་མོས་ཕག་སྣ་བྲེ་དཔུང་(དཔངས་མིན་ནམ་སྙམ། པིར་འཛིན་པས་མཆན་)སུམ་ཅུ་སོ་གཉིས་ཀྱིས་བརྟེགས་པའི་བྱ་འདབ་འཁོར་ཡུག་མཐའ་བསྐོར་དུ་(དཀར་ཆག་ཉིང་མ་ན་ཆ་ཕྲན་སུམ་བརྒྱ་དང་ཅེར་བྱ་བ་བཀོད་འདུག །བསྐྱར་ཚད་བགྱིས་པས་)ཆ་ཕྲན་བརྒྱ་བཞི་བཅུ་ཡོད་པ། དེ་ཐམས་ཅད་དབང་པོའི་གཞུ་ལྟ་བུའི་མཚོན་རིས་རྣམ་པ་སྣ་ཚོགས་ཀྱིས་བཀྲ་ཞིང་། བུམ་པའི་ཕྱོགས་བཞིར། སྒོ་བརྒྱན་སྣ་དྲུག་གིས་ཤིན་ཏུ་མཛེས་པ། རིན་པོ་ཆེ་སྣ་ཚོགས་པས་རྣམ་པར་བཀྲ་བ་དང་ལྡན་པའི་སྒོ་བཞི་སོ་སོའི་ནང་ན་ཀ་བ་བོ་གཉིས་གཉིས་ཏེ། ཤིང་རྩིགས་རིལ་པ་[རིམ་པ་ཞེས་མིན་ནམ་སྙམ། པིར་འཛིན་པས་མཆན་]བཅུ་བཞི་དང་ལྡན་ཞིང་། དེ་ཐམས་ཅད་ཀྱང་བཀོད་པ་ཕུལ་དུ་བྱུང་བ་དང་ལྡན་པའོ། །”(ཤོག་ངོས་༡༣༤ན་གསལ་)ཞེས་འཁོད་པའི་ནང་དུ་སྒོ་བཞི་ནི་རྡོ་རྗེ་རྒྱ་གྲམ་དབྱིབས་སུ་གྲུབ་ལ། མཐའ་ཟླུམ་སྐོར་དུ་མངོན་པའི་ཕྱོགས་བཞིར་ལྷ་ཁང་རེ་རེ་ཡང་གཏོད་ཡོད་པ་དེ་ལགས།

(༡༠) བྲེའི་སྐོར། “འཕགས་ལམ་(སློབ་ལམ་གྱི་གནས་སྐབས་སུ་བརྟེན་བྱའི་ཆོས། ཡང་དག་པའི་ལྟ་བ། རྟོག་པ་རག་ལས་ཀྱི་མཐའ། འཚོ་བ་རྩོལ་བ། ཏིང་ངེ་འཛིན་ཏེ། འདི་རྣམས་བྱང་ཆུབ་ཆོས་ཀྱི་ཆོས་སུམ་ཅུ་རྩ་བདུན་མཚོན་ནས། བརྟེན་བྱ་ལམ་གྱི་གནས་སྐབས་བསྟན་པའོ། །)ཡན་ལག་བརྒྱད་རྣམ་པར་དག་པའི་ཁ་ཁྱེར་

ཏེ་ཁྲི་དྲུག་བཞི་པ་(གྲུ་བཞི་པ་ཡིན་དགོས། པིར་འཛིན་པའི་མཆན་)ཕྱོགས་བཞིར་སློ་འབུར་(སྒློ་འབུར་ཡིན་དགོས་)བཞིར་སྒོ་བཞི་དང་ལྡན་པ། པད་གདན་བང་རིམ་གསུམ་པ། བང་ཆུང་(བད་ཆུང་ཡིན་དགོས་)ཉིས་རྩེག །བད་འབུར་བད་ཆེན་དང་བཅས་པ་དཔངས་སུ་ཆུ་ཚད་(ཆ་ཚད་ཡིན་དགོས་)བཅུ། ཁྲི་དཔུངས་(དཔངས་ཡིན་དགོས་)ཉི་ཤུ་རྩ་བཞིས་བརྟེགས་པའི་བྲེ་གདབ་(འདབ་)ཁོར་ཡུག་ཏུ་ཆ་ཚད་བརྒྱད་ཅུ་གྱ་བརྒྱད་པ་དབང་པོའི་གཞུ་ལྟ་བུའི་ཚོན་གྱིས་རྣམ་པར་བཀྲ་བ་"(ཤོག་ངོས་༡༩༧ན་གསལ་)ཞེས་འཁོད་པ་བཞིན་འདི་ནི་དབུས་སྤྱོག་ཤིང་འཛུགས་ཡུལ་གྱི་ཕྱིར་གྲུ་བཞི་དབྱིབས་སུ་བཏུམས་པའི་གྲུབ་ཆ་ཞིག་ཡོད་པར་ཕྱོགས་བཞི་ནས་སྒོ་མོ་རེ་རེ་གཏོད་པའི་ལྷ་ཁང་ཞིག་ཡིན།

(༡༡) ཆོས་འཁོར་གྱི་སྐོར། "སྟོབས་བཅུ་རྣམས་དང་མ་འདྲེས་པའི་དྲན་པ་ཉེར་བཞག་པ་གསུམ། རྣམ་པར་དག་པའི་ཆོས་འཁོར་བཅུ་གསུམ་གྱི་དཔངས་སུ་ཆ་ཚད་བཅུ་གསུམ། ཕྱི་དབྱིབས་ཟླུམ་པོ། ཨཱཪྻ་ཏཱ་ལ་ལྟར་སྟོ་བའི་རྫ་རིམ་པ་བཅུ་གསུམ། འདེགས་ཀྱི་པདྨ། སྨད་ཀྱི་ཆ་ཕྱི་ཟླུམ་པོ། ནང་གྲུ་བཞིར་ཡོད་པའི་ཆོས་འཁོར་འོག་མའི་མཐའ་སྐོར་དུ་ཆ་ཚད་དོན་གཉིས། ཆོས་འཁོར་གོང་མའི་མཐའ་སྐོར་དུ། ཆ་ཚད་སུམ་ཅུ་ཡོད་པ་"(ཤོག་ངོས་༡༩༩ནས་༡༩༥བར་ན་གསལ་)ཞེས་འཁོད་པ་ལས། གནས་ཚུལ་གཉིས་ལ་དོ་སྣང་བྱེད་དགོས་པ་སྟེ།

གཅིག་ནི། ཆོས་འཁོར་གྱི་གོང་འོག་གཉིས་སུ་ལྷ་ཁང་གི་གྲུབ་ཆ་བསྐྲུན་པའི་བཟོ་ཁྱད་ནི་གཙང་སྟོད་ངམ་རིང་གཙུག་རི་བོ་ཆེའི་མཐོང་གྲོལ་ཆེན་མོར་ཡང་མངོན་རྒྱུ་ཡོད་ཅིང་། སྤྱིར་གཙུག་རི་བོ་ཆེའི་སྐུ་འབུམ་ཆེན་མོ་དེ་ཉིད་ཀྱི་རྩིག་གདན་འདིང་བའི་དུས་ཚོད་ནི་སྤྱི་ལོ་༡༩༩༨ལོར་བཞེད་འདུག་ཅིང་།[1] ལེགས་པར་

---

① གོང་དུ་དྲངས་ཟིན་གྱི་Heather Stoddardཡི་དཔྱད་རྩོམ་ཤོག་ངོས་༣༩༥ན་གསལ།

གྲུབ་པའི་དུས་ཚོད་ནི་སྤྱི་ལོ་༡༢༥༨ལོར་འདོད་པར་ལྟར་ན།[①] ཨར་སྐྱུན་མཆོད་རྟེན་གྱི་རྣམ་པར་བཞེངས་པའི་ཆོས་འཁོར་གོང་འོག་ནང་ལྷ་ཁང་གཏོད་པའི་བཟོ་ལུགས་ནི་རྒྱལ་རྩེ་དཔལ་ཆོས་སྐུ་འབུམ་ཆེན་མོ་ལས་བྱུང་བ་གསལ་པོར་རྟོགས་མོད། འོན་ཏེ་གཙུང་རི་བོ་ཆེ་ཁུལ་གྱི་མང་ཚོགས་ཁྲོད་དུ་རྒྱལ་རྩེའི་སྐུ་འབུམ་ཆེན་མོའི་བཟོ་དབྱིབས་ཀྱི་མ་དཔེ་འཛིན་ཡུལ་ནི་གཙུང་རི་བོ་ཆེའི་སྐུ་འབུམ་མཆོད་རྟེན་དེ་ཉིད་ཡིན་པའི་དམངས་ཁྲོད་ཤོད་རྒྱུན་ཞིག་ཡོད་པ་མ་ཟད། དེའི་བགྲ་ཤིས་སྒོ་མང་དབྱིབས་ཀྱི་མཆོད་རྟེན་རྣམ་པའང་བང་རིམ་གསུམ་ཅན་དུ་མངོན་པར་གཞིགས་ན། བཟོ་ཁྱད་དེ་བཞིན་གྱི་མཆོད་རྟེན་རྣམ་པའང་བང་རིམ་བཞི་ཅན་མཆོད་རྟེན་གྲུབ་ཚ་ལྷུ་ཚང་བའི་རྒྱལ་རྩེ་སྐུ་འབུམ་མཆོད་རྟེན་ལས་སྔ་བ་ཡིན་ངེས་པར་བརྟེན། གཙུང་རི་བོ་ཆེའི་སྐུ་འབུམ་བཞེངས་པའི་དུས་ཚོད་ཀྱང་རྒྱལ་རྩེ་སྐུ་འབུམ་ལས་སྔ་བ་མིན་ནམ་སྙམ་པས་མུ་མཐུད་དཔྱད་དགོས་པ་ཤིན་ཏུ་གལ་ཆེའོ། །

གཉིས་སུ་ནི། རྒྱལ་རྩེ་སྐུ་འབུམ་མཆོད་རྟེན་འདི་ཉིད་ཀྱི་ཆོས་འཁོར་བཅུ་གསུམ་དག་ཨེཌྷིནྡྲི་ལ་ལྟར་སྟོ་བའི་རྡེ་རིམ་པས་གྲུབ་པ་ཤེས་ནུས་ཤིང་། རྡེ་ཡིས་མཆོད་རྟེན་གྱི་མཛེས་རྒྱན་བྱེད་པའི་བཟོ་ཁྱད་ནི། བཙན་པོའི་རྒྱལ་རབས་སྐབས་ཀྱི་བསམ་ཡས་དགོན་དུ་བྱུང་འགོ་ཚུགས་པ་ནས་བཟུང་། དུས་དེང་སང་གི་སྐབས་སྔོན་གྱི་མཆོད་རྟེན་ལ་ཉམས་གསོ་གནང་བའི་ཚེ་རྡེ་ཡི་ཆོས་འཁོར་དང་། རྡེ་ཡི་ཏོག་བསྐྱུན་པ་མཇལ་རྒྱུ་འདུག་པ་དཔེར་ན། འཕན་ཡུལ་སྐྱེའུ་ཟུར་དགོན་གྱི་མཆོད་རྟེན་དང་། འཕན་ཡུལ་ངར་ནང་ས་ཁུལ་དུ་མཇལ་རྒྱུ་ཡོད་པའི་མཆོད་རྟེན་ལ་སོགས་པ་ལྟ་བུའོ། །དེ་ཡང་། བོད་ཀྱི་གནའ་རབས་ཨར་སྐྱུན་མཆོད་རྟེན་ཁྲོད་རྡེ་ཡིས་

① ཆབ་སྤེལ་ཚེ་བརྟན་ཕུན་ཚོགས་ལ་སོགས་པས་བསྒྲིགས་པའི་《བོད་ཀྱི་ལོ་རྒྱུས་རགས་རིམ་གཡུ་ཡི་ཕྲེང་བ》 (བར་ཆ།) བོད་ལྗོངས་བོད་ཡིག་དཔེ་རྙིང་དཔེ་སྐྲུན་ཁང་གིས་སྤྱི་ལོ་༡༩༨༩ལོར་བསྐྲུན་པའི་ཤོག་ངོས་༢༥༨ན་གསལ།

མཛོས་རྒྱན་བྱེད་པར་སྦྱོར་དབྱེ་བ་ཆེ་བ་གཉིས་ཙམ་དུ་དབྱེ་ཆོག་སྟེ། གཅིག་ནི་གཡུ་རྩེ་སྔོ་མོའམ་ཡང་ན་ལྗང་མདོག་ཏུ་བྱས་པའི་ཛ་རྒྱན་དང་། གཉིས་ནི་གཡུ་རྩེ་མ་བཏང་བའི་སྔོ་མོའམ་ཡང་ན་ལྗང་མདོག ཡང་ན་ཛ་དམར་དུ་གྲུབ་པ་བཅས་སོ། །གོང་གི་མཚམས་སྦྱོར་ལྟར་ན། རྒྱལ་རྩེ་སྐུ་འབུམ་མཆོད་རྟེན་གྱི་ཐོག་མའི་ཆོས་འཁོར་བཅུ་གསུམ་གྱི་ཛ་རྒྱན་ནི། སྔོ་མོའམ་ལྗང་མདོག་ཏུ་བྱས་པ་གསལ་པོར་རྟོགས་ཤིང་། དེང་སང་ནི་གསེར་ཟངས་ཀྱིས་བཏུམས་ཡོད་དོ། །

(༧༢) ཐུགས་རྗེ་མདོ་གཟུངས་ཀྱི་སྐོར། ཆོས་འཁོར་"སྟེང་ན་ཐུགས་རྗེ་མདོ་གཟུངས་པདྨ་རབ་ཏུ་རྒྱས་པའི་དབྱིབས་ཅན་འདབ་མ་ཉི་ཤུ་རྩ་བརྒྱད་པ། དེའི་འོག་གི་མཐའ་སྐོར་དུ་ཆ་མཐུན་སུམ་ཅུ། སྟེང་གི་རྩེ་མོའི་མཐའ་སྐོར་དུ་སུམ་ཅུ་སོ་གསུམ། སྟེང་འོག་གོ་མུ་ཏིག་ཕྲེང་བ་བཅས་པ་"(ཤོག་ངོས་༡༥༠ན་གསལ་)འདི་ནི་རི་མོའི་ནང་གི་ཨང་༡པ་དེ་ཡིན་ནོ། །

(༧༣) ཆར་ཁེབས་ཀྱི་སྐོར། ཐུགས་རྗེ་མདོ་གཟུངས་"སྟེང་དུ་ཐུགས་རྗེ་ཆེན་མོ་དང་ཚད་མེད་པ་བཞི། (བྱམས་པ་དང་། སྙིང་རྗེ། དགའ་བ། བཏང་སྙོམས་བཅས་སོ། །)རྣམ་པར་དག་པའི་ཆར་ཁེབས། ཕྱི་ནང་དུ་ཀ་བ་ཉི་ཤུ་རྩ་བཞི། གཞུ་རིང་རྒྱ་ཁྲམ་སོགས་ཤིང་བརྩེགས་རིམ་པ་བཅུས་བརྟེན་པ། གདུང་འཁོར་ལོ་རྩིབས་བརྒྱད་པའི་རྣམ་པར་ཕུག་པའི་མཐའ་སྐོར་དུ། གསེར་གྱི་ཟ་ར་ཚགས་བརྒྱ་ཉེར་བརྒྱད་ཀྱིས་མིག་མངས་རིས་སུ་བྲིས་པའི་སྒོ་མོར་གསེར་གྱི་ནོར་བུ་དྲུག་ཅུ་རྩ་བཞིས་ལྷག་པར་བཀྲ་བ། དཔངས་སུ་ཆ་མཐུན་བཞི་པ། རྩེ་མོའི་འཁོར་ཡུག་ཏུ་ཆ་མཐུན་ལྔ་བཅུ་ང་བཞི། གསེར་ལྗང་ནོར་བུའི་མཚམས་སུ་གསེར་གྱི་སྣ་རགས་འཁོར་ཡུག་དང་ལྡན་པ་"(ཤོག་ངོས་༡༥༠ནས་༡༥༡བར་ན་གསལ་)ཞེས་འཁོད་པ་འདིའི་ནང་དུ་མཐའ་དང་དབུས་སུ་ཁྱོན་ཀ་བ་ཉི་ཤུ་བཞིས་བརྟེན་ཡོད་པའི་ཀླུམ་སྐོར་གྱི་ལྷ་

ཁང་ཆེན་མོ་༡ཡོད་པ་བཅས་སོ། །

གཞན་ཡང་། གོང་གི་ལྷ་ཁང་སོ་སོའི་མཚན་དང་དེའི་ནང་གི་ལོགས་རིས་ཀྱི་གཙོ་བོའི་བརྗོད་བྱ་དང་། གཟུངས་གཞུག་འབུལ་སྟངས། སྲོག་ཤིང་འཛུགས་ཚུལ། རབ་གནས་ཆོག་སྒྲུབ་ལ་སོགས་ཀྱི་ཞིབ་ཕྲའི་གནས་ཚུལ་ནི་འདིར་དྲངས་ཟིན་པའི་ཆོས་རྒྱལ་རབ་བརྟན་ཀུན་བཟང་འཕགས་ཀྱི་རྣམ་ཐར་ནང་དུ་འཀོད་ཡོད་པ་མ་ཟད། སྐུ་འབུམ་ཆེན་མོའི་ལྡེབས་རིས་ཀྱི་འབྲི་རྩལ་དང་བཟོ་བོ་ཧེ་ཡིན་ལ་སོགས་པའི་གནས་ཚུལ་ཡང་འདིར་དྲངས་ཟིན་པའི་ཞུང་ལྷེན་པིན་གྱི་དཔེ་དེབ་ལ་སོགས་པར་གཟིགས་པར་འཚལ་ལོ། །

༤ གཅུང་རི་བོ་ཆེའི་སྐུ་འབུམ་མཐོང་གྲོལ་ཆེན་མོ།

སྐུ་འབུམ་འདི་ཉིད་ཀྱི་མཚན་གཞན་ཞིག་ལ་དཔལ་རི་བོ་ཆེའི་སྐུ་འབུམ་མཐོང་གྲོལ་ཆེན་མོར་གྲགས་པ་དང་། གནས་ཡུལ་ནི་གཙང་སྟོད་ངམ་རིང་རྫོང་མདོ་སྨེ་ཤང་གི་གཅུང་རི་བོ་ཆེར་ཡིན་ཞིང་། འདི་ཉིད་བཞེངས་པའི་དུས་ཚོད་སྐོར་ལ་གོང་གི་ནང་དོན་དུ་སྨྲོས་ཟིན་པའི་གནས་ཚུལ་ལྟར་ན། འདི་ནི་རྒྱལ་རྩེ་སྐུ་འབུམ་ཆེན་མོ་ལས་སྔ་བར་ཡོད་པ་ཞིག་ཏུ་སྣང་མོད། འོན་ཏེ་ཞིབ་འཇུག་པ་ཕལ་མོ་ཆེའི་བཞེད་དགོངས་ལྟར་ན། འདི་ཉིད་ནི་སྤྱི་ལོ་༡༤༤༨ལོ་ནས་སྤྱི་ལོ་༡༤༥༨ལོའི་བར་དུ་བཞེངས་པར་འདོད་དོ། །

པར་4-26 དེང་གི་གཅུང་རི་བོ་ཆེའི་སྐུ་འབུམ།

པར་4–26ནི་སྤྱི་ལོ་༢༠༡༥ལོར་པར་འཛིན་པས་བླངས་པའི་དེང་གི་གཙུང་རི་བོ་ཆེ་སྐུ་འབུམ་གྱི་སྐུ་པར་ཡིན།

ད་ལམ་པར་འཛིན་པར་སྐུ་འབུམ་འདི་ཉིད་ཀྱི་སྐོར་གྱི་དཔྱད་གཞི་གང་ཞིག་རྙེད་སོན་བྱུང་མེད་པར་བརྟེན། དེའི་ཐོག་མའི་བཟོ་བཀོད་ཇི་ལྟར་གྲུབ་ཚུལ་དང་། ཕྱིས་འགྱུར་ལོ་རྒྱུས་ཐོག་ཏུ་ཉམས་གསོ་དང་བཟོ་བཅོས་གང་འདྲ་ཐེབས་ཡོད་མིན་གྱི་གནས་ཚུལ་ལ་བཤད་ཆོད་དཀའ་ཙང་། འདིར་སྤྱི་ལོ་༡༩༩༠ལོར་ལྗོངས་ཡོངས་ཀྱི་རིག་དངོས་ཞིབ་བཤེར་ལས་དོན་སྤེལ་སྐབས་སུ་སྐུ་འབུམ་འདི་ཉིད་ལ་ཐིག་ཚད་བླངས་ཏེ་བྲིས་པའི་མཚོན་རིས་དང་དེའི་བཟོ་ཁྲད་ཀྱི་ཟིན་ཐོ་གཞིར་བཟུང་སྟེ་དཔྱད་བརྗོད་མདོ་ཙམ་ཞིག་ཞུས་ན།

རི་མོ་4–35ནི་སྐུ་འབུམ་ཆེན་མོ་དེའི་ནང་གི་བཀོད་པའི་གྲུབ་ཆ་མཚོན་པའི་རི་མོ་ཞིག་ཡིན་པ་དང་།① རིག་དངོས་ཞིབ་བཤེར་པའི་ཐིག་རིས་སུ་ཕབ་པ་དེར་པར་འཛིན་པས་བཅོས་འབྲི་ཙུང་ཟད་བརྒྱབ་སྟེ་སྟོན་གྱི་རི་མོ་ལས་དེའི་ནང་གི་གྲུབ་ཆ་ཁ་གསལ་བར་འགྱུར་ཆེད། ཚོན་མདོག་ནག་པོར་བཟོས་པ་ནི་གྲུང་རྩིག་ཕྱེད་བཤག་བཏང་ཚེ་མངོན་པའི་རྣམ་པ་མཚོན་པ་

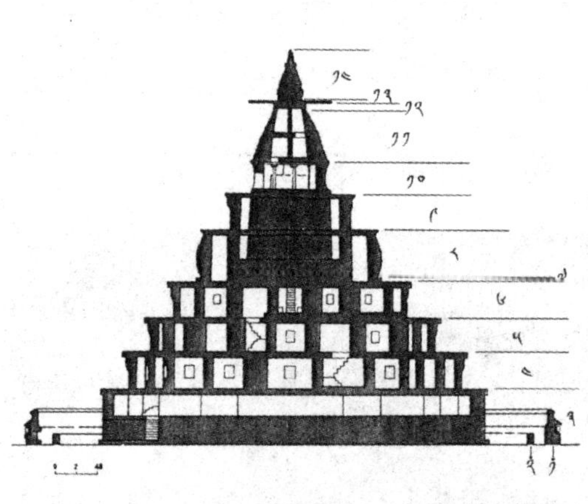

རི་མོ4-35 ངམ་རིང་གཙུང་རི་བོ་ཆེའི་སྐུ་འབུམ་མཐོང་གྲོལ་ཆེན་མོའི་ནང་གི་གྲུབ་ཆའི་མཚོན་རིས།

①西藏文管会文物普查队：《西藏昂仁日吾其寺调查报告》，四川大学博物馆、西藏自治区文物管理委员会编：《南方民族考古》第4辑，四川科学技术出版社，1991年版ཤོག་ངོས་༢༠༣ནང་གི་ཐིག་རིས་སུ་གསལ།

དང་། མདོག་དཀར་པོར་བཞག་ཡོད་པ་ནི་ལྷ་ཁང་དང་མཆོད་རྟེན་ནང་གི་བར་སྟོང་ཁོར་ཡུག་མཚོན་པའོ། །

རི་མོ་འདིར་བཀོད་པའི་ཨང་༧པོ་ནི་སྐུ་འབུམ་ཆེན་མོ་དེ་ཉིད་ཀྱི་ཕྱི་སྐོར་ལྷགས་རི་ཡིན་ཏེ། གྲུ་བཞི་སྒོ་འཁྱུར་ཅན་གྱི་དབྱིབས་སུ་བྱས་ཡོད་ལ། ཕྱོགས་རེ་རེར་རྩིག་ངོས་གདོང་ལྔ་ལྔ་ཡོད་པར་ཟུར་༢༠ཡི་རྣམ་པར་མངོན་པ་དང་། དེའི་རྩིག་ངོས་ཀྱི་ཕྱོགས་བཞིར་མ་ཎི་ཆོས་བསྐོར་ཁྲིན་བསྒོམས་༣༠༧བསྐྲུན་ཡོད་པའི་རྣམ་པ་ནི་རི་མོ་4–35ནང་གསལ་བ་ནང་བཞིན་དང་། རི་མོ་འདིའི་ནང་གི་ཨང་༢པ་ནི་ནང་བསྐོར་ལྷགས་རི་དམའ་བ་ཞིག་ཡིན་རུང་། རིག་དངོས་ཞིབ་བཤེར་གྱི་ཟིན་ཐོར་དེའི་སྐོར་ངོ་སྤྲོད་བྱས་མེད་པས་བཟོ་དབྱིབས་ཇི་ལྟར་དུ་གྲུབ་ཡོད་མིན་བཤད་ཚོད་དཀའ་འོ། །

རི་མོ་4–35ནང་གི་ཨང་༣པ་ནི་སྐུ་འབུམ་ཆེན་མོ་འདིའི་བང་རིམ་ལྔ་བུར་མངོན་ཡོད་ཀྱང་། དོན་དངོས་སུ་དེ་ནི་ཁྲི་གདན་རང་ལ་ངོས་འཛིན་དགོས་པ་སྟེ། དེའི་བཟོ་ཁྱད་དུ་ལྷ་ཁང་མ་བསྐྲུན་པར་བསྐོར་ལམ་གྱི་རྣམ་པར་བསྐྲུན་ཡོད་ལ། བཀྲ་ཤིས་སྒོ་མང་དབྱིབས་དོད་མངོན་ཕྱིར་བསྐོར་ལམ་ཕྱི་ངོས་ཀྱི་གྲུང་ལོགས་སུ་དཀར་ཁྱུང་ངམ་སྐེའུ་ཁྱུང་གཏོད་ཡོད་པ་མ་ཟད། བང་རིམ་དེའི་སྨད་ཆ་ནི་ས་ངོས་ནས་ཡར་འདེགས་ཀྱི་གྲུང་རྩིག་ཁོ་ན་ཡིན་ཞིང་། ཕྱིའི་མཐའ་ཟུར་གྱི་གོང་འོག་རྣམ་པའང་བད་ཕུར་

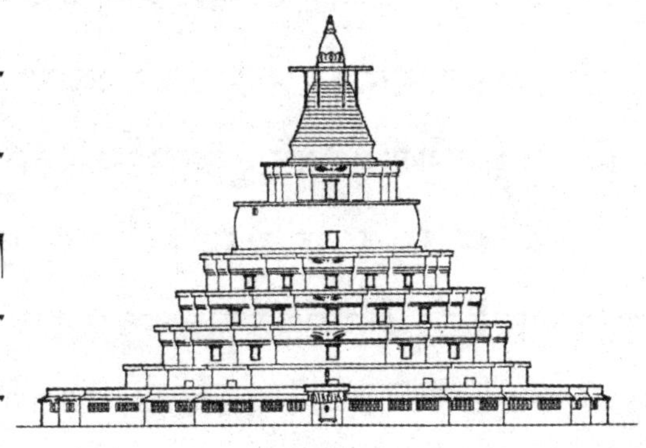

རི་མོ'4-36 གཙང་རི་བོ་ཆེའི་སྐུ་འབུམ་མཐོང་གྲོལ་ཆེན་མོའི་ཕྱི་དབྱིབས་རྣམ་པའི་མཚོན་རིས།

དང་ས་འཛིན་ལྟ་བུར་བསྐྲུན་པ་ལས། དེའི་སྟེང་གི་བང་རིམ་དང་པོ་ནས་གསུམ་པའི་བར་གྱི་བཟོ་ཁྱད་མངོན་པའི་བད་ཕུར་གྱི་རྣམ་པར་བད་ཆུང་ཉིས་བརྩེགས་བསྐྲུན་མེད་པ་དང་། ཕྱིའི་རྣམ་པར་བང་རིམ་དང་པོ་ནས་གསུམ་པར་ཡེ་ཤེས་ཀྱི་སྤྱན་བཀོད་པ་ལས་བང་རིམ་འདི་ལ་དེ་ལྟར་མངོན་མེད་པ་ལ་སོགས་པ་སྟེ་རི་མོ་4–36ནང་གསལ་བས་ངེས་ཤེས་འཇོངས་ཐུབ་པར་སེམས་གཤིས། དེ་ནི་ཁྲི་གདན་རང་ལ་འདོད་དགོས་ཤིང་། དེའི་བཟོ་དབྱིབས་ཀྱང་གོང་གི་ཕྱི་སྒོར་ལྷགས་རི་དང་མཚུངས་ལ། ཕྱོགས་རེ་རེར་སྐེའུ་ཁུང་ལྔ་ལྔ་ལྡན་པས་ཁྱོན་༢༠ཡོད་དོ། །

རི་མོ་ཨང་༤པ་ནི་བང་རིམ་དང་པོ་སྟེ། གྲུ་བཞི་གྲོ་འབུར་ཅན་གྱི་དབྱིབས་སུ་བྱས་ཤིང་། ཕྱོགས་བཞིའི་གདོང་ལྔ་རུ་མངོན་པར་ལྷ་ཁང་ལྔ་ལྔ་ལྡན་པས་ཁྱོན་༢༠ཡོད་ཅིང་། ལྷ་ཁང་སོ་སོའི་ནང་གི་རྒྱབ་ལོགས་སུ་མཆོད་གཞོམ་འདྲ་བའི་ས་ཕུག་གྲུ་བཞི་དབྱིབས་ཅན་དུ་བསྐྲུན་ཡོད།

རི་མོ་ཨང་༥པ་དང་༦པ་ནི་བང་རིམ་གཉིས་པ་དང་གསུམ་པ་ཡིན་ཏེ། བང་རིམ་དང་པོའི་མཆོད་གཞོམ་འདྲ་བའི་ས་ཕུག་རྣམ་པ་མ་གཏོགས། གཞན་གྱི་བཟོ་ཁྱད་ནི་བང་རིམ་དང་པོ་དང་མཚུངས་ལ། བང་རིམ་དང་པོ་ནས་གསུམ་པའི་བར་གྱི་ཕྱིའི་རྣམ་པར་བད་ཆུང་གི་བཟོ་དབྱིབས་དང་། དབུས་ཀྱི་སྒྲོ་འབུར་བད་ཕུར་དུ་ཡེ་ཤེས་སྤྱན་གྱིས་མཛེས་བརྒྱན་སྤྲས་པ་རི་མོ་4–36ནང་གསལ་བ་བཞིན་ནོ། །

རི་མོ་ཨང་༧པ་ནི་བུམ་ཆེན་ནོ། །ཨང་༨པ་བུམ་པ་སྟེ། ཕྱི་ནང་དུ་བསྐོར་ལམ་གཉིས་ཡོད་ཅིང་། ཕྱིའི་བསྐོར་ལམ་དམའ་ལ་ནང་གི་བསྐོར་ལམ་མཐོ་བའི་རྣམ་པར་གྲུབ་པའོ། །དེའི་ནང་གི་བསྐོར་ལམ་དབུས་ཀྱི་གྱང་རྩིག་ནི་བྲེའི་དབུས་ཀྱི་གྱང་རྩིག་དང་སྟེང་འོག་ཏུ་མཐུད་དེ་བསྐྲུན་པར་བརྟེན། རི་མོ་ཨང་༩པར་མངོན་པ་ལྟ་བུའི་བྲེའི་ནང་གི་བསྐོར་ལམ་རྣམ་པའང་བུམ་པའི་སྟོད་ཆར་བསྐྲུན་པའི་བསྐོར་

ལམ་དང་ཆ་འདྲ་བར་མངོན་ལ། དེའི་བཟོ་དབྱིབས་གྲུ་བཞི་སྒོ་འཁྱུར་ཅན་ཟུར་༢༠ལྡན་ཡོད་པ་དེ་ནི་ཁྲི་གདན་ནས་བང་རིམ་གསུམ་པའི་གྲུ་བཞི་སྒོ་འཁྱུར་གྱི་རྣམ་པ་དང་མཚུངས་པ་བཅས་སོ། །

རི་མོའི་ནང་གི་ཨང་༡༠པ་ནི་གདུགས་འདེགས་པའྭའི་གྲུབ་ཆ་ཡིན་པ་དང་། དེར་ལྷ་ཁང་གཅིག་གཏོད་ཡོད་ཅིང་། རྒྱལ་རྩེ་དཔལ་ཆོས་སྐུ་འབུམ་དང་འདྲ་བའི་ལྷ་ཁང་ཞིག་གཏོད་ཡོད་ཀྱང་། དཔལ་ཆོས་སྐུ་འབུམ་གྱི་དབུས་སུ་སྲོག་ཤིང་བཙུམས་པའི་གྲུང་རྩིག་གྲུ་བཞི་ཅན་ཞིག་ཡིན་ལ། དེའི་ཕྱོགས་བཞིར་སྒོ་མོ་རེ་རེ་སྤྱིལ་ཡོད་པ་ནི་གཙུང་རི་བོ་ཆེའི་སྐུ་འབུམ་འདིའི་གདུགས་འདེགས་པའྭའི་གྲུབ་ཆར་དབུས་སུ་གྲུང་རྩིག་ཀ་ཟླུམ་དབྱིབས་སུ་གྲུབ་ཡོད་ལ། ཕྱོགས་བཞིར་སྒོ་མོ་མ་གཏོད་པར་གྲུང་ལོགས་སུ་དཀར་ཁུང་སྟོན་པ་དང་ཐ་དད་ཀྱི་ཆ་ཏུ་མངོན་ཡོད་དོ། །

རི་མོའི་ནང་གི་ཨང་༡༡ནི་ཆོས་འཁོར་བཅུ་གསུམ་གྱི་གྲུབ་ཆ་ཡིན་པ་དང་། དེའི་ནང་གི་སྟོད་སྨད་གཉིས་སུ་ལྷ་ཁང་རེ་རེ་ཐུབ་ཡོད་པ་དེ་ནི། དཔལ་ཆོས་སྐུ་འབུམ་གྱི་རྣམ་པ་དང་འདྲ་ཙང་། དཔལ་ཆོས་སྐུ་འབུམ་གྱི་ཆར་ཁེབས་གྲུབ་ཆའི་ནང་དུ་ལྷ་ཁང་གཅིག་གཏོད་ཡོད་པའི་ཚུལ་དེ་གཙུང་རི་བོ་ཆེའི་གདུགས་འདེགས་གྲུབ་ཆར་གཏོད་ཡོད་པས། དེ་གཉིས་ཀྱི་གདུགས་འདེགས་ནས་ཆོས་འཁོར་རྩེ་བར་གྱི་ལྷ་ཁང་གྲངས་ཚད་གཅིག་མཚུངས་སུ་མངོན་པ་བཅས་སོ། །རི་མོ་ཨང་༡༢ནི་ཐུགས་རྗེ་མདོ་གཟུངས་ཀྱི་གྲུབ་ཆའོ། །དེ་ཡན་ཆོད་དུ་ལྷ་ཁང་མ་གཏོད་པའོ། །རི་མོ་ཨང་༡༣ནི་ཆར་ཁེབས་ཡིན་པ་དང་། དེ་འདེགས་བྱེད་ཀྱི་ཀ་བའི་ཤིང་ནི་ཆོས་འཁོར་བརྒྱད་པའི་ངོས་ཀྱི་མཐའ་བསྐོར་དུ་བཙུགས་ཡོད་པ། ཨང་༡༤ནི་ནོར་བུའི་ཏོག་དང་བཅས་པའོ། །

གོང་དུ་མཚམས་སྦྱོར་ཞུས་ཟིན་པ་བཞིན། བུམ་པའི་ནང་གི་བསྐོར་ལམ་ཡོད་པའི་ཁང་ཐོག་མ་རྩིས་ན། གཙུང་རི་བོ་ཆེའི་སྐུ་འབུམ་མཆོད་རྟེན་གྱི་ཐོག་བརྩེགས་

གྲངས་ཚད་ནི་རྒྱལ་རྩེ་དཔལ་ཆོས་སྐུ་འབུམ་དང་མཚུངས་པ་སྟེ། དགུ་ཐོག་གི་རྣམ་པར་བསྐྲུན་ཡོད་པ་དང་། སྔོན་གྱི་གཅུང་རི་བོ་ཆེའི་སྐུ་འབུམ་གྱི་ཕྱིའི་མཛེས་རྒྱན་དུ་རྫ་ཡིས་སྤྲས་ཡོད་པའི་སྐོར་རིག་དངོས་ཞིབ་བཤེར་སྐབས་སུ་དེའི་སྐུ་མདུན་ནས་རྙེད་སོན་བྱུང་བའི་རྫ་གཡམ་ལ་སོགས་པའི་དངོས་དཔེས་སྒྲུབ་བྱེད་སྒྲིན་ནུས་ཤེང་། སྔོན་གྱི་སྐུ་འབུམ་ནང་གི་ལྷ་ཁང་ཁག་ཏུའང་འབྲི་རྩལ་ཁྱད་འཕགས་ཀྱི་ལྡེབས་རིས་མངོན་རྒྱུ་ཡོད་ཀྱང་། དེང་དུས་སྐུ་འབུམ་གྱི་བྲི་ཡན་ཆོད་ལྷ་ཁང་ནང་གི་ལྡེབས་རིས་ཉམས་ཆགས་ཆེན་པོ་ཐེབས་ཡོད་དོ། །

བཞི་པ། མཆོད་རྟེན་བརྒྱ་རྩ་བརྒྱད་ཀྱི་སྐོར།

མཆོད་རྟེན་བརྒྱ་རྩ་བརྒྱད་ནི། བོད་ཀྱི་གནའ་རབས་ཨར་སྐྲུན་མཆོད་རྟེན་བྱུང་འཕེལ་ཁྲོད་དུ་མངོན་པའི་བཟོ་རྩལ་རྟེན་བཀོད་ཐད་ཀྱི་རྣམ་གཞག་ཅིག་ཡིན་པ་དང་། དེའི་ཐ་སྙད་ལ་མཆོད་རྟེན་བརྒྱ་རྩ་བརྒྱད་ཅེས་པ་བཞིན་མཆོད་རྟེན་བཟོ་དབྱིབས་བརྒྱ་དང་བཅུ་མེད་བརྒྱད་རིམ་པ་བསྟར་ཆགས་སུ་བཞེངས་པའི་རྣམ་པ་དེ་ལ་ཟེར་ཞིང་། པིར་འཛིན་པར་ཅིའི་ཕྱིར་མཆོད་རྟེན་གྱི་གྲངས་ཚད་བརྒྱ་རུ་བཞེངས་དགོས་པའི་སྐོར་ལ་གསལ་བརྗོད་གནང་བའི་ཁུངས་བཙན་གྱི་དཔྱད་གཞིའི་རྒྱུ་ཆ་གང་ཡང་རྙེད་སོན་བྱུང་མེད་པས། མཆོད་རྟེན་བརྒྱ་རྩ་བརྒྱད་ཀྱི་གྲངས་ཚད་མཚོན་དོན་སྐོར་ལ་འགྲེལ་བརྗོད་བྱ་ཐབས་བྲལ། འོན་ཏེ་བརྒྱ་རྩ་བརྒྱད་དུ་བཞེངས་པའི་མཆོད་རྟེན་རྣམ་པ་ནི། བོད་ཀྱི་གནའ་རབས་ཨར་སྐྲུན་མཆོད་རྟེན་བྱུང་འཕེལ་གྱི་བརྒྱུད་རིམ་ནང་མེད་དུ་མི་རུང་བའི་གྲུབ་ཆ་ཞིག་ཡིན་ཕྱིན། འདིར་དེའི་གནས་ཚུལ་སྐོར་ལ་ངོ་སྤྲོད་མདོ་ཙམ་ཞུ་རྒྱུ་ལགས།

ཆེད་དེབ་འདིའི་ས་བཅད་གསུམ་པར་བཙན་པོའི་རྒྱལ་རབས་སྐབས་ཀྱི་ཨར་

སྐུན་མཆོད་རྟེན་སྐོར་ལ་བགྲོ་གླེང་བྱེད་པའི་སྐབས། བཙན་པོ་ཁྲི་ལྡེ་གཙུག་བརྟན་མེས་ཨག་ཚོམ་(ཕྱི་ལོ་༦༨༠ལོ་–ཕྱི་ལོ་༧༥༥ལོའི་བར་)གྱི་སྐུ་དུས་སུ་རྒྱ་མོ་བཟའ་གྱིས་ཞིང་ཀོང་ཇོས། "བསམ་ཡས་སུ་སྲུས་ཀྱི་དོན་དུ་རིང་བསྲེལ་གྱི་སྙིང་པོ་ཅན་གྱི་མཆོད་རྟེན་བརྒྱ་རྩ་བརྒྱད་དང་། འཛིམ་ལྷ་ལས་མཆོད་རྟེན་ཆེ་བ་གཅིག་བཞེངས"ཞེས་འཁོད་པ་ལྟར་དུས་སྐབས་དེའི་རིང་ལ་བོད་ཡུལ་དུ་མཆོད་རྟེན་བརྒྱ་རྩ་བརྒྱད་ཀྱི་རྣམ་པ་བྱུང་འགོ་ཚུགས་པའི་ཚོད་དཔག་ཅིག་བྱས་ཆོག་མོད། འོན་ཏེ་སྐབས་དེའི་བརྒྱ་རྩ་བརྒྱད་ཀྱི་མཆོད་རྟེན་ནི་ཨར་སྐུན་རྣམ་པར་བཞེངས་ཡོད་མེད་སྐོར་ལ་འབྲེལ་ཡོད་ཀྱི་དཔྱད་གཞིར་གསལ་འདོན་གནང་མེད་རྐྱེན། ཨར་སྐུན་རྣམ་པའི་མཆོད་རྟེན་བརྒྱ་རྩ་བརྒྱད་ཀྱི་བྱུང་འགོ་སྐབས་དེ་ནས་ཡིན་པར་ངེས་ཞེས་བཤད་ཚོད་དཀའ་བ་ཞིག་ལགས། དེའི་རྗེས་ཀྱི་བཙན་པོ་ཁྲི་སྲོང་ལྡེ་བཙན་གྱི་(ཕྱི་ལོ་༧༡༨ལོ་–ཕྱི་ལོ་༧༨༥ལོའི་བར་)སྐུ་དུས་སུ་བསམ་ཡས་མི་འགྱུར་ལྷུན་གྱིས་གྲུབ་པའི་གཙུག་ལག་ཁང་བཞེངས་པའི་སྐབས། ཕྱི་རོལ་ལྕགས་རིའི་རྩེ་མོར་བརྒྱ་རྩ་བརྒྱད་ཀྱི་རྣམ་པ་དང་འདྲ་བའི་རིང་བསྲེལ་ཅན་གྱི་མཆོད་རྟེན་སྟོང་རྩ་བརྒྱད་བཞེངས་གནང་བར་གཞིགས་ན། དུས་སྐབས་དེའི་རིང་ལའང་བརྒྱ་རྩ་བརྒྱད་ཀྱི་རྣམ་པའི་མཆོད་རྟེན་བཞེངས་སྲོལ་ཡོད་པ་མིན་ནམ་སྙམ།

གང་ལྟར་ཡང་། ད་ཡོད་མཐོང་ཆོས་སུ་གྱུར་པའི་དཔྱད་གཞིར་བརྟགས་ཚེ། མ་མཐར་ཡང་དུས་རབས་༡༡པ་ནས་བཟུང་། བོད་ཡུལ་སྟོད་མངའ་རིས་སྐོར་གསུམ་དུ་བྱུང་བའི་རྒྱལ་རྒྱུད་ཁག་གི་ས་ཁོངས་སུ་མཆོད་རྟེན་བརྒྱ་རྩ་བརྒྱད་བཞེངས་པའི་ལུགས་སྲོལ་ཁྱབ་གདལ་དུ་སོང་ཡོད་པ་དཔེར་ན། དུས་རབས་༡༠པའི་དུས་མཇུག་ཏུ་བཞེངས་པའི་མཐོ་ལྡིང་དགོན་གྱི་བྱང་ངོས་སུ་བཞུགས་པའི་མཆོད་རྟེན་བརྒྱ་རྩ་བརྒྱད་དེ་རེ་རེའི་ནང་དུ་ལོ་ཆེན་རིན་ཆེན་བཟང་པོའི་(ཕྱི་ལོ་༩༥༨ལོ་

—སྤྱི་ལོ་༡༠༥༥ལོའི་བར་) ཕྱག་ཕྲེང་རེ་རེ་བཞུགས་སུ་གསོལ་བར་གྲགས་པ་དེ་དང་། དུས་རབས་༡༡ནས་༡༢པའི་བར་དུ་བཞེངས་པའི་རྩ་མདའ་རྫོང་དུང་དཀར་ཁུལ་དུ་བཞུགས་པའི་མཆོད་རྟེན་བརྒྱ་རྩ་བརྒྱད་ཁག་གཉིས། དེ་མིན་ལ་དྭགས་དང་ཟངས་དཀར་ལ་སོགས་པའི་ས་ཁུལ་དུའང་དེ་ལྟ་བུའི་རྣམ་པར་བཞེངས་པའི་མཆོད་རྟེན་མང་པོ་མཇལ་རྒྱུ་ཡོད་པའི་གོ་ཐོས་བྱུང་ཞིང་། དེ་ནང་བཞིན་བོད་ཡུལ་དབུས་གཙང་ལ་སོགས་པའི་ས་ཁུལ་དུ་བཀའ་གདམས་པ་དང་བཀའ་བརྒྱུད་པ་ལ་སོགས་པའི་ཆོས་སྡེ་དུས་ཀྱི་གྲུབ་མཐའ་ཁག་གཅིག་དར་འཕེལ་ཆེས་ཆེར་བྱུང་བའི་དུས་རིམ་ནང་དུའང་ཨར་སྐྱུན་རྣམ་པའི་ཐོག་ནས་མཆོད་རྟེན་བརྒྱ་རྩ་བརྒྱད་བཞེངས་པའི་དར་སྲོལ་ཅུང་ཆེ་བའི་རྣམ་པ་མངོན་འདུག་པ་དཔེར་ན། འཕན་ཡུལ་གྱི་ཡུང་བ་ལུང་ཁོག་དུ་བཞུགས་པའི་བཀའ་གདམས་དུས་སྐབས་སུ་བཞེངས་པའི་མཆོད་རྟེན་བརྒྱ་རྩ་བརྒྱད་བཞུགས་ཡོད་ལ། ཏུ་ལག་གི་ས་ཆ་མྱང་ཡུལ་སྟོད་སྨད་བར་གསུམ་ལ་སོགས་པར་མཆོད་རྟེན་བརྒྱ་རྩ་དར་བའི་སྲོལ་ཡང་བྱུང་ཡོད། ད་བར་ཁོ་བོར་ལག་སོན་བྱུང་བའི་དཔྱད་གཞི་ལྟར་ན། དུས་རབས་༡༥པ་ཙམ་ཆད་དུ་བཞེངས་པའི་བོད་ཀྱི་ཨར་སྐྱུན་མཆོད་རྟེན་རྣམ་པའི་ཁྲོད། མཆོད་རྟེན་བརྒྱ་རྩ་བརྒྱད་དུ་བྱས་པ་མཇལ་རྒྱུ་འདུག་ཀྱང་། དེའི་སྔོན་གྱི་དུས་རིམ་ལྟ་བུའི་དར་སྲོལ་ཆེན་པོ་བྱུང་མེད་པར་སེམས།

གཞན་ཡང་། མཆོད་རྟེན་བརྒྱ་རྩ་བརྒྱད་ཀྱི་བཟོ་དབྱིབས་ཁྱད་ཆོས་ཕལ་ཆེ་བ་ནི་བྱང་ཆུབ་ཆེན་པོའི་གཟུགས་སུ་མངོན་ཡོད་པ་དང་། དེའི་དུས་རིམ་སྔ་ཕྱིའི་ཁྱད་པར་ནི། མཆོད་རྟེན་ཁེར་རྐྱང་དུ་བཞེངས་པ་དང་ཆ་འདྲ་བར་སྣང་བ་ཞིག་ཡིན་རྗེན། འདིར་དེའི་སྐོར་ལ་བསྐྱར་ཟློས་མི་བྱ་ལ། གཤམ་དུ་མཚམས་སྦྱོར་ཞུ་རྒྱུ་ཡིན་པའི་གཀྟིའི་མཆོད་རྟེན་གྱི་བཟོ་ཁྱད་ཀྱང་དེ་དང་འདྲ་བར་བརྟེན། དེ་དག་གི་ལོ་རྒྱུས་རྒྱབ་ལྗོངས་ལ་ངོ་སྤྲོད་མདོ་ཙམ་ཞུ་ཁུལ་བགྱི་བ་ནི་བོད་ཀྱི་གནའ་བོའི་

ཨར་སྐྲུན་མཆོད་རྟེན་བྱུང་འཕེལ་གྱི་གྲུབ་ཆ་ཅུང་ཆ་ཚང་བ་ཞིག་ཡོད་པའི་ཕྱིར་རོ། །

ལྔ་པ། ཀ་སྒྲིའི་མཆོད་རྟེན་གྱི་སྐོར།

ཀ་སྒྲིའི་མཆོད་རྟེན་ཞེས་པའི་བརྗོད་དབྱིབས་ནི། མཆོད་རྟེན་གྱི་ཁྲི་གདན་འོག་ཏུ་འགྲུལ་པ་ཕར་འགྲོ་ཚུར་འོང་གི་སྒོ་གཉིས་སམ་ཡང་ན་བཞིར་ལྡན་པའི་རྣམ་པ་ལྟ་བུར་གྲུབ་པ་ཞིག་ཡིན་ཏེ། དཔེར་ན་ལྷ་སའི་བྲག་སྒོ་ཀ་སྒྲི་ལྟ་བུའོ། །རྣམ་པ་འདི་ལྟ་བུའི་མཆོད་རྟེན་གྱི་ཐོག་མའི་འབྱུང་ཁུངས་ཀྱང་མཆོད་རྟེན་གདབ་པའི་གནས་གང་ཞིག་ཏུ་ཡིན་ཚུལ་ལས་འཕེལ་བ་ཞིག་རེད་སྙམ་སྟེ། ལམ་གྱི་བཞི་མདོའམ་གསུམ་མདོར་གདབ་དགོས་པའི་སྐོར་དགེ་བའི་རྩ་བ་ཡོངས་སུ་འཛིན་པའི་མདོའི་ས་བཅད་དང་པོའི་དོན་ཚན་བཞི་པ་སྟེ་མཆོད་རྟེན་ཇི་ལྟར་གདབ་པའི་སྤྱིའི་བརྒྱུད་རིམ་ནང་། གནས་གང་ཞིག་ཏུ་གདབ་པའི་ཚུལ་གྱི་སྐབས་སུ་ངོ་སྤྲོད་ཞུས་ཟིན་པ་ལས་གསལ་ཡོད་མོད། འོན་ཏེ་ད་བར་ཁོ་བོར་གནའ་བོའི་རྒྱ་གར་ཡུལ་གྲུ་ཁག་ཏུ་བསྐྲུན་ཡོད་པའི་ཀ་སྒྲིའི་མཆོད་རྟེན་གྱི་མ་དཔེ་རྙེད་སོན་གང་ཡང་བྱུང་མེད་པར་བརྟེན་དེའི་ཐོག་མའི་འབྱུང་ཁུངས་ཇི་ལྟར་ཡིན་མིན་སྐོར་ལ་བཤད་ཚོད་དཀའ།

ཆེས་སྔ་དུས་སུ་བསྐྲུན་པའི་རྣམ་པ་འདི་ལྟའི་མཆོད་རྟེན་གྱི་མ་དཔེ་མཐོང་རྒྱུ་ཡོད་པ་ནི། གོང་གི་མཆོད་རྟེན་བརྒྱ་རྩ་བརྒྱད་ཀྱི་དུས་དང་མཉམ་པའི་སྟོད་མངའ་རིས་སྐོར་གསུམ་གྱི་ས་ཁོངས་དང་། ས་བཅད་འདིའི་གོང་གི་ནང་དོན་དུ་ངོ་སྤྲོད་ཞུས་ཟིན་པའི་ཡོན་རྒྱལ་རབས་སྐབས་སུ་བོད་དར་ནང་བསྟན་ཁྲིད་ཆོས་ལྡན་པའི་མཆོད་རྟེན་ཁག་གཅིག་རྒྱལ་ནང་དུ་དར་བ་དེ་དག་ཡིན་ངེས་ལགས། དུས་སྐབས་དེའི་དངོས་པོའི་གཟུགས་ཀྱི་སྒྲུབ་བྱེད་དུ་གྱུར་པ་སྟེ། རྒྱལ་ནང་དུ་དར་བའི་མཆོད་རྟེན་ཁག་གི་རྣམ་པ་གོང་དུ་མཚམས་སྦྱོར་ཞུས་པ་ལས་ངེས་

པར་4-20 ཟངས་དཀར་ཀར་ཤ་རུ་བཞུགས་པའི་ཀཀྲེའི་མཆོད་རྟེན།

ཞིས་འབྱུང་སྲིད་པས་འདིར་བསྐྱར་ཟློས་མི་བྱ་ལ། མངའ་རིས་སྐོར་གསུམ་གྱི་རྒྱལ་རྒྱུད་ས་ཁོངས་སུ་དར་བའི་ཀཀྲེའི་མཆོད་རྟེན་གྱི་མ་དཔེ་སྟེ། པར་4–20ནང་གསལ་བ་ནི་དེང་དུས་རྒྱ་གར་ནུབ་བྱང་དུ་གནས་པའི་ཟངས་དཀར་ཀར་ཤ་རུ་བཞུགས་པའི་ཀཀྲེའི་མཆོད་རྟེན་ཞིག་ཡིན་ཞིང་། དེ་ནི་དུས་རབས་༡༢–༡༣པའི་བར་མཚམས་སུ་བཞེངས་པའི་བཟོ་སྐྲུན་ཞིག་ཡིན།① དེའི་ཁྲི་གདན་འོག་ཏུ་ཕར་འགྲོ་ཚུར་འོང་གི་སྒོ་གཉིས་སུ་བྱས་པ་དང་། བང་རིམ་ཉིས་ཅན་གྲུ་བཞི་སྒོ་འཁྱུར་རྣམ་པའི་ནང་དུ་སྤྱན་རས་གཟིགས་ཀྱི་ལྷ་ཁང་ཞིག་བསྐྲུན་ཡོད་པའི་ཀྱང་ཐོག་ཏུ་ལྡེབས་རིས་བཀོད་ཡོད་པ་དང་། དེའི་སྟེང་བུམ་རྟེན། དེའི་སྟེང་བུམ་པ། དེའི་སྟེང་གི་བྲེ་ཡན་ཆོད་ཀྱི་གྲུབ་ཆ་ཞིག་རལ་ཏུ་ཕྱིན་རྗེན། བཟོ་དབྱིབས་ཇི་ལྟར་སྣང་བ་མི་གསལ་ཡང་། བང་རིམ་ཉིས་ཅན་གྱི་བཟོ་ཁྱད་ནི་བོད་ཡུལ་དུ་དར་ཆེ་བའི་ཆེས་སྔ་དུས་ཀྱི་མཆོད་རྟེན་རྣམ་པ་ཞིག་ཡིན་ལ། ལ་དྭགས་ཁུལ་དུ་བཞུགས་པའི་རྣམ་པ་འདི་ལྟ་བུའི་མཆོད་རྟེན་གྱིས་ཀྱང་དུས་རིམ་འདིའི་བོད་ཀྱི་ཡུལ་གྲུ་ཁག་ཏུ་དར་བའི་ཨར་སྐྲུན་མཆོད་རྟེན་གྱི་གཙོ་བོའི་བཟོ་དབྱིབས་ནང་ཚན་བང་རིམ་ཉིས་ཅན་གྱི་རྣམ་པ་མཚོན་ནུས་པ་གོར་མ་ཆག །པར་4–21ནང་གསལ་བ་

① 杨清凡：《藏传佛教阿閦佛图像及其相关问题研究》，四川大学博士学位论文，2007年待刊稿ཤོག་ངོས་༡༥༢དང་༡༥༥ན་གསལ།

པར་4-21 ཟངས་དཀར་ཨི་ཆར་དུ་བཞུགས་པའི་ཀནིཥྐའི་མཆོད་རྟེན།

ཉི། ཟངས་དཀར་ཨི་ཆར་དུ་བཞུགས་པའི་ཀནིཥྐའི་མཆོད་རྟེན་ཞིག་ཡིན་པ་དང་།[①] ཁྲི་གདན་འོག་གི་སྐོ་མོ་གོང་དུ་དྲངས་ཟིན་པའི་ཀར་ཤ་ཀནིཥྐའི་མཆོད་རྟེན་དང་འདྲ་ལ། བང་རིམ་བཞི་ཅན་ཟྲང་དགེ་དང་ལྡན་པའི་བྱང་ཆུབ་ཆེན་མོའི་མཆོད་རྟེན་དབྱིབས་སུ་བྱས་པ་དང་། དེའི་ཆོས་འཁོར་རིམ་པ་སོ་སོའི་བཟོ་ཁྱད་དུ་གུ་གེའི་རྒྱལ་རབས་ཀྱི་སྔ་དུས་(དུས་རབས་༡༠པ་ནས་༡༢པའི་བར་)དང་བར་དུས་(དུས་རབས་༡༣པ་ནས་༡༤པའི་བར་)སྐབས་སུ་ཛ་ཡིས་སྤྲས་པའི་རྒྱན་ཆའི་རྣམ་པ་སྟེ། བང་རིམ་རེ་རེར་སེང་གེའི་སྣ་དང་འདྲ་བའི་ཛ་རྒྱན་དངོས་པོས་མུ་འཁྱུད་དུ་གྲུབ་པའི་ཕྱི་དབྱིབས་འདྲ་བར་བཅོས་འདུག་ཀྱང་། ཛ་དོ་མ་མིན་པར་རི་མོས་བརྒྱན་པ་ཞིག་ཡིན། མཆོད་རྟེན་གྱི་འོག་པར་ལྷ་ཁང་གཏོད་ཡོད་པ་དང་། ཡོགས་རིས་ཀྱི་བརྗོད་བྱའི་ཁྲོད་དུ་ཀརྨ་ཞྭ་དམར་བ་དང་ཞྭ་ནག་པའི་བླ་རྒྱུད་ནང་དོན་ཡོད་པ་ལ་སོགས་པར་གཞིགས་ན། མཆོད་རྟེན་བཞེངས་པའི་དུས་ཚོད་ནི་དུས་རབས་༡༤–༡༥པའི་བར་དུ་ཡིན་ཤེས་ནུས།

གོང་དུ་ཟངས་དཀར་དུ་བཞུགས་པའི་ཀནིཥྐའི་མཆོད་རྟེན་གཉིས་ཀྱི་དཔེ་རིས་དྲངས་ཏེ་དུས་རིམ་དེའི་ནང་དུ་དར་བའི་རྣམ་པ་དེ་ལྟའི་མཆོད་རྟེན་གྱི་སྤྱིའི་གནས་ཚུལ་ལ་ངོ་སྤྲོད་མདོར་བསྡུས་ཞུས་ཡོད་པ་དང་། དེ་མིན་བོད་ཡུལ་གྱི་ས་ཕྱོགས་གཞན

[①] དེའི་མ་ཡིག་Rob Linrothe,*A Summer in the Field*,Orientation, Volume 30 Number5,May 1999.p57-67ནང་གསལ་འདུག་པ་དང་། རྩོམ་འདིར་རྒྱ་ཡིག་ཏུ་བསྒྱུར་བའི་དཔྱད་གཞི་ནི་ཡུང་ཆིང་ཧྲིན་གྱིས་མགོ་འདོན་གནང་།

ད་འདང་དུས་སྐབས་དེའི་རིང་ལ་བཞེངས་པའི་ཀཱ་ཀྲིའི་མཆོད་རྟེན་ཇི་སྙེད་ཅིག་འབྱུང་སྲིད་མོད། ད་ལམ་ཁོ་བོར་དཔེ་རིས་དང་བཟོ་དབྱིབས་ཇི་ལྟར་དུ་བསྐྲུན་ཡོད་མིན་གྱི་དཔྱད་གཞིའི་ཡིག་ཆ་ལག་འཁྱོར་མ་བྱུང་བས། དེ་ལས་མང་ཙམ་གྱི་དཔྱད་བརྗོད་བྱེད་འདོད་ཀྱང་ལས་སྐལ་བྲལ་བ་ལྟ་བུར་སྣང་། འོན་ཏེ་གོང་གི་དཔེ་རིས་དེ་གཉིས་ཀྱིས་དུས་སྐབས་འདིའི་ཀཱ་ཀྲིའི་མཆོད་རྟེན་གྱི་སྤྱིའི་རྣམ་པར་གསལ་བརྗོད་རགས་ཙམ་བྱེད་ཐུབ་ལ། དེ་བཞིན་བོད་ཡུལ་དབུས་ཀྱི་གྲོང་ཁྱེར་ལྷ་སའི་བར་སྐོར་བྱང་ངོས་ཁྲིམ་ལམ་གྱི་སྣང་རྩེ་ཤག་ལས་ཁུངས་ཀྱི་གཡོན་ངོས་སུ་དེ་སྔོན་ཀཱ་ཀྲི་སྒོ་བཞིའི་མཆོད་རྟེན་ཞིག་ཀྱང་བསྐྲུན་ཡོད་ཅིང་།[①] ཕྱི་ལོ་༡༩༣༩ལོར་པར་དུ་བླངས་པ་དེའི་བཟོ་ཁྱད་ལ་བལྟས་ན།[②] དེ་ནི་བང་རིམ་བཞི་ཅན་ཟླུམ་དབྱིབས་དང་ལྡན་པ་ཞིག་ཏུ་བསྐྲུན་འདུག་པ་ཡང་སྣང་། ཡང་ཕྱོགས་གཞན་ཞིག་ལ་དཔག་ན། དེའི་བཞེངས་དུས་ནི་དུས་རབས་༡༥པ་ཙམ་ཆད་ཡིན་པ་གསལ་པོར་རྟོགས། ཀཱ་ཀྲི་སྒོ་བཞི་འདིའི་ཞིབ་ཕྲའི་ལོ་རྒྱུས་ད་བར་ཁ་གསལ་མེད་ཀྱང་། དུས་རབས་༡༥པའི་དུས་འགོར་བྱོན་པའི་ཀུན་མཁྱེན་གློང་ཆེན་པ་(ཕྱི་ལོ་༡༣༠༨ལོ་–ཕྱི་ལོ་༡༣༦༣ལོའི་བར་)དགུང་ལོ་ཉེ་ཤུ་ལྷག་ཙམ་གྱི་དུས། ལྷ་སར་གཙུག་ལག་ཁང་དུ་གནས་གཟིགས་སུ་ཕེབས་སྐབས། ཀཱ་ཀྲི་སྒོ་བཞིའི་མཆོད་རྟེན་གྱི་ཐད་ལ་མ་ཅིག་ལབ་ཀྱི་སྒྲོལ་མའི་ཞལ་གཟིགས་ཚུལ་སྐོར་ལ་སོགས་པའི་ལོ་རྒྱུས་མི་སྣའི་མཛད་འཕྲིན་དང་འབྲེལ་བ་ཡོད་པར་བརྟགས་སོ།[③] དེ་ཉིད་བཞེངས་

① 《དུང་དཀར་ཚིག་མཛོད་ཆེན་མོ་》ཡི་ཤོག་ངོས་༡༩ན་གསལ།

② བོད་ལྗོངས་རིག་དངོས་འཕེལ་རྒྱས་ཀུན་མཐུན་ཐེབས་རྩ་ལྷན་ཚོགས་ཀྱིས་རྩོམ་སྒྲིག་བྱས་པའི་《ལྷ་སའི་བར་སྐོར་ནང་གི་གནའ་བོའི་ལོ་རྒྱུས་ལྡན་པའི་ཁང་བཟང་དང་གཙུག་ལག་ཁང་གི་རྣམ་བཤད་གསལ་སྒྲོན་》ཕྱི་ལོ་༡༩༩༩ལོར་ཤང་ཀང་ནས་དཔར་སྐྲུན་བྱས་པའི་བར་འཇུག་པར་བརྙན་ནང་གསལ།

③ དེའི་མ་ཡིག་Rob Linrothe,*A Summer in the Field*,Orientation, Volume 30 Number5,May 1999.p57-67ནང་གསལ་འདུག་པ་དང་། རྩོམ་འདིར་རྒྱ་ཡིག་ཏུ་བསྒྱུར་བའི་དཔྱད་གཞི་ནི་ཕྱང་ཆེང་རྗེན་གྱིས་མཁོ་འདོན་གནང་།

པའི་དུས་ཚོད་ཀྱང་དུས་རབས་༡༥པའི་ནང་དུ་ཡིན་པར་སེམས། གང་ལགས་ཞེ་ན། རྒྱང་དགེ་ལྡན་པའི་བང་རིམ་བཞི་ཅན་བཟོ་ཁྲད་ཀྱི་མཆོད་རྟེན་བོད་ཡུལ་དུ་དར་འགོ་ཚུགས་པའི་དུས་ཚོད་ནི་དུས་རབས་༡༥པ་ཚུན་ཆད་དུ་ཡིན་པས་དང་། ཀློང་ཆེན་ཁོང་ཉིད་ལྷ་སར་ཕེབས་པའི་མཛད་འཕྲིན་དེ་གཉིས་ཀྱི་དཔྱད་བསྡུར་ལས་ངེས་ཤེས་འདྲོང་ཐུབ།

མདོར་ན། བོད་ཀྱི་གནའ་རབས་ཨར་སྐྲུན་མཆོད་རྟེན་བྱུང་འཕེལ་གྱི་དུས་རིམ་འདི་ནས་བཟུང་གཀྲིའི་མཆོད་རྟེན་བཟོ་ཁྲད་ཀྱི་ཨར་སྐྲུན་མཆོད་རྟེན་བྱུང་འགོ་བཙམས་ཡོད་པ་དང་། དེ་རྗེས་ཀྱི་འཕེལ་རིམ་ནང་དུའང་བསྐྲུན་སྲོལ་བྱུང་ཡོད་པ་སྟེ། ཚང་མས་མཁྱེན་པའི་ལྷ་སའི་བྲག་སྒོ་གཀྲིའི་མཆོད་རྟེན་ནི་དུས་རབས་༡༧པའི་ནང་དུ་བཞེངས་པར་འདོད་པ་དང་།[1] དེ་མིན་གྱི་རྣམ་པ་འདི་ལྟའི་བཟོ་སྐྲུན་མང་དག་བྱུང་ཡོད་ཀྱང་། འདིར་དཔེ་མཚོན་ཙམ་དུ་དེ་འབྲེལ་གྱི་གནས་ཚུལ་ལ་མཚམས་སྦྱོར་མདོར་བསྡུས་ཞུས་ཡོད་ལ། གཀྲིའི་མཆོད་རྟེན་གྱི་རྒྱུག་ཆེ་བའི་རྣམ་པར་བྱང་ཆུབ་ཆེན་མོ་དང་ཚེ་འཕྲུལ་ལ་སོགས་པ་ཡང་མཇལ་རྒྱུ་འདུག་པ་བཅས་སོ། །

ལྔ་པ། མཆོད་རྟེན་གྱི་གཞུང་ལུགས་བརྩམས་ཆོས་སྐོར།

བོད་ཀྱི་གནའ་རབས་ཨར་སྐྲུན་མཆོད་རྟེན་བྱུང་འཕེལ་གྱི་དུས་རིམ་དེའི་ནང་དུ་མཆོད་རྟེན་བཟོ་དབྱིབས་ཀྱི་རྣམ་པ་ཤིན་ཏུ་ཕུན་སུམ་ཚོགས་པོ་བྱུང་ཡོད་པ་གོང་གི་ནང་དོན་ཁག་ལས་ཤེས་པ་མ་ཟད། མཆོད་རྟེན་གྱི་བཟོ་རྩལ་ཐིག་ཚད་ཀྱང་རྒྱ་གཞུང་གི་མདོ་ལ་དཔྱད་གཞི་མཛད་དེ་བོད་མིའི་མཛེས་དཔྱོད་འདུ་ཤེས་དང་མཐུན་པའི་བརྩམས་ཆོས་རིམ་བཞིན་བྱུང་འགོ་ཚུགས་ཡོད། འདིར་དེ་དག་

① 宿白：《藏传佛教寺院考古》，北京：文物出版社，1996年版ཤོག་ངོས་༢༠༨ན་གསལ།

གི་ནང་གསལ་བའི་གཙོ་བོའི་བརྗོད་བྱར་ངོ་སྤྲོད་མདོ་ཙམ་ཞུ་ཁུལ་བགྱི་བ་ལས་ཞིབ་ཕྲའི་ཆག་ཚད་སྐོར་ལ་དཔྱད་བསྡུར་མི་བྱའོ། །

༡ འགྲོ་མགོན་ཆོས་རྒྱལ་འཕགས་པའི་(སྤྱི་ལོ་༡༢༣༥ལོ་-སྤྱི་ལོ་༡༢༨༠ལོའི་བར་)ཞལ་སློབ་ཚ་མོ་རོང་པ་བསོད་ནམས་འོད་ཟེར་གྱིས་མཛད་པའི་《རྟེན་གསུམ་བཞེངས་ཐབས་ཡོན་ཏན་འབྱུང་གནས་》ཞེས་པའི་སྐོར།

ད་ལམ་ཕིར་འཛིན་པར་ལག་སོན་བྱུང་བའི་དཔྱད་གཞི་ལྟར་ན། རང་རེའི་ཡུལ་དུ་ཆེས་སྔ་དུས་སུ་བྱུང་བའི་མཆོད་རྟེན་ཐིག་རྩའི་བརྩམས་ཆོས་ནི་འདི་ཉིད་ཡིན་པར་མངོན་ཏེ། ཀོང་སྤྲུལ་ཡོན་ཏན་རྒྱ་མཚོས། (སྤྱི་ལོ་༡༨༡༣ལོ་–སྤྱི་ལོ་༡༨༩༥ལོའི་བར་)"ཁུངས་ལྡན་དང་སྔ་ཤོས་སུ་སྣང་བ་མ་ཟད། བཀའ་བརྒྱུད་གསང་བ་ཡོངས་རྫོགས་ཀྱི་མཆོད་རྟེན་བཞེངས་ཐབས་དང་དོན་གཅིག་ཏུ་སྣང་བ་དང་། སྟག་ལོའི་དཔལ་འཁོར་རྒྱ་མཚོ་ཡང་གཞི་དེ་ལ་བརྟེན་པར་སྣང་བས་དེ་ཉིད་སོར་བཞག་ཏུ་སྨོས་པའོ། །"① ཞེས་གསུངས་པ་ལས་གསལ་པོར་རྟོགས་སོ། དོན་ཏེ་དེ་སྔོན་ཕིར་འཛིན་པར་བརྩམས་ཆོས་འདིའི་མ་དཔེ་ལག་སོན་མ་བྱུང་བར་བརྟེན། དེ་ལ་འགྲེལ་བརྗོད་བྱེད་ཐབས་དང་བྲལ། ཉེ་ལམ་འཇང་པ་དཔལ་ལྡན་ཚེ་རིང་གིས་བོད་ལྗོངས་སློབ་ཆེན་གྱི་རྒྱ་ཡིག་རིག་དེབ་སྤྱི་ལོ་༢༠༢༠ལོའི་དུས་དེབ་༢པའི་ནང་དུ། ཚ་རོང་བསོད་ནམས་འོད་ཟེར་གྱི་བརྩམས་ཆོས་ས་སྐྱ་དགོན་དུ་བཞུགས་ཡོད་པ་ཞིག་ལ་དཔྱད་རྩོམ་སྤེལ་ཏེ་མཚམས་སྦྱོར་མདོར་བསྡུས་བྱས་འདུག་ཅིང་། སླད་ཕྱིན་བརྩམས་ཆོས་དེར་ཞུ་མཐུད་དེ་ཞིབ་འཇུག་བྱ་རྒྱུ་གལ་ཆེ།

༢ བུ་སྟོན་རིན་ཆེན་གྲུབ་(སྤྱི་ལོ་༡༢༩༠ལོ་-སྤྱི་ལོ་༡༣༦༤ལོའི་བར་)གྱིས་མཛད་པའི་《བྱང་ཆུབ་ཆེན་པོའི་མཆོད་རྟེན་གྱི་ཚད་བཞུགས་སོ་》ཞེས་པའི་སྐོར།

① 《ཤེས་བྱ་ཀུན་ཁྱབ་》ཀྱི་ཤོག་གྲངས་༥༣ན་གསལ།

འདི་ནི་བུ་སྟོན་ཐམས་ཅད་མཁྱེན་པ་གང་ཉིད་ཀྱིས་ཕྱི་ལོ་༡༣༢༠ལོ་ནས་བཟུང་སྟར་ཐང་གི་བསྟན་འགྱུར་ལ་ཞུ་དག་མཛད་དེ། 《དཀར་ཆག་ཡིད་བཞིན་ནོར་བུའི་དབང་གི་རྒྱལ་པོའི་ཕྲེང་བ་》ཞེས་པ་བསྒྲིགས་གནང་མཛད་སྐབས། བཀའ་བསྟན་ནང་གི་མཆོད་རྟེན་ཆ་ཚད་དཔྱད་གཞིར་བཟུང་ནས་མཆོད་རྟེན་གྱི་ཆ་ཚད་གཏན་འབེབས་གནང་བའི་བོད་ཀྱི་ཁྱད་ཆོས་ལྡན་པའི་མཆོད་རྟེན་

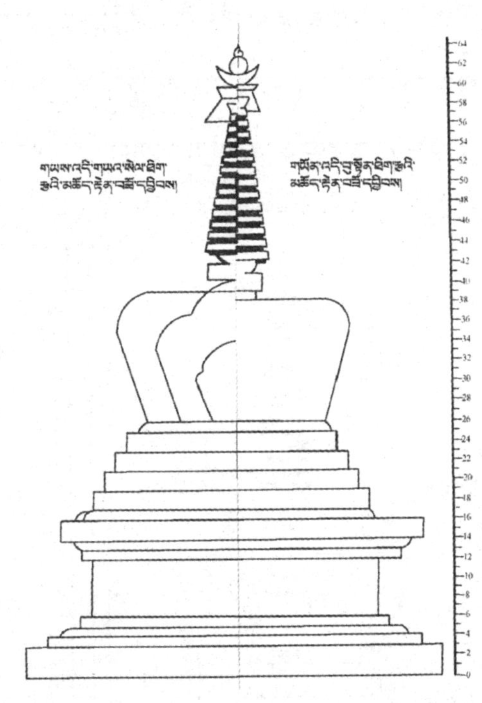

རི་མོ4-37 བྱ་སྒྲོན་ཐིག་རྩ་དང་གཡའ་སེལ་ཐིག་རྩའི་མཆོད་རྟེན་བཟོ་དབྱིབས་དཔྱད་བསྡུར་མཚོན་རིས།

གྱི་ཐོག་མ་བྱུང་བའི་བརྩམས་ཆོས་ཤིག་ཡིན།① རི་མོ་4–37ནང་གསལ་བ་ནི་ཆེད་དེབ་འདིར་དྲངས་པའི་པདྨ་རྡོ་རྗེ་ལགས་ཀྱི་དབྱིན་ཡིག་མའི་བརྩམས་ཆོས་ནང་འཁོད་པ་དེར་པིར་འཛིན་པས་ཚངས་ཐིག་དང་དཀྱུས་ཐིག་རྣམས་བསྣུབས་ཏེ། མཆོད་རྟེན་བཟོ་དབྱིབས་ཁོ་ན་གསལ་ཁ་བཏོན་པ་ཞིག་ཡིན།② རི་མོའི་ནང་གི་གཡོན་གས་

① ཤར་ཡུལ་ཕུན་ཚོགས་ཚེ་རིང་མཆོག་གིས་བརྩམས་པའི་《བོད་ཀྱི་རིག་གནས་རྣམ་བཤད་བློ་གསལ་གཞོན་ནུའི་དགའ་ཚལ་》 བོད་ལྗོངས་མི་དམངས་དཔེ་སྐྲུན་ཁང་གིས་ཕྱི་ལོ་༢༠༠༧ལོར་བསྐྲུན་པའི་ཤོག་གྲངས་༢༥༩-༢༦༠བར་ན་གསལ།

② Pema Dorjee.Stupa and its technology:A tibeto-buddhist perspective.Delhi.Indira Gandhi National Centre for The Arts.2001ཤོག་གྲངས་༤༢ནང་གི་ཐིག་རིས་སུ་གསལ།

གཡོན་གྱི་མཆོད་རྟེན་བཟོ་དབྱིབས་ཀྱིས་བུ་སྟོན་ཐིག་རྩའི་བཟོ་ཁྱད་མཚོན་ཡོད་པ་དང་། གཡས་ནི་སྡེ་སྲིད་སངས་རྒྱས་རྒྱ་མཚོའི་《གཡའ་སེལ་》ཐིག་རྩར་འགོད་པའི་བཟོ་ཁྱད་མཚོན་པ་ཞིག་ལགས། དེ་ཡང་། བུ་སྟོན་ཐིག་རྩའི་བྱང་ཆུབ་ཆེན་མོའི་མཆོད་རྟེན་གཟུགས་ཀྱི་གྲུབ་ཆ་ནི་གོང་གི་དོན་ཚན་ཁག་ཏུ་གསལ་བའི་བང་རིམ་ཉིས་ཅན་དང་། གསུམ་ཅན། སྣང་དགེ་མེད་པའི་བང་རིམ་བཞི་ཅན་བཅས་དང་མི་འདྲ་བར། དེར་ཁྲི་གདན་སྟེང་གི་གྲུབ་ཆར་སྣང་དགེ་དང་། བང་རིམ་བཞི། བུམ་རྟེན་ནམ་བུམ་གདན། བུམ་པ། ཁྲི་རྟེན། ཁྲི། གདུགས་འདེགས་པདྨ། ཆོས་འཁོར་བཅུ་གསུམ། ཐུགས་རྗེ་མདོ་གཟུངས། གདུགས། ཟར་ཚགས། གདུགས་ཁེབས། ཉི་ཟླའི་ཏོག་བཅས་ལྡན་ཡོད་ཅིང་། དེའི་ཞིབ་ཕྲའི་ཐིག་ཚད་རི་མོ་4–38ནང་གསལ་བ་བཞིན་ཏེ། འདིའི་ནང་གྲིས་པའི་ཨང་ཀི་ཚང་མ་ནི་ཆ་ཕྲན་གྱི་སྡེ་ཚན་མཚོན་པ་ཡིན་ནོ། །

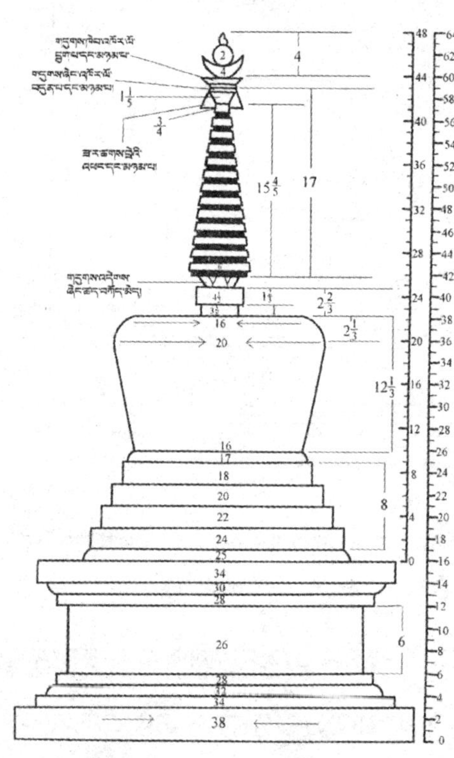

རི་མོ4-38 བུ་སྟོན་རིན་པོ་ཆེའི་བྱང་ཆུབ་ཆེན་མོའི་ཐིག་རྩ་བཞིན་གྱི་མཆོད་རྟེན་རྣམ་པའི་མཚོན་རིས།

ཐིག་རྩ་འདིའི་ནང་དུ་ནང་བསྟན་བཀའ་བསྟན་འགྱུར་ནང་དུ་གསལ་བའི་མཆོད་རྟེན་སྐོར་གྱི་གསུང་ལ་དགོངས་པ་གང་ལེགས་བཞེས་གནང་མཛད་ཐོག

བཟོ་ལུགས་མཛེས་དཔྱོད་ཀྱི་དགོངས་པ་བཞིན་ཐིག་གི་ཚད་ལ་གཏན་འབེབས་གནང་ཡོད་པ་དཔེར་ན། རྒྱ་གཞུང་གི་ཐིག་རྩའི་གཏན་འབེབས་ལྟར་ཕྱུག་ལེན་མཛད་ན། འགྱུར་གྱི་སྐྱོན་དུ་སྣང་ཡོད་པར་དགོངས་པའི་ཐིག་རྩ་ལ་སྲུན་འཕྲིན་གནང་ཡོད་པ་སྟེ། "བུམ་རྟེན་ཁྲི་འཕང་གི་ཕྱེད་དོ། བུམ་པ་ནི་བང་རིམ་དང་པོའི་སུམ་གཉིས་ཀྱི་ཚད་དོ། སྟོད་ཀྱི་རྐེད་ནི་བང་རིམ་གསུམ་པ་དང་མཉམ་མོ། ཁྲི་རྟེན་གྱི་རྒྱ་ནི་བང་རིམ་བཞི་པའི་ལྔ་ཆ་གཅིག་གོ །ཁྲི་ནི་བང་རིམ་བཞི་པའི་བཞི་ཆ་གཅིག་གོ །དེ་གཉིས་ཀའི་བང་ནི་བང་རིམ་གསུམ་གཉིས་དང་བང་རིམ་གྱི་ཕྱེད་དོ། །"ཞེས་རྒྱ་གཞུང་དུ་འཁོད་པར་རང་ཉིད་ཀྱི་དགོངས་བཞེས་མཛད་དེ། "འདིའི་གོ་རིམ་བཞིན་སྦྱར་ན། ཁྲི་གདན་དཔངས་མཐོ་བ་ཞིག་སྣང་མོད་ཀྱི། མཆོད་རྟེན་གཞན་དང་གཞན་ཀུན་ལ་ཁྲི་གདན་དཔངས་དམའ་བར་ཡོད་པས་འགྱུར་གྱི་སྐྱོན་དུ་མངོན་ནོ། །"[1]ཞེས་གསུངས་ཡོད་དོ། །

༣ བོ་དོང་པཎ་ཆེན་ཕྱོགས་ལས་རྣམ་རྒྱལ་(སྤྱི་ལོ་༡༣༧༥ལོ་-སྤྱི་ལོ་༡༤༥༡ལོའི་བར་)གྱིས་མཛད་པའི་《རྟེན་གསུམ་བཞེངས་ཚུལ་བསྟན་བཅོས་ལུགས་བཤད་པ་བཞུགས་སོ་》ཞེས་པའི་སྐོར།

འདི་ནི་ཁོང་གི་གསུང་འབུམ་ཁ་པའི་（༢）ནང་དུ་འཁོད་ཡོད་མོད། འོན་ཏེ་པེར་འཛིན་པར་ད་ལམ་དེའི་མ་དཔེ་རྙེད་སོན་མ་བྱུང་བར་བརྟེན། པདྨ་རྡོ་རྗེའི་དབྱིན་ཡིག་མའི་དཔེ་དེབ་《བོད་ལུགས་མཆོད་རྟེན་གྱི་བཟོ་རྩལ་》ཞེས་པའི་ནང་གསལ་བ་བཞིན་དེའི་མཚན་བྱང་ཙམ་བཀོད་པ་ཡིན།

༤ མཉམ་མེད་ཤེས་རབ་རྒྱལ་མཚན་(སྤྱི་ལོ་༡༣༥༦ལོ་-སྤྱི་ལོ་༡༤༡༥ལོའི་བར་)གྱིས་

① བུ་སྟོན་རིན་ཆེན་གྲུབ་ཀྱིས་《བྱང་ཆུབ་ཆེན་པོའི་མཆོད་རྟེན་ཚད་བཞུགས་སོ་》ཞེས་པ་བུ་སྟོན་གསུང་འབུམ་པའི་（༡༤）ནང་འཁོད་ཡོད་ཅིང་། འདིར་པདྨ་རྡོ་རྗེའི་བརྩམས་ཆོས་《བོད་ལུགས་མཆོད་རྟེན་གྱི་བཟོ་རྩལ་》(དབྱིན་ཡིག་)ཤོག་ངོས་༡༣༨-༡༤༣བར་གྱི་ཟུར་བཀོད་Cནས་དྲངས་པའོ། །

མཛད་པའི་《བདེ་བར་གཤེགས་པའི་སྐུ་གདུང་སྐུ་གཟུགས་གཉིས་ཀྱི་ཐིག་རྩ་དང་བཀོད་གནས་རང་གྲུབ་བཞུགས་སོ་》ཞེས་པའི་སྐོར།

གཞུང་འདི་ནི་གཡུང་དྲུང་བོན་གྱི་མཆོད་རྟེན་ཐིག་རྩའི་བརྩམས་ཆོས་ཤིག་ཡིན་པ་དང་། ད་ལམ་ཕྱིར་འཛིན་པར་སྙིད་སོན་བྱུང་བའི་གཡུང་དྲུང་བོན་གྱི་མཆོད་རྟེན་ཐིག་རྩའི་གཞུང་ལུགས་ཀྱི་མ་ལག་ཉུང་ཚང་ལ་དུས་རྗོད་ཀྱང་སྔ་ཤོས་ཀྱི་གྲས་ཤིག་ཡིན་པར་སྣམ། ལག་སོན་དུ་བྱུང་བའི་མ་དཔེ་དེ་ནི་ཤོག་ངོས་༡༠ཡོད་པའི་དཔེ་ཐུང་དབུ་ཅན་བྲིས་མ་པར་སློག་བརྒྱབ་པ་ཞིག་སྟེ། སྐུ་ཞབས་ཤེས་རབ་གོ་ཆས་ཞལ་སྐྱོར་ཞུས་པ་བརྒྱུད་སི་ཁྲོན་ཞིང་ཆེན་རྔ་བ་རྫོང་སྣང་ཞིག་དགོན་དུ་ཆོས་ཀྱི་འཕྲིན་ལས་གཉེར་མུས་སུ་མཆིས་པའི་ཕོང་ཉིད་ཀྱི་དགེ་རྒན་དགེ་བཤེས་ཀུན་བཟང་ལྷུན་གྲུབ་མཆོག་ནས་མཁོ་འདོན་གནང་བ་དང་། གཞུང་འདིའི་ནང་དུ་གཡུང་དྲུང་བོན་གྱི་བདེ་བར་གཤེགས་པའི་སྐུ་གདུང་གི་སྤྱིའི་ཐིག་ཚད་དང་། གཤེན་རབ་ཀྱི་སྐུ་དང་ཐུགས་རྟེན་མཉམ་བཞག་སྐབས་ཀྱི་གནས་སོ་སོའི་བཞུགས་ཚུལ་ལ་སོགས་པའི་ནང་དོན་འཁོད་ཡོད། མཉམ་མེད་གང་ཉིད་ལས་དུས་སྔ་བ་དང་། ཕོང་དང་དུས་མཉམ་པའི་གཡུང་དྲུང་བོན་གྱི་མཆོད་རྟེན་བརྩམས་ཆོས་གཞན་ཡང་འབྱུང་སྲིད་པ་གཞུང་འདིའི་ནང་དུ་ལུང་གཞན་དྲངས་ཡོད་པའི་ཚུལ་ལས་ངེས་ཤེས་ཤིག་བསྐྱེད་ནུས་མོད། འོན་ཏེ་ཕྱིར་འཛིན་པར་དེ་དག་གི་མ་དཔེ་མཇལ་བའི་གོ་སྐབས་བྱུང་མེད་རྐྱེན་གསལ་བརྗོད་བྱེད་ཐབས་བྲལ།

༥ སྟག་ཚང་ལོ་ཙྪ་བ་ཤེས་རབ་རིན་ཆེན་གྱིས་མཛད་པའི་《རྟེན་གསུམ་བཞུགས་གནས་དང་བཅས་པའི་སྒྲུབ་ཚུལ་དཔལ་འབྱོར་རྒྱ་མཚོ་ཞེས་བྱ་བ་བཞུགས་སོ་》ཞེས་པའི་སྐོར།

སྟག་ཚང་ལོ་ཙྪ་བ་ཤེས་རབ་རིན་ཆེན་ནི་སྤྱི་ལོ་༡༤༠༥ལོར་འཁྲུངས་པ་དང་།

སྤྱི་ལོ་༡༩༥༥ལོར་དུས་འཁོར་སྤྱི་དོན་བརྩམས། འདས་ལོ་མ་རྙེད་ཅེས་རྗེ་དུང་དཀར་རིན་པོ་ཆེས་གསུངས་གནང་བར་གཞིགས་ན།[①] མཆོད་རྟེན་ཐིག་ཚད་ཀྱི་གཞུང་འདི་བརྩམས་པའི་དུས་ནི་དུས་རབས་༡༥པའི་ནང་དུ་ཡིན་པ་ཚོད་དཔག་བྱེད་ནུས། འདིར་དྲངས་པའི་བརྩམས་ཆོས་འདི་ནི་མཁན་པོ་ཀུན་དགའ་བཟང་པོས་བསྒྲིགས་པ་དང་། མི་རིགས་དཔེ་སྐྲུན་ཁང་དང་མཚོ་སྔོན་མི་རིགས་དཔེ་སྐྲུན་ཁང་གིས་སྤྱི་ལོ་༢༠༠༥ལོར་བསྐྲུན་པའི་《དཔལ་ལྡན་ས་སྐྱ་པའི་གསུང་རབ་པོད་གསུམ་པ་བཟོ་གནས་དང་སྤེལ་སྦྱོར་》ཞེས་པའི་དེབ་ནང་བསྡུ་སྒྲིག་གནང་བ་ཞིག་སྟེ། གཞུང་འདིའི་གཙོ་བོའི་བརྗོད་བྱ་ནི་དགེ་འདུན་གྱི་སྡེ་དང་རྟེན་གསུམ་བཞེངས་པའི་ཚུལ་གྱི་སྐོར་ཡིན་པ་དང་། འདི་ལ་"ལེགས་པར་བཞེངས་པའི་ཕན་ཡོན། གང་གིས་བཞེངས་པའི་རྒྱུ་ཚོགས། གང་དུ་བཞེངས་པའི་ས་ཕྱོགས། གང་ཞིག་བཞེངས་པའི་རྟེན་གསུམ། ཇི་ལྟར་བཞེངས་པའི་ཆོ་ག"ཞེས་པའི་དོན་ཚན་ཆེ་བ་ལྔའི་ཐོག་ནས་མཚམས་སྦྱོར་གནང་ཡོད། མཆོད་རྟེན་སྐོར་གྱི་ནང་དོན་ནི་གང་ཞིག་བཞེངས་པའི་རྟེན་གསུམ་སྐབས་ལེགས་པར་འགྲེལ་བརྗོད་གནང་འདུག་ཅིང་། དཀོན་མཆོག་གསུམ་གྱིའམ་ཡང་ན་སྐུ་གསུང་ཐུགས་རྟེན་གྱི་ཁོངས་སུ་གཏོགས་པའི་སངས་རྒྱས་ཀྱི་རྟེན་ཆོས་སྐུ་དང་། ལོངས་སྐུ། སྤྲུལ་སྐུ་བཅས་རྟེན་ནང་གི་ཆོས་སྐུའི་རྟེན་དུ་འཇུག་པའི་མཆོད་རྟེན་གྱི་རྣམ་གཞག་ལ་དབྱེ་བ་ལྔར་ཕྱེ་སྟེ་གསུངས་གནང་བ་སྟེ། རང་བཞིན་ལྷུན་གྲུབ་ཀྱི་དང་། བླ་ན་མེད་པའི་དང་། བྱིན་གྱིས་བརླབས་པའི་དང་། དངོས་གྲུབ་འབྱུང་བའི་དང་། ཐེག་པ་སོ་སོའི་མཆོད་རྟེན་བཅས་སོ། །དེ་བཞིན་མཆོད་རྟེན་བཞེངས་པའི་ས་ཕྱོགས་དང་། བཞེངས་པའི་བརྒྱུད་རིམ་ནང་གི་སྤྱིའི་སྒྲུབ་ཚུལ། གཞུང་འདིའི་མཛད་པ་པོའི་མཆོད་རྟེན་གྱི་ཐིག་རྩའི་གཏན་འབེབས་ཤིག་བཀོད་ཡོད་པ་མ་ཟད།

① 《དུང་དཀར་ཚིག་མཛོད་ཆེན་མོ་》ཡི་ཤོག་གྲངས་༡༠༠༣དང་༡༠༠༨བར་ན་གསལ།

རྒྱ་གཞུང་དུ་གསལ་བའི་མཆོད་རྟེན་ཐིག་ཚད་སོགས་ལ་ཡང་ངོ་སྤྲོད་ཞིབ་ཚགས་གནང་བའི་འགངས་ཆེའི་གཞུང་ལུགས་བརྩམས་ཆོས་ཤིག་ལགས།

གཞུང་ལུགས་འདིའི་ནང་གི་མཆོད་རྟེན་ཐིག་རྩ་ནི་དུས་རབས་༡༧པའི་སྐབས་སུ་ཡང་ཕྱག་ལེན་ལག་བསྟར་དངོས་སུ་བྱེད་ཀྱིན་ཡོད་པ་སྟེ། སྡེ་སྲིད་སངས་རྒྱས་རྒྱ་མཚོས། "དེང་སང་ཤས་ཆེ་བ་སྤྲུལ་སྐུ་ང་ལ་གཟིགས་དང་། སྟག་ཚང་ལོ་ཙཱ་བའི་ཐིག་ཆ་འབེབས་པ་མང་ནའང་མཇོས་བཅལ་བ་ལས་བཤད་ཁུངས་དང་སྦྱོར་རྒྱུ་རང་དཀའ་གཤིས། སྟག་ལོའི་དེར་བྲི་རྟེན་ཙུང་ལ་ཆོས་འཁོར་བཅུ་གསུམ་དཔངས་དམས་ཤིང་ཞིང་ཆེས་པ་དང་། བང་ཆེན་(བད་ཆེན་ཡིན་དགོས། པེར་འཛིན་པའི་མཆན།)དཔངས་མཐོ་ཞིང་དཀྱུས་ཐུང་བ་དང་། བང་ཆུང་(བད་ཆུང་ཡིན་དགོས་)དེ་བས་ཀྱང་ཐུང་ཞིང་། དགེ་བཅུ་དང་བང་རིམ་ཐུང་བའི་ཀྲོང་བ་འདྲ་བ། འཕྲེང་ཁ་བའི་ངེར་(དེར་ཡིན་དགོས་)ཆོས་འཁོར་བཅུ་གསུམ་ཞིང་ཆེ་ཞིང་དཔངས་མཐོས་པ་དགེ་བཅུ་ནས་བང་རིམ་གསུམ་ཞིང་ཆུང་ཞིང་། ས་འཛིན་རྒྱ་ཆེ་པ་ནས་ཙུང་ཟད་བསྐུམ་པ་བཅས་སྐྱོན་ཀུན་སྤངས་པའི་ཁྱུལ་གྱི་འདི་བཞིན་དུ་བཏབ་"①ཞེས་འཁོད་པ་ལས་དུས་སྐབས་དེར་གཞུང་ལུགས་འདིའི་ཐིག་ཆ་བཞིན་གྱི་ཕྱག་ལེན་གནང་མཁན་མང་པོ་ཡོད་པ་གསལ་ཡོད་ལ། སྡེ་སྲིད་ཁོང་གིས་སྟག་ལོ་དང་སྤྲུལ་སྐུ་ང་ལ་གཟིགས་བཅས་པའི་ཐིག་ཆར་བཟོ་སྐྱོན་བཞུགས་པར་ཐེར་འདོན་གནང་སྟེ། གཡའ་སེལ་ལུགས་ཀྱི་མཆོད་རྟེན་ཐིག་རྩ་གཏན་འབེབས་གནང་ཡོད་པ་བཅས་སོ། །

གཞན་ཡང་། དུས་རིམ་འདིའི་ནང་དུ་བོད་ཀྱི་མཁས་པ་གཞན་གྱིས་མཆོད་རྟེན་སྐོར་གྱི་ཐིག་རྩའི་བརྩམས་ཆོས་སྤེལ་ཡོད་པའང་ཨ་ཙང་བརྗོད་མེད་དེ། དཔེར་

① སྡེ་སྲིད་སངས་རྒྱས་རྒྱ་མཚོས་བརྩམས་པའི《བཻཌཱུར་དཀར་པོ་ལས་དྲིས་ལན་འཁྲུལ་སྣང་གཡའ་སེལ་》གླེགས་བམ་གཉིས་པ་ཀྲུང་གོའི་བོད་རིག་པ་དཔེ་སྐྲུན་ཁང་གིས་སྤྱི་ལོ་༢༠༠༢ལོར་བསྐྲུན་པའི་ཤོག་ངོས་༦༡ན་གསལ།

ན། དུས་རབས་༡༥པའི་ནང་དུ་སྤྱན་སྔ་བ་བློ་གྲོས་རྒྱལ་མཚན་དཔལ་བཟང་པོས་（སྤྱི་ལོ་༡༨༠༢ལོ་–སྤྱི་ལོ་༡༨༧༢ལོའི་བར་）མཛད་པའི་《མཆོད་རྟེན་གྱི་ཚད་སྟོན་པ་ལེགས་བཤད་གསེར་གྱི་ཐིང་བ་》ཞེས་པ་ལྟ་བུ་བྱུང་ཡོད་མོད། འོན་ཏེ་ད་ལམ་པིར་འཛིན་པར་དེ་དག་སྐོར་གྱི་མ་དཔེ་ལག་སོན་བྱུང་མེད་རྐྱེན། གཙོ་བོའི་བརྗོད་དོན་ཇི་ཡིན་ལ་མཚམས་སྦྱོར་ཞུ་མི་ནུས་ལ། གོང་གི་སྤྱན་སྔ་བློ་གྲོས་རྒྱལ་མཚན་གྱི་བརྩམས་ཆོས་དེ་ཡང་ཆེད་དེབ་འདིའི་ནང་དུ་དྲངས་ཟིན་གྱི་པདྨ་དཀར་པོའི་དཔྱིན་ཡིག་མའི་བརྩམས་ཆོས《བོད་ལུགས་མཆོད་རྟེན་གྱི་བཟོ་རྩལ་》ཞེས་པའི་ནང་གསལ་བའི་མཚན་བྱང་དེ་ཀུན་ལ་སྨན་ཕྱིར་འགོད་ཁུལ་བྱས་པ་དང་། འདིའི་མ་དཔེའི་འབྱུང་ཁུངས་ནི། སྤྱན་སྔ་བ་གང་ཉིད་ཀྱི་གསུང་འབུམ་ཅ་ཡི་ནང་དུ་བཞུགས་ཡོད་པ་པདྨ་དཀར་པོ་ལགས་ཀྱི་དཔེ་དེབ་དེ་ལས་ཞེས་ནུས་སོ། །

གོང་དུ་སྨྲོས་ཟིན་པ་ལྟར། དུས་རབས་༡༣པ་ནས་བཟུང་རང་རེའི་བོད་ཀྱི་ཡུལ་འདིར་བོད་མི་རང་གིས་མཛད་པའི་མཆོད་རྟེན་སྐོར་གྱི་བརྩམས་ཆོས་ཐོན་འགོ་ཚུགས་པ་དང་། ལར་དུས་རབས་༡༥པ་ནས་བཟུང་། བུ་སྟོན་རིན་པོ་ཆེའི་《བྱང་ཆུབ་ཆེན་པོའི་མཆོད་རྟེན་གྱི་ཚད་བཞུགས་སོ་》ཞེས་པའི་བརྩམས་ཆོས་འདི་ནི་བོད་མིའི་མཛེས་དཔྱོད་ཀྱི་འདུ་ཤེས་ལྡན་པའི་མཆོད་རྟེན་བཟོ་ཁྱད་དག་ཐིག་ཆར་གཏན་འབེབས་གནང་བའི་མཚོན་བྱེད་གཞུང་ལུགས་ལྟ་བུར་གྱུར་ཡོད་པ་དང་། དུས་རིམ་དེ་ནས་བཟུང་པའི་བོད་ཀྱི་ཨར་སྐྲུན་མཆོད་རྟེན་དང་དངོས་རྒྱུ་གཞན་ལས་གྲུབ་པའི་མཆོད་རྟེན་གྱི་ཞིབ་ཕྲའི་ཐིག་ཚད་དུ་དབྱེ་བ་འབྱུང་བ་མཁས་པ་སོ་སོའི་དགོངས་བཞེད་ལྟར་ཕྲུག་ལེན་མཛད་པ་ལས་བྱུང་ཟིན། གྲུབ་ཆའི་བཟོ་ཁྱད་ཐད་དེང་དུས་ཀྱང་རྒྱུག་ཆེ་བའི་མཆོད་རྟེན་རྣམ་པ་དང་དབྱེར་མེད་དུ་མངོན་ཡོད་པ་གསལ་པོར་རྟོགས་སོ། །

ས་བཅད་ལྔ་པ། དུས་རབས་བཅུ་དྲུག་པ་ནས་དུས་རབས་བཅུ་དགུ་པའི་བར་སྐབས་ཀྱི་ཡར་སྐྲུན་མཆོད་རྟེན།

དང་པོ། མཆོད་རྟེན་གྱི་སྤྱིའི་རྣམ་པ།

བོད་ཀྱི་ཡར་སྐྲུན་མཆོད་རྟེན་གྱི་དུས་རིམ་འདིའི་ནང་། ལོ་རྒྱུས་གོང་མའི་མཆོད་རྟེན་གྲུབ་ཆ་ལྷུ་ཚང་བའི་བཟོ་ལུགས་ཏེ་ཁྲི་གདན་དང་། རྨང་དགེ། བང་རིམ། བུམ་རྟེན། བུམ་པ། བྲེ་གདན། བྲེ། གདུགས་འདེགས་པདྨ། ཆོས་འཁོར་བཅུ་གསུམ། ཐུགས་རྗེ་མདོ་གཟུངས། གདུགས། གདུགས་ཁེབས། ཉི་ཟླ། ཏོག་བཅས་པའི་བཟོ་ཁྱད་མུ་མཐུད་དེ་རྒྱུན་བསྐྱངས་གནང་ཡོད་པ་སྟེ། དུས་རབས་༡༤པའི་སྐབས་སུ་བུ་སྟོན་རིན་པོ་ཆེའི་བྱང་ཆུབ་ཆེན་པོའི་ཐིག་ཚད་དུ་གསལ་བའི་གྲུབ་ཆ་བཞིན་གྱི་ཕྱག་ལེན་ཐོག་ནས་མཆོད་རྟེན་བཞེངས་སྲོལ་བྱུང་ཡོད་པ་མ་ཟད། དེ་ལྟ་བུའི་རྣམ་པར་བཞེངས་པའི་མཆོད་རྟེན་གྱི་ཞིབ་ཕྲའི་ཆག་ཚད་ཐད་ལ་མཁས་པ་སོ་སོའི་བཞེད་དགོངས་འདྲ་མིན་ལས་དབྱེ་བ་ཐུང་ཙམ་བྱུང་བར་བརྟེན། མཆོད་རྟེན་གྲུབ་ཆ་ཁག་གི་ཐིག་ཚད་ལ་རིང་ཐུང་དང་། མཐོ་དམའ་ཙམ་གྱི་ཁྱད་པར་བྱུང་བ་ལས་སྤྱིའི་བཟོ་དབྱིབས་ནི་གཅིག་གྱུར་གཏན་འཇགས་ཀྱི་རྣམ་པར་མངོན་མོད། འོན་ཏེ་བོད་ཡུལ་རང་དུ་རྒྱུག་ཆེ་བའི་རྣམ་པར་བཟོ་བྱད་གཉིས་ཙམ་དུ་སྣང་འདུག་པར་མཚམས་སྦྱོར་མདོར་བསྡུས་ཞུས་ན་གཤམ་གསལ་ལྟར་ཏེ།

གཅིག ཁྲི་རྨང་གི་གྲུབ་ཆ་ལྡན་པའི་མཆོད་རྟེན་རྣམ་པ།

འདིར་བཤད་རྒྱུའི་ཁྲི་རྨང་གི་གྲུབ་ཆ་ལྡན་པའི་མཆོད་རྟེན་རྣམ་པ་ནི་སྐབས་འདིའི་མཆོད་རྟེན་གྱི་གྲུབ་ཆ་ལྷུ་ཚང་བའི་བཟོ་དབྱིབས་དུ་མངོན་རྒྱུ་ཡོད་པའི་ཁྲི་རྨང་ལ་ཟེར་བ་དང་། ཁྲི་རྨང་ལྡན་པའི་མཆོད་རྟེན་ཕོ་ནར་མི་འཇུག་གོ །གང་ལགས་ཤེ་ན། བོད་བརྒྱུད་ནང་བསྟན་གྱི་ཁྱད་ཆོས་ལྡན་པའི་མཆོད་རྟེན་དུ་ཁྲི་རྨང་གི་བཟོ་དབྱིབས་དེ་ནི་ཉུང་མཐར་དུས་རབས་༡༢པའི་སྐབས་སུ་རྒྱ་ནག་གི་ནུབ་བྱང་ས་ཁུལ་ཏུན་ཧོང་བྲག་ཕུག་ལྡེབས་རིས་སུ་འཁོད་པའི་མཆོད་རྟེན་བཟོ་དབྱིབས་དང་། དུས་རབས་༡༡པ་ནས་བཟུང་བའི་བོད་ཡུལ་དུ་དར་བའི་དངོས་རྒྱུ་ལི་ལ་སོགས་པར་བསྐྲུན་པའི་བཀའ་གདམས་མཆོད་རྟེན་སོགས་པའི་གྲུབ་ཆར་ཡང་དེ་ལྟར་མངོན་རྒྱུ་ཡོད་པས་སོ། །སྐབས་འདིའི་ཁྲི་རྨང་གི་གྲུབ་ཆ་ལྡན་པའི་མཆོད་རྟེན་བཟོ་དབྱིབས་ཀྱི་གཞི་འཛིན་ཡུལ་ནི་སྡེ་སྲིད་སངས་རྒྱས་རྒྱ་མཚོའི་གཡའ་སེལ་ལུགས་དང་། དེ་དང་འདྲ་མཉམ་གྱི་ཕྱག་ལེན་གནང་བའི་ཐིག་རྩ་སྟེ། འཇམ་དབྱངས་མཁྱེན་རྩེ་དབང་པོ་ (ཕྱི་ལོ་༡༨༢༠ལོ་-ཕྱི་ལོ་༡༨༩༢ལོའི་བར་)ལ་སོགས་པའི་སྔོན་བྱོན་མཁས་པ་མང་དག་གི་གཏན་ལ་ཕབ་པའི་མཆོད་རྟེན་བཟོ་དབྱིབས་རྣམ་པར་དེ་ལྟར་མངོན་འདུག་ཅིང་། རི་མོ་5-1ནང་གསལ་བ་ནི་གཡའ་སེལ་ལུགས་ལྟར་བཞེངས་པའི་མཆོད་རྟེན་རྣམ་པ་ཞིག་ཡིན་པ་དང་།[①] རི་མོ་5-2ནི་འཇམ་དབྱངས་མཁྱེན་རྩེ་དབང་པོས་གཏན་ལ་ཕབ་ཅིང་ཀོང་སྤྲུལ་ཡོན་ཏན་རྒྱ་མཚོས་ (ཕྱི་ལོ་༡༨༡༣ལོ་–ཕྱི་ལོ་༡༨༩༩) མཆན་མཛད་པའི་བྱང་ཆུབ་ཆེན་པོའི་ཐིག་རྩའི་མཚོན་རིས་ཤིག་ཡིན་ཏེ།[②] དེ་གཉིས་ཀྱི་བུམ་པའི་སྟེང་

① འདིར་དྲངས་ཟིན་གྱི་པདྨ་རྡོ་རྗེའི་བརྩམས་ཆོས་ཤོག་ངོས་༥༨ནང་གསལ་བའི་ཐིག་རིས་ཨང་༡༣པར་པར་འཛིན་པས་བཅོས་འབྲི་བྱས་ཏེ་བཀོད་པའོ། །

② དཀོན་མཆོག་བསྟན་འཛིན་དང་འཕྲིན་ལས་རྣམ་རྒྱལ་གྱིས་བརྩམས་པའི་《བོད་ལུགས་མཆོད་རྟེན་》ཀྱི་ཤོག་ངོས་༧༩ན་གསལ།

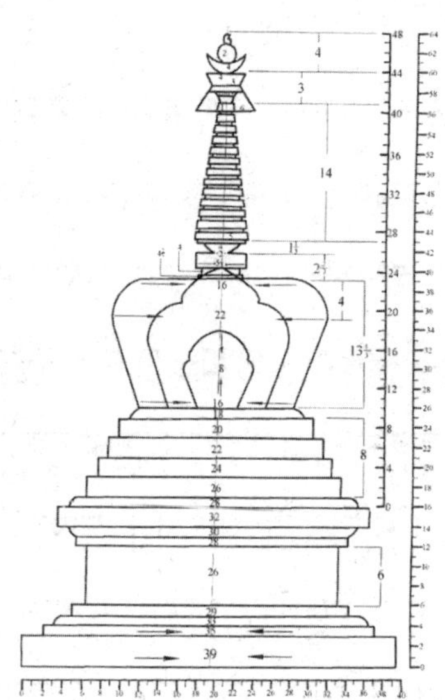

རི་མོ5-1 གཡའ་སེལ་ལུགས་སུ་བཞེངས་པའི་བྱང་ཆུབ་ཆེན་མོའི་མཆོད་རྟེན་མཚོན་རིས།

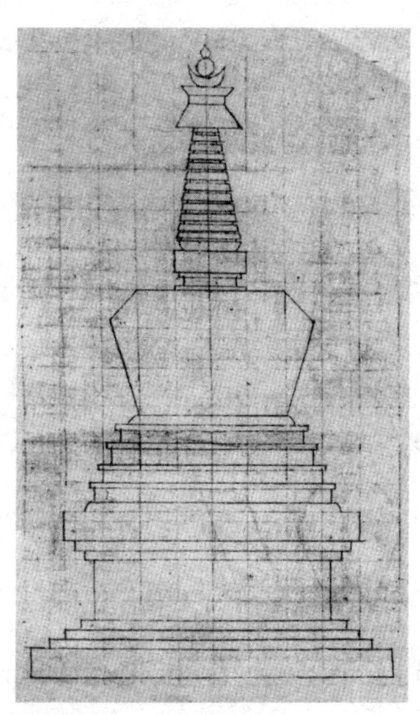

རི་མོ5-2 འཇམ་དབྱངས་མཁྱེན་རྩེ་དབང་པོའི་ཆག་ཚད་ལས་བྱུང་བའི་བྱང་ཆུབ་ཆེན་མོའི་མཆོད་རྟེན་མཚོན་རིས།

དུ་བྲི་རྒྱང་གི་གྲུབ་ཆ་བྱུང་བ་ནི་གཅིག་མཐུན་གྱི་རྣམ་པ་ཞིག་ཡིན་མོད། འོན་ཏེ། ཞིབ་ཕྲའི་བཟོ་དབྱིབས་ལས་བྱུང་བའི་ཁྱད་པར་འགའ་ཞིག་སྟེ། འཇམ་དབྱངས་མཁྱེན་རྩེ་དབང་པོའི་བཟོ་ལུགས་སུ། བྲི་དང་བྲི་རྟེན་གྱི་དབར་དུ་བད་ཆུང་གི་གྲུབ་ཆ་ཞིག་བྱུང་བ་དང་། བུམ་ཁོད་ཀྱི་དཔྱང་པ་གཉིས་ནི་འདིར་གསལ་བའི་རི་མོར་གཡའ་སེལ་ལུགས་ལྟར་བྱས་པའི་“རིམ་གྱིས་ཟླུམ་”①པའི་རྣམ་པ་དང་མི་འདྲ་བར་ཕྲེད་ཐིག་གིས་བཅད་ཡོད་པ། བང་རིམ་བཞི་པོའི་ཁོད་དུ་བད་ཕུར་གྱི་བཟོ་དབྱིབས་སུ་བྱས་པ་བཅས་ནི་རི་མོ5–1ནང་གསལ་བའི་མཆོད་རྟེན་རྣམ་པ་དང་ཅུང་མི་འདྲ་བའི་ཆ་ཙམ་དུ་མངོན་ཡོད། དེ་ཡང་། བྲི་རྟེན་དང་བྲིའི་དབར་དུ

① འདིར་དྲངས་ཟིན་གྱི་གཡའ་སེལ་ཤོག་ངོས་༣༨ནང་དུ་བུམ་པའི་དཔྱང་པ་ཟླུམ་པོར་བྱེད་དགོས་གསུངས་མོད། འོན་ཏེ་དེང་གི་རི་མོ་མཁན་པོའི་ཆག་ཚད་དུ་ཕྲེད་ཐིག་གི་བཅད་པ་ཡང་མང་དུ་མངོན་ནོ། །

བད་ཆུང་གི་གྲུབ་ཆའི་རྣམ་པ་བྱུང་བ་ནི་གནའ་བོའི་བོད་ཙམ་མ་ཟད། གནའ་བོའི་རྒྱ་གར་གྱི་མཆོད་རྟེན་བཟོ་དབྱིབས་སུའང་དེའི་རིམ་བརྩེགས་ཀྱི་གྲངས་མང་ཉུང་མ་གཏོགས་པའི་གྲུབ་ཆར་མངོན་ཡོད་པ་གོང་གི་ས་བཅད་ཁག་གི་དཔེ་རིས་ལས་གསལ་པོར་ཤེས་ཐུབ་པའོ། །

གཉིས། བྲེ་རྐང་མེད་པའི་མཆོད་རྟེན་རྣམ་པ།

བྲེ་རྐང་མེད་པར་བྲེ་རྟེན་དང་བྲེའི་གྲུབ་ཆ་ཁོ་ནར་མངོན་པའི་མཆོད་རྟེན་གྱི་རྣམ་པ་ནི། བོད་ཀྱི་གནའ་རབས་ཨར་སྐྲུན་མཆོད་རྟེན་གྱི་བཟོ་དབྱིབས་སུ་ཆེས་སྔ་མོའི་དུས་སུ་བྱུང་ཡོད་པ་ས་བཅད་གཉིས་པར་དྲངས་བའི་དཔེ་རིས་ཁག་ལས་གསལ་བ་སྟེ། ད་ལམ་ང་ཚོའི་འདྲེན་བྱེད་ཀྱི་སྤྱོད་ཡུལ་དུ་གྱུར་པ་ལ་ཉུང་མཐར་ཡང་དུས་རབས་༤པའི་སྐབས་བཞེངས་པའི་བསམ་ཡས་ཟུར་མཁར་མདའ་ཡི་མཆོད་རྟེན་རྣམ་ལྔའི་གྲས་སུ་གྲུབ་ཆ་འདི་བཞིན་མངོན་རྒྱུ་ཡོད། སྐབས་འདིའི་མཆོད་རྟེན་གྱི་གྲུབ་ཆ་ལྷུ་ཚང་ལ་བྲེ་རྐང་མེད་པའི་མཆོད་རྟེན་བཟོ་དབྱིབས་ཀྱི་གཞུང་ལུགས་གཞི་འཛིན་ཡུལ་ནི་བུ་སྟོན་རིན་པོ་ཆེའི་བྱང་ཆུབ་ཆེན་པོའི་ཐིག་རྩ་དང་། སྤྲུལ་སྐུ་འཕྲེང་ཁ་བའི་（འཕྲེང་ཁ་བ་ཞེས་འབྲི་ཚུལ་ཡང་འདུག་）ལུགས་ཀྱི་མཆོད་རྟེན། དངུལ་ཆུ་དབྱངས་ཅན་གྲུབ་པའི་རྡོ་རྗེ（སྤྱི་ལོ་༡༨༠༩ལོ་–སྤྱི་ལོ་༡༨༨༧ལོའི་བར་）ལ་སོགས་པའི་སྔོན་བྱོན་མཁས་པ་འགའ་ཡིས་མཚོན་པར་ནུས་སོ། །

རི་མོ་5–3ནི་འཕྲེང་ཁ་བའི་ལུགས་ཀྱི་རྣམ་རྒྱལ་མཆོད་རྟེན་དང་།[①] རི་མོ་5–4ནི་དངུལ་ཆུ་ལུགས་ཀྱི་ཆོ་འཕྲུལ་མཆོད་རྟེན་གྱི་མཚོན་རིས་ཡིན།[②] མཆོད་རྟེན་

①ཡེ་ཤེས་ཤེས་རབ་ཀྱིས་མཛད་པའི་《རིག་པ་བཟོ་ཡི་འབྱུང་བ་ཐིག་རིས་དཔེ་དང་བཅས་པ་ལེ་ཁྲིའི་ཐིགས་པ་བཞུགས་སོ་》 བོད་ལྗོངས་མི་དམངས་དཔེ་སྐྲུན་ཁང་གིས་སྤྱི་ལོ་༢༠༠༠ལོར་བསྐྲུན་པའི་ཤོག་ངོས་༡༥༨ན་གསལ།

②གཡང་པ་ཕུན་ཚོགས་རྡོ་རྗེས་མཛད་པའི་《ལྷ་སྐུའི་ཐིག་རྩ་དང་ཞིང་མཚོན་སོགས་ཀྱི་རྨང་གཞིའི་ཤེས་བྱ་འགྲོ་ཕན་བློ་གསར་དགའ་སྐྱེད་》 མི་རིགས་དཔེ་སྐྲུན་ཁང་གིས་སྤྱི་ལོ་༢༠༠༨ལོར་བསྐྲུན་པའི་ཤོག་ངོས་༡༧༢ན་གསལ།

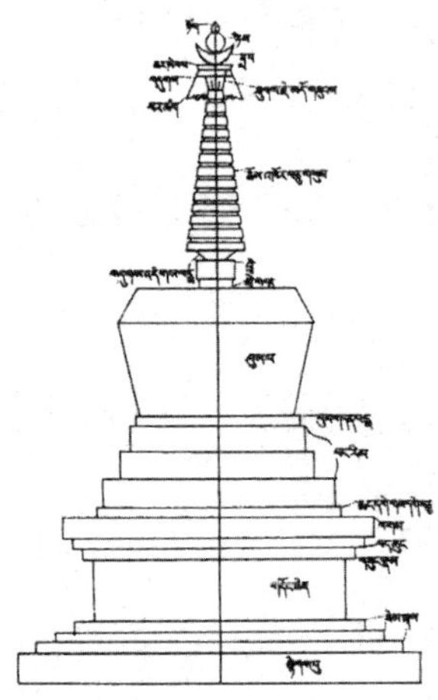

རི་མོ5-3 འཁྱིང་ཁ་བའི་ལུགས་ཀྱི་རྣམ་རྒྱལ་མཆོད་རྟེན་མཚོན་རིས།

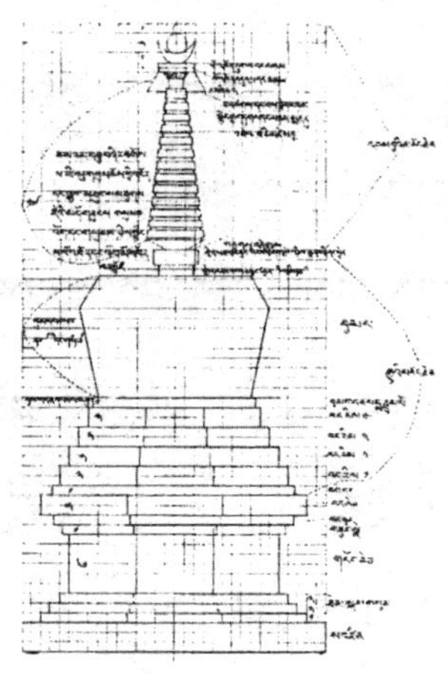

རི་མོ5-4 དངུལ་ཆུ་ལུགས་ཀྱི་ཆོ་འཕྲུལ་མཆོད་རྟེན་མཚོན་རིས།

འདི་གཉིས་ཀྱི་ཆག་ཚད་ལ་མི་འདྲ་བའི་ཆ་ཡོད་ཙང་། བུམ་པའི་སྟེང་གི་གྲུབ་ཆར་བྲི་རྒྱང་མེད་པར་བྲི་རྟེན་དང་། བྲི་ཁོ་ནའི་རྣམ་པར་མངོན་ཡོད་ལ། བུམ་པའི་དཔུང་པ་གཡས་གཡོན་གཉིས་སུ་ཕྲེད་ཐིག་གིས་བཅད་དེ་ཞོལ་ཞིང་ཉྭམ་པའི་རྣམ་པར་མ་བྱས་པ་ལ་སོགས་པའི་ཆ་འདྲ་བའི་ཁྱད་ཆོས་མང་དུ་མཆིས་སོ། །

གོང་དུ་སྨྲོས་ཟིན་པ་བཞིན། མཆོད་རྟེན་གྱི་ཞིབ་ཕྲའི་ཆག་ཚད་ཐབ་དང་གྲུབ་ཆའི་མང་ཉུང་ཙམ་གྱི་ཁྱད་པར་མ་གཏོགས་དུས་རིམ་འདིའི་ནང་གི་བོད་ཀྱི་ཨར་སྐྲུན་མཆོད་རྟེན་གྱི་སྤྱིའི་རྣམ་པའི་བཟོ་དབྱིབས་ནི་གཅིག་གྱུར་ལྟ་བུར་མངོན་ཡོད་ཅིང་། ཕལ་ཆེར་དུས་རབས་༡༨པ་ནས་བཟུང་། མཆོད་རྟེན་བུམ་པའི་དཔུང་པ་གཉིས་ཀྱི་བཟོ་དབྱིབས་དེ་ཞོལ་ཞིང་ཉྭམ་པར་མ་བྱས་པར། ཕྲེད་ཐིག་གིས་བཅད་པའི་རྣམ་པར་བསྐྲུན་པའི་བཟོ་ལུགས་དེ་ཡང་བྱུང་བ་མིན་ནམ་སྙམ།

གཞན་ཡང་། དུས་རིམ་འདིའི་སྐབས་རྒྱལ་ནང་གི་ཡུལ་གྲུ་ཁག་ཏུ་དར་བའི་བོད་བརྒྱུད་ནང་བསྟན་ཁྱད་ཆོས་ལྡན་པའི་མཆོད་རྟེན་བཟོ་དབྱིབས་རྣམ་པ་ནི་

རིམ་བཞིན་བོད་རང་གི་ས་ཆར་དར་སྤྱེལ་ཆེ་བའི་མཆོད་རྟེན་དང་ཆ་འདྲ་བའི་རྣམ་པར་གྱུར་འགོ་ཚུགས་པ་དང་། མཆོད་རྟེན་འགའ་ཞིག་གི་བཟོ་དབྱིབས་ནི་ལོ་རྒྱུས་སྔ་མའི་བྱད་དབྱིབས་བཞིན་མུ་མཐུད་རྒྱུན་སྲིང་བྱུང་འདུག་ཀྱང་། དེ་དག་ནི་དུས་རིམ་སྔ་མ་དེ་རང་གི་ཁོངས་སུ་གཏོགས་པའི་མཆོད་རྟེན་རྣམ་པར་འཇོག་རྒྱུ་ལས་དུས་རིམ་འདིར་དར་སྤྱེལ་ཆེ་བའི་བོད་ཀྱི་ཨར་སྐྲུན་མཆོད་རྟེན་གྱི་གཙོ་བོའི་རྣམ་པའི་ནང་ཚན་ཞིག་ཏུ་ངོས་འཛིན་བྱེད་དགོས་མེད་དོ། །

གཉིས་པ། མཆོད་རྟེན་གྱི་གཞུང་ལུགས་བརྩམས་ཆོས་སྐོར།

བོད་ཀྱི་ཨར་སྐྲུན་མཆོད་རྟེན་གྱི་བྱུང་འཕེལ་དུས་རིམ་འདིའི་རིང་ལ། མཆོད་རྟེན་གྱི་ཆག་ཚད་དམ་ཡང་ན་མཆོད་རྟེན་དང་འབྲེལ་བའི་གཞུང་ལུགས་བརྩམས་ཆོས་ནི་ལོ་རྒྱུས་སྔ་མ་ལས་མང་བའི་རྣམ་པ་ཞིག་ཏུ་མངོན་ཡོད། འདིར་དེ་དག་གི་ཁྲོད་ནས་ཐིག་རྩའི་ལག་ལེན་ཅུང་རྒྱུག་ཆེ་བར་སོང་བའི་གཞུང་ལུགས་ཁག་གཅིག་ལ་མཚམས་སྦྱོར་མདོར་བསྡུས་ཞུ་འདོད་པ་གཤམ་དུ་གསལ་བ་སྟེ།

གཅིག འཕྲེང་ཁ་བ་བློ་གྲོས་བཟང་པོས་མཛད་པའི་《མཆོད་རྟེན་བརྒྱད་ཀྱི་བཞེངས་ཚུལ་བཤད་པ་》

ཁོ་བོར་འགྱུར་བའི་གཞུང་ལུགས་འདིའི་མ་དཔེ་ནི་བོད་རབ་བྱུང་བཅུ་གཅིག་པའི་སྲིན་པོ་ཞེས་བྱ་བ་ཤིང་ཡོས་ལོ་སྟེ་སྤྱི་ལོ་༡༨༧༥ལོར། བྱ་རིགས་གནས་ལྔ་སྨྲ་བ་རྣམ་གླིང་དཀོན་ཅོག་ཆོས་གྲགས་དང་། བྲིས་འབུར་གྱི་ཚུལ་ལ་བློ་མིག་ཡངས་པ་གཏེར་སྐྱེས་པ་ཚེ་དབང་ལྷུན་པོ་གཉིས་ཀྱིས་མཚམས་སྦྱར་བ་བཞིན། དགའ་ལྡན་ཕུན་ཚོགས་གླིང་དུ་བཀོས་པའི་པར་བྱང་དེ་ལྷ་ལྡན་ཞོལ་པར་ཁང་ངམ་གངས་ཅན་ཕན་བདེ་གཏེར་མཛོད་གླིང་དུ་པར་དུ་བསྐྲུན་པ་ཞིག་ཡིན་པ་དང་། དཔར་མ་དེའི་ནང་

དུ་ལྷ་སྐུའི་ཆ་ཚད་ཀྱི་གཞུང་ལུགས་གཉིས་བཞུགས་ཡོད་པ་སྟེ། ལྷོ་བྲག་པ་སྨན་བླ་དོན་གྲུབ་(དུས་རབས་༡༥པའི་ནང་)ཀྱིས་མཛད་པའི་《བདེ་བར་གཤེགས་པའི་སྐུ་གཟུགས་ཀྱི་ཚད་ཀྱི་རབ་ཏུ་བྱེད་པ་ཡིད་བཞིན་ནོར་བུ་ཞེས་བྱ་བ་བཞུགས་སོ་》ཞེས་པ་དང་། འདིར་དྲངས་པའི་གཞུང་འདི་གཉིས་མཉམ་སྦྲིག་མཛད་པ་ཞིག་ལགས།

གང་ཉིད་འདི་ནི་དུས་རབས་༡༦པའི་ནང་དུ་བྱོན་པའི་གནས་ལྔ་མཁས་པ་ཅན་གྱི་སྐྱེ་བོ་དམ་པ་ཞིག་ཡིན་པ་དང་། གཞུང་ལུགས་བརྩམས་ཆོས་འདི་ཡང་བུ་སྟོན་རིན་པོ་ཆེའི་རྗེས་སུ་བྱོན་པའི་བོད་ཀྱི་མཁས་པས་མཛད་པའི་ཆེས་སྔ་བའི་མཆོད་རྟེན་སྐོར་གྱི་བརྩམས་ཆོས་གྲས་སུ་གཏོགས་པར་སེམས་མོད། དེ་བཞིན་ཁོང་དང་དུས་མཉམ་པའི་བཟོ་རིག་མཁས་པ་ཅན་ཀུན་མཁྱེན་པདྨ་དཀར་པོས་སྤྱི་ལོ་༡༥༢༧ནས་སྤྱི་ལོ་༡༥༢༥ལོའི་བར་དུ་མཛད་པའི་《མཆོད་རྟེན་བརྒྱད་ཀྱི་ཐིག་རྩ་བཞུགས་སོ་》ཞེས་པའི་བརྩམས་ཆོས་ཤིག་ཡོད་པར་གསུངས་འདུག་ཀྱང་།① ད་ལམ་དེའི་མ་དཔེ་ཕྱིར་འཛིན་པར་རྙེད་སོན་མ་བྱུང་ལགས།

མཆོད་རྟེན་བརྒྱད་ཀྱི་བཞེངས་ཚུལ་བཤད་པ་ཞེས་པའི་གཙོ་བོའི་བརྗོད་བྱ་ནི་མཆོད་རྟེན་ཆ་བརྒྱད་ཀྱི་རྣམ་གཞག་དང་། དེ་དག་གི་ཆག་ཚད་སྐོར་ཡིན་འདུག་ལ། མཆོད་རྟེན་གྱི་གྲུབ་ཆ་མང་ཆེ་བའི་ཆག་ཚད་ནི་བུ་སྟོན་རིན་པོ་ཆེའི་ཆག་ཚད་དང་གཅིག་མཚུངས་སུ་མངོན་པས། དེའི་ཞིབ་ཕྲའི་གནས་ཚུལ་ནི་འདིར་དྲངས་ཟིན་གྱི་ཡེ་ཤེས་ཤེས་རབ་མཆོག་གི་བརྩམས་ཆོས་ལ་གཟིགས་པར་འཚལ།

གཉིས། སྡེ་སྲིད་སངས་རྒྱས་རྒྱ་མཚོས་(༡༦༥༣-༡༧༠༥)མཛད་པའི་《བཻཌཱུར་དཀར་པོ་ལས་དྲིས་ལན་འཁྲུལ་སྣང་གཡའ་སེལ་》

འདིའི་མ་དཔེ་ནི་ཀྲུང་གོའི་བོད་རིག་པ་དཔེ་སྐྲུན་ཁང་གིས་སྤྱི་ལོ་༢༠༠༢ལོར་

① འདིར་དྲངས་ཟིན་གྱི་པདྨ་ཛོ་རྗེའི་བརྩམས་ཆོས་དབྱིན་ཡིག་མའི་དཔྱད་གཞིའི་འབྱུང་ཁུངས་སུ་གསལ།

བསྐྲུན་པའི་གླེགས་བམ་གཉིས་པའི་ནང་དུ་གསལ་བ་དང་། གཙོ་བོའི་བརྗོད་བྱ་ནི་མཆོད་རྟེན་གྱི་རྣམ་གཞག་དང་། སྐུ་གདུང་ཆ་བརྒྱད་ཀྱི་སྐོར། མཆོད་རྟེན་གྱི་ཐིག་རྩ་གཡང་སེལ་ལུགས་ཀྱི་སྐོར། མཆོད་རྟེན་བཟོ་དབྱིབས་ལ་བརྟག་པའི་སྐོར་ལ་སོགས་པ་གསུངས་གནང་ཡོད། དེ་ཡང་། གཞུང་ལུགས་འདིའི་ནང་གསལ་བའི་མཆོད་རྟེན་རྣམ་གཞག་གི་སྐོར་ནི་སྟག་ཚང་ལོ་ཙཱ་བའི་གཞུང་བཞིན་བྲིས་པ་ཞིག་ཡིན་པ་དང་། འདིའི་ཆག་ཚད་སྐོར་གྱི་མཆོད་རྟེན་བཟོ་དབྱིབས་ནི་གོང་དུ་དྲངས་ཟིན་པའི་དཔེ་རིས་ལ་གཟིགས་པར་མཁྱེན།

གཞན་ཡང་། དུས་རིམ་འདིའི་ནང་དུ་རང་རེའི་སྔོན་བྱོན་མཁས་པ་མང་དག་གིས་མཆོད་རྟེན་སྐོར་གྱི་བརྩམས་ཆོས་འདྲ་མིན་མཛད་ཡོད་པ་སྟེ།

འཇམ་དབྱངས་བཞད་པ་རྡོ་རྗེའི་ (༡༦༤༨–༡༧༢༡) 《མཆོད་རྟེན་བརྒྱད་ཀྱི་ཐིག་རྩ་མདོར་བསྡུས་》[①]ཞེས་པ་དང་། ཞུ་ཆེན་ཚུལ་ཁྲིམས་རིན་ཆེན་ (༡༦༩༧–༡༧༧༤) གྱི་《དྲི་མེད་རྣམ་གཉིས་ཀྱི་མཆོད་རྟེན་དཀྱིལ་འཁོར་དུ་བཞུགས་པའི་ཆོ་ག་དང་མཆོད་རྟེན་གྱི་ཐིག་ཡིག་》[②] སུམ་པ་ཡེ་ཤེས་དཔལ་འབྱོར་ (༡༧༠༤–༡༧༨༨) གྱི་《སྐུ་གསུང་ཐུགས་རྟེན་གྱི་ཐིག་རྩ་མཚན་འགྲེལ་ཅན་མེ་ཏོག་ཕྲེང་མཛེས་》[③] ཀུན་མཁྱེན་འཇིགས་མེད་གླིང་པའི་ (༡༧༢༩–༡༧༩༨) 《བདེ་བར་གཤེགས་པའི་མཆོད་རྟེན་བརྒྱད་ཀྱི་ཐིག་གི་གཏམ་》[④] དངུལ་ཆུ་དབྱངས་ཅན་གྲུབ་པའི་རྡོ་རྗེ་ཡི་《མཆོད་རྟེན་གྱི་

① འདིར་དྲངས་ཟིན་གྱི་པཎྜ་རྡོ་རྗེའི་བརྩམས་ཆོས་དཔྱིན་ཡིག་མའི་དཔྱད་གཞིའི་འབྱུང་ཁུངས་སུ་གསལ། དེའི་མ་དཔེ་ནི་ཁོང་གི་གསུང་འབུམ་༡པོའི་ནང་དུ་གསལ་བའི་སྐོར་པཎྜ་རྡོ་རྗེ་ལགས་ཀྱིས་གསུངས།

② འདིར་དྲངས་ཟིན་གྱི་པཎྜ་རྡོ་རྗེའི་བརྩམས་ཆོས་དཔྱིན་ཡིག་མའི་དཔྱད་གཞིའི་འབྱུང་ཁུངས་སུ་གསལ།

③ སྐལ་བཟང་གིས་སྒྲིག་སྒྱུར་བྱས་པའི་《བོད་རྒྱུད་ནང་བསྟན་ལྷ་རིས་ཐིག་རྩ་》 མཚོ་སྔོན་མི་དམངས་དཔེ་སྐྲུན་ཁང་གིས་སྤྱི་ལོ་༡༩༩༢ལོར་བསྐྲུན་པའི་ནང་ལས་བཏུས།

④ 《འཇིགས་མེད་གླིང་པའི་གཏམ་ཚོགས་》སུ་བཏུས་པ། གངས་ཅན་རིག་མཛོད་དེབ་༡༨པ། བོད་ལྗོངས་བོད་ཡིག་དཔེ་རྙིང་དཔེ་སྐྲུན་ཁང་ནས་སྤྱི་ལོ་༡༩༩༡ལོར་བསྐྲུན།

ཐིག་ཚད་》[1]ལ་སོགས་པ་མང་དུ་བྱུང་ཡོད་པ་དག་ཀྱང་ཞིབ་ཕྲའི་ཆག་ཚད་དང་། གྲུབ་ཆ་ཁག་ཏུ་མངོན་པའི་ཅུང་མི་འདྲ་བའི་ཁྱད་ཆོས་མ་གཏོགས་གཞན་རྣམས་ཆ་འདྲ་བར་མངོན་པ་འབའ་ཞིག་གོ །

དེ་དག་གི་ཁྲོད་དུ་དངུལ་ཆུ་དབྱངས་ཅན་གྲུབ་པའི་རྡོ་རྗེས་མཛད་པའི་ཁང་བུ་བརྩེགས་པའི་མཆོད་རྟེན་གྱི་ཆ་ཚད་ནི་ད་ལམ་ཁོ་བོར་འགྱོར་བའི་ཁང་བརྩེགས་མཆོད་རྟེན་གྱི་གཞུང་ལུགས་གཅིག་པོ་དེ་རང་ཡིན་ཕྱིན། སྐབས་འདིར་དེའི་ནང་དོན་དང་འབྲེལ་ཏེ་བོད་ཀྱི་ཁང་བུ་བརྩེགས་པའི་མཆོད་རྟེན་སྐོར་ལ་དཔྱད་བརྗོད་རགས་ཙམ་བགྱི་ཁུལ་བྱ་བ་ལགས།

དེ་ཡང་ཁང་བུ་བརྩེགས་པའི་མཆོད་རྟེན་ཏེ། རི་མོ་5–5[2]དང་རི་མོ་5–6[3]ནང་གསལ་བ་བཞིན་པའི་གཟུགས་སུ་བསྐྲུན་པའི་མཆོད་རྟེན་རྣམ་པ་ཞིག་ཡིན་པ་དང་། དེ་ནི་བོད་ཡུལ་སྟོད་སྨད་བར་གསུམ་དུ་ཤིན་ཏུ་དར་སྲོལ་ཆེ་བའི་མཆོད་རྟེན་རྣམ་པ་ཞིག་ཡིན། པིར་འཛིན་པར་ལག་སོན་བྱུང་བའི་དཔྱད་གཞི་ལྟར་ན། ཆེས་སྔ་བའི་དུས་སུ་བཟོ་དབྱིབས་འདི་བཞིན་དུ་བསྐྲུན་པའི་དུས་ཚོད་ནི་ཉུང་མཐར་དུས་རབས་༡༡པའི་སྐབས་ལ་ཡར་འདེད་བྱེད་ཐུབ་པ་སྟེ། བྱང་ར་སྒྲིང་དགོན་བཞེངས་གྲུབ་ནས་དུས་ཡུན་མི་རིང་བ་ཞིག་གི་ནང་། དགོན་འདིའི་བསོད་ནམས་ཅུང་ཉམས་

① གཡང་པ་ཕུན་ཚོགས་རྡོ་རྗེས་མཛད་པའི་《ལྷ་སྐུའི་ཐིག་རྩ་དང་ཤིང་མཆོན་སོགས་ཀྱི་རྣང་གཞིའི་ཤེས་བྱ་འགྲོ་ཕན་བློ་གསར་དགའ་སྐྱེད་》མི་རིགས་དཔེ་སྐྲུན་ཁང་གིས་སྤྱི་ལོ་༢༠༠༨ལོར་བསྐྲུན་པའི་ཤོག་ངོས་༡༥ནས་༡༨བར་ན་གསལ།

② དཀོན་མཆོག་བསྟན་འཛིན་གྱིས་བརྩམས་པའི་《བཟོ་གནས་སྐྲ་རྩེའི་ཆུ་ཐིགས་》ཀྲུང་གོའི་བོད་ཀྱི་ཤེས་རིག་དཔེ་སྐྲུན་ཁང་གིས་སྤྱི་ལོ་༡༩༨༦ལོར་བསྐྲུན་པའི་བར་བཅུག་རི་མོའི་ཨང་༧༠པར་གསལ་།

③ ཡེ་ཤེས་ཤེས་རབ་ཀྱིས་མཛད་པའི་《རིག་པ་བཟོ་ཡི་འབྱུང་བ་ཐིག་རིས་དཔེ་དང་བཅས་པ་ལེ་ཁྲིའི་ཐིགས་པ་བཞུགས་སོ་》 བོད་ལྗོངས་མི་དམངས་དཔེ་སྐྲུན་ཁང་གིས་སྤྱི་ལོ་༢༠༠༠ལོར་བསྐྲུན་པའི་ཤོག་ངོས་༡༤༩ནང་གི་ཐིག་རིས་དང་༡༥༠ནང་གི་ཐིག་རྩའི་གཞུང་ལ་གཟིགས་འཚལ།

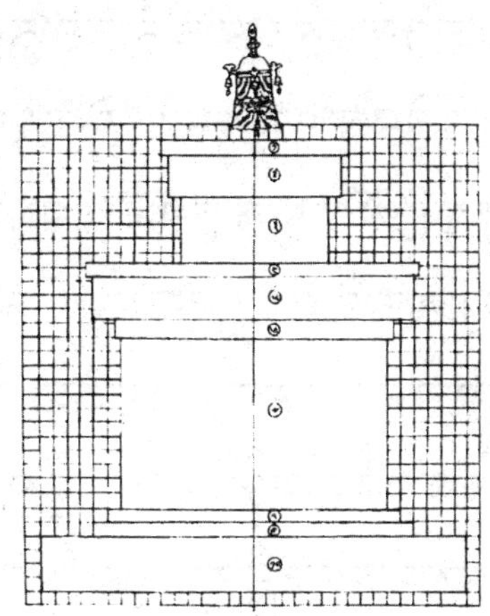

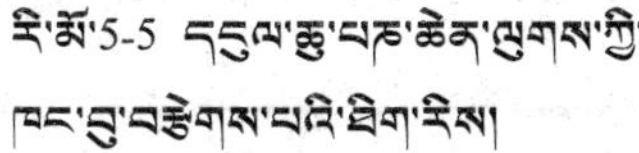
རི་མོ5-5 དབུལ་རྒྱ་པཎ་ཆེན་ལུགས་ཀྱི་ཁང་བུ་བརྩེགས་པའི་ཐིག་རིས།

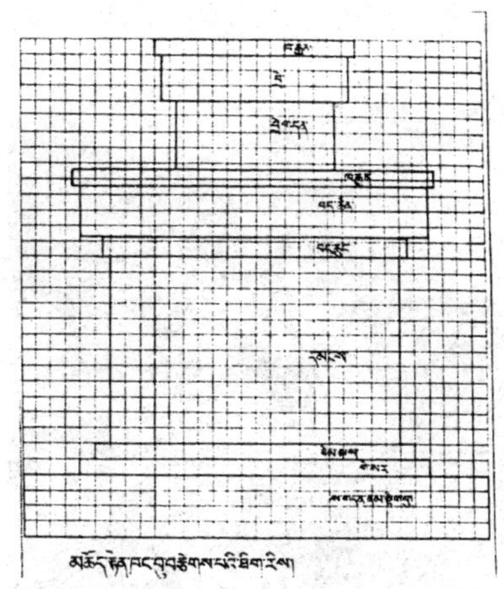
རི་མོ5-6 དབུལ་རྒྱ་ལུགས་ཀྱི་ཁང་བུ་བརྩེགས་པའི་མཆོད་རྟེན་ཐིག་རིས།

པའི་རྣམ་པ་བྱུང་བར་འབྲོམ་སྟོན་རྒྱལ་བའི་འབྱུང་གནས་ (༡༠༠༥–༡༠༦༤) ཀྱིས་དེ་བཞེངས་ཕྱིར་དགོན་གྱི་འདུ་ཁང་ཕྱི་རོལ་ནུབ་ངོས་སུ་ཁང་བུ་བརྩེགས་པའི་མཆོད་རྟེན་ཞིག་བཏབ་[①]ཅེས་པ་ལས་ངེས་ཤེས་འདྲོངས་ཐུབ་ལ། དུས་དེང་སང་གི་བར་དུ་འང་ཁང་བུ་བརྩེགས་པའི་མཆོད་རྟེན་འདི་ཉིད་ར་སྒྲེང་དགོན་གྱི་མཆོད་རྟེན་སྣ་ཚོགས་ཀྱི་ཁྲོད་དུ་བཞུགས་འདུག་ཅིང་། དེའི་བཟོ་དབྱིབས་ནི་རི་མོ5–5ལྟར་གསལ་བའི་རྣམ་པ་དང་ཆ་འདྲ་བར་མངོན་ཏེ། དེའི་ཧྲོག་ནི་རས་ལས་བཟོས་པའི་རྒྱལ་མཚན་རྣམ་པའི་དབུས་སུ་རྒྱང་ནས་ཧྲོག་བར་བཙུགས་ཡོད་པའི་སྲོག་ཤིང་གིས་བཏེགས་པའི་ཚུལ་དུ་བསྐྲུན་ཡོད་པ་དང་། འདིར་དྲངས་པའི་དབུལ་རྒྱའི་ལུགས་ཀྱི་ཁང་བུ་བརྩེགས་པའི་མཆོད་རྟེན་དང་མི་འདྲ་བའི་ཆ་སྟེ། དམངས་ (རྒྱང་ཞེས་མིན་ནམ་སྙམ་ཅུང་འདིར་དྲངས་པའི་ཡེ་ཤེས་ཤེས་རབ་མཆོག་གི་བརྩམས་ཆོས་སུ་འདི་ལྟར་དུ་བྲིས་འདུག་པའི་རྒྱུ་མཚན་ཇི་ཡིན་མི་ཤེས་) ཀྱི་སྟེང་གི་གྲུབ་ཆའམ་

① སྤྱི་ལོ་༢༠༠༧ལོའི་སྟོན་ཀར་པིར་འཛིན་པས་ས་ཡུལ་དངོས་སུ་ཕྱིན་པའི་བརྟག་དཔྱད་རྒྱུ་ཆ།

པར་5-1 བྱང་རྭ་སྒྲེང་དགོན་དུ་བཞུགས་པའི་ཁང་བུ་བརྩེགས་པའི་མཆོད་རྟེན།

རྩིག་མ་གཉིས་པའི་གྲུབ་ཆ་དེར་བྲི་རང་གི་བཟོ་དབྱིབས་ཤིག་དང་། དེའི་སྟེང་དུ་ཁ་རྒྱན་གྱི་དོད་དུ་ཁ་རྒྱབ་ཅིག་བསྐྲུན་པ་དང་། རྒྱང་གི་ཐོད་དུའང་དཔུལ་ཚུའི་ལུགས་ཀྱི་བད་ཚུང་དང་། བད་ཆེན། ཁ་རྒྱན་བཅས་པའི་རྣམ་པ་དང་མི་འདྲ་བར། ཁང་པའི་གྱང་རྩིག་ཐོད་དུ་ཁ་རྒྱབ་ཀྱི་རྣམ་པ་འབའ་ཞིག་ཏུ་བཞེངས་ཡོད་པ་པར་5-1ལས་གསལ་ལོ། །དེས་ན། བོད་དུ་ཁང་བུ་བརྩེགས་པའི་མཆོད་རྟེན་རྣམ་པ་ཡང་མ་མཐར་དུས་རིམ་དེ་ནས་བཟུང་བསྐྲུན་སྲོལ་བྱུང་བ་གསལ་པོར་རྟོགས་ལ། དེའི་སྐབས་ཀྱི་རྣམ་པ་དང་ཕྱིས་འབྱུང་དུས་རིམ་ནང་བྱུང་བའི་རྣམ་པའི་བཟོ་དབྱིབས་དབར་ལ་ཅུང་ཐ་དད་པའི་ཆ་མཚོན་ཡོད་པ་གསལ་པོར་ཤེས་སོ། །

འདིར་བཀོད་པའི་ཁང་བུ་བརྩེགས་པའི་མཆོད་རྟེན་ཐིག་ཚད་ལས་བྱུང་བའི་བཟོ་དབྱིབས་ནི། གཞུང་ལ་གཏུགས་རྒྱུ་ཡོད་པའི་རྣམ་པ་ཞིག་ཡིན་པ་སྨོས་ཅི་དགོས། འོན་ཏེ་བོད་ཀྱི་ཡུལ་གྲུ་ཁག་ཏུ་དེང་གི་བར་དུའང་དར་ཁྱབ་ཆེ་བའི་ཁང་བུ་བརྩེགས་པའི་མཆོད་རྟེན་རྣམ་པ་འདྲ་མིན་དུ་བཞེངས་ཚུལ་འདུག་པ་ང་ཚོས་མཐོང་གསལ་གྱི་དོན་ཞིག་རེད། སྤྱིར་སྐབས་བདེའི་ཚུལ་དུ་མཚོན་པ་ནི་རྒྱང་གི་གྲུབ་ཆ་མཆོན་པའི་ཁང་ཚུང་ཐོག་གཅིག་མའི་རྣམ་པར་བྱུང་བ་དང་། དེའི་དབུས་ཐོད་དུ་སྒོའུ་ཁུང་ཞིག་སྤེལ་ནས་ཁང་བུའི་ནང་ལ་སྭཱཙྪ་བླུགས་ཐུབ་པའི་ནུས་པ་ཐོན་པ་དང་། ཐོག་གཅིག་མའི་སྟེང་དུ་བྲི་ལ་སོགས་པའི་གྲུབ་ཆ་མ་བྱས་པར། སྲོག་

ཤིང་གིས་བརྟེགས་པའི་རྟོག་རྩེར་རས་ལས་བཟོས་པའི་རྒྱལ་མཚན་གྱིས་བརྒྱན་པ་དང་། ཡང་ན་ཤིང་དུམ་ལ་ཆོས་འཁོར་བཅུ་གསུམ་བཀོད་པ་ལ་སོགས་པ་སྣ་ཚོགས་འཛལ་རྒྱུ་ཡོད་པ་དག་ཀྱང་གཞུང་གི་གཞི་འཛིན་ཡུལ་རང་མེད་ཀྱང་། དེས་བོད་ཀྱི་ཨར་སྐྲུན་མཚོད་རྟེན་གྱི་ཕུན་སུམ་ཚོགས་པའི་རྣམ་གཞག་ལ་ཁ་སྐོང་གི་ལེགས་སྐྱེས་ཕུལ་ཐུབ་ཡོད་པ་ནི་ཁ་གསལ་བའི་དོན་ཞིག་གོ །

ས་བཅད་དྲུག་པ། མཐའ་སྡོམ།

གོང་དུ་ས་བཅད་ལྔ་ཡི་ནང་དོན་གྱིས་བོད་ཀྱི་གནའ་རབས་ཨར་སྐྲུན་མཆོད་རྟེན་གྱི་བྱུང་འཕེལ་ལ་བགྲོ་གླེང་རགས་ཙམ་ཞུས་ཟིན་པ་ལས། རང་རེའི་ཁ་བའི་ལྗོངས་འདིར་རྟེན་གསུམ་བཞེངས་པའི་བྱེ་བྲག་ཐུགས་རྟེན་གྱི་ཆེས་ཐོག་མའི་རྣམ་པ་སྟེ། གནའ་བོའི་རྒྱ་གར་ཡུལ་གྲུ་ཁག་ཏུ་སངས་རྒྱས་བཅོམ་ལྡན་འདས་ཀྱི་སྐུ་དུས་ནས་བཟུང་དར་ཁྱབ་བྱུང་བའི་མཆོད་རྟེན་གྱི་བཟོ་དབྱིབས་རྣམ་གཞག་ལ་དཔེ་ཞིབ་ཤིན་ཏུ་མདོར་བསྡུས་བྱས་པའི་རྨང་གཞིའི་ཐོག །ཐུགས་རྟེན་ཇི་ལྟར་སྐྲུབ་ཚུལ་གྱི་འབྲེལ་ཡོད་ནང་དོན་དང་བསྟུན། རང་རེའི་བོད་ཀྱི་གནའ་རབས་ཨར་སྐྲུན་མཆོད་རྟེན་གྱི་བྱུང་འཕེལ་དུས་རིམ་ཁག་གི་བཟོ་ཁྱད་མངོན་པའི་ཕྱིར། དངོས་པོའི་གཟུགས་སུ་གྲུབ་པའི་མ་དཔེ་གང་འཚོར་བ་དག་དང་། སྔོན་བྱོན་མཁས་པའི་གཞུང་ལུགས་བརྩམས་ཆོས་དང་། ཆོས་འབྱུང་ཁག་གི་ནང་དུ་གསལ་བའི་བོད་ཀྱི་ཨར་སྐྲུན་མཆོད་རྟེན་དང་འབྲེལ་བའི་དཔྱད་གཞིའི་ཡིག་ཆ་དག་བསྡུ་སྒྲིག་བགྱི་ཁུལ་གྱིས་འབྲེལ་ཡོད་ནང་དོན་ལ་མཚམས་སྦྱོར་གང་ནུས་ཤིག་ཞུས་ཡོད་པས། དེའི་གནས་ཚུལ་ཁག་གཅིག་གསལ་ཁ་ཙུང་ཟད་ཐོན་སྲིད་མོད། འོན་ཏེ། ཆེད་དེབ་འདིའི་ནང་དུ་འཁོད་པའི་གཙོ་བོའི་བརྗོད་བྱ་སྟེ། བོད་ཀྱི་གནའ་རབས་ཨར་སྐྲུན་མཆོད་རྟེན་གྱི་བཟོ་དབྱིབས་རྣམ་པའི་བྱུང་བ་དང་དེའི་འཕེལ་འགྱུར་ལ་སོགས་པའི་གནས་ཚུལ་སྐོར་སྐབས་བདེ་ཁ་གསལ་ཡོང་བའི་ཕྱིར། མཐའ་མཇུག་གི་ས་

བཅད་འདི་སྤྱིལ་ཏེ་འབྲེལ་ཡོད་ནང་དོན་ལ་མཇུག་སྡོམ་བགྱི་ཕྱུལ་གྱིས་འགོད་པར་བྱ་བ་གཤམ་གསལ་བཞིན་ནོ། །

དང་པོ། བོད་ཀྱི་ཡར་སྨན་མཆོད་རྟེན་གྱི་འབྱུང་ཁུངས།

ས་བཅད་དང་པོའི་ནང་དུ་ངོ་སྤྲོད་ཞུས་ཟིན་པ་བཞིན། འཛམ་གླིང་ཡུལ་གྲུ་ཁག་ཏུ་དར་ཁྱབ་བྱུང་བའི་ཆེས་སྔ་དུས་ཀྱི་ཨར་སྐྱུན་མཆོད་རྟེན་ཏེ། ཆེད་དེབ་འདིའི་བརྗོད་བྱ་གཙོ་བོར་གྱུར་པའི་བང་རིམ་དང་། ལྷུང་བཟེད་ཁ་སྦུབས་དང་དྲིལ་བུ་ཁ་སྦུབས་ཀྱི་བུམ་པ། བྲེ། ཆོས་འཁོར་ལ་སོགས་པའི་བྱད་དབྱིབས་དག་ཁྱད་ཆོས་གཙོ་བོར་བཟུང་སྟེ་བསྐྲུན་པའི་མཆོད་རྟེན་གཟུགས་ཀྱི་མ་དཔེ་ནི། གནའ་བོའི་རྒྱ་གར་རང་ལ་གཏུགས་དགོས་པའི་དཔྱད་བརྗོད་ལས། རང་རེའི་བོད་ཀྱི་ཡུལ་གྲུ་ཁག་ཏུ་དར་འཕེལ་བྱུང་བའི་དངོས་པོའི་གཟུགས་ཀྱི་མཆོད་རྟེན་འབྱུང་ཁུངས་དེ་ཡང་གནའ་བོའི་རྒྱ་གར་དུ་གཏུགས་དགོས་པ་ཨ་ཙང་བརྗོད་མེད་ཡིན་མོད། འོན་ཏེ། དོན་གྱི་ངོ་བོ་འཛིན་པའི་མཆོད་རྟེན་རྣམ་པའི་འབྱུང་ཁུངས་ནི་གནའ་བོའི་རྒྱ་གར་ཙམ་མ་ཟད། ཡུལ་གླིང་སོ་སོའི་ཆེས་གདོད་མའི་སྤྱི་ཚོགས་རིག་གནས་ཀྱི་རྒྱབ་ལྗོངས་ལ་བརྟེན་ནས་རང་རྐྱ་འཕེལ་བ་ཞིག་ཡིན་དགོས་པ་སྟེ། རང་རེའི་ཡུལ་ལ་ཆ་བཞག་ན། གདོད་མའི་བོན་གྱི་དུས་སྐབས་ནས་བཟུང་དར་བའི་ས་ཁུལ་རང་བཞིན་གྱི་ཁྱད་ཆོས་ལྡན་པའི་རིག་གནས་རྒྱབ་ལྗོངས་འོག །དར་འཕེལ་བྱུང་བའི་དད་གུས་ཀྱི་སྣང་ཚུལ་དུ་གཏོགས་པའི་ལྷ་རིགས་སྣ་ཚོགས་ཀྱི་བཞུགས་གནས་ཕོ་བྲང་ངམ་བཙན་མཁར་དང་། ཡུལ་ལྷ་གཞི་བདག་གི་མཁར་རམ་ལྷ་ཚུགས་ལྷ་ཐུས་མཚོན་ནུས།

རྒྱུ་མཚན་དེ་དག་ལ་བརྟེན། ཆེད་དེབ་འདིའི་ནང་དུ་གསལ་བའི་མཆོད་རྟེན་

གྱི་ཐ་སྙད་དང་མཚུངས་པའི་དངོས་པོའི་གཟུགས་སུ་བསྐྲུན་པའི་བཟོ་དབྱིབས་རྣམ་པའི་འབྱུང་ཁུངས་ཀྱང་གནའ་བོའི་རྒྱ་གར་རང་ལ་གཏུགས་ཡོད་པ་དང་། དོན་གྱི་མཆོད་རྟེན་སྐོར་ནི་ད་ཐེངས་ཆེད་དེབ་འདིའི་གཙོ་བོའི་དཔྱད་གཞིར་འཛིན་མེད་རྐྱེན། དེའི་སྐོར་ལ་གསལ་བརྗོད་དེ་ཙམ་བྱེད་མི་དགོས་པའོ། །

གཉིས་པ། བོད་ཀྱི་ཨར་སྐྲུན་མཆོད་རྟེན་གྱི་འཕེལ་འགྱུར།

ས་བཅད་གཉིས་པའི་ནང་དུ་དཔྱད་བརྗོད་བྱས་ཟིན་པ་ལས། སྤྱིར་རང་རེའི་བོད་ཀྱི་གནའ་བོའི་ཨར་སྐྲུན་མཆོད་རྟེན་བྱུང་འཕེལ་གྱི་དུས་རིམ་དེ་རྣམ་གཞག་གསུམ་དུ་ཕྱེ་སྟེ་འཆད་ཡོད་པ་དང་། འཕེལ་རིམ་སོ་སོའི་ནང་དུའང་གཙོ་བོའི་རྣམ་པར་གྱུར་པའི་མཆོད་རྟེན་གྱི་བཟོ་དབྱིབས་ནང་ཚན་ཁ་ཤས་བྱུང་ཡོད་པ་ཞིག་ལགས། འདིར་ཕྱིའི་བཟོ་དབྱིབས་ཀྱི་རྣམ་པ་འདྲ་མིན་ལ་གཞིགས་ཏེ་དེ་དག་གི་འཕེལ་འགྱུར་བྱུང་ཚུལ་ལ་དཔྱད་སྙོམ་རགས་ཙམ་བྱ་རྒྱུ་སྟེ།

གཅིག བང་རིམ་ཉིས་ཅན་རྣམ་པའི་མཆོད་རྟེན།

བོད་ཡུལ་དུ་རྣམ་པ་འདི་ལྟའི་མཆོད་རྟེན་འབྱུང་འགོ་ཚུགས་པའི་དུས་ཚོད་ནི། དུས་རབས་༤པའི་ནང་དུ་ཡིན་པ་བསམ་ཡས་ཟུར་མཁར་མདའ་ཡི་མཆོད་རྟེན་ལ་སོགས་པའི་བཙན་པོའི་རྒྱལ་རབས་སྐབས་ཀྱི་མ་དཔེས་སྒྲུབ་བྱེད་སྤྲོད་ནུས་པ་དང་། དུས་རབས་༤པ་ནས་དུས་རབས་༡༥པའི་བར་མཚམས་ནི་རྣམ་པ་འདི་བཞིན་དར་ཤུགས་ཆེ་བའི་དུས་རིམ་ཞིག་ཡིན་ལ། བོད་ཀྱི་ཨར་སྐྲུན་མཆོད་རྟེན་བྱུང་འཕེལ་ཐོག་ཏུ་བྱུང་བའི་བཟོ་དབྱིབས་རྣམ་པའི་གཙོ་བོའི་ནང་ཚན་ཞིག་ཏུའང་གྱུར་ཡོད།

ད་བར་ང་ཚོར་ལག་འཁྱོར་ཐུབ་པའི་དཔྱད་གཞི་ལྟར་ན། ཕྱིའི་བཟོ་དབྱིབས་

ཁྱད་ཆོས་དེ་དབྱེ་འབྱེད་ཀྱི་གཞིར་འཛིན་ཏེ་དབྱེ་བ་ཕྱེ་བར་བྱེ་བྲག་རྣམ་པ་གསུམ་ཙམ་དུ་མངོན་འདུག་པ་སྟེ།

༡ སྟོད་མངའ་རིས་ཁུལ་དུ་དར་བའི་ཁྱད་ཆོས།

དེའི་མངོན་གསལ་གྱི་ཁྱད་ཆོས་ནི་ལྷུང་བཟེད་ཁ་འབུབ་ཀྱི་བུམ་པ་དང་། བྲི་ལ་སོགས་པའི་གྲུབ་ཆར་མངོན་པའི་བཟོ་ཁྱད་དེ་ཡིན་ཏེ། མཆོད་རྟེན་ཁྲོན་ཡོངས་ཀྱི་བཟོ་དབྱིབས་ཐིག་ཚད་དང་བསྡུར་ན། བུམ་པའི་གཟུགས་ཆུང་བའི་རྣམ་པར་མངོན་པ་དང་། བྲེའི་བཟོ་དབྱིབས་ཆེ་ལ་དཔངས་མཐོ་བ། དེའི་སྟེང་གི་ཆོས་འཁོར་འོག་ཤོས་ཀྱི་ཞེང་ཚད་ཀྱང་ཆེན་པོ་ཡོད་པ་སྟེ། བུམ་སྨད་ཞེང་ཚད་ཀྱི་ཕྱེད་ཀ་ལས་ཀྱང་ལྷག་པའི་རྣམ་པར་མངོན་ཡོད།

རྣམ་པ་འདི་ལྟ་བུའི་བཟོ་དབྱིབས་ཀྱི་གཙོ་བོའི་འབྱུང་ཁུངས་ནི། ཀ་ཤི་མིར་བཟོ་ལུགས་ལས་བྱུང་ཡོད་པ་དང་། བོད་ཡུལ་སྟོད་མངའ་རིས་སུ་དར་ཁྱབ་བྱུང་བའི་དུས་རིམ་ནི་གུ་གེ་རྒྱལ་རབས་ཀྱི་སྔ་ཆ་སྟེ་དུས་རབས་༡༠པ་ནས་༡༢པའི་བར་དང་། བར་ཆ་སྟེ་དུས་རབས་༡༣པ་ནས་༡༤པའི་བར་མཚམས་སུ་ཡིན་ནོ། །

༢ རྒྱལ་ནང་དུ་དར་བའི་ཁྱད་ཆོས།

དེའི་བཟོ་དབྱིབས་འཕེལ་རིམ་ལ་དུས་རིམ་གཉིས་སུ་ཕྱེ་ཐུབ་པ་སྟེ། དུས་རིམ་གོང་མ་ནི་དུས་རབས་༡༢པ་ནས་དུས་རབས་༡༣པའི་བར་མཚམས་སུ་ཡིན་པ་དང་། དུས་རིམ་འོག་མ་ནི་དུས་རབས་༡༤པ་ནས་༡༥པའི་བར་མཚམས་སུ་ཡིན།

དུས་རིམ་གོང་མའི་མཚོན་དཔེར་ས་བཅད་གཉིས་པའི་ནང་དུ་དྲངས་པའི་རི་མོ་4–6སྟེ་ཊུན་ཧོང་མོ་གའོ་བྲག་ཕུག་ཨང་རྟགས་༢༤༥ནང་གི་ལྡེབས་རིས་སུ་གསལ་བའི་མཆོད་རྟེན་དང་། རི་མོ་4–7སྟེ་མོ་གའོ་བྲག་ཕུག་ཨང་༩༦༥ནང་གི་ལྡེབས་རིས་སུ་འཁོད་པའི་བཀའ་གདམས་མཆོད་རྟེན། རི་མོ་4–10སྟེ་པེ་ཅིང་རྒྱེའོ་

དབྱིངས་དགོན་ནང་བཞུགས་པའི་མཆོད་རྟེན་དཀར་པོ་སོགས་ལས་གསལ་བ་སྟེ། མངོན་གསལ་དོད་པའི་ཁྱད་ཆོས་སུ་བུམ་པའི་བཟོ་དབྱིབས་དྲིལ་བུ་ཁ་སྦུབས་དང་འདྲ་བའམ་ལྷུང་བཟེད་ཁ་སྦུབས་བུམ་པའི་དཔངས་མཐོ་བའི་བཟོ་ཁྱད་དེ་ཡིན་པ་དང་། དེའི་མ་དཔེ་འཛིན་ཡུལ་ནི་རྒྱ་གར་བྱང་ཤར་ས་ཁུལ་དུ་དར་སྲོལ་ཆེ་བའི་བཀའ་གདམས་མཆོད་རྟེན་ལྷ་བུའི་བཟོ་དབྱིབས་དེ་ཡིན་ངེས་ཆེ་བར་འདུག་སྙམ།

དུས་རིམ་འོག་མའི་མངོན་གསལ་དོད་པའི་ཁྱད་ཆོས་ནི་བུམ་པའི་སྟོད་སྨད་གཉིས་ཀྱི་ཞེང་ཚད་ལ་ཏེ་བག་ཙུང་ཆེ་བའི་རྣམ་པར་མངོན་པ་དེ་ཡང་བོད་ཡུལ་དབུས་གཙང་དུ་དེ་དང་དུས་མཉམ་དུ་དར་བའི་མཆོད་རྟེན་འགའ་ཡི་བུམ་པ་དང་ཆ་འདྲ་བར་སྣང་བའོ། །

༣ བོད་ཡུལ་དབུས་གཙང་དུ་དར་བའི་ཁྱད་ཆོས།

བཙན་པོའི་རྒྱལ་རབས་སྐབས་སུ་བོད་ཡུལ་དབུས་གཙང་དུ་དར་བའི་རྣམ་པའི་མ་དཔེ་བསམ་ཡས་ཟུར་མཁར་མདའ་དང་། བསམ་ཡས་གཙུག་ལག་ཁང་གི་མཆོད་རྟེན་སྔོན་པོ། མཐོ་ལྡིང་བརྒྱ་ས་ལྷ་ཁང་གི་ཟུར་བཞིའི་སྟེང་གི་བཀྲ་ཤིས་སྒོ་མང་བང་རིམ་ཉིས་ཅན་གྱི་མཆོད་རྟེན་སོགས་ཡོད། འདི་དག་གི་བཟོ་དབྱིབས་སུ་མངོན་པའི་བང་རིམ་དང་བསྡུར་ན། བུམ་པའི་བོངས་གཟུགས་དེ་ཙམ་གྱི་ཆེན་པོ་མེད་པའམ། ཡང་ན་བུམ་ཐོད་ཙུང་ཟླུམ་པའི་རྣམ་པར་བྱུང་བ་ནི་བསྟན་པ་ཕྱི་དར་འགོ་ཚུགས་ཙམ་དུ་བཞེངས་པའི་སྟོད་མངའ་རིས་ཀྱི་མཆོད་རྟེན་འགའི་བུམ་པའི་ཁྱད་ཆོས་དང་ཆ་འདྲ་བར་མངོན་འདུག་པ་དང་། ཉུང་མཐར་དུས་རབས་༡༢པའི་སྐབས་ནས་བཞེངས་པའི་རྣམ་པ་འདི་པའི་ཆེས་གཅིག་གྱུར་གྱི་ཁྱད་ཆོས་ནི་བུམ་པའི་བཟོ་དབྱིབས་ཀ་ཟླུམ་དབྱིབས་ལྟ་བུར་གྱུར་པ་དང་། བྲེའི་ཞེང་ཆེ་ལ་དཔངས་ཀྱང་མཐོ་བའི་རྣམ་པར་མངོན་པ་སྟེ། ས་བཅད་གཉིས་པའི་ནང་དུ་བང་

རིམ་ཉིས་ཅན་རྣམ་པར་མངོན་པའི་གུང་ཐང་དགོན་དང་། སྣར་ཐང་དགོན་གྱི་མཆོད་རྟེན་མ་ཟད། བང་རིམ་གསུམ་ཅན་དང་། རྒྱང་དགེ་མེད་པའི་བང་རིམ་བཞི་ཅན་གྱི་མཆོད་རྟེན་རྣམ་པའི་བུམ་པའང་ཀ་ཀླུམ་དབྱིབས་སུ་བྱས་པ་ལས་གསལ་པོར་རྟོགས་ནུས།

དབུས་གཙང་ཁུལ་དུ་རྣམ་པ་འདི་ལྟའི་མཆོད་རྟེན་བཟོ་དབྱིབས་དར་ཤུགས་ཆེ་ཤོས་ནི་དུས་རབས་༡༢པ་ནས་༡༥པའི་བར་དུ་ཡིན་པར་སེམས།

གཉིས། བང་རིམ་གསུམ་ཅན་རྣམ་པའི་མཆོད་རྟེན།

༡ སྟོད་མངའ་རིས་སུ་དར་བའི་རྣམ་པ།

དེའི་དཔེ་མཚོན་ལ་གུ་གེ་ཙ་རང་མཁར་གཤམ་གྱི་ལྷ་ཁང་དམར་པོའི་ལྡེབས་རིས་སུ་འཕོད་པའི་མཆོད་རྟེན་དང་། མཐོ་ལྡིང་དགོན་པའི་ཧུ་གདོན་བཞིའི་ཡ་ཀྱིལ་བྱང་ལྷ་བབས་མཆོད་རྟེན་སོགས་པ་ཡིན་ཏེ། ལྷ་ཁང་དམར་པོའི་བང་རིམ་གསུམ་ཅན་བཞིན་འཇུགས་སྐྲུན་མཆོད་རྟེན་རྣམ་པར་བཞེངས་པའི་མ་དཔེ་ད་བར་མིག་གིས་དངོས་སུ་མཇལ་མེད་ཀྱང་། དེའི་བཟོ་དབྱིབས་ནི་ཅུང་དམིགས་བསལ་ཞིག་ཏུ་མངོན་པར་སེམས།

ལྷ་ཁང་འདིའི་ལྡེབས་རིས་སུ་གསལ་བའི་བང་རིམ་གསུམ་ཅན་གྱི་མཆོད་རྟེན་གཉིས་ཏེ། སྒོ་མང་མཆོད་རྟེན་དང་ལྷ་བབས་མཆོད་རྟེན་གཉིས་པོའི་བུམ་པ་ནི་དྲིལ་བུ་ཁ་སྦུབས་ཀྱི་རྣམ་པར་བྱས་པ་དང་། རྒྱབ་ཀྱི་བང་རིམ་གསུམ་པོ་དེ་སྒོ་འབུར་དུ་མ་བྱས་ཀྱང་མདུན་གྱི་བང་རིམ་ཉིས་ཅན་གྱི་དཔངས་དང་འདྲ་བར་བསྐྲུན་པའི་བཟོ་དབྱིབས་འདི་ནི་དུས་འཁོར་ལུགས་ཀྱི་དཀྱིལ་འཁོར་བློས་བསླངས་ཀྱི་རྣམ་པ་དང་འདྲ་བར་མངོན་ཡོད། ད་བར་པིར་འཛིན་པར་ལག་འཁྱེར་བྱུང་བའི་དཔྱད་གཞི་ལྟར་ན། བང་རིམ་འདི་ལྟར་དུ་བཞེངས་པའི་མཆོད་རྟེན་ནི་སྟོད་

མངའ་རིས་ས་ཁུལ་དང་། དབུས་གཙང་ཁུལ་གྱི་ས་ཁུལ་འགའ་ཞིག་ཏུ་ངེས་ཅན་གྱི་དུས་རིམ་ཞིག་སྟེ། དུས་རབས་༡༠པ་ནས་དུས་རབས་༡༥པའི་བར་མཚམས་ནང་བོད་ཀྱི་ཡུལ་གྲུ་ཁག་གཅིག་ཏུ་དར་སྲོལ་བྱུང་བའི་གཙོ་བོའི་མཆོད་རྟེན་རྣམ་པའི་ནང་ཚན་ཞིག་ལགས།

མཐོ་ལྡིང་དགོན་པའི་ཙ་གནོན་བཞིའི་ཡ་གྲུལ་བྱང་ལྷ་བབས་མཆོད་རྟེན་དེའི་བུམ་པའི་བཟོ་དབྱིབས་སུ་བུམ་སྨད་ནི་བུམ་སྟོད་ལས་ཞེང་ཆེ་བ་སྟེ། ཕྱིར་བགྲད་པའི་རྣམ་པར་མངོན་ཅིང། བྲེའི་དཔངས་མཐོ་ལ་ཞེང་ཆེ་བ་བཅས་སོ། །

༢ དབུས་གཙང་དུ་དར་བའི་རྣམ་པ།

ཕྱིའི་བཟོ་དབྱིབས་ཀྱི་ཁྱད་ཆོས་ལས་དབྱེ་བ་གཉིས་ཙམ་དུ་ཕྱེ་ཐུབ་པ་སྟེ། གཅིག་ནི་ག་ཆུམ་དབྱིབས་ཀྱི་བུམ་པའི་བཟོ་ཁྱད་གཙོ་བོའི་ཁྱད་ཆོས་སུ་མངོན་པའི་མཆོད་རྟེན་རྣམ་པ་སྟེ། ས་བཅད་བཞི་པའི་ནང་དུ་དྲངས་པའི་ཞྭ་བྲག་གཏམ་ཤུལ་དགའ་ཐང་འབུམ་པ་དང་། ཁང་དམར་ཞོ་ནང་དགོན་དུ་བཞུགས་པའི་བང་རིམ་གསུམ་ཅན་གྱི་མཆོད་རྟེན་ལྟ་བུས་མཚོན་ཞིང་། གཉིས་སུ་ནི་བུམ་པའི་བཟོ་དབྱིབས་ལྷུང་བཟེད་ཁ་སྦུབས་སུ་སྣང་ལ། བུམ་སྟོད་ཞེང་ཚད་ནི་བུམ་སྨད་ལས་ཤས་ཆེ་བའི་རྣམ་པར་བྱུང་བ་སྟེ། ཐར་གྱི་ས་སྐྱའི་གདན་ས་དགོན་པ་བྱང་དུ་བཞུགས་པའི་དཔོན་ཆེན་འོད་ཟེར་སེང་གེའི་གདུང་རྟེན་ལྟ་བུ་ལ་སོགས་པའི་མཆོད་རྟེན་གྱིས་མཚོན་ནོ། །

རྣམ་པ་འདི་ལྟའི་མཆོད་རྟེན་དར་ཤུགས་ཆེ་བའི་དུས་ཚོད་ནི་དུས་རབས་༡༢པ་ནས་འགོ་ཚུགས་ཏེ་དུས་རབས་༡༥པའི་བར་མཚམས་ནང་དུ་ཡིན་པར་སེམས།

གསུམ། རྒྱང་དགེ་མེད་པའི་བང་རིམ་བཞི་ཅན་རྣམ་པའི་མཆོད་རྟེན།

རྣམ་པ་འདི་ལྟ་བུའི་མཆོད་རྟེན་བཟོ་དབྱིབས་བྱུང་བའི་དུས་ཡུན་ནི་ཤིན་ཏུ་རིང་པོ་ཡིན་པ་ས་བཅད་གོང་མའི་འབྲེལ་ཡོད་ནང་དོན་ལས་གསལ་བར་ཤེས་སོ། འོན་ཏེ་ད་བར་ཕྱིར་འཛིན་པར་རྟེན་སོན་བྱུང་བའི་དཔྱད་གཞིའི་མ་དཔེ་ལྟར་ན། རང་རེའི་ཡུལ་དུ་དུས་རབས་༡༠པའི་སྐབས་སུ་རྣམ་པ་འདི་ལྟའི་མཆོད་རྟེན་བསྐྲུན་སྲོལ་བྱུང་ཡོད་པ་དང་། དེ་ནས་དུས་རབས་༡༥པར་རྒྱང་དགེ་ལ་སོགས་པའི་མཆོད་རྟེན་གྱི་གྲུབ་ཆ་ལྷུ་ཚང་བར་གྱུར་པའི་བར་དུ་རྣམ་པ་འདི་ལྟའི་མཆོད་རྟེན་ནི། བོད་ཀྱི་ཡུལ་གྲུ་མང་དག་ཅིག་ཏུ་དར་སྲོལ་ཆེན་པོ་བྱུང་བའི་གཙོ་བོའི་བཟོ་དབྱིབས་ཀྱི་ནང་ཚན་ཞིག་ཡིན་སོད། འོན་ཏེ་དུས་རབས་༡༦པའི་སྐབས་དང་། དུས་རབས་༡༧པའི་སྐབས་སུའང་རྒྱང་དགེ་མེད་པའི་བང་རིམ་བཞི་ཅན་རྣམ་པའི་མཆོད་རྟེན་མི་ཉུང་བ་ཞིག་བསྐྲུན་སྲོལ་བྱུང་འདུག་པ་དེ་ནི། ལོ་རྒྱུས་རྫ་མའི་བཟོ་ཁྱད་རྒྱུན་བསྲིངས་བྱུང་བ་ཞིག་ཡིན་པ་ལས། དེས་དུས་རིམ་ངེས་ཅན་ཞིག་གི་ནང་དུ་དར་འཕེལ་བྱུང་བའི་གཙོ་བོའི་བཟོ་དབྱིབས་ཀྱི་རྣམ་པ་དེ་མཚོན་མི་ནུས་པའོ། །

རྣམ་པ་འདི་ལྟའི་མཆོད་རྟེན་བཟོ་དབྱིབས་ཀྱང་བང་རིམ་གསུམ་ཅན་སྐབས་དང་འདྲ་བའི་དབྱེ་བ་ཕྱེ་ཐུབ་པར་འདུག་པས། འདིར་བསྐྱར་ཟློས་མི་བྱའོ། །

གོང་དུ་ངོ་སྤྲོད་ཞུས་ཟིན་པ་བཞིན། དུས་རབས་༡༥པ་ནས་བཟུང་། བོད་ཀྱི་ཨར་སྐྲུན་མཆོད་རྟེན་བྱུང་འཕེལ་གྱི་དུས་རིམ་ལ་རྣམ་པ་གསར་པ་ཞིག་བྱུང་འགོ་ཚུགས་ཡོད་པ་སྟེ། བུ་སྟོན་རིན་པོ་ཆེའི་བྱང་ཆུབ་ཆེན་མོའི་མཆོད་རྟེན་ཐིག་ཚད་བཞིན་བསྐྲུན་པའི་མཆོད་རྟེན་ནི། བོད་ཡུལ་རང་བཞིན་གྱི་ཁྱད་ཆོས་ལྡན་པའི་བཟོ་ལུགས་ཀྱི་དཔེ་མཚོན་དུ་གྲུབ་ཡོད་པ་དང་། དུས་དེ་ནས་བཟུང་བོད་ཡུལ་

སྟོད་སྨད་བར་གསུམ་དུ་བྱུང་བའི་མཆོད་རྟེན་གྱི་གྲུབ་ཆའི་བཟོ་དབྱིབས་ནི་གཅིག་གྱུར་རྣམ་པའི་ཁ་ཕྱོགས་སུ་བསྒྱུར་འགོ་ཚུགས་ཡོད།

གཞན་ཡང་། བསྟན་པ་ཕྱི་དར་དབུ་ཚུགས་པ་ནས་དུས་རབས་༡༥པའི་བར་མཚམས་སུ་བོད་ཀྱི་ཨར་སྐྲུན་མཆོད་རྟེན་གྱི་འཕེལ་ཕྱོགས་ལ་རྣམ་པ་གསར་པ་གཞན་ཞིག་འཆར་འགོ་ཚུགས་ཡོད་པ་སྟེ། མཆོད་རྟེན་གྱི་ཕྱིའི་བྱད་དབྱིབས་དང་རྣམ་པའི་མཚོན་ཚུལ་ཤིན་ཏུ་ཕུན་སུམ་ཚོགས་པོ་བྱུང་ཡོད་པ་གོང་དུ་སྨོས་ཟིན་པའི་བང་རིམ་གྲངས་ཚད་འདྲ་མིན་གྱི་མཆོད་རྟེན་ཅམ་མ་ཟད། བཀའ་གདམས་མཆོད་རྟེན་དང་། སྐུ་འབུམ་མཆོད་རྟེན། མཆོད་རྟེན་བརྒྱ་རྩ་བརྒྱད། ཀཎྛིའི་མཆོད་རྟེན། ཁང་བུ་བརྩེགས་པའི་མཆོད་རྟེན་ལ་སོགས་པ་བྱུང་ཡོད་པ་དང་། འདི་ལྟ་བུའི་ཕུན་སུམ་ཚོགས་པའི་རྣམ་པས་བོད་ཀྱི་གནའ་རབས་ཨར་སྐྲུན་མཆོད་རྟེན་བྱུང་འཕེལ་གྱི་ནང་དོན་དེ་བས་ཁྱད་དུ་འཕགས་པ་ཞིག་ཏུ་གྲུབ་ཡོད་ལ། གྲུབ་འབྲས་དེ་ལྟར་བྱུང་བའི་རྒྱུ་མཚན་ཡང་། བོད་ཀྱི་སྲོལ་རྒྱུན་རིག་གནས་ལ་དར་འཕེལ་ཤུགས་ཆེན་བྱུང་བའི་སྤྱི་ཚོགས་འཕེལ་རྒྱས་ཀྱི་ལོ་རྒྱུས་རྒྱབ་ལྗོངས་དང་འབྲེལ་བ་གཏིང་ཟབ་ཅིག་བྱུང་ཡོད་པ་གནའ་རབས་ཆོས་འབྱུང་ཡིག་ཚང་ཁག་ལས་གསལ་པོར་རྟོགས་སོ། །

མཆོད་རྟེན་ཐིག་རྩའི་གཞུང་ལུགས་བརྩམས་ཆོས་ནི། མཆོད་རྟེན་བཟོ་སྐྲུན་སྐབས་སུ་མེད་དུ་མི་རུང་བའི་གཞི་འཛིན་ཡུལ་ཞིག་ཡིན་པ་གོར་མ་ཆག །དུས་རབས་༡༦པའི་གོང་རོལ་དུ་རང་རེའི་བོད་ཀྱི་མཆོད་རྟེན་བྱད་དབྱིབས་བསྐྲུན་པའི་གཞུང་ལུགས་ཕལ་མོ་ཆེ་ནི་བཀའ་བསྟན་དུ་ལྭོད་པ་བཞིན་གྱིས་ཕྱག་ལེན་བྱེད་དགོས་པ་ཞིག་ཡིན་མོད། འོན་ཏེ་དུས་རིམ་དེ་ནས་བཟུང་བཀའ་བསྟན་གཞུང་གི་རྒྱང་གཞིའི་ཐོག་བོད་མི་རང་གི་ཕྱག་ལེན་ཉམས་མྱོང་དང་། ས་ཁུལ་རང་བཞིན་

དང་། མི་རིགས་རང་བཞིན་གྱི་ཁྱད་ཆོས་ལྡན་པའི་གཞུང་ལུགས་བྱུང་འགོ་ཚུགས་པ་ནས་བཟུང་། བོད་ཀྱི་གྲུབ་མཐའ་ཁག་གི་མཁས་པ་དུ་མས་མཛད་པའི་མཆོད་རྟེན་སྐོར་གྱི་ཐིག་ཚད་ཙམ་མ་ཡིན་པར། ཕྱག་ལེན་གྱི་ཉིང་ཁུས་ཕྱུག་ཅིང་ནང་དོན་ཟབ་ལ་རྒྱས་པའི་གཞུང་ལུགས་ན་རིམ་དུ་དར་འཕེལ་བྱུང་བ་ལགས། གཞུང་ལུགས་བརྩམས་ཆོས་དེ་དག་ལ་བརྟེན་ནས་བོད་ལུགས་ཀྱི་ཁྱད་ཆོས་ལྡན་པའི་མཆོད་རྟེན་བཟོ་སྐྲུན་གྱི་ལག་བསྟར་དངོས་ལ་ཞིབ་སྐྱེས་འབྲུལ་ཡོད་པའང་གོང་གི་འབྲེལ་ཡོད་ས་བཅད་ནང་དུ་གསལ་ཡོད་པ་ལས་ངེས་ཤེས་འདྲོང་ཐུབ་པ་བཅས་སོ། །

དཔྱད་གཞིའི་ཡིག་ཆ།

དང་པོ། དཔེ་དེབ་ཀྱི་སྐོར།

ཀ་སྡེ།

1. ཀ་ཐོག་རིག་འཛིན་ཚེ་དབང་ནོར་བུའམ (༡༦༩༨–༡༧༥༦) ཡོངས་གྲགས་ཀྱི་མཚན་དུ་ཀ་ཐོག་རིག་འཛིན་ཆེན་པོས་མཛད་པའི་《རྒྱལ་བའི་བསྟན་པ་བྱང་ཕྱོགས་སུ་འབྱུང་བའི་རྩ་ལག་བོད་རྗེ་ལྷ་བཙན་པོའི་གདུང་རབས་ཚིག་ཉུང་དོན་གསལ་ཡིད་ཀྱི་མེ་ལོང་ཞེས་བྱ་བ་བཞུགས་སོ་》ཞེས་པ་གངས་ཅན་རིག་མཛོད་དེབ་༡པའི་ནང་བཀོད་པ་《བོད་ཀྱི་ལོ་རྒྱུས་དེབ་ཐེར་ཁག་ལྔ་》བོད་ལྗོངས་བོད་ཡིག་དཔེ་རྙིང་དཔེ་སྐྲུན་ཁང་ནས་སྤྱི་ལོ་༡༩༩༠ལོའི་པར་གཞི་དང་པོ་བསྒྲིགས་པ་སྤྱི་ལོ་༢༠༠༥ལོའི་དཔར་ཐེངས་གཉིས་པ།

2. ཀཿ ཐོག་སི་ཏུ་ཆོས་ཀྱི་རྒྱ་མཚོས་ (༡༨༨༠–༡༩༢༥) མཛད་པའི་《ཀཿ ཐོག་སི་ཏུའི་དབུས་གཙང་གནས་ཡིག་》 བོད་ལྗོངས་བོད་ཡིག་དཔེ་རྙིང་དཔེ་སྐྲུན་ཁང་གིས་སྤྱི་ལོ་༡༩༩༩ལོར་བསྐྲུན།

3. ཀོང་སྤྲུལ་ཡོན་ཏན་རྒྱ་མཚོས་ (༡༧༢༩–༡༧༩༨) བརྩམས་པའི་《ཤེས་བྱ་ཀུན་ཁྱབ་》 མི་རིགས་དཔེ་སྐྲུན་ཁང་གིས་སྤྱི་ལོ་༢༠༠༢ལོར་བསྐྲུན།

4. ཀུན་མཁྱེན་འཇིགས་མེད་གླིང་པས་ (༡༧༢༩–༡༧༩༨) 《འཇིགས་མེད་གླིང་པའི་གཏམ་ཚོགས་》 ཆབ་སྤེལ་ཚེ་བརྟན་ཕུན་ཚོགས་སོགས་ཀྱིས་བསྒྲིགས་པའི་《གངས་ཅན་རིག་མཛོད་》 འདོན་ཐེངས་༡༨པ། བོད་ལྗོངས་བོད་ཡིག་དཔེ་སྐྲུན་ཁང་གིས་སྤྱི་ལོ་༡༩༩༡ལོར་བསྐྲུན།

5. དཀོན་མཆོག་བསྟན་འཛིན་དང་འཕྲིན་ལས་རྒྱལ་མཚན་གྱིས་བརྩམས་པའི་《བོད་ལུགས་མཆོད་རྟེན་》 མི་རིགས་དཔེ་སྐྲུན་ཁང་གིས་སྤྱི་ལོ་༢༠༠༧ལོར་བསྐྲུན།

6. དཀོན་མཆོག་བསྟན་འཛིན་གྱིས་བརྩམས་པའི་《བཟོ་གནས་སྐྲ་རྩེའི་ཆུ་ཐིགས་》 ཀྲུང་གོའི་བོད་ཀྱི་ཤེས་རིག་དཔེ་སྐྲུན་ཁང་གིས་སྤྱི་ལོ་༡༩༨༤ལོར་བསྐྲུན།

7. སྐྱེ་དགུ་བ་ཀུན་དགའ་གྲགས་པས་བརྩམས་པའི་《སྐུ་གཟུགས་དང་མཆོད་རྟེན་ལ་ནང་བཞུགས་འབུལ་ཚུལ་ལག་ལེན་ཉུང་བསྡུས་གསེར་གྱི་ལྡེ་མིག་ལུང་གི་ཁྲ་ཚོམ་》ཞེས་བྱ་བ་མཁན་པོ་ཀུན་དགའ་བཟང་པོས་བསྒྲིགས་པའི་《དཔལ་ལྡན་ས་སྐྱ་པའི་གསུང་རབ་པོད་གསུམ་པ་བཟོ་གནས་དང་སྟེབ་སྦྱོར་སྟོད་ཆ་》 མི་རིགས་དཔེ་སྐྲུན་ཁང་དང་མཚོ་སྔོན་མི་རིགས་དཔེ་སྐྲུན་ཁང་ནས་སྤྱི་ལོ་༢༠༠༥ལོར་བསྐྲུན།

8. ཀློང་རྡོལ་ངག་དབང་བློ་བཟང་ (༡༧༡༩–༡༧༩༤) གིས་བརྩམས་པའི་《ཀློང་རྡོལ་ངག་དབང་བློ་བཟང་གི་གསུང་འབུམ་》 ཇ། གླེགས་བམ་དང་པོའི་ནང་བཏུས། གངས་ཅན་རིག་མཛོད་དེབ་༢༠པ། བོད་ལྗོངས་བོད་ཡིག་དཔེ་རྙིང་དཔེ་སྐྲུན་ཁང་ནས་སྤྱི་ལོ་༢༠༠༢ལོར་བསྐྲུན་པའི་པར་ཐེངས་གཉིས་པའི་ཤོག་ངོས་༢༨༣ན་གསལ།

9. བཀྲས་ལྷུན་དགོན་པོ་རྒྱུས་རྩོམ་འབྲི་ཚོགས་ཆུང་གིས་བསྒྲིགས་པའི་《དཔལ་ལྡན་ས་སྐྱ་དགོན་གྱི་ལོ་རྒྱུས་དང་ཁྲི་པ་རིམ་བྱོན་གྱི་རྣམ་ཐར་མདོར་བསྡུས་བཞུགས་སོ་》 བོད་ལྗོངས་མི་དམངས་དཔེ་སྐྲུན་ཁང་གིས་སྤྱི་ལོ་༢༠༠༠ལོར་བསྐྲུན་པའི་པར་ཐེངས་༢པ།

ཁ་སྐེ།

10. ཁང་དཀར་ཚུལ་ཁྲིམས་སྐལ་བཟང་གིས་བརྩམས་པའི་《ཁང་དཀར་ཚུལ་ཁྲིམས་སྐལ་བཟང་གི་གསུང་རྩོམ་ཕྱོགས་བསྒྲིགས་》 ཀྲུང་གོའི་བོད་ཀྱི་ཤེས་རིག་དཔེ་སྐྲུན་ཁང་ནས་སྤྱི་ལོ་༡༩༩༩ལོར་བསྐྲུན།

11. མཁས་པ་ལྡེའུས་ (དུས་རབས་༡༢པའི་ནང་) མཛད་པའི་《ལྡེའུ་ཆོས་འབྱུང་རྒྱས་

པ་》གངས་ཅན་རིག་མཛོད་དེབ་༣པ། བོད་ལྗོངས་བོད་ཡིག་དཔེ་རྙིང་དཔེ་སྐྲུན་ཁང་དང་བོད་ལྗོངས་མི་དམངས་དཔེ་སྐྲུན་ཁང་གིས་སྤྱི་ལོ་༡༩༨༧ལོར་བསྐྲུན།

12. མཁར་རྫེའུ་བསམ་གཏན་མཆོག་གི་གསུང་རྩོམ་ཕྱོགས་སྒྲིག་《མདའ་དང་འཕང་》སྟོད་ཆ། བདེ་ཁང་བསོད་ནམས་ཆོས་རྒྱལ་གྱིས་བསྒྲུར། ཀྲུང་གོ་བོད་རིག་པའི་དཔེ་སྐྲུན་ཁང་ནས་སྤྱི་ལོ་༢༠༠༧ལོར་བསྐྲུན།

13. མཁས་གྲུབ་ཀྱི་བརྩམས་པའི་《ལྷོ་ཁའི་ཆོས་འབྱུང་སྙིགས་མའི་ནུ་རིན་》མི་རིགས་དཔེ་སྐྲུན་ཁང་གིས་སྤྱི་ལོ་༢༠༠༥ལོར་བསྐྲུན།

ཀ་སྡེ།

14. མགོན་པོ་དབང་རྒྱལ་གྱིས་བསྒྲིགས་པའི་《ཆོས་ཀྱི་རྣམ་གྲངས་》སི་ཁྲོན་མི་རིགས་དཔེ་སྐྲུན་ཁང་ནས་སྤྱི་ལོ་༡༩༨༨ལོར་བསྐྲུན།

15. ཀོ་གེ་ཚེ་རིང་རྒྱལ་པོའི་《མངའ་རིས་ཆོས་འབྱུང་གངས་ལྗོངས་མཛེས་རྒྱན་》བོད་ལྗོངས་མི་དམངས་དཔེ་སྐྲུན་ཁང་གིས་སྤྱི་ལོ་༢༠༠༦ལོར་བསྐྲུན།

16. ཀུ་རུ་ཨུ་རྒྱན་གླིང་པས་ཡར་ཀླུངས་ཤེལ་ཀྱི་བྲག་ཕུག་ནས་བཏོན་པ་དང་རྡོ་རྗེ་རྒྱལ་པོས་བསྒྲིགས་པའི་《བཀའ་ཐང་སྡེ་ལྔ་》མི་རིགས་དེ་པ་སྐྲུན་ཁང་གིས་སྤྱི་ལོ་༡༩༩༧ལོར་བསྐྲུན་པའི་པར་ཐེངས་༢པ།

17. འགོས་ལོ་གཞོན་ནུ་དཔལ་(༡༣༩༢–༡༤༨༡)གྱིས་བརྩམས་པའི་《དེབ་ཐེར་སྔོན་པོ་》སྟོད་ཆ། སི་ཁྲོན་མི་རིགས་དཔེ་སྐྲུན་ཁང་གིས་སྤྱི་ལོ་༡༩༧༦ལོར་བསྐྲུན་པའི་པར་ཐེངས་༢པ།

18. 《དགེ་འདུན་ཆོས་འཕེལ་གྱི་གསུང་རྩོམ་》དེབ་གསུམ་པའི་ནང་བཀོད་པའི་《བོད་ཆེན་པོའི་སྲིད་ལུགས་དང་འབྲེལ་བའི་རྒྱལ་རབས་དེབ་ཐེར་དཀར་པོ་ཞེས་བྱ་བ་བཞུགས་སོ་》གངས་ཅན་རིག་མཛོད་དེབ་༡༢པ། བོད་ལྗོངས་བོད་ཡིག་དཔེ་རྙིང་དཔེ་སྐྲུན་ཁང་ནས་སྤྱི་ལོ་༡༩༩༤ལོར་བསྐྲུན་པའི་པར་ཐེངས་༢པ།

19. གྲོང་ཁྱེར་ལྷ་ས་སྲིད་གྲོས་ལོ་རྒྱུས་རིག་གནས་དཔྱད་ཡིག་རྒྱུ་ཆ་རྩོམ་འབྲི་ཨུ་ཡོན་ལྷན་ཁང་ནས་རྩོམ་འབྲི་གནང་བའི་《གྲོང་ཁྱེར་ལྷ་སའི་ལོ་རྒྱུས་རིག་གནས་དེབ་དགུ་པ་སྙེ་མོ་རྫོང་》 བོད་གསར་བསྐྲུན་ཅུས་ཀྱི་ཚོག་མཆན་ཨང་༢༠༠༠-༠༡༧བཞིན་སྤྱི་ལོ་༢༠༠༠ལོར་པར་བསྐྲུན།

20. སྨོ་རིགས་ཉི་རི་ཤེལ་བཞིན་གྱིས་བསྒྲིགས་པའི་《རྗེ་རིན་པོ་ཆེ་མཉམ་མེད་ཤེས་རབ་རྒྱལ་མཚན་གྱི་རྣམ་ཐར་》 སི་ཁྲོན་དཔེ་སྐྲུན་ཚོགས་པ་དང་སི་ཁྲོན་མི་རིགས་དཔེ་སྐྲུན་ཁང་གིས་སྤྱི་ལོ་༢༠༠༨ལོར་བསྐྲུན།

ང་སྡེ།

21. ངག་དབང་བློ་གྲོས་གྲགས་པའམ་མ་ཏི་ཀིརྟིས་མཛད་པའི་《ཇོ་ནང་ཆོས་འབྱུང་ཟླ་བའི་སྒྲོན་མེ་》 ཀྲུང་གོའི་བོད་ཀྱི་ཤེས་རིག་དཔེ་སྐྲུན་ཁང་གིས་སྤྱི་ལོ་༡༩༩༢ལོར་བསྐྲུན།

22. ངག་དབང་དང་ཀུན་དགས་རྩོམ་སྒྲིག་བྱས་པའི་《ཀུན་མཁྱེན་ཇོ་ནང་པ་ཡབ་སྲས་རྣམས་ཀྱི་རྣམ་ཐར་དད་པའི་ཁྲུས་རྫིང་》 ཤར་འཛམ་ཐང་བསམ་གྲུབ་ནོར་བུའི་གླིང་གི་བཤད་གྲྭ་ནས་སྤེལ་བའི་གངས་ཅན་ཤམྦྷ་ལར་འཇུག་ངོར་ཞེས་པའི་དེབ་ཕྲེང་ནང་གི་དེབ་དང་པོ། ཤང་ཀང་ཐན་མ་དཔེ་སྐྲུན་ཁང་ནས་བསྐྲུན། ལོ་དུས་མི་གསལ།

ཆ་སྡེ།

23. ཆབ་སྤེལ་ཚེ་བརྟན་ཕུན་ཚོགས་སོགས་པས་བསྒྲིགས་པའི་《བོད་ཀྱི་ལོ་རྒྱུས་རགས་རིམ་གཡུ་ཡི་ཕྲེང་བ་》(སྟོད་ཆ) (བར་ཆ) བོད་ལྗོངས་བོད་ཡིག་དཔེ་རྙིང་དཔེ་སྐྲུན་ཁང་གིས་སྤྱི་ལོ་༡༩༥༥ལོར་བསྐྲུན།

24. 《མཆོད་རྟེན་གྱི་ཆ་དབྱེ་བ་འདུལ་བ་ལུང་ལས་བྱུང་བའི་མདོ་》 སྣར་ཐང་པར་མའི་བསྟན་འགྱུར་རྒྱུད་ཀྱི་དུ་སྡེ་ཤོག་གྲངས་༡༧༨གོང་གི་ཡིག་ཕྲེང་༧པ་ནས་འོག་མ་ཕྲེང་

༡པོར་གསལ་བ་དང་། ཆེད་དེབ་འདིའི་ནང་དྲངས་ཟིན་གྱི་སྐུ་ཞབས་པདྨ་རྗོ་རྗེའི་དབྱིན་ཡིག་བརྩམས་ཆོས་ཀྱི་ཟུར་བཀོད་དུ་གསལ་བ་ལས་དྲངས།

ཛ་སྡེ།

25. རྫོ་ནང་མཛའ་མཐུན་ལོ་རྒྱུས་ཕྱོགས་སྒྲིག་ཚོགས་པས་རྩོམ་སྒྲིག་བྱས་པའི་《རྫོ་ནང་བའི་གདན་རབས་མདོར་བསྡུས་དྲང་སྲོང་རྒན་པོའི་ཞལ་ལུང་》 མི་རིགས་དཔེ་སྐྲུན་ཁང་གིས་སྤྱི་ལོ་༢༠༠༥ལོར་བསྐྲུན།

26. འཇིགས་མེད་གྲགས་པས་བརྩམས་པའི་《རབ་བརྟན་ཀུན་བཟང་འཕགས་ཀྱི་རྣམ་ཐར་》 བོད་ལྗོངས་མི་དམངས་དཔེ་སྐྲུན་ཁང་གིས་སྤྱི་ལོ་༡༩༨༧ལོར་བསྐྲུན།

ཉ་སྡེ།

27. མཉམ་མེད་ཤེས་རབ་རྒྱལ་མཚན་ (༡༢༥༩–༡༣༦༡) གྱིས་བརྩམས་གནང་བའི་《བདེ་བར་གཤེགས་པའི་སྐུ་གདུང་སྐུ་གཟུགས་གཉིས་ཀྱི་ཐིག་རྩ་དང་བཀོད་གནས་རང་གྲུབ་བཞུགས་སོ་》ཞེས་པའི་ཡིག་ཆ་གནའ་བོའི་སྟོད་དུ་གསལ།

ཏ་སྡེ།

28. སྟག་ཚང་ལོ་ཙྪ་བ་ཤེས་རབ་རིན་ཆེན་ (དུས་རབས་༡༥པའི་ནང་) གྱིས་བརྩམས་པའི་《རྟེན་གསུམ་བཞུགས་གནས་དང་བཅས་པའི་སྒྲུབ་ཚུལ་དཔལ་འབྱོར་རྒྱ་མཚོ་ཞེས་བྱ་བ་བཞུགས་སོ་》 མཁན་པོ་ཀུན་དགའ་བཟང་པོས་བསྒྲིགས་པའི་《དཔལ་ལྡན་ས་སྐྱ་པའི་གསུང་རབ་པོད་གསུམ་པ་བཟོ་གནས་དང་སྡེབ་སྦྱོར་》 སྟོད་ཆ། མི་རིགས་དཔེ་སྐྲུན་ཁང་དང་མཚོ་སྔོན་མི་རིགས་དཔེ་སྐྲུན་ཁང་ནས་སྤྱི་ལོ་༢༠༠༥ལོར་བསྐྲུན།

29. བསྟན་པ་རབ་བརྟན་མཆོག་གིས་《བོད་ཀྱི་སྲོལ་རྒྱུན་མཛེས་རྩལ་ལས་ཐྲིས་འབུར་

གཉིས་ཀྱི་བྱུང་བ་མདོ་ཙམ་བརྗོད་པ་》མི་རིགས་དཔེ་སྐྲུན་ཁང་གིས་སྤྱི་ལོ་༢༠༠༧ལོར་བསྐྲུན།

30. ཧ་ཚག་ཚེ་དབང་རྒྱལ་(དུས་རབས་༡༥པའི་ལོ་རབས་༢༠པ་ནས་ལོ་རབས་༧༠པའི་བར་)གྱིས་མཛད་པའི་《ལྷོ་རོང་ཆོས་འབྱུང་》བོད་ལྗོངས་བོད་ཡིག་དཔེ་རྙིང་དཔེ་སྐྲུན་ཁང་གིས་སྤྱི་ལོ་༡༩༩༤ལོར་བསྐྲུན།

ཐ་སྡེ།

31. ཐུའུ་བཀྭན་བློ་བཟང་ཆོས་ཀྱི་ཉི་མས་(༡༧༣༧-༡༨༠༢)བརྩམས་པའི་《ཐུའུ་བཀྭན་གྲུབ་མཐའ་》ཀན་སུའུ་མི་རིགས་དཔེ་སྐྲུན་ཁང་གིས་སྤྱི་ལོ་༡༩༨༥ལོའི་པར་ཐེངས་གཉིས་པ།

ད་སྡེ།

32. དུང་དཀར་རིན་པོ་ཆེ་མཆོག་གིས་མཛད་པའི་《དུང་དཀར་ཚིག་མཛོད་ཆེན་མོ་》ཀྲུང་གོའི་བོད་རིག་པ་དཔེ་སྐྲུན་ཁང་ནས་སྤྱི་ལོ་༢༠༠༢ལོར་བསྐྲུན།

33. དེའུ་དམར་དགེ་བཤེས་བསྟན་འཛིན་ཕུན་ཚོགས་(སྤྱི་ལོ་༡༧༢༥–？)གྱིས་བརྩམས་པའི་《ཀུན་གསལ་ཚོན་གྱི་ལས་རིམ་》ཞེས་པ་ལུའོ་ཡིང་རྫིན་གྱིས་སྒྲིག་འགྲེལ་བྱས་པའི་《གནའ་རབས་བྲིས་སྐུ་དང་བཟོ་སྐུ་ཚོན་ཁྲ་ཅན་གྱི་ཚད་དང་ལྡན་པའི་གཞུང་ལུགས་》ཀྲུང་གོའི་བོད་རིག་པ་དཔེ་སྐྲུན་ཁང་ནས་སྤྱི་ལོ་༢༠༠༥ལོར་བསྐྲུན།

34. 《དེ་བཞིན་གཤེགས་པ་ཐམས་ཅད་ཀྱི་གཙུག་ཏོར་རྣམ་པར་རྒྱལ་བ་ཞེས་བྱ་བའི་གཟུངས་རྟོག་པ་དང་བཅས་པ་》ཉི་ཧོང་ནས་༡༩༥༧ལོར་རྩོམ་སྒྲིག་བྱས་པའི་བོད་ཀྱི་བཀའ་འགྱུར་པོད་༧པའི་ནང་བཞུགས་པའི་བཀའ་འགྱུར་རྒྱུད་ཕ་ཡི་ཤོག་ངོས་༢༢༢འོག་གི་སྐར་པ་༧ནས་ཤོག་ངོས་༢༢༣སྐར་པ་༢པ།

35. སྡེ་སྲིད་སངས་རྒྱས་རྒྱ་མཚོས་(༡༦༥༣–༡༧༠༥)བརྩམས་པའི་《བཻཌཱུར་དཀར་པོ་ལས་དྲིས་ལན་འཁྲུལ་སྣང་གཡའ་སེལ་》གློགས་བམ་གཉིས་པ། ཀྲུང་གོའི་བོད་རིག་པ་དཔེ་

སྐྲུན་ཁང་གིས་སྤྱི་ལོ་༢༠༠༢ལོར་བསྐྲུན།

36. སྡེ་སྲིད་སངས་རྒྱས་རྒྱ་མཚོས་བརྩམས་པའི་《དགའ་ལྡན་ཆོས་འབྱུང་བཻཌཱུར་སེར་པོ་》ཀྲུང་གོའི་བོད་ཀྱི་ཤེས་རིག་དཔེ་སྐྲུན་ཁང་གིས་སྤྱི་ལོ་༡༩༩༡ལོར་བསྐྲུན།

ན་སྡེ།

37. ནེའུ་པཎྜི་ཏ་གྲགས་པ་སྨོན་ལམ་བློ་གྲོས་ཀྱིས་༡༢༨༣ལོར་བརྩམས་གནང་བའི་《སྔོན་གྱི་གཏམ་མེ་ཏོག་ཕྲེང་བ་ཞེས་བྱ་བ་བཞུགས་སོ་》ཆབ་སྤེལ་ཚེ་བརྟན་ཕུན་ཚོགས་ཀྱིས་རྩོམ་སྒྲིག་བྱས་པའི་《བོད་ཀྱི་ལོ་རྒྱུས་དེབ་ཐེར་ཁག་ལྔ་》 གངས་ཅན་རིག་མཛོད་དེབ་༩པ། བོད་ལྗོངས་བོད་ཡིག་དཔེ་རྙིང་དཔེ་སྐྲུན་ཁང་ནས་སྤྱི་ལོ་༢༠༠༥ལོར་བསྐྲུན་པའི་པར་ཐེངས་གཉིས་པ།

38. རྣམ་རྒྱལ་ཚེ་རིང་（安世兴）གིས་རྩོམ་སྒྲིག་བྱས་པའི་《སུམ་བོད་རྒྱ་གསུམ་ཤན་སྦྱར་གྱི་ཚིག་མཛོད་》 མི་རིགས་སྐྲུན་ཁང་གིས་སྤྱི་ལོ་༡༩༩༡ལོའི་པར་གཞི་༡པོ་དང་སྤྱི་ལོ་༢༠༠༥ལོའི་པར་ཐེངས་༣པ།

པ་སྡེ།

39. པཎ་ཆེན་ཆོས་རྣམ་ཀྱིས་བརྩམས་པའི་《རྟེན་ལ་གཟུངས་བཞུགས་འབུལ་བའི་ལག་ལེན་གསལ་བར་ལྟ་བཤད་ཀུན་གསལ་དཔྱལ་གྱི་མེ་ལོང་ཞེས་བྱ་བ་བཞུགས་སོ་》ཞེས་པ་《དཔལ་ལྡན་ས་སྐྱ་པའི་གསུང་རབ་པོད་གསུམ་པ་བཟོ་གནས་དང་སྡེབ་སྦྱོར་》སྟོད་ཆ། མི་རིགས་དཔེ་སྐྲུན་ཁང་མཚོ་སྔོན་མི་རིགས་དཔེ་སྐྲུན་ཁང་གིས་གིས་སྤྱི་ལོ་༢༠༠༤ལོར་བསྐྲུན།

40. དཔའ་བོ་གཙུག་ལག་ཕྲེང་བས་（༡༥༠༤–༡༥༦༦）སྤྱི་ལོ་༡༥༤༥ནས་༡༥༦༦བར་གྱི་ལོ་ངོ་ཉི་ཤུའི་རིང་ནང་བརྩམས་པའི་《ཆོས་འབྱུང་མཁས་པའི་དགའ་སྟོན་》 མི་རིགས་དཔེ་སྐྲུན་ཁང་གིས་སྤྱི་ལོ་༢༠༠༦ལོར་བསྐྲུན།

41. པ་ཚབ་པ་སངས་དབང་འདུས་དང་སློང་ཏུ་ནོར་བུས་བསྒྲིགས་པའི་《གཏམ་རྒྱལ་དགའ་ཐང་འབུམ་པ་ཆེ་ནས་གསར་རྙེད་བྱུང་བའི་བོན་གྱི་གནའ་དཔེ་འདམས་བསྒྲིགས་》བོད་ལྗོངས་བོད་ཡིག་དཔེ་རྙིང་དཔེ་སྐྲུན་ཁང་ནས་སྤྱི་ལོ་༢༠༠༧ལོར་བསྐྲུན།

ཕ་སྡེ།

42. 《འཕགས་པ་ཡེ་ཤེས་ཏ་ལ་ལ་ཞེས་བྱ་བའི་གཟུངས་འགྲོ་བ་ཐམས་ཅད་ཡོངས་སུ་སྦྱོང་བ་》ཉི་ཏོང་ནས་༡༥༥༧ལོར་རྩོམ་སྒྲིག་བྱས་པའི་བོད་ཀྱི་བཀའ་འགྱུར་པོད་༧པའི་ནང་བཞུགས་པའི་བཀའ་འགྱུར་རྒྱུད་ཕ་ཡི་ཤོག་ངོས་༢༨༩ཤོག་སྐར་པ་༩ནས་ཤོག་ངོས་༢༨༥སྐར་པ་༡པོ།

43. འཕྲེང་ཁ་བ་བློ་གྲོས་བཟང་པོས་མཛད་པའི་《མཆོད་རྟེན་བརྒྱད་ཀྱི་བཞེངས་ཚུལ་བཤད་པ་》བོད་རབ་བྱུང་བཅུ་གཅིག་པའི་སྨིན་པོ་ཞེས་བྱ་བ་ཤིང་ཡོས་ལོ་སྟེ་སྤྱི་ལོ་༡༨༧༥ལོར། བྱ་རིགས་གནས་ལྷ་སྨྲ་བ་རྣམ་གླིང་དཀོན་ཅོག་ཆོས་གྲགས་དང་། ཁྲིས་འབུར་གྱི་ཚུལ་ལ་བློ་མིག་ཡངས་པ་གཏིང་སྐྱེས་པ་ཚེ་དབང་ལྷུན་པོ་གཉིས་ཀྱིས་མཚམས་སྦྱར་བ་བཞིན། དགའ་ལྡན་ཕུན་ཚོགས་གླིང་དུ་བརྐོས་པའི་པར་བྱང་དེ་ལྷ་ལྡན་ཞོལ་པར་ཁང་ངམ་གངས་ཅན་ཕན་བདེ་གཏེར་མཛོད་གླིང་དུ་དཔར་དུ་བསྐྲུན།

བ་སྡེ།

44. བུ་སྟོན་རིན་ཆེན་གྲུབ་(༡༢༩༠—༡༣༦༤ལོའི་བར)གྱིས་མཛད་པའི་《བུ་སྟོན་ཆོས་འབྱུང་》ཀྲུང་གོའི་བོད་རིག་པའི་དཔེ་སྐྲུན་ཁང་གིས་སྤྱི་ལོ་༡༩༨༨ལོར་བསྐྲུན།

45. བུ་སྟོན་རིན་ཆེན་གྲུབ་ཀྱིས་《བྱང་ཆུབ་ཆེན་པོའི་མཆོད་རྟེན་ཚད་བཞུགས་སོ་》བུ་སྟོན་གསུང་འབུམ་ཕ་(༡༩)ནང་འཁོད་ཡོད་ཅིང་། འདིར་པདྨ་རྡོ་རྗེའི་བརྩམས་ཆོས་《བོད་ལུགས་མཆོད་རྟེན་གྱི་བཟོ་རྩལ་》(དབྱིན་ཡིག་)ཤོག་ངོས་༡༣༨—༡༩༣བར་གྱི་ཟུར་

བཀོད་Cནས་དྲངས་པ།

46. སྨྲ་གསལ་སྣང་ (དུས་རབས་༤པའི་ནང་) ངམ་སྨྲ་ཡི་ཤེས་དབང་པོས་བརྩམས་པའི་《སྨྲ་བཞེད་》 མི་རིགས་དཔེ་སྐྲུན་ཁང་གིས་སྤྱི་ལོ་༡༩༨༠ལོར་བསྐྲུན།

47. བལ་པོའི་པཎྜི་ཏ་ཆེན་པོ་མཁས་མཆོག་ཧྲི་བཙུན་མ་ཧི་ཀ་ཤྲཱི་ནས་མཛད་པའི་《ཆོས་རྗེ་ཀུན་མཁྱེན་ཆེན་པོའི་རྣམ་ཐར་བདེ་ཆེན་གསལ་སྒྲོན་ཞེས་བྱ་བ་རྣམ་བཤད་ཆེན་པོ་དགེ་ལེགས་ནོར་བུའི་ཕྲེང་བ་》 ངག་དབང་དང་ཀུན་དགས་རྩོམ་སྒྲིག་བྱས་པའི་《ཀུན་མཁྱེན་ཇོ་ནང་པ་ཡབ་སྲས་རྣམས་ཀྱི་རྣམ་ཐར་དད་པའི་ཁྲུས་རྫིང་》 ཤར་འཛམ་ཐང་བསམ་གྲུབ་ནོར་བུའི་གླིང་གི་བཤད་གྲྭ་ནས་སྤེལ་བའི་གངས་ཅན་ཤཱཀྱ་ལར་འཇུག་ངོར་ཞེས་པའི་དེབ་ཕྲེང་ནང་གི་དེབ་དང་པོའི་ཤོག་ངོས་༡༥-༡༢༨བར་གསལ། ཤང་ཀང་ཐན་མ་དཔེ་སྐྲུན་ཁང་ནས་བསྐྲུན། ལོ་དུས་མི་གསལ།

48. བོད་ལྗོངས་རིག་དངོས་འཕེལ་རྒྱས་ཀུན་མཐུན་ཐེབས་རྩ་ལྷན་ཚོགས་ཀྱིས་རྩོམ་སྒྲིག་བྱས་པའི་《ལྷ་སའི་བར་སྐོར་ནང་གི་གནའ་བོའི་ལོ་རྒྱུས་ལྡན་པའི་ཁང་བཟང་དང་གཙུག་ལག་ཁང་གི་རྣམ་བཤད་གསལ་སྒྲོན་》 སྤྱི་ལོ་༡༩༩༩ལོར་ཧོང་ཀོང་ནས་དཔར་སྐྲུན་བྱས།

མ་སྟེ།

49. མང་ཐོས་ཀླུ་སྒྲུབ་རྒྱ་མཚོས་བརྩམས་པ་དང་ནོར་བྲང་ཨོ་རྒྱན་གྱིས་བསྒྲིགས་པའི་《བསྟན་རྩིས་གསལ་བའི་ཉིན་བྱེད་དང་ཐ་སྙད་རིག་གནས་ལྔའི་བྱུང་ཚུལ་》 གངས་ཅན་རིག་མཛོད་དེབ་༩པ། བོད་ལྗོངས་མི་དམངས་དཔེ་སྐྲུན་ཁང་ནས་སྤྱི་ལོ་༡༩༨༧ལོར་བསྐྲུན།

50. 《སྨན་རིའི་ཡོངས་འཛིན་སློབ་དཔོན་བསྟན་འཛིན་རྣམ་དག་རིན་པོ་ཆེའི་གསུང་འབུམ་》བོད་ལྗུ་པ། བཟོ་རིག་པའི་སྐོར། ཁྲི་བརྟན་ནོར་བུ་རྩེའི་དཔེ་མཛོད་ཁང་གིས་སྤྱི་ལོ་༢༠༠༥ལོར་བསྐྲུན།

51. 《སྨན་རིའི་ཡོངས་འཛིན་སློབ་དཔོན་བསྟན་འཛིན་རྣམ་དག་རིན་པོ་ཆེའི་གསུང་

འབུམ་》 པོད་གསུམ་པ། བསྟན་འབྱུང་དང་པོ་རྒྱུས་སྐོར། ཁྲི་བརྟན་ནོར་བུ་རྩེའི་དཔེ་མཛོད་ཁང་གིས་སྤྱི་ལོ་༢༠༠༥ལོར་བསྐྲུན།

52. མི་ཉག་དགེ་བཤེས་རྣམ་དག་གཙུག་ཕུད་ཀྱིས་བསྒྲིགས་པའི་《མཆོད་རྟེན་གྱི་དཔེ་རིས་ བློ་གསལ་མགུལ་རྒྱན་》ཞེས་པ་བོད་ཀྱི་མཆོད་རྟེན་དཔེ་རིས་བཙམས་དེབ་མུ་ཁྲི་བཙད་པོ་པར་སྐྲུན་ཁང་གིས་སྤྱི་ལོ་༡༩༩༨ལོར་བསྐྲུན།

ཛ་སྡེ།

53. ཛོང་རྩེ་བྱམས་པ་ཐུབ་བསྟན་གྱིས་མཛད་པའི་《དགའ་ལྡན་ཕུན་ཚོགས་གླིང་གི་ཐོག་མཐའ་བར་གསུམ་གྱི་བྱུང་བ་ཀུན་ཁྱབ་སྙན་པའི་ཛ་སྒྲ་ཞེས་བྱ་བ་བཞུགས་སོ་》གཞིས་རྩེ་དཔར་འདེབས་བཟོ་གྲྭ་ནས་སྤྱི་ལོ་༢༠༠༨ལོར་འགྲེམ་སྤེལ་གནང་།

ཞ་སྡེ།

54. ཞུ་ཆེན་ཚུལ་ཁྲིམས་རིན་ཆེན་（༡༦༩༧–༡༧༧༤）གྱིས་བརྩམས་པའི་《དྲི་མེད་རྣམ་གཉིས་ཀྱི་མཆོད་རྟེན་བཞེངས་སྐབས་ཉེར་མཁོའི་ཟིན་བྲིས་གཞན་ཕན་ཟླ་སྣང་ཞེས་བྱ་བ་བཞུགས་སོ་》 ཁྲིས་མ། སློབ་ཆུང་བླ་མས་རྩོམ་སྒྲུག་གནང་བའི་《སྣ་འགྱུར་བཀའ་མ་ཁ་སྡེ་》 རྒྱ་གར་འབེབ་ཐོག་ནུབ་ཏུ་སྤྱི་ལོ་༡༩༨༢ལོར་དཔར་འདེབས་གནང་བ་ཞིག་དང་། གཞན་ཡང་བོད་ལྗོངས་ནང་བསྟན་མཐུན་ཚོགས་ཀྱིས་རྩོམ་སྒྲིག་གནང་བའི་《བོད་ལྗོངས་ནང་བསྟན་》གྱི་སྤྱི་ལོ་༢༠༠༢ལོའི་དུས་དེབ་༡པོའི་ཤོག་ངོས་༥༣–༥༧བར་དུ་གསལ།

55. ཞུ་ཆེན་གྱིས་མཛད་པའི་《གཟུངས་འབུལ་གྱི་ལག་ལེན་ཉུང་གསལ་བཞུགས་སོ་》ཞེས་བྱ་བ་མཁན་པོ་ཀུན་དགའ་བཟང་པོས་བསྒྲིགས་པའི་《དཔལ་ལྡན་ས་སྐྱ་པའི་གསུང་རབ་པོད་གསུམ་པ་བཟོ་གནས་དང་སྤེལ་སྦྱོར་》 སྟོད་ཆ། མི་རིགས་དཔེ་སྐྲུན་ཁང་དང་མཚོ་སྔོན་མི་རིགས་དཔེ་སྐྲུན་ཁང་ནས་སྤྱི་ལོ་༢༠༠༥ལོར་བསྐྲུན།

56. ཞུ་ཆེན་（བཙུན་པ་）ཚུལ་ཁྲིམས་རིན་ཆེན་གྱིས་སྤྱི་ལོ་༡༧༥༢ལོའི་བརྩམས་དེབ་《བོད་ཀྱི་རིག་གནས་ལྔའི་རྣམ་གཞག་》 མི་རིགས་དཔེ་སྐྲུན་ཁང་གིས་སྤྱི་ལོ་༢༠༠༨ལོར་བསྐྲུན་པའི་པར་ཐེངས་༢པ།

ཡ་སྡེ།

57. ཡེ་ཤེས་ཤེས་རབ་ཀྱིས་མཛད་པའི་《རིག་པ་བཟོ་ཡི་འབྱུང་བ་ཐིག་རིས་དཔེ་དང་བཅས་པ་ལི་ཁྲིའི་ཐིགས་པ་བཞུགས་སོ་》 བོད་ལྗོངས་མི་དམངས་དཔེ་སྐྲུན་ཁང་གིས་སྤྱི་ལོ་༢༠༠༠ལོར་བསྐྲུན།

58. གཡང་པ་ཕུན་ཚོགས་རྡོ་རྗེས་མཛད་པའི་《ལྷ་སྐུའི་ཐིག་རྩ་དང་ཤིང་མཚོན་སོགས་ཀྱི་རྣང་གཞིའི་ཤེས་བྱ་འགྲོ་ཕན་བློ་གསར་དགའ་སྐྱེད་》 མི་རིགས་དཔེ་སྐྲུན་ཁང་གིས་སྤྱི་ལོ་༢༠༠༨ལོར་བསྐྲུན།

ལ་སྡེ།

59. 《ལ་དྭགས་རྒྱལ་རབས་》 བོད་ས་ལྗོངས་མི་དམངས་དཔེ་སྐྲུན་ཁང་གིས་སྤྱི་ལོ་༡༩༨༧ལོར་བསྐྲུན།

60. ལི་སྤྲུལ་གཤེན་རྒྱལ་བསྟན་འཛིན་གྱིས་《ཐིག་ཆེན་གཡུང་དྲུང་བོན་གྱི་བྱུང་བ་དང་མཆོ་སྟེང་དགོན་པའི་ལོ་རྒྱུས་ཉུང་བསྡུས་》 སི་ཁྲོན་ཞིང་ཆེན་ནང་བསྟན་ཆོས་ཚོགས་ཀྱིས་སྤྱི་ལོ་༢༠༠༦ལོར་ཁྲིན་ཏུའུ་ཕིའི་ཤན་ཐང་ཁྲང་དཔར་འདེབས་ཁང་（郫县唐昌印制厂）ནས་བསྐྲུན།

ཤ་སྡེ།

61. ཤར་རྫ་བཀྲ་ཤིས་རྒྱལ་མཚན་（༡༨༥༨–༡༩༣༣）མཆོག་གིས་《ལེགས་བཤད་རིན་པོ་

ཆེའི་གཏེར་མཛོད་》 མི་རིགས་དཔེ་སྐྲུན་ཁང་གིས་སྤྱི་ལོ་༡༩༨༥ལོར་བསྐྲུན།

62. ཤར་ཡུལ་ཕུན་ཚོགས་ཚེ་རིང་མཆོག་གིས་རྩོམ་སྒྲིག་བྱས་པའི་《བོད་ཀྱི་ལོ་རྒྱུས་ཞིབ་འཇུག་ལ་ཉེ་བར་མཁོ་བའི་དོན་ཆེན་རེའུ་མིག་རྒྱས་པ་ཀེ་ཏ་ཀ་ཞེས་བྱ་བ་བཞུགས་སོ་》 མི་རིགས་དཔེ་སྐྲུན་ཁང་གིས་སྤྱི་ལོ་༢༠༠༥ལོར་བསྐྲུན།

63. ཤར་ཡུལ་ཕུན་ཚོགས་ཚེ་རིང་མཆོག་གིས་《ཆོས་འབྱུང་མཁས་པའི་དགོངས་རྒྱན་》 བོད་ལྗོངས་མི་དམངས་དཔེ་སྐྲུན་ཁང་ནས་སྤྱི་ལོ་༢༠༠༣ལོར་བསྐྲུན།

64. ཤར་ཡུལ་ཕུན་ཚོགས་ཚེ་རིང་མཆོག་གིས་《བོད་ཀྱི་བོན་དགོན་ཁག་གི་ལོ་རྒྱུས་དང་ད་ལྟའི་གནས་བབ་》 མི་རིགས་དཔེ་སྐྲུན་ཁང་གིས་སྤྱི་ལོ་༢༠༠༢ལོར་བསྐྲུན།

65. ཤར་ཡུལ་ཕུན་ཚོགས་ཚེ་རིང་མཆོག་གིས་བརྩམས་པའི་《བོད་ཀྱི་རིག་གནས་རྣམ་བཤད་བློ་གསལ་གཞོན་ནུའི་དགའ་ཚལ་》 བོད་ལྗོངས་མི་དམངས་དཔེ་སྐྲུན་ཁང་གིས་སྤྱི་ལོ་༢༠༠༧ལོར་བསྐྲུན།

66. བཤད་སྒྲ་དབང་ཕྱུག་རྒྱལ་པོས་སྤྱི་ལོ་༡༨༤༧ལོར་རྩོམས་པའི་བསམ་ཡས་ཉམས་གསོའི་ལས་ཀྱཱ་མཇུག་སྒྲིལ་རྗེས་སུ་བརྩམས་པའི་《བསམ་ཡས་དཀར་ཆག་དད་པའི་སྒོ་འབྱེད་》 གངས་ཅན་རིག་མཛོད་དེབ་༣༦པ། བོད་ལྗོངས་བོད་ཡིག་དཔེ་རྙིང་དཔེ་སྐྲུན་ཁང་གིས་སྤྱི་ལོ་༢༠༠༠ལོར་བསྐྲུན།

ས་སྨེ།

67. སུམ་པ་ཡེ་ཤེས་དཔལ་འབྱོར་ (༡༧༠༤–༡༧༨༨) གྱི་《ཆོས་འབྱུང་དཔག་བསམ་ལྗོན་བཟང་》 ཀན་སུའུ་མི་རིགས་དཔེ་སྐྲུན་ཁང་གིས་སྤྱི་ལོ་༡༩༩༢ལོར་བསྐྲུན།

68. སུམ་པ་མཁན་པོ་ཡེ་ཤེས་དཔལ་འབྱོར་གྱི་《སྐུ་གསུང་ཐུགས་རྟེན་གྱི་ཐིག་རྩ་མཆན་འགྲེལ་ཅན་མེ་ཏོག་ཕྲེང་མཛེས་》 སྐལ་བཟང་གིས་སྒྲིག་སྒྱུར་བྱས་པའི་《བོད་རྒྱུད་ནང་བསྟན་ལྷ་རིས་ཐིག་རྩ་》 མཚོ་སྔོན་མི་དམངས་དཔེ་སྐྲུན་ཁང་གིས་སྤྱི་ལོ་༡༩༩༢ལོར་བསྐྲུན།

69. ས་སྐྱ་བ་བསོད་ནམས་རྒྱལ་མཚན་ (༡༣༡༢–༡༣༧༥) གྱིས་སྤྱི་ལོ་༡༣༢༨ལོར་བརྩམས་པའི་《རྒྱལ་རབས་གསལ་བའི་མེ་ལོང་》 མི་རིགས་དཔེ་སྐྲུན་ཁང་གིས་སྤྱི་ལོ་༢༠༠༢ལོར་བསྐྲུན་པའི་པར་ཐེངས་༥པ།

70. ས་སྐྱ་བློ་གྲོས་རྒྱ་མཚོའི་《ས་སྐྱའི་བསྟན་འཛིན་དོར་སྡོང་ཚར་གསུམ་དང་གདན་སའི་གནས་ཡིག་》 མི་རིགས་དཔེ་སྐྲུན་ཁང་གིས་སྤྱི་ལོ་༢༠༠༦ལོར་བསྐྲུན།

ཏ་སྡེ།

71. ལྷོ་ཁ་ས་ཁུལ་སྲིད་གྲོས་ལོ་རྒྱུས་རིག་གནས་དཔྱད་གཞིའི་རྒྱུ་ཆ་བདམས་བསྒྲིགས་རྩོམ་སྒྲིག་ཨུ་ཡོན་ལྷན་ཁང་གིས་བསྒྲིགས་པའི་《ལྷོ་ཁའི་ལོ་རྒྱུས་རིག་གནས་དཔྱད་གཞིའི་རྒྱུ་ཆ་བདམས་བསྒྲིགས་》འདོན་ཐེངས་གསུམ་པ། བོད་ལྗོངས་མི་དམངས་དཔེ་སྐྲུན་ཁང་གིས་སྤྱི་ལོ་༢༠༠༨ལོར་བསྐྲུན།

72. 李崇峰：《中印佛教石窟寺比较研究-以塔庙窟为中心》，北京：北京大学出版社，2003年版

73. 国家文物局教育处编：《佛教石窟考古概要》，北京：文物出版社1993年版

74. [瑞士]艾米·海勒著，赵能、廖旸译：《西藏佛教艺术》，北京：文化艺术出版社，2007年版

75. 索朗旺堆、何周德主编：《扎囊县文物志》，西藏自治区文物管理委员会，西安：陕西印刷厂印刷，1986年版

76. 宿白：《藏传佛教寺院考古》，北京：文物出版社出版，1996年版

77. 西藏自治区文物局编：《托林寺》（画册），北京：中国大百科全书出版社，2001年

78. 西藏自治区文物局编：《西藏自治区文物志》（上），2007年6月，待刊版

79. 张驭寰、罗哲文：《中国古塔精粹》，北京：科学出版社，1988年版

80. 西藏自治区文物管理委员会编：《萨迦寺》，北京：文物出版社，1985年版

81. ［美］罗伊·C.克雷文著，王镛、方光羊、陈聿东译：《印度艺术简史》，中国人民大学出版社，2004

82. 羽田亨著、耿世民译：《西域文化史》，新疆人民出版社，1981年版

83. 李永宪：《西藏原始艺术》，四川大学出版社，1998年版

84. 索朗旺堆主编，李永宪、霍魏、尼玛编写：《昂仁县文物志》，西藏人民出版社，1992年版

85. ［意］G.杜齐著，向红茄译：《西藏考古》，西藏人民出版社，2004年版

86. 西藏山南地区文官会编：《桑日县文物志》，成都科技大学出版社，1992年版

87. 萧墨：《中国建筑》，北京：文化艺术出版社，1999年版

88. 西藏自治区文物局编：《西藏阿里地区文物抢救保护工程报告》，北京；科学出版社，2002年

89. 西藏自治区文物管理委员会编：《拉萨文物志》，陕西咸阳印刷厂印刷，1985年版

90. 白寿彝主编：《中国通史》，第八卷，中古时代·元（上册）上海人民出版社，1994年版

91. 熊文彬：《元代藏汉艺术交流》，石家庄：河北教育出版社，2003年版

92. 熊文彬：《中世纪藏传佛教艺术--白居寺壁画艺术研究》，中国藏学出版社，1996年版

93. 雷泽润、于存海、何继英编著：《西夏佛塔》，北京：文物出版社，1995年版

94. 西藏自治区文物管理委员会编：《古格故城》（下册），北京：文物出版社，1991年版

95. 古格·次仁加布：《阿里史话》，拉萨：西藏人民出版社，2003年版

96. 索朗旺堆主编：《亚东、康马、岗巴、定结县文物志》，拉萨：西藏人民出版社，1993年版

97. 姜怀英、甲央、噶苏·平措朗杰编著：《中国古代建筑--西藏布达拉宫》（下册），北京：文物出版社，1996年版

98. 张建林主编：《中国藏传佛教雕塑全集·4·擦擦卷》，北京美术摄影出版社，2002年版

99. 索朗旺堆主编：《错那、加查、隆孜、曲松县文物志》，拉萨：西藏人民出版社，1993年版

100. 索南旺堆主编：《萨迦、谢通门县文物志》，西藏人民出版社，1993年版

101. 杨清凡：《藏传佛教阿閦佛图像及其相关问题研究》，四川大学博士学位论文，2007年待刊稿

102. Giusepepe Tucci.Stupa.art, architectonic and symbolism.New Delhi:

Rakesh Goel for Aditya Prakashan.1988.

103. Pema Dorjee.Stupa and its technology:A tibeto-buddhist perspective. Delhi.Indira Gandhi National Centre for The Arts.2001.

104. Goepper,R.and J.Poncar.Alchi.Buddha,Goddesses,Mandalas.Köln,1984

105. John Vincent Bellezza.Antiquities of Northern Tibet: Pre-Buddhist Archaeological Discoverris on the High Plateau.（Findings of Changthang Circuit Expedition,1999）,pp366.Delhi:Adroit Publishers.2001.

106. John Vincent Bellezza.Antiquities of Upper Tibet:An Inventory of Pre-Buddhist Archaeological Site on the High Plateau.(Findings of Upper Tibet Circumnavigation Expedition,2000),Delhi:Adroit Publishers.2002.

107. Li Gotami Govinda.Tibet in Pictures.California:Dharma Publishing. Second editon 2002.

108. Hugh Richardson.High Peaks,Pure Earth:Collected Writings on Tibetan History and Culture.London:Serindia Publication.1998.

109. Mukhiya N.Lama.The Ritual Objects & Delties.Buddhism and Hinduism. Kathmandu:Lama Art.2003.

110. Ulrich Von Schroeder.Buddhist.Sculptures in Tibet.Volume oen,India &Nepal.Visual Dharma Publication Ltd.,Hong Kong.2001.

111. Steven M.Kossak and Jane Casey Singer.Sacred Vision:Early paintings from Central Tibet.Publish by The Metropolition Museum of Art,New York.1998.

112. GiuseppeTucci translated by J.E.Stapleton Driver ,TIBET Land of Snows ,Elek Books London,1967.

གཉིས་པ། དཔྱད་རྩོམ་གྱི་སྐོར།

113. ཁམས་སྤྲུལ་བསོད་ནམས་དོན་གྲུབ་མཆོག་གིས་《གངས་ཅན་བོད་ཀྱི་རྒྱལ་རབས་བསྟན་རྩིས་ལས་མཉམ་མེད་ཐུབ་པའི་དབང་པོ་དང་བོད་རྗེ་གགཉའ་ཁྲི་བཙན་པོ་དུས་མཉམ་ཡིན་ཚུལ་སོགས་ལོ་རྒྱུས་དོན་རྐྱེན་གནད་ཅན་འགའ་ཤོག་ཙུང་དོན་གསལ་དུ་བཀྲལ་བ་བཞུགས་སོ་》པར་སྐྲོག །ཁམས་སྤྲུལ་བསོད་ནམས་དོན་གྲུབ་མཆོག་གིས་མགོ་འདོན་གནང་།

114. འབྲོང་བུ་ཚེ་རིང་རྡོ་རྗེ། 《ནང་ཆོས་བོད་དུ་དར་བའི་དུས་ཚོད་ལ་དཔྱད་པ་》ཞེས་པ་《བོད་ལྗོངས་ཞིབ་འཇུག་》(རྒྱ་ཡིག་)སྤྱི་ལོ་༢༠༠༣ལོའི་དུས་དེབ་༣པ།

115. ཚེ་རྡོར། 《བོད་ལྗོངས་མཐོ་སྒང་(མཐོ་ལྷིང་)དགོན་པའི་ལོ་རྒྱུས་》ཞེས་པ་《གངས་ལྗོངས་རིག་གནས་》སྤྱི་ལོ་༢༠༠༢ལོའི་དུས་དེབ་༢པ།

116. ངག་དབང་ཕུན་ཚོགས་ཀྱི་《གཏེར་སྟོན་གྲ་པ་མངོན་ཤེས་ཀྱི་རྣམ་ཐར་རགས་བསྡུས་བདུད་རྩིའི་ཟེགས་མ་》ཞེས་པ་《བོད་ལྗོངས་ནང་བསྟན་》སྤྱི་ལོ་༡༩༨༦ལོའི་དུས་དེབ་༡པོ།

117. བོད་ལྗོངས་ནང་བསྟན་རྩོམ་སྒྲིག་ཁང་། 《མཆོད་རྟེན་གྱི་འབྱུང་ཁུངས་དང་མཚོན་དོན་》ཞེས་པ་《བོད་ལྗོངས་ནང་བསྟན་》སྤྱི་ལོ་༡༩༨༥ལོའི་དུས་དེབ་༢པ།

118. 索南才让：《论西藏佛塔的起源及其结构和类型》，《西藏研究》2003年第2期

119. 才让太：《佛教传入吐蕃的年代可以推前》，《中国藏学》，2007年第3期（总第79期）

120. 吉米列夫、库兹涅佐夫著，陈立健、计美旺扎译：《古代西藏制图学的两个传统（陆上风景与民族文化特征Ⅷ）》，载王尧、王启龙主编：《国外藏学译文集》第十七辑，西藏人民出版社，2004年版

121. 张亚莎、龚田夫：《西藏岩画中的“塔图形”》，《中国藏学》2005年第1期（总第69期）

122. 张亚莎：《古象雄的“鸟图腾”与西藏的“鸟葬”》，《中国藏学》2007年第3期（总第79期）

123. 次丹格列：《噶迥寺遗址及噶迥寺赤德松赞盟书誓文碑调查及试掘情况简报》，待刊稿

124. 罗杰·格佩尔著、杨清凡译：《阿济寺早期殿堂中的壁画》，载张长虹、廖旸主编：《越过喜玛拉雅-西藏西部佛教艺术与考古译文集》，成都：四川大学出版社，2007年版

125. 柴焕波：《江孜白居寺综述》，四川大学博物馆、西藏自治区文物管理委员会编：《南方民族考古》第4辑，四川科学技术出版社，1991年版

126. 西藏文管会文物普查队：《西藏昂仁日吾其寺调查报告》，四川大学博物馆、西藏自治区文物管理委员会编：《南方民族考古》第4辑，四川科学技术出版社，1991年版

127. John Vincent Bellezza.*Bon Rock Paings at Gnam Mtsho:Glimpses of the Ancient Religion of Northern Tibet. Rock art Research*, Volume 17.,Number 1,May2000,Melbourne,Australia.

128. Munidasa P Ranaweera,*Ancien Stupas in Srilanka Largest Brick Structures in the World*,CHS newsletter No.70,December 2004,London,Construction Histrory Society.

129. Deborah E.Klimburg-Salter,*A Decorated Prajnaparamita Manuscript*

From Poo,Orientation,Jun 1994.

130. Michael Henss,*Himalayan Metal Images of Five Centuries:Recent Discoveries in Tibet*,Oriental Art, Jun 1996.

131. Heather Stoddard,*The mThong-Grol Chen-Mo Stupa of Jo-Nang In gTsang*（*built 1330-1333*）,谢继胜、沈卫荣、廖旸主编：《汉藏佛教艺术研究--第二届西藏考古与艺术国际学术研讨会论文集》，中国藏学出版社，2006年版，

132. Rob Linrothe,*A Summer in the Field*,Orientation, Volume 30 Number5,May 1999.

གསུམ་པ། གློག་ཀླད་དྲྭ་བའི་ཐོག་གི་དཔྱད་གཞིའི་སྐོར།

http://en.wikipedia.org

<http://shambhalamountain.org/stupa_symbolism.html>

<http://www.asianart.com/articles/rockart/21.html>

<http://www.art-antiques..ch/objects/200-299.html>

མཇུག་བསྡུའི་གཏམ།

དེབ་ཆུང་འདི་ནི་སྤྱི་ལོ་༢༠༠༨ལོར་མྲན་གྱི་བོད་ལྗོངས་སློབ་ཆེན་ཤེས་རམས་ཞིབ་འཇུག་སློབ་མའི་སློབ་མཐར་དཔྱད་རྩོམ་ཞིག་ཡིན་པ་དང་། དེ་ནས་ད་བར་བོད་ཀྱི་ཨར་སྨན་མཆོད་རྟེན་དང་འབྲེལ་ཡོད་གནད་དོན་ལ་ཞིབ་འཇུག་བྱས་ཏེ་ཞིབ་འཇུག་གི་ནང་དོན་གྲ་རྒྱས་པོ་དང་། ཚགས་ཚུད་པའི་ངང་པར་སྐྲུན་བྱེད་འཆར་ཡོད་མོད། ལས་གནས་སུ་ཞུགས་རྗེས། བྲེལ་འཚུབ་ཀྱི་ལས་རྙོག་དང་ཞིབ་འཇུག་གི་ཁ་ཕྱོགས་ངེས་མེད་གང་ཉུང་བྱེད་དགོས་པར་བརྟེན། ད་ལམ་གཞི་ནས་པར་སྐྲུན་གྱི་གོ་སྐབས་འབྱུང་བའི་སྐབས་སུའང་ཚགས་སུ་ཚུད་པའི་ལེགས་བཅོས་གང་ཡང་བྱུང་མེད་པ་ན། འདིའི་ནང་དོན་དང་དཔྱད་ཡིག་གསར་ཐོན་མང་དག་ཅིག་དུས་བསྟུན་ཐོག་བསྡུ་སྒྲིག་བྱེད་མ་ཐུབ་པ་ཇི་སྙེད་ཡོད་སྲིད་པས། མཁྱེན་ལྡན་པ་རྣམས་ཀྱིས་དགོངས་འཆར་ལྷུག་སྤྱོལ་གནང་རྒྱུའི་རེ་བ་བཅངས་བཞིན་ཡོད།

དེ་ཡང་། ཁོ་བོས་བོད་ལྗོངས་སློབ་གྲྭ་ཆེན་མོའི་རིག་གཞུང་སློབ་གླིང་དུ་ལོ་ངོ་གསུམ་གྱི་སློབ་སྦྱོང་བྱེད་རིང་ལ། བོད་རིག་པའི་ནང་གསེས་ཀྱི་ཟུར་ཆ་ཙམ་ཡང་མངོན་དུ་མི་གསལ་བའི་ཞིབ་འཇུག་གི་ཁ་ཕྱོགས་ཏེ། མཐའ་ཡས་མཁའ་ལྟར་ཡངས་པའི་བོད་ཀྱི་ཆོས་ལུགས་ལོ་རྒྱུས་ནང་དོན་ལ་བསླབ་སྦྱང་བགྱིས་ཁུལ་བྱས་པའི་བརྒྱུད་རིམ་ནང་། ཏ་སེའི་གངས་ལྟར་བརྗིད་ཅིང་གཞོན་སྐྱེས་སློབ་ཐུར་དུང་

ལ་བརྟེ་བའི་བདག་གི་སློབ་དཔོན་ཆེན་མོ་ཤར་ཡུལ་ཕུན་ཚོགས་ཚེ་རིང་མཆོག་གིས་གཞལ་དུ་མེད་པའི་བཀའ་སློབ་དང་། ཁོང་གི་རྣམ་དཔྱོད་འབུམ་གྱི་འོད་ལས་སྤྲོས་པའི་ཟེར་གྱིས་བློ་དམན་བདག་གི་གཏི་མུག་བློ་ཡུལ་སྨག་མོར་བསོད་ནམས་ཀྱི་མེ་ཚགས་འཕྲོས་ལ། རྫོངས་པའི་སྨག་ཐུམ་གྱི་མདུན་ལམ་དེར་ཟླ་ཞུན་གྱིས་གཏོང་པའི་སྨུག་མའི་ཁྲུང་བུ་བཞིན་བཞུད་ལམ་ཞིག་ཀྱང་རྙེད་བྱུང་བར་དྲིན་གཟོའི་ཚིག་གིས་བརྗོད་དུ་མི་ལང་ངོ་། །གཞན་ཡང་། བགྲང་བྱ་གསུམ་ཙམ་གྱི་རིང་དུ་རིག་པའི་གནས་སོ་སོར་བྱང་ལ་ཕྱུག་ཅིང་སློབ་ཁྲིད་གནང་མྱོང་བའི་བོད་ལྗོངས་སློབ་གྲྭ་ཆེན་མོའི་དགེ་རྒན་རྣམ་པ་དང་། བློ་དཀར་བརྟེ་སེམས་བཅངས་བའི་བདག་གི་སློབ་གྲོགས་ལྷོང་བུ་མིག་དམར་བསམ་གྲུབ་དང་། རྡོ་རྗེ་དབང་གྲགས་ལ་སོགས་པ་དང་གཞུང་དྲང་པོར་གྲོགས་རྣམས་ཀྱིས་དུས་དང་རྣམ་པ་ཀུན་ཏུ་རྩ་ཆེའི་དགོངས་འཆར་དང་རྒྱབ་སྐྱོར་གནང་བར་ཐུགས་རྗེ་ཆེ་ཞུ་རྒྱུ་ཡིན་ལ། བདག་གི་གྲོགས་མཆོག་ཤེས་རབ་གོ་ཆ་ལགས་ཀྱིས་ཐོག་མཐའ་བར་གསུམ་དུ་ཐུགས་ཁུར་ཆེན་པོ་གནང་ཞིང་། རང་ནུས་ཀྱིས་དཔྱད་གཞི་བཙལ་འཚོལ་གང་ཐུབ་ལ་སོགས་པའི་རོགས་སྐྱོར་ཚད་མེད་གནང་བྱུང་བ་དང་། བདག་གི་ཆེད་ལས་དབུ་འཛིན་པ་སྐྱུ་ཞབས་ལྷ་ཕྲི་པུའུ་ལ་སོགས་པའི་ལས་རོགས་རྣམས་ཀྱིས་དུས་དང་རྣམ་པ་ཀུན་དུ་ཁོ་བོར་རོགས་རམ་ཆེན་པོ་གནང་བྱུང་ལ། ཆེད་དེབ་འདི་ཉིད་གང་ལེགས་སུ་འགྲུབ་ཐུབ་པའི་ཆ་རྐྱེན་དུ་མ་ཞིག་བསྐྲུན་མཛད་པ་དང་སྦྲགས། འབྲེལ་ཡོད་ཀྱི་དཔྱད་གཞི་ཡང་མཁོ་འདོན་གནང་བ། དེ་བཞིན་སི་ཁྲོན་སློབ་ཆེན་དུ་ཕྱུག་ལས་གནང་མུས་སུ་མཆིས་པའི་ཞིབ་འཇུག་གི་ལས་རོགས་འབུམ་རམས་པ་ཡུང་ཆེང་རྩན་གྱིས་རྒྱལ་ནང་དུ་རྙེད་དཀའ་བའི་ཕྱི་རྒྱལ་བའི་མཆོད་རྟེན་སྐོར་གྱི་ཞིབ་འཇུག་བརྩམས་ཆོས་དུ་མ་ཞིག་མཁོ་འདོན་གནང་བྱུང་བ་ལ་སོགས་བདག་ལ་ཕྱུག་རོགས་གནང་མྱོང་བའི་

འབྲེལ་ཡོད་མི་སྣ་ཚང་མར་ཐུགས་རྗེ་ཆེ་ཞུ་རྒྱུ་མ་ཟད། བདག་གི་ཚེ་གྲོགས་ཁང་ལྷོ་ཉི་མ་ཕན་ཐོགས་ལགས་ཀྱིས་སྔ་ཕྱི་བར་གསུམ་དུ་ཁོ་བོར་དོ་ཁུར་དང་རྒྱབ་སྐྱོར་ལྷག་བསམ་ཟློལ་མེད་དུ་མཛད་པ་དང་། བདག་གི་གཅེན་པོ་དམ་པ་འཛད་པ་ཤར་ཆན་ཉི་མ་བཀྲ་ཤིས་ལགས་ཀྱིས་གཙོས་པའི་ནང་མི་སྤུན་མཆེད་ཚང་མས་ཆུང་ནས་ད་བར་དུ་ཁོ་བོའི་སློབ་སྦྱོང་དང་འཚོ་བར་རྒྱབ་སྐྱོར་མཐའ་གཅིག་ཏུ་མཛད་ཡོད་ཁར། ཁོང་ཚོའི་མི་ཚེ་གང་པོའི་དུང་ཞེན་བརྩེ་བས་བདག་གི་ལས་ཀའི་མདུན་སྐྱོད་སྙིང་སྟོབས་གནང་ཞིང་། ནམ་ཡང་ཞུམ་པ་མེད་པའི་སྐུལ་སློང་ཡང་ནས་ཡང་དུ་གནང་བར་ཕྲན་གྱིས་སྙིང་དབུས་ནས་ཐུགས་རྗེ་ཆེ་ཞུ་རྒྱུ་དང་། དེ་རིང་གི་ཉིན་མོ་ཡང་གཅེན་པོ་དམ་པ་ཁོང་མི་ཡུལ་ནས་སྐུ་གཤེགས་ནས་བགྲང་བྱ་ཧྲིལ་པོ་གཉིས་ཏག་ཏག་ཕྱིན་པའི་ཉིན་མོ་ཡིན་པས། དེབ་ཆུང་འདིས་ཁོང་གི་དྲིན་གསོ་ཆེད་དང་གདུང་སེམས་དྲན་གསོའི་ཆེད་དུ་འབུལ་རྒྱུ་ཡིན། མཇུག་ཏུ་བོད་ལྗོངས་བོད་ཡིག་དཔེ་སྙིང་དཔེ་སྐྲུན་ཁང་གི་དབུ་ཁྲིད་ལྷན་རྒྱས་དང་རྩོམ་སྒྲིག་པ་ལྷག་པ་བཀྲ་ཤིས་སོགས་ཀྱི་ཐུགས་ཁུར་འོག །དེབ་ཆུང་འདི་ཉིད་དཔར་སྐྲུན་བྱ་རྒྱུའི་གོ་སྐབས་བྱུང་བས་ཐལ་མོ་སྙིང་ཁར་སྦྱར་ཏེ་ཐུགས་རྗེ་ཡང་ཡང་ཞུ་བ་དང་བཅས། འཛད་མི་ཤར་ཆན་དབང་འདུས་ཀྱིས་བོད་རབ་བྱུང་བཅུ་བདུན་པའི་ཆུ་སྟག་ལོའི་ཟླ་དགུ་པའི་ཚེས་༢༨སྤྱི་ལོ་༢༠༢༢ལོའི་ཟླ་༡༡ཚེས་༡༨ཉིན་ལྷ་ལྡན་གྲོང་ལྷ་ཀླུ་གཞིས་ཀའི་ཤར་འདབས་ཀྱི་རང་ཤག་ནས་བྲིས་པ་དགེའོ། ། །

༄༅། །བོད་ཀྱི་གནའ་རབས་ཨར་སྐྲུན་མཆོད་རྟེན་གྱི་བྱུང་འཕེལ་ཞིབ་འཇུག །

རྩོམ་པ་པོ།	འཇད་མི་ཤར་རྒྱན་དབང་འདུས།
རྩོམ་སྒྲིག་འགན་འཁུར་པ།	ལྷག་པ་བཀྲ་ཤིས།
མཐའ་ཞུས།	སྒྲིན་པ།
ཁ་ཤོག་ཇུས་འགོད།	སྐལ་བཟང་ནོར་བུ།
པར་སྒྲིག་པ།	སྒྲིན་སྒྲོལ་མ།
དཔེ་སྐྲུན་འགྲེམས་སྤེལ།	བོད་ལྗོངས་བོད་ཡིག་དཔེ་རྙིང་དཔེ་སྐྲུན་ཁང་།
པར་འདེབས་ཚན་པ།	སི་ཁྲོན་འཛའ་ཚོན་པར་འདེབས་ཚད་ཡོད་ཀུང་སི།
རེབ་ཚད།	787mm×1092mm 1/16
པར་ཤོག	22.875
པར་གྲངས།	01—2,000
ཡིག་གྲངས།	ཁྲི་24.321
པར་གཞི།	2023ལོའི་ཟླ་11པར་པར་གཞི་དང་པོ་བསྒྲིགས།
པར་ཐེངས།	2023ལོའི་ཟླ་11པར་པར་ཐེངས་དང་པོ་བཏབ།
དཔེ་རྟགས།	ISBN 978-7-5700-0762-2
རིན་གོང་།	སྒོར་46.30